電験二種

塩沢孝則［著］

読者の皆様へ—Preface

社会の生産活動や人々の暮らしを支えるエネルギーの重要性は，これまでもこれからも変わることはありません．そのなかでも，カーボンニュートラルの実現に向けては，電気がエネルギー源の中核を担い，果たすべき役割は今後ますます大きくなっていくことでしょう．

このような情勢にあって，事業用電気工作物の安全で効率的な運用を行うため，その工事と維持，運用に関する保安と監督を担うのが電気主任技術者です．この電気主任技術者の役割は非常に重要になってきており，その社会的ニーズも高いことから，人気のある国家資格となっています．

本シリーズは，電気主任技術者試験の区分のうち，第二種，いわゆる「電験二種」の受験対策書です．電験二種は，一次試験と二次試験があります．一次試験の科目は，理論，電力，機械，法規の4科目，二次試験は電力・管理，機械・制御の2科目です．出題形式は，一次試験が多肢選択（マークシート）方式，二次試験が記述式となっています．

そこで，本シリーズは，電験二種一次試験の各科目別の受験対策書として，一次試験を中心に取り上げつつ，その延長線上の知識として二次試験にも対応できるよう記載することで，合格を勝ち取る工夫をしています．

＜本書の特徴＞

①図をできる限り採り入れて，視覚的にわかりやすく解説

②式の導出を丁寧に行い，数学や計算のテクニックも解説（電験二種では，電験三種で暗記していた公式も含めて，微積分等を駆使しながら，自分で導出できるようにする必要があります．）

③重要ポイントや計算テクニックは，吹き出しで掲載

④電験二種の過去問題を徹底的に分析し，重要かつ最新の過去問題を各節単位の例題で取り上げ，解き方を丁寧に解説．また，章末問題も用意し，さらに実力を磨くことができるように配慮

⑤少し高度な内容や二次試験対応箇所はコラムとして記載

このように，本シリーズは，電験二種に合格するための必要十分な知識を重点的に取り上げてわかりやすく解説しています．

読者の皆様が，本書を活用してガッツリ学ぶことで，電験二種の合格を勝ち取られることを心より祈念しております．

最後に，本書の編集にあたり，お世話になりましたオーム社の方々に厚く御礼申し上げます．

2024年10月

著者らしるす

目　次—Contents

◆1章　電磁気学

◆2章　電気回路

◆3 章　電子回路

◆4 章　電気・電子計測

1章

電磁気学

学習のポイント

本分野では，ガウスの定理から電界を求めて積分により電位を計算する問題，同心球電極や同心円筒電極の静電容量やコンデンサに蓄えられるエネルギー，影像法による電界と影像力，静電容量と抵抗の関係，磁気回路，電磁誘導とインダクタンスに関する計算問題が出題される．電験３種と比べ，微分・積分・三角関数・対数関数等の数学の知識も要求されるうえに，２種の電磁気分野の難易度は高い．学習としては，考え方を理解しながら，自らの手で確実に計算を完遂できるよう，反復練習する．

1-1 電荷および真空中の静電界

攻略のポイント　電験３種は，クーロンの法則を適用した力の合成，平行平板電極や球電極の電界や電位等の出題が多い．しかし，電験２種では，同心球や円筒導体等にガウスの法則を適用して電界を求め，積分して電位を求める出題が多い．

1 クーロンの法則

電荷の形が無視できるほど離れている場合の電荷を**点電荷**という．電荷の単位は〔**C（クーロン）**〕である．電荷間の力について次の法則が実験的に見いだされた．すなわち，図 1･1 のように，真空中において，点電荷 Q_1〔C〕，Q_2〔C〕の間に働く力 $\dot{F}$（ベクトル量）は，その方向は両電荷を結ぶ直線上にあり，その大きさは電荷量の積に比例し，距離 r〔m〕の二乗に反比例する．Q_1，Q_2 が同符号のときは**反発力**，異符号のときは**吸引力**が働く．これを**クーロンの法則**という．

$$\dot{F}=\frac{Q_1Q_2}{4\pi\varepsilon_0r^2}=9\times10^9\times\frac{Q_1Q_2}{r^2}\text{〔N（ニュートン）〕}\qquad(1\cdot1)$$

POINT
力はベクトル量で $\dot{F}$ のように・を付ける

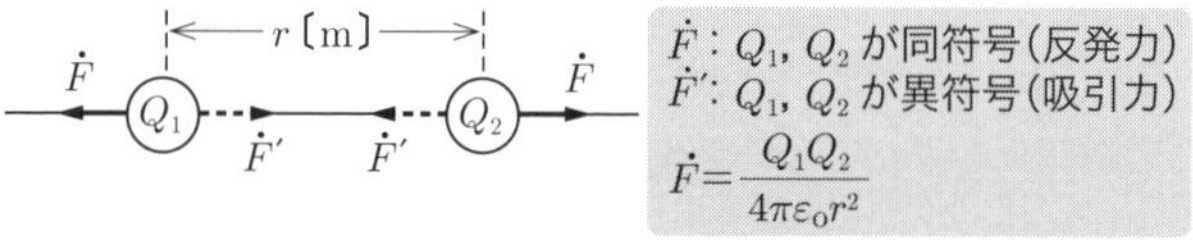

図 1・1　クーロンの法則

式（1･1）で，ε_0（イプシロンゼロ）は**真空の誘電率**という．なお，真空中でない場合は 1-2 節で述べる．

$$\varepsilon_0=\frac{10^7}{4\pi{c_0}^2}=8.855\times10^{-12}\text{〔F/m〕}\qquad(1\cdot2)$$

ただし，c_0 は真空中の光の速度 2.998×10^8 m/s である．

点電荷が複数あるときは，個々の点電荷間の力をベクトル的に合成して求める．

2 電界

静止電荷に力が働くとき，そこに**電界**があるという．図1･2に示すように，**電界の強さ** $\dot{E}$（ベクトル量）は単位正電荷1Cに働く力として定められ，大きさと方向を持つ．この単位は〔V/m **(ボルト毎メートル)**〕である．電荷が静止している場合の電界を**静電界**という．

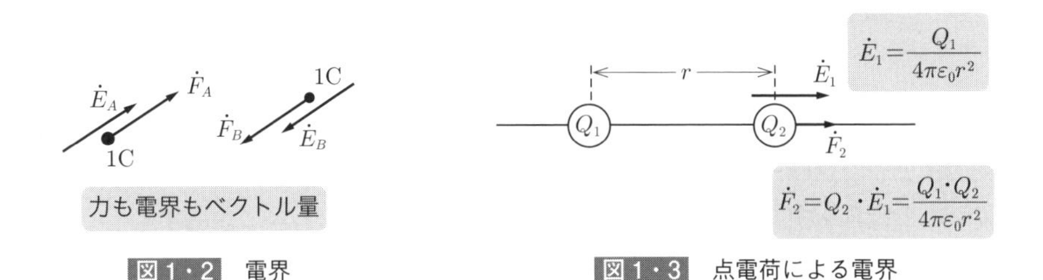

図1・2 電界　　図1・3 点電荷による電界

したがって，電界 $\dot{E}$〔V/m〕のところで，Q〔C〕の電荷は

$$\dot{\boldsymbol{F}}=\boldsymbol{Q}\dot{\boldsymbol{E}}\ \text{〔N〕} \tag{1・3}$$

POINT 電界もベクトル量

の力を受ける．

図1･3に示すように，クーロンの法則は，まず Q_1 による電界があり，そこへ Q_2 を置いたとき，力が働くものと考えると，式（1･1）は $\dot{F}_2=Q_2\dfrac{Q_1}{4\pi\varepsilon_0 r^2}=Q_2\dot{E}_1$ のように分けて書くことができる．したがって，点電荷 Q〔C〕から r〔m〕の距離における電界 $\dot{E}_1$ の大きさは

$$E_1=\frac{Q}{4\pi\varepsilon_0 r^2}\ \text{〔V/m〕} \tag{1・4}$$

POINT 電界もベクトル量であるが・がない式は大きさを示す

である．**点電荷が複数ある場合の電界は，点電荷おのおのが単独にある場合の電界をベクトル的に合成**すれば求まる（図1･4参照）．

図1･5に示すように，電界を図示するために，接線が電界の方向で，単位面積を通る線の数が電界の大きさに比例するように描いた線を**電気力線**という．したがって，**電気力線密度（単位面積を通る電気力線の数）は，電界の強さ**を示す．

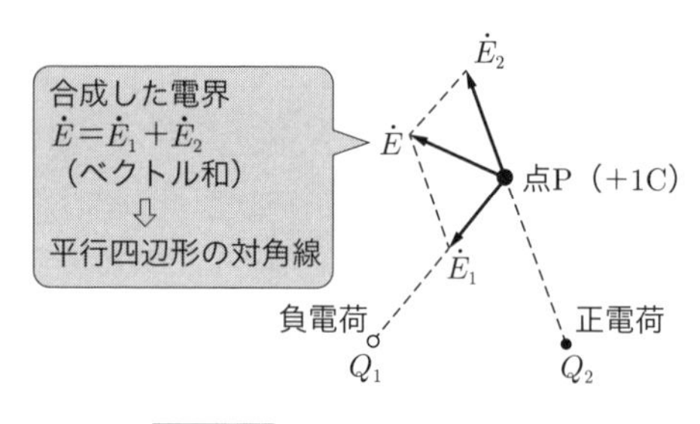

図1・4　複数電荷による電界

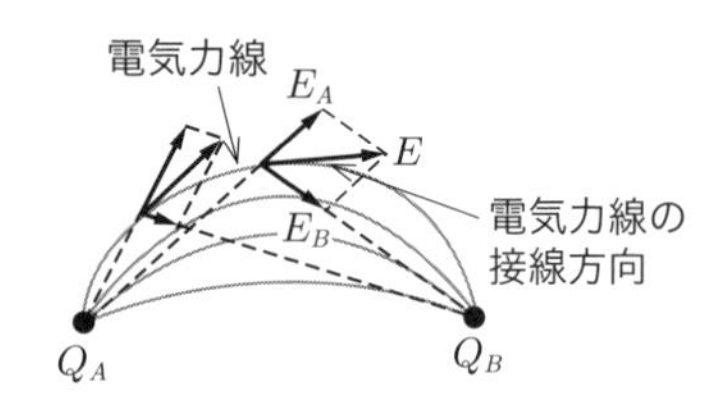

図1・5　電界の合成と電気力線

3 ガウスの定理

ガウスの定理を説明する前に，内積（またはスカラ積）について説明する．

今，$\dot{A}$，$\dot{B}$ という 2 つのベクトルがあり，その間の角度が θ である場合

$$\boldsymbol{C}=\boldsymbol{AB}\cos\boldsymbol{\theta} \quad (1\cdot5)$$

で与えられる C（スカラ量）を表すのに，下記の記号を用い，**内積**と呼ぶ．

$$\boldsymbol{C}=\dot{\boldsymbol{A}}\cdot\dot{\boldsymbol{B}} \quad (1\cdot6)$$

POINT
内積はスカラ量

さて，図 1･6 に示すように，電界内の任意の閉曲面 S を取り，$\dot{n}$ をその面上の 1 点の外向き法線の方向を持つ単位長ベクトルとすると，S に対して垂直に出ていく電気力線総数は，S の内側に存在する電荷の代数和の $1/\varepsilon_0$ である．これを**ガウスの定理**という．

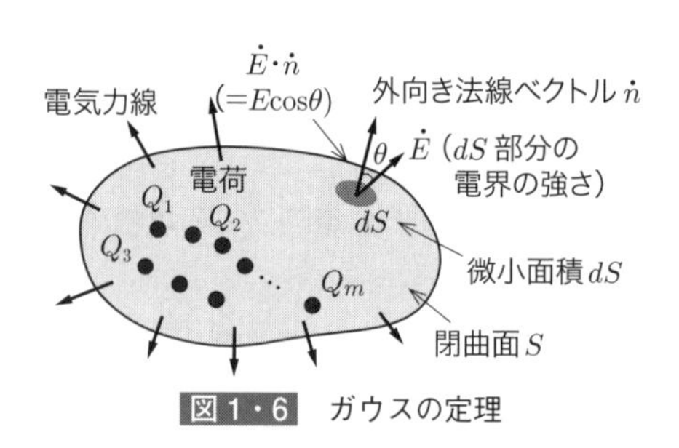

図1・6　ガウスの定理

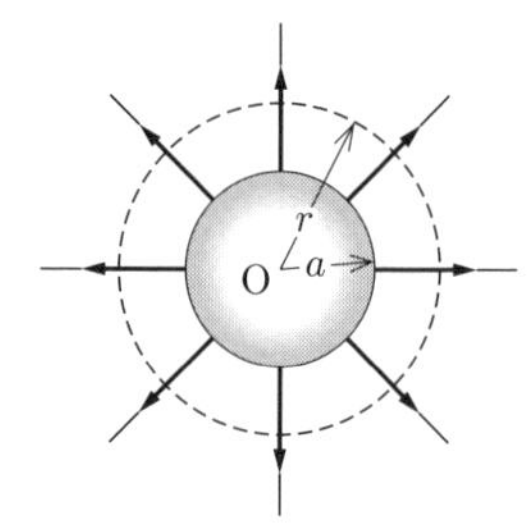

図1・7　点対称を持つ電荷分布

$$\int_S \dot{\boldsymbol{E}}\cdot\dot{\boldsymbol{n}}\boldsymbol{dS}=\int_S \boldsymbol{E}_n\cdot\boldsymbol{dS}=\int_S \boldsymbol{E}\cos\boldsymbol{\theta}\cdot\boldsymbol{dS}=\frac{\boldsymbol{1}}{\boldsymbol{\varepsilon_0}}\sum_{i=1}^{m}\boldsymbol{Q}_i \qquad (1\cdot7)$$

（$\int_S$：閉曲面 S 全体の面積分，dS：閉曲面 S 上の任意の点の周りの微小面積，$\sum_{i=1}^{m}Q_i$：この閉曲面に取り囲まれた電荷の代数和）

(1) 点対称をもつ電荷分布

図1･7に示すように，電荷 Q〔C〕が半径 a〔m〕の球内に中心Oに対して対称に分布しているとき，この電荷からは Q/ε_0 本の電気力線が対称に放射状に出る．

①球外の電界

球の外側に半径 r〔m〕の球面を取ると，この球面を通り抜ける電気力線は Q/ε_0 本で面積が $4\pi r^2$ であるから，電気力線の面積密度すなわち電界の大きさ E は

$$E=\frac{Q}{4\pi r^2\varepsilon_0}\ 〔\mathrm{V/m}〕 \qquad (1\cdot8)$$

POINT 球外では，E は r の二乗に反比例

となる．つまり，全電荷が中心に集まっているとして電界を求めればよい．

②球内の電界

球内に半径 r〔m〕の球面を考えると，これを通り抜ける電気力線はその内部の電荷 Q' から発生し，電気力線の数は Q'/ε_0 本である．球面の面積が $4\pi r^2$ のため，電界の大きさ E は式（1･7）より

$$E=\frac{Q'}{4\pi r^2\varepsilon_0} \qquad (1\cdot9)$$

となる．電荷が球内で一様の密度で分布していると仮定すれば，$Q'=\dfrac{r^3}{a^3}Q$ であるため，式（1･9）へ代入し，球内の電界の大きさは

$$E=\frac{rQ}{4\pi\varepsilon_0 a^3}\ 〔\mathrm{V/m}〕 \qquad (1\cdot10)$$

POINT 球内では E は r に比例

となる．

一方，電荷がすべて球面のみにあるとすれば $Q'=0$ であるから，$E=0$ となる．球形導体に電荷を与えた場合がこれに相当する．以上を図示すると，図1･8のようになる．

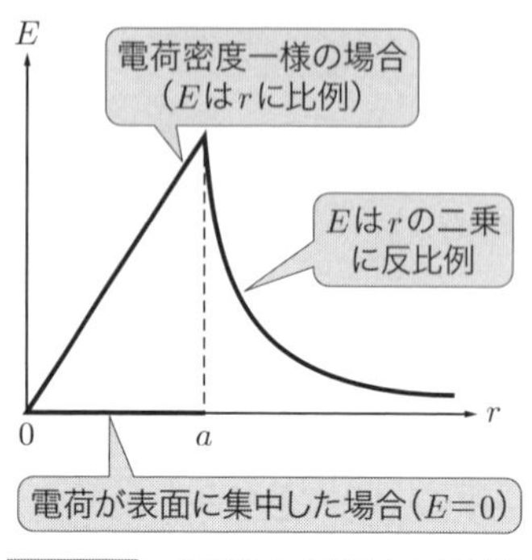

図1・8　点対称の電荷による電界

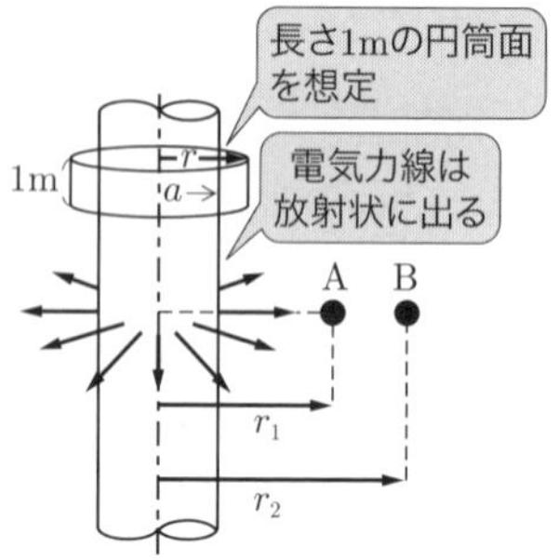

長さ1mの円筒面
を想定
電気力線は
放射状に出る
1m
A
B

図1・9　軸対称を持つ円筒電荷分布

(2) 軸対称をもつ円筒電荷分布

図1·9のように，無限に長い軸を持つ半径a〔m〕の円筒中に，軸に対して対称で，軸方向には一様に電荷が分布している場合，電気力線は軸に対して放射状に出る．

①円筒外の電界

軸の単位長当たりの電荷をQ〔C〕とすれば，軸の単位長当たりにつきQ/ε_0本の電気力線が出る．軸からr〔m〕離れたところで長さ1mの円筒面を考えると，この円筒面の表面積$S=2\pi r$〔m^2〕であるから，式（1·7）より，円筒外で軸線から距離r〔m〕にある点の電気力線密度すなわち電界の大きさEは次のようになる．

$$E=\frac{Q}{2\pi r\varepsilon_0}\ \text{〔V/m〕} \qquad (1\cdot11)$$

②円筒内の電界

円筒内で，半径r〔m〕以内にある電荷をQ'とすれば，軸線より距離r〔m〕になる点の電界の大きさEは

$$E=\frac{Q'}{2\pi r\varepsilon_0}\ \text{〔V/m〕} \qquad (1\cdot12)$$

となる．電荷が円筒内に一様に分布していると仮定すれば，$Q'=\frac{r^2}{a^2}Q$であることから，式（1·12）へ代入し，円筒内の電界の大きさEは

$$E=\frac{rQ}{2\pi\varepsilon_0 a^2}\ \text{〔V/m〕} \qquad (1\cdot13)$$

となる．一方，電荷がすべて円筒の表面のみにあるとすれば，$E=0$であるから，$E=0$となる．以上を図示すると，図1·10のようになる．

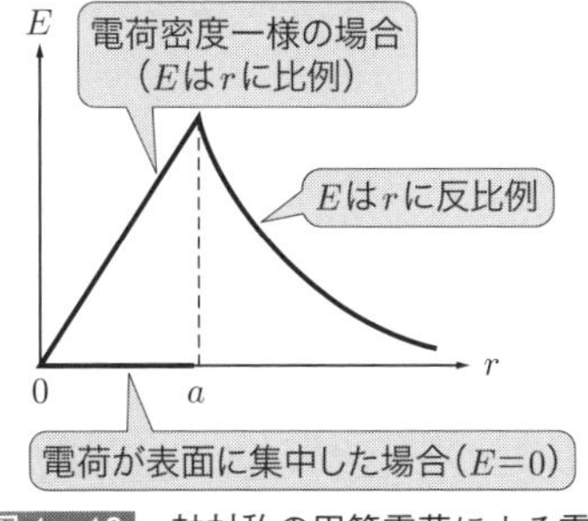

図1・10 軸対称の円筒電荷による電界

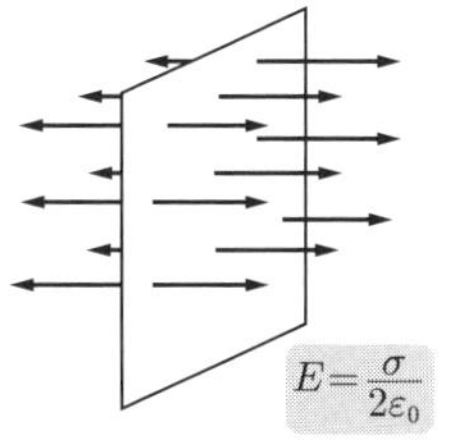

$E=\dfrac{\sigma}{2\varepsilon_0}$

図1・11 平面板の電界

(3) 平面板の電荷

図1·11のように，無限に広い平面に面積密度 σ〔C/m²〕の電荷が分布しているとき，単位面積当たり σ/ε_0 本の電気力線が出るが，対称性により，面の両側に $\sigma/(2\varepsilon_0)$ 本ずつ分かれて出る．したがって，電界の大きさ E は

$$\boldsymbol{E}=\frac{\boldsymbol{\sigma}}{\boldsymbol{2\varepsilon_0}}\ \text{〔V/m〕} \qquad (1\cdot14)$$

となる．このように，大きさと方向とが一定の電界を**平等電界**という．

(4) 導体上の電荷

導体に電荷密度 σ〔C/m²〕が均等に分布している．この導体の表面は等電位面であるから，導体の外側では，電界は表面に垂直の向きを持っている．図1·12のような導体内部を含む表面積 ΔS の直方体Aを考えると，導体内部の電界は0であるから，Aの表面上から外側のみに電気力線が出ることになり，電界の大きさ E は

$$\boldsymbol{E}=\frac{\boldsymbol{\sigma}}{\boldsymbol{\varepsilon_0}}\ \text{〔V/m〕} \qquad (1\cdot15)$$

POINT
両側に電気力線が出る平面板と異なることに注意

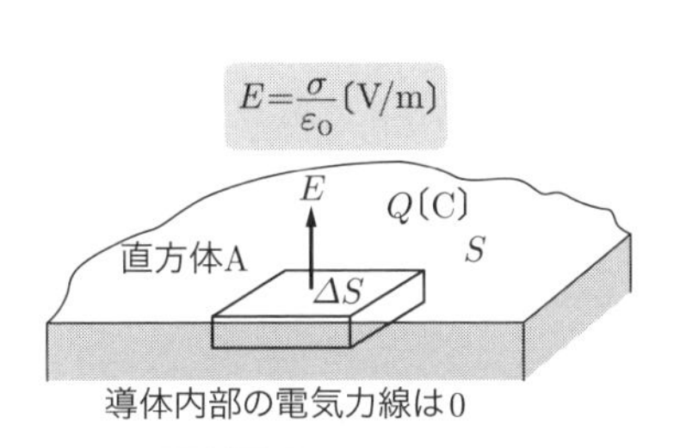

図1・12 導体上の電界

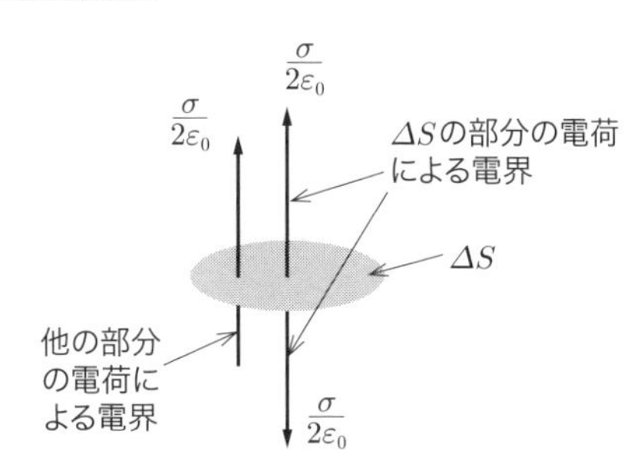

図1・13 導体表面の電界の分解

となる．平面板の電界は $\sigma/(2\varepsilon_0)$ であるが，導体上の電界が σ/ε_0 となるのは，図1･13のように微小面積 ΔS を考えたとき，ΔS の両側に $\sigma\Delta S$ による電界が $\sigma/(2\varepsilon_0)$ であり，一方他の部分の電界も $\sigma/(2\varepsilon_0)$ であるため，これらが重なるからである．したがって，導体外側では σ/ε_0 で，導体内部では0となる．

（5）一様に正・負に帯電した無限平行二平面の電荷

図1･14 (a) のように，無限平行二平面に，面積密度が $+\sigma$，$-\sigma$〔C/m²〕の電荷が一様に分布しているとき，電界は，図1･14 (b) のように，重ね合わせの原理より $+\sigma$ 面による電界 E_+ と $-\sigma$ 面による電界 E_- のベクトル和である．両面の間では $E_+=E_-=\sigma/(2\varepsilon_0)$ で，同一方向で助け合い，電界の大きさ E は

$$\boldsymbol{E}=\frac{\boldsymbol{\sigma}}{\boldsymbol{\varepsilon_0}}\text{〔V/m〕} \tag{1・16}$$

となる．両面の外側では，互いに打ち消し合うので，$E=0$ となる．

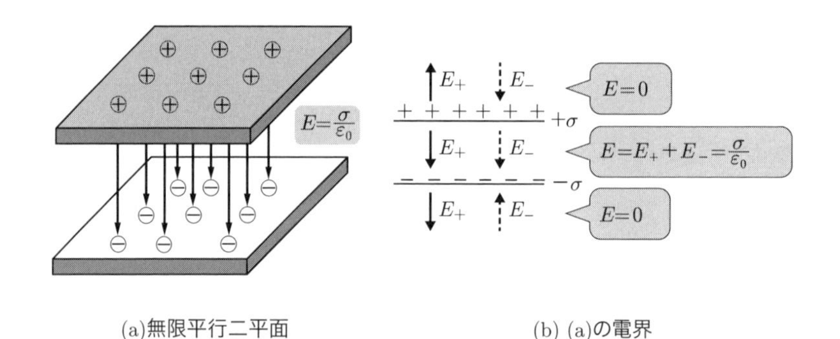

(a)無限平行二平面　　(b) (a)の電界

図1・14　無限平行二平面による電界

4　電位

電界 $\dot{E}$ の中で，電荷 q が受けている力 $\dot{F}(=q\dot{E})$ に逆らって電荷を移動させるためには，外部から仕事を行う必要がある．点Aから他の点Bまで電荷 q を運ぶとき，全体の仕事 W は，次式となる（$d\dot{r}$ は微小変位，θ は $\dot{E}$ と $d\dot{r}$ の間の角）．

$$\boldsymbol{W}=-\int_{\mathrm{A}}^{\mathrm{B}}\boldsymbol{q\dot{E}\cdot d\dot{r}}=-\int_{\mathrm{A}}^{\mathrm{B}}\boldsymbol{qE\cos\theta dr} \tag{1・17}$$

例えば，図1･15のように，点Oにある電荷 Q の生じる電界内で，微小電荷 q を点Aから点Bまで運ぶ仕事 W を求める．AB上では，$\dot{E}$ と $d\dot{r}$ とは同一方向である

ため，式（1･17）の $\theta=0$ であり，q を微小距離 dr だけ動かすのに要する仕事 dW は

$$dW=-q\dot{E}\cdot d\dot{r}=-qEdr=-q\frac{Q}{4\pi\varepsilon_0 r^2}dr$$

であるから，全体の仕事 W は式（1･17）より

$$W=\int_{r_1}^{r_2}\left(-\frac{qQ}{4\pi\varepsilon_0 r^2}\right)dr=\frac{qQ}{4\pi\varepsilon_0}\left[\frac{1}{r}\right]_{r_1}^{r_2}=\frac{qQ}{4\pi\varepsilon_0}\left(\frac{1}{r_2}-\frac{1}{r_1}\right)〔\mathrm{J}〕 \quad (1\cdot18)$$

となる．ここで，q と Q が同符号で $r_2>r_1$ の場合には $W<0$ となるから，電荷 q が Q から仕事をされることになる（すなわち，電界から電荷がエネルギーを得てこれを外部に与える）．

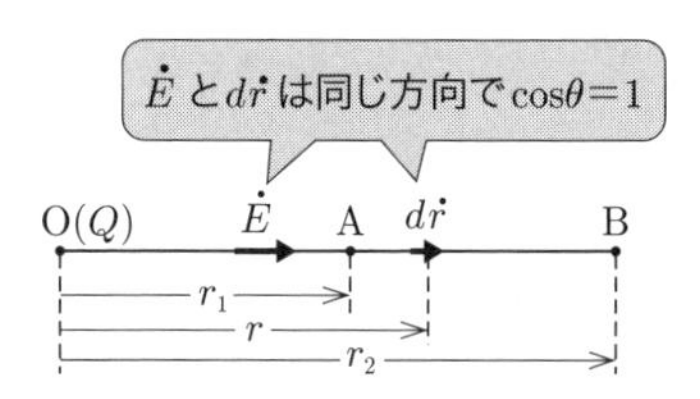

図1・15 電界内で電荷を運ぶのに必要な仕事

次に，図1･16の平行平板電極の電界 E に逆らって，電極間の距離 l だけ電荷 q を運ぶ仕事 W は，移動方向と電界との角を θ として

$$W=Fl\cos\theta=qEl\cos\theta=qEd〔\mathrm{J}〕 \quad (1\cdot19)$$

となる．つまり，⊕極の電荷は，W の位置エネルギーを持っていることになる．

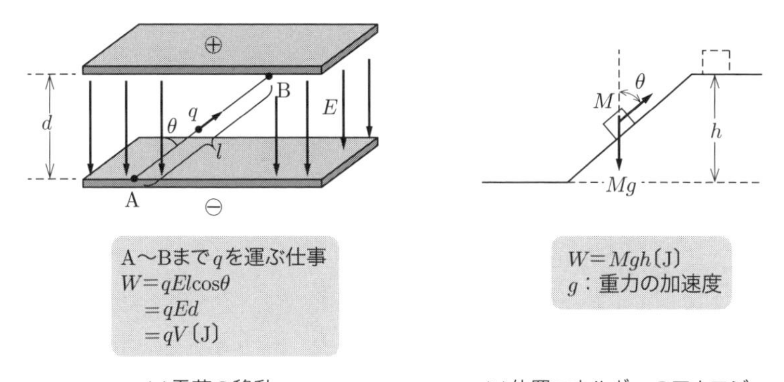

(a)電荷の移動　(b)位置エネルギーのアナロジー

図1・16 平行平板電極における電荷の移動と位置エネルギー

正の単位電荷を基準点Aから他の点Bへ動かすときの仕事を，電界の位置エネルギーの意味から，**電位**といい，基準点Aが定義されていないときは無限遠点を考える．電位の単位は〔V（**ボルト**）〕である．式（1·17）で$q=1$とし

$$\boldsymbol{V}=-\int_{\mathrm{A}}^{\mathrm{B}}\dot{\boldsymbol{E}}\cdot d\dot{\boldsymbol{r}}=-\int_{\infty}^{\mathrm{B}}\dot{\boldsymbol{E}}\cdot d\dot{\boldsymbol{r}}=-\int_{\infty}^{\mathrm{B}}\boldsymbol{E}\cos\boldsymbol{\theta}\boldsymbol{dr}\ \text{〔V〕} \tag{1・20}$$

（θ：$\dot{E}$と$d\dot{r}$の間の角度）

図1·16の平行平板電極においては

$$\boldsymbol{V}=\frac{\boldsymbol{W}}{\boldsymbol{q}}=\boldsymbol{Ed}\ \text{〔V〕} \tag{1・21}$$

そして，2点間の電位の差を**電圧**または**電位差**という．また，図1·17のように，電位の等しい点を連ねてできる線（面）を**等電位線（面）**という．電界と直角方向への電荷移動に対する仕事は0であるから，電位の変化が生じないので，**電気力線と等電位線（面）は直交**する．また，**異なる電位の等電位面は交わらない**．

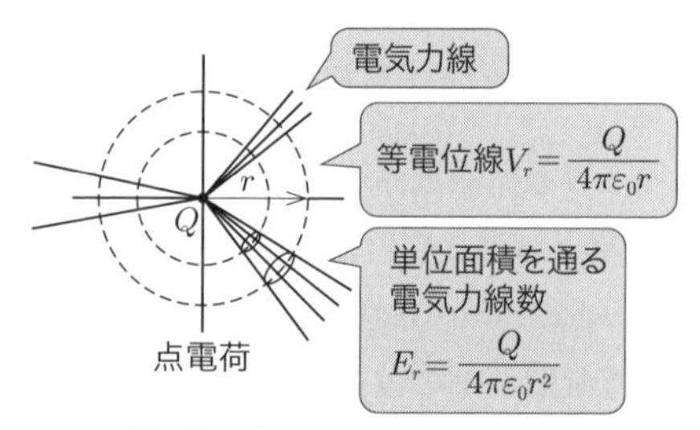

図1・17 電気力線と等電位線

（1）点電荷Qによる電位V

真空中で，点電荷Qからr〔m〕離れた点の電位Vは次式となる．

$$\boldsymbol{V}=-\int_{\infty}^{r}\boldsymbol{Edr}=-\int_{\infty}^{r}\frac{Q}{4\pi\varepsilon_0 r^2}dr=\frac{Q}{4\pi\varepsilon_0}\left[\frac{1}{r}\right]_{\infty}^{r}=\frac{\boldsymbol{Q}}{\boldsymbol{4\pi\varepsilon_0 r}} \tag{1・22}$$

（2）点電荷Qによる電圧V_{AB}

さらに，点電荷QによるAB間の電圧V_{AB}は点A（点電荷からの距離a）における電位V_{A}と点B（点電荷からの距離b）における電位V_{B}との差であるから，式（1·22）を用いて，次式となる．

$$\boldsymbol{V}_{\mathrm{AB}}=\boldsymbol{V}_{\mathrm{A}}-\boldsymbol{V}_{\mathrm{B}}=\frac{\boldsymbol{Q}}{4\pi\varepsilon_0}\left(\frac{1}{\boldsymbol{a}}-\frac{1}{\boldsymbol{b}}\right) \qquad (1\cdot 23)$$

(3) 複数の点電荷による電位

図1·18のように，複数の点電荷があるときの電界 $\dot{E}$ は，おのおのの電荷に対する電界をベクトル的に加えたもので $\dot{E}=\dot{E}_1+\dot{E}_2+\dot{E}_3$ であるから，点Pの電位は式（1·20）より

POINT
電位は個々の点電荷に対する電位を加え合わせる

$$\begin{aligned}\boldsymbol{V}&=-\int_{\infty}^{\mathrm{P}}\dot{\boldsymbol{E}}\cdot d\dot{\boldsymbol{r}}=-\int_{\infty}^{\mathrm{P}}\left(\dot{\boldsymbol{E}}_1+\dot{\boldsymbol{E}}_2+\dot{\boldsymbol{E}}_3\right)\cdot d\dot{\boldsymbol{r}}\\&=\left(-\int_{\infty}^{\mathrm{P}}\dot{\boldsymbol{E}}_1\cdot d\dot{\boldsymbol{r}}\right)+\left(-\int_{\infty}^{\mathrm{P}}\dot{\boldsymbol{E}}_2\cdot d\dot{\boldsymbol{r}}\right)+\left(-\int_{\infty}^{\mathrm{P}}\dot{\boldsymbol{E}}_3\cdot d\dot{\boldsymbol{r}}\right)\\&=\boldsymbol{V}_1+\boldsymbol{V}_2+\boldsymbol{V}_3=\frac{1}{4\pi\varepsilon_0}\left(\frac{\boldsymbol{Q}_1}{\boldsymbol{r}_1}+\frac{\boldsymbol{Q}_2}{\boldsymbol{r}_2}+\frac{\boldsymbol{Q}_3}{\boldsymbol{r}_3}\right)\end{aligned} \qquad (1\cdot 24)$$

となる．つまり，複数の点電荷に対する電位は，個々の点電荷に対する電位を加え合わせればよい．

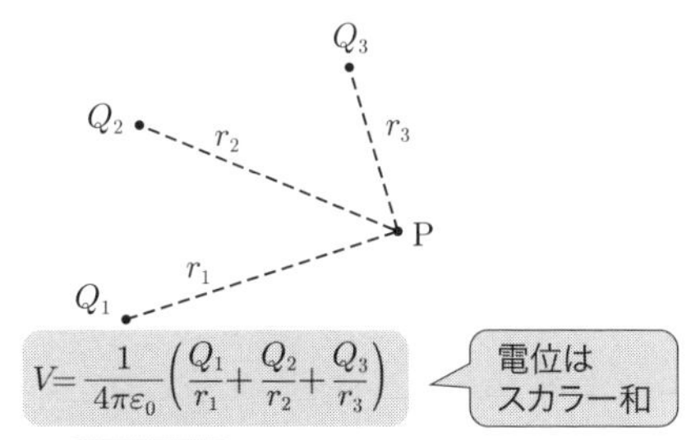

図1・18 複数の点電荷による電位

(4) 円筒電荷による電位 （図1·9）

円筒の外で，中心からの距離が r_1 の点Aと r_2 の点Bとの間の電位差は

$$\boldsymbol{V}_{\mathrm{A}}-\boldsymbol{V}_{\mathrm{B}}=\int_{r_2}^{r_1}\left(-\frac{\boldsymbol{Q}}{2\pi\varepsilon_0\boldsymbol{r}}\right)d\boldsymbol{r}=\frac{\boldsymbol{Q}}{2\pi\varepsilon_0}\log\frac{\boldsymbol{r}_2}{\boldsymbol{r}_1} \qquad (1\cdot 25)$$

となる．

POINT
$\log x$ の微分が $\frac{1}{x}$，$\frac{1}{x}$ の積分は $\log x$
ネピアの数 $e=2.71828$ を底とする対数が自然対数でlogまたはlnで表す．$\log aM-\log aN=\log a\frac{M}{N}$

(5) 同心球による電位 (導体球2は接地していない前提)

①導体球1の電荷 Q〔C〕，導体球2の電荷0の場合

図1･19の同心球において，導体球1内の電界の強さは0で，導体球1と2の間 $(a<r<b)$ では電界は $E=\dfrac{Q}{4\pi\varepsilon_0 r^2}$〔V/m〕となる．また，導体球2の内部 $(b<r<c)$ では，そこにガウスの定理の閉曲面（球面）を考えるとその中に含まれる電荷は $+Q+(-Q)=0$ であるから，電界の強さは0となる．さらに，導体球2の外側で，ガウスの定理の閉曲面（球面）を考えてその中に含まれる電荷は $+Q+(-Q)+Q=Q$ であるから，電界の強さは $E=\dfrac{Q}{4\pi\varepsilon_0 r^2}$〔V/m〕となる．これらの電界の強さを図示すると，図1･19（b）となる．

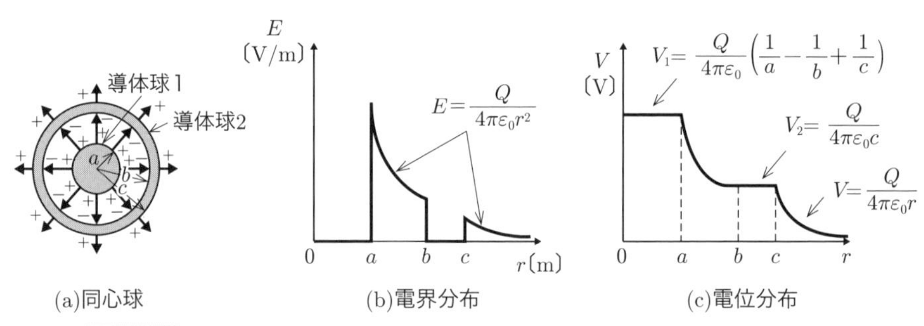

図1・19　同心球（導体球1：Q〔C〕，導体球2：0）とその電界分布・電位分布

そこで，導体球2の外側の電位は

$$V_r=-\int_{\infty}^{r}\frac{Q}{4\pi\varepsilon_0 r^2}dr=\frac{Q}{4\pi\varepsilon_0 r}\text{〔V〕} \tag{1・26}$$

であり，$r=c$ を代入すれば，次式のように導体球2の電位となる．

$$V_2=\frac{Q}{4\pi\varepsilon_0 c}\text{〔V〕} \tag{1・27}$$

さらに，導体球1と2の間 $(a<r<b)$ では，両導体球間の電位差は

$$V_{12}=-\int_{b}^{a}\frac{Q}{4\pi\varepsilon_0 r^2}dr=\frac{Q}{4\pi\varepsilon_0}\left(\frac{1}{a}-\frac{1}{b}\right)\text{〔V〕} \tag{1・28}$$

となる．導体球1の電位は式（1･27）と式（1･28）を加え合わせればよいから

$$V_1 = V_2 + V_{12} = \frac{Q}{4\pi\varepsilon_0}\left(\frac{1}{a} - \frac{1}{b} + \frac{1}{c}\right) \text{〔V〕} \quad (1 \cdot 29)$$

これらの電位分布を図示すると，図 1·19（c）となる．

②導体球 1 の電荷 0，導体球 2 の電荷 Q〔C〕の場合

導体球 1，2 の間でガウスの定理の閉曲面を考えると内部の電荷は 0 であるから，電界は 0 である．一方，導体球 2 の外側の電界の強さは，ガウスの定理を適用すれば内部の電荷が Q であるから，$E = \dfrac{Q}{4\pi\varepsilon_0 r^2}$〔V/m〕となる．したがって，導体球 2 の電位は

$$V_2 = -\int_{\infty}^{c} \frac{Q}{4\pi\varepsilon_0 r^2} dr = \frac{Q}{4\pi\varepsilon_0 c} \text{〔V〕} \quad (1 \cdot 30)$$

なお，この場合，導体球 1 の電位も導体球 2 の電位と同じである．

③導体球 1 の電荷 Q〔C〕，導体球 2 の電荷 $-Q$〔C〕の場合

まず，導体球 1，2 の間でガウスの定理の閉曲面を考えると内部の電荷が Q〔C〕であるから，電界は $E = \dfrac{Q}{4\pi\varepsilon_0 r^2}$〔V/m〕である．一方，導体球 2 の外側で閉曲面として球面を考えると，内部の電荷の合計が 0 であるから，電界は 0 である．したがって，導体球 2 の電位は 0 であり，導体球 1 の電位は次式となる．

$$V_1 = -\int_{b}^{a} \frac{Q}{4\pi\varepsilon_0 r^2} dr = \frac{Q}{4\pi\varepsilon_0}\left(\frac{1}{a} - \frac{1}{b}\right) \text{〔V〕} \quad (1 \cdot 31)$$

次に，電荷 Q から距離 r〔m〕離れた点において，そこから微小距離 dr だけ離れた点での電位の変化量を考える．dr が r に比べて十分に小さいなら，電位の変化量は微分を用い，式（1·22），式（1·4）と組み合わせれば

$$\frac{\boldsymbol{dV}}{\boldsymbol{dr}} = -\frac{Q}{4\pi\varepsilon_0 r^2} = -\boldsymbol{E}_r \quad (1 \cdot 32)$$

POINT
式から〔**V/m**〕=〔**N/C**〕

と表すことができる．これは，電位の r 方向に対する傾きを意味している．

すなわち，ある点においてある方向 r における電位の減少の割合を，その点における**電位の傾き**といい，**単位は〔V/m〕**である．そして，式（1·32）の単位を考えると，〔V/m〕=〔N/C〕であることがわかる．式（1·32）は，**電界の強さは電位の傾きの符号を反対にしたものに等しい**ことを示している．

5 電気力線の性質

電気力線の性質をまとめておく．

①電気力線は正電荷に始まり，負電荷に終わる．

②真空中では，1C の電荷から $1/\varepsilon_0$ 本の電気力線が発生する．

③電気力線の向きはその点の電界の向きと一致し，電気力線密度はその点の電界の大きさに等しい．

④電気力線は，引っ張られたゴムひものように縮もうとする一方で，他の電気力線と反発する．

⑤電荷のない所では，電気力線の発生・消滅はなく，連続である．

⑥電気力線は電位の高い点から低い点に向かう．

⑦電気力線は導体の表面に垂直に出入りする．

⑧電気力線は等電位面と垂直に交わる．

6 導体表面に働く力

図 1･13 や式（1･15）の説明に示すように，微小面積 ΔS にある電荷 $\sigma\Delta S$（$\sigma=$ 電荷密度）は他の電荷による電界 $\sigma/(2\varepsilon_0)$ によって外向きの力を受ける．

$$\Delta F=\sigma\Delta S\times\frac{\sigma}{2\varepsilon_0} \tag{1・33}$$

したがって，単位面積当たりの力 F は，$E=\sigma/\varepsilon_0$ の関係から

$$\boldsymbol{F}=\frac{\mathbf{1}}{\mathbf{2}\boldsymbol{\varepsilon_0}}\boldsymbol{\sigma}^{\mathbf{2}}=\frac{\mathbf{1}}{\mathbf{2}}\boldsymbol{\varepsilon_0}\boldsymbol{E}^{\mathbf{2}}\ \text{〔N/m}^2\text{〕} \tag{1・34}$$

となる．これは，電荷の符号にかかわらず，常に外側への力を受けることを示す．

例えば，無限に広い導体板 2 枚を間隔 d〔m〕だけ離して平行に置き，それに電位差 V〔V〕を加えるときの導体板の単位面積当たりに働く力 F は，導体板間の電界の大きさ $E=V/d$〔V/m〕であり，これを式（1･34）へ代入すれば

$$\boldsymbol{F}=\frac{\mathbf{1}}{\mathbf{2}}\boldsymbol{\varepsilon_0}\left(\frac{\boldsymbol{V}}{\boldsymbol{d}}\right)^{\mathbf{2}}\ \text{〔N/m}^2\text{〕} \tag{1・35}$$

となる．

例題 1 ・・ **H21 問 1**

次の文章は，静電界に関する記述である．

図のように，誘電率 ε_0 の真空中に **3** 個の点電荷が正方形の頂点にある．点 $\mathbf{P_1}$ と点 $\mathbf{P_3}$ には同じ値の正電荷 $+Q$ （ただし，$Q>0$ および $a>0$）がそれぞれ置かれている．また，点 $\mathbf{P_2}$ には，負電荷 $-2Q$ が置かれている．この静電界において，**2** 個の正電荷の間には反発力（斥力）$\dfrac{Q^2}{4\pi\varepsilon_0}\times$ [(1)] が働いており，これら **2** 個の正電荷が点 $\mathbf{P_2}$ の負電荷に及ぼす合成力の大きさは，$\dfrac{Q^2}{4\pi\varepsilon_0}\times$ [(2)] である．

次に，電界について検討しよう．まず，**2** つの正電荷による点 $\mathbf{P_0}$ での合成電界の y 軸成分は，$\dfrac{Q}{4\pi\varepsilon_0}\times$ [(3)] である．また，**3** 個全部の電荷による合成電界の大きさは，点 $\mathbf{P_0}$ において，$\dfrac{Q}{4\pi\varepsilon_0}\times$ [(4)] である．

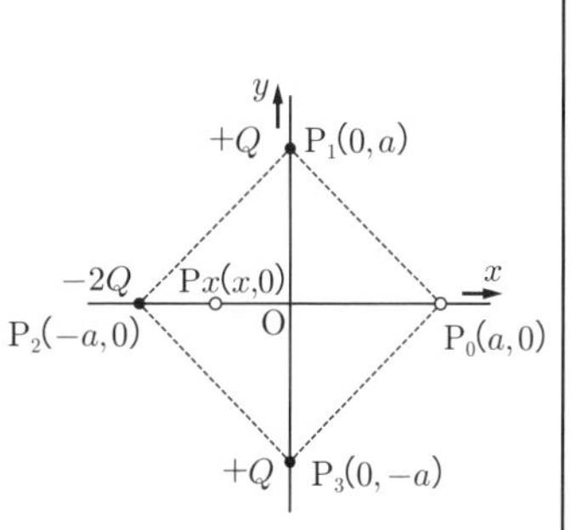

いま，点 $\mathbf{P_2}$ の負電荷だけを x 軸に沿って正方向に動かして

点 $\mathbf{P_x}$ （[(5)] $\times a$, **0**）

に置くと，点 $\mathbf{P_0}$ の合成電界を **0** にすることができる．

【解答群】

（イ）1　（ロ）$\dfrac{\sqrt{2}-1}{a^2}$　（ハ）$\dfrac{\sqrt{2}-1}{2a^2}$　（ニ）-0.68

（ホ）$\dfrac{1}{4a^2}$　（ヘ）-0.54　（ト）0　（チ）$\dfrac{1}{\sqrt{2}a^2}$

（リ）$\dfrac{\sqrt{2}+1}{2a^2}$　（ヌ）$\dfrac{\sqrt{2}}{a^2}$　（ル）$\dfrac{1}{a}$　（ヲ）$\dfrac{1}{2\sqrt{2}a^2}$

（ワ）-0.44　（カ）$\dfrac{1}{a^2}$　（ヨ）$\dfrac{1}{2a^2}$

解 説　(1) 点 $\mathrm{P_1}$ の正電荷 $+Q$ と点 $\mathrm{P_3}$ の正電荷 $+Q$ の間に働く力は，式 (1･1) より

$$F=\frac{Q\times Q}{4\pi\varepsilon_0(2a)^2}=\frac{Q^2}{4\pi\varepsilon_0}\times\frac{1}{4a^2}\ \text{〔N〕}$$

(2) 点P_1の$+Q$が点P_2の$-2Q$に及ぼす力は，解説図のように$\overline{P_1P_2}=\sqrt{2}a$であるから，式（1・1）より

$$\left|\dot{F}_{12}\right|=\frac{Q\times 2Q}{4\pi\varepsilon_0(\sqrt{2}a)^2}=\frac{Q^2}{4\pi\varepsilon_0 a^2}\ \text{〔N〕}$$

の吸引力である．点P_3の$+Q$が点P_2の$-2Q$に及ぼす力も同じ大きさの吸引力である（$F_{23}=F_{12}$）．

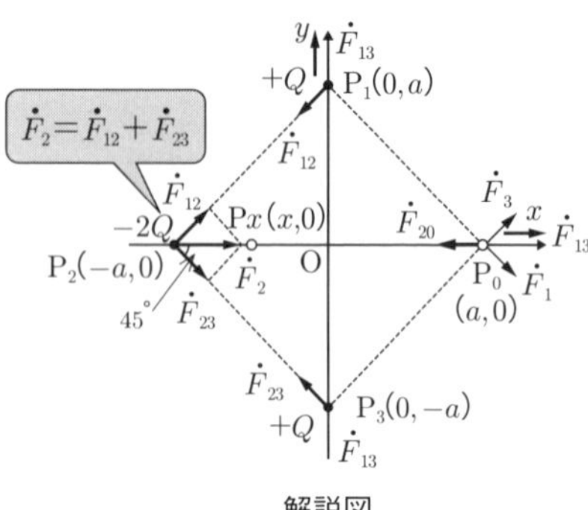

解説図

したがって，$-2Q$に働く力$\dot{F}_2$は$\dot{F}_{12}$と$\dot{F}_{23}$のベクトル和であるから

$$\left|\dot{F}_2\right|=\left|\dot{F}_{12}+\dot{F}_{23}\right|=\sqrt{2}\times\left|\dot{F}_{12}\right|=\frac{Q^2}{4\pi\varepsilon_0}\times\frac{\sqrt{2}}{a^2}\ \text{〔N〕}$$

(3) 点P_0に$+1$Cの点電荷を置いたとき，点P_1の$+Q$による力を$\dot{F}_1$，点P_3の$+Q$による力を$\dot{F}_3$とすれば，それを合成すると解説図の$\dot{F}_{13}$のようにx軸方向の力となる．したがって，2つの正電荷による点P_0での合成電界のy軸成分は0である．

(4) 3個全部の電荷による合成電界の大きさEは解説図より

$$E=\dot{F}_{13}-\dot{F}_{20}=2F_3\cos 45^\circ-F_{20}=2\times\frac{Q}{4\pi\varepsilon_0(\sqrt{2}a)^2}\times\frac{1}{\sqrt{2}}-\frac{2Q}{4\pi\varepsilon_0(2a)^2}$$

$$=\frac{Q}{4\pi\varepsilon_0 a^2}\left(\frac{1}{\sqrt{2}}-\frac{1}{2}\right)=\frac{Q}{4\pi\varepsilon_0}\times\frac{\sqrt{2}-1}{2a^2}$$

(5) 点P_0の合成電界が0になるとき，点P_0に置いた$+1$Cに働く合成力が0になるから

$$\frac{Q}{4\pi\varepsilon_0 a^2}\times\frac{1}{\sqrt{2}}=\frac{2Q}{4\pi\varepsilon_0(a-x)^2}$$

$$\therefore (a-x)^2=2\sqrt{2}a^2 \qquad \therefore a-x=\sqrt{2\sqrt{2}}a=1.68a$$

$$\therefore x=a-1.68a=-0.68a$$

【解答】(1) ホ　(2) ヌ　(3) ト　(4) ハ　(5) ニ

例題 2 ……………………………… **H30　問 1**

次の文章は，点電荷が真空中に作り出す電界に関する記述である．なお，ε_0は真空の誘電率である．

図のようにxy平面上の点$\mathbf{A}(x,y)=(-a,0)$に電荷$+Q$の点電荷を置く．この点電荷がy軸上の点$\mathbf{B}(x,y)=(0,b)$に作り出す電界のx成分は$\dfrac{Q}{4\pi\varepsilon_0}\times$ (1) ，y成

分は $\dfrac{Q}{4\pi\varepsilon_0}\times$ [(2)] となる．

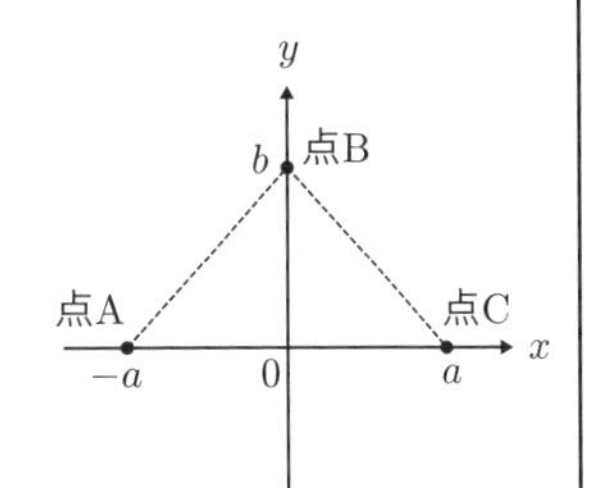

さらに，点 $\mathbf{C}(x,y)=(a,0)$ に電荷 $-Q$ の点電荷を置いた場合には，点Bにおける合成電界は x 成分のみをもち，$b=$ [(3)] の場合にその大きさが最大となる．

一方，点Cに電荷 $+Q$ の点電荷を置いた場合には，点Bにおける合成電界は y 成分のみをもち，$\dfrac{Q}{4\pi\varepsilon_0}\times$ [(4)] となる．この合成電界は，$b=$ [(5)] の場合にその大きさが最大となる．

【解答群】

(イ) $\dfrac{a}{a^2+b^2}$　(ロ) $\dfrac{a+b}{(a^2+b^2)^{\frac{3}{2}}}$　(ハ) $\dfrac{b}{a^2+b^2}$　(ニ) $\pm\dfrac{a}{2}$

(ホ) $\pm a$　(ヘ) $\pm 2a$　(ト) $\dfrac{a}{(a^2+b^2)^{\frac{3}{2}}}$　(チ) $\dfrac{2a}{(a^2+b^2)^{\frac{3}{2}}}$

(リ) $\pm\dfrac{a}{\sqrt{2}}$　(ヌ) $\dfrac{b}{(a^2+b^2)^{\frac{1}{2}}}$　(ル) $\dfrac{2b}{(a^2+b^2)^{\frac{3}{2}}}$　(ヲ) $\pm\infty$

(ワ) $\dfrac{b}{(a^2+b^2)^{\frac{3}{2}}}$　(カ) $\dfrac{a}{(a^2+b^2)^{\frac{1}{2}}}$　(ヨ) 0

解 説　(1) (2) 点Aと点Bの距離は $\overline{\mathrm{AB}}=\sqrt{a^2+b^2}$ であるから，解説図のように θ を置けば

$$\sin\theta=\frac{b}{\sqrt{a^2+b^2}},\quad \cos\theta=\frac{a}{\sqrt{a^2+b^2}}$$

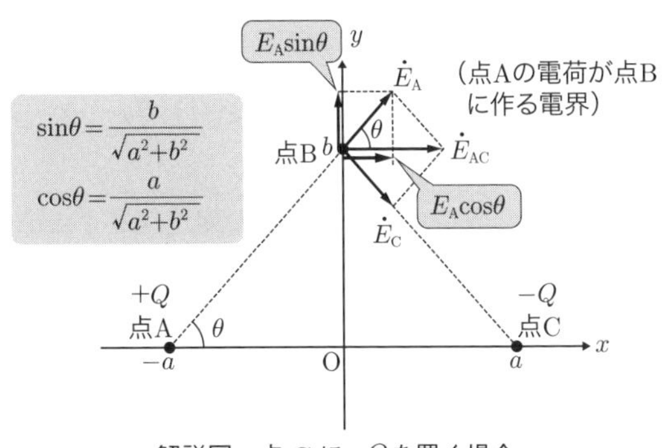

解説図　点Cに $-Q$ を置く場合

点Aの$+Q$の点電荷が点Bに作り出す電界の大きさは，式（1·4）より

$E_{\mathrm{A}}=\dfrac{Q}{4\pi\varepsilon_0(\overline{\mathrm{AB}})^2}$ であるから

そのx成分は $E_{\mathrm{A}x}=\dfrac{Q}{4\pi\varepsilon_0(a^2+b^2)}\times\cos\theta=\dfrac{Qa}{4\pi\varepsilon_0(a^2+b^2)^{\frac{3}{2}}}$ ……①

y成分は $E_{\mathrm{A}y}=\dfrac{Q}{4\pi\varepsilon_0(a^2+b^2)}\times\sin\theta=\dfrac{Qb}{4\pi\varepsilon_0(a^2+b^2)^{\frac{3}{2}}}$ ……②

(3) 点Bにおける合成電界 $\dot{E}_{\mathrm{AC}}$ は解説図のようにx成分だけであり

$$\left|\dot{E}_{\mathrm{AC}}\right|=2E_{\mathrm{A}x}=\frac{aQ}{2\pi\varepsilon_0(a^2+b^2)^{\frac{3}{2}}}$$

となる．この式が最大となるのは，分子のaQが一定なのでこの分母が最小のときであるから，$b=0$のときである．

(4) 点Cに$+Q$の点電荷を置くと，x成分は打ち消し合い，y成分だけとなって，電界 $\dot{E}'_{\mathrm{AC}}$ は

$$\left|\dot{E}'_{\mathrm{AC}}\right|=2E_{\mathrm{A}y}=2\times\frac{Qb}{4\pi\varepsilon_0(a^2+b^2)^{\frac{3}{2}}}=\frac{Q}{4\pi\varepsilon_0}\times\frac{2b}{(a^2+b^2)^{\frac{3}{2}}} \quad\text{……③}$$

(5) 式③は $\left|\dot{E}'_{\mathrm{AC}}\right|=\dfrac{Q}{2\pi\varepsilon_0}\left\{\dfrac{b^2}{(a^2+b^2)^3}\right\}^{\frac{1}{2}}$ なので，$f=\dfrac{b^2}{(a^2+b^2)^3}$ の最大値を求める．

ここで$b^2=x$とすると，$f(x)=\dfrac{x}{(a^2+x)^3}$ となるから

$$\frac{df}{dx}=\frac{1\cdot(a^2+x)^3-x\cdot 3(a^2+x)^2}{(a^2+x)^6}=\frac{a^2-2x}{(a^2+x)^4}=0$$

$$\therefore x=\frac{a^2}{2}\qquad\therefore b^2=\frac{a^2}{2}\qquad b=\pm\frac{a}{\sqrt{2}}$$

POINT

$y=\dfrac{f(x)}{g(x)}$ の微分

$y'=\dfrac{f'(x)g(x)-f(x)g'(x)}{\{g(x)\}^2}$

【解答】（1）ト　（2）ワ　（3）ヨ　（4）ル　（5）リ

例題 3　　**R4　問1**

次の文章は，電荷を帯びた球の作る電界に関する記述である．

図のように，真空中の原点Oからの距離がrであるとき，$0\leqq r\leqq a$，$a<r\leqq 2a$，$r>2a$の領域をそれぞれ領域A，B，Cとする．領域AとBにはそれぞれ電荷密度$+\rho$，$-\dfrac{\rho}{7}$で電荷が一様に分布している．また，領域Cに電荷は存在しない．ただし，

$\boldsymbol{\rho}>\mathbf{0}$ であり，すべての領域の誘電率は真空中の誘電率 ε_0 である．

このとき，領域Aに存在する電荷の合計は [(1)] である．

また，球の中心から距離 $\boldsymbol{r}$ の位置における $\boldsymbol{r}$ 方向の電界 $\boldsymbol{E}(\boldsymbol{r})$ は

領域A（$\mathbf{0} \leqq \boldsymbol{r} \leqq \boldsymbol{a}$）のとき [(2)]

領域B（$\boldsymbol{a}<\boldsymbol{r} \leqq \mathbf{2}\boldsymbol{a}$）のとき [(3)]

領域C（$\boldsymbol{r}>\mathbf{2}\boldsymbol{a}$）のとき [(4)]

である．

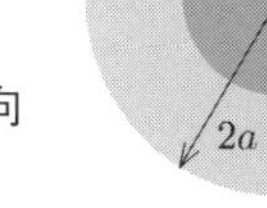

このとき，$\boldsymbol{E}(\boldsymbol{r})$ の符号に着目すると，$\boldsymbol{r}\to\infty$ の無限遠点を電位の基準とした場合に，中心O（$\boldsymbol{r}=\mathbf{0}$）の電位の符号は，[(5)]．

【解答群】

（イ）$4\pi a^3\rho$　（ロ）$\dfrac{\rho}{3\varepsilon_0}\dfrac{a^3}{r^2}$　（ハ）$\dfrac{\rho}{3\varepsilon_0}\dfrac{a^2}{r}$

（ニ）$\dfrac{\rho}{3\varepsilon_0}r$　（ホ）$\dfrac{\rho}{21\varepsilon_0}\left(\dfrac{8a^3}{r^2}-r\right)$　（ヘ）$\dfrac{8}{3}\pi a^3\rho$

（ト）負である　（チ）$\dfrac{\rho}{9\varepsilon_0}\left(\dfrac{4a^3}{r^2}-r\right)$　（リ）$\dfrac{\rho}{21\varepsilon_0}\left(\dfrac{6a^3}{r^2}+r\right)$

（ヌ）$-\dfrac{\rho}{3\varepsilon_0}\dfrac{a^2}{r}$　（ル）正である　（ヲ）$\dfrac{4}{3}\pi a^3\rho$

（ワ）0　（カ）$\dfrac{\sqrt[3]{2}\rho}{3\varepsilon_0}a$

（ヨ）a の大きさによって正か負かが変わる

解説　(1) 領域Aに存在する電荷 Q_1 は，領域Aの球の体積 $\dfrac{4}{3}\pi a^3$ と電荷密度 ρ を乗じればよいから，$Q_1=\dfrac{4}{3}\pi a^3\rho$

(2) ガウスの定理を適用するため，領域Aの中で閉曲面（半径 r の球面）を考えれば，その中に存在する電荷 $Q_2=\dfrac{4}{3}\pi r^3\rho$ であるから，電界 E は式（1·7）より

$$4\pi r^2E=\frac{1}{\varepsilon_0}\cdot\rho\left(\frac{4}{3}\pi r^3\right)\quad\therefore E=\frac{\rho r}{3\varepsilon_0}$$

(3) 領域Bの中で閉曲面（半径 r の球面）を考えれば，その中に存在する電荷 Q_3 は

$$Q_3=\frac{4}{3}\pi a^3\cdot\rho+\frac{4\pi}{3}(r^3-a^3)\cdot\left(-\frac{\rho}{7}\right)=\frac{4\pi\rho}{3}\left(\frac{8}{7}a^3-\frac{1}{7}r^3\right)$$

であるから，電界 E は式（1･7）より

$$4\pi r^2E=\frac{Q_3}{\varepsilon_0}=\frac{1}{\varepsilon_0}\cdot\frac{4\pi\rho}{21}(8a^3-r^3)\qquad\therefore E=\frac{\rho}{21\varepsilon_0}\left(\frac{8a^3}{r^2}-r\right)$$

(4) 領域Cの中で閉曲面（半径 r の球面）を考えれば，その中に存在する電荷 Q_4 は

$$Q_4=\frac{4\pi}{3}a^3\cdot\rho+\frac{4\pi}{3}\{(2a)^3-a^3\}\cdot\left(-\frac{\rho}{7}\right)=0$$

であるから，電界 E は式（1･7）より

$$4\pi r^2E=\frac{Q_4}{\varepsilon_0}=0\quad\therefore E=0$$

(5)（2）～（4）で求めた電界を図示すると，解説図となる．中心Oの電位は解説図の電界を積分することになるから，その符号は正である（中心Oから外側に向かって電気力線が出ていくため，中心Oの電位は正）．

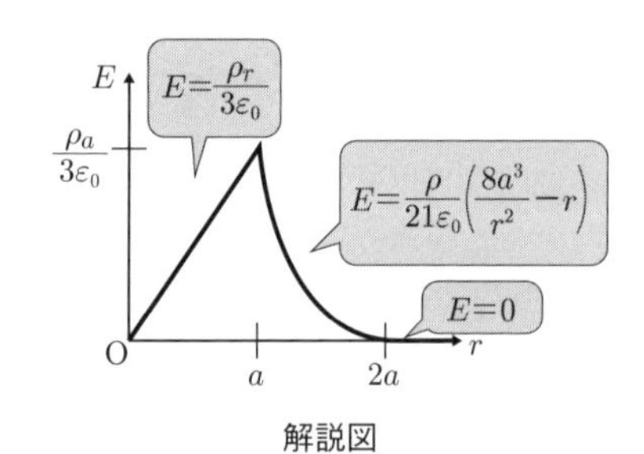

解説図

【解答】（1）ヲ　（2）ニ　（3）ホ　（4）ワ　（5）ル

例題 4 ………… H23　問 1

次の文章は，同軸円筒導体中の電界に関する記述である．

図のような同軸円筒導体を想定し，内部導体の外半径を $\boldsymbol{a}$，外部導体の内半径を $\boldsymbol{b}$，内外導体間の誘電体の誘電率を ε とする．外部導体を接地し，内部導体に電圧 $\boldsymbol{V}$ を印加する場合を考える．このとき，誘電体内の最大電界を最小にする内部導体の外半径 $\boldsymbol{a}$ の条件を求めたい．

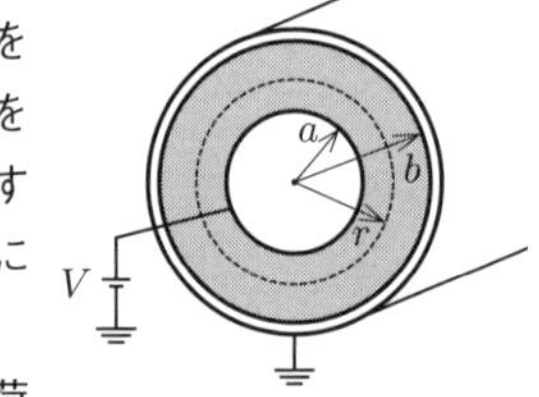

まず，単位長さ当たりに内部導体に蓄えられている電荷 $\boldsymbol{q}$ を求めることを考える．このとき，半径 $\boldsymbol{r}$ の位置における電界の強さ $\boldsymbol{E_r}$ と $\boldsymbol{q}$ との関係を求めると，次式のように表される．

$\boldsymbol{E_r}=$ （1） ……………………………… ①

これを $\boldsymbol{r}$ について $\boldsymbol{a}$ から $\boldsymbol{b}$ まで積分した値が，円筒間の電位差 $\boldsymbol{V}$ に等しい．これにより $\boldsymbol{V}$ と $\boldsymbol{q}$ の関係が得られるため，内部導体に単位長さ当たりに蓄えられている電荷 $\boldsymbol{q}$ は次式のように求められる．

$q=$ [(2)] ……………………………………………………………②

式①および式②から，内外導体間の電界の強さ E_r の最大値 E_{max} は次式のように表される．

$E_{max}=$ [(3)]

次に，b を一定としたときに，E_{max} を最小にする内部導体の外半径 a を求める．E_{max} を最小にするには，この場合，[(3)] の分母を最大にする a を求めればよい．すなわち，[(3)] の分母を a で微分して，次式が成り立つ a を求めればよい．

[(4)] $=0$

よって，求める a の値は，次式で与えられる．ここで，自然対数の底を $e=2.718$ とする．

$a=$ [(5)]

【解答群】

（イ） $\dfrac{V}{b\ln\dfrac{b}{a}}$	（ロ） $\dfrac{q}{2\pi\varepsilon r^2}$	（ハ） $b\ln\dfrac{b}{a}+\dfrac{a^2}{b}$	（ニ） $0.368b$
（ホ） $\dfrac{2\pi\varepsilon Va^2b^2}{b^2-a^2}$	（ヘ） $\ln\dfrac{b}{a}-1$	（ト） $\dfrac{q}{2\pi\varepsilon r}$	（チ） $\dfrac{4\pi\varepsilon Vab}{b-a}$
（リ） $\dfrac{Vb}{a(b-a)}$	（ヌ） $0.5b$	（ル） $\dfrac{2\pi\varepsilon V}{\ln\dfrac{b}{a}}$	（ヲ） $b^{0.368}$
（ワ） $\dfrac{V}{a\ln\dfrac{b}{a}}$	（カ） $b-2a$	（ヨ） $\dfrac{q}{4\pi\varepsilon r^2}$	

解　説　(1) 同軸円筒導体と軸を同一とする長さ 1，半径 r の仮想円筒を考えると，電気力線は仮想円筒の側面から均等に放射状に出ていく．ガウスの定理の式（1･7）より

$$\int_s E_n\cdot dS=E_r\times(2\pi r\times 1)=\frac{q}{\varepsilon}\qquad\therefore\quad E_r=\frac{q}{2\pi\varepsilon r}\qquad\cdots\cdots①$$

(2) $$V=\int_a^b E_r dr=\int_a^b\frac{q}{2\pi\varepsilon r}dr=\frac{q}{2\pi\varepsilon}(\ln b-\ln a)=\frac{q}{2\pi\varepsilon}\ln\frac{b}{a}$$

POINT：$\dfrac{1}{r}$の積分は$\ln r$

$$\therefore q=\frac{2\pi\varepsilon V}{\ln\dfrac{b}{a}}\qquad\cdots\cdots②$$

POINT：ネピアの数eを底とする対数は自然対数で$\ln$または$\log$で表す

(3) 式②を式①へ代入すると

$$E_r=\frac{1}{2\pi\varepsilon r}\times\frac{2\pi\varepsilon V}{\ln\dfrac{b}{a}}=\frac{V}{r\ln\dfrac{b}{a}}\qquad\cdots\cdots③$$

式③で分子は定数であるから，分母が最小になれば E_r は最大となる．すなわち，$r=a$ のとき

$$E_{\max} = \frac{V}{a\ln\dfrac{b}{a}} \quad \cdots\cdots④$$

(4) b を一定にしたとき，$E_{\max}$ を最小にするためにはその分母の $a\ln\dfrac{b}{a}$ を最大にする a を求めればよい．$f(a)=a\ln\dfrac{b}{a}$ と置けば

$$\frac{df}{da} = \left(\frac{da}{da}\right)\times\left(\ln\frac{b}{a}\right)+a\times\frac{d\left(\ln\dfrac{b}{a}\right)}{da} = \ln\frac{b}{a}+a\times\frac{d(\ln b-\ln a)}{da}$$

$$= \ln\frac{b}{a}-a\times\frac{1}{a} = \ln\frac{b}{a}-1=0 \quad \cdots\cdots⑤$$

POINT

(a) $y=f(x)\cdot g(x)$ の微分 ➡ $y'=f'(x)g(x)+f(x)g'(x)$

ここでは $f(a)=a$，$g(a)=\ln\dfrac{b}{a}$ と考えればよい

(b) $y=\ln x$ の微分 ➡ $y'=\dfrac{1}{x}$

(5) 式⑤より $\ln\dfrac{b}{a}=1$ となるから

$$\frac{b}{a}=e^1=2.718$$

$$\therefore\ a=\frac{b}{2.718}=0.368b$$

【解答】(1) ト　(2) ル　(3) ワ　(4) ヘ　(5) ニ

1-2 静電容量と誘電体

攻略のポイント　電験３種では，平行平板コンデンサの静電容量，コンデンサの直並列接続の回路計算等が出題されている．電験２種では，同心球電極や同心円筒電極・平行２導体の静電容量，コンデンサに蓄えられるエネルギー，誘電体を取り出すときのエネルギー等が出題されている．

1 静電容量

2つの導体の間に電荷を蓄えられるようにしたものを，**コンデンサ**という．図1･20に示すように，導体の一方にQ〔C〕，他方に$-Q$〔C〕の電荷を与えたとき，導体間の電位差がV〔V〕になったとすると，導体間の静電容量Cは

$$\boldsymbol{C}=\frac{\boldsymbol{Q}}{\boldsymbol{V}}\text{〔F(ファラド)〕} \qquad (1・36)$$

で表される．導体が1個の場合は無限遠点を相手導体と考える．静電容量は，同じ電位差のとき，蓄えられる電荷の量に比例するもので，幾何学的形状や配置および電極間の物質により定まる．

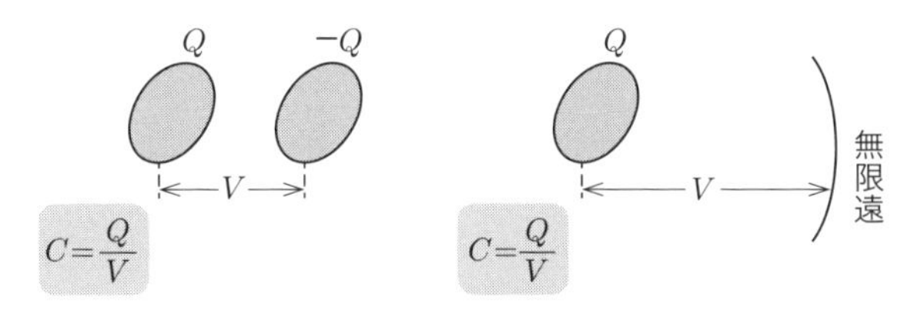

図1・20　静電容量

(1) 平行平板電極

面積S〔m²〕が間隔d〔m〕に比べて大きく電極の端部の乱れが無視できる場合には，電荷は均等に分布し，電極間の電界は平等電界となる．

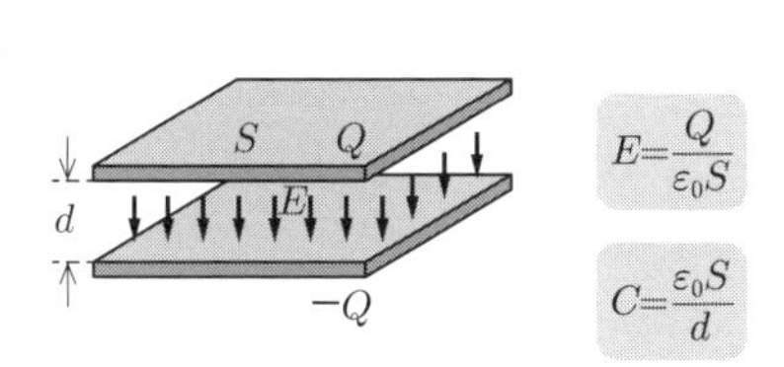

図1・21　平行平板電極

図1･21に示すように，電極に$+Q$〔C〕と$-Q$〔C〕を与えた場合の平行平板電極間の電界Eの大きさは式（1･16）において$\sigma=Q/S$であるから

$$E=\frac{Q}{\varepsilon_0 S}\text{〔V/m〕} \qquad (1・37)$$

電位差Vは，電界Eに沿っての距離dを掛ければよいから

$$V=Ed=\frac{Qd}{\varepsilon_0 S}\ \text{〔V〕} \tag{1・38}$$

静電容量Cは，式（1·36）と式（1·38）から

$$\boldsymbol{C}=\frac{\boldsymbol{Q}}{\boldsymbol{V}}=\frac{\boldsymbol{\varepsilon_0 S}}{\boldsymbol{d}}\ \text{〔F〕} \tag{1・39}$$

（2）同心球電極

図1·22に示すように，半径a〔m〕の球導体1と中心が同じ半径b〔m〕の球導体2があり，球導体1に$+Q$〔C〕，球導体2に$-Q$〔C〕の電荷を与える．ガウスの定理により，電界は球導体1と2の間のみ生じ，しかも中心にQ〔C〕の点電荷を置く場合と同じである．

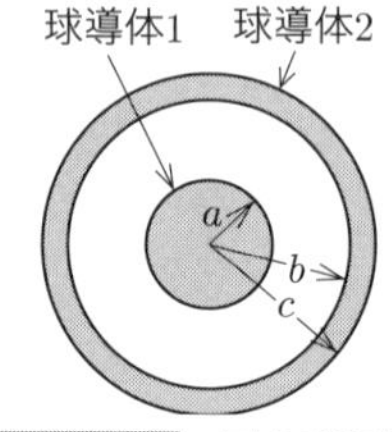

図1・22　同心球電極

式（1·31）を用いると，球導体1と2の電位差は$V=\dfrac{Q}{4\pi\varepsilon_0}\left(\dfrac{b-a}{ab}\right)$であるから，静電容量$C$は

$$\boldsymbol{C}=\frac{\boldsymbol{Q}}{\boldsymbol{V}}=\frac{\boldsymbol{4\pi\varepsilon_0 ab}}{\boldsymbol{b-a}}\ \text{〔F〕} \tag{1・40}$$

となる．電気力線は2導体間の空間にしか存在しないので，静電容量Cは距離cには関係しない．

ここで，bの半径を無限大にすれば，半径aの孤立球電極の静電容量C_∞となり，式（1·40）から$C=4\pi\varepsilon_0\dfrac{a}{1-\dfrac{a}{b}}$と変形して$\displaystyle\lim_{b\to\infty}\frac{a}{b}=0$ゆえ

$$\boldsymbol{C_\infty=4\pi\varepsilon_0 a}\ \text{〔F〕} \tag{1・41}$$

（3）同心円筒電極

図1·23のように，無限に長い同心円筒の単位長当たりの静電容量は，単位長当たり内側円筒に$+Q$〔C〕，外側円筒に$-Q$〔C〕の電荷を与えると，電気力線は両導体間のみ生じる．式（1·25）から

$$V=\frac{Q}{2\pi\varepsilon_0}\log\frac{b}{a}\ \text{〔V〕} \tag{1・42}$$

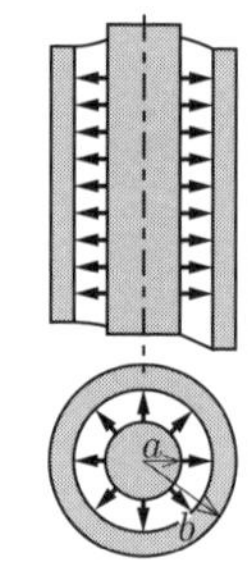

図1・23　同心円筒電極

したがって，単位長当たりの静電容量 C は

$$\boldsymbol{C}=\frac{\boldsymbol{Q}}{\boldsymbol{V}}=\frac{\boldsymbol{2\pi\varepsilon_0}}{\log\left(\dfrac{\boldsymbol{b}}{\boldsymbol{a}}\right)}\text{〔F/m〕} \tag{1・43}$$

（4）2本の平行導線

半径 r〔m〕の非常に長い導線を d〔m〕だけ離して平行に置いたとき，2導線間の単位長当たりの静電容量を求める．ここでは，各導体の電荷分布は，他の導体の影響を受けず，いずれも中心に対して対称な電荷分布になっているものと仮定して，近似的に求める．

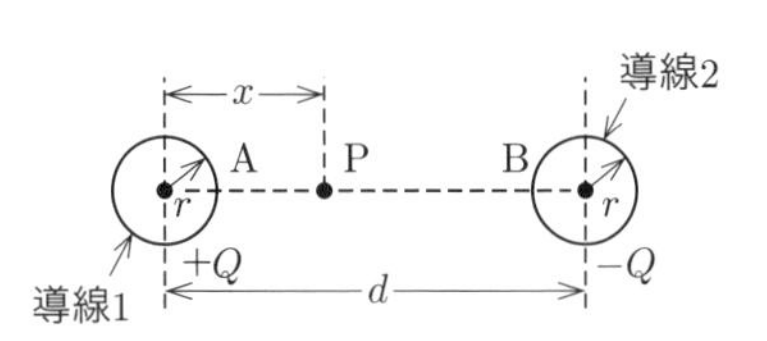

図1・24　2本の平行導線

図1･24において，点Pの電界は，導線1による電界 $\dfrac{Q}{2\pi\varepsilon_0 x}$ と導線2による電界 $\dfrac{-Q}{2\pi\varepsilon_0(d-x)}$ とを，電界の向きを考慮して加えると

$$E=\frac{Q}{2\pi\varepsilon_0}\left(\frac{1}{x}+\frac{1}{d-x}\right) \tag{1・44}$$

したがって，図1･24の点A，B間の電位差 V と静電容量 C は

$$V=\int_r^{d-r}\frac{Q}{2\pi\varepsilon_0}\left(\frac{1}{x}+\frac{1}{d-x}\right)dx$$

$$=\frac{Q}{2\pi\varepsilon_0}\left\{[\log x]_r^{d-r}+[-\log(d-x)]_r^{d-r}\right\}=\frac{Q}{\pi\varepsilon_0}\log\frac{d-r}{r} \tag{1・45}$$

$$\boldsymbol{C}=\frac{\boldsymbol{Q}}{\boldsymbol{V}}=\frac{\boldsymbol{\pi\varepsilon_0}}{\log\dfrac{\boldsymbol{d}-\boldsymbol{r}}{\boldsymbol{r}}}\fallingdotseq\frac{\boldsymbol{\pi\varepsilon_0}}{\log\left(\dfrac{\boldsymbol{d}}{\boldsymbol{r}}\right)}\text{〔F/m〕}\quad(\boldsymbol{d}\gg\boldsymbol{r}) \tag{1・46}$$

2 誘電体

コンデンサの電極の間に絶縁物を挿入すると，静電容量が増加する．このような静電現象に着目するとき，絶縁物を**誘電体**という．

図1･25に示すように，真空中の静電容量を C_0，この電極間に誘電体を満たしたときの静電容量を C とすると

$$\varepsilon_s = \frac{C}{C_0} \qquad (1 \cdot 47)$$

を誘電体の**比誘電率**という．この理由は，分極により説明できる．

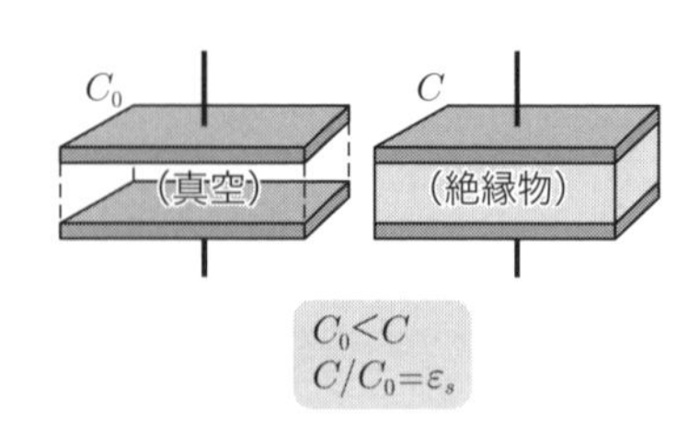

図1・25 比誘電率

(1) 分極

誘電体（絶縁体）が電界中に置かれると，誘電体の電子は電界の影響を受け，電子全体の中心が原子の中心よりずれることになる．これにより，図1·26のように，原子の一端は負電荷が過剰になり，他端は正電荷が過剰になる状態となり，これを**分極**という．そして，誘電体全体を巨視的に考えると，誘電体内では電界の方向に電荷の変位を生じ，電界の方向に正電荷，反対方向に負電荷を生じるように見える．

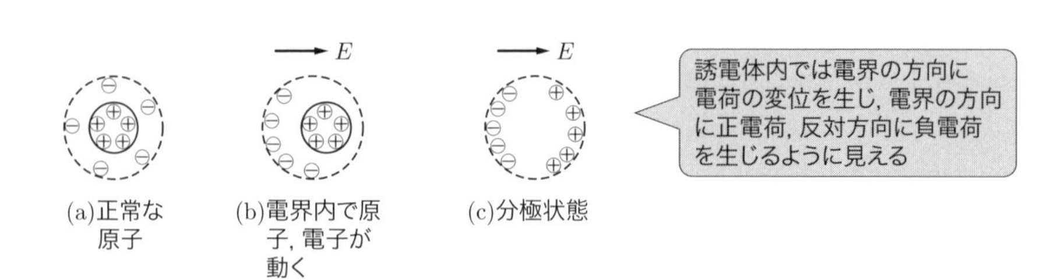

図1・26 原子の分極

図1·27のように，平行平板電極の平等電界の中で一様に分極が生じている場合，＋電極側の誘電体表面には負電荷，－電極側には正電荷が現れる．これを**分極電荷**といい，外部に取り出すことはできない．これに対して，初めに電極に与えられた電荷を**真電荷**という．

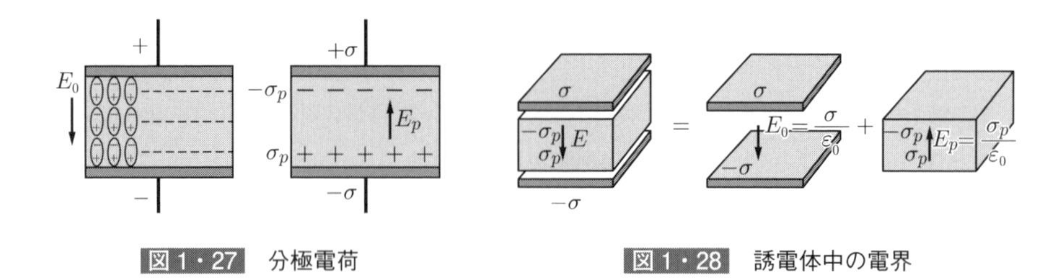

図1・27 分極電荷

図1・28 誘電体中の電界

真電荷密度 σ〔C/m²〕，分極電荷密度 σ_p〔C/m²〕としてガウスの定理を用いれば，図 1･28 のように合成電界 E は

$$\boldsymbol{E}=\frac{\boldsymbol{\sigma}-\boldsymbol{\sigma_p}}{\boldsymbol{\varepsilon_0}} \qquad (1 \cdot 48)$$

となり，初めの電界 $E_0=\sigma/\varepsilon_0$ より小さくなる．このため，電位差 $V=Ed$ も減少し，静電容量は $C=Q/V$ によって増加する．

(2) 電束密度

式（1･48）を変形すれば

$$\boldsymbol{\varepsilon_0 E}+\boldsymbol{\sigma_p}=\boldsymbol{\sigma}=\boldsymbol{D} \qquad (1 \cdot 49)$$

となる．$\boldsymbol{D}$ を**電束密度〔C/m²〕**といい，電束密度にその通る断面積を掛けたものを**電束**という．電束〔C〕は，正の真電荷 Q〔C〕から Q 本出て，負の真電荷 $-Q$〔C〕に Q 本入る．電束は，1 C の真電荷から必ず 1 本出ていき，したがって，分極電荷の大きさ，換言すれば，誘電体の性質には無関係である．

通常の誘電体では，分極電荷密度 σ_p は電界 E に比例するので

$$\sigma_p=\chi\varepsilon_0 E \qquad (1 \cdot 50)$$

となる．χ（カイ）を**分極率**という．式（1･50）を式（1･48）に代入し

$$E=\frac{\sigma-\chi\varepsilon_0 E}{\varepsilon_0}=\frac{\sigma}{\varepsilon_0}-\chi E$$

$$\therefore \boldsymbol{E}=\frac{\sigma}{(1+\chi)\varepsilon_0}=\frac{\sigma}{\varepsilon_s\varepsilon_0}=\frac{\boldsymbol{E_0}}{\boldsymbol{\varepsilon_s}} \text{〔V/m〕} \qquad (1 \cdot 51)$$

$$\boldsymbol{\varepsilon}=\boldsymbol{\varepsilon_s\varepsilon_0} \qquad (1 \cdot 52)$$

式（1･51）の $\varepsilon_s=1+\chi$ を**比誘電率**といい，$\varepsilon=\varepsilon_s\varepsilon_0$ を**誘電率**という．

誘電体中の電界 E は，真電荷による真空中の電界 E_0 の $1/\varepsilon_s$ 倍となる．真空中では $\varepsilon_s=1$ であるので，ε_0 を**真空の誘電率**という．

比誘電率 ε_s が 1 でない場合は，式（1･1）～式（1･46）において，ε_0 の代わりに $\varepsilon=\varepsilon_s\varepsilon_0$ に置き換えればよい．

さらに，式（1･50）を式（1･49）に代入すれば

$$\boldsymbol{D}=\boldsymbol{\varepsilon_0 E}+\boldsymbol{\sigma_p}=\varepsilon_0 E+\chi\varepsilon_0 E=\varepsilon_0(1+\chi)E=\varepsilon_0\varepsilon_s E=\boldsymbol{\varepsilon E} \text{〔C/m²〕} \qquad (1 \cdot 53)$$

となる．誘電率の単位は式（1･53）から，〔C/m²〕/〔V/m〕=〔$\frac{\mathrm{C}}{\mathrm{V\cdot m}}$〕=〔F/m〕と表すことができる．

3 誘電体の境界条件

(1) 境界面における電束および電気力線の屈折

図1·29のように，誘電率の異なる2つの誘電体の境界面を考える．

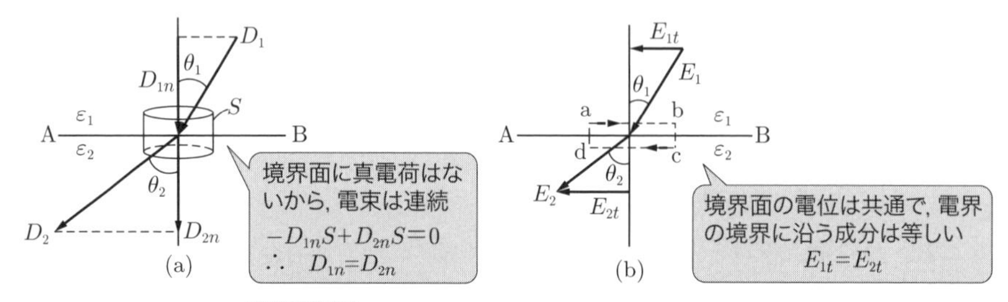

図1・29 境界面における電束密度と電界の強さ

①境界面に真電荷がないとき，電束は境界面で連続である．このため，境界面の単位面積について，ε_1 の誘電体から ε_2 の誘電体に出ていく電束数は等しい．

$$\boldsymbol{D_{1n}}=\boldsymbol{D_{2n}} \quad \text{すなわち} \quad \boldsymbol{D_1}\cos\boldsymbol{\theta_1}=\boldsymbol{D_2}\cos\boldsymbol{\theta_2} \tag{1・54}$$

②境界面の電位は両方の誘電体に対して共通であり，その境界面に沿っての傾き，つまり電界の境界面に沿う成分（電界の接線成分）は両方の誘電体に対して等しい．

$$\boldsymbol{E_{1t}}=\boldsymbol{E_{2t}} \quad \text{すなわち} \quad \boldsymbol{E_1}\sin\boldsymbol{\theta_1}=\boldsymbol{E_2}\sin\boldsymbol{\theta_2} \tag{1・55}$$

そこで，式（1·54），式（1·55），$D_1=\varepsilon_1E_1$，$D_2=\varepsilon_2E_2$ より

$$\frac{\tan\boldsymbol{\theta_1}}{\tan\boldsymbol{\theta_2}}=\frac{\boldsymbol{\varepsilon_1}}{\boldsymbol{\varepsilon_2}} \tag{1・56}$$

となる．式（1·56）は，電束あるいは電気力線は異なる誘電率を持つ誘電体の境界面で屈折するということを意味する．この式から，$\varepsilon_2>\varepsilon_1$ ならば $\theta_2>\theta_1$ であり，言い換えれば，誘電率の大きい誘電体に入ると屈折角が増加する．さらに，式（1·54）より $D_1/D_2=\cos\theta_2/\cos\theta_1$ であるから，$\theta_2>\theta_1$ ならば，$D_2>D_1$ である．つまり，電束は誘電率の大きい誘電体の中に集まるといえる．

一方で，$\theta_1=0$，すなわち電界が境界面に垂直の場合，$\theta_2=0$ となって，電束および電気力線は屈折をしない．また，電束は変わらず，$D_1=D_2$ である．さらに，電界の大きさは $E_1/E_2=\varepsilon_2/\varepsilon_1$ となるため，電界の強さは不連続的に変わり，その大きさは誘電率に逆比例する．

(2) 平行平板電極間にある誘電体

図1·30のように，十分に広い平行平板電極において，次式が成り立つ．

$$E_1 = \frac{\sigma}{\varepsilon_1} \qquad E_2 = \frac{\sigma}{\varepsilon_2} \tag{1·57}$$

$$V = E_1(d-x) + E_2 x = \sigma\left\{\frac{d}{\varepsilon_1} - x\left(\frac{1}{\varepsilon_1} - \frac{1}{\varepsilon_2}\right)\right\} \tag{1·58}$$

したがって，式（1·58）を σ について解いて式（1·57）に代入すると

$$E_1 = \frac{V}{d - x\left(1 - \dfrac{\varepsilon_1}{\varepsilon_2}\right)} \text{〔V/m〕} \tag{1·59}$$

$$E_2 = \frac{\varepsilon_1}{\varepsilon_2} E_1 = \frac{V}{d - (d-x)\left(1 - \dfrac{\varepsilon_2}{\varepsilon_1}\right)} \text{〔V/m〕} \tag{1·60}$$

単位面積当たりの静電容量 C は σ/V であるから，式（1·58）から

$$C = \frac{\sigma}{V} = \frac{1}{\dfrac{d}{\varepsilon_1} - x\left(\dfrac{1}{\varepsilon_1} - \dfrac{1}{\varepsilon_2}\right)} \text{〔F/m}^2\text{〕} \tag{1·61}$$

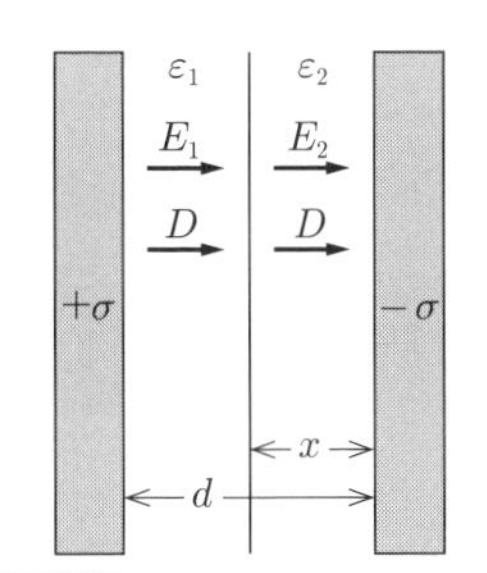

図1·30 平行平板電極の誘電体

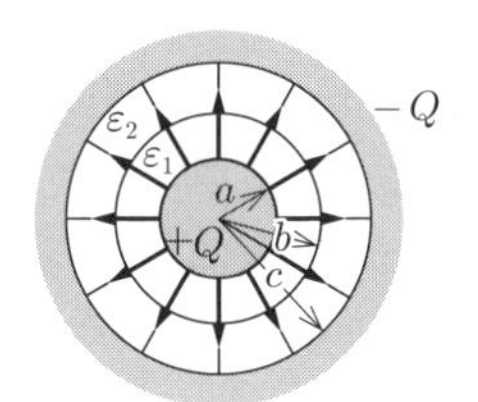

図1·31 同心円筒間の誘電体

(3) 同心円筒間にある誘電体

図1·31のように，十分に長い同心円筒の間に，誘電率が ε_1 および ε_2 の2種の誘電体を入れる．同心円筒の単位長当たりの電荷を Q とすれば，電束は連続的に放射状に出るから，半径 r の点の電束密度は

$$D = \frac{Q}{2\pi r} \tag{1·62}$$

したがって，誘電体 ε_1 の電界 E_1，誘電体 ε_2 の電界 E_2 は

$$E_1 = \frac{D}{\varepsilon_1} = \frac{Q}{2\pi\varepsilon_1 r} \qquad E_2 = \frac{D}{\varepsilon_2} = \frac{Q}{2\pi\varepsilon_2 r} \tag{1・63}$$

そこで，円筒間の電位差は

$$V = \left(-\int_c^b E_2 dr\right) + \left(-\int_b^a E_1 dr\right) = \frac{Q}{2\pi}\left(\frac{1}{\varepsilon_1}\log\frac{b}{a} + \frac{1}{\varepsilon_2}\log\frac{c}{b}\right) \tag{1・64}$$

ゆえに，式（1･64）を Q について解いて，これを式（1･63）へ代入すれば

$$E_1 = \frac{V}{\varepsilon_1 r}\cdot\frac{1}{\dfrac{1}{\varepsilon_1}\log\dfrac{b}{a} + \dfrac{1}{\varepsilon_2}\log\dfrac{c}{b}} \tag{1・65}$$

$$E_2 = \frac{V}{\varepsilon_2 r}\cdot\frac{1}{\dfrac{1}{\varepsilon_1}\log\dfrac{b}{a} + \dfrac{1}{\varepsilon_2}\log\dfrac{c}{b}} \tag{1・66}$$

ここで，$\varepsilon_1 > \varepsilon_2$ の場合の電界の強さを図示すると，図 1･32 のようになる．この図の破線は，円筒間に誘電体が 1 種類の場合である．そして，適当な誘電率の誘電体を組み合わせると，最大電界は低くなり，電界の変化の幅が小さくなる．さらに，誘電体を 3 種にすれば，さらに電界の変化の幅が小さくなり，一様な電界に近づく．

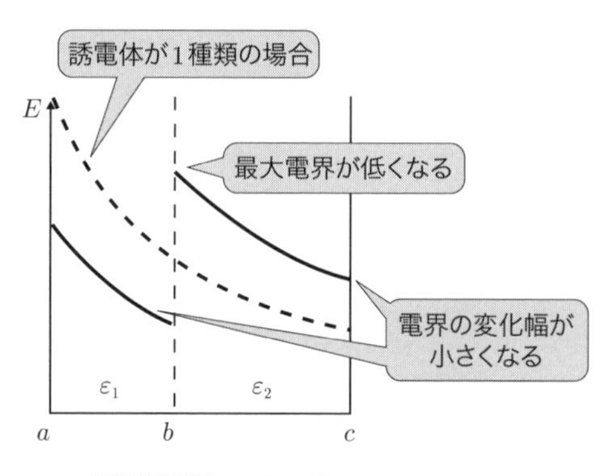

図 1・32　同心円筒間の電界の強さ

4 合成静電容量と分担電圧

(1) コンデンサの直列接続

コンデンサ C_1，C_2，…，C_n の n 個を図 1･33 のように直列接続したときの合成静電容量 C_0 および両端に電圧 V を加えたときの各コンデンサの分担電圧 V_1，V_2，…，V_n を求める．

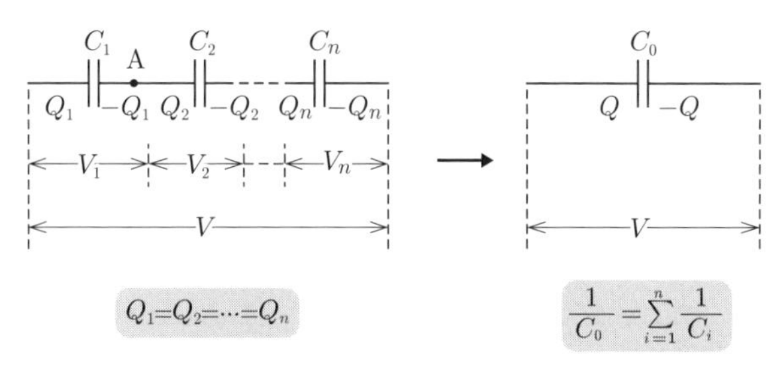

図1・33 コンデンサの直列接続

このとき，$V=V_1+V_2+\cdots+V_n=Q\left(\frac{1}{C_1}+\frac{1}{C_2}+\cdots+\frac{1}{C_n}\right)=Q\sum_{i=1}^{n}\frac{1}{C_i}$ であるから，合成静電容量を C_0 とすれば

$$\boldsymbol{C_0}=\frac{Q}{V}=\frac{\boldsymbol{1}}{\sum_{i=1}^{n}\frac{\boldsymbol{1}}{\boldsymbol{C_i}}}\ \text{〔F〕} \qquad (1\cdot67)$$

そして，j 番目のコンデンサ C_j の分担電圧 V_j は

$$\boldsymbol{V_j}=\frac{Q}{C_j}=\frac{C_0V}{C_j}=\frac{\frac{\boldsymbol{1}}{\boldsymbol{C_j}}}{\sum_{i=1}^{n}\frac{\boldsymbol{1}}{\boldsymbol{C_i}}}\boldsymbol{V}\ \text{〔V〕} \qquad (1\cdot68)$$

（2）コンデンサの並列接続

コンデンサ C_1，C_2，…，C_n の n 個を図1·34のように並列接続したときの合成静電容量 C_0 および電圧 V を加えたときの各コンデンサの蓄える電荷 Q_1，Q_2，…，Q_n を求める.

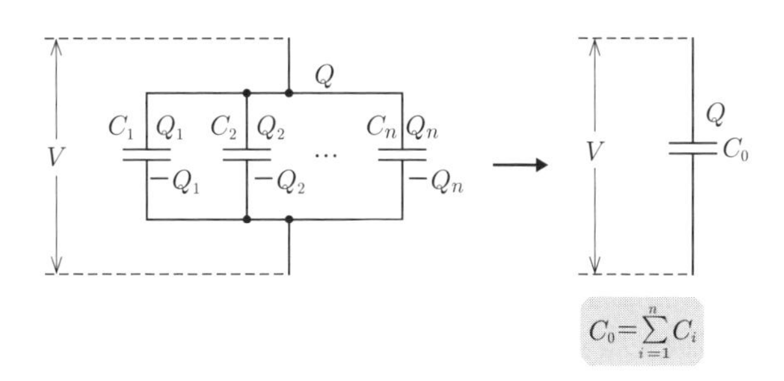

図1・34 コンデンサの並列接続

このとき，電荷の合計 $Q=Q_1+Q_2+\cdots+Q_n=V(C_1+C_2+\cdots+C_n)=V\sum_{i=1}^{n}C_i$ であるから，合成静電容量を C_0 とすれば

$$\boldsymbol{C_0}=\frac{Q}{V}=\sum_{i=1}^{n}\boldsymbol{C_i}\ \text{〔F〕} \tag{1・69}$$

となり，各静電容量の合計となる．

5 静電エネルギー

(1) コンデンサの静電エネルギー

コンデンサに蓄えられるエネルギーを**静電エネルギー**という．静電容量 C〔F〕，電極間の電位差 V〔V〕のコンデンサに電荷 Q を与えるのに必要なエネルギー W は，$Q=CV$ を用いて

$$W=\int_0^Q VdQ=\frac{1}{C}\int_0^Q QdQ=\frac{Q^2}{2C}\ \text{〔J〕} \tag{1・70}$$

となる．これから，静電エネルギーは次式のように表すことができる．

$$\boldsymbol{W}=\frac{\boldsymbol{Q^2}}{\boldsymbol{2C}}=\frac{\boldsymbol{1}}{\boldsymbol{2}}\boldsymbol{QV}=\frac{\boldsymbol{1}}{\boldsymbol{2}}\boldsymbol{CV^2}\ \text{〔J〕} \tag{1・71}$$

POINT
条件に合わせて使いやすい式を適用

(2) コンデンサのエネルギー密度

コンデンサの静電エネルギーは，その電極間の媒質（真空も含めて誘電体）中に蓄えられたものと考えることができる．この媒質の単位体積当たりの静電エネルギー w は，コンデンサの面積 S〔$\mathrm{m^2}$〕，コンデンサ極板間の距離 d〔m〕，誘電率 ε〔F/m〕，電界 E〔V/m〕，電束密度 D〔$\mathrm{C/m^2}$〕とすれば

$$\boldsymbol{w}=\frac{W}{Sd}=\frac{CV^2}{2Sd}=\frac{1}{2}\left(\frac{Cd}{S}\right)\left(\frac{V}{d}\right)^2=\frac{\boldsymbol{1}}{\boldsymbol{2}}\varepsilon\boldsymbol{E^2}=\frac{\boldsymbol{1}}{\boldsymbol{2}}\boldsymbol{ED}\ \text{〔J/m}^3\text{〕} \tag{1・72}$$

POINT
誘電体（真空を含む）は，内部に $\frac{1}{2}ED$ のエネルギーを蓄える

6 仮想変位による力の求め方

ある物体に力が加わっているとき，仮想的にごく微小な距離だけ動かし，それに要する仕事と外部からのエネルギー収支について式を立て，その物体に働く力を求めるのが**仮想変位法**である．

平行平板コンデンサについて，次の**電荷一定ケース**すなわち外部とのエネルギーのやり取りがない場合と，**電圧一定ケース**すなわち外部とのエネルギーのやり取りがあるケースについて解説する．

(1) 電荷一定ケース

図1･35のように，電荷 Q〔C〕に帯電している孤立したコンデンサの極板間には引力 F〔N〕が働いていると仮定する．それに逆らって Δx〔m〕だけ上方向に極板を動かしたとき，外力がした仕事は $F\Delta x$〔J〕である．それにより静電エネルギーは ΔW〔J〕だけ増加する．この間，外部とのエネルギーのやり取りがないので

$$F\Delta x + \Delta W = 0 \qquad \therefore F\Delta x = -\Delta W$$

$$\therefore \boldsymbol{F} = -\frac{\boldsymbol{\Delta W}}{\boldsymbol{\Delta x}} \tag{1・73}$$

POINT 電圧一定ケースは符号が逆なので注意

上式のように，極板間に働く力を求めることができる．

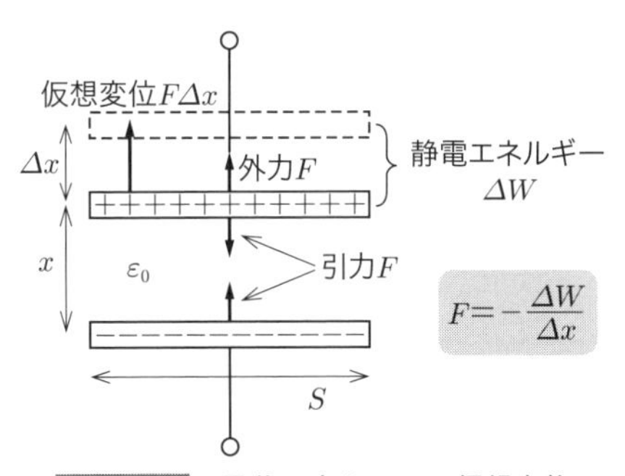

図1・35 電荷一定ケースの仮想変位

(2) 電圧一定ケース

図1･36のように，電極間の電位差が V〔V〕に維持されているコンデンサにおいて，極板間には引力が働いており，それに逆らって Δx だけ上方向に極板を動かすと，外力がした仕事は $F\Delta x$〔J〕であり，静電エネルギーは ΔW〔J〕だけ増加する．この間，電荷が ΔQ〔C〕だけ移動したとすると，外部からは $V\Delta Q$〔J〕のエネルギーが加えられているので，次式となる．

$$F\Delta x + \Delta W = V\Delta Q \tag{1・74}$$

$\Delta W = \frac{1}{2}\Delta CV^2$，$V\Delta Q = V(\Delta CV) = \Delta CV^2$ を式（1･74）へ代入すると

$$F\Delta x = V\Delta Q - \Delta W = \Delta CV^2 - \frac{1}{2}\Delta CV^2 = \frac{1}{2}\Delta CV^2 = \Delta W$$

$$\therefore \boldsymbol{F} = \frac{\boldsymbol{\Delta W}}{\boldsymbol{\Delta x}} \tag{1・75}$$

POINT
電荷一定ケースは符号が逆なので注意

上式のように，極板間に働く力を求めることができる．式（1·73）と式（1·75）を比べると，外部とのエネルギーのやり取りがあるかないかによって，極板間に働く力の符号は逆になるので，注意が必要である．

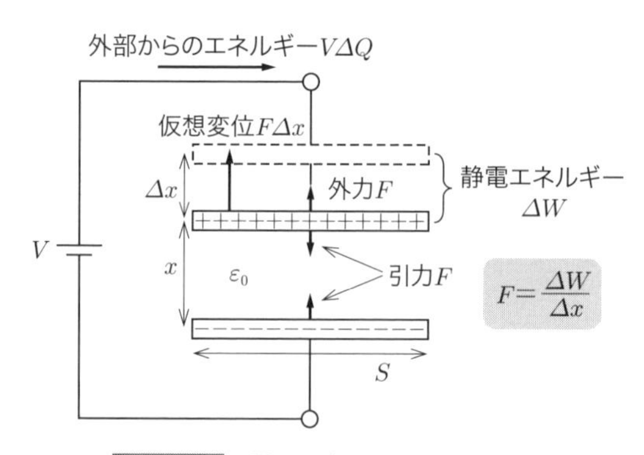

図1・36 電圧一定ケースの仮想変位

例題 5 ………………………………… R3 問1

次の文章は，平行平板コンデンサに関する記述である．

図のように，平行平板コンデンサの極板間に二種類の誘電体1，誘電体2が挿入されている．各誘電体の誘電率はε_1，ε_2であり，厚さはともにdである．極板の面積はSであり，端効果は無視できるものとする．

コンデンサの極板間には直流電圧が印加されており，各極板に単位面積当たり$\pm\sigma$の電荷が図に示すように現れている．このときの誘電体1中の電束密度の大きさは［(1)］，電界の大きさは［(2)］と表される．同様に誘電体2中の電界の大きさを求めると，コンデンサの極板間に印加された電圧は［(3)］と表すことができる．

コンデンサ全体に蓄えられた電界のエネルギーは [(4)] と表される．誘電体1の領域に蓄えられた電界のエネルギーが誘電体2の領域に蓄えられた電界のエネルギーよりも大きい場合，誘電体 ε_1 と ε_2 の間には [(5)] の関係が成立する．

【解答群】

(イ) $\dfrac{\varepsilon_1\sigma}{\varepsilon_1+\varepsilon_2}$	(ロ) $\dfrac{(\varepsilon_1+\varepsilon_2)\sigma d}{\varepsilon_1\varepsilon_2}$	(ハ) $\dfrac{\sigma}{\varepsilon_1}$	(ニ) $\varepsilon_1>\varepsilon_2$
(ホ) $\varepsilon_1\varepsilon_2=0$	(ヘ) $\varepsilon_1<\varepsilon_2$	(ト) $\dfrac{\sigma}{\varepsilon_1+\varepsilon_2}$	(チ) $\dfrac{(\varepsilon_1+\varepsilon_2)\sigma^2 S}{2d}$
(リ) $\dfrac{\varepsilon_1\varepsilon_2\sigma d}{\varepsilon_1+\varepsilon_2}$	(ヌ) $\dfrac{(\varepsilon_1+\varepsilon_2)\sigma^2 dS}{2\varepsilon_1\varepsilon_2}$	(ル) 2σ	(ヲ) $\dfrac{(\varepsilon_1+\varepsilon_2)\sigma}{d}$
(ワ) $\dfrac{\varepsilon_1\varepsilon_2\sigma^2 dS}{2(\varepsilon_1+\varepsilon_2)}$	(カ) σ	(ヨ) $\varepsilon_1\sigma$	

解 説 (1) 平行平板コンデンサの極板にはそれぞれ $+\sigma S$，$-\sigma S$ の電荷が蓄えられている．式（1·49）とその解説に示すように，電束は正の真電荷 σS から σS 本出て，負の真電荷 $-\sigma S$ に σS 本入り，誘電体の性質には無関係である．したがって，電束密度は σ である．

(2) 式（1·53）において $D=\sigma$ とすれば，誘電体1の電界 E_1 は $E_1=\sigma/\varepsilon_1$

(3) (2)と同様に考えれば，誘電体2の電界 E_2 は $E_2=\sigma/\varepsilon_2$ となるから，コンデンサに印加された電圧 V は，誘電体1にかかる電圧 V_1 と誘電体2にかかる電圧 V_2 の和である．それぞれの電圧は式（1·21）を適用すれば

$$V=V_1+V_2=\frac{\sigma}{\varepsilon_1}d+\frac{\sigma}{\varepsilon_2}d=\frac{(\varepsilon_1+\varepsilon_2)\sigma d}{\varepsilon_1\varepsilon_2}$$

(4) コンデンサ全体に蓄えられた電界のエネルギーは式（1·71）より

$$W=\frac{1}{2}QV=\frac{1}{2}\sigma S\cdot\frac{(\varepsilon_1+\varepsilon_2)\sigma d}{\varepsilon_1\varepsilon_2}=\frac{(\varepsilon_1+\varepsilon_2)\sigma^2 dS}{2\varepsilon_1\varepsilon_2}$$

(5) 誘電体1のエネルギー $W_1=\dfrac{1}{2}QV_1=\dfrac{1}{2}\sigma S\cdot\dfrac{\sigma d}{\varepsilon_1}=\dfrac{\sigma^2 dS}{2\varepsilon_1}$

誘電体2のエネルギー $W_2=\dfrac{1}{2}QV_2=\dfrac{1}{2}\sigma S\cdot\dfrac{\sigma d}{\varepsilon_2}=\dfrac{\sigma^2 dS}{2\varepsilon_2}$

題意から $W_1>W_2$ より $\dfrac{\sigma^2 dS}{2\varepsilon_1}>\dfrac{\sigma^2 dS}{2\varepsilon_2}$　　$\therefore\ \varepsilon_2>\varepsilon_1$

【解答】(1) カ　(2) ハ　(3) ロ　(4) ヌ　(5) ヘ

例題 6 ・・・ **H25 問 1**

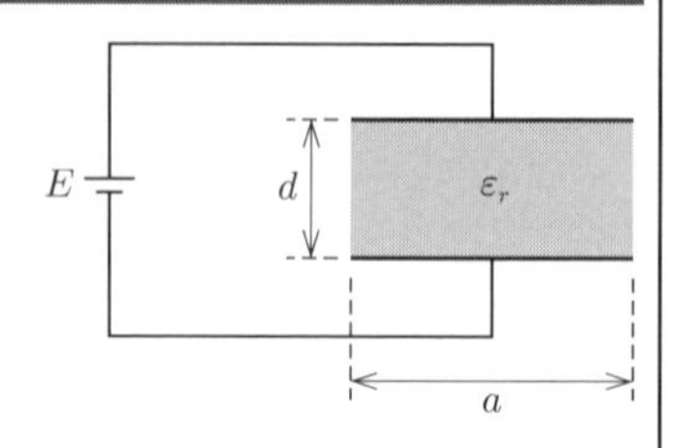

次の文章は，平行平板コンデンサに関する記述である．

図のように，真空中において，電圧が E の電圧源に平行平板コンデンサが接続されている（図は横から見た図である）．コンデンサの各極板は一辺の長さが a の正方形の導体平板であり，その極板間の距離は d である．また，極板間には，極板と同形で厚さ d，比誘電率が ε_r の誘電体が極板に平行に入っている．また，真空の誘電率を ε_0 とし，端効果はないものとする．

このコンデンサの静電容量は， (1) であり，コンデンサに蓄えられた静電エネルギーは， (2) である．

ここで，外力を与えて誘電体をゆっくりと取り出すと，電源との電荷のやり取りがある一方，電圧は一定である．誘電体を完全に取り出したときに電源に移動した電荷は (3) で，電源に向かって供給されたエネルギーは， (4) である．また，外力がした仕事量は， (5) である．

【解答群】

(イ) $\dfrac{\varepsilon_0(\varepsilon_r-1)a^2}{d}E^2$　(ロ) $\dfrac{1}{2}\dfrac{\varepsilon_0(\varepsilon_r-1)a^2}{d}E^2$　(ハ) $\dfrac{\varepsilon_0\varepsilon_r a^2}{d}$

(ニ) $\dfrac{\varepsilon_0\varepsilon_r a^3}{d^2}$　(ホ) $\dfrac{1}{2}\dfrac{\varepsilon_0\varepsilon_r a^2}{d}E^2$　(ヘ) $\dfrac{\varepsilon_0(\varepsilon_r-1)^2a^2}{d}E$

(ト) $\dfrac{\varepsilon_0 a^2}{d}$　(チ) $\dfrac{3}{2}\dfrac{\varepsilon_0(\varepsilon_r-1)a^2}{d}E^2$　(リ) $\dfrac{\varepsilon_0(\varepsilon_r-1)a^2}{d}E$

(ヌ) $\dfrac{\varepsilon_0 a^2}{d}E^2$　(ル) $\dfrac{\varepsilon_0(\varepsilon_r^2-1)a^2}{d}E$　(ヲ) $\dfrac{1}{2}\dfrac{\varepsilon_0(\varepsilon_r-1)^2a^2}{d}E^2$

(ワ) $\dfrac{\varepsilon_0(\varepsilon_r-1)^2a^2}{d}E^2$　(カ) $\dfrac{1}{2}\dfrac{\varepsilon_0 a^2}{d}E^2$　(ヨ) 0

解 説　(1) 電極面積 $S=a^2$ のコンデンサの静電容量 C_1 は式（1･39）と式（1･52）より $C_1=\dfrac{\varepsilon_0\varepsilon_r S}{d}=\dfrac{\varepsilon_0\varepsilon_r a^2}{d}$

(2) コンデンサに蓄えられた静電エネルギー W_1 は上式と式（1･71）より

$$W_1=\frac{1}{2}C_1V^2=\frac{1}{2}\frac{\varepsilon_0\varepsilon_r a^2}{d}E^2$$

(3) 誘電体が入っているときのコンデンサの電荷 $Q_1 = C_1 E = \dfrac{\varepsilon_0 \varepsilon_r a^2}{d} E$

誘電体を取り出した後の静電容量 C_2 は $C_2 = \dfrac{\varepsilon_0 a^2}{d}$ であるから，コンデンサの電荷 Q_2 は

$$Q_2 = C_2 E = \frac{\varepsilon_0 a^2}{d} E$$

したがって，電源に移動した電荷 $\Delta Q = Q_1 - Q_2$ であるから

$$\Delta Q = Q_1 - Q_2 = \frac{\varepsilon_0 \varepsilon_r a^2}{d} E - \frac{\varepsilon_0 a^2}{d} E = \frac{\varepsilon_0 (\varepsilon_r - 1) a^2}{d} E$$

(4) (3)の ΔQ の電荷が移動したときに電源に向かって供給されたエネルギーは

$$\Delta Q \cdot E = \frac{\varepsilon_0 (\varepsilon_r - 1) a^2}{d} E^2$$

(5) 誘電体を取り出した後のコンデンサに蓄えられているエネルギー W_2 は

$$W_2 = \frac{1}{2} C_2 E^2 = \frac{\varepsilon_0 a^2}{2d} E^2$$

したがって，外力がした仕事量 W は

$$W = W_1 - W_2 = \frac{1}{2} \frac{\varepsilon_0 \varepsilon_r a^2}{d} E^2 - \frac{1}{2} \frac{\varepsilon_0 a^2}{d} E^2 = \frac{1}{2} \frac{\varepsilon_0 (\varepsilon_r - 1) a^2}{d} E^2$$

【解答】(1) ハ　(2) ホ　(3) リ　(4) イ　(5) ロ

例題 7 ……………………………… H24 問 5

次の文章は，平行平板コンデンサに関する記述である．

図のように，誘電率 ε_0 の空間に 3 枚の極板 A，B，C が，互いに平行に置かれており，極板 A と C は導線で接続され，接地されている．極板の面積はすべて S であり，A–B 間，B–C 間の距離は d である．極板端部の影響は無視するものとする．

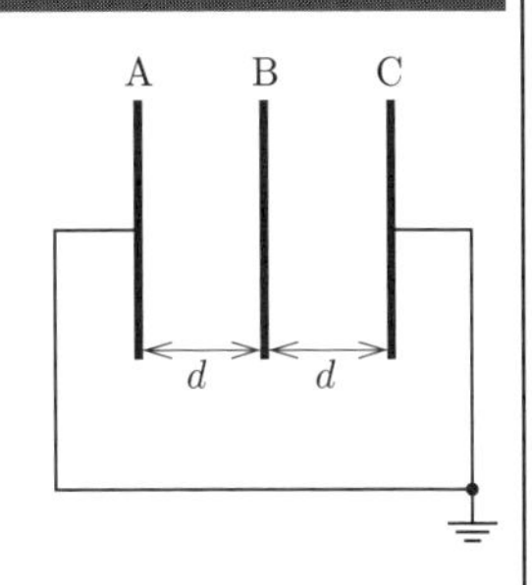

極板 B に電荷 $2Q$ を与える．このとき，極板 A–B 間と B–C 間の電界は等しく [(1)] であり，それぞれの静電容量も等しく [(2)] である．次に，極板 B を C 側に $x (x < d)$ だけ平行移動させた状態を考える．このとき，極板 B の A 側の電荷を Q_1，C 側の電荷を Q_2 とすると，電荷保存則より [(3)] が成り立つから，極板 B の電位は [(4)] となる．極板 B を移動する前の極板間のエネルギーの和を W，移動後のエネルギーの和を W' とすると，両者の関係は [(5)] である．

【解答群】

(イ) $W > W'$	(ロ) $Q_1 + Q_2 = 2Q$	(ハ) $\dfrac{Qd}{\varepsilon_0 S}(d-x)$
(ニ) $Q_1 + Q_2 = Q$	(ホ) $\dfrac{Q}{\varepsilon_0 S}$	(ヘ) $\dfrac{\varepsilon_0 d}{S}$
(ト) $\dfrac{\varepsilon_0 Q}{S}$	(チ) $\dfrac{S}{\varepsilon_0 d}$	(リ) $\dfrac{\varepsilon_0 Qd}{S}\left(1-\dfrac{x^2}{d^2}\right)$
(ヌ) $\dfrac{Qd}{\varepsilon_0 S}\left(1-\dfrac{x^2}{d^2}\right)$	(ル) $W=W'$	(ヲ) $\dfrac{\varepsilon_0 S}{d}$
(ワ) $\dfrac{S}{\varepsilon_0 Q}$	(カ) $W < W'$	(ヨ) $Q_1 = Q_2$

解　説　**(1)** 極板Bに電荷 $2Q$ を与えたとき，極板 A–B 間と極板 B–C 間の電界は等しいので，解説図1のように，極板Bの両側に $+Q$ ずつ分布し，極板 A，C に $-Q$ が誘導される．ゆえに，電界は式（1·37）より $E = \dfrac{Q}{\varepsilon_0 S}$

（または，極板 A–B，B–C 間の電束密度が

$D = \dfrac{Q}{S}$ より $E = \dfrac{D}{\varepsilon_0} = \dfrac{Q}{\varepsilon_0 S}$ と考えてもよい）

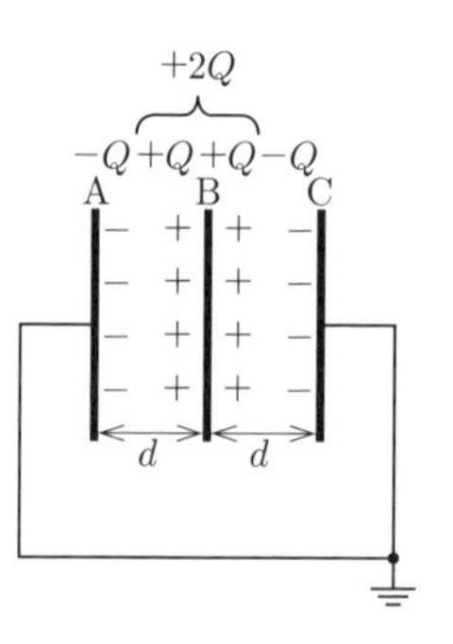

解説図1

(2) 式（1·39）より $C = \dfrac{\varepsilon_0 S}{d}$

(3) 解説図2のように，極板BをC側に x だけ平行移動させたとき，極板Bの電荷の総量 $2Q$ は変わらないから

$$Q_1 + Q_2 = 2Q \quad \cdots\cdots ①$$

(4) 極板 A–B，B–C 間の電界の強さを E_{AB}，E_{BC}，極板Bの電位を V_B とすると，式（1·37），式（1·21）より

$$E_{AB} = \frac{Q_1}{\varepsilon_0 S}, \quad E_{BC} = \frac{Q_2}{\varepsilon_0 S} \quad \cdots\cdots ②$$

$$V_B = E_{AB}(d+x) = E_{BC}(d-x) \quad \cdots\cdots ③$$

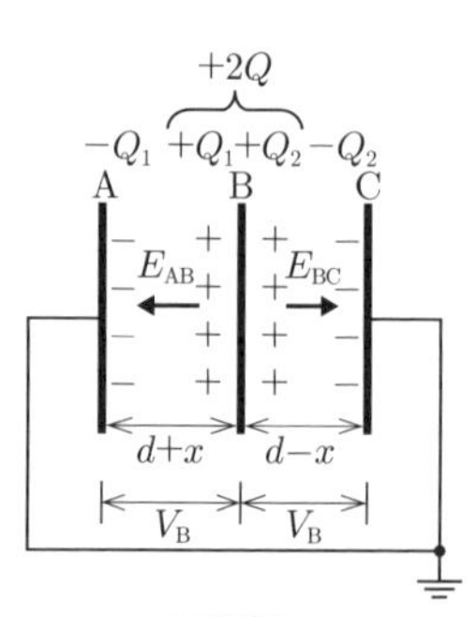

解説図2

式②を変形して式①へ代入すると

$$\varepsilon_0 S(E_{AB} + E_{BC}) = 2Q \quad \cdots\cdots ④$$

式③を変形して式④へ代入すると

$$\varepsilon_0 S\left(\frac{V_B}{d+x} + \frac{V_B}{d-x}\right) = 2Q \qquad \therefore \quad \frac{\varepsilon_0 S \cdot 2dV_B}{d^2 - x^2} = 2Q$$

$$\therefore \quad V_B = \frac{Qd}{\varepsilon_0 S}\left(1 - \frac{x^2}{d^2}\right)$$

(5) 式（1·71）より，移動前の静電エネルギーの和 W は

$$W = 2 \times \frac{1}{2}\frac{Q^2}{C} = \frac{Q^2}{C} = \frac{Q^2}{\dfrac{\varepsilon_0 S}{d}} = \frac{Q^2 d}{\varepsilon_0 S}$$

極板 B の移動後の静電エネルギーの和 W' は

$$W' = \frac{1}{2}(C_{AB} + C_{BC})V_B{}^2 = \frac{1}{2}\left(\frac{\varepsilon_0 S}{d+x} + \frac{\varepsilon_0 S}{d-x}\right)V_B{}^2$$

$$= \frac{\varepsilon_0 S \cdot 2d}{2(d^2 - x^2)}\left\{\frac{Qd}{\varepsilon_0 S}\left(1 - \frac{x^2}{d^2}\right)\right\}^2 = \frac{Q^2(d^2 - x^2)}{\varepsilon_0 S d}$$

W と W' の差をとって大小比較すれば

$$W - W' = \frac{Q^2 d}{\varepsilon_0 S} - \frac{Q^2(d^2 - x^2)}{\varepsilon_0 S d} = \frac{Q^2 x^2}{\varepsilon_0 S d} > 0$$

$$\therefore W > W'$$

【解答】 (1) ホ　(2) ヲ　(3) ロ　(4) ヌ　(5) イ

例題 8 ………………………………………… **H12 問 2**

次の文章は，真空中に置かれた平行板コンデンサに関する記述である．

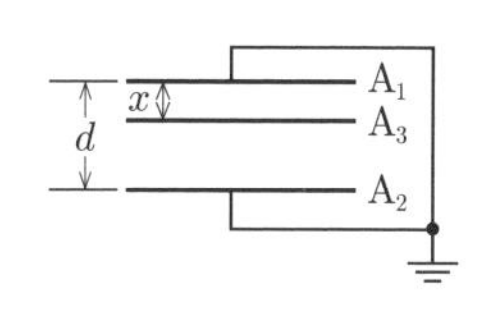

図のように面積 S〔m²〕，間隔 d〔m〕の平行板電極 A_1 および A_2 間に，同じ面積 S〔m²〕の平板電極 A_3 を A_1 から距離 x〔m〕の位置に平行に配置してある．このとき，A_1，A_3 間の静電容量は，C_{13}＝ (1) 〔F〕，A_2，A_3 間の静電容量は，C_{23}＝ (2) 〔F〕である．ただし，真空の誘電率を ε_0 とし，A_3 の厚さおよび電極端部の影響は無視するものとする．

A_1 および A_2 を共に接地し，A_3 に電荷 Q〔C〕を与えたときに，このコンデンサに蓄えられるエネルギー W は， (3) 〔J〕となる．また，A_3 に働く力は，F＝ (4) 〔N〕となる（A_3 から A_1 に向かう力を正とする）．

A_1，A_3 間の距離 x が $0 < x < \dfrac{d}{2}$ の場合，A_3 に働く力は，x が (5) する方向に働く．

【解答群】

(イ) $\dfrac{(d-2x)Q^2}{\varepsilon_0 Sd}$	(ロ) $\dfrac{\varepsilon_0 S}{d}$	(ハ) 減少	(ニ) $\dfrac{S}{\varepsilon_0 x}$
(ホ) $\dfrac{x(d-x)Q^2}{2\varepsilon_0 Sd}$	(ヘ) $\dfrac{\varepsilon_0 S}{d-x}$	(ト) $\dfrac{2\varepsilon_0 x(d-x)Q^2}{Sd}$	(チ) $\dfrac{(2x-d)Q^2}{\varepsilon_0 Sd}$
(リ) $\dfrac{\varepsilon_0 S}{x}$	(ヌ) $\dfrac{2\varepsilon_0(2x-d)Q^2}{Sd}$	(ル) 増加	(ヲ) $\dfrac{(d-2x)Q^2}{2\varepsilon_0 Sd}$
(ワ) $\dfrac{(2x-d)Q^2}{2\varepsilon_0 Sd}$	(カ) $\dfrac{S}{\varepsilon_0(d-x)}$	(ヨ) $\dfrac{x(d-x)Q}{\varepsilon_0 Sd}$	

解説 (1) 式（1･39）より，$C_{13}=\dfrac{\varepsilon_0 S}{x}$〔F〕

(2) 極板 A_2 と A_3 の距離が $d-x$ なので，式（1･39）より $C_{23}=\dfrac{\varepsilon_0 S}{d-x}$〔F〕

(3) A_1 と A_2 を接地し，A_3 に電荷 Q を与えたとき，A_3 と大地間の合成静電容量 C は C_{13} と C_{23} の並列接続であるから，式（1･69）より

$$C=C_{13}+C_{23}=\frac{\varepsilon_0 S}{x}+\frac{\varepsilon_0 S}{d-x}=\frac{\varepsilon_0 Sd}{x(d-x)} \quad \cdots\cdots①$$

ゆえに，エネルギー W は式（1･71）より

$$W=\frac{Q^2}{2C}=\frac{x(d-x)Q^2}{2\varepsilon_0 Sd}$$

(4) A_1 と A_3 間に働く吸引力を F_{13}，A_2 と A_3 間に働く吸引力を F_{23}，A_3 の電位を V とし，A_3 から A_1 に向かう力を正とするので，A_3 に働く力は式（1･35）より

$$F=F_{13}-F_{23}=\frac{1}{2}\varepsilon_0 S\left\{\left(\frac{V}{x}\right)^2-\left(\frac{V}{d-x}\right)^2\right\}$$

$$=\frac{1}{2}\varepsilon_0 S\left\{\frac{V}{x(d-x)}\right\}^2\cdot\{(d-x)^2-x^2\}$$

$$=\frac{1}{2}\varepsilon_0 S\left(\frac{Q}{\varepsilon_0 Sd}\right)^2\cdot d(d-2x)=\frac{(d-2x)Q^2}{2\varepsilon_0 Sd}\text{〔N〕} \quad \cdots\cdots②$$

〔∵式①より　$C=\dfrac{\varepsilon_0 Sd}{x(d-x)}=\dfrac{Q}{V}$〕

(5) 式②において，$0<x<\dfrac{d}{2}$ のとき $F>0$ となるから，A_3 から A_1 へ向かう力，つまり x が減少する方向の力が働く．

【解答】(1) リ　(2) ヘ　(3) ホ　(4) ヲ　(5) ハ

例題 9 ……………………………………………… H13 問1

次の文章は，同心球コンデンサの静電容量に関する記述である．

誘電率 ε_0 の真空中に図のような同心球コンデンサがあり，その内球および外球の半径をそれぞれ $\boldsymbol{a}$ および $\boldsymbol{b}$（$\boldsymbol{a}<\boldsymbol{b}$；導体の厚さは無視する）とする．内球は比誘電率 ε_s，厚さ $\boldsymbol{t}$ の誘電体層で覆われている．

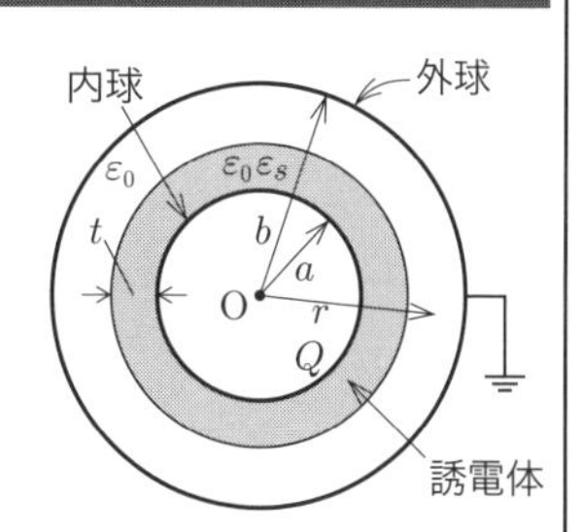

同心球コンデンサの外球を接地し，内球に電荷 $\boldsymbol{Q}$ を与えたとき，球の中心 O から距離 $\boldsymbol{r}((\boldsymbol{a}+\boldsymbol{t})<\boldsymbol{r}<\boldsymbol{b})$ の点における電界の大きさは $\boldsymbol{E}_e=$ [(1)] となる．

また，外球に対する誘電体層表面の電位は $\boldsymbol{V}_e=$ [(2)] となる．

同様にして，誘電体層の表面と内球との電位差は $\boldsymbol{V}_i=$ [(3)] と求まる．

したがって，外球に対する内球の電位は $\boldsymbol{V}=$ [(4)] となり，この同心球コンデンサの静電容量は $\boldsymbol{C}=$ [(5)] となる．

【解答群】

(イ) $\dfrac{Qt}{2\pi\varepsilon_0\varepsilon_s(a+t)a}$

(ロ) $\dfrac{Q\left[\varepsilon_s a\{b-(a+t)\}+bt\right]}{4\pi\varepsilon_0\varepsilon_s ab(a+t)}$

(ハ) $\dfrac{Q\{b-(a+t)\}}{2\pi\varepsilon_0(a+t)b}$

(ニ) $\dfrac{Q}{4\pi\varepsilon_0\varepsilon_s}\log_e\dfrac{b(a+t)}{a(b+t)}$

(ホ) $\dfrac{Q\left[\varepsilon_s a\{b-(a+t)\}+bt\right]}{2\pi\varepsilon_0\varepsilon_s ab(a+t)}$

(ヘ) $\dfrac{Q}{2\pi\varepsilon_0 r^2}$

(ト) $\dfrac{Q}{4\pi\varepsilon_0}\log_e\dfrac{b}{a+t}$

(チ) $\dfrac{Q}{4\pi\varepsilon_0\varepsilon_s}\log_e\dfrac{a+t}{a}$

(リ) $\dfrac{Qt}{4\pi\varepsilon_0\varepsilon_s(a+t)a}$

(ヌ) $\dfrac{4\pi\varepsilon_0 ab\left(1+\dfrac{t}{a}\right)}{(b-a)-\left(1-\dfrac{b}{\varepsilon_s a}\right)t}$

(ル) $\dfrac{2\pi\varepsilon_0 ab\left(1+\dfrac{t}{a}\right)}{(b-a)-\left(1-\dfrac{b}{\varepsilon_s a}\right)t}$

(ヲ) $\dfrac{Q}{4\pi\varepsilon_0 r}$

(ワ) $\dfrac{4\pi\varepsilon_0}{\log_e\dfrac{b}{a+t}-\dfrac{1}{\varepsilon_s}\log_e\dfrac{b+t}{a}}$

(カ) $\dfrac{Q}{4\pi\varepsilon_0 r^2}$

(ヨ) $\dfrac{Q\{b-(a+t)\}}{4\pi\varepsilon_0(a+t)b}$

解　説　(1) 球の中心から距離 r が $a+t<r<b$ では，内球と外球間の真空中ゆえ，半径 r の仮想球面を考えると，電界の大きさ E_e はガウスの定理の式（1･7）より

$$4\pi r^2 E_e = \frac{Q}{\varepsilon_0} \qquad \therefore \quad E_e = \frac{Q}{4\pi\varepsilon_0 r^2}$$

(2) 外球に対する誘電体表面の電位 V_e は式（1･20）より

$$V_e = -\int_b^{a+t} E_e dr = -\int_b^{a+t} \frac{Q}{4\pi\varepsilon_0 r^2} dr = \left[\frac{Q}{4\pi\varepsilon_0 r}\right]_b^{a+t} = \frac{Q}{4\pi\varepsilon_0}\left(\frac{1}{a+t} - \frac{1}{b}\right)$$

$$= \frac{Q\{b-(a+t)\}}{4\pi\varepsilon_0(a+t)b}$$

(3) 球の中心から距離 r が $a<r<a+t$ では，誘電体中であり，半径 r の仮想球面を考えてガウスの定理を適用すれば，電界 E_i は $E_i = \dfrac{Q}{4\pi\varepsilon_0\varepsilon_s r^2}$ である．

$$V_i = -\int_{a+t}^{a} E_i dr = -\int_{a+t}^{a} \frac{Q}{4\pi\varepsilon_0\varepsilon_s r^2} dr = \left[\frac{Q}{4\pi\varepsilon_0\varepsilon_s r}\right]_{a+t}^{a}$$

$$= \frac{Q}{4\pi\varepsilon_0\varepsilon_s}\left(\frac{1}{a} - \frac{1}{a+t}\right) = \frac{Qt}{4\pi\varepsilon_0\varepsilon_s(a+t)a}$$

(4) $V = V_e + V_i = \dfrac{Q\{b-(a+t)\}}{4\pi\varepsilon_0(a+t)b} + \dfrac{Qt}{4\pi\varepsilon_0\varepsilon_s(a+t)a}$

$$= \frac{Q\,[\varepsilon_s a\{b-(a+t)\}+bt]}{4\pi\varepsilon_0\varepsilon_s ab(a+t)} \quad \cdots\cdots①$$

(5) 式①を変形して $C = \dfrac{Q}{V} = \dfrac{4\pi\varepsilon_0\varepsilon_s ab(a+t)}{\varepsilon_s a\{b-(a+t)\}+bt} = \dfrac{4\pi\varepsilon_0 ab\left(1+\dfrac{t}{a}\right)}{b-a-\left(1-\dfrac{b}{\varepsilon_s a}\right)t}$

【解答】(1) カ　(2) ヨ　(3) リ　(4) ロ　(5) ヌ

1-3 影像法による電界の決定および影像力

攻略のポイント

本節で扱う影像法は，電験３種では出題されず，電験２種に出題される固有分野である．したがって，基本的な考え方や計算手法をよく理解し，自分で計算できるようにしておくことが重要である．

影像法とは，電界を考えるとき，検討対象としている誘電体中の電荷分布は変えないが，それ以外の誘電体や導体の電荷分布は計算に便利なように実際とは異なるものと仮定して計算する手法である．ただし，この場合，境界条件は満足する必要がある．実際とは異なる仮想的な電荷を**影像（鏡像）**という．

1 導体平面と点電荷

図 1･37（a）のように，無限に広い導体平面ＯＯ′より d だけ離れた点Ｐに点電荷 Q がある場合を考える．検討対象はＯＯ′より右の空間（誘電率 $=\varepsilon$）であり，境界条件は次の２つである．

①ＯＯ′より右に存在する電荷は点電荷 Q だけである．

②ＯＯ′は等電位面である．このため，電界は面に垂直である．

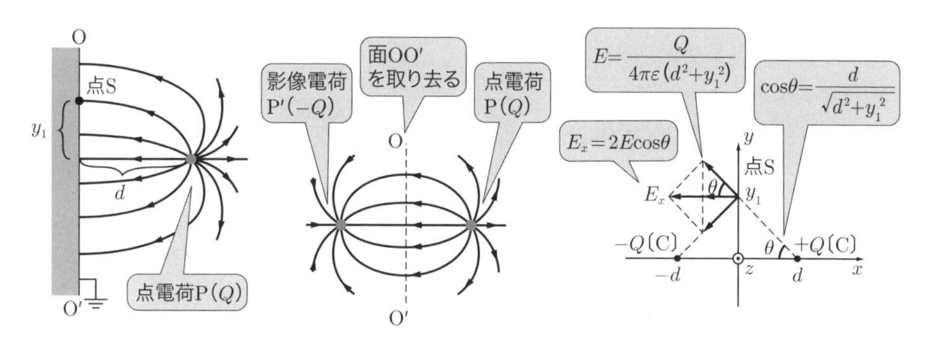

(a)導体平面と点電荷　(b)影像法　(c)影像法を用いた電界算出

図 1・37 導体平面と点電荷および影像法

そこで，図 1･37（b）のように，面ＯＯ′に対し，点Ｐの影像になる点Ｐ′に $-Q$ という電荷を置いて，導体面を取り除き，誘電率一様な空間中でその２つの点電荷が作る電界を考えれば，境界条件①と②を満たす．導体面上の点Ｓでの電界 E_x は図 1･37（c）より

$$E_x = \frac{Q}{4\pi\varepsilon\left(d^2+{y_1}^2\right)} \times \frac{d}{\sqrt{d^2+{y_1}^2}} \times 2 = \frac{Qd}{2\pi\varepsilon\left(d^2+{y_1}^2\right)^{\frac{3}{2}}} \qquad (1\cdot 76)$$

また，これに相当する電束が導体面で終わるが，導体面上の電荷密度 σ は

$$\sigma = -\varepsilon E = -\frac{Qd}{2\pi\left(d^2+{y_1}^2\right)^{\frac{3}{2}}} \qquad (1\cdot 77)$$

POINT
導体表面に静電誘導によって現れる電荷なので，負

さらには，Q と影像の電荷との間に働く力 F が図 1･37（a）で Q に働く力であり

$$F = \frac{Q^2}{4\pi\varepsilon(2d)^2} = \frac{Q^2}{16\pi\varepsilon d^2} \qquad (1\cdot 78)$$

POINT
電荷と影像電荷のクーロン力で求める

となるから，Q の符号にかかわらず，常に吸引力となる．この力は，実際には Q と静電誘導によって生じる電荷との間の力であるが，**影像力**と呼ぶ．

2 接地球形導体と点電荷

図 1･38 のように，点Oを中心とし，接地された球形導体がある．中心Oから f だけ離れた点Pに電荷 Q があるときの電界を求める．境界条件は次の 2 つである．

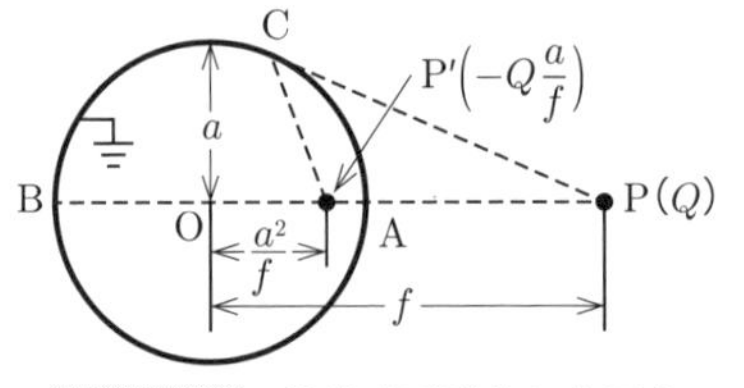

図 1・38　接地球形導体と点電荷

①球の外側には Q 以外の電荷がない．

②球の表面の電位は 0 である．

そこで，中心Oから a^2/f だけ離れた点P′ に $-Q(a/f)$ の電荷をおいて，導体球を取り去る．①の条件を満たすことは自明である．②を満たすことは次のように証明できる．P′A/AP および P′B/BP を求めると

$$\frac{\mathrm{P'A}}{\mathrm{AP}} = \frac{a-\dfrac{a^2}{f}}{f-a} = \frac{a}{f} \qquad \frac{\mathrm{P'B}}{\mathrm{BP}} = \frac{a+\dfrac{a^2}{f}}{f+a} = \frac{a}{f} \qquad (1\cdot 79)$$

つまり，A，B両点はP′Pを a/f の比に内分および外分する点である．このため，ABを通る円上の点Cでは常に次の関係がある．

$$\frac{\mathrm{P'C}}{\mathrm{CP}} = \frac{a}{f} \qquad (1\cdot 80)$$

そこで，点Cの電位は次のようになり，式（1･80）を代入すれば

$$4\pi\varepsilon V = \frac{Q}{\mathrm{CP}} + \frac{1}{\mathrm{CP'}}\left(-Q\frac{a}{f}\right) = \frac{Q}{\mathrm{CP}}\left(1 - \frac{\mathrm{CP}}{\mathrm{CP'}}\frac{a}{f}\right) = 0 \quad (1\cdot 81)$$

になる．すなわち，境界条件②を満たす．このため，点Pにある電荷Qと点P′にある影像の電荷$-Q(a/f)$の2つの点電荷による電界を考えればよい．球面から入り込む電束の総数は，内部にある電荷に等しく，$-Q(a/f)$である．このため，導体球面に静電誘導によって現れる電荷は$-Q(a/f)$である．電荷Q〔C〕から出る電束の総数はQ本であるから，この差$Q-Q(a/f)=Q(1-a/f)$本の電束は無限遠に行く．この電気力線を図示すると，図1·39のとおりになる．

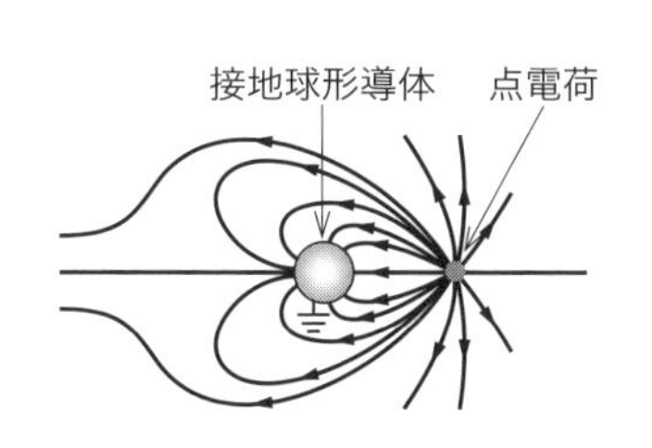

図1・39 接地球形導体と点電荷による電界

他方，Qと$-Q(a/f)$との間に働く影像力は

$$F = \frac{Q \times \dfrac{a}{f}Q}{4\pi\varepsilon\left(f - \dfrac{a^2}{f}\right)^2} = \frac{afQ^2}{4\pi\varepsilon\,(f^2-a^2)^2} \quad (1\cdot 82)$$

となる．点電荷は，静電誘導によって球面に現れる電荷のために，上式のFの力で球形導体に引っ張られる．

3 絶縁球形導体と点電荷

図1·40のように，導体球が絶縁されている場合は，他から電荷が供給されないため，その全電荷は0である．境界条件は次の3つである．

①球の外側にはQ以外の電荷はない．

②球面は等電位である．

③球面に入る全電束数は0である．

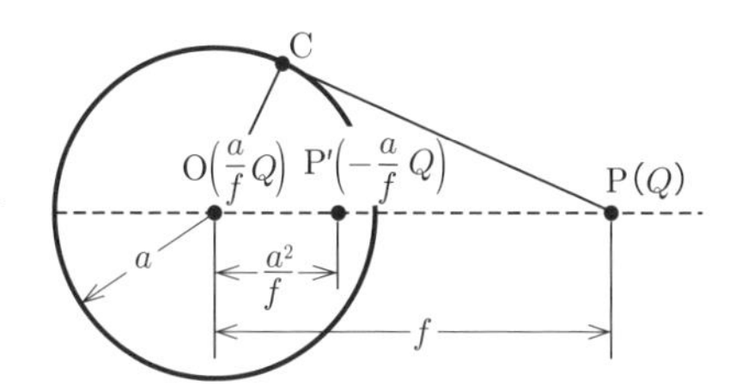

図1・40 絶縁球形導体と点電荷

そこで，点Pの球に対する影像P′に$-Q(a/f)$の電荷を置くとともに，中心Oに$Q(a/f)$の電荷を置く．境界条件①は満たしている．次に，球面の電位Vは

$$4\pi\varepsilon V = \frac{Q}{\mathrm{PC}} + \frac{-Q\left(\dfrac{a}{f}\right)}{\mathrm{P'C}} + \frac{Q\left(\dfrac{a}{f}\right)}{\mathrm{OC}} \tag{1・83}$$

POINT
絶縁球形導体は接地球形導体と異なり，中心にも影像電荷を置く

となるが，初めの 2 つの項は式（1･81）より 0 である．このため

$$V = \frac{Q}{4\pi\varepsilon f} \tag{1・84}$$

となり，球面は等電位で境界条件②を満たす．球面内にある全電荷は 0 であり，球面に入る全電束数は 0 となるから，境界条件③も満たす．つまり，図 1･40 の場合は，中心Oと点P′にある点電荷が影像になる．電荷 Q に働く力は

$$F = \frac{1}{4\pi\varepsilon}\left\{\frac{Q\left(Q\dfrac{a}{f}\right)}{\left(f-\dfrac{a^2}{f}\right)^2} - \frac{Q\left(Q\dfrac{a}{f}\right)}{f^2}\right\} = \frac{aQ^2}{4\pi\varepsilon}\left\{\frac{f}{(f^2-a^2)^2} - \frac{1}{f^3}\right\} \tag{1・85}$$

となる．この力は，式（1･82）の力よりも，小さくなる．

例題 10 ……………………………………………… **H11　問 1**

次の文章は，真空中の導体平面と点電荷により形成される静電界に関する記述である．

図のように無限導体平面 MM′ 上の点 O から距離 $\boldsymbol{a}$ の点 P に点電荷 $\boldsymbol{Q}$ がある．

導体　M　H　h　O　a　Q　P　M′

いま点 O から距離 $\boldsymbol{h}$ の導体面上の点 H の電界の方向は ［(1)］ であり，真空の誘電率を ε_0 とすれば，その大きさは $\boldsymbol{E}_1 =$ ［(2)］ と表される．点 H に誘起される表面電荷密度を $\boldsymbol{\sigma}$ とすれば，その電荷によって生じる電界の大きさは $\boldsymbol{E}_2 =$ ［(3)］ $\times\boldsymbol{\sigma}$ となる．$\boldsymbol{E}_1$ と $\boldsymbol{E}_2$ とを等しいと置けば，$\boldsymbol{\sigma} =$ ［(4)］ と求まる．また，電荷 $\boldsymbol{Q}$ の受ける吸引力の大きさは $\boldsymbol{f} =$ ［(5)］ となる．

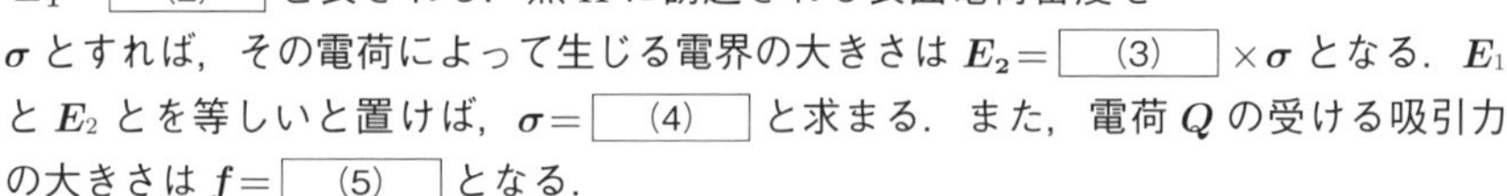

【解答群】

（イ）$\dfrac{hQ}{2\pi(a^2+h^2)^{\frac{3}{2}}}$　　（ロ）$\dfrac{hQ}{2\pi\varepsilon_0(a^2+h^2)^{\frac{3}{2}}}$　　（ハ）点 P と点 H を結ぶ線上

(ニ) $\dfrac{Q^2}{16\pi a^2}$	(ホ) $\dfrac{Q}{4\pi\varepsilon_0(a^2+h^2)}$	(ヘ) ε_0
(ト) 導体面に垂直	(チ) $\dfrac{Q}{2\pi(a^2+h^2)^{\frac{1}{2}}}$	(リ) $4\pi\varepsilon_0$
(ヌ) $\dfrac{aQ}{2\pi(a^2+h^2)^{\frac{3}{2}}}$	(ル) $\dfrac{Q}{16\pi\varepsilon_0 a^2}$	(ヲ) 導体面に並行
(ワ) $\dfrac{aQ}{2\pi\varepsilon_0(a^2+h^2)^{\frac{3}{2}}}$	(カ) $\dfrac{Q^2}{16\pi\varepsilon_0 a^2}$	(ヨ) $\dfrac{1}{\varepsilon_0}$

解　説　(1) (2) 解説図のように，無限導体平面 MM′ に対し点 P の対称点 P′ に点電荷 $-Q$ をおき，影像法で解く．このとき，点 H の電界は解説図のように x 軸の負の方向で導体面に垂直となり，大きさは式（1·76）と同様に

$$E_1=\frac{Q}{4\pi\varepsilon_0(a^2+h^2)}\cdot\frac{a}{\sqrt{a^2+h^2}}\times 2=\frac{aQ}{2\pi\varepsilon_0(a^2+h^2)^{\frac{3}{2}}}$$

(3) 点 H に誘起される表面電荷密度 σ と電界の大きさ E_2 は式（1·77）に示すように

$\sigma=\varepsilon_0 E_2$ であるから，$E_2=\dfrac{1}{\varepsilon_0}\sigma$

(4) $E_1=E_2$ であるから

$$\frac{aQ}{2\pi\varepsilon_0(a^2+h^2)^{\frac{3}{2}}}=\frac{1}{\varepsilon_0}\sigma$$

$$\therefore\quad \sigma=\frac{aQ}{2\pi(a^2+h^2)^{\frac{3}{2}}}$$

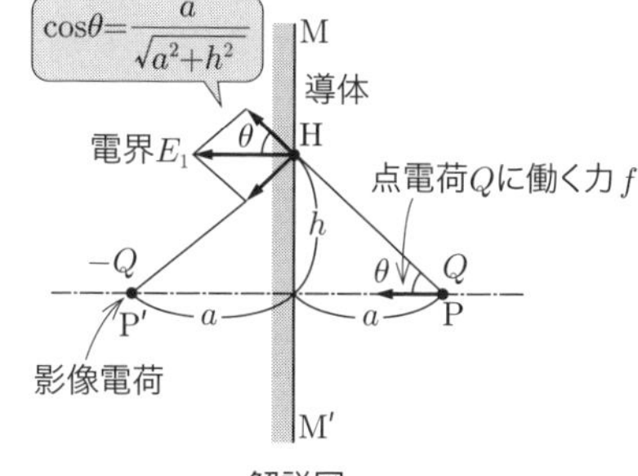

解説図

(5) 電荷 Q の受ける吸引力は，影像電荷との間で働く力と考え

$$f=\frac{Q^2}{4\pi\varepsilon_0(2a)^2}=\frac{Q^2}{16\pi\varepsilon_0 a^2}$$

【解答】(1) ト　(2) ワ　(3) ヨ　(4) ヌ　(5) カ

例題 11 ………………………………………… **H22　問 1**

次の文章は，2 導体間および大地に平行に張られた電線の静電容量に関する記述である．ただし，空気の誘電率を ε_0 とする．

図 1 に示すように，空気中に半径 a，導体間距離 d の 2 本の無限長平行導体があり，各導体に単位長当たり $+\rho$, $-\rho$ の電荷を与えた場合を考える．ここで，$d \gg a$ とする．

このとき，**2** 本の導体の軸を結ぶ平面上で，単位長当たり$+\rho$の電荷を与えた導体の中心軸からxの点の電界の強さは

$$E(x)=\boxed{\quad(1)\quad}\cdots\cdots①$$

となる．

したがって，導体間の電位差は

$$V=\int_a^{d-a}E(x)dx=\boxed{\quad(2)\quad}\cdots\cdots②$$

と求まる．

よって，単位長当たりの導体間の静電容量は

$$C=\boxed{\quad(3)\quad}\cdots\cdots③$$

と計算できる．

次に，図 **2** に示すように，平たんな大地面上の高さhに大地と平行に張られた半径aの電線の大地に対する単位長当たりの静電容量を，影像法を用いて求める．ここで，$h\gg a$とする．

まず，大地面上の高さhの電線と平行に，大地中の深さhに張られた半径aの影像電線を想定する．このとき，式③においてd=$2h$を代入することで **2** 電線間の単位長当たりの静電容量を求めることができる．この静電容量は，大地面と電線間の静電容量と，大地面と影像電線との間の仮想的な静電容量とが直列接続されたものである．したがって，電線の大地に対する単位長当たりの静電容量は，電線と影像電線とからなる **2** 電線間の場合の $\boxed{\quad(4)\quad}$ となる．よって，電線の大地に対する単位長当たりの静電容量は

$$C=\boxed{\quad(5)\quad}\cdots\cdots④$$

と求めることができる．なお，ここで，大地は完全導体であるとする．

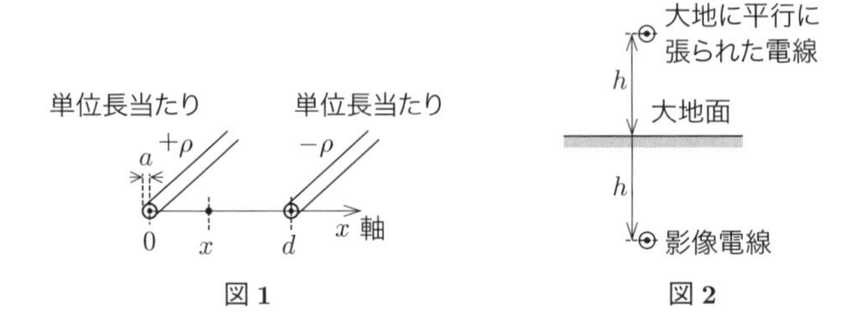

図 **1**　　図 **2**

【解答群】

(イ) 4 倍

(ロ) $\dfrac{\rho\varepsilon_0}{2\pi}\left\{\dfrac{1}{x^2}+\dfrac{1}{(d-x)^2}\right\}$

(ハ) $\dfrac{\pi\varepsilon_0}{2\ln\dfrac{2h-a}{a}}$

(ニ) $\dfrac{\rho}{\pi\varepsilon_0}\left(\dfrac{1}{a}-\dfrac{1}{d-a}\right)$

(ホ) $\dfrac{\pi\varepsilon_0}{\ln\dfrac{d-a}{a}}$

(ヘ) $\dfrac{\rho^2}{\pi\varepsilon_0}\ln\dfrac{h-a}{a}$

（ト） $\dfrac{\pi\varepsilon_0 a(d-a)}{d-2a}$	（チ） $\dfrac{\rho}{2\pi\varepsilon_0}\left\{\dfrac{1}{x^2}+\dfrac{1}{(d-x)^2}\right\}$	（リ） $\dfrac{1}{2}$ 倍
（ヌ） $\dfrac{\rho}{2\pi\varepsilon_0}\left(\dfrac{1}{x}+\dfrac{1}{d-x}\right)$	（ル） $\dfrac{\rho\varepsilon_0}{\pi}\left(\dfrac{1}{a}-\dfrac{1}{d-a}\right)$	（ヲ） $\dfrac{\rho}{\pi\varepsilon_0}\ln\dfrac{d-a}{a}$
（ワ） 2 倍	（カ） $\dfrac{\rho^2}{\pi\varepsilon_0}\ln\dfrac{d-a}{a}$	（ヨ） $\dfrac{2\pi\varepsilon_0}{\ln\dfrac{2h-a}{a}}$

解説 **(1)～(3)** 1-2 節で取り上げた平行導線の式（1・44）～式（1・46）を参照する．題意の条件を式（1・44）に適用すれば

$$E(x)=\frac{\rho}{2\pi\varepsilon_0}\left(\frac{1}{x}+\frac{1}{d-x}\right) \quad \cdots\cdots①$$

これを積分すると導体間の電位差 V が求まるが，式（1・45）と同様に

$$V=\int_a^{d-a}E(x)dx=\frac{\rho}{2\pi\varepsilon_0}\int_a^{d-a}\left(\frac{1}{x}+\frac{1}{d-x}\right)dx=\frac{\rho}{\pi\varepsilon_0}\ln\frac{d-a}{a} \quad \cdots\cdots②$$

式②より，静電容量 C は

$$C=\frac{\rho}{V}=\frac{\pi\varepsilon_0}{\ln\dfrac{d-a}{a}} \quad \cdots\cdots③$$

POINT
$e=2.718\cdots$ を底とする自然対数は log または ln で表す

(4)(5) 図 2 では，大地面に対して影像電線を考えている．両電線間の電位差は，式②と同様に考え，$d=2h$ とおけば

$$V=\frac{\rho}{\pi\varepsilon_0}\ln\frac{2h-a}{a}$$

ここで，大地は両電線間の中間の電位であるから，大地に平行に張られた電線と大地との電位差は $V/2$ となる．静電容量 C は

$$C=\frac{\rho}{\dfrac{V}{2}}=\frac{\rho}{\dfrac{\rho}{2\pi\varepsilon_0}\ln\dfrac{2h-a}{a}}=\frac{2\pi\varepsilon_0}{\ln\dfrac{2h-a}{a}}$$

となる．これは 2 電線間の静電容量の 2 倍である．

【解答】(1) ヌ　(2) ヲ　(3) ホ　(4) ワ　(5) ヨ

例題 12 ………………………………………………………… **H26 問 1**

　真空中に，原点 O を中心とする半径 $\boldsymbol{r}$ の接地された導体球がある．図は原点を通る断面であり，$\boldsymbol{xy}$ 平面を図のようにとり，以下では対称性により $\boldsymbol{xy}$ 平面上で考える．このとき $\boldsymbol{y}$ 軸上の点 P の座標を（$\boldsymbol{0}$，$\boldsymbol{2r}$）とし，そこには電荷量 $\boldsymbol{Q}$（$>\boldsymbol{0}$）の点電荷が置かれている．なお，真空中の誘電率を ε_0 とする．

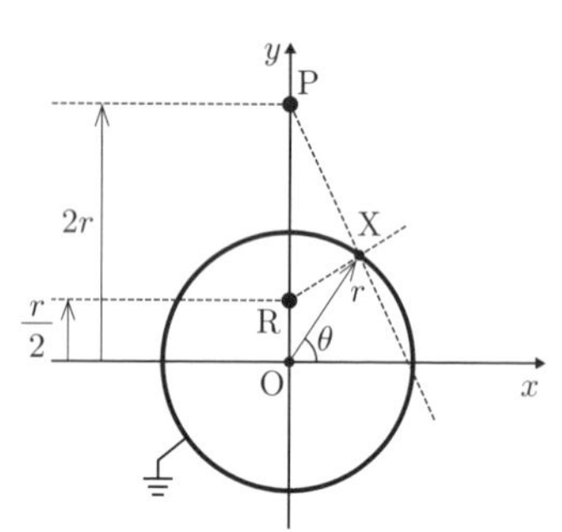

　球面上の点 X の座標を（$\boldsymbol{r\cos\theta}$，$\boldsymbol{r\sin\theta}$）とすると，導体球がなくて点 P の電荷だけを考えた場合の点 X の電位と電界の大きさは，それぞれ［(1)］，［(2)］である．

　次に，導体球の代わりに，電荷量 $-\boldsymbol{q}(\boldsymbol{q}>\boldsymbol{0})$ の影像電荷を $\boldsymbol{y}$ 軸上の点 R（$\boldsymbol{0}$，$\boldsymbol{r/2}$）に仮想的に置く．点 X の位置が $\boldsymbol{\theta=\pi/2}$ のとき，そこの電位が $\boldsymbol{0}$ となる $\boldsymbol{q}$ は，［(3)］である．このとき，任意の $\boldsymbol{\theta}$ について点 X の電位が $\boldsymbol{0}$ となる．

　この影像電荷を利用すると，点 P の電荷が導体球に誘導された電荷から受ける力の大きさは，［(4)］であるとわかる．また，点 X の位置が $\boldsymbol{\theta=0}$ のとき，そこにおける電界ベクトル $\dot{\boldsymbol{E}}=(\boldsymbol{E_x}, \boldsymbol{E_y})$ は，［(5)］である．

【解答群】

(イ) $\dfrac{Q}{2}$　(ロ) $\dfrac{Q^2}{9\pi\varepsilon_0 r^2}$　(ハ) $\left(-\dfrac{3Q}{50\pi\varepsilon_0 r^2}, -\dfrac{3Q}{100\pi\varepsilon_0 r^2}\right)$

(ニ) $\dfrac{Q}{4\pi\varepsilon_0 r^2(5-4\sin\theta)}$　(ホ) $\dfrac{Q}{4\sqrt{5}\pi\varepsilon_0 r}$　(ヘ) $\dfrac{Q}{4\pi\varepsilon_0 r^2(5+4\sin\theta)}$

(ト) $\dfrac{Q^2}{18\pi\varepsilon_0 r^2}$　(チ) $\left(0, -\dfrac{3\sqrt{5}Q}{100\pi\varepsilon_0 r^2}\right)$　(リ) $\left(-\dfrac{3\sqrt{5}Q}{100\pi\varepsilon_0 r^2}, 0\right)$

(ヌ) $2Q$　(ル) $\dfrac{Q}{4\pi\varepsilon_0 r\sqrt{5-4\sin\theta}}$　(ヲ) $\dfrac{Q}{4\pi\varepsilon_0 r\sqrt{5+4\sin\theta}}$

(ワ) $\dfrac{Q}{20\pi\varepsilon_0 r^2}$　(カ) $\dfrac{Q^2}{32\pi\varepsilon_0 r^2}$　(ヨ) Q

解　説　(1)(2) 解説図 1 のように，点 X から y 軸に垂線を下ろし，その足を点 T とする．$PX=l_1$ とすれば，点 X の電界，電位の大きさは式（1･4），式（1･22）より

$$E_P=\frac{Q}{4\pi\varepsilon_0 {l_1}^2},\quad V_P=\frac{Q}{4\pi\varepsilon_0 l_1}$$

ここで，l_1 は三平方の定理より

$$l_1=\sqrt{\mathrm{PT}^2+\mathrm{TX}^2}=\sqrt{(2r-r\sin\theta)^2+(r\cos\theta)^2}$$
$$=\sqrt{4r^2-4r^2\sin\theta+r^2(\sin^2\theta+\cos^2\theta)}$$
$$=r\sqrt{5-4\sin\theta}$$

であるから，上式へ代入して

$$\therefore\ E_{\mathrm{P}}=\frac{Q}{4\pi\varepsilon_0 r^2(5-4\sin\theta)}\quad\cdots\cdots①$$

$$V_{\mathrm{P}}=\frac{Q}{4\pi\varepsilon_0 r\sqrt{5-4\sin\theta}}\quad\cdots\cdots②$$

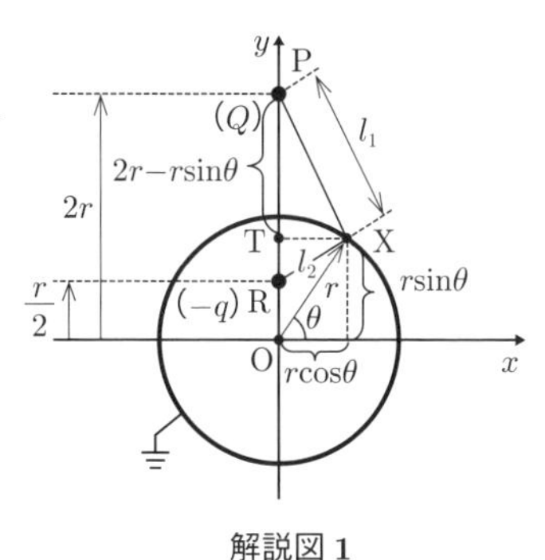

解説図 1

(3) 点 R に置かれた $-q$ の点電荷から距離 RX（$=l_2$）の点 X の電界 E_{R} の大きさと電位 V_{R} は

$$E_{\mathrm{R}}=\frac{q}{4\pi\varepsilon_0 {l_2}^2},\quad V_{\mathrm{R}}=\frac{-q}{4\pi\varepsilon_0 l_2}$$

ここで，l_2 は三平方の定理より

$$l_2=\sqrt{\left(r\sin\theta-\frac{r}{2}\right)^2+(r\cos\theta)^2}=r\sqrt{\frac{5}{4}-\sin\theta}=\frac{r}{2}\sqrt{5-4\sin\theta}$$

であるから，上式へ代入して

$$\therefore\ E_{\mathrm{R}}=\frac{4q}{4\pi\varepsilon_0 r^2(5-4\sin\theta)}\quad\cdots\cdots③\qquad V_{\mathrm{R}}=\frac{-2q}{4\pi\varepsilon_0 r\sqrt{5-4\sin\theta}}\quad\cdots\cdots④$$

点 X の電位 V_{X} は，式（1･24）のように，点 P の電荷による電位 V_{P} と点 R の電荷による電位 V_{R} のスカラー和であり，$V_{\mathrm{X}}=0$ とすれば

$$V_{\mathrm{X}}=\frac{Q}{4\pi\varepsilon_0 r\sqrt{5-4\sin\theta}}-\frac{2q}{4\pi\varepsilon_0 r\sqrt{5-4\sin\theta}}=0\qquad\therefore\ q=\frac{Q}{2}$$

(4)（3）の条件を満たせば，任意の θ について $V_{\mathrm{X}}=0$ であるから，点 R の電荷 $-q$ は影像電荷になっている．このため，導体球を取り去り，影像電荷 $-q$ を点 R に置けば，導体球外部の電界分布は等価である．点 P の電荷が導体球に誘導された電荷から受ける力 F は，点 P の電荷 Q と点 R の影像電荷 $-q=-\dfrac{Q}{2}$ との間に働く力と等しいため

$$F=\frac{Q\cdot\dfrac{Q}{2}}{4\pi\varepsilon_0\cdot\left(2r-\dfrac{r}{2}\right)^2}=\frac{Q^2}{18\pi\varepsilon_0 r^2}$$

(5) $\theta=0$ のとき，点 P の電荷による点 X での電界 E_{P0}，点 R の電荷による点 X での電界 E_{R0} は，式①，式③に $\theta=0$ を代入し

$$E_{\mathrm{P0}} = \frac{Q}{20\pi\varepsilon_0 r^2}$$

$$E_{\mathrm{R0}} = \frac{q}{5\pi\varepsilon_0 r^2} = \frac{Q}{10\pi\varepsilon_0 r^2}$$

電界はベクトル量なので，向きを考慮して合成する．解説図 2 のように，θ_1，θ_2 をとれば

$$E_x = E_{\mathrm{P0}}\sin\theta_1 - E_{\mathrm{R0}}\cos\theta_2$$

ここで，$\theta=0$ のとき，$l_1 = r\sqrt{5-4\sin 0} = \sqrt{5}r$，$l_2 = \frac{r}{2}\sqrt{5-4\sin 0} = \frac{\sqrt{5}}{2}r$ であるから

$$E_x = \frac{Q}{20\pi\varepsilon_0 r^2}\times\frac{r}{l_1} - \frac{Q}{10\pi\varepsilon_0 r^2}\times\frac{r}{l_2} = \frac{Q}{20\pi\varepsilon_0 r^2}\times\frac{1}{\sqrt{5}} - \frac{Q}{10\pi\varepsilon_0 r^2}\times\frac{2}{\sqrt{5}}$$

$$= \frac{-3\sqrt{5}Q}{100\pi\varepsilon_0 r^2}$$

同様に，y 軸成分も計算すれば

$$E_y = E_{\mathrm{R0}}\sin\theta_2 - E_{\mathrm{P0}}\cos\theta_1 = \frac{Q}{10\pi\varepsilon_0 r^2}\times\frac{\frac{r}{2}}{\frac{\sqrt{5}}{2}r} - \frac{Q}{20\pi\varepsilon_0 r^2}\times\frac{2r}{\sqrt{5}r} = 0$$

$$\therefore\ \dot{E} = (E_x, E_y) = \left(\frac{-3\sqrt{5}Q}{100\pi\varepsilon_0 r^2}, 0\right)$$

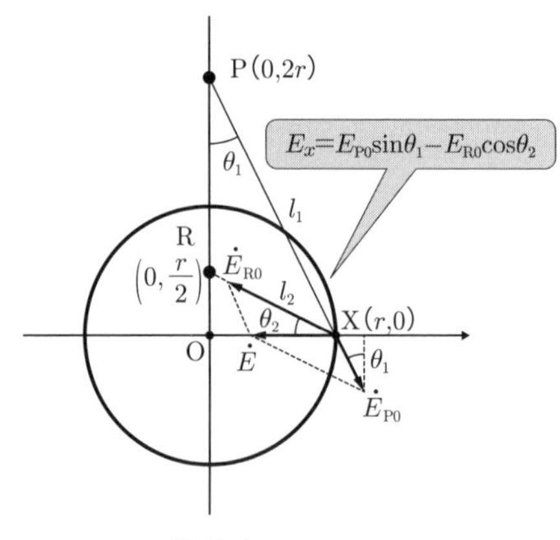

解説図 2

【解答】（1）ル　（2）ニ　（3）イ　（4）ト　（5）リ

1-4 電流と抵抗

攻略のポイント　電験３種はオームの法則，抵抗の温度係数，電力や電力量の計算等が出題されている．しかし，電験２種では，静電容量と抵抗との関係式，電流密度と電界との関係，変位電流等が出題されている．

1 電流

電荷の移動を**電流**という．いま，一つの導体をとり，これに電流が流れているとすれば，その中で電荷の移動があり，微小時間 Δt〔s〕に移動した電荷 ΔQ により，電流 I は次式で表すことができる．

$$\boldsymbol{I}=\frac{\boldsymbol{\Delta Q}}{\boldsymbol{\Delta t}}\ \text{〔A〕} \tag{1・86}$$

すなわち，**1 秒間に 1 C の電荷が流れるときの電流が 1 A（アンペア）**である．

2 オームの法則

正電荷の進む向きを電流の向きとする．導体中に電流が流れていることは，その中に電界があって，電界の方向に電荷が移動することを意味する．すなわち，電流は電位の高い点から低い点へと流れる．この電位差と電流の関係について，次の**オームの法則**が実験的に見出された．すなわち，**導体に流れる電流 I〔A〕は，その両端に加えた電圧 V〔V〕に比例し，抵抗 R〔Ω（オーム）〕に反比例する**．抵抗は電流の流れにくさを示す．

$$\boldsymbol{I}=\frac{\boldsymbol{V}}{\boldsymbol{R}}\ \text{〔A〕} \tag{1・87}$$

上式は，**コンダクタンス G〔S（ジーメンス）〕**を用いて次式で表せる．

$$\boldsymbol{I}=\frac{\boldsymbol{V}}{\boldsymbol{R}}=\boldsymbol{GV}\ \text{〔A〕} \tag{1・88}$$

POINT　$G=\dfrac{1}{R}$

導体内で移動する電荷は負電荷の電子であるから，電子の移動方向と電流の方向とは逆になる．

3 抵抗率と抵抗

抵抗は，電子が電界によって移動するとき導体内の障害物（金属原子）に衝突するために生じる．単位長を辺とする立方体を取り，この抵抗をその導体の**抵抗率**という．断面積 S，長さ l の導体に電圧 V を加えて電流 I が流れるとき，単位断面積を考えれば，電位差 V/l，電流は I/S であり，この抵抗率 ρ は

$$\rho = \frac{V/l}{I/S} = \frac{S}{l} \cdot \frac{V}{I} = \frac{S}{l} R \ [\Omega \cdot \mathrm{m}] \tag{1・89}$$

となる．すなわち

$$\boldsymbol{R} = \boldsymbol{\rho} \frac{\boldsymbol{l}}{\boldsymbol{S}} \ [\Omega] \tag{1・90}$$

となる．抵抗率の逆数を**導電率**といい，単位は〔S/m〕，記号は σ で表す．

$$\boldsymbol{\sigma} = \frac{\mathbf{1}}{\boldsymbol{\rho}} \ [\mathrm{S/m}] \tag{1・91}$$

4 電流密度と電界の強さ

図 1･41 のように，電流の流れている 1 点において，その点の電荷の動きに垂直な面に微小面積 ΔS を取り，単位時間にこれを通り抜ける電荷，つまり電流を ΔI とすれば，単位面積当たりの電流 J は

$$\boldsymbol{J} = \frac{\boldsymbol{\Delta I}}{\boldsymbol{\Delta S}} \tag{1・92}$$

となる．この J の大きさを持ち，考えている点の電流の向きを持つベクトル $\dot{j}$ を**電流密度**という．

図 1・41 電流密度

図 1・42 微小体積に流れる電流

図 1･42 のように，微小体積に電流 ΔI が流れるとき，抵抗は導電率を σ とすれば $\frac{1}{\sigma} \cdot \frac{\Delta l}{\Delta S}$ であるから，$\frac{1}{\sigma} \cdot \frac{\Delta l}{\Delta S} \Delta I$ の電位差が現れる．単位長当たりの電位差が電界の強さであるから

$$E=\frac{\Delta V}{\Delta l}=\frac{1}{\sigma}\cdot\frac{\Delta I}{\Delta S} \qquad (1\cdot 93)$$

となる．ここで，$\Delta I/\Delta S$ は電流密度であるから

$$\dot{\boldsymbol{E}}=\frac{\boldsymbol{1}}{\boldsymbol{\sigma}}\dot{\boldsymbol{j}} \quad \text{つまり} \quad \dot{\boldsymbol{j}}=\boldsymbol{\sigma}\dot{\boldsymbol{E}} \qquad (1\cdot 94)$$

POINT
電界 $\dot{E}$ のあるところでは，$\sigma\dot{E}$ の密度の電流が流れる

5 抵抗率の温度係数と温度測定への応用

金属の温度が高いと，原子の熱運動が激しくなり，電子が進行中に障害物（原子）と衝突する回数が増し，抵抗が増加する．温度 t_1〔℃〕の抵抗率を ρ_1，t_2〔℃〕の抵抗率を ρ_2 とし，温度変化を $t=t_2-t_1$，温度係数を α とすれば

$$\boldsymbol{\rho_2=\rho_1(1+\alpha t)} \qquad (1\cdot 95)$$

となる．抵抗が温度に比例して変化することから，抵抗の変化により温度の測定をすることができる．基準温度 t〔℃〕，このときの抵抗を R_t，温度係数を α_t，測定温度 T〔℃〕のときの抵抗を R_T とすれば

$$\boldsymbol{R_T=R_t\{1+\alpha_t(T-t)\}} \text{〔}\Omega\text{〕} \qquad (1\cdot 96)$$

の関係があるので，測定温度 T は次式から求まる．

$$T=t+\frac{R_T-R_t}{R_t\alpha_t} \text{〔℃〕} \qquad (1\cdot 97)$$

6 電力とジュール熱

導体に電流が流れるとき，電子は障害物（原子）に衝突するたびに，電界から得た運動エネルギーを放出し，これは熱エネルギーに変わって，導体の温度を上昇させ，外部へ熱を放散する．電位差 V〔V〕の間を電荷 Q〔C〕が移動するとき，$W=QV$〔J〕の仕事をする．この仕事 W が熱に変わることになり，これを**ジュール熱**という．単位時間当たりの仕事が電力 P に相当するので，t〔s〕間に W〔J〕の仕事をする場合

$$\boldsymbol{P=\frac{W}{t}}=\boldsymbol{\frac{VQ}{t}}=\boldsymbol{V\frac{Q}{t}}=\boldsymbol{VI} \text{〔J/s〕} \qquad (1\cdot 98)$$

となる．**1 J/s は 1 W（ワット）**ともいう．

抵抗 R〔Ω〕に電流 I〔A〕が流れているときの電力は

$$\boldsymbol{P=VI}=IRI=\boldsymbol{I^2R}=V\frac{V}{R}=\boldsymbol{\frac{V^2}{R}} \text{〔W〕} \qquad (1\cdot 99)$$

7 電力量

抵抗に電流がある時間流れたときになされた仕事の総量つまり電気エネルギーの総量を**電力量**という．P〔W〕の電力を t〔s〕間使用したときの電力量を W〔W·s〕とすれば

$$\boldsymbol{W = Pt}\ \text{〔W·s〕} = \boldsymbol{Pt}\ \text{〔J〕} \qquad (1\cdot100)$$

POINT
1W·h＝ 1W × 1h ＝ 1W × 3 600s
＝ 3 600W·s ＝ 3 600J

となる．なお，電力量の取引などでは，一般的に，電力量を表す単位としては，**キロワット時（単位記号〔kW·h〕）**が用いられる．

8 静電容量と抵抗

図 1·43 のように，2 つの導体電極があり，それぞれ正負同量の電荷を持ち，空間は誘電率 ε の誘電体である場合を考える．

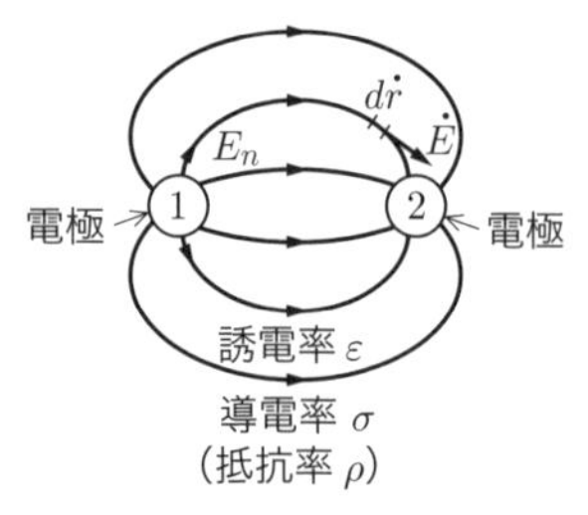

図 1・43　静電容量と抵抗

導体 1 について，$\int_1 E_n dS$ は，ガウスの定理より，この面から出る全電気力線数であるため，$\varepsilon\int_1 E_n dS$ はこの面から出る全電束数，つまり導体 1 の全電荷 Q に等しい．一方，$-\int_2^1 (\dot{E}\cdot d\dot{r})$ は式（1·20）より 2 つの導体間の電位差であるから，2 つの導体間の静電容量 C は

$$C = \frac{\varepsilon\int_1 E_n dS}{-\int_2^1 (\dot{E}\cdot d\dot{r})} \qquad (1\cdot101)$$

一方，これを電流の場に入れ換える．すなわち，空間は導電率 σ（抵抗率 ρ）の導体であるとする．$\sigma\int_1 E_n dS$ は導体 1 から出る全電流 I であるから，2 つの導体表面間の抵抗 R は

$$R = \frac{V}{I} = \frac{-\int_2^1 \dot{E} \cdot d\dot{r}}{\sigma \int_1 E_n dS} \qquad (1 \cdot 102)$$

したがって，式（1･101）と式（1･102）を右辺・左辺ごとに乗じると

$$\boldsymbol{RC = \frac{\varepsilon}{\sigma} = \varepsilon\rho} \qquad (1 \cdot 103)$$

POINT
静電容量がわかれば抵抗がわかり，
抵抗がわかれば静電容量がわかる

となる．これにより，**静電容量がわかっていれば抵抗がわかり，逆に抵抗がわかっていれば静電容量がわかる．**

（1）平行平板電極

図1･44のように平行平板電極において電極間に抵抗率 ρ の媒質が入っているときの電極間の抵抗 R を求める．平行平板電極の静電容量は式（1･39）より $C = \dfrac{\varepsilon S}{d}$ であるから，式（1･103）を活用し，電極間の抵抗は次式となる．

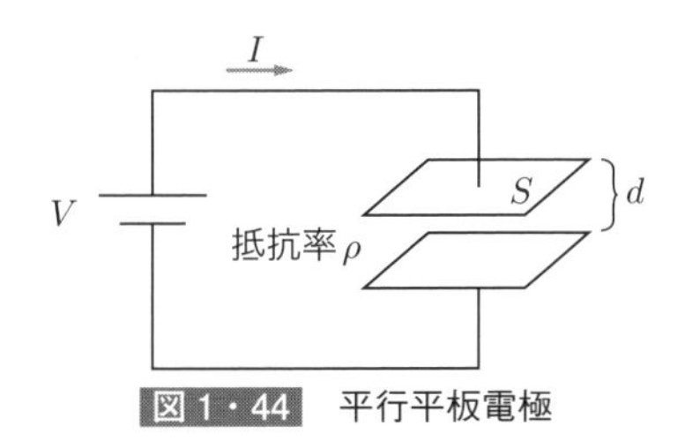

図1・44　平行平板電極

$$R = \frac{\varepsilon\rho}{C} = \frac{\rho d}{S} \qquad (1 \cdot 104)$$

（2）半球状電極

図1･45のように半球状導体を電極とする場合の接地抵抗を求める．この電流分布は全空間で抵抗率 ρ の導体中に球形導体を置いたときの下半分を取ればよい．これを静電界に置き換えれば，誘電率 ε の誘電体中に球形導体を置いて下半分を考えることに相当する．球形導体の静電容量は，式（1･41）から $4\pi\varepsilon a$ であり，半球であるから表面の電荷は半分になる．静電容量 C は $C = 2\pi\varepsilon a$ なので，接地抵抗 R は式（1･103）から次式となる．

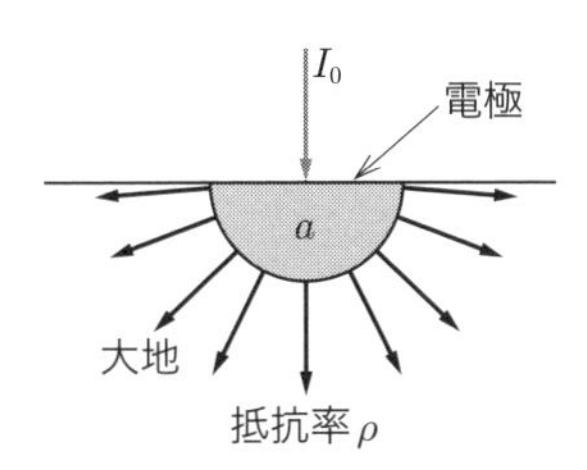

図1・45　半球状電極

$$R = \frac{\varepsilon\rho}{C} = \frac{\rho}{2\pi a} \qquad (1 \cdot 105)$$

(3) 同心球電極

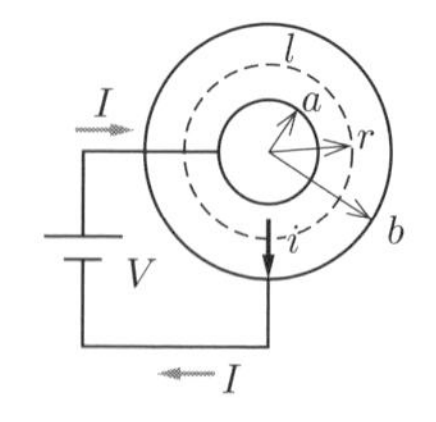

図 1・46 同心球電極

図 1･46 のように同心球電極（内球外径 a，外球内径 b）の電極間の抵抗 R を求める．球の静電容量 C は式（1･40）から，$C=\dfrac{4\pi\varepsilon ab}{b-a}$ なので，抵抗 R は式（1･103）より

$$R=\frac{\varepsilon\rho}{C}=\frac{\rho}{4\pi}\cdot\frac{b-a}{ab} \qquad (1\cdot106)$$

別解法として，電流密度から積分しても求められる．まず，中心から半径 r の点における電流密度 i は

$$i=\frac{I}{4\pi r^2}$$

となる．式（1･94）を変形すると，$E=\rho i$ であるから，電極間の電位差 V は次式のように積分する．

$$V=-\int_b^a E dr=-\int_b^a \rho i dr=-\int_b^a \frac{\rho I}{4\pi r^2}dr=\frac{\rho I}{4\pi}\left(\frac{1}{a}-\frac{1}{b}\right)$$

$$\therefore\quad R=\frac{V}{I}=\frac{\rho}{4\pi}\cdot\frac{b-a}{ab}$$

(4) 同心円筒電極

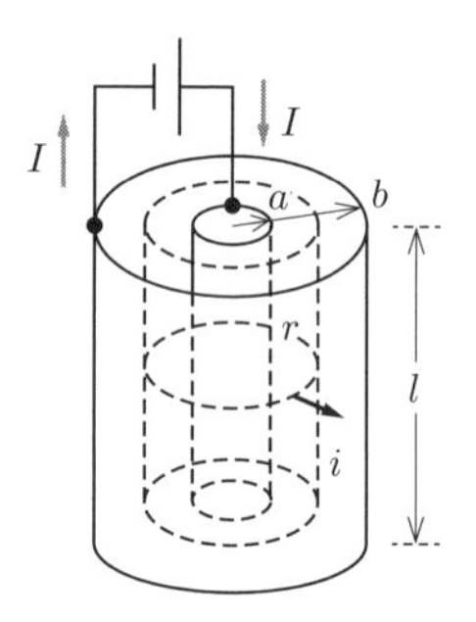

図 1・47 同心円筒電極

図 1･47 のように同心円筒電極（内導体外径 a, 外導体内径 b, 長さ l）の電極間の抵抗を求める．この円筒の静電容量 C は式（1･43）から，$C=\dfrac{2\pi\varepsilon l}{\log\left(\dfrac{b}{a}\right)}$ である．

抵抗 R は，式（1･103）より

$$R=\frac{\varepsilon\rho}{C}=\frac{\rho}{2\pi l}\log\frac{b}{a} \qquad (1\cdot107)$$

別解法として，電流密度から積分しても求められる．同心円筒電極の中心から距離 r の点の電流密度は $i=\dfrac{I}{2\pi rl}$ となる．したがって，電極間の電位差 V は

$$V=-\int_b^a E dr=-\int_b^a \rho i dr=-\int_b^a \frac{\rho I}{2\pi rl}dr=\frac{\rho I}{2\pi l}\log\frac{b}{a}$$

$$\therefore \quad R = \frac{V}{I} = \frac{\rho}{2\pi l} \log \frac{b}{a}$$

9 変位電流

図 1・48 のように，回路に直列にコンデンサが接続されている場合を考える．このコンデンサの上側の電極を考えると，電流となってコンデンサに流れ込む電荷はここに蓄えられ，電流はここで終わった形になっている．

しかし，電極に電荷が増加していくと，電極から発散する電束は増加する．電束は単位電荷について 1 本ずつ出るから，電流がコンデンサ電極にたどり着くと，ちょうどそれだけ電束が増加する．電束密度を D とすれば，$\partial D/\partial t$ は電束密度の増加の割合である．そこで，誘電体の中で，この $\partial D/\partial t$ だけの密度を持つ仮想的な電流が流れるとすると，電極表面ではちょうど電荷の増加した分だけ，この仮想的な電流が流れ出すことになる．すなわち，導体内の電流（伝導電流）とこの仮想的な電流は等しいと考えることができ，**伝導電流と仮想的な電流を一緒にして電流とすれば，電流は常にあらゆる場所で連続**であるといえる．この $\partial D/\partial t$ を密度とする電流を**変位電流**または**電束電流**という．

図 1・48 では，$D = Q/S$ であるから

$$\text{変位電流密度} = \frac{\partial D}{\partial t} = \frac{1}{S}\frac{\partial Q}{\partial t} \tag{1・108}$$

$$\text{全変位電流} = \frac{\partial Q}{\partial t} \tag{1・109}$$

上式の $\partial Q/\partial t$ はコンデンサに流れ込む伝導電流に等しいので，**コンデンサに流れ込む伝導電流と流れ出す変位電流（電束電流）は等しい**．

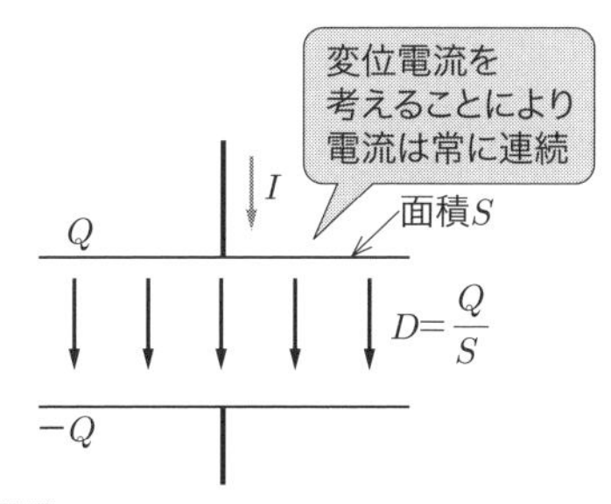

図 1・48　コンデンサにおける伝導電流と変位電流

例題 13 ……………………………………………… **H14 問 1**

次の文章は，大地面に埋設された半球状金属導体に関する記述である．

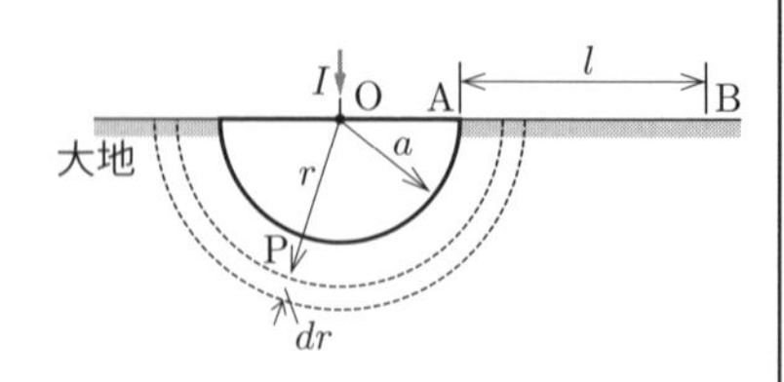

図のように，半径 $\boldsymbol{a}$ の半球状金属導体に電流 $\boldsymbol{I}$ が流れ込み，大地に向かって一様に放射状に流出している．半球状金属の中心Oから半径 $\boldsymbol{r}$ の点P（$\boldsymbol{r}>\boldsymbol{a}$）における電流密度は $\boldsymbol{J_r}=$ (1) である．したがって，点Pの電界の大きさは $\boldsymbol{E_r}=$ (2) となる．ただし，大地は一様とし，その抵抗率を $\boldsymbol{\rho}$ とする．

点Pにおける半径方向の微小距離 $\boldsymbol{dr}$ 間の電位差の大きさ $\boldsymbol{dV}$ は，$\boldsymbol{E_r}$ を用いて (3) と表される．したがって，球面上の点Aの電位は $\boldsymbol{V_A}=$ (4) である．また，点Aと中心Oから距離 $\boldsymbol{a+l}$ だけ離れた地表面上の点Bとの間の電位差は $\boldsymbol{V_{AB}}=$ (5) となる．

【解答群】

(イ) $rE_r dr$　(ロ) $\dfrac{I\rho l}{2\pi a(a+l)}$　(ハ) $\dfrac{I\rho}{\pi r^2}$　(ニ) $\dfrac{I\rho}{2\pi r^2}$

(ホ) $\dfrac{I}{4\pi r^2}$　(ヘ) $\dfrac{I\rho}{2\pi a}$　(ト) $\dfrac{I\rho l}{\pi a(a+l)}$　(チ) $\dfrac{I\rho}{4\pi a}$

(リ) $\dfrac{E_r}{r}dr$　(ヌ) $\dfrac{I}{\pi r^2}$　(ル) $E_r dr$　(ヲ) $\dfrac{I}{2\pi r^2}$

(ワ) $\dfrac{I\rho}{4\pi r^2}$　(カ) $\dfrac{I\rho}{\pi a}$　(ヨ) $\dfrac{I\rho(a+l)}{2\pi al}$

解　説　**(1)** 電流密度は式（1･92）より $\dot{J}=\Delta I/\Delta S$ である．中心Oから半径 r の半球表面では，半球の表面積 S が $S=2\pi r^2$ であるから

$$J_r=\frac{I}{S}=\frac{I}{2\pi r^2} \quad \cdots\cdots①$$

(2) 式（1･94）から $J=\sigma E$ であり，$\sigma=1/\rho$ であるから，$E=\rho J$ となる．

点Pの電界の大きさ E_r は $E=\rho J$ と式①から

$$E_r=\rho J_r=\frac{I\rho}{2\pi r^2}$$

(3) 電界の強さ E_r と電位との関係は，式（1･32）から，$E_r=-dV_r/dr$ であるから，$dV_r=-E_r dr$ となる．なお，問題文中では dV は電位差の大きさとしているため，負符

号をとって $dV=E_r dr$ となる．

(4) (5) 球面上の点 A の電位は，式（1･20）より

$$V_A=-\int_\infty^a E_r dr=-\int_\infty^a \frac{I\rho}{2\pi r^2}dr=\frac{I\rho}{2\pi}\left[\frac{1}{r}\right]_\infty^a=\frac{I\rho}{2\pi a} \quad \cdots\cdots ②$$

となる．点 B の電位 V_B も式②と同様に，$V_B=\dfrac{I\rho}{2\pi(a+l)}$

$$\therefore \quad V_{AB}=V_A-V_B=\frac{I\rho}{2\pi a}-\frac{I\rho}{2\pi(a+l)}=\frac{I\rho l}{2\pi a(a+l)}$$

【解答】(1) ヲ　(2) ニ　(3) ル　(4) へ　(5) ロ

例題 14 ………………………………………… **H27 問 1**

次の文章は，誘電体または導電体に満たされた同軸円筒導体に関する記述である．

無限に長い同軸円筒導体を想定し，図に示した断面のように，内部導体の外半径を a，外部導体の内半径を b とする．この同軸円筒導体の外部導体を接地し，内部導体に電圧 V を印加したときの半径 r の位置における電界の強さを $E(r)$ とする．

まず，内外導体間（$a<r<b$）を誘電率 ε で導電率 0 の誘電体で満たす．このとき，単位長当たりの内部導体に蓄えられている電荷を Q とし，半径 r の位置における電束密度の大きさ $D(r)$ と Q との関係を求めると，式①のようになる．

$D(r)=$ (1) ……………………………… ①

また，$E(r)$ と $D(r)$ との間には式②の関係がある．

$D(r)=\varepsilon E(r)$ ……………………………… ②

$E(r)$ を r について a から b まで積分した値が円筒間の電位差 V に等しいことから，V と Q の関係が得られる．よって，この同軸円筒導体の単位長当たりの静電容量 C は式③のようになる．

$C=$ (2) ……………………………… ③

次に，誘電体を除去したのち，内外導体間を誘電率 ε_0（真空と同じ）で導電率 σ の導電体で満たす．内外導体間に流れる単位長当たりの定常電流を I とすると，半径 r の位置において電流密度の大きさ $J(r)$ は一様であり，式④で表される．

$J(r)=$ (3) ……………………………… ④

$J(r)$ と $E(r)$ との間に成り立つオームの法則は，式⑤で表される．

$J(r)=$ (4) ……………………………… ⑤

式①と式④，式②と式⑤とを比べると，導電体における $\boldsymbol{I}$，$\boldsymbol{J(r)}$，$\boldsymbol{\sigma}$ は，誘電体における $\boldsymbol{Q}$，$\boldsymbol{D(r)}$，ε と対応させられる．このようなアナロジーを利用して，式③から導電体で満たされた同軸円筒導体の単位長当たりのコンダクタンス $\boldsymbol{G}$ は式⑥のように求められる．

$\boldsymbol{G}=$ （5） ……………………………………………………………⑥

【解答群】

（イ）	$\dfrac{Q}{4\pi r^2}$	（ロ）	$\dfrac{2\pi\varepsilon a^2 b^2}{3(b^2-a^2)}$	（ハ）	$\varepsilon_0\sigma E(r)$	（ニ）	$\dfrac{2\pi\sigma a^2 b^2}{3(b^2-a^2)}$
（ホ）	$\dfrac{I}{2\pi r}$	（ヘ）	$\sigma E(r)$	（ト）	$\dfrac{E(r)}{\sigma}$	（チ）	$\dfrac{3I}{4\pi r^3}$
（リ）	$\dfrac{Q}{2\pi r}$	（ヌ）	$\dfrac{2\pi\varepsilon}{\ln\dfrac{b}{a}}$	（ル）	$\dfrac{2\pi\sigma}{\ln\dfrac{b}{a}}$	（ヲ）	$\dfrac{4\pi\sigma ab}{b-a}$
（ワ）	$\dfrac{I}{4\pi r^2}$	（カ）	$\dfrac{4\pi\varepsilon ab}{b-a}$	（ヨ）	$\dfrac{3Q}{4\pi r^3}$		

解 説　(1) 単位長当たりの半径 r の円筒の側面積は $2\pi r\times 1=2\pi r$ であるから，単位長当たりの電荷 Q を与えた円筒導体から半径 r の位置における電束密度 $D(r)$ は

$$D(r)=\frac{Q}{2\pi r}\quad\cdots\cdots①$$

(2) 同軸円筒導体の内外導体間の電位差 V は題意（または式（1･20））から

$$V=\int_a^b E(r)dr=\frac{1}{\varepsilon}\int_a^b D(r)dr=\frac{Q}{2\pi\varepsilon}\int_a^b\frac{1}{r}dr=\frac{Q}{2\pi\varepsilon}\ln\frac{b}{a}$$

同軸円筒導体の単位長当たりの静電容量 $C=\dfrac{Q}{V}$ から

$$C=\frac{Q}{V}=\frac{2\pi\varepsilon}{\ln\dfrac{b}{a}}$$

POINT
$e=2.718\cdots$ を底とする自然対数は log または ln で表す

(3) 単位長当たりの電流 I の円筒導体から半径 r の位置での電流密度 $J(r)$ は

$$J(r)=\frac{I}{2\pi r}$$

(4) $J(r)$ と $E(r)$ との関係は式（1･94）から，$J(r)=\sigma E(r)$

(5) 同軸円筒導体の内外導体間の電位差 V は

$$V=\int_a^b E(r)dr=\frac{1}{\sigma}\int_a^b J(r)dr=\frac{1}{\sigma}\int_a^b\frac{I}{2\pi r}dr=\frac{I}{2\pi\sigma}[\ln r]_a^b=\frac{I}{2\pi\sigma}\ln\frac{b}{a}$$

同軸円筒導体の単位長当たりのコンダクタンスGは

$$G=\frac{I}{V}=\frac{2\pi\sigma}{\ln\frac{b}{a}}$$

【解答】(1) リ (2) ヌ (3) ホ (4) ヘ (5) ル

例題 15 …… R1 問1

次の文章は，コンデンサ内の変位電流に関する記述である．

極板の面積が$\boldsymbol{S}$で，極板間の距離が$\boldsymbol{d}$である平行平板コンデンサがあり，その極板間は誘電率εの誘電体で満たされている．誘電体に導電性はなく，端効果は無視できるものとする．

コンデンサにはあらかじめ電荷は蓄えられておらず，時刻$\boldsymbol{t=0}$において電源を接続して一定の充電電流$\boldsymbol{I}$を流し始める．時刻$\boldsymbol{t(>0)}$における誘電体内の電界の大きさ$\boldsymbol{E}$と電束密度の大きさ$\boldsymbol{D}$はそれぞれ［(1)］と［(2)］である．

ここで，誘電体内部の変位電流を考える．変位電流密度は$\boldsymbol{J=\frac{\partial D}{\partial t}}$で与えられ，時刻$\boldsymbol{t(>0)}$における誘電体内の変位電流密度は一様であり，その大きさ$\boldsymbol{J}$は［(3)］である．このとき，充電電流$\boldsymbol{I}$を変位電流密度$\boldsymbol{J}$で表すと［(4)］となる．このことから，次の(A)～(C)のうち，変位電流を考えることで導かれる事実は，［(5)］である．

(A) 電源からの電流が変位電流として誘電体内を流れる．
(B) 誘電体内で一定のエネルギーが消費される．
(C) 誘電体内に$\boldsymbol{t}$に比例した自由電荷が蓄えられる．

【解答群】

(イ) $\frac{SIt}{\varepsilon}$	(ロ) J	(ハ) (B)	(ニ) SIt	(ホ) $\frac{-I}{St^2}$
(ヘ) SJ	(ト) 0	(チ) $\frac{It}{S}$	(リ) (C)	(ヌ) $\frac{I}{S}$
(ル) $\frac{\varepsilon I}{St}$	(ヲ) (A)	(ワ) $\frac{It}{\varepsilon S}$	(カ) Jt	(ヨ) $\frac{I}{St}$

解説 (1)(2) 時刻tにおける平行平板コンデンサに蓄積される電荷Qは式(1・86)より$Q=It$となる．極板面積はSであるから，電束密度Dは$D=\frac{Q}{S}=\frac{It}{S}$

となる．また，電束密度 D と電界 E は式（1·53）の関係があるので，$E=\dfrac{D}{\varepsilon}=\dfrac{It}{\varepsilon S}$ となる．

(3) 変位電流密度 $J=\dfrac{\partial D}{\partial t}=\dfrac{\partial}{\partial t}\left(\dfrac{It}{S}\right)=\dfrac{I}{S}$

(4) (3)の $J=I/S$ を変形すれば，$I=SJ$

(5) 本節の 9 項「変位電流」に示すように，誘電体内を極板の真電荷の時間的変化 dQ/dt に等しい変位電流が流れると考えれば，電流は常にあらゆる場所で連続する．単位面積当たりの変位電流が変位電流密度 J であり，誘電体内の単位面積当たりを通過する電束が電束密度 D である．したがって，「(A) 電源からの電流が変位電流として誘電体内を流れる」のが正しい．

【解答】 (1) ワ (2) チ (3) ヌ (4) へ (5) ヲ

1-5 磁　界

攻略のポイント

本節に関して，電験３種では無限長導体，無限長ソレノイド，環状コイル等の磁界を求める問題等が出題される．電験２種ではあまり出題されていないが，磁気回路や電磁誘導等を理解する基礎となるため，十分に学習する．

1 磁石と磁界

磁界とは，磁気的な作用が行われる空間をいう．磁極の強さ（磁荷）を $\boldsymbol{m}$〔**Wb（ウェーバ）**〕，N極の磁極の強さを正，S極の磁極の強さを負で表す．**磁界の強さ** $\dot{\boldsymbol{H}}$〔A/m〕は，図1･49のように，磁界中にN極の磁極の強さが1Wbの磁石を置いたとき，その磁石のN極に働く磁力であり，大きさと方向を持つベクトル量である．磁界の強さが $\dot{H}$〔A/m〕の磁界中に，m〔Wb〕の磁極を置くとき，N極に働く磁力は

$$\dot{\boldsymbol{F}}=\boldsymbol{m}\dot{\boldsymbol{H}}\,〔\mathrm{N}〕 \qquad (1・110)$$

で表される．一方，S極には $\dot{F}=-m\dot{H}$ の力が働く．

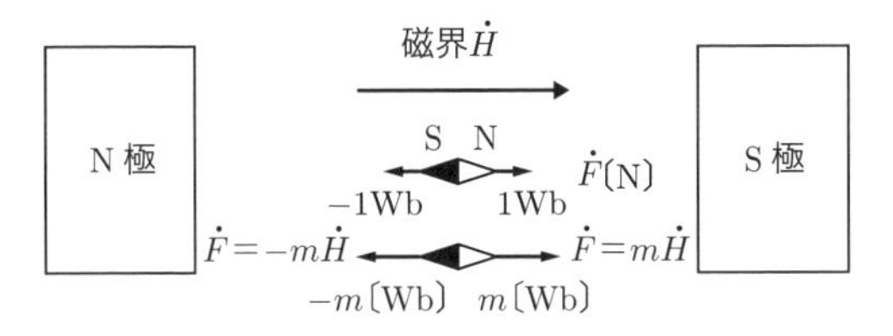

図1・49　磁界の強さと磁極に働く磁力

2 磁極に関するクーロンの法則・磁位・磁気モーメント

(1) 磁極に関するクーロンの法則

図1･50に示すように，磁極の強さ m_1〔Wb〕，m_2〔Wb〕の点磁極（微小な磁石）を真空中で r〔m〕離して置いた場合，点磁極間には

$$\dot{F}=\frac{m_1 m_2}{4\pi\mu_0 r^2}\ 〔\mathrm{N}〕\qquad(1\cdot111)$$

POINT
磁荷の積に比例し，距離の二乗に反比例

の大きさで，m_1，m_2 が同極性のとき反発し，異極性のとき吸引し合う方向の力が働く．これを**磁極に関するクーロンの法則**という．μ_0 は真空の透磁率で $\mu_0=4\pi\times10^{-7}$〔H/m〕である．式（1･111）において，m_2 はm_1が作る磁界 $\dot{H}_1$により $\dot{F}=m_2\dot{H}_1$〔N〕の力を受けるものと考えれば，磁界 $\dot{H}_1$ は

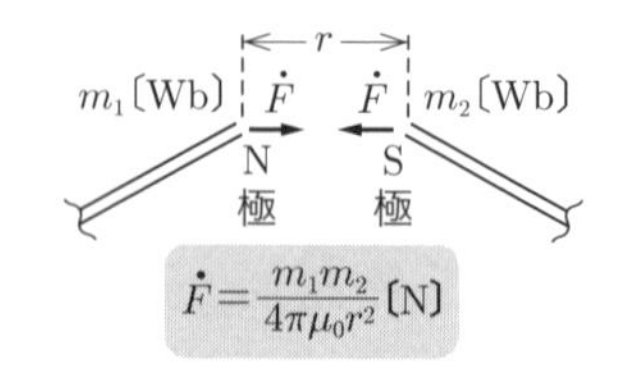

図 1・50　磁極に関するクーロンの法則

$$\dot{H}_1=\frac{m_1}{4\pi\mu_0 r^2}\ 〔\mathrm{A/m}〕\qquad(1\cdot112)$$

となる．$\dot{H}_1$ は m_1 を中心とする半径 r〔m〕上の磁界の強さであり，点磁極の作る磁界は放射状になっている．磁界の方向は，N極では外向き，S極では内向きである．

（2）磁位

電界における電位と同様に，磁界でも磁位を考えることができる．ある点の磁位 U は無限遠点から 1Wb の磁荷を持ってくるときに要する仕事量〔J〕と定義する．例えば，真空中の m〔Wb〕から r〔m〕離れた点の磁位は，磁界の大きさが式（1･112）であるから，次式となる．

$$U=-\int_{\infty}^{r}\frac{m}{4\pi\mu_0 r^2}dr=\frac{m}{4\pi\mu_0 r}\ 〔\mathrm{A}〕\qquad(1\cdot113)$$

（3）磁気モーメント

1つの磁石で，1極の磁荷を m〔Wb〕，磁石の長さを l〔m〕とすると，両者の積を**磁気モーメント** M といい，次式で表す．

$$M=ml\ 〔\mathrm{Wb\cdot m}〕\qquad(1\cdot114)$$

図1･51に示すように，真空中に置かれた長さ l〔m〕，磁極の強さ m〔Wb〕の棒磁石がある．点Pの磁界の強さは，点Pに 1Wb の点磁荷を置いたときに働く力であるから，式（1･111）より

$$F=\frac{m}{4\pi\mu_0\left(r-\frac{l}{2}\right)^2}-\frac{m}{4\pi\mu_0\left(r+\frac{l}{2}\right)^2}=\frac{m}{4\pi\mu_0}\cdot\frac{2rl}{\left\{r^2-\left(\frac{l}{2}\right)^2\right\}^2}$$

$$= \frac{rml}{2\pi\mu_0\left\{r^2-\left(\frac{l}{2}\right)^2\right\}^2} \qquad \therefore H = \frac{rml}{2\pi\mu_0\left\{r^2-\left(\frac{l}{2}\right)^2\right\}^2}〔\mathrm{A/m}〕$$

(1・115)

したがって，$r \gg l$ のときには次式が成立する（M は磁気モーメント）．

$$H \fallingdotseq \frac{rml}{2\pi\mu_0 r^4} = \frac{ml}{2\pi\mu_0 r^3} = \frac{M}{2\pi\mu_0 r^3}〔\mathrm{A/m}〕 \qquad (1・116)$$

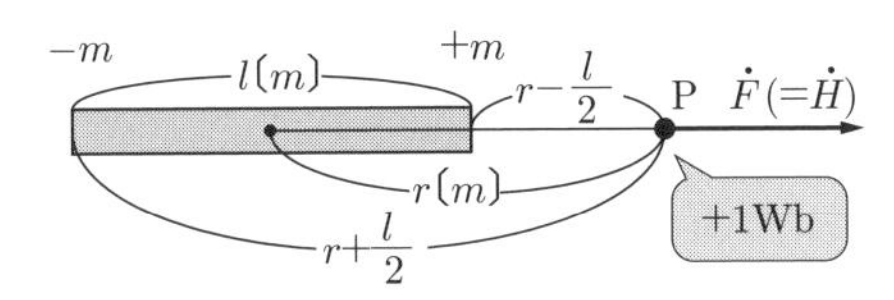

図1・51　棒磁石が作る磁界の強さ

3 磁力線と磁束

図1·52のように，磁界の様子を仮想的に表した線を**磁力線**という．磁界の方向に垂直な面積 S〔m^2〕の断面を通る磁力線数を N 本とすると，磁界の強さ H〔A/m〕は磁力線密度 N/S〔本/m^2〕で表される．

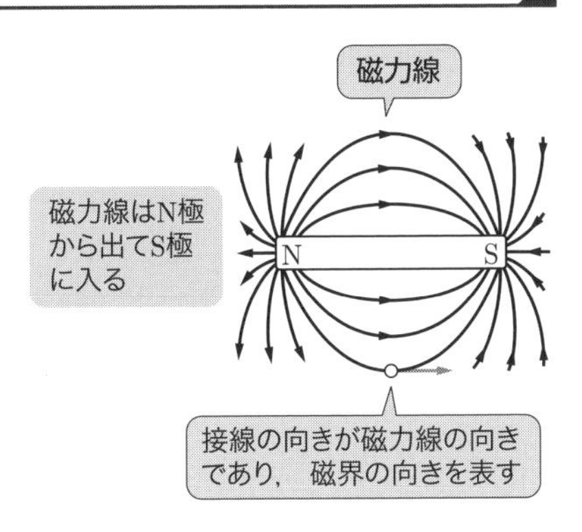

図1・52　磁力線

次に，1Wb の強さの磁極からは，どのような物質中でも1本の磁気的な線が生じると考え，これを**磁束**という．真空中では $1/\mu_0$ 本の磁力線を1本の磁束とし，透磁率が μ の物質中では $1/\mu$ 本の磁力線を1本の磁束とする（透磁率は1-7節を参照）．**磁束を表す記号として Φ，単位は〔Wb〕**を用いる．磁石のN極から出る磁力線数を N 本，真空の透磁率を μ_0〔H/m〕とすれば，磁束 Φ は

$$\boldsymbol{\Phi} = \boldsymbol{\mu_0 N}〔\mathrm{Wb}〕 \qquad (1・117)$$

と表すことができる．

4 磁束密度

磁界中で，磁束と垂直な単位面積（$1\,\mathrm{m}^2$）当たりを通る磁束の量を**磁束密度**という．**磁束密度を表す記号として B，単位には〔T（テスラ）〕**を用いる．

そこで，磁束に垂直な面積 S〔m^2〕の断面を通る磁束が Φ〔Wb〕であれば，磁束密度 B〔T〕は

$$\boldsymbol{B}=\frac{\boldsymbol{\Phi}}{\boldsymbol{S}}\ 〔\mathrm{T}〕\qquad (1\cdot 118)$$

となる．さらに，式（1·118）に式（1·117）を代入すれば

$$\boldsymbol{B}=\boldsymbol{\mu_0}\frac{\boldsymbol{N}}{\boldsymbol{S}}=\boldsymbol{\mu_0 H}\ 〔\mathrm{T}〕\qquad (1\cdot 119)$$

POINT
磁界の強さ H ＝磁力線密度$\dfrac{N}{S}$

となる．

5 アンペアの右ねじの法則

電流が直線導体を流れているとき，導体のまわりに磁界が生じる．図1·53のように，磁界の向きに右ねじを回すと，右ねじの進む方向が電流の向きとなる．または，導体を右手で握り，親指を電流の方向にとると，他の4本の指の曲げた方向が磁界の向きである．この関係を**アンペアの右ねじの法則**という．

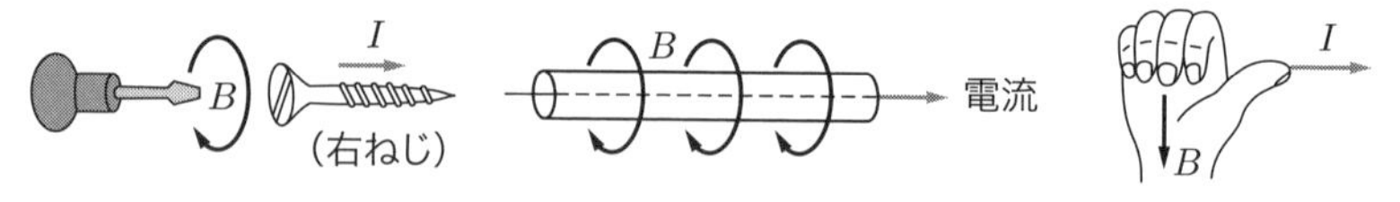

図1・53 アンペアの右ねじの法則

6 ベクトル積

2つのベクトル $\dot{A}$ と $\dot{B}$ が与えられたとき，次の性質を持つベクトル $\dot{C}$ を，$\dot{A}$ と $\dot{B}$ の**ベクトル積**という（図1·54）．

① $\boldsymbol{C=AB\sin\theta}$（$\theta$ は $\dot{A}$ と $\dot{B}$ のなす角）　(1・120)

② **$\dot{C}$ は $\dot{A}$，$\dot{B}$ いずれに対しても垂直**（つまり $\dot{A}$，$\dot{B}$ を含む面に垂直）

すなわち，$\dot{A}$ の向きから $\dot{B}$ の向きへ右ねじを回すと，右ねじの進む向きが $\dot{C}$ の向きという関係である．このベクトル積は次式で表す．

$$\dot{\boldsymbol{C}}=\dot{\boldsymbol{A}}\times\dot{\boldsymbol{B}}\qquad (1\cdot 121)$$

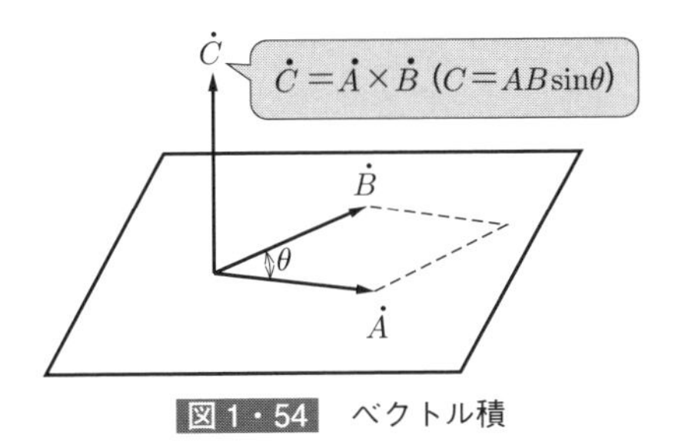

図 1・54　ベクトル積

7 ビオ・サバールの法則とアンペアの周回積分の法則

図 1·55 のように，導体 ac 上の点 b 前後の微小部分 Δl〔m〕に流れる電流 I〔A〕により，点 b から r〔m〕離れた点 P に生じる磁束密度 B〔T〕は次式で表される．

$$\boldsymbol{\Delta B}=\frac{\boldsymbol{\mu_0 I \Delta l \sin\theta}}{\boldsymbol{4\pi r^2}}\text{〔T〕} \qquad (1\cdot122)$$

（θ： Δl 部分の接線と bP とのなす角）

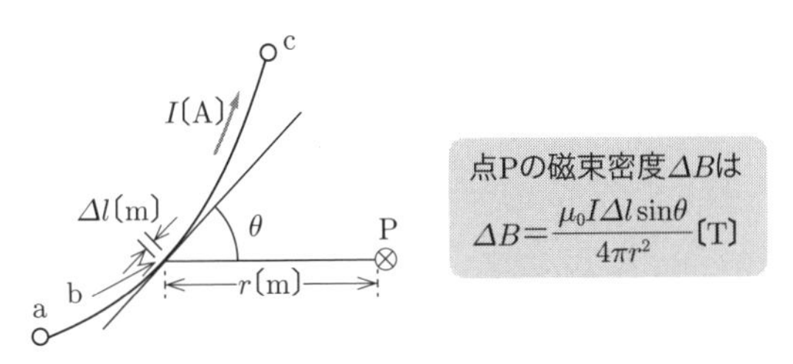

図 1・55　ビオ・サバールの法則

そして，点 P の磁界の向きはアンペアの右ねじの法則による．これが**ビオ・サバールの法則**である．

さらに，式（1·122）で，$\Delta B=\frac{\mu_0 I(\Delta l r\sin\theta)}{4\pi r^3}$ と書き直せば，ベクトル積を用いることにより，ビオ・サバールの法則は次式となる．

$$\Delta B=\frac{\mu_0 I d\dot{l}\times\dot{r}}{4\pi r^3} \qquad (1\cdot123)$$

全電流の作る磁束は ΔB の総和で与えられ，積分すれば次式となる．

$$\boldsymbol{B} = \int d\boldsymbol{B} = \int \frac{\mu_0 I}{4\pi} \frac{d\dot{l} \times \dot{r}}{r^3} \qquad (1 \cdot 124)$$

そして，式（1･124）の磁束密度を１つの閉曲線に沿って積分して立体角の考え方（説明は省略）を適用すれば**アンペアの周回積分の法則**を導き出せる．この法則は，図1･56のように，電流の周りに１つの閉曲線Cを考え，周回の微小変位$d\dot{l}$，その点の磁束密度を$\dot{B}$，$d\dot{l}$と$\dot{B}$のなす角をθとすれば

$$\oint_c \dot{B} \cdot d\dot{l} = \oint_c B\cos\theta dl = \mu_0 \sum_{i=1}^{n} I_i \qquad (1 \cdot 125)$$

POINT

$\oint_c \dot{H} \cdot d\dot{l} = \oint_c H\cos\theta dl = \sum_{i=1}^{n} I_i$と同じ

が成り立つ．

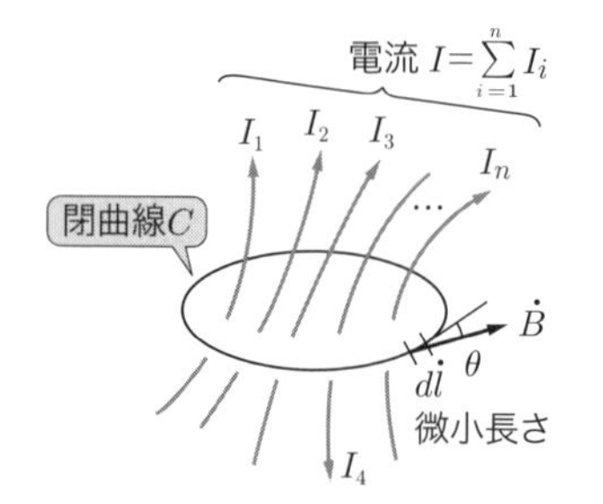

図1・56　アンペアの周回積分の法則

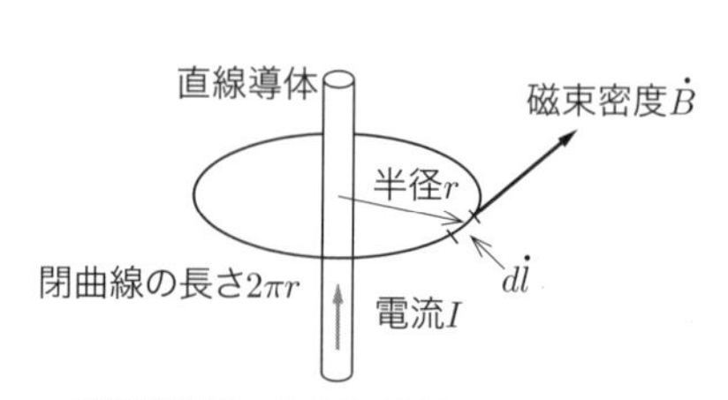

図1・57　無限長導体の周りの磁界

（1）無限長導体の周りの磁界

図1･57のように，I〔A〕の電流が流れている無限長の直線導体からr〔m〕離れた点の磁束密度Bを求める．

軸を中心として軸に垂直な半径rの円を周回積分の閉曲線（ループ）と考えれば，この円周上はどこでも磁束密度Bは一定で向きは接線方向であり，$\dot{B}$と$d\dot{l}$の角度は0であるから，式（1･125）より

$$\oint_c \dot{B} \cdot d\dot{l} = 2\pi r B = \mu_0 I \qquad \therefore B = \frac{\mu_0 I}{2\pi r}〔T〕 \qquad (1 \cdot 126)$$

（2）無限長円筒電流による磁界

電流Iが半径a〔m〕の無限長円筒内で軸に対して対称に分布して流れている磁束分布を求める．

①円筒外部の磁界

周回積分の閉曲線として，軸を中心とし，軸に垂直な半径 r〔m〕の円を取ると，磁束密度はこの円周上で一定で，方向は円の接線方向である．式（1･125）より

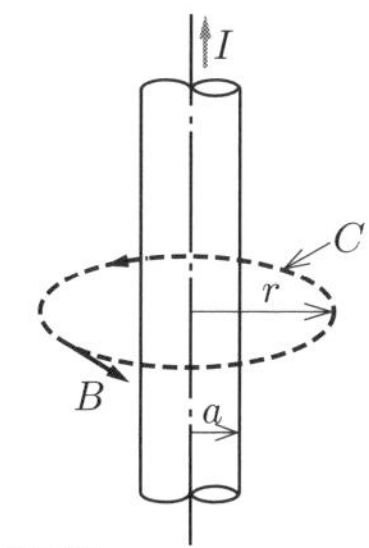

図1・58　無限長円筒電流による円筒外部の磁界

$$\oint_c \dot{B}\cdot d\dot{l} = 2\pi r B = \mu_0 I \quad \therefore B = \frac{\mu_0 I}{2\pi r}\text{〔T〕} \tag{1・127}$$

つまり，電流はすべて中心に集まっていると考えればよい．

②円筒内部の磁界

電流は円筒内部で一様に分布しているとして，図1･59のように，円筒内部に半径 r〔m〕の円 C' を考えると，磁束密度はこの円周上では大きさが一定，方向は円の接線方向である．そして，この円内を流れる電流は円の面積に比例し，全電流 I の r^2/a^2 倍であるから

$$\oint_c \dot{B}\cdot d\dot{l} = 2\pi r B = \mu_0 I \frac{r^2}{a^2} \qquad \therefore B = \frac{\mu_0 I}{2\pi}\frac{r}{a^2}\text{〔T〕} \tag{1・128}$$

式（1･127）と式（1･128）に示す磁界の分布を図示すると，図1･60となる．

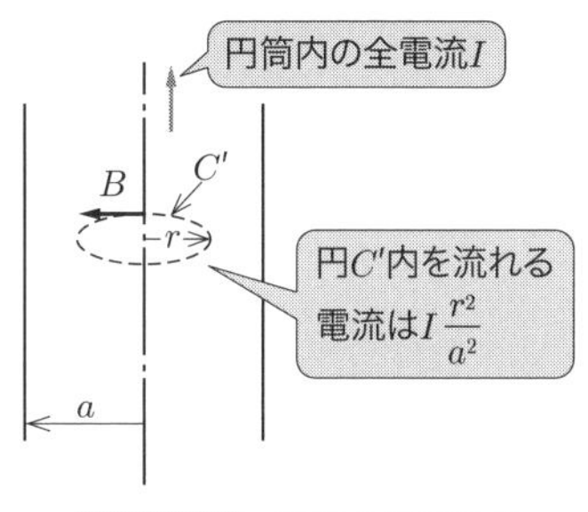

図1・59　円筒内部の磁界

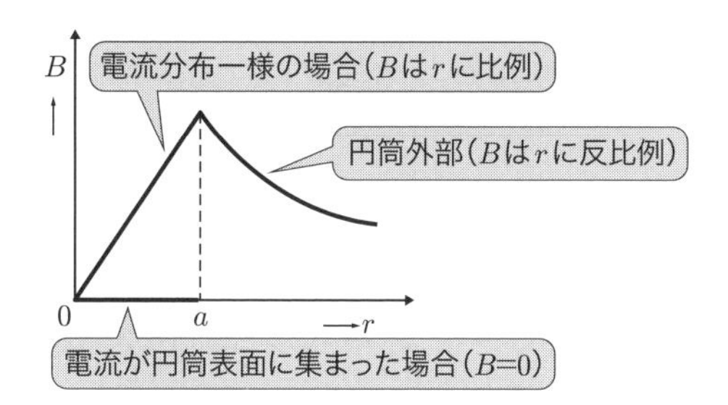

図1・60　円筒電流による磁束密度

（3）有限長の直線電流による磁界

図1･61のように，有限長の直線に電流 I〔A〕が流れるとき，点Pの磁束密度は式（1･124）から

$$B = \int_{-l_2}^{l_1} \frac{\mu_0 I \sin\theta}{4\pi r^2} dl = \frac{\mu_0 I}{4\pi}\int_{-l_2}^{l_1}\frac{\sin\theta}{r^2}dl \tag{1・129}$$

ここで，変数を θ に統一するため

$$\frac{a}{l}=\tan(\pi-\theta)=\frac{\sin(\pi-\theta)}{\cos(\pi-\theta)}=\frac{\sin\theta}{-\cos\theta} \qquad \therefore l=-a\frac{\cos\theta}{\sin\theta}$$

上式を θ で微分して

$$\therefore \frac{dl}{d\theta}=-a\frac{-\sin^2\theta-\cos^2\theta}{\sin^2\theta}=a\cdot\frac{1}{\sin^2\theta} \qquad \therefore dl=\frac{a}{\sin^2\theta}d\theta \qquad (1\cdot 130)$$

一方，三平方の定理より

$$r^2=a^2+l^2=a^2+\left(-a\frac{\cos\theta}{\sin\theta}\right)^2=a^2\left(1+\frac{\cos^2\theta}{\sin^2\theta}\right)=\frac{a^2}{\sin^2\theta} \qquad (1\cdot 131)$$

式（1･130）と式（1･131）を式（1･129）に代入すれば

$$B=\frac{\mu_0 I}{4\pi}\int_{-l_2}^{l_1}\frac{\sin\theta}{r^2}dl$$

$$=\frac{\mu_0 I}{4\pi}\int_{\theta_1}^{\pi-\theta_2}\frac{\sin\theta}{\frac{a^2}{\sin^2\theta}}\cdot\frac{a}{\sin^2\theta}d\theta$$

$$=\frac{\mu_0 I}{4\pi}\int_{\theta_1}^{\pi-\theta_2}\frac{\sin\theta}{a}d\theta$$

$$=\frac{\mu_0 I}{4\pi a}\left[-\cos\theta\right]_{\theta_1}^{\pi-\theta_2}$$

$$=\frac{\mu_0 I}{4\pi a}(\cos\theta_1+\cos\theta_2)\text{〔T〕} \qquad (1\cdot 132)$$

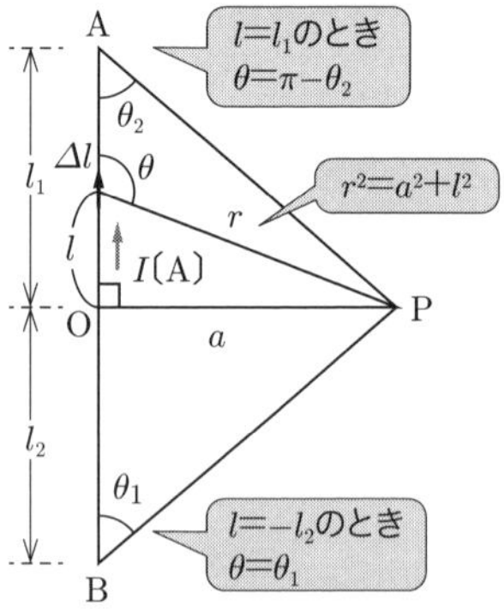

図 1・61　有限長直線電流の磁界

上式で，$\theta_1\to 0$，$\theta_2\to 0$ のとき（無限長導体）は $B=\dfrac{\mu_0 I}{2\pi a}$ に収束し，式（1･126）と一致する．

（4）円形コイルの軸上の磁界

電流 I〔A〕が半径 a〔m〕の円形コイルを流れるとき，円形コイルの中心Oより軸上 x〔m〕の点Pの磁束密度は式（1･122）の $\theta=\pi/2$ と置いて

$$\Delta B=\frac{\mu_0 I\Delta l}{4\pi r^2}=\frac{\mu_0}{4\pi}\cdot\frac{I}{a^2+x^2}\Delta l \qquad (1\cdot 133)$$

となる（図 1･62）．

式（1･133）において，ΔB は Δl の位置によって向きが変わるので，軸に平行な成分 ΔB_1 と直角な成分 ΔB_2 に分解する．ここで，ΔB_2 の方は Δl の位置によってその向きが変わり，コイルの全円周を考えると 0 になる．一方，ΔB_1 は Δl の位置にかかわらず同一方向であるから

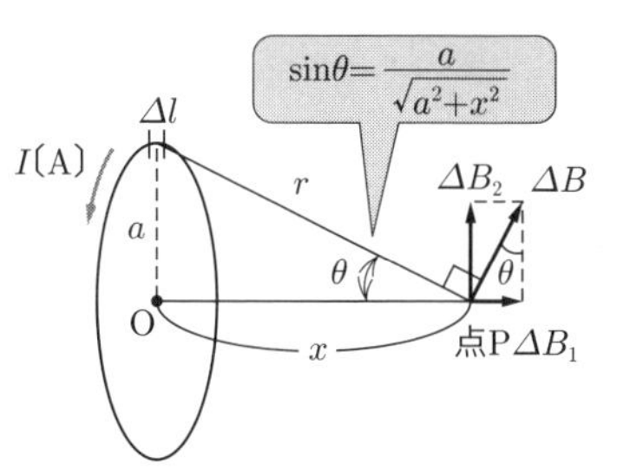

図 1・62　円形コイル軸上の磁界

$$\Delta B_1 = \Delta B \sin\theta = \frac{\mu_0}{4\pi} \cdot \frac{I\Delta\ell}{a^2+x^2} \cdot \frac{a}{\sqrt{a^2+x^2}} \quad (1・134)$$

を利用して

$$B = \int_0^{2\pi a} \Delta B_1 = \frac{\mu_0}{4\pi} \cdot \frac{I}{a^2+x^2} \cdot \frac{a}{\sqrt{a^2+x^2}} \cdot 2\pi a$$

$$= \frac{\mu_0}{2} \cdot \frac{a^2}{(a^2+x^2)^{3/2}} I \text{〔T〕} \quad (1・135)$$

となる．中心軸上では，磁束の向きは常に軸方向である．

さらに，コイルの中心の磁束密度 B_0 は式（1･135）に $x=0$ を代入し

$$B_0 = \frac{\mu_0}{2a} I \quad (1・136)$$

（5）無限長ソレノイドコイルによる磁界

図 1･63 のように，長さ 1 m当たりの巻数 n，電流 I の無限長ソレノイドによる磁界を求める．無限長ソレノイドでは，内部磁束密度 $B_i=$ 一定，外部磁束密度 $B_o=0$ であるから，アンペアの周回積分の法則を，一辺の長さが l の長方形経路 abcd に適用する．ここで，bc，ad 間の距離は十分に小さい．また，距離 l に含まれるソレノイド巻数は nl 巻で，通り抜ける電流は nlI となるから

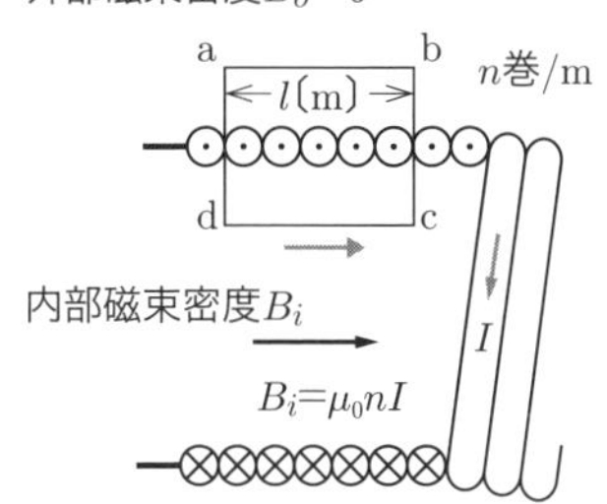

図 1・63　無限長ソレノイド

$$\oint_c \dot{B} \cdot d\dot{l} = B_i l = \mu_0 nlI \text{〔T〕} \qquad \therefore B_i = \mu_0 nI \text{〔T〕} \quad (1・137)$$

(6) 無端ソレノイドコイルの内部磁界

図1·64のように，巻数 N の無端ソレノイドに電流 I〔A〕を流すとき，磁束はOを中心とする同心円になる．半径 r〔m〕の円を周回積分路とすると，$\oint \dot{B}\cdot d\dot{l}=2\pi rB$ となる．この円がソレノイドの中にある場合，電流 I との鎖交数が NI であるから，$2\pi rB=\mu_0 NI$ となる．

$$\therefore B=\frac{\mu_0 NI}{2\pi r}〔\mathrm{T}〕 \qquad (1 \cdot 138)$$

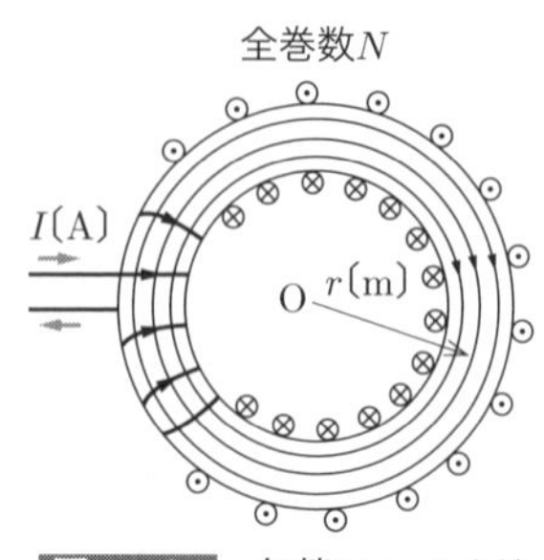

図1・64　無端ソレノイド

積分路の円がソレノイドの外側にある場合は，電流との鎖交数が0であるから，磁束密度 $B=0$ となる．つまり，磁界はソレノイド内部にしか生じない．

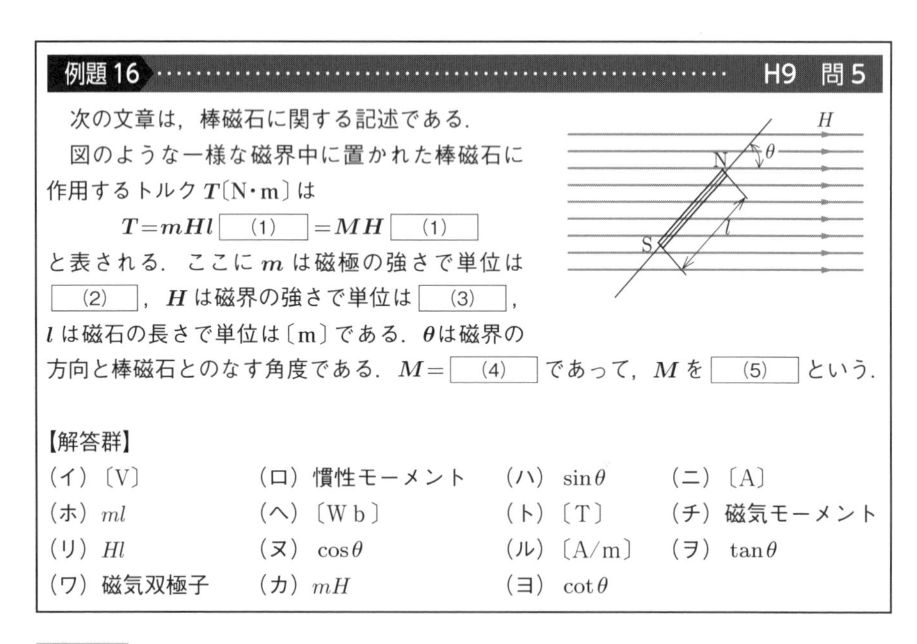

例題16 ……………………………………………… **H9　問5**

次の文章は，棒磁石に関する記述である．

図のような一様な磁界中に置かれた棒磁石に作用するトルク $\boldsymbol{T}$〔N·m〕は

$\boldsymbol{T}=\boldsymbol{mHl}$ [(1)] $=\boldsymbol{MH}$ [(1)]

と表される．ここに $\boldsymbol{m}$ は磁極の強さで単位は [(2)]，$\boldsymbol{H}$ は磁界の強さで単位は [(3)]，$\boldsymbol{l}$ は磁石の長さで単位は〔m〕である．$\boldsymbol{\theta}$ は磁界の方向と棒磁石とのなす角度である．$\boldsymbol{M}=$ [(4)] であって，$\boldsymbol{M}$ を [(5)] という．

【解答群】

(イ)〔V〕　(ロ) 慣性モーメント　(ハ) $\sin\theta$　(ニ)〔A〕
(ホ) ml　(ヘ)〔Wb〕　(ト)〔T〕　(チ) 磁気モーメント
(リ) Hl　(ヌ) $\cos\theta$　(ル)〔A/m〕　(ヲ) $\tan\theta$
(ワ) 磁気双極子　(カ) mH　(ヨ) $\cot\theta$

解 説　磁石は常にN極（m〔Wb〕）とS極（$-m$〔Wb〕）の磁荷が対になっている．式（1·114）に示すように，磁極の強さ m と長さ l の積 ml〔Wb·m〕を磁気モーメント M という．解説図に示すように，磁界 H の中で棒磁石を置くと，磁荷 m，$-m$ にはそれぞれ mH，$-mH$ の力が働く（式（1·110）参照）から，磁石の中心Oからみた

合計トルク T は

$$T = mHl\sin\theta = MH\sin\theta \text{〔N・m〕}$$

なお，H の単位は，無限長導体の電流 I〔A〕から r〔m〕離れた点の磁界が $H = I/(2\pi r)$ であることを思い浮かべれば，〔A/m〕である．

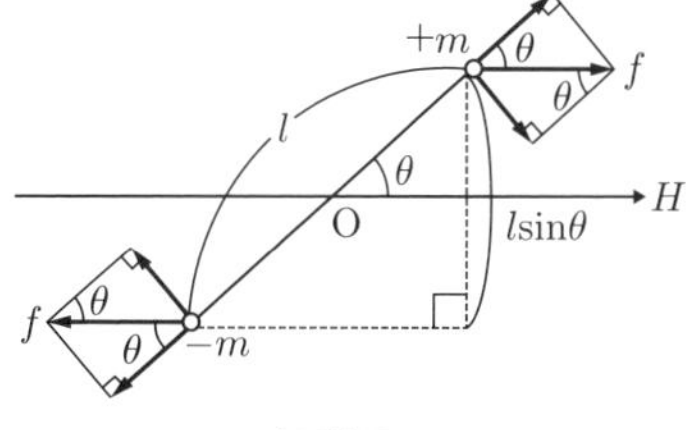

解説図

【解答】（1）ハ　（2）へ　（3）ル　（4）ホ　（5）チ

例題 17 ………………………………………………… **R1　問 5**

次の文章は，電流が作る磁界に関する記述である．

x，y，z 軸の直交座標系で表される真空中に，図のように z 軸を中心軸とした半径 a の無限長円柱導体が存在している．導体中には z 軸の正の方向に電流が流れており，電流密度 i（>0）は場所によらず一定とする．なお，導体の透磁率は真空と同じ μ_0 とする．

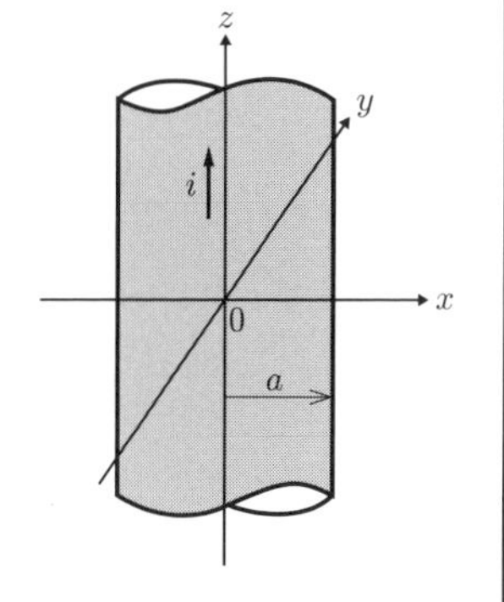

z 軸を中心とした半径 $r = \sqrt{x^2 + y^2}$ の円断面中を流れる電流は，導体内部（$r \leqq a$）では［（1）］となるので，アンペアの周回積分の法則を用いて z 軸から距離 r の地点における磁束密度の大きさを求めることができる．導体内部（$r \leqq a$）の磁束密度の大きさ B_{in} は

$B_{\text{in}} =$［（2）］

導体外部の真空中（$r > a$）の磁束密度の大きさ B_{out} は

$B_{\text{out}} =$［（3）］

となるので，磁束密度の大きさは $r = a$ において，最大値

$B_{\max} =$［（4）］

をとる．磁界は電流を取り巻くようにできることを考慮すると，磁束密度の y 方向成分 B_y の x 軸に沿った分布の概形は［（5）］のようになる．

【解答群】

（イ）$\dfrac{\mu_0 r i}{2}$	（ロ）$\dfrac{\mu_0 r^3 i}{2a}$	（ハ）$\dfrac{\mu_0 i}{2a}$	（ニ）$\dfrac{\mu_0 a^2 i}{2r}$
（ホ）$2\pi r i$	（ヘ）$\dfrac{\mu_0 i}{2r}$	（ト）$\pi r^2 i$	（チ）$\dfrac{\mu_0 r i}{2a^2}$

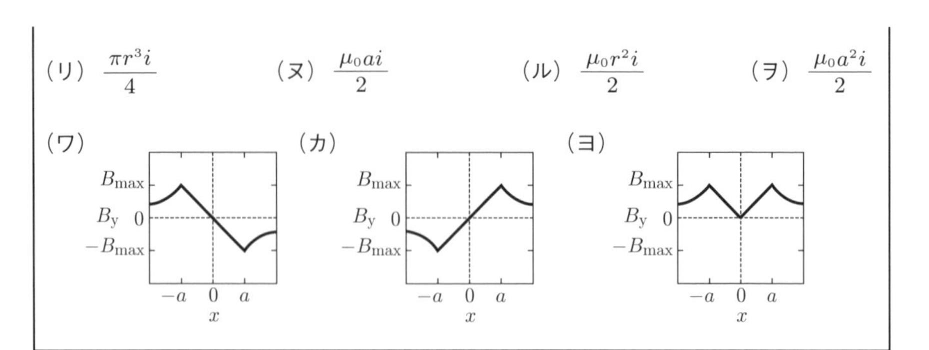

解 説 (1) 半径 r の円断面の面積が πr^2 であるから，電流はそれに電流密度 i を乗じて，$\pi r^2 i$ となる．

(2) 導体の透磁率は真空と同じ μ_0 であるから，導体内部の磁束密度 B_{in} は，式（1·125）のアンペアの周回積分の法則を適用し

$$2\pi r B_{\text{in}} = \mu_0 \pi r^2 i \qquad \therefore B_{\text{in}} = \frac{\mu_0 \pi r^2}{2\pi r} i = \frac{\mu_0 r i}{2} \quad \cdots\cdots①$$

(3) $r > a$ の導体外部では，半径 r の周回積分のループを通り抜ける電流が $\pi a^2 i$ であるから

$$2\pi r B_{\text{out}} = \mu_0 \pi a^2 i \qquad \therefore B_{\text{out}} = \frac{\mu_0 a^2 i}{2r} \quad \cdots\cdots②$$

(4) 導体内部の磁束密度 B_{in} は，式①より，z 軸からの距離 r に比例して増加し，導体外部の磁束密度 B_{out} は式②より距離 r に反比例して減少する．したがって，磁束密度の大きさは $r = a$ において最大となる．式①または式②に $r = a$ を代入すれば

$$B_{\max} = \frac{\mu_0 a i}{2}$$

(5) 図 1·53 に示すように，右ねじの法則によれば，親指を電流の方向にとると，他の 4 本の指の曲げた方向が磁界の向きである．すなわち，式①や式②の磁束密度の大きさがそのまま y 軸方向成分 B_y になる．また，右ねじの法則および式①，式②から，$x > 0$ で $B_y > 0$，$x < 0$ で $B_y < 0$ であるから，$x = 0$ を境に正負対称な形になる．さらに，(4)で求めたように．$r = a$ で $B_{\max} = \frac{\mu_0 a i}{2}$ となるから，（カ）が正しい．

【解答】 (1) ト　(2) イ　(3) ニ　(4) ヌ　(5) カ

1-6 電磁力

攻略のポイント

本節で扱う内容は，電験３種では運動する帯電体に働く力，電流が磁界から受ける力，平行直線導体間に働く電磁力等頻出分野である．しかし，電験２種では出題が少ない．ただし，重要な分野なので復習のつもりで学習しよう．

1 運動する帯電体に働く力

磁界は，その中を運動する帯電体に力を及ぼす性質がある．電荷 q〔C〕を持った帯電体が速度 $\dot{v}$〔m/s〕で運動するとき，図 1･65 のような力 $\dot{F}$ がこの帯電体に働く．力は速度と磁束密度 $\dot{B}$〔T〕の両者に対して垂直であり，q が正電荷のときは同図の向きとなる．この力 F を**ローレンツ力**という．

$$\dot{\boldsymbol{F}}=q\dot{\boldsymbol{v}}\times\dot{\boldsymbol{B}}=qvB\sin\theta \text{〔N〕} \qquad (1・139)$$

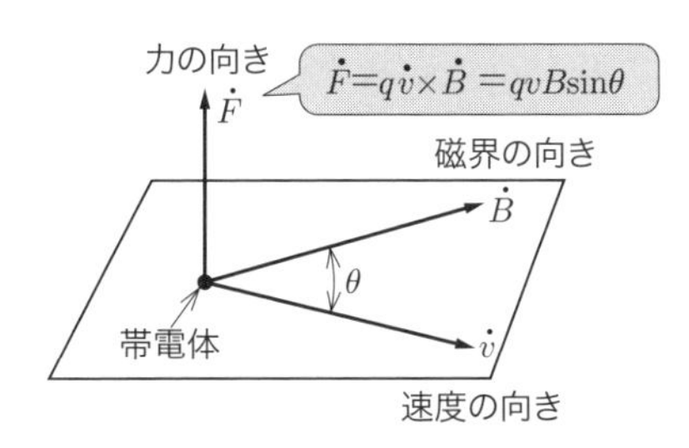

図 1・65　正の帯電体に働く力

2 磁界中にある電流が磁界から受ける力

電流は電荷の移動であるから，式（1･139）によれば，磁界中にある電流には力が働く．図 1･66 のように，導体中には電荷 q〔C〕の帯電体が導体の単位長当たり N 個存在し，これが速度 v〔m/s〕で動いていれば，電流 I は

$$I=qNv \qquad (1・140)$$

となる．向きを考慮して電流をベクトルで表現すれば

$$\dot{I}=qN\dot{v} \qquad (1・141)$$

帯電体 1 個当たりに対して式（1･139）の力が働くから，N 個の帯電体に対する力，つまり電流単位長当たりに働く力 F は，図 1･67 に示すように

$$\dot{F}=qN\dot{v}\times\dot{B}=\dot{I}\times\dot{B}=IB\sin\theta \text{〔N/m〕} \qquad (1・142)$$

であり，これを**電磁力**という．そして，磁界中にある長さ l〔m〕の直線導体に働く

電磁力は

$$\dot{F} = (\dot{I} \times \dot{B})l = IBl\sin\theta \text{〔N〕} \qquad (1 \cdot 143)$$

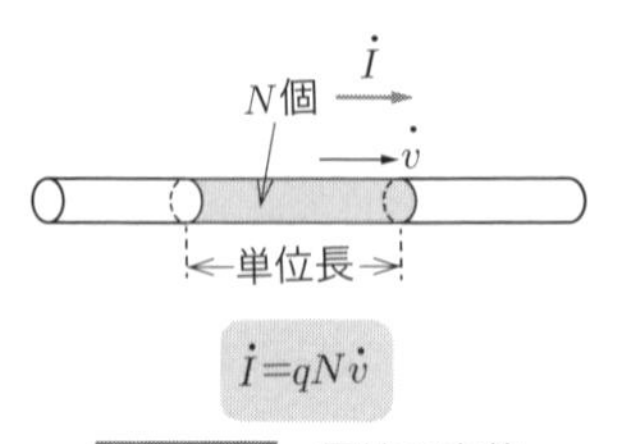

図1・66　電流の定義

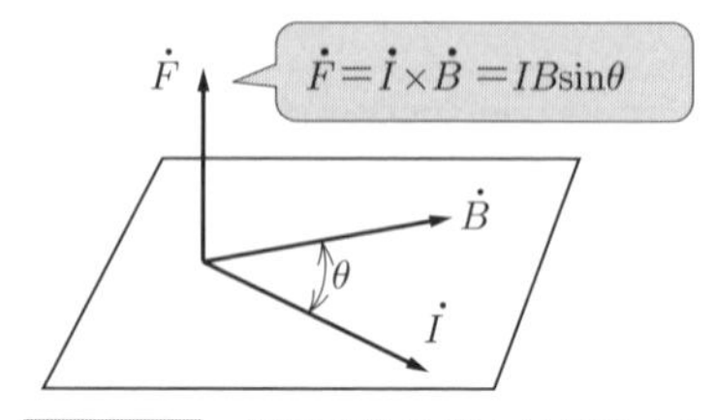

図1・67　電流単位長当たりに働く力

3 フレミングの左手の法則

磁界中の電流に働く力を覚えやすくする方法の一つに，図1・68の**フレミングの左手の法則**がある．さらに，ベクトル積で説明したように，この関係は，図1・69のように座標軸を考え，電流Iをx軸，磁束密度Bをy軸，力Fをz軸に取るとき，電流Iから磁束密度Bへ，180°より小さい角度をなす方向に右ねじを回すとき，右ねじの進む方向に力Fが働くともいえる．すなわち，電流Iの座標軸から，磁束密度Bの座標軸に向かって右手人差し指から小指までを曲げて握って親指を立てる方向に電磁力が働く．

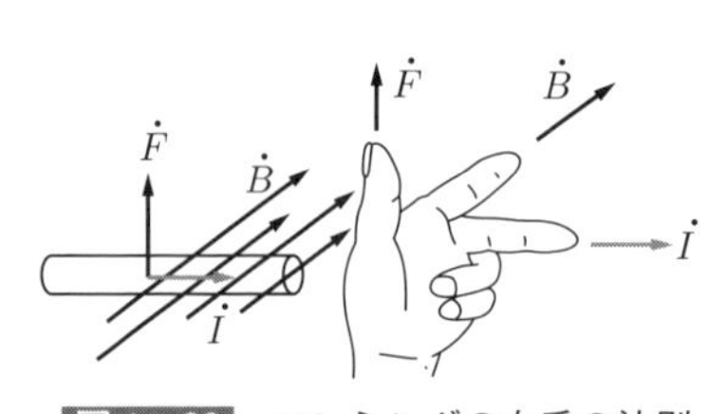

図1・68　フレミングの左手の法則

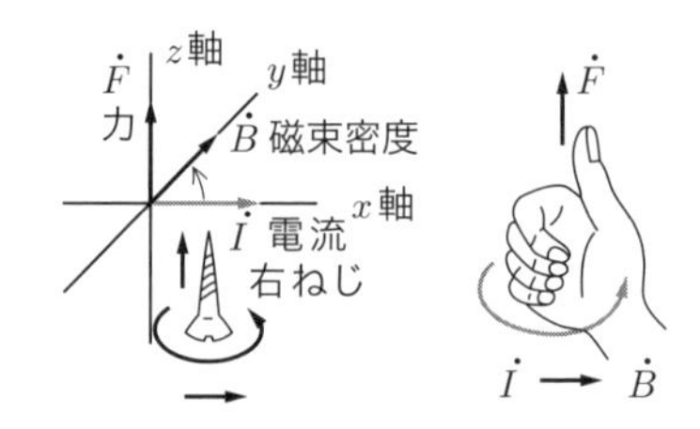

図1・69　右ねじによる電磁力の方向

4 平行導体間の電磁力

真空中で平行している導体に電流が流れている場合，一方の導体電流の作る磁界により他方の導体電流が力を受け，相互に同じ大きさの力で，電流の方向によって吸引または反発する．平行導体間の距離をr〔m〕，電流をI_1〔A〕，I_2〔A〕とする．電流I_1によりI_2の位置に生じる磁束密度は式（1・126）から$\dot{B}_1 = \mu_0 I_1/(2\pi r)$〔T〕であるので，式（1・142）より，導体の単位長当たりに働く力F_2は

$$\dot{F}_2 = I_2 B_1 \sin\left(\frac{\pi}{2}\right) = \frac{\mu_0 I_1 I_2}{2\pi r} = 2\times 10^{-7}\times\frac{I_1 I_2}{r}\,〔\mathrm{N/m}〕 \qquad (1\cdot 144)$$

となる．I_2 と I_1 は順序を入れ替えても同じ式を得ることから，I_2 により I_1 に働く力 $\dot{F}_1$ は $\dot{F}_2$ と同じ大きさになる．図 1･70 に示すように，力の方向は，フレミングの左手の法則から，I_1 と I_2 が同方向のときは吸引し合い，反対方向のときは反発し合う．

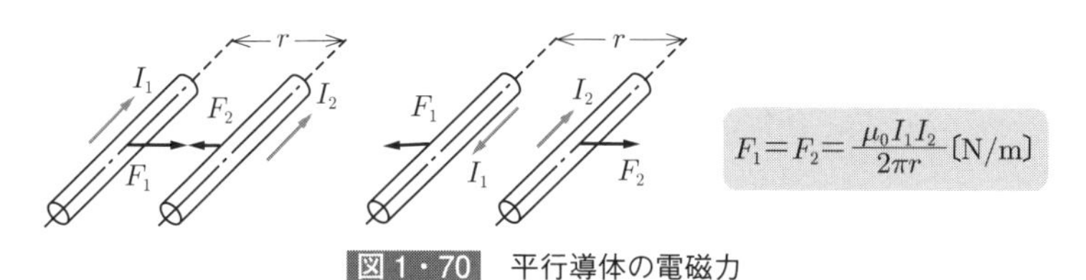

図 1・70 平行導体の電磁力

5 方形コイルの電磁トルク

図 1･71（a）のように，磁束密度が B〔T〕で一様な磁界中に 1 巻のコイルを置いて電流 I〔A〕を流すと，コイルの辺①－②，③－④には電磁力 $F=IBa$〔N〕が働き，コイルが回転する．一方，コイルの他の辺②－③，①－④は磁束の向きと平行であるから，式（1･143）において $\theta=0°$ つまり $\sin\theta=0$ となり，電磁力は働かない．

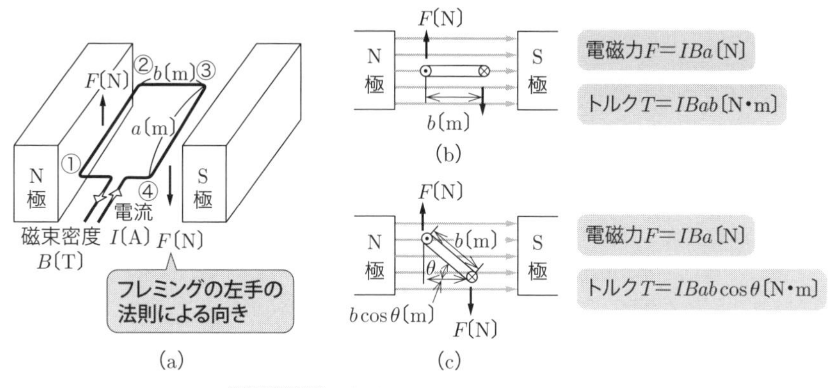

図 1・71 方形コイルに働く力とトルク

図 1･71（c）のように，コイルが回転して磁束と θ の角度になれば，このときのトルクは磁界の向きの長さが $b\cos\theta$ となるから

$$T = Fb\cos\theta = IBab\cos\theta\,〔\mathrm{N\cdot m}〕 \qquad (1\cdot 145)$$

となる．コイルの巻数が N のときのトルクは

$$T = NIBab\cos\theta \text{〔N·m〕} \qquad (1\cdot146)$$

6 電流ループの磁気モーメント

方形コイルの式（1·146）において，ab はコイル面の囲む面積 S であり

$$M = NIab = NIS \text{〔A·m}^2\text{〕} \qquad (1\cdot147)$$

を**電流ループの磁気モーメント**という．コイル面の電流を右ねじの方向に取り，右ねじの進む向きを M の正方向とすれば

$$T = NIBab\cos\theta = MB\sin\alpha \text{〔N·m〕} \qquad (1\cdot148)$$

という関係がある．M はコイルの形に関係がなく，例えば半径 a〔m〕の円形コイルでは

$$M = I\pi a^2 \text{〔A·m}^2\text{〕} \qquad (1\cdot149)$$

となる．したがって，コイルには，電流ループの磁気モーメントが磁束密度の方向に一致するようなトルクが働くものといえる．

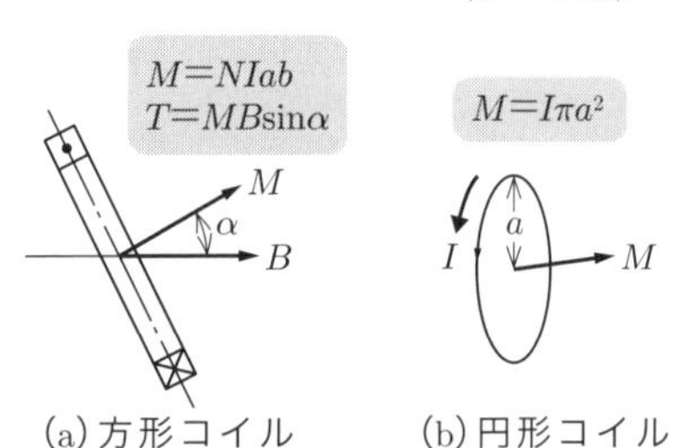

図1・72　電流ループの磁気モーメント

例題 18 ………………………………………… **H15　問2**

次の文章は，コイルに働く電磁力に関する記述である．

図に示すように，長さ $\boldsymbol{L}$ の導線を用いて，2辺の長さ $\boldsymbol{a}$ および $\boldsymbol{b}$ の一巻きの長方形コイル（巻数1）を作り，回転軸と渦巻きバネを取り付ける．これを一様な磁束密度 $\boldsymbol{B}$ の空間に置く．ただし，コイルの面は $\boldsymbol{B}$ に平行であり，導線の太さは無視する．

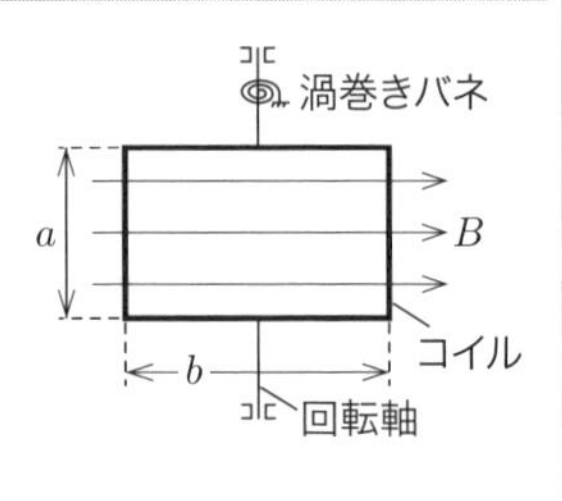

このコイルに一定の直流電流 $\boldsymbol{I}$ を流して，コイルが角度 $\boldsymbol{\theta}$（$0<\theta<\pi/2$）だけ回転して静止したとすれば，コイルに作用しているトルクは

$\boldsymbol{T}$ = （1） ……………………………………①

である．ここで $\boldsymbol{L}$，$\boldsymbol{a}$ および $\boldsymbol{b}$ の間には

$\boldsymbol{L}$ = （2） ……………………………………②

の関係があるので，式①と式②を用いて $\boldsymbol{b}$ を消去すれば $\boldsymbol{T}$ = （3） と表される．このトルクが最大となるのは $\boldsymbol{a}$ = （4） のときである．すなわち，コイルの2辺の長さの間に （5） の関係式が成り立つとき，最も大きい回転角となる．

【解答群】

(イ) $a=\frac{b}{2}$	(ロ) $\frac{L}{4}$	(ハ) $2abBI\cos\theta$
(ニ) $2(a+b)$	(ホ) $2(a+b)BI\cos\theta$	(ヘ) $\frac{L}{6}$
(ト) $\frac{L}{8}$	(チ) $a\left(\frac{L}{2}-a\right)BI\cos\theta$	(リ) $a+b$
(ヌ) $abBI\cos\theta$	(ル) ab	(ヲ) $2a(2L-a)BI\cos\theta$
(ワ) $a(L-2a)BI\cos\theta$	(カ) $a=2b$	(ヨ) $a=b$

解説 (1) (2) (3) コイルが角度θだけ回転して静止すると，コイルに作用するトルクは，式（1･145）と同様に考えれば，力×距離なので

$$T=IBab\cos\theta=abBI\cos\theta$$

コイルの長さがLなので$L=2(a+b)$となる．これを変形して

$$b=\frac{L}{2}-a \qquad \therefore T=IBab\cos\theta=a\left(\frac{L}{2}-a\right)BI\cos\theta$$

(4) トルクTの式を変形すれば

$$T=\left\{-\left(a-\frac{L}{4}\right)^2+\frac{L^2}{16}\right\}BI\cos\theta$$

となり，Tが最大となるのは$a=L/4$のときである．

(5) $a=\frac{L}{4}$であるから，$b=\frac{L}{2}-a=\frac{L}{2}-\frac{L}{4}=\frac{L}{4} \qquad \therefore a=b=\frac{L}{4}$

すなわち，コイルが正方形のときにトルクは最大となる．

【解答】(1) ヌ (2) ニ (3) チ (4) ロ (5) ヨ

1-7 磁性体と磁気回路

攻略のポイント

本節の内容は，電験３種ではヒステリシス曲線や簡単な磁気回路が出題されている．電験２種では，磁気回路を磁気抵抗の直列接続に置き換えて計算するほか，磁気回路中の磁束を積分で求める出題等がある．

1 磁性体と比透磁率

磁界中に物質を置いたとき，端部に磁極が現れ，物質中に新たな磁束を生じる現象を**磁気誘導**といい，物質は**磁化**されたという．磁化のメカニズムは，図1･73に示すように，誘電体における誘電分極に相当し，磁性体中にある多くの微小磁石が向きを変化することによって生じる．

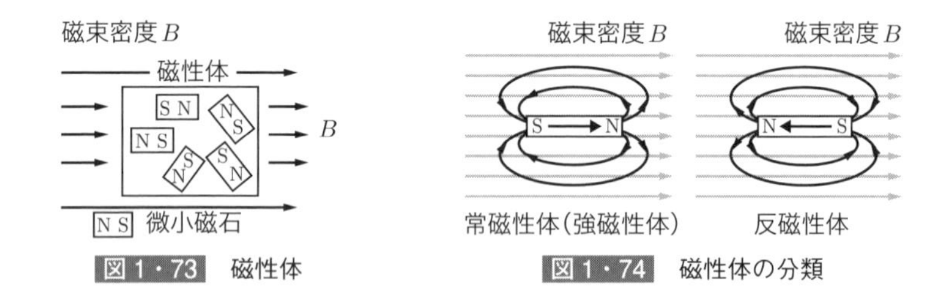

図1・73 磁性体

図1・74 磁性体の分類

磁化の極性と大きさによって，図1･74に示すように

常磁性体：磁界の方向に磁化される

反磁性体：磁界と反対方向に磁化される

強磁性体：常磁性体のうち，特に磁化が大きい磁性体

のように分類される．

物質の磁化の原因は，原子内部における電子の軌道運動と電子のスピン（自転）により生じている，微小電流ループによる磁気モーメントである．通常は，磁気モーメントの方向は一定せず，全体として外部に磁極は現れないが，磁界を加えると磁気モーメントの方向が変わり，外部に磁極が現れるようになる．

微小体積 Δv の中にある磁気モーメントを ΔM （$=i\cdot\Delta S$〔A･m^2〕）とするとき，単位体積当たりの磁気モーメント M を**磁化の強さ**という．

$$M=\frac{\Delta M}{\Delta v}\ \text{〔A/m〕} \qquad (1\cdot150)$$

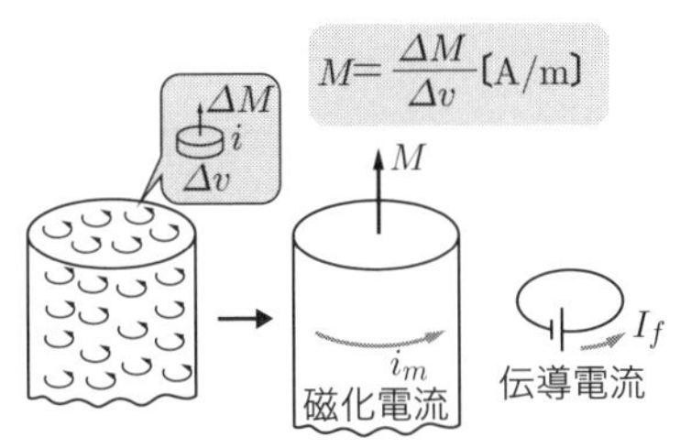

図1・75 磁化の強さ M

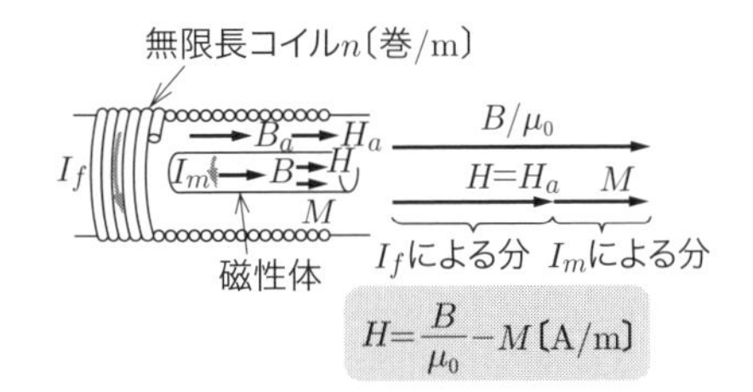

図1・76 磁性体中の磁界

これは，図1･75に示すように，単位体積の表面に磁気モーメント M を生じるようなループ電流 I_m が流れていると考えることができる．この電流を**磁化電流**という．これは外部に取り出すことのできない見かけの電流である．これに対し，導体を流れる電流を**伝導電流**という．

図1･76のように，無限長コイルの磁界中に置かれた磁性体内では，コイル磁界と磁性体の磁化電流による磁界の合成と考えられるので

$$B=\mu_0(nI_f+M) \tag{1・151}$$

磁性体の中の磁界の強さ H は，磁性体中の磁束密度 B と磁化の強さ M から，次のように定義する．

$$H=\frac{B}{\mu_0}-M=nI_f\ 〔\mathrm{A/m}〕 \tag{1・152}$$

このように定義すると，H は磁性体の有無に関係しない伝導電流 I_f による磁界の強さとなる．

磁化の強さ M は磁界の強さ H に比例するものとして

$$M=\chi H \tag{1・153}$$

とし，比例定数 χ（カイ）を**磁化率**という．

そこで，磁性体中の磁束密度 B〔T〕と磁界の強さ H〔A/m〕との関係は

$$\boldsymbol{B}=\mu_0(1+\chi)H=\boldsymbol{\mu_0\mu_s H}=\boldsymbol{\mu H} \tag{1・154}$$

となる．この μ を磁性体の**透磁率**という．さらに，物質の透磁率と真空の透磁率との比 μ_s を**比透磁率**という．

磁性体は比透磁率 μ_s が1より大きい物質で，鉄，コバルトやニッケルなど強磁性体の比透磁率は非常に大きく，一般に数百以上である．アルミニウムなど常磁性体の物質は比透磁率 μ_s が1より少しだけ大きい．銀や銅などの反磁性体の物資は，

比透磁率 μ_s が1より少し小さい．

2 ヒステリシス曲線

強磁性体を磁化するとき，磁化するために加える磁界の強さ H を強くしても，ある程度以上になると磁化が進まず，磁束密度 B は飽和する．この特性は，図1･77の第1象限部分に相当する．そして，このような曲線を**磁化曲線**または **BH 曲線**という．さらに，強磁性体の磁化は，以前の状態によって異なる履歴性があり，BH 曲線はループを描く．これを**ヒステリシスループ**という．

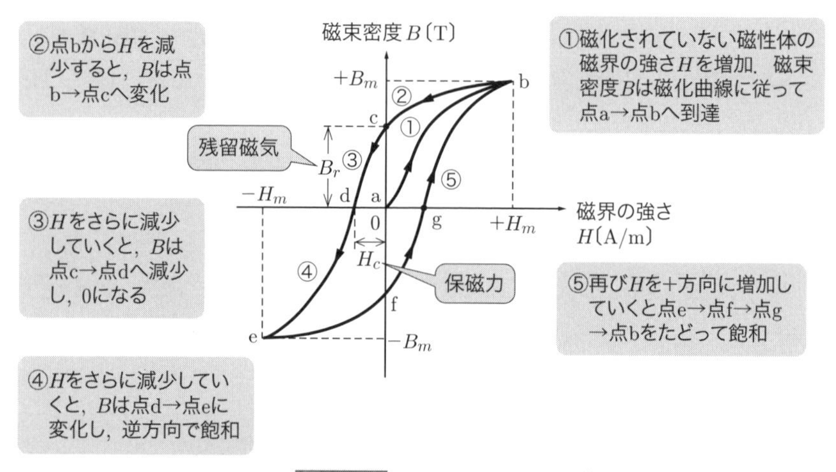

図1・77　ヒステリシスループ

図1･77に示すように，点cでは，磁界の強さ H を0にしても，強磁性体中の磁束密度は0にならず，磁気が残る．これを**残留磁気**または**残留磁束密度**という．また，点dでは，このときの磁界の強さ H_c は残留磁気 B_r を完全になくすために必要な反対方向の磁界の強さで，**保磁力**という．

鉄心入りコイルに交流を流して電流の向きを周期的に変えると，その1循環ごとに，ヒステリシスループ内の面積に比例したエネルギーが鉄などの磁性体の中で熱に変わって消費され，これにより磁性体の温度が上昇する．この電力損を**ヒステリシス損**という．**ヒステリシス損は，周波数 f で磁化すると，毎秒 f 回ヒステリシス損が発生するので，周波数に比例**する．

交流機器の鉄心や電磁石にはヒステリシス損の小さいほうが好ましく，また透磁

率 μ および B_r が大きく H_c の小さいほうがよく，**軟磁性材**と呼ばれる．永久磁石には，H_c および最大エネルギー積 $(BH)_{\max}$（BH 曲線上の B と H の積の最大値）の大きいものが適している．

3 磁気回路

図 1·78（a）のように，コイルを巻いた磁性体に電流を流すと，磁性体に磁束が通る．この磁束の通路を，**磁気回路**または**磁路**という．

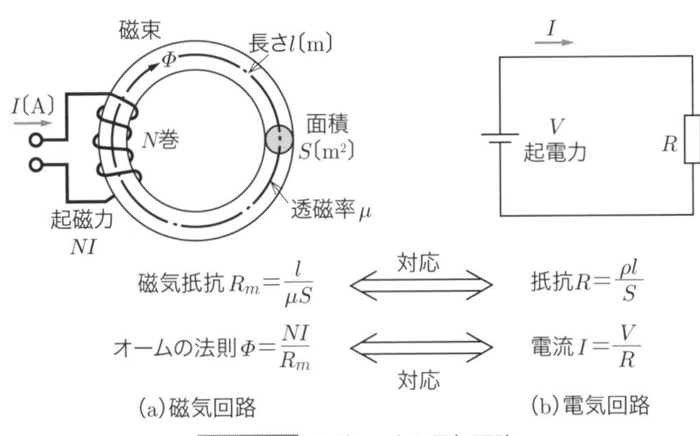

図 1・78　磁気回路と電気回路

図 1·78（a）において，磁性体（鉄心）中の磁界の強さ H〔A/m〕，鉄心中の磁路の長さを l〔m〕とすれば，アンペアの周回積分の法則より

$$Hl = NI \text{〔A〕} \qquad (1 \cdot 155)$$

が成り立つ．右辺の NI を**起磁力**という．

また，式（1·118）より $\Phi = BS$〔Wb〕，式（1·154）より $B = \mu H$，式（1·155）を利用し

$$\Phi = BS = \mu HS = \mu \frac{NI}{l} S = \frac{NI}{\dfrac{l}{\mu S}} \qquad (1 \cdot 156)$$

この式（1·156）において，$\boldsymbol{R_m} = \dfrac{\boldsymbol{l}}{\boldsymbol{\mu S}}$（〔A/Wb〕，〔$H^{-1}$〕）と置けば

$$\boldsymbol{\Phi} = \frac{\boldsymbol{NI}}{\boldsymbol{R_m}} \text{〔Wb〕} \qquad (1 \cdot 157)$$

となる．この式（1·157）を電気回路のオームの法則 $I=V/R$ に対比させて，起磁力 NI を起電力 V に，磁束 Φ を電流 I に対応させれば，R_m は抵抗 R に対応する．この R_m を**磁気抵抗**という．

電気回路においてキルヒホッフの法則が成り立つように，次のような磁気回路のキルヒホッフの法則が得られる．

①磁気回路の結合点では，この結合点に流入する磁束の総和は 0 である．

②任意の閉磁路において，各部の磁気抵抗と磁束との積の総和は，その閉磁路にある起磁力の総和に等しい．

さて，上記について図 1·79 のギャップのある鉄心ソレノイドの磁束や各部の磁界の強さを求める．鉄心の透磁率を μ（比透磁率 μ_s）として，鉄心部分の磁気抵抗は $R_1=l_1/(\mu S)$，ギャップ部分の磁気抵抗は $R_2=l_2/(\mu_0 S)$ であるから，合成磁気抵抗 R_m はこの直列接続で

$$R_m=\frac{l_1}{\mu S}+\frac{l_2}{\mu_0 S}=\frac{l_1}{\mu S}\left(1+\frac{l_2}{l_1}\frac{\mu}{\mu_0}\right)=\frac{l_1}{\mu S}\left(1+\frac{l_2}{l_1}\mu_s\right) \quad (1\cdot158)$$

コイルの巻数 N，電流は I であるから

$$\Phi=\frac{NI}{\dfrac{l_1}{\mu S}\left(1+\dfrac{l_2}{l_1}\mu_s\right)} \quad (1\cdot159)$$

各部の磁界の強さ H は，$B=\Phi/S$ であるから

$$\left.\begin{aligned}&\text{鉄心}：H_i=\frac{\Phi}{\mu S}=\frac{NI}{l_1\left(1+\dfrac{l_2}{l_1}\mu_s\right)}\\&\text{ギャップ}：H_a=\frac{\Phi}{\mu_0 S}=\frac{\mu_s NI}{l_1\left(1+\dfrac{l_2}{l_1}\mu_s\right)}\end{aligned}\right\} \quad (1\cdot160)$$

ここで，もしギャップがなければ，磁界の強さ $H_i'=NI/(l_1+l_2)$ となって，鉄心が閉じていると，磁界の強さは一様で，起磁力 NI を長さで割ったものになる．

一方，ギャップがあると，式（1·160）に示すように，ギャップのところの磁界の強さ H_a が非常に大きく（強磁性体の μ_s は数百以上），鉄心中の磁界の強さ H_i が小さい．つまり，起磁力の大部分がギャップのところで消費されている．

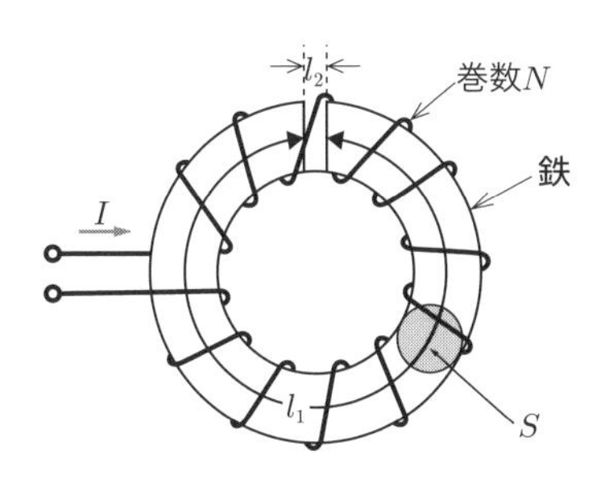

(a)磁気回路

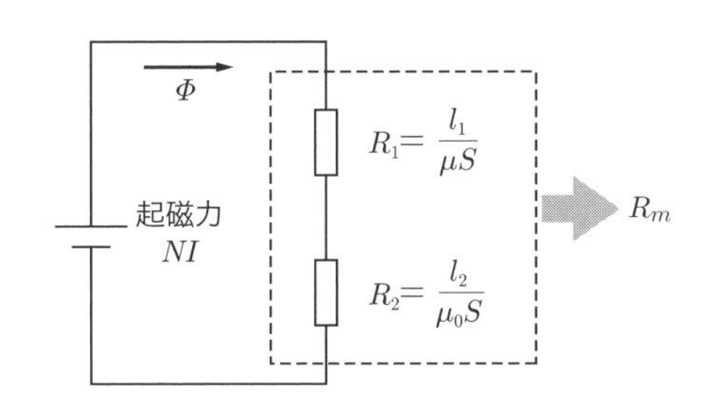

(b)等価回路

図1・79 ギャップのある鉄心ソレノイドと等価回路

例題 19 ……………………………… **H12 問1**

次の文章は，磁気回路に関する記述である．

図に示すようにエアギャップのある環状鉄心がある．この環状鉄心に巻数 $\boldsymbol{N}$〔回〕のコイルを巻き，電流 $\boldsymbol{I}$〔A〕を流したとき，磁束 $\boldsymbol{\Phi}$〔Wb〕が生じる．このとき，磁束の漏れはなく，鉄心内およびエアギャップ中の磁束密度は一様と仮定する．鉄心の平均の長さ $\boldsymbol{l_1}$〔m〕，エアギャップの長さ $\boldsymbol{l_2}$〔m〕，鉄心およびエアギャップの断面積 $\boldsymbol{S}$〔$\mathrm{m^2}$〕，真空の透磁率 $\boldsymbol{\mu_0}$〔H/m〕，鉄心の比透磁率 $\boldsymbol{\mu_s}$ とする．

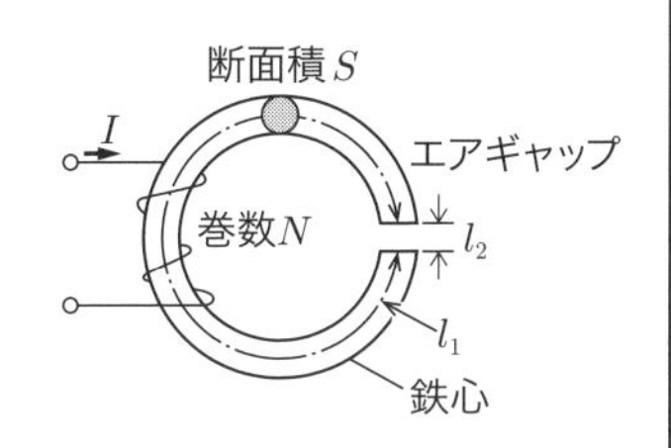

鉄心の磁気抵抗を $\boldsymbol{R_{m1}}$，エアギャップの磁気抵抗を $\boldsymbol{R_{m2}}$ とすると，合成磁気抵抗は $\boldsymbol{R_m}=$ (1) 〔$\mathrm{H^{-1}}$〕と表され，鉄心中の磁束は $\boldsymbol{\Phi}=$ (2) 〔Wb〕と表すことができる．

他方，鉄心中の磁界の強さ $\boldsymbol{H_1}$〔A/m〕とエアギャップ中の磁界の強さ $\boldsymbol{H_2}$〔A/m〕との間には，$\boldsymbol{\mu_0}$，$\boldsymbol{\mu_s}$ および $\boldsymbol{S}$ を用いて (3) $=\boldsymbol{\mu_0 H_2 S}$（$=\boldsymbol{\Phi}$）の関係がある．この関係からエアギャップ中の磁界の強さは，鉄心中に比べ (4) 倍となることがわかる．

エアギャップの磁束分布は，実際には (5) の図のようになっている．

【解答群】

(イ) $\mu_s H_1 S$　　(ロ) $\dfrac{R_{m1}R_{m2}}{R_{m1}+R_{m2}}$　　(ハ) μ_0

(ニ) $\dfrac{NI}{\dfrac{l_1}{\mu_0\mu_s S}+\dfrac{l_2}{\mu_0 S}}$　(ホ) $\dfrac{NI\left(\dfrac{l_1}{\mu_0\mu_s S}+\dfrac{l_2}{\mu_0 S}\right)}{\left(\dfrac{l_1}{\mu_0\mu_s S}\right)\left(\dfrac{l_2}{\mu_0 S}\right)}$　(ヘ) $\mu_0\mu_s H_1 S$

(ト) $\dfrac{NI}{\left(\dfrac{l_1}{\mu_0\mu_s S}\right)\left(\dfrac{l_2}{\mu_0 S}\right)}$　(チ) $R_{m1}+R_{m2}$　(リ) $\mu_0\mu_s H_1$

(ヌ) μ_s　(ル) $\dfrac{1}{\mu_s}$　(ヲ) $R_{m1}R_{m2}$

(ワ)　(カ)　(ヨ)

解説　(1) 合成磁気抵抗 R_m は，式（1·158）と同様に，鉄心の磁気抵抗 R_{m1} とエアギャップの磁気抵抗 R_{m2} の直列接続と考えればよいから

$$R_m = R_{m1}+R_{m2}$$

(2) 鉄心中の磁束 Φ は，式（1·159）と同様に考えて

$$\Phi=\frac{NI}{R_m}=\frac{NI}{R_{m1}+R_{m2}}=\frac{NI}{\dfrac{l_1}{\mu S}+\dfrac{l_2}{\mu_0 S}}=\frac{NI}{\dfrac{l_1}{\mu_0\mu_s S}+\dfrac{l_2}{\mu_0 S}}$$

(3) 磁束 Φ は鉄心部およびエアギャップ部で等しく，$\Phi=BS$ である.

$$\therefore \Phi=BS=\mu_0\mu_s H_1 S=\mu_0 H_2 S$$

(4) $\dfrac{H_2}{H_1}=\dfrac{\mu_0\mu_s S}{\mu_0 S}=\mu_s$

(5) エアギャップにおける磁束は，エアギャップ付近で磁束の一部が漏れるため，断面積 S の最短距離だけを通るのではなく，（カ）のように少し外側にふくらむことになる.

【解答】(1) チ　(2) ニ　(3) ヘ　(4) ヌ　(5) カ

例題 20 ………… **H29 問2**

次の文章は，環状ソレノイドコイル中の磁界に関する記述である．なお，コイルが作り出す磁界は環状ソレノイドの円周方向を向いており，コイルの内部にのみ存在するものとする.

図1に示すように N 巻きの巻線が密に巻かれた環状ソレノイドコイルを考える．コイル内部は真空（透磁率は μ_0）となっており，コイルに電流 I が流れている．半

径 $\boldsymbol{R}$ の円周状の閉路 C に沿ってアンペールの法則を適用すると，閉路 C 上の磁束密度は $\boldsymbol{B}=$ （1） となり，$\boldsymbol{R}$ の増加に対して （2） .

次に，図 **2** に示すように環状ソレノイドコイルの内部の角度 $\boldsymbol{\theta}$ の領域を透磁率 $\boldsymbol{\mu}$ の磁性体（ただし $\boldsymbol{\mu}>\boldsymbol{\mu_0}$）で満たす．真空領域と磁性体領域で磁束密度は一定であると考えられるので，真空領域の磁界 $\boldsymbol{H_0}$ と磁性体領域の磁界 $\boldsymbol{H_1}$ の比は $\boldsymbol{H_0}:\boldsymbol{H_1}=$ （3） となり，磁性体中には真空領域の磁束密度と （4） 向きの磁化 $\boldsymbol{M}$ が発生する．コイルに流れる電流を $\boldsymbol{I}$ とすると，閉路 C 上の磁束密度は （5） となる．

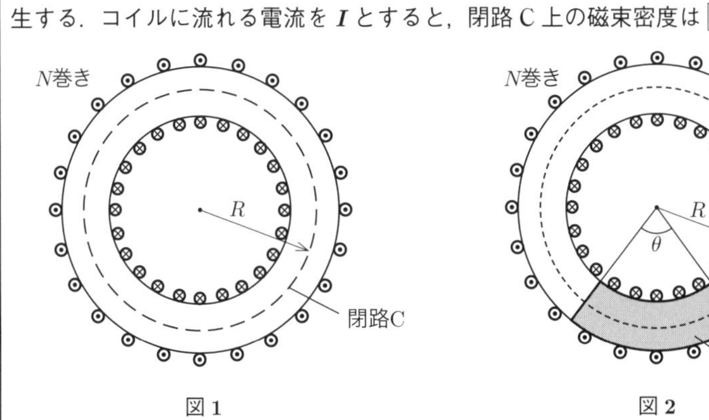

図 1

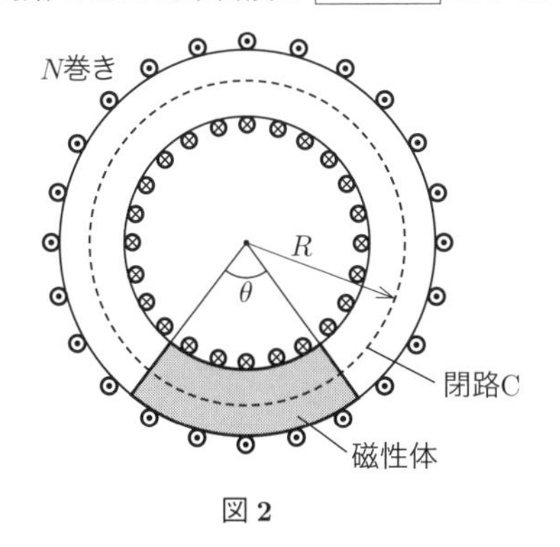

図 2

【解答群】

(イ) $\mu:\mu_0$　(ロ) $\dfrac{\mu_0 NI}{2\pi}$　(ハ) B の値は減少する

(ニ) 1：1　(ホ) $\dfrac{\mu_0 NI}{2\pi R}$　(ヘ) 垂直な

(ト) B の値は増加する　(チ) $\dfrac{NI^2}{\dfrac{\theta R}{\mu}+\dfrac{(2\pi-\theta)R}{\mu_0}}$　(リ) 同じ

(ヌ) $[\theta R\mu+(2\pi-\theta)R\mu_0]NI$　(ル) $\mu_0:\mu$　(ヲ) $2\pi R\mu_0 NI$

(ワ) B の値は変化しない　(カ) $\dfrac{NI}{\dfrac{\theta R}{\mu}+\dfrac{(2\pi-\theta)R}{\mu_0}}$　(ヨ) 逆

解 説　**(1)** アンペアの周回積分の法則の式（1･125）を適用すれば

$$2\pi RB=\mu_0 NI \quad \therefore\ B=\frac{\mu_0 NI}{2\pi R} \quad \cdots\cdots①$$

(2) 式①より，磁束密度 B は半径 R に反比例するので，R の増加に対して B の値は減少する．

(3) 真空領域の磁束密度 B_0 と磁性体領域の磁束密度 B_1 は等しいから，$B_0 = B_1$ である．$B_0 = \mu_0 H_0$，$B_1 = \mu H_1$ なので

$$\mu_0 H_0 = \mu H_1 \quad \therefore H_0 : H_1 = \mu : \mu_0$$

(4) 題意より $\mu > \mu_0$ であるから，比透磁率 $\mu_s = \dfrac{\mu}{\mu_0} > 1$ となる．つまり，この磁性体は常磁性体である．したがって，図1･74に示すように，磁化 M は真空領域の磁束密度と同じ向きとなる．

(5) 図2の磁気回路の等価回路を，図1･79と同様に書くと，解説図のとおりとなる．ソレノイドの断面積を S とすれば，真空領域の磁気抵抗は $R_0 = \dfrac{(2\pi - \theta)R}{\mu_0 S}$，磁性体領域の磁気抵抗は $R_1 = \dfrac{\theta R}{\mu S}$ である．

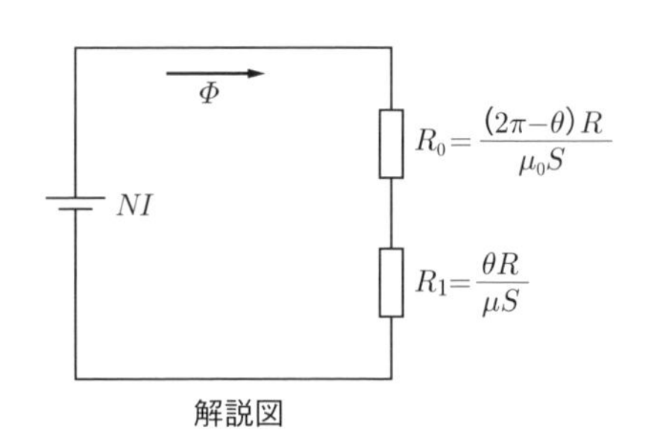

解説図

式（1･157），式（1･159）と同様に計算すれば，$\Phi = BS$ より

$$NI = \left\{ \frac{(2\pi - \theta)R}{\mu_0 S} + \frac{\theta R}{\mu S} \right\} BS$$

$$\therefore B = \frac{NI}{\dfrac{\theta R}{\mu} + \dfrac{(2\pi - \theta)R}{\mu_0}}$$

【解答】(1) ホ　(2) ハ　(3 イ　(4) リ　(5) カ

例題 21 ……………………………………………… **R4 問 2**

次の文章は，磁気回路に関する記述である．なお，真空の透磁率は $\boldsymbol{\mu_0}$，鉄心の比透磁率は $\boldsymbol{\mu_r}$ であり，鉄心の磁束の飽和やヒステリシス特性は無視できるものとする．

図に示すように，中央部の穴の半径が $\boldsymbol{a}$，断面の形状が幅 $\boldsymbol{b}$，高さ $\boldsymbol{c}$ の長方形である環状鉄心があり，その中心軸上を直線電流 $\boldsymbol{I}$ が流れている．アンペアの周回積分の法則を用いると，中心から距離 $\boldsymbol{r}$ の鉄心内部の地点（$\boldsymbol{a \leqq r \leqq a+b}$）の磁束密度の大きさは $\boldsymbol{B(r)} =$ [(1)] と求められるので，鉄心内の磁束は

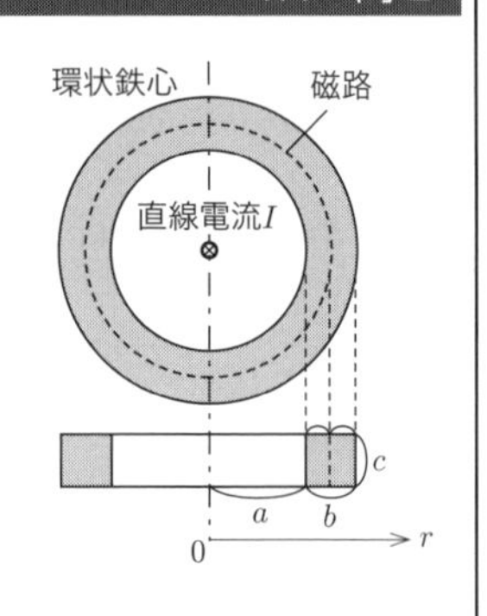

$$\Phi_{\mathrm{ampere}} = c\int_a^{a+b} B(r)dr = \boxed{\quad(2)\quad}$$

となる．

鉄心内部の磁束を簡便に取り扱う近似手法として，磁気回路が用いられる場合がある．鉄心の断面の中心を通る円周を磁路とすると，磁気抵抗は $R_m = \boxed{\quad(3)\quad}$ となるので，磁気回路に基づいて求めた鉄心内の磁束は

$$\Phi_{\mathrm{mc}} = \frac{I}{R_{\mathrm{m}}} = \boxed{\quad(4)\quad}$$

となる．

a=2 cm，b=1 cm，c=1 cm，$\mu_r = 5\,000$，I=1 kA の場合を考えると，Φ_{ampere} と Φ_{mc} の値はともに $\boxed{\quad(5)\quad}$〔mWb〕程度となるので，この条件では磁気回路による取り扱いがかなり正確であることがわかる．なお，真空の透磁率を $\mu_0 = 4\pi\times10^{-7}$〔H/m〕とし，必要であれば $\ln 1.5 \fallingdotseq 0.4$ を用いてもよい．

【解答群】

(イ) 0.3	(ロ) $\dfrac{\mu_0\mu_{\mathrm{r}}Ibc}{2\pi a}$	(ハ) 200
(ニ) $\dfrac{\pi}{\mu_0\mu_{\mathrm{r}}}\dfrac{a+b}{bc}$	(ホ) $\dfrac{\mu_0\mu_{\mathrm{r}}Ic}{2\pi}\ln\dfrac{b}{a}$	(ヘ) $\dfrac{\mu_0\mu_{\mathrm{r}}Ic}{\pi}$
(ト) $\dfrac{\mu_0\mu_{\mathrm{r}}Ic}{2\pi}\ln\dfrac{a+b}{a}$	(チ) $\dfrac{I}{2\pi r}$	(リ) $\dfrac{\mu_0\mu_{\mathrm{r}}I}{\pi}\dfrac{bc}{2a+b}$
(ヌ) $\dfrac{\mu_0\mu_{\mathrm{r}}I}{2\pi r}$	(ル) $\dfrac{1}{\mu_0\mu_{\mathrm{r}}c}$	(ヲ) 4
(ワ) $\dfrac{\mu_0 I}{2\pi r}$	(カ) $\dfrac{\pi}{\mu_0\mu_{\mathrm{r}}}\dfrac{2a+b}{bc}$	(ヨ) $\dfrac{\mu_0\mu_{\mathrm{r}}I}{\pi}\dfrac{bc}{a+b}$

解　説　**(1)** アンペアの周回積分の法則の式（1･125）と式（1･154）より

$$\oint_c \dot{B}\cdot d\dot{l} = 2\pi rB = \mu_0\mu_r I \quad \therefore B = \frac{\mu_0\mu_r I}{2\pi r} \quad \cdots\cdots ①$$

(2) 式（1･118）より $\Phi = BS$ である．中心から距離 r のところにおいて幅 dr，高さ c の微小矩形を考えればそれを貫く磁束が通る面積は cdr なので

$$d\Phi = BS = \frac{\mu_0\mu_r Icdr}{2\pi r}$$

上記を r が a から $a+b$ の範囲で積分すれば

$$\Phi_{\text{ampere}} = \int_a^{a+b} \frac{\mu_0\mu_r Ic}{2\pi r} dr = \frac{\mu_0\mu_r cI}{2\pi} [\ln r]_a^{a+b} = \frac{\mu_0\mu_r Ic}{2\pi} \ln \frac{a+b}{a} \quad \cdots\cdots ②$$

(3) 式（1･156）より磁気抵抗 R_m は $R_m = l/(\mu S)$ であり，題意より鉄心の断面の中心を通る円周を磁路と考えるため，$l = 2\pi\left(a + \frac{b}{2}\right)$，$\mu = \mu_0\mu_r$，$S = bc$ を代入すれば

$$R_m = \frac{l}{\mu S} = \frac{2\pi\left(a + \frac{b}{2}\right)}{\mu_0\mu_r bc} = \frac{\pi}{\mu_0\mu_r} \frac{2a+b}{bc}$$

(4) 式（1･157）より $\Phi = \frac{I}{R_m} = \frac{\mu_0\mu_r I}{\pi} \cdot \frac{bc}{2a+b}$ $\quad \cdots\cdots ③$

(5) 条件の数値を式②へ代入すれば

$$\Phi_{\text{ampere}} = \frac{4\pi \times 10^{-7} \times 5\,000 \times 10^3 \times 10^{-2}}{2\pi} \ln\left\{\frac{(2+1) \times 10^{-2}}{2 \times 10^{-2}}\right\}$$

$$= 2 \times 5 \times 10^{-3} \ln 1.5 = 10 \times 10^{-3} \times 0.4 = 4 \times 10^{-3} = 4\text{mWb}$$

同様に，数値を式③へ代入すれば

$$\Phi = \frac{4\pi \times 10^{-7} \times 5\,000 \times 10^3}{\pi} \cdot \frac{1 \times 10^{-2} \times 1 \times 10^{-2}}{(2 \times 2 + 1) \times 10^{-2}} = 4 \times 10^{-3} = 4\text{mWb}$$

【解答】(1) ヌ　(2) ト　(3) カ　(4) リ　(5) ヲ

1-8 電磁誘導とインダクタンス

攻略のポイント

本節は，電磁気学の総仕上げである．電験３種では電磁誘導，自己・相互インダクタンスの基本的な計算問題が出題されるのに対して，電験２種では積分等を用いた少し高度な計算問題や前節の磁気回路と絡めた問題等が出題される．例題も豊富に用意したので，十分に学習しよう．

1 電磁誘導

磁界の大きさまたは磁界と回路の位置関係が時間的に変化する場合，起電力が生じる現象を**電磁誘導**といい，次の**ファラデーの法則**が成り立つ．すなわち，**回路と鎖交する磁束が時間的に変化する場合，回路に鎖交する磁束の変化の割合に比例した誘導起電力が生じる．**

つまり，誘導起電力Eは，磁束鎖交数を$N\Phi$（磁束Φ，コイル巻数N）とすれば

$$\boldsymbol{E} = -\boldsymbol{N}\frac{\boldsymbol{d\Phi}}{\boldsymbol{dt}}\text{〔V〕} \qquad (1\cdot161)$$

POINT
磁束の変化を打ち消す向きに誘導起電力が発生

式（1·161）は，コイルの一巻ずつが$d\Phi/dt$の起電力をもった電池になり，N個が直列につながれているので，N倍している．

また，式（1·161）の負の符号は，磁束の変化を打ち消す向きに誘導起電力が生じること，すなわち，**レンツの法則**を表している．これらを図1·80に図解する．

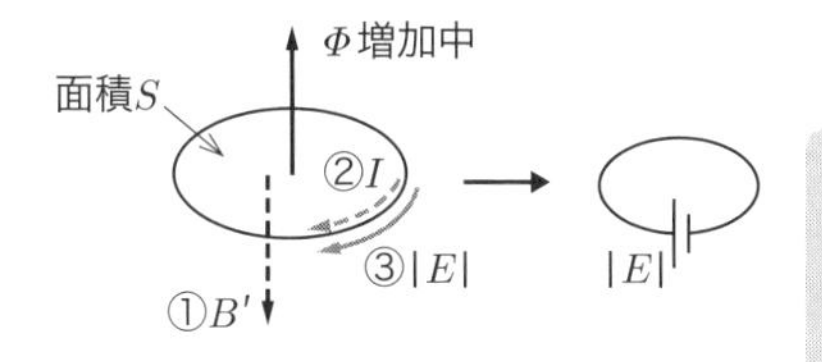

①磁界B'を作って磁束Φ（$=BS$）の変化を妨げようとする
②それには - - → の向きに電流Iを流せばよい
③したがって，コイルには ──→ の向きの誘導起電力Eが生じる

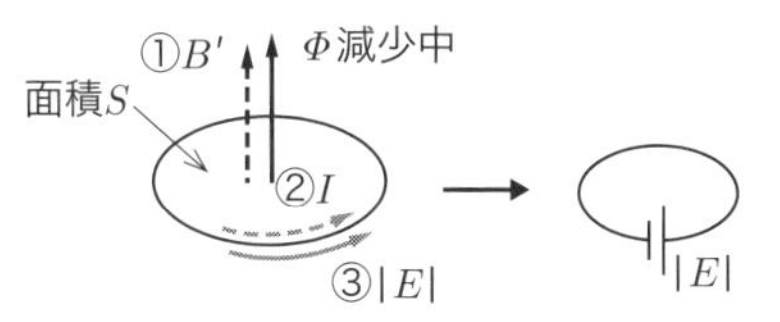

（注）左図で，もしコイルの一部が切断されていれば電流Iは流れないし，磁界B'もできない．それでも誘導起電力Eは生じる．

図1・80 ファラデーの法則とレンツの法則

（1）導体の運動による起電力

図1･81のように，長さl〔m〕の直線導体が磁束密度B〔T〕の磁界中を速度v〔m/s〕で磁界に対して直角に運動するとき，誘導起電力E〔V〕の大きさは

$$|E| = \left|-\frac{d\Phi}{dt}\right| = \frac{B\Delta S}{\Delta t} = \frac{B(v\Delta t)l}{\Delta t} = vBl \text{〔V〕} \qquad (1\cdot162)$$

となる．誘導起電力の向きは図1･82の**フレミングの右手の法則**に従う．

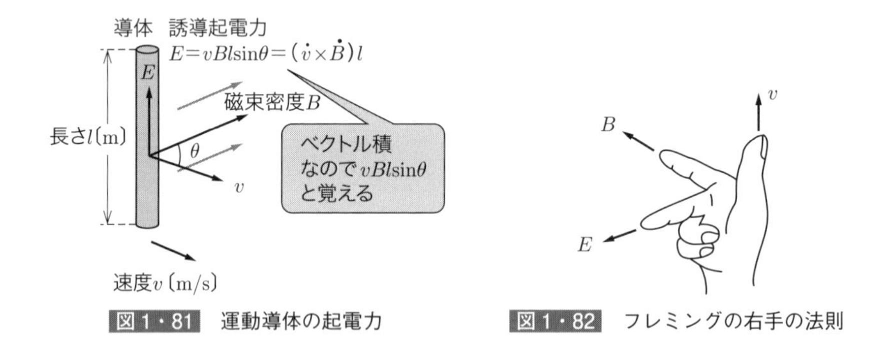

図1・81　運動導体の起電力

図1・82　フレミングの右手の法則

ここで，Bとvの方向がθ〔rad〕の角度をなすとき，起電力Eは

$$\boldsymbol{E = vBl\sin\theta} \qquad (1\cdot163)$$

つまり，ベクトル積の考え方を使えば，導体の単位長当たりの誘導起電力$\dot{e}$は

$$\dot{\boldsymbol{e}} = \dot{\boldsymbol{v}} \times \dot{\boldsymbol{B}} \qquad (1\cdot164)$$

POINT
ベクトル積では$\dot{e}=\dot{v}\times\dot{B}$となるので，式（1・162）は$vBl$の順に覚える

と表すことができる．すなわち，**速度ベクトルの方向から磁界の方向に右ねじを回すと，右ねじの進む向きが誘導起電力の向き**となる．

（2）回転コイルの誘導起電力

図1･83のように，巻数N回の方形コイル（断面：a〔m〕，b〔m〕）がB〔T〕の平等磁界内で角速度ω〔rad/s〕で回転しているときに発生する誘導起電力Eは，コイルを貫く磁束を$\Phi=Bab\sin\omega t$とすれば

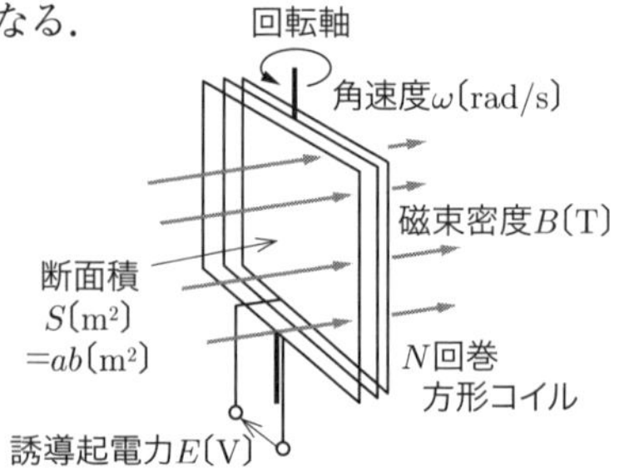

図1・83　回転コイルの誘導起電力

$$E=-N\frac{d\Phi}{dt}=-NBab\frac{d}{dt}(\sin\omega t)$$

$$=-NBab\omega\cos\omega t\ 〔\mathrm{V}〕 \qquad (1\cdot165)$$

となる．

2 自己誘導と自己インダクタンス

コイルに流れる電流が変化すると，コイル内の磁束が変化し，その磁束の変化を妨げる向きの起電力が発生する．この現象を**自己誘導**という．

図1･84の環状コイル（巻数 N）において，Δt〔s〕の間に電流が ΔI〔A〕変化し，磁束が $\Delta\Phi$〔Wb〕変化したとする．磁束鎖交数 $N\Phi$ は，回路の電流に比例するため

$$\boldsymbol{N\Phi=LI} \qquad (1\cdot166)$$

と書くことができ，この比例定数 L を**自己インダクタンス**といい，単位は**〔H（ヘンリー）〕**である．そして，誘導起電力は

$$\boldsymbol{E=-N\frac{d\Phi}{dt}=-L\frac{dI}{dt}} \qquad (1\cdot167)$$

POINT 式（1･167）を積分すると式（1･166）

となる．

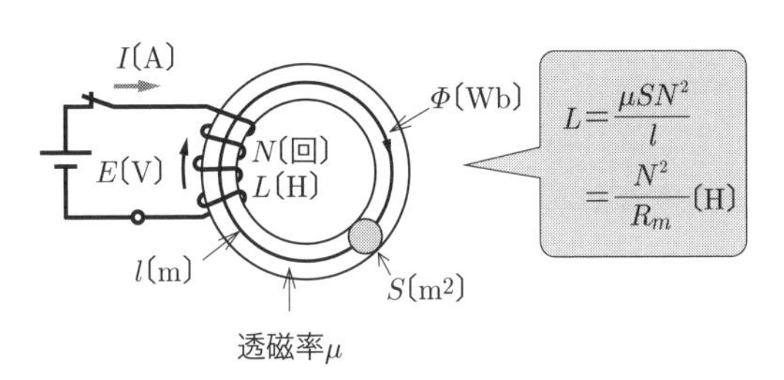

図1・84 環状コイルの自己インダクタンス

次に，環状コイルの自己インダクタンスは，式（1･166），式（1･156）より

$$\boldsymbol{L}=\frac{N\Phi}{I}=\frac{N}{I}\cdot\frac{\mu SNI}{l}=\boldsymbol{\frac{\mu SN^2}{l}}=\boldsymbol{\frac{N^2}{R_m}}\ 〔\mathrm{H}〕 \qquad (1\cdot168)$$

POINT L は N の二乗に比例し，R_m に反比例

となる（$\boldsymbol{R_m=\frac{l}{\mu S}}$）．すなわち，**自己インダクタンス L はコイルの巻数 N の二乗に比例し，磁気抵抗 R_m に反比例**する．

3 コイルに蓄えられるエネルギー

自己インダクタンスL〔H〕のコイルにI〔A〕の電流が流れているとき，コイルに蓄えられるエネルギーWは，電流が0からIまで増加するのに要した仕事に相当するから

$$W=\int_0^t EIdt=\int_0^t L\frac{dI}{dt}\cdot Idt=\int_0^I LIdI=\frac{1}{2}LI^2\ \text{〔J〕} \qquad (1\cdot 169)$$

ここで，式（1･166）より磁束鎖交数$\Phi=LI$であるから

$$\boldsymbol{W=\frac{1}{2}LI^2=\frac{1}{2}\Phi I} \qquad (1\cdot 170)$$

このエネルギーは，単位体積当たりで考えると，磁路の断面積S〔m^2〕，磁路の長さl〔m〕とすれば，式（1･155）および式（1･168）より

$$w=\frac{W}{Sl}=\frac{LI^2}{2Sl}=\frac{1}{2}\left(\frac{Ll}{SN^2}\right)\left(\frac{NI}{l}\right)^2=\boldsymbol{\frac{1}{2}\mu H^2=\frac{1}{2}HB}\ \text{〔J/m}^3\text{〕} \qquad (1\cdot 171)$$

となる．

4 相互誘導と相互インダクタンス

2つのコイルの一方に流れる電流が変化すると，他方のコイルに起電力が誘導される．この現象を**相互誘導**という．

図1･85のように，コイル1に流れる電流がΔt〔s〕間にΔI_1〔A〕変化し，これに伴う磁束変化によりコイル2に鎖交する磁束が$\Delta\Phi_{12}$〔Wb〕だけ変化したとする．コイル1の生じる磁束のうち，Φ_{12}〔Wb〕がコイル2を貫通し，コイル2の巻数がN_2であれば磁束鎖交数は$N_2\Phi_{12}$である．コイル2の磁束鎖交数はコイル1の電流に比例するため

$$\boldsymbol{N_2\Phi_{12}=MI_1}\ \text{〔Wb〕} \qquad (1\cdot 172)$$

と書くことができ，この比例定数Mを**相互インダクタンス**といい，単位は〔H〕である．そして，誘導起電力E_2は

$$\boldsymbol{E_2=-N_2\frac{d\Phi_{12}}{dt}=-M\frac{dI_1}{dt}}\ \text{〔V〕} \qquad (1\cdot 173)$$

となる．

POINT
式（1･173）を積分すると式（1･172）

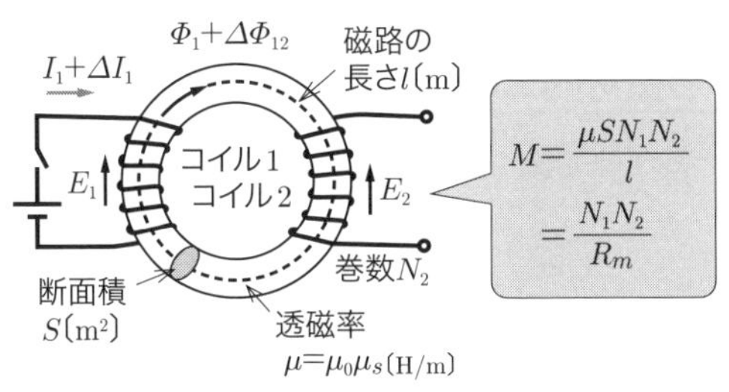

図1・85 相互インダクタンス

次に，図1·85の環状コイルの相互インダクタンスを求める．コイル1に電流I_1〔A〕を流すとき，鉄心中に生じる磁束は式（1·156）より$\Phi=\mu N_1I_1S/l$であるから，式（1·172）を利用すれば

$$\boldsymbol{M}=\frac{N_2\Phi}{I_1}=\frac{N_2}{I_1}\cdot\frac{\mu N_1I_1S}{l}=\frac{\boldsymbol{\mu SN_1N_2}}{\boldsymbol{l}}=\frac{\boldsymbol{N_1N_2}}{\boldsymbol{R_m}}\text{〔H〕}\quad(1\cdot174)$$

となる（$R_m=\dfrac{l}{\mu S}$）.

POINT
MはN_1とN_2の積に比例し，R_mに反比例

5 和動接続と差動接続

図1·86のように，電流によってコイル1，コイル2の作る磁束が加わるような接続を**和動接続**，互いに磁束を打ち消すような接続を**差動接続**という．コイルを直列接続するときの合成自己インダクタンスは次式となる．

$$\boldsymbol{L=L_1+L_2\pm 2M}\text{〔H〕}\quad(1\cdot175)$$

ここで，和動接続のとき$+2M$，差動接続のとき$-2M$となる．

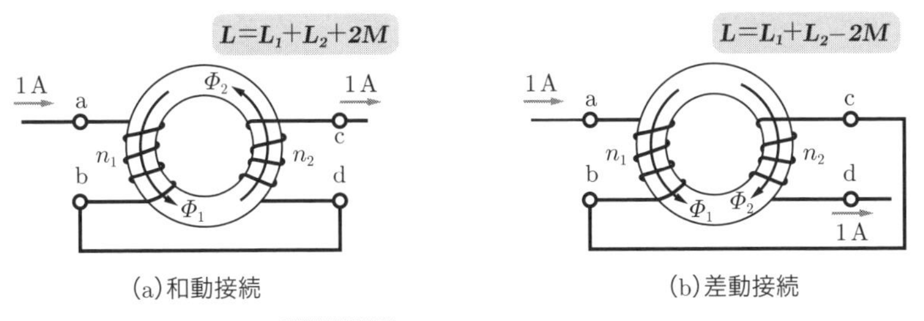

図1・86 和動接続と差動接続

6 電流の有する磁気的エネルギーと結合係数

いま，2つの回路があるとき，自己インダクタンスを L_1，L_2，相互インダクタンスを M とすれば，$\Phi_1 = L_1 I_1 + M I_2$，$\Phi_2 = M I_1 + L_2 I_2$ であるから，式（1･170）より，エネルギー W は

$$W = \frac{1}{2}(\Phi_1 I_1 + \Phi_2 I_2) = \frac{1}{2}(L_1 I_1{}^2 + L_2 I_2{}^2 + 2M I_1 I_2) \qquad (1 \cdot 176)$$

となる．さらに，この式を変形すれば

$$W = \frac{1}{2}\left\{L_1\left(I_1 + \frac{M}{L_1}I_2\right)^2 + \left(L_2 - \frac{M^2}{L_1}\right)I_2{}^2\right\} \qquad (1 \cdot 177)$$

ここで，エネルギーは負になることはないから

$$L_1 \geqq 0, \quad L_2 - \frac{M^2}{L_1} \geqq 0$$

右の式を書き直せば $L_1 L_2 - M^2 \geqq 0$ となる．

$$M \leqq \sqrt{L_1 L_2} \qquad (1 \cdot 178)$$

上式より，L_1，L_2，M の関係は

$$\boldsymbol{M = k\sqrt{L_1 L_2}} \text{〔H〕} \qquad (1 \cdot 179)$$

となり，k を**結合係数**といい，値は0～1である（図1･87）．

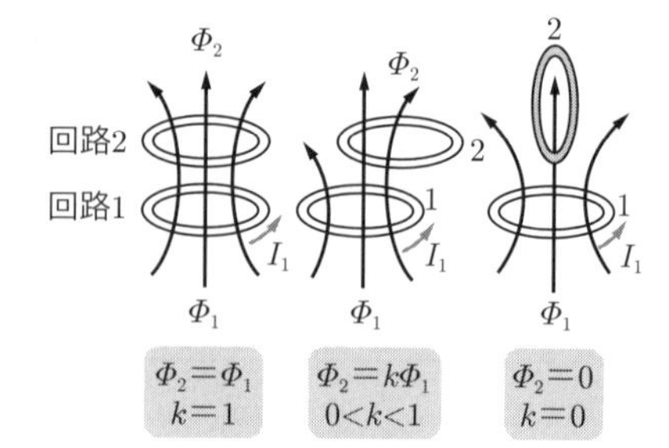

図1・87 結合係数

7 各種回路のインダクタンス

(1) 無限長ソレノイド

図1･88のように，半径 a の無限長ソレノイドで，単位長当たりの巻数 n，電流 I とすると，式（1･137）より磁束密度 $B = \mu_0 n I$ であるから，単位長にある n 回の巻線に対する磁束鎖交数 $n\Phi$ は

$$n\Phi = \pi a^2 B n = \mu_0 \pi a^2 n^2 I \qquad (1 \cdot 180)$$

したがって，単位長当たりのインダクタンスは式（1･166）より

$$L = \mu_0 \pi a^2 n^2 \text{〔H/m〕} \qquad (1 \cdot 181)$$

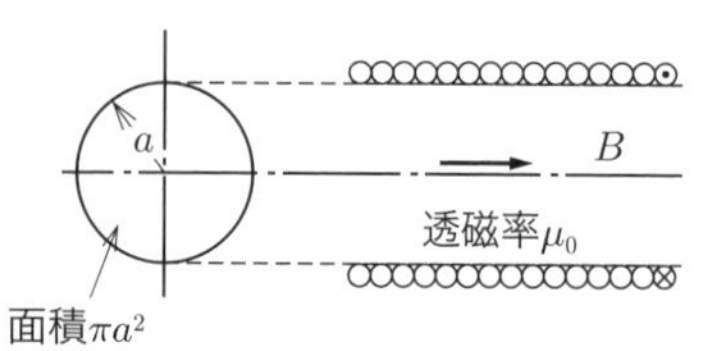

図1・88 無限長ソレノイド

次に，長さ l の部分のインダクタンスは，巻数は nl であるから，磁束鎖交数は

$$nl\Phi=\pi a^2 Bnl=\mu_0\pi a^2 In^2 l \qquad (1\cdot182)$$

ここで巻数 $nl=N$ とすれば，インダクタンスは式（1·166）より

$$L=\mu_0\pi a^2\frac{N^2}{l}\ \text{〔H〕} \qquad (1\cdot183)$$

（2）同心円筒導体

①内外導体間のインダクタンス

図1·89（a）のように，内部導体の半径 a，外部導体の半径が b（厚さは0）の同心円筒導体において，内部導体を流れる電流を I，内部導体の透磁率を μ，内外導体間の透磁率を μ_0 とする．

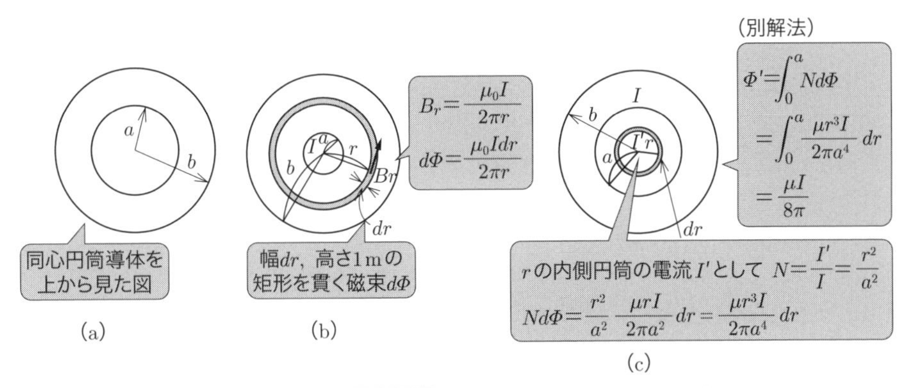

図1・89 同心円筒導体における考え方

図1·89（b）のように，半径 r の位置における磁束密度 B_r は $B_r=\mu_0 I/(2\pi r)$ であるから，半径 r の位置の微小幅 dr について，長さが1 m，幅 dr の矩形を貫く磁束を $d\Phi$ とすると

$$d\Phi=\frac{\mu_0 I}{2\pi r}dr \qquad (1\cdot184)$$

したがって，長さ1 m当たりの全磁束は

$$\Phi=\int_a^b d\Phi=\int_a^b\frac{\mu_0 I}{2\pi r}dr=\frac{\mu_0 I}{2\pi}[\log r]_a^b=\frac{\mu_0 I}{2\pi}(\log b-\log a)=\frac{\mu_0 I}{2\pi}\log\frac{b}{a} \qquad (1\cdot185)$$

このとき，全磁束と磁束鎖交数は等しいから，磁束鎖交数 Φ_n は

$$\Phi_n = \frac{\mu_0 I}{2\pi} \log \frac{b}{a} \tag{1・186}$$

したがって，1 m当たりの自己インダクタンスを L とすれば

$$\boldsymbol{L = \frac{\Phi_n}{I} = \frac{\mu_0}{2\pi} \log \frac{b}{a}} \ \text{〔H/m〕} \tag{1・187}$$

②内部導体内部のインダクタンス

図1･89（c）のように，内部導体の内側で，中心から r の位置の環状の微小幅 dr の磁界を考える．式（1･128）と同様に考えれば，中心から r における磁束密度 B'_r は内部導体の透磁率が μ なので

$$B'_r = \frac{\mu I r}{2\pi a^2} \tag{1・188}$$

半径 r の位置の幅 dr の筒状部分の長さ1 mの体積を dv とすると

$$dv = 2\pi r dr \tag{1・189}$$

長さ1 mの内部導体内部に蓄えられるエネルギー W は，単位体積当たりのエネルギー密度 w が式（1･171）であることを利用して $w = \frac{1}{2}\mu H^2 = \frac{1}{2\mu}B^2$ より

$$W = \frac{1}{2\mu}\int_V B'^2_r dv = \frac{1}{2\mu}\int_0^a \frac{\mu^2 I^2 r^2}{4\pi^2 a^4}\cdot 2\pi r dr = \frac{\mu I^2}{8\pi^2 a^4}\int_0^a 2\pi r^3 dr$$

$$= \frac{\mu I^2}{4\pi a^4}\left[\frac{r^4}{4}\right]_0^a = \frac{\mu I^2}{16\pi} \tag{1・190}$$

POINT
微小磁束を積分する別解は図1・89（c）参照

内部導体内の磁束によるインダクタンス L' は式（1･170）より

$$\boldsymbol{L' = \frac{2}{I^2}W = \frac{2}{I^2}\cdot\frac{\mu I^2}{16\pi} = \frac{\mu}{8\pi}} \ \text{〔H/m〕} \tag{1・191}$$

したがって，同心円筒導体の単位長当たりの全自己インダクタンス L_0 は

$$\boldsymbol{L_0 = L + L' = \frac{\mu_0}{2\pi}\log\frac{b}{a} + \frac{\mu}{8\pi}} \ \text{〔H/m〕} \tag{1・192}$$

（3）往復線路

①導体外のインダクタンス

図1･90のように，半径 a，b の十分に長い円筒導体が間隔 d で平行している．導体には往復電流 I が流れ，$d \gg a, b$ とする場合のインダクタンスを求める．まず，

上部導体 A から r の位置に幅 dr の単位長の微小面積 $dS = dr \times 1 = dr$ を考える．

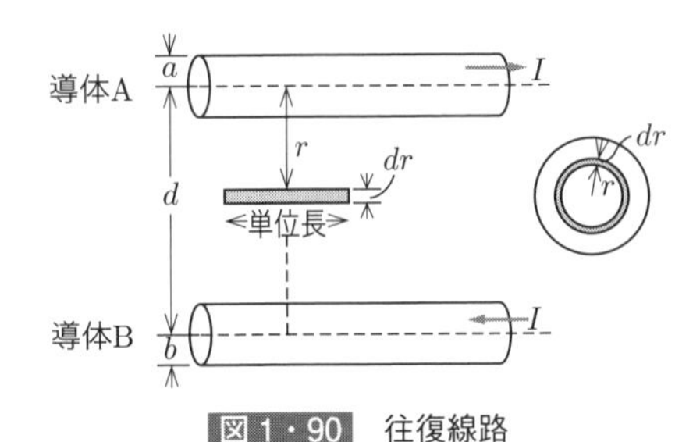

図 1・90 往復線路

この場合の磁束密度 B は，磁界の向きを考慮し

$$B = \frac{\mu_0 I}{2\pi r} + \frac{\mu_0 I}{2\pi(d-r)}$$

であるから，面積 dS を通る磁束 $d\Phi$ は $d\Phi = BdS = Bdr$ となる．このため，両導体の単位長の間を通る鎖交磁束 Φ は

$$\Phi = \int_a^{d-b} d\Phi = \frac{\mu_0 I}{2\pi}\int_a^{d-b}\left(\frac{1}{r} + \frac{1}{d-r}\right)dr = \frac{\mu_0 I}{2\pi}\left[\log r - \log(d-r)\right]_a^{d-b}$$

$$= \frac{\mu_0 I}{2\pi}\log\frac{(d-a)(d-b)}{ab} \fallingdotseq \frac{\mu_0 I}{2\pi}\log\frac{d^2}{ab} \qquad (1 \cdot 193)$$

したがって，単位長当たりの往復線路の自己インダクタンス L_{ex} は

$$\boldsymbol{L_{\mathrm{ex}} = \frac{\Phi}{I} = \frac{\mu_0}{2\pi}\log\frac{d^2}{ab}} \qquad (1 \cdot 194)$$

②導体内部のインダクタンス

導体 A の内部に半径 r で幅 dr の環状の微小磁束を考える．式（1･191）ではエネルギー密度から内部インダクタンスを算出したが，今度は磁束鎖交数から求めてみる（図 1･89（c）参照）．半径 r の内部導体の内側に流れる電流は $I' = I\dfrac{r^2}{a^2}$ であるから，半径 r の位置における磁束密度は $B = \dfrac{\mu I'}{2\pi r} = \dfrac{\mu r I}{2\pi a^2}$ である．このため，幅 dr，円筒状の高さ 1 mの長方形断面を貫く磁束鎖交数 $N d\Phi$ は導体の透磁率を μ とすれば

$$Nd\Phi = \frac{r^2}{a^2} \cdot \frac{\mu r I}{2\pi a^2} dr = \frac{\mu r^3 I}{2\pi a^4} dr$$

となる．したがって，全電流との全磁束鎖交数 Φ' は

$$\Phi' = \int_0^a N d\Phi = \int_0^a \frac{\mu r^3 I}{2\pi a^4} dr = \frac{\mu I}{2\pi a^4}\left[\frac{r^4}{4}\right]_0^a = \frac{\mu}{8\pi} I \qquad (1 \cdot 195)$$

したがって，導体内部の単位長当たりの自己インダクタンス L_{in} は

$$\boldsymbol{L_{\text{in}} = \frac{\Phi'}{I} = \frac{\mu}{8\pi}} \qquad (1 \cdot 196)$$

下部導体Bについても自己インダクタンス L_{in} は同じである．したがって，往復線路の単位長当たりの自己インダクタンス L_{total} は

$$\boldsymbol{L_{\text{total}} = L_{\text{ex}} + 2L_{\text{in}} = \frac{\mu_0}{2\pi}\log\frac{(d-a)(d-b)}{ab} + \frac{\mu}{4\pi}}$$

$$\boldsymbol{\fallingdotseq \frac{\mu_0}{2\pi}\log\frac{d^2}{ab} + \frac{\mu}{4\pi}} \qquad (1 \cdot 197)$$

両導体の半径が等しい場合は $b=a$ とし，単位長の導体1線当たりの自己インダクタンス L は，式（1·197）を 1/2 とすれば

$$\boldsymbol{L = \frac{\mu_0}{2\pi}\log\frac{d-a}{a} + \frac{\mu}{8\pi} \fallingdotseq \frac{\mu_0}{2\pi}\log\frac{d}{a} + \frac{\mu}{8\pi}} \text{〔H/m〕} \qquad (1 \cdot 198)$$

例題22 ………………………………………… **H11 問2**

次の文章は，回転する磁束による電磁誘導に関する記述である．

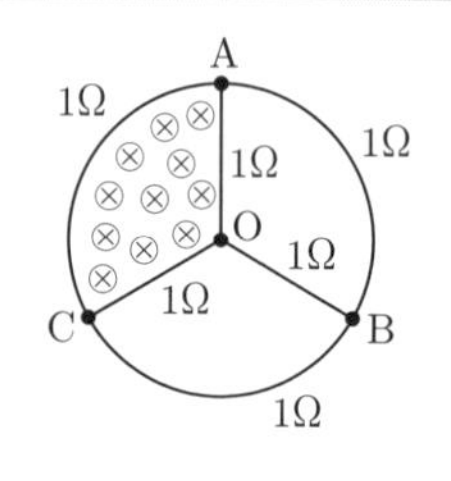

図のように半径 a〔m〕の円形導体ABCがあって，互いに **120°** をなす **3** 本の導体OA，OBおよびOCがそれと接続されている．この導体系の中心Oに軸があって，全体が回転できるようになっている．各接続点間の導体の抵抗はすべて **1** Ωであり，導体のインダクタンスおよびこの機構の機械的損失は無視するものとする．いま，磁束密度 $\boldsymbol{B}$〔T〕の磁束が扇形領域OACにあって，円形面に垂直に上から下へ向かって貫通している．この磁束がOを中心にして角速度 $\boldsymbol{\omega}$〔rad/s〕で時計回りに回転している．

a. 円形導体を固定した場合，磁束が扇形領域OABに移りつつある期間に，OAの部分に生じる誘導起電力…………………………………………$\boldsymbol{E}$ = （1）

b. その期間にＯＡ部分を流れる電流……………………………$\boldsymbol{I}=\boldsymbol{B}\times$ (2)
c. その方向……………………………………………………………… (3)
d. 円形導体の固定を外した場合，この円形導体の回転方向…………… (4)
e. 最終的な回転角速度……………………………………………………… (5)

ただし，この誘導電流によって磁束密度 $\boldsymbol{B}$ は影響を受けないものとする．

【解答群】

(イ) O→A　(ロ) $\frac{1}{2}B\omega a$　(ハ) 時計回り　(ニ) ω より大きい
(ホ) ω に等しい　(ヘ) $\frac{1}{4}\omega a$　(ト) 2ω に等しい　(チ) $B\omega a^2$
(リ) $\frac{1}{2}\omega a$　(ヌ) ω より小さい　(ル) $\frac{1}{4}\omega a^2$　(ヲ) $\frac{1}{2}B\omega a^2$
(ワ) A→O　(カ) $\frac{1}{2}\omega a^2$　(ヨ) 反時計回り

解説　(1) 解説図１に示すように，導体 OA に生じる誘導起電力は，導体 OA を単位時間当たりに横切る磁束の変化の割合だから

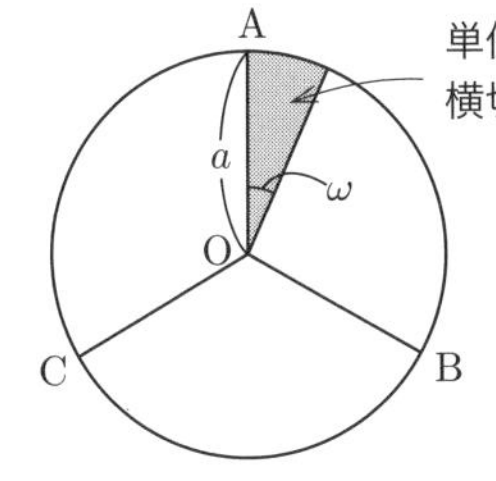

単位時間当たりにOAを横切る磁束 $\frac{d\Phi}{dt}=\left(\pi a^2\times\frac{\omega}{2\pi}\right)\times B$
$=\frac{1}{2}B\omega a^2$

解説図 1

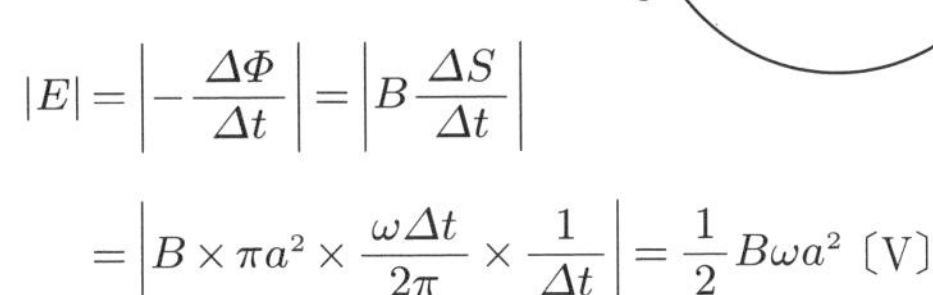

$$|E|=\left|-\frac{\Delta\Phi}{\Delta t}\right|=\left|B\frac{\Delta S}{\Delta t}\right|$$

$$=\left|B\times\pi a^2\times\frac{\omega\Delta t}{2\pi}\times\frac{1}{\Delta t}\right|=\frac{1}{2}B\omega a^2\ \text{〔V〕}$$

(2) (3) 誘導起電力の向きはレンツの法則またはフレミングの右手の法則から A → O の向きである．このときの等価回路を描くと解説図２となる．ブリッジ回路の部分はブリッジの平衡条件を満たすため，点Ｂと点Ｃの間の抵抗 1Ω を取り去ることができ，2Ω（＝1Ω＋1Ω の直列接続）の抵抗が並列接続されているから，合成すると 1Ω である．したがって，OA 部分の電流は

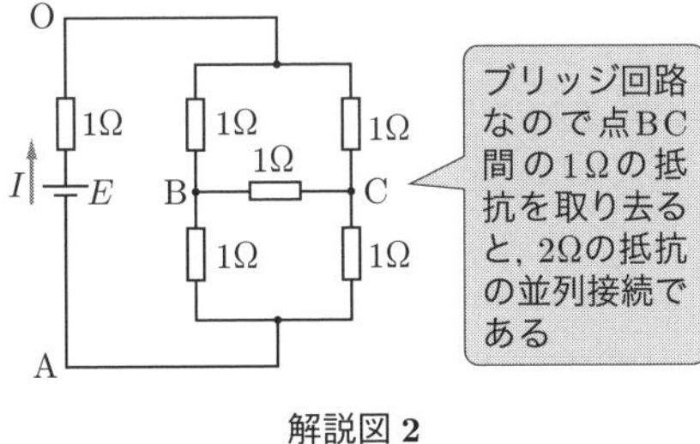

解説図 2

$$I=\frac{E}{1+1}=\frac{E}{2}=\frac{1}{4}B\omega a^2$$

(4) この電流により導体が受ける力の方向はフレミングの左手の法則より時計回りの方向であるから，導体の固定を外せば導体は時計回りに回転する．

(5) 導体が回転すると，磁束と導体との相対角速度が小さくなり，それに比例して誘導起電力，電流が小さくなる．最終的には導体の回転角速度がωに等しくなり，誘導起電力が0になった状態で安定する．

【解答】(1) ヲ　(2) ル　(3) ワ　(4) ハ　(5) ホ

例題 23 …… R2 問2

次の文章は，コイルに蓄えられるエネルギーに関する記述である．

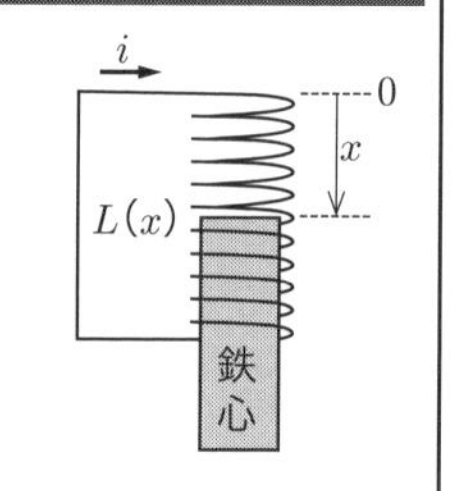

図のようなコイルがあり，鉄心が完全に挿入された状態からxだけ引き出された時の自己インダクタンスを$L(x)$とする．ただし，鉄心の渦電流，磁気飽和やヒステリシスは無視できるものとする．また，コイルの電気抵抗は無視でき，コイルに流れる電流は電気抵抗によって減衰しないものとする．

鉄心の最初の位置は$x=0$であり，コイルは短絡されて電流$i=I$が流れ続けているものとする．このとき，コイルに鎖交する磁束数は［(1)］で，コイルが蓄えているエネルギーは［(2)］である．

次に，コイルを短絡したまま，外力を加えて鉄心をxまで引き出した．このとき，コイルに鎖交する磁束数は［(1)］のまま変わらないため，電流iは［(3)］となり，コイルが蓄えているエネルギーは［(4)］に変化する．また，外力がした仕事は［(5)］．

【解答群】

(イ) $L(0)I$	(ロ) $\frac{1}{2}\frac{L(0)^2}{L(x)}I^2$	(ハ) すべて鉄心で熱になった
(ニ) $\frac{1}{2}L(x)I^2$	(ホ) $\frac{1}{2}L(0)I$	(ヘ) $L(0)I^2$
(ト) $L(x)I^2$	(チ) 0	(リ) すべて巻線で熱になった
(ヌ) すべてコイルに蓄えられた	(ル) $\frac{L(x)}{L(0)}I$	(ヲ) $\frac{1}{4}L(0)I^2$
(ワ) $\frac{L(0)}{L(x)}I$	(カ) I	(ヨ) $\frac{1}{2}L(0)I^2$

解説 (1) 磁束鎖交数 Φ は式(1･166)より $\Phi=LI$ であるから，$\Phi=L(0)I$

(2) このときコイルが蓄えているエネルギー W は式(1･169)より

$$W=\frac{1}{2}L(0)I^2$$

(3) コイルを短絡したまま，外力を加えて鉄心を x まで引き出しても鎖交磁束数は変わらないため　$\Phi=L(0)I=L(x)i$　　$\therefore\ i=\dfrac{L(0)}{L(x)}I$

(4) このときコイルが蓄えているエネルギー $W(x)$ は

$$W(x)=\frac{1}{2}L(x)i^2=\frac{1}{2}L(x)\left\{\frac{L(0)}{L(x)}I\right\}^2=\frac{1}{2}\frac{L(0)^2}{L(x)}I^2$$

(5) $W(x)-W=\dfrac{1}{2}\left\{\dfrac{L(0)^2}{L(x)}-L(0)\right\}I^2=\dfrac{L(0)\{L(0)-L(x)\}}{2L(x)}I^2$ であり，

$L(0)>L(x)$ なので，$W(x)-W>0$ となる．すなわち，$W(x)>W$ である．

つまり外力がした仕事の分だけ，コイルに蓄えられるエネルギーが増加している（なお，題意より鉄損，銅損は0である）．

【解答】(1) イ　(2) ヨ　(3) ワ　(4) ロ　(5) ヌ

例題 24 ……………………………………………… **H25　問2**

次の文章は，磁気回路に関する記述である．

図は鉄心1と鉄心2からなる磁気回路の模式図である．鉄心1に巻数 N のコイルが巻かれており，ここに電流 I〔A〕が流れている状況を考える．鉄心2は鉄心1と対向する位置に配置されており，その間のギャップ長を x〔m〕とする．鉄心の断面積は場所によらず S〔m²〕とし，ギャップ部分の磁路の断面積も S〔m²〕とするとき，鉄心間の吸引力 F を求めたい．なお，鉄心の透磁率を μ_1〔H/m〕，ギャップ部分の透磁率を μ_0〔H/m〕とし，磁路において磁束は一様に分布し，漏れ磁束，磁気飽和，ヒステリシス，渦電流はないものとする．

鉄心およびギャップ部分の磁束密度を B〔T〕とする．ここで，鉄心部分の磁路長の合計値を $D=D_1+D_2$〔m〕と置いて，アンペールの周回積分の法則を用いることにより，磁束密度 B と電流 I の関係は，$B=$ (1) 〔T〕と表される．

これを用いることで，コイルの自己インダクタンス L は，$L=$ (2) 〔H〕と表される．さらに，この磁気回路に蓄えられている磁気エネルギー W_m は L を用いると，$W_m=$ (3) 〔J〕と表される．よって，仮想変位の方法により，鉄心間の吸引力 F を求めると，$F=$ (4) 〔N〕と求めることができる．

通常，μ_1 は μ_0 に比べて十分に大きいため，吸引力 F は定性的には (5) するといえる．

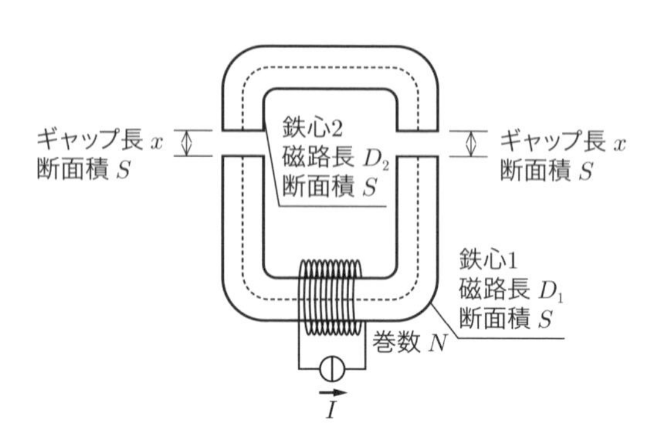

【解答群】

（イ）$\dfrac{LI^2}{2\mu_0}$　（ロ）$\dfrac{NI}{\dfrac{D}{\mu_1}+\dfrac{2x}{\mu_0}}$　（ハ）$\dfrac{LI^2}{2\mu_1}$

（ニ）$\dfrac{SN^2I^2}{2x\left(\dfrac{D}{\mu_1}+\dfrac{2x}{\mu_0}\right)}$　（ホ）$\dfrac{\mu_0 SN^2}{\dfrac{D}{\mu_1}+2x}$　（ヘ）$\dfrac{\mu_0 SN^2 I^2}{4}$

（ト）$\dfrac{SN^2I^2}{\mu_0\left(\dfrac{D}{\mu_1}+\dfrac{2x}{\mu_0}\right)^2}$　（チ）$\dfrac{LI^2}{2}$　（リ）$\dfrac{SN^2}{\dfrac{D}{\mu_1}+\dfrac{2x}{\mu_0}}$

（ヌ）$\dfrac{NI}{\dfrac{\mu_1}{D}+\dfrac{\mu_0}{2x}}$　（ル）$\dfrac{2SN^2}{\dfrac{D}{\mu_1}+\dfrac{2x}{\mu_0}}$　（ヲ）$\dfrac{\mu_0 NI}{\dfrac{D}{\mu_1}+2x}$

（ワ）電流 I に依存せず，ギャップ長 x の二乗に反比例
（カ）電流 I の二乗に比例し，ギャップ長 x に反比例
（ヨ）電流 I の二乗に比例し，ギャップ長 x の二乗に反比例

解　説　(1) アンペアの周回積分の法則の式（1･125）の $\oint_c \dot{H}\cdot d\dot{l}=\sum_{i=1}^{n} I_i$ を適用する．鉄心部分の磁路長が D で透磁率 μ_1，ギャップ部の長さが $2x$ で透磁率が μ_0 であるから

$$\oint_c \dot{H}\cdot d\dot{l}=\frac{B}{\mu_1}\cdot D+\frac{B}{\mu_0}\cdot 2x=NI \qquad \therefore\ B=\frac{NI}{\dfrac{D}{\mu_1}+\dfrac{2x}{\mu_0}}$$

(2) 1巻のコイルを貫く磁束 Φ は式（1･118）より $\Phi=BS$ ゆえ

$$\Phi=BS=\frac{NIS}{\dfrac{D}{\mu_1}+\dfrac{2x}{\mu_0}}$$

コイルの巻数は N であるから，コイルを貫く鎖交磁束数 $N\Phi$ は

$$N\Phi=\frac{SN^2 I}{\dfrac{D}{\mu_1}+\dfrac{2x}{\mu_0}} \qquad \therefore L=\frac{N\Phi}{I}=\frac{SN^2}{\dfrac{D}{\mu_1}+\dfrac{2x}{\mu_0}} \qquad (\because 式 (1 \cdot 166))$$

(3) 式（1･169）と同様に

$$W_m=\int_0^{W_m} dW_m=\int_0^I LIdI=\frac{1}{2}LI^2$$

(4) 鉄心間のギャップが x から $x+\Delta x$ に広がった際のエネルギーを W'_m とすればコイルに蓄えられるエネルギーの増加量 ΔW は

$$\Delta W=W'_m-W_m=\frac{1}{2}\frac{SN^2}{\dfrac{D}{\mu_1}+\dfrac{2(x+\Delta x)}{\mu_0}}I^2-\frac{1}{2}\cdot\frac{SN^2}{\dfrac{D}{\mu_1}+\dfrac{2x}{\mu_0}}I^2$$

$$=\frac{SN^2I^2}{2}\cdot\frac{-\dfrac{2\Delta x}{\mu_0}}{\left\{\dfrac{D}{\mu_1}+\dfrac{2(x+\Delta x)}{\mu_0}\right\}\left(\dfrac{D}{\mu_1}+\dfrac{2x}{\mu_0}\right)}$$

仮想変位の方法の式（1･75）により

$$F=\lim_{\Delta x\to 0}\frac{\Delta W}{\Delta x}=\lim_{\Delta x\to 0}\frac{SN^2I^2}{2}\cdot\frac{-\dfrac{2}{\mu_0}}{\left\{\dfrac{D}{\mu_1}+\dfrac{2(x+\Delta x)}{\mu_0}\right\}\left(\dfrac{D}{\mu_1}+\dfrac{2x}{\mu_0}\right)}$$

$$=\frac{-SN^2I^2}{\mu_0\left(\dfrac{D}{\mu_1}+\dfrac{2x}{\mu_0}\right)^2}$$

符号が負になるのは，ギャップが広がる方向とは逆方向，すなわち吸引力が働くためである．

(5) $$F=\frac{-SN^2I^2}{\mu_0\left(\dfrac{D}{\mu_1}+\dfrac{2x}{\mu_0}\right)^2}=\frac{-SN^2I^2\mu_0}{\left(\dfrac{\mu_0}{\mu_1}D+2x\right)^2}$$

題意より $\dfrac{\mu_0}{\mu_1}\fallingdotseq 0$ とすれば $F\fallingdotseq\dfrac{-SN^2I^2\mu_0}{4x^2}$

したがって，吸引力 F は電流の二乗に比例し，ギャップ長 x の二乗に反比例する．

【解答】（1）ロ （2）リ （3）チ （4）ト （5）ヨ

例題 25 ………………………………………… H30 問 2

次の文章は，微小ギャップを有する磁気回路に関する記述である．

図のように，巻線 1 および巻線 2 が鉄心に巻かれており，巻数はそれぞれ N_1 および N_2 である．鉄心の断面は面積 A の正方形で，磁束密度は断面内で一様に分布する．鉄心の断面の中心線を磁路として，その上に点 a〜f を取ると，四角形 abcd と四角形 afed は一辺 l の正方形となる．ただし，l は鉄心の断面の一辺より十分大きい $(l \gg \sqrt{A})$．ここで，a–d 間に点 g を置き，長さ $l_g (l_g \ll \sqrt{A})$ の微小なギャップを設ける．

なお，鉄心の磁束の飽和やヒステリシス特性は無視でき，透磁率は μ であるとして，磁束はギャップ部を除きすべて鉄心中を通るものとする．また，ギャップ部の端効果は無視し，磁束は鉄心から連続して磁路と平行にギャップを通り抜けるものとし，ギャップの透磁率は $\mu_0 (\mu_0 \ll \mu)$ であるとする．

点 a から点 d への磁路 a-g-d の磁気抵抗 R は，鉄心部分の長さが $l-l_g$ であることを考慮すれば $R=$ [(1)] であり，この R を，点 a から点 b，c を通り点 d に至る磁路 a-b-c-d の磁気抵抗と同じにするようギャップ長 l_g を決めると，$l_g=$ [(2)] である．このとき，巻線 1 のみに電流 I_1 を流すと，ギャップ中の磁束密度の大きさは R を用いて [(3)] と表せる．R を用いて巻線 1 の自己インダクタンスおよび巻線 1 と 2 との間の相互インダクタンスを表すと，それぞれ [(4)]，[(5)] である．

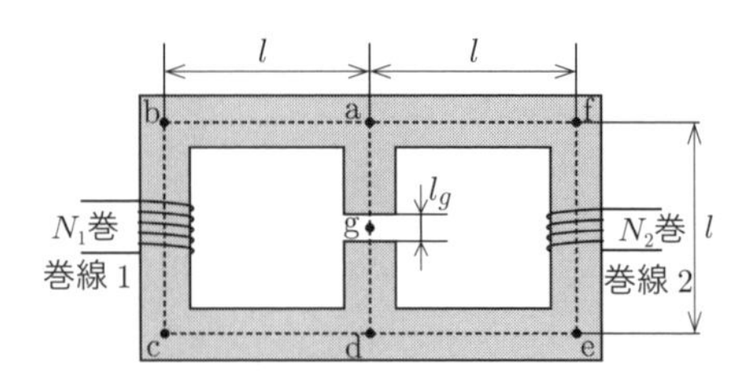

【解答群】

(イ)	$\dfrac{N_1 N_2}{3R}$	(ロ)	$\dfrac{\mu_0}{\mu-\mu_0} l$	(ハ)	$\dfrac{l-l_g}{\mu A}+\dfrac{l_g}{\mu_0 A}$	(ニ)	$\dfrac{N_1{}^2}{2R}$
(ホ)	$\dfrac{l}{\mu A}+\dfrac{l_g}{\mu_0 A}$	(ヘ)	$\dfrac{(N_1+N_2)^2}{3R}$	(ト)	$\dfrac{N_2}{3N_1 R}$	(チ)	$\dfrac{N_1{}^2}{3R}$
(リ)	$\dfrac{N_1 I_1}{3RA}$	(ヌ)	$\dfrac{2N_1{}^2}{3R}$	(ル)	$\dfrac{N_1 I_1}{2RA}$	(ヲ)	$\dfrac{3\mu_0}{\mu-\mu_0} l$
(ワ)	$\dfrac{2N_1 I_1}{3RA}$	(カ)	$\dfrac{4l-l_g}{\mu A}+\dfrac{l_g}{\mu_0 A}$	(ヨ)	$\dfrac{2\mu_0}{\mu-\mu_0} l$		

解説 (1) 磁路 a–g–d の磁気抵抗に関して，磁路 a–d の鉄心部とギャップ部には同じ磁束が通り抜けるので，式（1･158）と同様で鉄心の磁気抵抗とギャップ部の磁気抵抗の直列接続となる．

$$R_{\mathrm{agd}}=\frac{l-l_g}{\mu A}+\frac{l_g}{\mu_0 A}\quad\cdots\cdots①$$

(2) 磁路 a–b–c–d の磁気抵抗 R_{abcd} は磁路長が $3l$ ゆえ

$$R_{\mathrm{abcd}}=\frac{3l}{\mu A}\quad\cdots\cdots②$$

ここで，題意から式②と式①を等しくおけば

$$\frac{l-l_g}{\mu A}+\frac{l_g}{\mu_0 A}=\frac{3l}{\mu A}\qquad\therefore\frac{(\mu-\mu_0)l_g}{\mu\mu_0 A}=\frac{2l}{\mu A}\qquad\therefore l_g=\frac{2\mu_0}{\mu-\mu_0}l$$

(3) $R_{\mathrm{abcd}}=R_{\mathrm{afed}}$ なので，磁気回路は解説図の回路と等価である．起磁力 N_1I_1 であり，式（1･157）から

$$\Phi=\frac{N_1I_1}{R+\dfrac{R^2}{R+R}}=\frac{2N_1I_1}{3R}$$

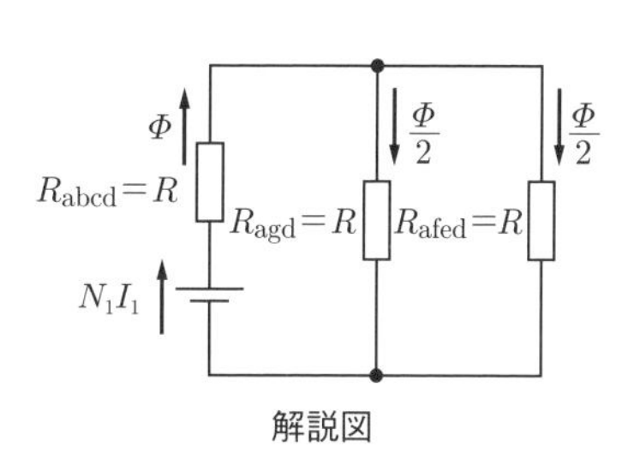

解説図

解説図のように，ギャップ中の磁束密度 B_g は Φ の半分の磁束が流れるから，式（1･118）より

$$B_g=\frac{\Phi}{2A}=\frac{N_1I_1}{3RA}$$

(4) 巻線 1 の自己インダクタンスは式（1･166）より

$$N_1\Phi=L_1I_1\qquad\therefore L_1=\frac{N_1\Phi}{I_1}=\frac{N_1}{I_1}\cdot\frac{2N_1I_1}{3R}=\frac{2N_1{}^2}{3R}$$

(5) 巻線 1 と巻線 2 の相互インダクタンス M は式（1･172）より

$$N_2\frac{\Phi}{2}=MI_1\qquad\therefore M=\frac{N_2\Phi}{2I_1}=\frac{N_2}{2I_1}\cdot\frac{2N_1I_1}{3R}=\frac{N_1N_2}{3R}$$

【解答】（1）ハ　（2）ヨ　（3）リ　（4）ヌ　（5）イ

例題 26 ・・・ **H28 問 1**

次の文章は，同軸線路の自己インダクタンスに関する記述である．なお，同軸線路を構成する導体間の隙間は空気で満たされており，その透磁率は μ_0 である．

図のように，中心軸を同じくする半径 a の無限に長い円筒状導体（内側導体）と半径 b の無限に長い円筒状導体（外側導体）がある．なお，$a<b$ であり，それぞれの円筒状導体の厚みは無限に小さいとしてよい．このような回路の単位長当たりの自己インダクタンスを，鎖交する磁束を用いる方法と，蓄積される磁気エネルギーを用いる方法の二通りの方法で求める．

同軸線路には，図に示す方向に同じ大きさの電流 I が流れている．この電流が作り出す磁束密度の大きさ B は，内側導体の内部および外側導体の外部では 0，内側導体および外側導体に挟まれた領域では $B=$ [(1)] となるため，単位長当たりの鎖交磁束 Φ は

$$\Phi=\int_a^b B\,dr= \boxed{\ (2)\ }$$

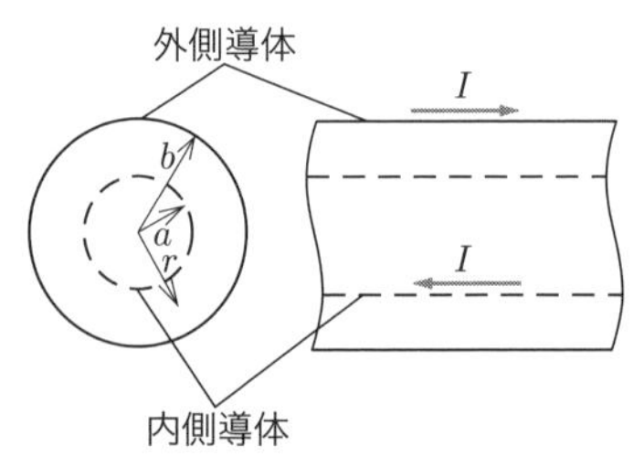

となり，Φ と単位長当たりの自己インダクタンス L との関係式 $\Phi=$ [(3)] を用いて，L が求まる．

一方，単位長当たりに蓄積される磁気エネルギー W は

$$W=2\pi\int_a^b \frac{B^2}{2\mu_0}r\,dr= \boxed{\ (4)\ }$$

となり，蓄積エネルギーと自己インダクタンスの関係式 $W=$ [(5)] を用いると同様に単位長当たりの自己インダクタンスが求まり，両者が一致することがわかる．

【解答群】

（イ）$\dfrac{I}{L}$	（ロ）$\dfrac{\mu_0 I}{4\pi}\left(\dfrac{1}{a}-\dfrac{1}{b}\right)$	（ハ）$L\dfrac{dI}{dt}$
（ニ）$\dfrac{\mu_0 I^2}{8\pi}\left(\dfrac{1}{a}-\dfrac{1}{b}\right)$	（ホ）$\dfrac{\mu_0 I^2}{4\pi}\ln\dfrac{b}{a}$	（ヘ）$\dfrac{\mu_0 I}{2\pi r}$
（ト）$\dfrac{\mu_0 I}{4\pi r^3}$	（チ）$\dfrac{\mu_0 I}{8\pi}\left(\dfrac{1}{a^2}-\dfrac{1}{b^2}\right)$	（リ）$\dfrac{L^2 I}{2}$
（ヌ）$\dfrac{\mu_0 I}{2\pi}\ln\dfrac{b}{a}$	（ル）$\dfrac{LI^2}{2}$	（ヲ）$\dfrac{\mu_0 I^2}{16\pi}\left(\dfrac{1}{a^2}-\dfrac{1}{b^2}\right)$
（ワ）$\dfrac{\mu_0 I}{4\pi r^2}$	（カ）$\dfrac{I^2}{L}$	（ヨ）LI

解 説 (1) アンペアの周回積分の法則の式（1·125）より

$$\oint_c \dot{B}\cdot d\dot{l} = B\cdot 2\pi r = \mu_0 I \qquad \therefore\ B = \frac{\mu_0 I}{2\pi r}$$

(2) 式（1·184）と同様に，微小幅 dr，長さ 1 の矩形を貫く磁束 $d\Phi = \dfrac{\mu_0 I}{2\pi r}dr$ ゆえ

$$\Phi = \int_a^b d\Phi = \int_a^b \frac{\mu_0 I}{2\pi r}dr = \frac{\mu_0 I}{2\pi}[\ln r]_a^b = \frac{\mu_0 I}{2\pi}(\ln b - \ln a) = \frac{\mu_0 I}{2\pi}\ln\frac{b}{a}$$

(3) 式（1·166）より，$\Phi = LI$ であるから，$L = \dfrac{\Phi}{I} = \dfrac{\mu_0}{2\pi}\ln\dfrac{b}{a}$

(4) 磁気エネルギー密度は式（1·171）より $\dfrac{1}{2}H\cdot B = \dfrac{B^2}{2\mu_0}$ であるから，円筒状導体間に発生する単位長当たりの磁気エネルギー W は

$$W = \int_a^b \frac{B^2}{2\mu_0}\cdot 2\pi r dr = \int_a^b \left(\frac{\mu_0 I}{2\pi r}\right)^2 \frac{2\pi r}{2\mu_0}dr = \int_a^b \frac{\mu_0 I^2}{4\pi r}dr = \frac{\mu_0 I^2}{4\pi}\ln\frac{b}{a}$$

(5) 式（1·169）より $W = \dfrac{1}{2}LI^2$ となる．そして，この場合，(4) の結果を等しくおけば，$L = \dfrac{\mu_0}{2\pi}\ln\dfrac{b}{a}$ となる．

【解答】(1) へ　(2) ヌ　(3) ヨ　(4) ホ　(5) ル

章末問題

■1 H17 問1

次の文章は，真空中の静電界に関する記述である．

図のように，xy 平面において，$(-r,\ 0)$ の位置に $+q$ の正電荷が，$(r,\ 0)$ の位置に $-q$ の負電荷が置かれている．

いま，原点Oを中心とする半径 r の円周上の任意の点 P $(x,\ y)$ の電界の大きさを求める．ただし，$-r<x<r$ とし，真空の誘電率を ε_0 とする．

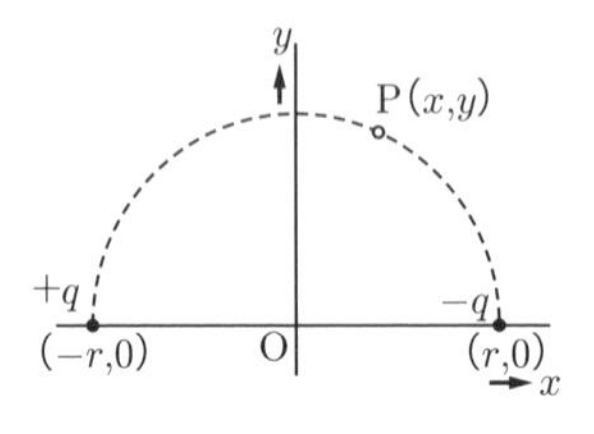

正電荷の位置と点 P $(x,\ y)$ の間の距離は [(1)] であり，この正電荷による点 P $(x,\ y)$ の電界の大きさは x の関数で表すと [(2)] である．一方，負電荷による点 P $(x,\ y)$ の電界の大きさは同様に [(3)] である．両者の電界を合成すると，その合成電界の大きさは [(4)] となる．したがって，円周上におけるこの合成電界の大きさの最小値は [(5)] である．

【解答群】

（イ） $\dfrac{1}{4\pi\varepsilon_0}\cdot\dfrac{-q}{2x(r+x)}$　（ロ） $\sqrt{(r+x)^2-y^2}$　（ハ） $\dfrac{q}{4\pi\varepsilon_0 r}\sqrt{\dfrac{1}{(r+x)^2}+\dfrac{1}{(r-x)^2}}$

（ニ） $\dfrac{\sqrt{2}q}{2\pi\varepsilon_0 r^2}$　（ホ） $\dfrac{1}{4\pi\varepsilon_0}\cdot\dfrac{-q}{r(r-2x)}$　（ヘ） $\dfrac{1}{4\pi\varepsilon_0}\cdot\dfrac{q}{r(r-2x)}$

（ト） $\dfrac{1}{4\pi\varepsilon_0}\cdot\dfrac{q}{2x(r+x)}$　（チ） $\dfrac{1}{\sqrt{2}}\cdot\dfrac{q}{4\pi\varepsilon_0 r^2}$　（リ） $\sqrt{(r+x)^2+y^2}$

（ヌ） $\dfrac{1}{4\pi\varepsilon_0}\cdot\dfrac{-q}{2r(r-x)}$　（ル） $\sqrt{(r-x)^2+y^2}$　（ヲ） $\dfrac{1}{4\pi\varepsilon_0}\cdot\dfrac{q}{2r(r+x)}$

（ワ） $\dfrac{q}{4\pi\varepsilon_0}\cdot\dfrac{1}{2r}\sqrt{\dfrac{1}{(r+x)^2}-\dfrac{1}{(r-x)^2}}$　（カ） $\dfrac{\sqrt{2}q}{4\pi\varepsilon_0 r^2}$

（ヨ） $\dfrac{q}{4\pi\varepsilon_0}\cdot\dfrac{1}{2r}\sqrt{\dfrac{1}{(r+x)^2}+\dfrac{1}{(r-x)^2}}$

■2 H18 問1

次の文章は，平行平板コンデンサ（キャパシタ）に関する記述である．

図1のように，電極間に空気の部分と絶縁体が挿入されている部分をもつ平行平板コンデンサがある（図では断面を示している）．このコンデンサに挿入されている絶縁体は直方体で，その底面は面積 S の電極面と同じ寸法であり，その厚さは x である．また，真空の誘電率を ε_0，空気の比誘導率を 1，この絶縁体の比誘電率を ε_x とする（$\varepsilon_x>1$）．

いま，図1のコンデンサの電極に電荷 Q を与える．電極や絶縁体の端における電界の乱れはないものとするとき，電極間において電束密度は [(1)] となり，絶縁体部分の電界の強さは [(2)] となる．

このコンデンサの静電容量 C を絶縁物の厚さ x の関数として表せば，[(3)] となる．この関数をグラフに描くとその概略は図3の [(4)] のようになる．

さて，図1のコンデンサで，$\varepsilon_x=12$ および $x=d/4$ のときの静電容量を C_1 とする．次に，電極の配置と面積が図1の電極と同じであり，比誘電率が ε_r，厚さが $3d/4$，底面が電極面と同じ大きさの絶縁体を挿入してできる図2のコンデンサについて，その静電容量を C_1 と同じにするには，$\varepsilon_r=$ [(5)] の絶縁体を選べばよい．

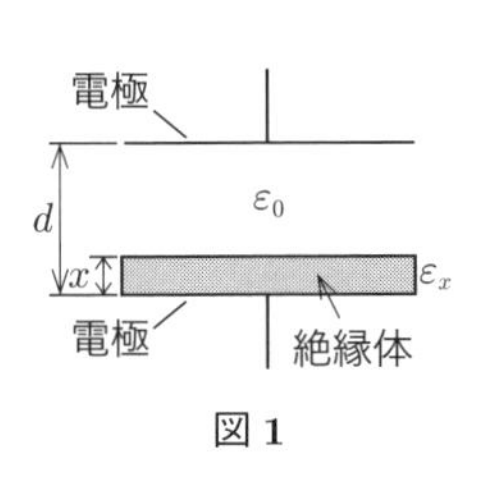

図1

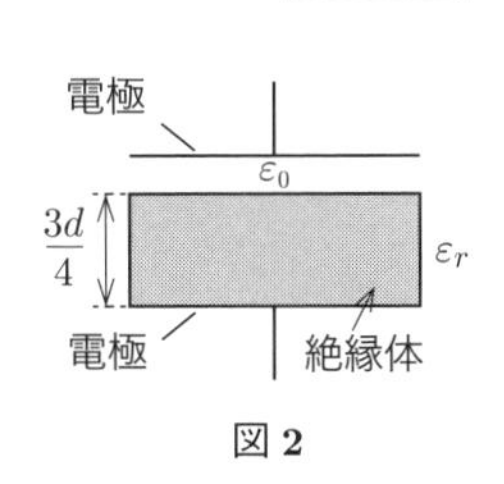

図2

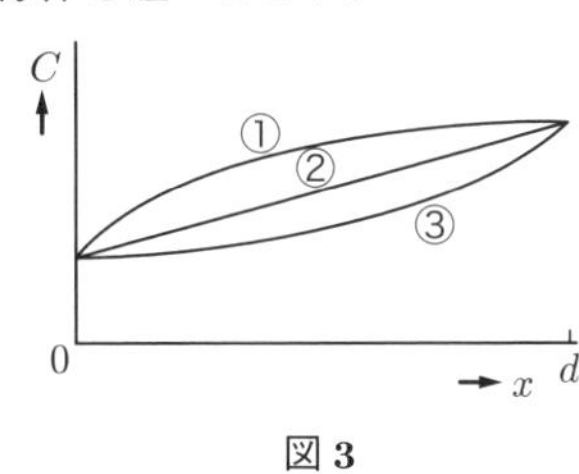

図3

【解答群】

（イ）$\dfrac{\varepsilon_0 S}{(1-\varepsilon_x)x+d\varepsilon_x}$　（ロ）$\dfrac{Q}{\varepsilon_0 S}$　（ハ）$\dfrac{\varepsilon_x S}{\varepsilon_0 Q}$　（ニ）$\dfrac{\varepsilon_x Q}{\varepsilon_0 S}$

（ホ）$\dfrac{\varepsilon_0\varepsilon_x S}{(1-\varepsilon_x)x+d\varepsilon_x}$　（ヘ）曲線①　（ト）1.44　（チ）$\dfrac{S}{Q}$

（リ）$\dfrac{(1-\varepsilon_x)x+d}{\varepsilon_x S}$　（ヌ）曲線③　（ル）$\dfrac{Q}{\varepsilon_0\varepsilon_x S}$　（ヲ）12

（ワ）1.2　（カ）直線②　（ヨ）$\dfrac{Q}{S}$

■3　H29 問1

次の文章は，誘電体境界面における電気力線の屈折に関する記述である．

図のように，誘電率の異なる誘電体1および2が平面を境界として接している．その誘電率はそれぞれ ε_1，ε_2 であり，境界面とその近傍の誘電体に真電荷は存在しない．この境界面に対し，誘電体1側から角度 θ_1 で斜めに入射した一様な電気力線はそこで屈折し，角度 θ_2 で誘電体2に入り込む．ただし，$0<\theta_1<90°$，$0<\theta_2<90°$ とする．

誘電体1および2の電束密度の大きさをそれぞれ D_1 および D_2 とし，電界の大きさをそれぞれ E_1 および E_2 とすると

$D_1=$ [(1)] E_1

$D_2=$ [(2)] E_2

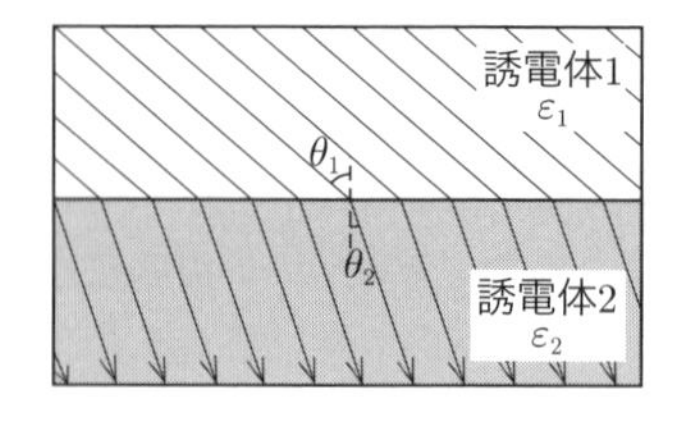

である．次に，真電荷が存在しないことを考慮すると，ガウスの法則により，境界面に対する電束密度の垂直成分は等しく

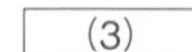

が成り立つ．さらに，境界面上の任意の点において誘電体 **1** および **2** の電位は同じであるため，電界の境界面に平行な成分は等しく

$$\boldsymbol{E_1 \sin\theta_1 = E_2 \sin\theta_2}$$

が成り立つ．これにより，$\boldsymbol{\theta_1}$，$\boldsymbol{\theta_2}$，$\boldsymbol{\varepsilon_1}$ および $\boldsymbol{\varepsilon_2}$ の関係式が

(4)

のように求められる．

$\boldsymbol{\theta_1 > \theta_2}$ のとき，$\boldsymbol{D_1}$ と $\boldsymbol{D_2}$ の大小関係，$\boldsymbol{E_1}$ と $\boldsymbol{E_2}$ の大小関係は，それぞれ (5) である．

【解答群】

（イ）$D_1 > D_2$, $E_1 < E_2$　（ロ）ε_2　（ハ）$D_1 \sin\theta_1 = D_2 \sin\theta_2$

（ニ）$\dfrac{\cos\theta_2}{\cos\theta_1} = \dfrac{\varepsilon_2}{\varepsilon_1}$　（ホ）$D_1 \tan\theta_1 = D_2 \tan\theta_2$　（ヘ）$\dfrac{\varepsilon_1 + \varepsilon_2}{2}$

（ト）ε_1　（チ）$\dfrac{\tan\theta_2}{\tan\theta_1} = \dfrac{\varepsilon_2}{\varepsilon_1}$　（リ）$\sqrt{\varepsilon_1 \varepsilon_2}$

（ヌ）$D_1 = D_2$, $E_1 < E_2$　（ル）$D_1 \tan\theta_2 = D_2 \tan\theta_1$　（ヲ）$D_1 < D_2$, $E_1 > E_2$

（ワ）$D_1 \cos\theta_1 = D_2 \cos\theta_2$　（カ）$\dfrac{\sin\theta_2}{\sin\theta_1} = \dfrac{\varepsilon_2}{\varepsilon_1}$　（ヨ）$D_1 = D_2$

■4　R3 問2

次の文章は，強磁性体の磁気特性に関する記述である．なお，ここでは，強磁性体に流れる渦電流は無視する．

強磁性体に一様な交番磁界を印加すると，強磁性体内の磁束密度 $\boldsymbol{B}$〔T〕は磁界 $\boldsymbol{H}$〔A/m〕に比例せず，定常状態において図に示すような (1) の軌跡を描く．これをヒステリシスループと呼ぶ．図中の $\boldsymbol{B_r}$〔T〕と $\boldsymbol{H_c}$〔A/m〕は，それぞれ (2) と保磁力と呼ばれる．強磁性体を永久磁石として用いる場合，(3) 材料が望ましい．

この特性により生じる損失をヒステリシス損と呼び，それは印加する交番磁界の (4) に比例する．ヒステリシスループで囲まれた部分の面積 $\boldsymbol{S}$〔J/m³〕は，交番磁界 **1** 周期における強磁性体内で消費される単位体積当たりのエネルギーを表す．ここで，体積 $\boldsymbol{1.5 \times 10^{-3}}$ m³ の強磁性体に **60**Hz の一様な交番磁界を与えたところ，$\boldsymbol{S = 5.0 \times 10^2}$ J/m³ であったとする．このときのヒステリシス損は (5)〔W〕である．

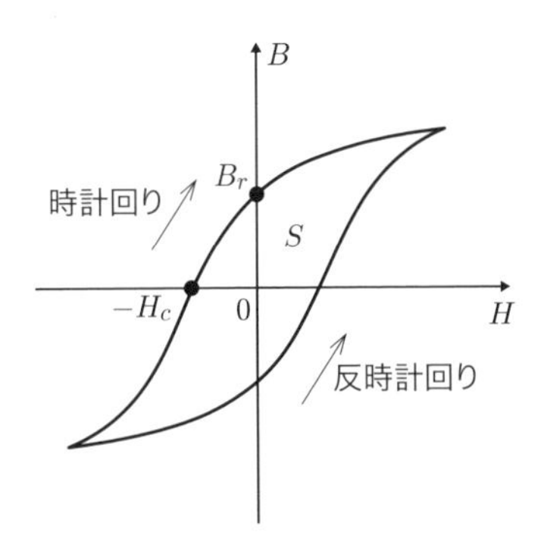

【解答群】
（イ）減磁力
（ロ）時計回り
（ハ）反時計回り
（ニ）B_r が大きく H_c が小さい
（ホ）90
（ヘ）周波数の二乗
（ト）最大磁束密度
（チ）周波数
（リ）6
（ヌ）B_r と H_c の両方が大きい
（ル）0.75
（ヲ）周波数の 1.6 乗
（ワ）B_r が小さく H_c が大きい
（カ）45
（ヨ）残留磁束密度

■5　H18 問 2

次の文章は，環状鉄心の巻線インダクタンスに関する記述である．

図 1 のように，空げきをもつ環状鉄心に 2 つの巻線が巻かれている．鉄心部は平均磁路長が l で透磁率が μ，空げき部は長さが d で透磁率が μ_0 であり，断面積は両方とも S である．端子 a-b 間には巻数 $2N$ の巻線（巻線 1），端子 b-c 間には巻数 N の巻線（巻線 2）が巻かれている．巻線抵抗，漏れ磁束，空げき部の磁束の乱れ（端効果）は無視する．

自己インダクタンスは，巻線の磁束鎖交数（巻数と鎖交磁束の積）を巻線電流で除した量として求められる．したがって，端子 a-c 間の自己インダクタンスは [(1)] であり，巻線 2 の自己インダクタンスは [(2)] である．また，巻線 1 と巻線 2 の間の相互インダクタンス M は [(3)] である．

巻線 1 に外部の交流電源から図 1 に示すような方向に正弦波電流 $i=I_m\sin(\omega t+\alpha)$ を流すと，端子 b-c 間に誘起される定常の電圧（端子 c を基準とした端子 b の電圧）は，相互インダクタンス M を含む式で表すと $v_{bc}=$ [(4)] である．ここで，I_m は電流の最大値，ω は角周波数，t は時間，α は初期位相角である．

次に，巻線 1 に電流 i として，ある波形の交流電流を図 1 のように流したところ，端子 b-c 間に，周期 T，最大値 V，最小値 $-V$ となる図 2 のような方形波電圧が現れた．この場合の電流 i の最大値と最小値の差は，相互インダクタンス M を含む式で表すと [(5)] となる．

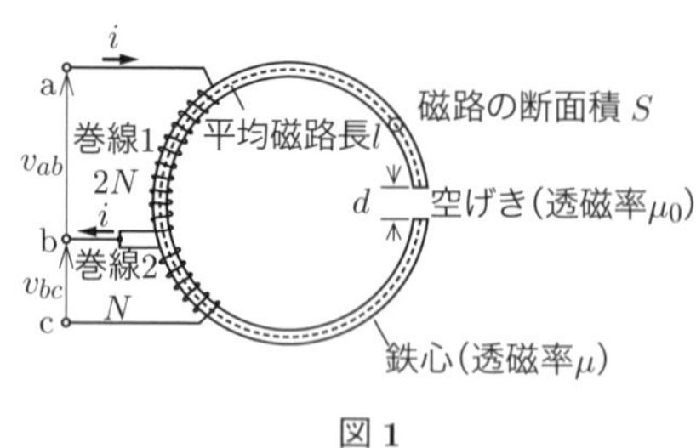

図 1

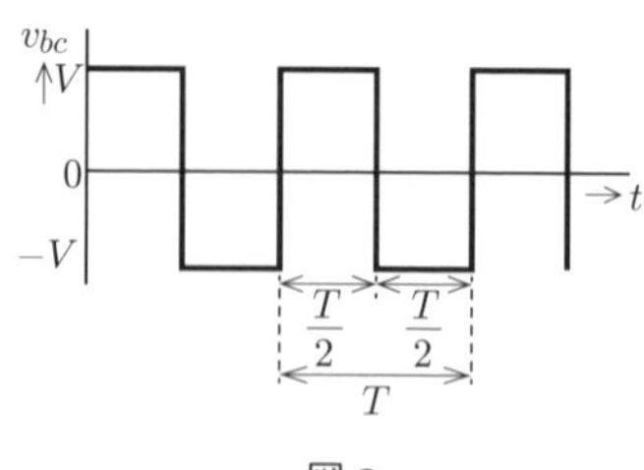

図 2

【解答群】

（イ）$\omega M I_m \sin(\omega t+\alpha)$　（ロ）$\dfrac{VT}{2M}$　（ハ）$\dfrac{4N^2S}{\dfrac{l}{\mu}+\dfrac{d}{\mu_0}}$

（ニ）$\dfrac{0.5N^2\ \mathrm{S}}{\dfrac{l}{\mu}+\dfrac{d}{\mu_0}}$　（ホ）$\dfrac{9N^2S}{\dfrac{l}{\mu}+\dfrac{d}{\mu_0}}$　（ヘ）$\dfrac{VT}{M}$

（ト）$\dfrac{\sqrt{2}N^2S}{\dfrac{l}{\mu}+\dfrac{d}{\mu_0}}$　（チ）$\dfrac{N^2S}{\dfrac{l}{\mu}+\dfrac{d}{\mu_0}}$　（リ）$-\omega M I_m \cos(\omega t+\alpha)$

（ヌ）$\dfrac{16N^2S}{\dfrac{l}{\mu}+\dfrac{d}{\mu_0}}$　（ル）$\dfrac{VT^2}{2M}$　（ヲ）$\dfrac{2N^2S}{\dfrac{l}{\mu}+\dfrac{d}{\mu_0}}$

（ワ）$\dfrac{4NS}{\dfrac{l}{\mu}+\dfrac{d}{\mu_0}}$　（カ）$\omega M I_m \cos(\omega t+\alpha)$　（ヨ）$\dfrac{\mu_0 N^2S}{\dfrac{l}{\mu}+\dfrac{d}{\mu_0}}$

■6　H27　問5

次の文章は，変圧器に関する記述である．

図に示すような単相変圧器がある．ここで，鉄心の比透磁率を μ_r，磁路長を l，断面積を S とし，巻数が n_1 の巻線 1 と巻数が n_2 の巻線 2 が巻かれている．また，真空の透磁率を μ_0 とし，磁束の漏れは無視できるものとする．

巻線 1 に周波数 f の交流電流 i を流したとき，鉄心の磁気回路を考えることで，鉄心中の磁束 Φ は $\Phi=$ [(1)] と表される．

鉄心中の磁束 Φ を用いると，巻線 2 に発生する起電力 U は $U=$ [(2)] と表される．

例えば，交流電流の周波数を 50Hz，実効値を 1A とすると，交流電流 i は三角関数を用いて $i=$ [(3)] $\sin($ [(4)] $t)$〔A〕と表すことができるため，$\Phi=$ [(1)] と $U=$ [(2)] の関係を用いて，巻線 2 の両端に発生する電圧を求めることができる．

例えば，$n_1=100$，$n_2=20$，$\mu_0=4\pi\times10^{-7}$ H/m，$\mu_r=1\,000$，$S=3.0\times10^{-3}$ m^2，$l=0.5$ m とすると，巻線 2 の両端には実効値で［ (5) ］〔V〕の電圧が発生することになる．

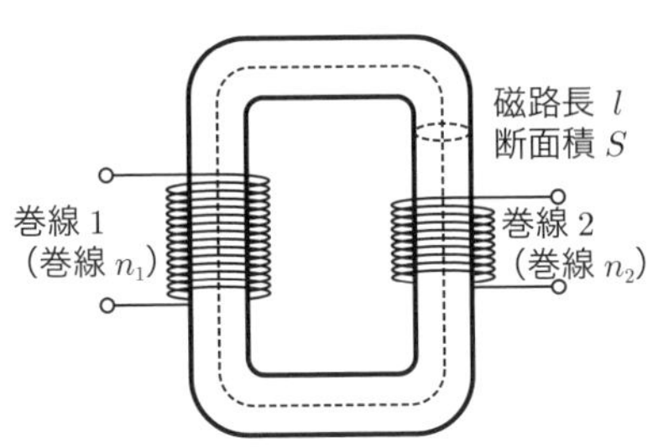

【解答群】

（イ）$-n_2\dfrac{d^2\Phi}{dt^2}$　（ロ）$\dfrac{n_1 i\mu_0\mu_r S}{2\pi l}$　（ハ）$\dfrac{n_1 i\mu_0\mu_r S}{l}$　（ニ）$\sqrt{2}$

（ホ）4.73　（ヘ）2　（ト）3.46　（チ）$-n_2\Phi^2$

（リ）100π　（ヌ）50　（ル）$\dfrac{n_1 i\mu_0\mu_r S}{2\pi l^2}$　（ヲ）2.82

（ワ）$-n_2\dfrac{d\Phi}{dt}$　（カ）$\sqrt{3}$　（ヨ）50π

■7　H23 問 2

次の文章は，三相リアクトルに関する記述である．

図 1 のように，継鉄（横方向）部分の透磁率が無限大，脚（縦方向）部分の透磁率が μ，長さが l，断面積が S である三相変圧器用三脚鉄心に，U，V，W の三相巻線が施されている．巻数はすべて N 回である．U 相巻線のみに電流 I を流したとき，U，V，W 相鉄心に生じる磁界の強さをそれぞれ H_1，H_2，H_3 とする．継鉄部分の磁界の強さは［ (1) ］と見なせる．U 相巻線と鎖交する磁束は 2 分され，それぞれが V，W 相巻線と逆方向に鎖交して戻ると考えられるので，$H_2=H_3$ である．したがって，図 1 の破線で示した積分路について，アンペールの周回積分の法則を適用すると

［ (2) ］……………………………… ①

が与えられる．U 相鉄心に生じる磁束密度を B_1，V，W 相鉄心に生じる磁束密度を B_2 とすると

$$B_1=\mu H_1$$
$$B_2=\mu H_2$$
$$B_1=2B_2$$

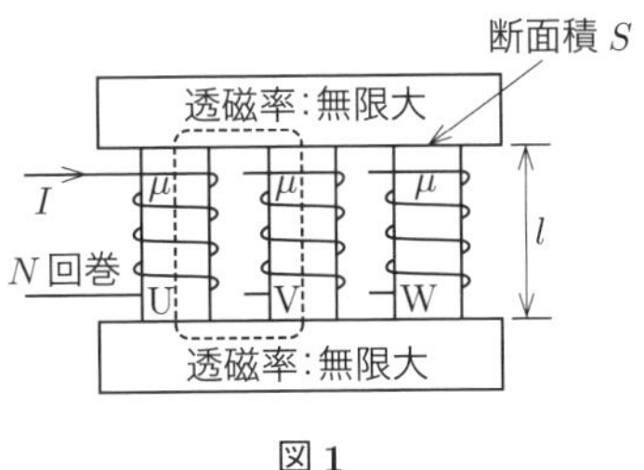

図 1

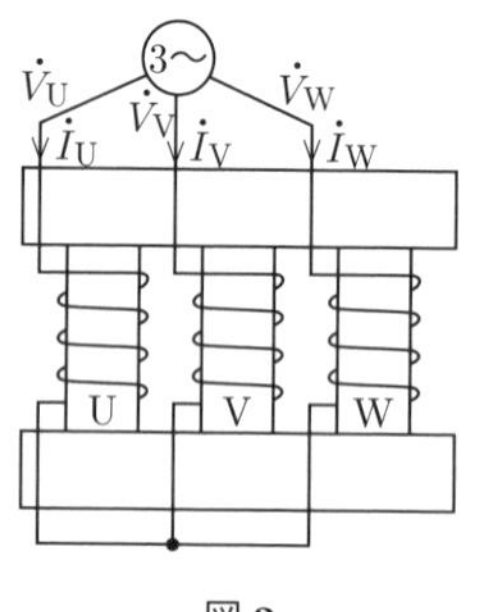

図 2

の関係が成り立つ．これらの関係から式①を $\boldsymbol{B_1}$ について解くと

$$\boldsymbol{B_1} = \boxed{\quad(3)\quad}$$

が得られる．U 相鉄心の磁束は $\phi_1 = \boldsymbol{B_1 S}$，U 相巻線との総鎖交磁束は $\boldsymbol{\Phi_1} = \boldsymbol{N}\phi_1$ であるから，この巻線の自己インダクタンス $\boldsymbol{L}$ は

$$\boldsymbol{L} = \boxed{\quad(4)\quad}$$

である．

また，同様に 2 巻線間の相互インダクタンス $\boldsymbol{M}$ は

$$\boldsymbol{M} = \frac{\boldsymbol{1}}{\boldsymbol{2}}\boldsymbol{L} \cdots\cdots ②$$

である．

図 2 のように，このリアクトルを Y 結線とし，対称三相交流電源に接続した場合，各相の電圧をそれぞれ $\dot{\boldsymbol{V}}_{\mathrm{U}}$，$\dot{\boldsymbol{V}}_{\mathrm{V}}$，$\dot{\boldsymbol{V}}_{\mathrm{W}}$，各相の電流をそれぞれ $\dot{\boldsymbol{I}}_{\mathrm{U}}$，$\dot{\boldsymbol{I}}_{\mathrm{V}}$，$\dot{\boldsymbol{I}}_{\mathrm{W}}$ とすると

$$\begin{bmatrix} \dot{\boldsymbol{V}}_{\mathrm{U}} \\ \dot{\boldsymbol{V}}_{\mathrm{V}} \\ \dot{\boldsymbol{V}}_{\mathrm{W}} \end{bmatrix} = j\omega \begin{bmatrix} \boldsymbol{L} & \boldsymbol{M} & \boldsymbol{M} \\ \boldsymbol{M} & \boldsymbol{L} & \boldsymbol{M} \\ \boldsymbol{M} & \boldsymbol{M} & \boldsymbol{L} \end{bmatrix} \begin{bmatrix} \dot{\boldsymbol{I}}_{\mathrm{U}} \\ \dot{\boldsymbol{I}}_{\mathrm{V}} \\ \dot{\boldsymbol{I}}_{\mathrm{W}} \end{bmatrix}$$

の関係が成り立つ．ただし，巻線の抵抗は無視できるものとする．$\dot{\boldsymbol{V}}_{\mathrm{U}}$ についての関係式は

$$\dot{\boldsymbol{V}}_{\mathrm{U}} = j\omega(\boldsymbol{L}\dot{\boldsymbol{I}}_{\mathrm{U}} + \boldsymbol{M}\dot{\boldsymbol{I}}_{\mathrm{V}} + \boldsymbol{M}\dot{\boldsymbol{I}}_{\mathrm{W}})$$

であり，式②より

$$\dot{\boldsymbol{V}}_{\mathrm{U}} = j\omega\boldsymbol{L}\left(\dot{\boldsymbol{I}}_{\mathrm{U}} + \frac{\boldsymbol{1}}{\boldsymbol{2}}\dot{\boldsymbol{I}}_{\mathrm{V}} + \frac{\boldsymbol{1}}{\boldsymbol{2}}\dot{\boldsymbol{I}}_{\mathrm{W}}\right)$$

と変形できる．相間の位相差が $\dfrac{\boldsymbol{2\pi}}{\boldsymbol{3}}$ であることに注意してベクトル合成すると

$$\dot{\boldsymbol{V}}_{\mathrm{U}} = \boxed{\quad(4)\quad}\, j\omega\boldsymbol{L}\,\dot{\boldsymbol{I}}_{\mathrm{U}}$$

となる．

【解答群】

(イ) $H_1 l + H_2 l = N^2 I$　(ロ) $\dfrac{3\mu NI}{2l}$　(ハ) $\dfrac{2\mu NS}{3l}$　(ニ) H_1

(ホ) $\dfrac{2\mu N^2 S}{3l}$　(ヘ) ∞　(ト) $\dfrac{1}{\sqrt{3}}$　(チ) $H_1 l + H_2 l = NI$

(リ) $\dfrac{\mu N^2 S}{l}$　(ヌ) $\dfrac{2\mu NI}{3l}$　(ル) $\dfrac{1}{\sqrt{2}}$　(ヲ) 0

(ワ) $\dfrac{\mu NI}{l}$　(カ) $\dfrac{1}{2}$　(ヨ) $H_1 l = NI$

■8　H19　問1

次の文章は相互インダクタンスに関する記述である．

図のように，空げきをもつ環状鉄心に，巻数 N_1 の巻線1および巻数 N_2 の巻線2が巻かれている．鉄心部は，磁路長 l，透磁率 μ の鉄心からなっている．また，空げき部の長さは d で，その透磁率は μ_0 である．磁路の断面積はいずれの部分も S である．磁路において磁束は一様に分布し，飽和，ヒステリシス，渦電流，漏れ磁束，空げき部の端効果はないものとする．巻線1は，電圧が E の直流電源にスイッチSWを経て図のように接続されている．抵抗 R は巻線1の抵抗である．

鉄心部および空げき部からなる磁路は巻線1および巻線2に共通に鎖交する磁束（相互磁束）を通す磁路であるが，その磁気抵抗は［ (1) ］である．巻線2の自己インダクタンスおよび両巻線間の相互インダクタンスは，巻線1のインダクタンスのそれぞれ［ (2) ］倍となる．

いま，時刻 $t=0$ でスイッチSWを投入したとする．両巻線間の相互インダクタンスを巻線2に生じる電圧から求めてみよう．まず，巻線1に流れる電流 i_1 により巻線2に発生する電圧 v_2（端子Dを基準とした端子Cの電位）は，両巻線間の相互インダクタンスを M とするとき，$v_2=$［ (3) ］となる．この電圧 v_2 を時間について $t=0$ から無限大まで積分すると

$$\int_0^{\infty} v_2 dt = \int_0^{\boxed{(4)}} M di_1$$

となる．ここで，右辺の積分の上限は電流 i_1 の最終値であり，［ (4) ］である．この式より，相互インダクタンス M は

$$M = \boxed{(5)} \times \int_0^{\infty} v_2 dt$$

と求められる．

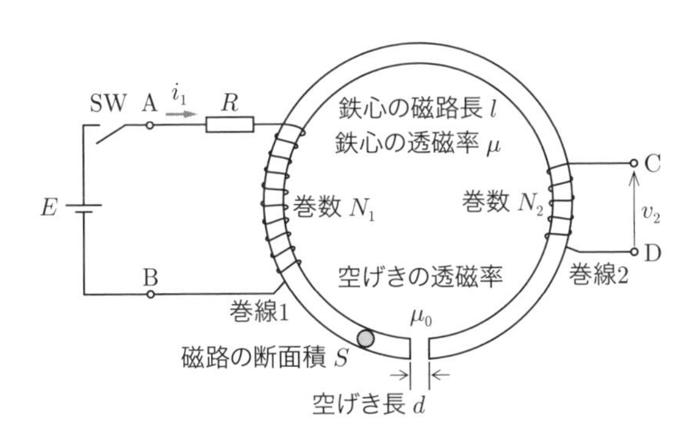

【解答群】

（イ） $M\dfrac{di_1}{dt}$　（ロ） $\dfrac{S}{\mu l}+\dfrac{S}{\mu_0 d}$　（ハ） N_2 および ${N_2}^2$

（ニ） $\dfrac{M}{R}$　（ホ） $\left(\dfrac{N_2}{N_1}\right)^2$ および $\dfrac{N_2}{N_1}$　（ヘ） 1

（ト） $\dfrac{M}{R}\dfrac{di_1}{dt}$　（チ） $\dfrac{l}{\mu S}+\dfrac{d}{\mu_0 S}$　（リ） $\dfrac{E}{R}$

（ヌ） RE　（ル） $\dfrac{\mu S}{l}+\dfrac{\mu_0 S}{d}$　（ヲ） 0

（ワ） $\left(\dfrac{N_1}{N_2}\right)^2$ および $\dfrac{N_1}{N_2}$　（カ） $\dfrac{R}{E}$　（ヨ） $\dfrac{ME}{R}\dfrac{di_1}{dt}$

2章

電気回路

学習のポイント

本分野では，過渡現象の計算問題が最頻出である．交流の位相調整・最大・最小に関する計算がよく出題されるうえに，相互インダクタンス回路，三相不平衡回路も出題され，これらが電験３種と異なる．この他，定電圧源・定電流源の等価変換，テブナンの定理，ミルマンの定理，重ね合わせの定理，交流ブリッジもよく出題されるが，３種よりもレベルは高い．過渡現象は，微分方程式による解法，ラプラス変換による解法，特性方程式による解法いずれも使えるように学習するとともに，自らの手で計算して勉強する．

2-1 直流回路と各種の定理・法則

攻略のポイント 電験３種ではキルヒホッフの法則，テブナンの定理の簡単な適用，Δ-Y変換，直流ブリッジ等が出題される．電験２種でも頻出分野であり，定電圧源・定電流源の等価変換，テブナンの定理，ミルマンの定理，重ね合わせの定理，交流ブリッジ等の少し高度な問題が出題される．

1 定電圧源と定電流源

図2･1（a）に示すように，電池など現実の電源は，理想的な一定電圧 E〔V〕を発生する**定電圧源**と**内部抵抗** R_i〔Ω〕が直列に接続された回路で表現することができる．このため，定電圧源は，内部抵抗が0の電源として考えればよい．

また，図2･1（b）に示すように，現実の電源は，理想的な一定電流 J〔A〕を発生する**定電流源**と，これと並列に接続し内部の分流を表す**内部コンダクタンス** G_i〔S〕で表現することもできる．このため，定電流源は，内部コンダクタンスが0，すなわち内部抵抗が無限大の電源として考えればよい．

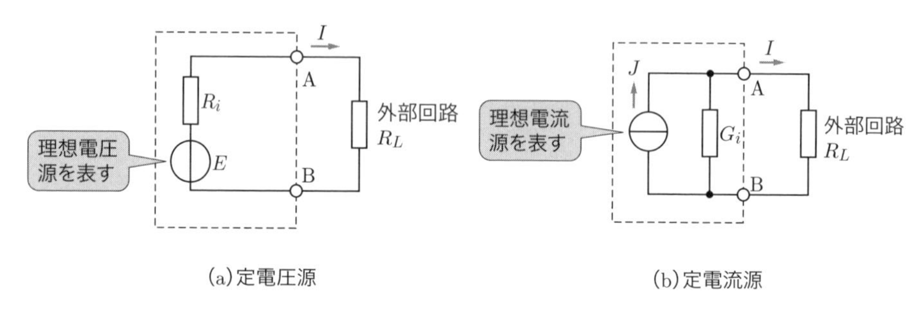

図2・1 定電圧源と定電流源

図2･1（a）の定電圧源と図2･1（b）の定電流源は相互に変換することができる．図2･1（a）と図2･1（b）が等価であるためには，それぞれのA–B端子を開放した場合に同じ電圧となり，一方，A–B端子を短絡した場合に同じ電流が流れなければならない．このことから

$$\boldsymbol{E}=\frac{\boldsymbol{J}}{\boldsymbol{G_i}} \tag{2・1}$$

POINT 図2・1（a）（b）でA–B端子開放

$$\boldsymbol{J}=\frac{\boldsymbol{E}}{\boldsymbol{R_i}} \tag{2・2}$$

POINT 図2・1（a）（b）でA–B端子短絡

さらに，式（2·1）から $J=G_iE$ と変形して式（2·2）に代入すれば $G_iE=E/R_i$ となる．したがって

$$G_i=\frac{1}{R_i}\ 〔\mathrm{S}〕 \qquad (2\cdot 3)$$

POINT 等価変換するときコンダクタンス表示か抵抗表示かは注意

が成り立つ．

2 抵抗の直列接続と並列接続

(1) 抵抗の直列接続

図2·2のように，抵抗 R_1，R_2，…，R_n が直列に接続される場合の合成抵抗 R_0 は次式となる．

$$R_0=R_1+R_2+\cdots+R_n=\sum_{i=1}^{n}R_i\ 〔\Omega〕 \qquad (2\cdot 4)$$

直列回路における電流は $I=\dfrac{V}{R_0}=\dfrac{V}{\sum_{i=1}^{n}R_i}$ であるから，抵抗 R_i の両端にかかる分担電圧 V_i は

$$V_i=R_iI=\frac{R_i}{\sum_{i=1}^{n}R_i}V\ 〔\mathrm{V}〕 \qquad (2\cdot 5)$$

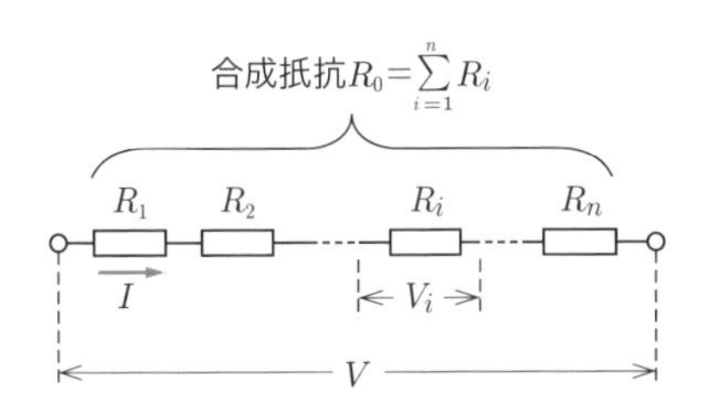

図2・2 抵抗の直列接続

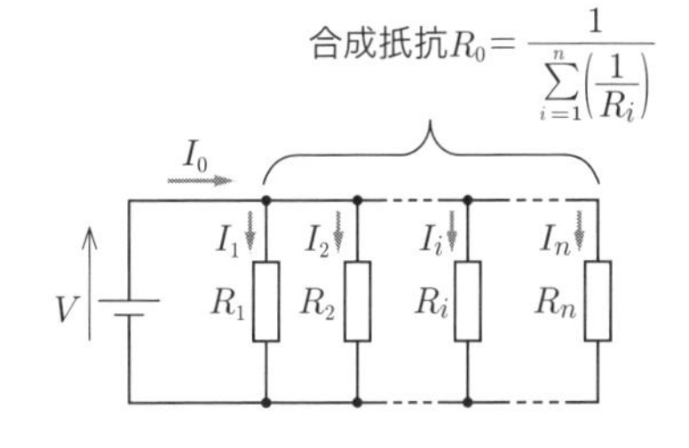

図2・3 抵抗の並列接続

(2) 抵抗の並列接続

図2·3のように，抵抗 R_1，R_2，…，R_n が並列に接続される場合の合成抵抗 R_0 は次式となる．

$$R_0=\frac{1}{\dfrac{1}{R_1}+\dfrac{1}{R_2}+\cdots+\dfrac{1}{R_n}}=\frac{1}{\sum_{i=1}^{n}\left(\dfrac{1}{R_i}\right)}\ 〔\Omega〕 \qquad (2\cdot 6)$$

また，合成コンダクタンス G_0 は

$$\boldsymbol{G_0}=\sum_{i=1}^{n}\boldsymbol{G_i}=\sum_{i=1}^{n}\frac{\boldsymbol{1}}{\boldsymbol{R_i}}\ \text{〔S〕} \qquad (2\cdot7)$$

さらに，抵抗 R_i に流れる電流 I_i は

$$\boldsymbol{I_i}=\frac{\boldsymbol{V}}{\boldsymbol{R_i}}=\frac{\dfrac{\boldsymbol{1}}{\boldsymbol{R_i}}}{\displaystyle\sum_{i=1}^{n}\left(\frac{\boldsymbol{1}}{\boldsymbol{R_i}}\right)}\boldsymbol{I_0}=\frac{\boldsymbol{G_i}}{\displaystyle\sum_{i=1}^{n}\boldsymbol{G_i}}\boldsymbol{I_0}\ \text{〔A〕} \qquad (2\cdot8)$$

3 キルヒホッフの法則

（1）キルヒホッフの第 1 法則

「回路網の任意の接続点（節点またはノード）に流入する電流の代数和は 0 である．入る電流を正とすれば，出る電流は負として和をとる」

$$\sum_{i}\boldsymbol{I_i}=\boldsymbol{0} \qquad (2\cdot9)$$

つまり，接続点においては電荷の発生や蓄積がないから，出入りする電流は差し引き 0 とならなければならない．

（2）キルヒホッフの第 2 法則

「回路網の中の任意の一つの閉回路において，その閉回路を一巡するとき，抵抗の電圧降下の代数和と起電力の代数和とは等しい」

$$\sum_{j}\boldsymbol{E_j}=\sum_{j}\boldsymbol{I_j}\boldsymbol{R_j} \qquad (2\cdot10)$$

この法則を適用するときは，図 2･4 のように一巡する方向を定め，その向きと反対方向の電圧降下や起電力は負としなければならない．

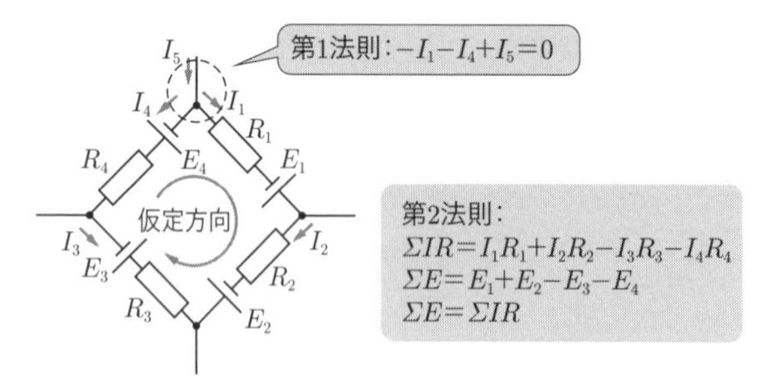

図 2・4　キルヒホッフの法則の適用例

(3) 直接法

各枝路の電流分布を仮定して，各節点ごとに第1法則を，各閉路ごとに第2法則を適用する方法である．図2·5において，点bで第1法則を適用する．

$$I_1+I_2-I_3=0 \qquad (2\cdot 11)$$

また，AとBの2つの閉回路について第2法則を適用する．

$$I_1R_1+I_3R_3=E_1 \qquad (2\cdot 12)$$

$$I_2R_2+I_3R_3=E_2 \qquad (2\cdot 13)$$

式（2·11）～式（2·13）の三元一次連立方程式を解けばよいが，式（2·11）を変形した $I_3=I_1+I_2$ を式（2·12）と式（2·13）へ代入すれば，未知数が一つ減り

$$I_1(R_1+R_3)+I_2R_3=E_1 \qquad (2\cdot 14)$$

$$I_1R_3+I_2(R_2+R_3)=E_2 \qquad (2\cdot 15)$$

の二元一次方程式を解けばよい．

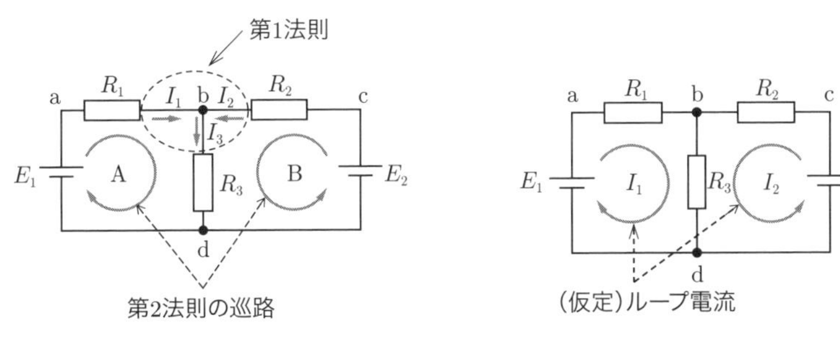

図2・5 直接法　　図2・6 ループ法

(4) 閉路電流法（閉路方程式）

閉回路ごとにループ電流を仮定し，キルヒホッフの第2法則を適用する．第1法則は自動的に満足されている．ループ電流が求まれば，各枝路の電流はループ電流の重畳により求まる．**閉路方程式は次のように係数を作れば，回路を見て直ちに作成できる**．例えば，図2·6において I_1 の閉路について作った式（2·16）は次のとおり作成する．

I_1 の係数：I_1 の閉路に含まれる全抵抗

I_2 の係数：I_1 の閉路と I_2 の閉路に共通に含まれる抵抗．その抵抗を2つの閉路が同じ向きに通れば+，逆の向きに通れば−の符号とする．

右辺：I_1 の閉路に含まれ，I_1 の方向に電流を流そうとする電源の電圧

一方，I_2 の閉路について作る式（2·17）も同様である．

$$(R_1+R_3)I_1+R_3I_2=E_1 \tag{2・16}$$

$$R_3I_1+(R_2+R_3)I_2=E_2 \tag{2・17}$$

すなわち，直接法の最終の式（2·14）と式（2·15）が直ちに作成される．また，上記の式は，行列を用いて表現すると，下記のとおりとなる．

$$\begin{pmatrix} R_1+R_3 & R_3 \\ R_3 & R_2+R_3 \end{pmatrix}\begin{pmatrix} I_1 \\ I_2 \end{pmatrix}=\begin{pmatrix} E_1 \\ E_2 \end{pmatrix} \tag{2・18}$$

（5）節点電圧法（節点方程式）

節点の電圧を未知数とし，節点におけるキルヒホッフの第１法則を適用する．電圧源を含んでいる場合は，電圧源を電流源に等価変換して適用すればよい．

まず，回路の節点（ノード）数を n とするとき，基準点以外の（$n-1$）個の節点に順に番号をつける．節点方程式は，Yをアドミタンス行列，$\dot{V}$ を電圧ベクトル，$\dot{I}$ を電流源ベクトルとすれば

$$\boldsymbol{Y}\dot{\boldsymbol{V}}=\dot{\boldsymbol{I}} \tag{2・19}$$

で表現できる．このアドミタンス行列の対角成分（第（k，k）成分）は，k 番目の節点に接続しているコンダクタンスの和である．非対角成分（第（k，l）成分）は k 番目の節点と l 番目の節点の間に接続しているコンダクタンスの和に負の符号をつけたものになる．一方，右辺の電流源ベクトルは各節点における流入電流（符号は流入なら＋，流出なら－）とする．

図 2·7 の例で，節点方程式は

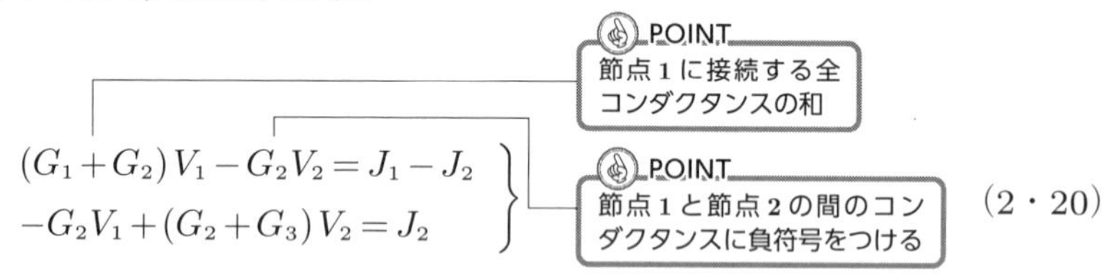

$$\left.\begin{aligned}(G_1+G_2)V_1-G_2V_2&=J_1-J_2\\ -G_2V_1+(G_2+G_3)V_2&=J_2\end{aligned}\right\} \tag{2・20}$$

となる．**節点方程式も回路を見れば直接的に方程式を立てることができる．**

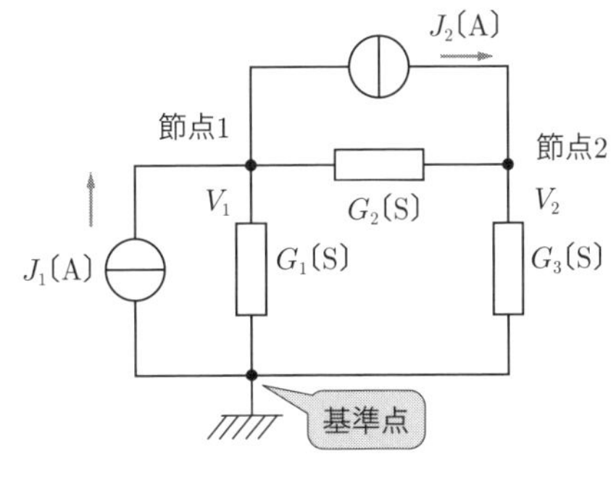

図2・7 節点電圧法

4 ミルマンの定理

図2･8（a）の回路は，前述のキルヒホッフの法則でも解くことができるが，次のように考えると，さらに容易に解くことができる．

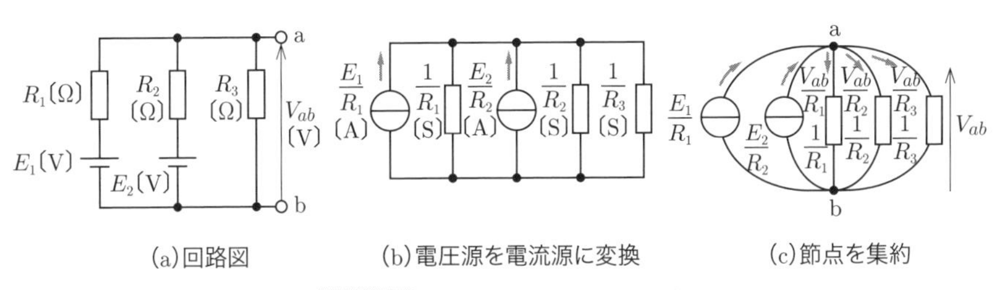

図2・8 ミルマンの定理の考え方

図2･8（a）の回路において，定電圧源を定電流源に変換すると，図2･8（b）のようになり，節点を集約すれば図2･8（c）となる．ここで，点aについてキルヒホッフの第1法則を適用すれば

$$\frac{E_1}{R_1}+\frac{E_2}{R_2}-\frac{V_{ab}}{R_1}-\frac{V_{ab}}{R_2}-\frac{V_{ab}}{R_3}=0 \qquad (2\cdot 21)$$

となる．これを R_3 にも電源 $E_3=0$ が接続しているものとして変形すれば

$$V_{ab}=\frac{\dfrac{E_1}{R_1}+\dfrac{E_2}{R_2}+\dfrac{E_3}{R_3}}{\dfrac{1}{R_1}+\dfrac{1}{R_2}+\dfrac{1}{R_3}}=\frac{G_1E_1+G_2E_2+G_3E_3}{G_1+G_2+G_3} \qquad (2\cdot 22)$$

となる．一般に，電源が並列された回路の端子電圧 V は

$$\boldsymbol{V}=\frac{\sum\frac{\boldsymbol{E}_i}{\boldsymbol{R}_i}}{\sum\frac{\boldsymbol{1}}{\boldsymbol{R}_i}}=\frac{\sum\boldsymbol{G}_i\boldsymbol{E}_i}{\sum\boldsymbol{G}_i}\text{〔V〕}\quad\left(\text{ただし，}G_i=\frac{1}{R_i}\right)\qquad(2\cdot 23)$$

で表される．これを**ミルマンの定理**という．

5 重ね合わせの定理

多数の起電力を含む回路の電流分布は，各起電力がそれぞれ単独で存在する場合（他の電圧源は短絡，電流源は開放）の電流分布の総和に等しい．これを**重ね合わせの定理**という．例えば，図 2･9 において，I_3 は，E_1 と E_2 が単独に存在する場合の I_3' と I_3'' の合計になる．

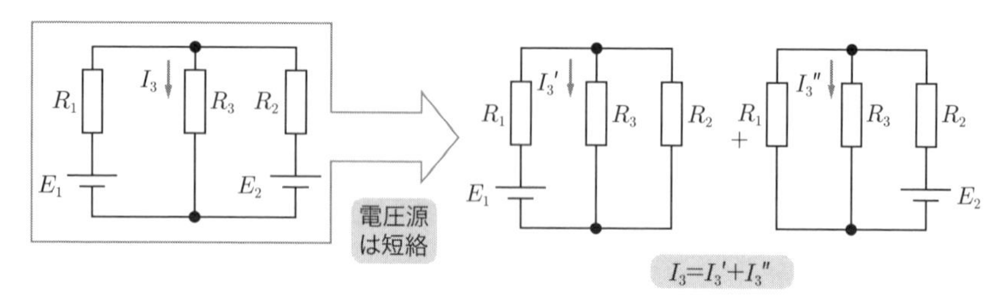

図 2・9 重ね合わせの定理

6 テブナンの定理とノートンの定理

テブナンの定理は，多数の起電力を含む回路網の中の 1 つの枝路の抵抗に流れる電流を求めるとき，回路網の他の部分を 1 つの等価電源とみなして計算する考え方である．すなわち，図 2･10 に示すように，「**回路網の中の任意の 2 端子 a，b に現れる電圧を E とし，回路網の中の電圧源をすべて短絡（ただし，電流源は開放）したときの端子 a，b から見た回路網内部の合成抵抗を R_0 とすれば，端子 a，b に抵抗 R を接続したとき，R に流れる電流 I は**

$$\boldsymbol{I}=\frac{\boldsymbol{E}}{\boldsymbol{R_0}+\boldsymbol{R}}\text{〔A〕}\qquad(2\cdot 24)$$

である」．つまり，テブナンの定理は，回路網を等価定電圧源 E と内部抵抗 R_0 で置き換えたことに相当する．テブナンの定理を用いて，図 2･11 (a) の回路で R_5

を流れる電流 I_5 を計算する．

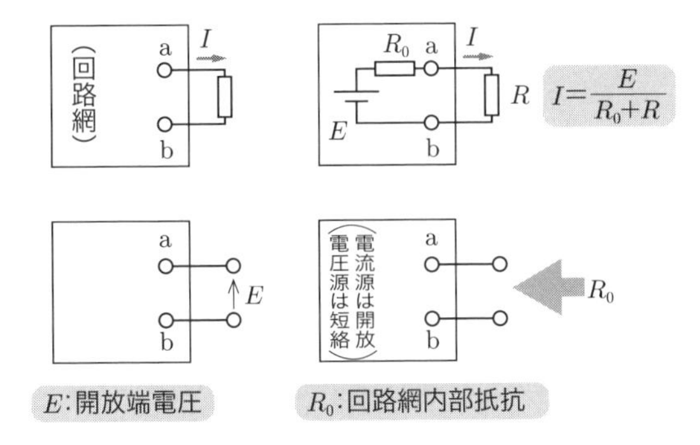

図2・10 テブナンの定理

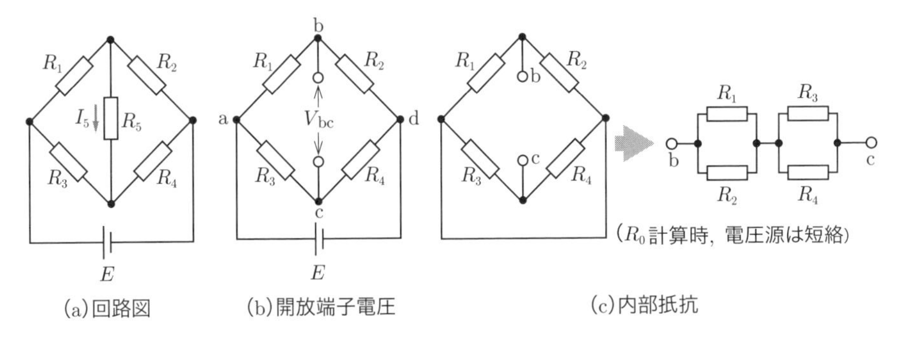

図2・11 テブナンの定理の適用例

まず，R_5 を外したときの b，c 端子の開放端子電圧 V_{bc} と，その内部抵抗 R_0 を求める．図 2･11（b）で開放端子電圧 $V_{\mathrm{bc}}=V_{\mathrm{b}}-V_{\mathrm{c}}$ であり，V_{b}，V_{c} は直列抵抗の分担電圧であるから，$V_{\mathrm{b}}=\dfrac{R_2}{R_1+R_2}E$，$V_{\mathrm{c}}=\dfrac{R_4}{R_3+R_4}E$ として

$$V_{\mathrm{bc}}=V_{\mathrm{b}}-V_{\mathrm{c}}=\left(\frac{R_2}{R_1+R_2}-\frac{R_4}{R_3+R_4}\right)E=\frac{R_2R_3-R_1R_4}{(R_1+R_2)(R_3+R_4)}E \quad (2\cdot25)$$

一方，内部抵抗 R_0 は図 2･11（c）から電圧源を短絡して端子 b，c から見れば

$$R_0=\frac{R_1R_2}{R_1+R_2}+\frac{R_3R_4}{R_3+R_4}=\frac{R_1R_2(R_3+R_4)+R_3R_4(R_1+R_2)}{(R_1+R_2)(R_3+R_4)} \quad (2\cdot26)$$

したがって，テブナンの定理から，R_5 に流れる電流は

$$I_5=\frac{V_{\mathrm{bc}}}{R_0+R_5}$$

POINT
分子の$\boldsymbol{R_2R_3-R_1R_4=0}$とすればブリッジの平衡条件

$$=\frac{R_2R_3-R_1R_4}{R_1R_2(R_3+R_4)+R_3R_4(R_1+R_2)+R_5(R_1+R_2)(R_3+R_4)}E \quad (2\cdot27)$$

となる．

定電圧源の代わりに定電流源で置き換えることも可能であり，そのときは**ノートンの定理**と呼ばれる（図2·12）．すなわち，「**回路網の中の2端子a, bを短絡したとき流れる電流を$\boldsymbol{I_0}$，端子a, bから回路網内部を見た合成コンダクタンスを$\boldsymbol{G_0}$（電圧源は短絡，電流源は開放）とすれば，端子a, bにコンダクタンス$\boldsymbol{G}$を接続したときの端子a, bの電圧$\boldsymbol{V}$は**

$$\boldsymbol{V}=\frac{\boldsymbol{I_0}}{\boldsymbol{G_0}+\boldsymbol{G}}\ \text{〔V〕} \quad (2\cdot28)$$

POINT
複数の電源を含む電気回路を，一つの電流源と一つの内部コンダクタンスで表現

である」．

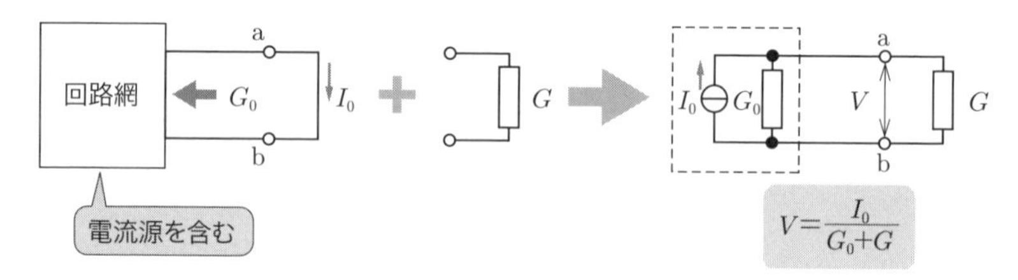

図2・12　ノートンの定理

7　Δ-Y変換

図2·13のように，Δ形またはY形に接続された抵抗は，これを等価なY形またはΔ形に変換することによって，計算の簡略化が可能となる．

図2・13　Δ-Y変換

Δ回路と等価なY回路とは，端子a–b間，b–c間，c–a間のいずれから見ても両者の抵抗が同じである条件から求まる．まず，ΔからYへの変換は

$$
\left.
\begin{aligned}
\boldsymbol{R_a}&=\frac{R_{\mathrm{Y}ab}+R_{\mathrm{Y}ca}-R_{\mathrm{Y}bc}}{2}=\frac{R_{\Delta ab}+R_{\Delta ca}-R_{\Delta bc}}{2}=\frac{\boldsymbol{R_{ab}R_{ca}}}{\boldsymbol{R_{ab}+R_{bc}+R_{ca}}}\\
\boldsymbol{R_b}&=\frac{\boldsymbol{R_{bc}R_{ab}}}{\boldsymbol{R_{ab}+R_{bc}+R_{ca}}}\\
\boldsymbol{R_c}&=\frac{\boldsymbol{R_{ca}R_{bc}}}{\boldsymbol{R_{ab}+R_{bc}+R_{ca}}}
\end{aligned}
\right\}\qquad(2\cdot29)
$$

POINT
"和分のはさみ積" で覚える

となる．つまり，**分母は△回路の3辺の抵抗の和，分子は丫回路の抵抗を挟み込む辺の積（和分のはさみ積）として覚えればよい．**

次に，丫から△回路への変換は

$$
\left.
\begin{aligned}
\boldsymbol{R_{ab}}&=\frac{\boldsymbol{R_aR_b+R_bR_c+R_cR_a}}{\boldsymbol{R_c}}\\
\boldsymbol{R_{bc}}&=\frac{\boldsymbol{R_aR_b+R_bR_c+R_cR_a}}{\boldsymbol{R_a}}\\
\boldsymbol{R_{ca}}&=\frac{\boldsymbol{R_aR_b+R_bR_c+R_cR_a}}{\boldsymbol{R_b}}
\end{aligned}
\right\}\qquad(2\cdot30)
$$

となる．つまり，**分母は△回路の辺に接続しない端子の丫回路の抵抗とし，分子は丫回路の抵抗の2組の積の和として覚える．** コンダクタンス表記では

$$
\left.
\begin{aligned}
\boldsymbol{G_{ab}}&=\frac{\boldsymbol{G_aG_b}}{\boldsymbol{G_a+G_b+G_c}}\\
\boldsymbol{G_{bc}}&=\frac{\boldsymbol{G_bG_c}}{\boldsymbol{G_a+G_b+G_c}}\\
\boldsymbol{G_{ca}}&=\frac{\boldsymbol{G_cG_a}}{\boldsymbol{G_a+G_b+G_c}}
\end{aligned}
\right\}\qquad(2\cdot31)
$$

となる（図2·14）．この場合，コンダクタンスによる和分のはさみ積となって，△→丫変換と似た形で覚えやすい．

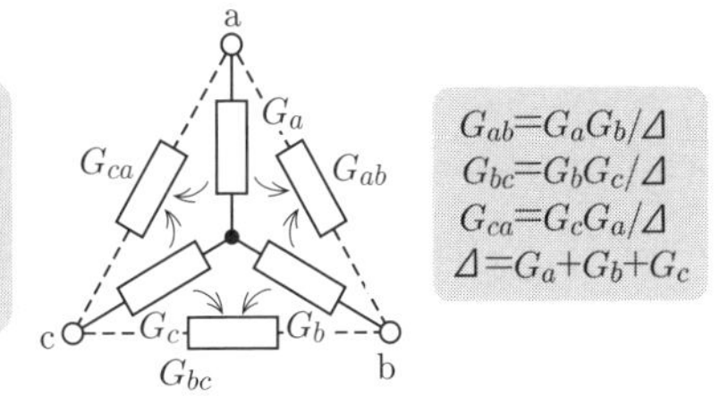

図2・14　コンダクタンスによる丫→△変換

8 ブリッジ回路

図2･15のように，直並列回路の途中に橋をかけたような回路を**ブリッジ回路**という．このとき

$$\boldsymbol{R_1 R_4 = R_2 R_3} \tag{2・32}$$

の条件が満足されると R_5 を流れる電流 I_5 が0になる．これを**ブリッジの平衡条件**という．ブリッジが平衡していれば，R_5 の枝路は外しても，または短絡しても，他の枝路の電流分布に影響しない．なお，式（2･27）で $I_5 = 0$ とおけば，式（2･32）の平衡条件が得られる．

これまでは，直流回路において，定電圧源と定電流源の相互変換，キルヒホッフの法則，ミルマンの定理，重ね合わせの定理，テブナンの定理，ノートンの定理，△－Y変換など説明してきた．しかし，次節で学ぶように，**実数→複素数，抵抗→インピーダンス，コンダクタンス→アドミタンスで置き換えれば，これらの定理や法則は交流回路でも同様に適用できる．**

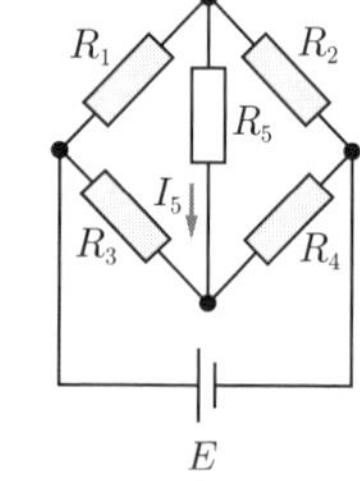

図2・15 ブリッジ回路

例題1 H21 問5

次の文章は，電源を含む直流回路に関する記述である．

図1に示す電源を含む回路を図5の回路に等価変換したい．

まず，図1の4 Ωの抵抗と2 Vの直流電圧源の直列接続部分を抵抗と電流源の並列接続となるように等価変換した回路を図2に示す．図2の $\boldsymbol{R_x}$ と $\boldsymbol{I_x}$ はそれぞれ $\boldsymbol{R_x}$＝ (1) 〔Ω〕と $\boldsymbol{I_x}$＝ (2) 〔A〕となる．

次に図2の回路を図3の形に書き直し，$\boldsymbol{R_y}$ と $\boldsymbol{I_y}$ を図4のように抵抗 $\boldsymbol{R_z}$ と電圧源 $\boldsymbol{E_z}$ の直列接続に再び等価変換したとき $\boldsymbol{R_z}$＝ (3) 〔Ω〕となる．さらに図4を図5の1個の直流電圧源と1個の抵抗の直列接続にまとめると $\boldsymbol{R_i}$＝ (4) 〔Ω〕で $\boldsymbol{E}$＝ (5) 〔V〕となる．

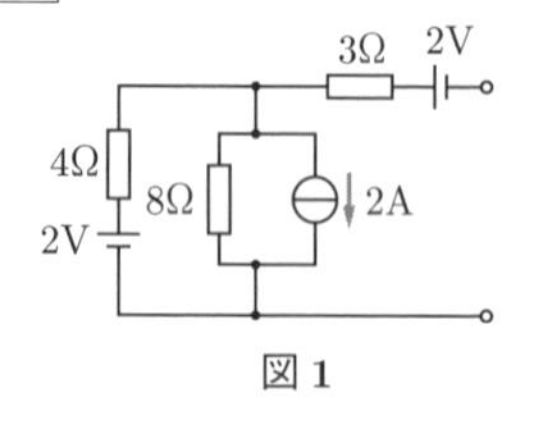

図1

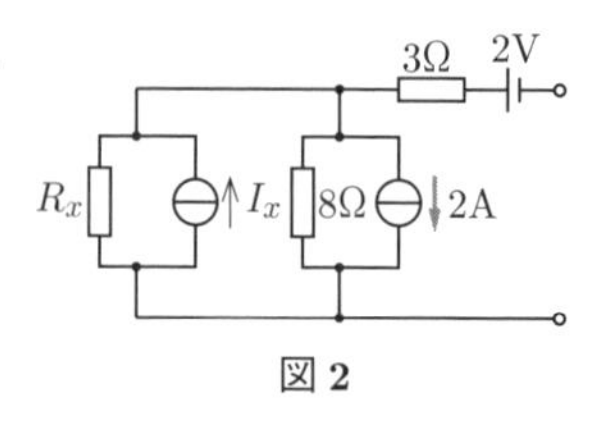

図2

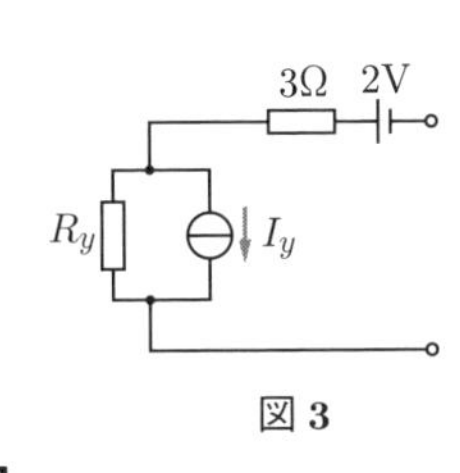

図 3

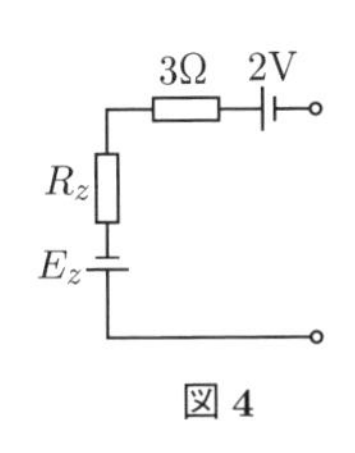

図 4

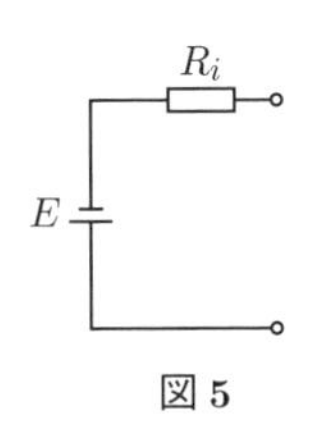

図 5

【解答群】

(イ) 1　(ロ) 2　(ハ) 4　(ニ) $\frac{8}{5}$　(ホ) $\frac{20}{3}$　(ヘ) 6

(ト) $\frac{4}{3}$　(チ) $\frac{1}{2}$　(リ) $\frac{25}{3}$　(ヌ) $\frac{17}{3}$　(ル) 7　(ヲ) 5

(ワ) $\frac{8}{3}$　(カ) $\frac{3}{2}$　(ヨ) 8

解 説 (1) (2) 図1の2Vの直流電圧源と4Ωの抵抗の直列接続部分を，図2の電流源と抵抗の並列接続となるよう等価変換している．電流源と並列に接続する抵抗をコンダクタンスとするなら式（2･3）で求めればよいが，抵抗なら4Ωのままである．また，式（2･2）より $I_x = 2/4 = 1/2$ A である．

(3) 次に，図2を図3に等価変換するとき，抵抗 R_y は R_x（$=4\,\Omega$）と8Ωの並列接続であるから，式（2･6）より $R_y = \dfrac{4\times 8}{4+8} = \dfrac{8}{3}\,\Omega$

一方，電流源 I_y は $I_x = 1/2$ A と 2A の電流源が並列接続されており，向きに注意すれば，$I_y = 2 - I_x = 2 - 1/2 = 3/2$ A

さらに，図3の電流源 I_y と抵抗 R_y を，図4のように電圧源 E_z と抵抗 R_z の直列接続に等価変換すると，$R_z = R_y = 8/3\ \Omega$，式（2･1）から $E_z = I_y R_y = (3/2)\times(8/3) = 4$ V となる．

(4) (5) さらに，図4から図5に等価変換するには，直流電圧源，抵抗ともに直列接続されているので，$R_i = 3 + R_z = 3 + 8/3 = 17/3\ \Omega$，$E = 2 + E_z = 2 + 4 = 6$ V となる．

【解答】(1) ハ (2) チ (3) ワ (4) ヌ (5) ヘ

例題 2 ………………………………………… **R4 問 3**

次の文章は，直流回路に関する記述である．

図のような **5** 個の抵抗 $\boldsymbol{R}$ と **4** 種類の直流電圧源，スイッチからなる回路を考える．

節点aの電位を$\boldsymbol{V}$とする.

a）スイッチが開いているとき，各抵抗$\boldsymbol{R}$の電流は$\boldsymbol{I_1+I_2+I_3+I_4=0}$を満たす．それぞれの抵抗$\boldsymbol{R}$の電流を$\boldsymbol{E}$と$\boldsymbol{V}$と$\boldsymbol{R}$の式で表すと，$\boldsymbol{V}=$ (1) を得る．これより各電流の比は$\boldsymbol{I_4/I_1=I_3/I_2=}$ (2) となる.

b）スイッチを閉じているとき，各抵抗$\boldsymbol{R}$の電流は$\boldsymbol{I_1+I_2+I_3+I_4=I_0}$を満たす．$\boldsymbol{I_0=V/R}$を利用すると$\boldsymbol{V}=$ (3) となり，各抵抗$\boldsymbol{R}$の電流のうち，電流 (4) は零となる．回路の消費電力は (5) となる.

【解答群】

（イ）$3E$　（ロ）I_1　（ハ）$\frac{5}{2}E$

（ニ）I_4　（ホ）$2E$　（ヘ）$\frac{4}{R}E^2$

（ト）-3　（チ）$\frac{7}{2}E$　（リ）-1

（ヌ）-2　（ル）$\frac{6}{R}E^2$　（ヲ）$\frac{10}{R}E^2$

（ワ）I_2　（カ）I_3　（ヨ）$4E$

解　説　(1)(2) 直流電圧源の低圧側は接地されており，スイッチが開いているから，解説図1の等価回路となる．点aの電位Vはミルマンの定理の式（2･23）より

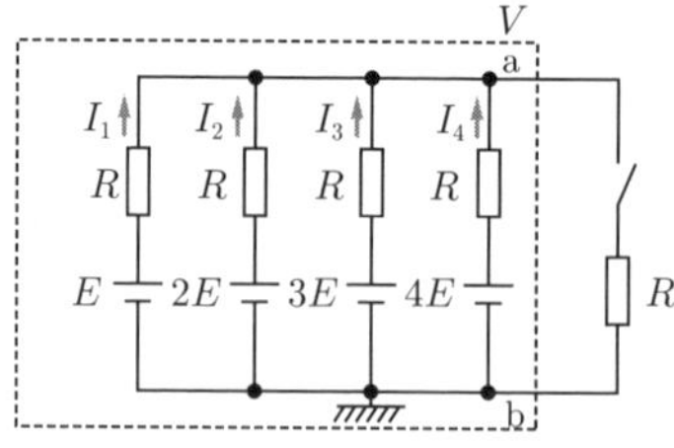

解説図1

$$V=\frac{\frac{E}{R}+\frac{2E}{R}+\frac{3E}{R}+\frac{4E}{R}}{\frac{1}{R}+\frac{1}{R}+\frac{1}{R}+\frac{1}{R}}=\frac{\frac{10E}{R}}{\frac{4}{R}}=\frac{5}{2}E$$

このとき，$I_1=\dfrac{E-V}{R}=\dfrac{E-\frac{5}{2}E}{R}=-\dfrac{3E}{2R}$，$I_4=\dfrac{4E-V}{R}=\dfrac{4E-\frac{5}{2}E}{R}=\dfrac{3E}{2R}$より，$\dfrac{I_4}{I_1}=\dfrac{3E/(2R)}{-3E/(2R)}=-1$である.

同様に，$I_2=\dfrac{2E-V}{R}=-\dfrac{E}{2R}$，$I_3=\dfrac{3E-V}{R}=\dfrac{E}{2R}$より$\dfrac{I_3}{I_2}=-1$

(なお，ミルマンの定理を使わなくても，$V=E-RI_1=2E-RI_2=3E-RI_3=4E-RI_4$ から

$I_1=\dfrac{E-V}{R}$，$I_2=\dfrac{2E-V}{R}$，$I_3=\dfrac{3E-V}{R}$，$I_4=\dfrac{4E-V}{R}$ と変形し，$I_1+I_2+I_3+I_4=0$ へ代入して求めることもできる.)

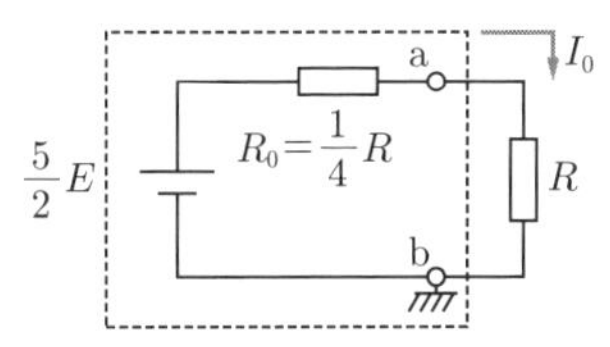

解説図 2

(3) (4) (5) スイッチを閉じて I_0 を求めるとき，テブナンの定理を用いる．2 端子 a，b の開放端子電圧 V_{ab} は (1) より $V_{ab}=5E/2$ となる.

端子 a，b から回路網を見るとき，電圧源をすべて短絡すれば 4 つの R が並列接続されているから，式 (2·6) より $R_0=R/4$ となる．よって I_0 は

$$I_0=\frac{\frac{5}{2}E}{R_0+R}=\frac{\frac{5}{2}E}{\frac{1}{4}R+R}=\frac{2E}{R}\qquad \therefore V=RI_0=R\times\frac{2E}{R}=2E$$

点 a の電位が $2E$ であるから，起電力 $2E$ の I_2 は 0 となる．回路の消費電力は，それぞれの抵抗の消費電力の合計である．抵抗 R に流れる電流はそれぞれ

$$I_1=\frac{E-2E}{R}=-\frac{E}{R},\quad I_2=\frac{2E-2E}{R}=0,$$

$$I_3=\frac{3E-2E}{R}=\frac{E}{R},\quad I_4=\frac{4E-2E}{R}=\frac{2E}{R},\quad I_0=\frac{2E}{R}$$

であるから

$$I_1{}^2R+I_2{}^2R+I_3{}^2R+I_4{}^2R+I_0{}^2R=\frac{E^2}{R}+\frac{E^2}{R}+\frac{4E^2}{R}+\frac{4E^2}{R}=\frac{10}{R}E^2$$

【解答】(1) ハ (2) リ (3) ホ (4) ワ (5) ヲ

例題 3 ………… **R1 問 6**

次の文章は，直流電源と抵抗からなる回路の電流に関する記述である.

図の抵抗回路の閉路電流 $\boldsymbol{I_1}$，$\boldsymbol{I_2}$，$\boldsymbol{I_3}$ は，閉路方程式を解いて求めることができるが，以下の手順で求めることもできる.

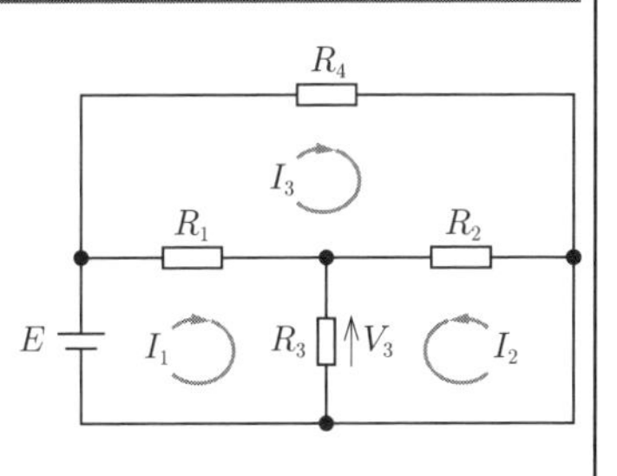

a) $\boldsymbol{I_3}$ は，$\boldsymbol{R_4}$ の両端の電位差に注意すると

$\boldsymbol{I_3}=$ (1) .

b) $\boldsymbol{R_3}$ での電圧降下 $\boldsymbol{V_3}$ の式は

$$\boldsymbol{V_3} = \frac{\mathbf{1}}{\boldsymbol{R_1} + \dfrac{\boldsymbol{R_2 R_3}}{\boldsymbol{R_2} + \boldsymbol{R_3}}} \times \boxed{\quad (2) \quad} \times \boldsymbol{E}$$

となる.

c) $\boldsymbol{I_1}$, $\boldsymbol{I_2}$, $\boldsymbol{I_3}$ を使うと

$$\boldsymbol{E} - \boldsymbol{V_3} = \boldsymbol{R_1}\ (\boxed{\quad (3) \quad})$$

$$\boldsymbol{V_3} = \boldsymbol{R_2}\ (\boxed{\quad (4) \quad})$$

である.

以上を利用すれば,

$$\boldsymbol{I_1} = \boldsymbol{E}\left(\frac{\mathbf{1}}{\boldsymbol{R_4}} + \frac{\boldsymbol{R_2} + \boldsymbol{R_3}}{\boldsymbol{R_1 R_2} + \boldsymbol{R_2 R_3} + \boldsymbol{R_3 R_1}}\right)$$

$$\boldsymbol{I_2} = \boxed{\quad (5) \quad}$$

が得られる.

【解答群】

(イ) $E\left(-\dfrac{1}{R_4} - \dfrac{R_3}{R_1R_2 + R_2R_3 + R_3R_1}\right)$ (ロ) $I_1 - I_3$ (ハ) $-I_2 - I_3$

(ニ) $\dfrac{R_1R_2}{R_1 + R_2}$ (ホ) $I_3 + I_1$ (ヘ) $\dfrac{R_2R_3}{R_2 + R_3}$

(ト) $E\left(-\dfrac{R_3}{R_1R_2 + R_2R_3 + R_3R_1}\right)$ (チ) $\dfrac{R_2R_4}{R_2 + R_4}$ (リ) $\dfrac{E}{R_1 + R_2 + R_4}$

(ヌ) I_2 (ル) $\dfrac{E}{R_1 + R_2}$ (ヲ) $I_3 - I_1$

(ワ) $E\left(\dfrac{1}{R_4} - \dfrac{R_3}{R_1R_2 + R_2R_3 + R_3R_1}\right)$ (カ) $\dfrac{E}{R_4}$ (ヨ) I_1

解 説 (1) 問題の図を見れば, R_4 の両端には電源電圧 E がかかっているから

$$I_3 = E/R_4 \quad \cdots\cdots ①$$

(2) 問題の図から, R_2 と R_3 の並列接続部分 $\left(\dfrac{R_2R_3}{R_2 + R_3}\right)$ と R_1 が直列接続されているから, 流れる電流は $\dfrac{E}{R_1 + \dfrac{R_2R_3}{R_2 + R_3}}$ となる. したがって, R_3 での電圧降下 V_3 は

$$V_3 = \frac{E}{R_1 + \dfrac{R_2R_3}{R_2 + R_3}} \times \frac{R_2R_3}{R_2 + R_3} \quad \cdots\cdots ②$$

(3) $E - V_3$ は R_1 の両端の電位差である. R_1 に流れる電流は $I_1 - I_3$ であるから

$$E-V_3=R_1(I_1-I_3)$$

(4) V_3 は R_3 の両端の電位差であり，同時に R_2 の両端の電位差でもある．R_2 を流れる電流は I_2+I_3 であるから，電流の向きに注意して

$$V_3=R_2(-I_2-I_3) \quad \cdots\cdots③$$

(5) 式①と式②を式③へ代入すれば

$$\frac{E}{R_1+\dfrac{R_2R_3}{R_2+R_3}}\times\frac{R_2R_3}{R_2+R_3}=R_2\left(-I_2-\frac{E}{R_4}\right)$$

$$\therefore I_2=E\left(-\frac{1}{R_4}-\frac{R_3}{R_1R_2+R_2R_3+R_3R_1}\right)$$

【解答】(1) カ (2) ヘ (3) ロ (4) ハ (5) イ

例題 4 R3 問3

次の文章は，直流回路に関する記述である．

図の直流回路において，重ね合わせの理を用いて抵抗 $\boldsymbol{R_5}$ を流れる電流 $\boldsymbol{I}$ について解析する．ただし，抵抗 $\boldsymbol{R_5}$ に流れる電流の正方向を図中の節点 P から Q の向きとする．

重ね合わせの理は， (1) 回路において成立する定理である．図の回路において，電圧源を残して電流源を取り除いた回路を考え，抵抗 $\boldsymbol{R_5}$ に流れる電流 $\boldsymbol{I_a}$ を求めれば，$\boldsymbol{I_a}=$ (2) 〔A〕となる．このとき，電流源は (3) 除去されている．

次に，図の回路において，電流源を残して電圧源を取り除いた回路を考え，抵抗 $\boldsymbol{R_5}$ に流れる電流 $\boldsymbol{I_b}$ を求めた上で，電流 $\boldsymbol{I_a}$ と $\boldsymbol{I_b}$ を重ね合わせれば，抵抗 $\boldsymbol{R_5}$ に流れる電流は $\boldsymbol{I}=$ (4) 〔A〕と求められる．

また，図の回路において，電圧源の電圧を (5) 〔V〕とすれば，抵抗 $\boldsymbol{R_5}$ に流れる電流は $\boldsymbol{I}=\boldsymbol{0}$ A となる．

【解答群】

(イ) 短絡　(ロ) −1
(ハ) 8　(ニ) 6
(ホ) 線形　(ヘ) −2
(ト) 1　(チ) 2
(リ) 能動　(ヌ) 非線形
(ル) 接地　(ヲ) −3
(ワ) 開放　(カ) 3
(ヨ) 4

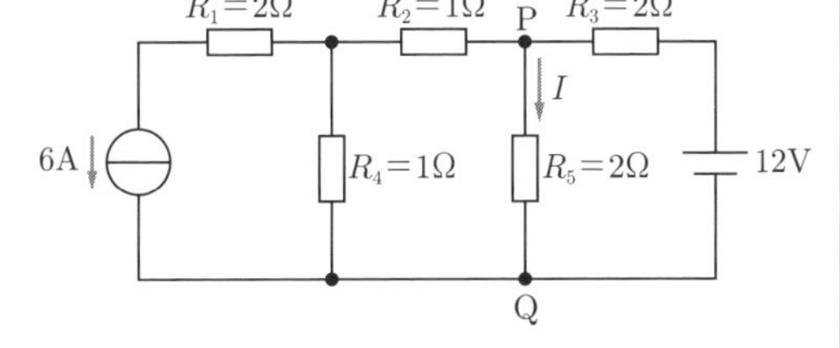

解 説 (1) (3) 重ね合わせの理は線形回路において成立する．線形性とは，$V=IR$ のように電圧 V を加えたときにその大きさに比例した電流が流れる関係のことである．(3) は，本節 5 項に示すように，電流源は開放除去する．

(2) 式 (2·4)，式 (2·6)，式 (2·8) より

$$I_a=\frac{E}{R_3+\dfrac{R_5(R_2+R_4)}{R_5+(R_2+R_4)}}\times\frac{R_2+R_4}{R_5+(R_2+R_4)}$$

$$=\frac{12}{2+\dfrac{2\times(1+1)}{2+(1+1)}}\times\frac{1+1}{2+1+1}=2\ \mathrm{A}$$

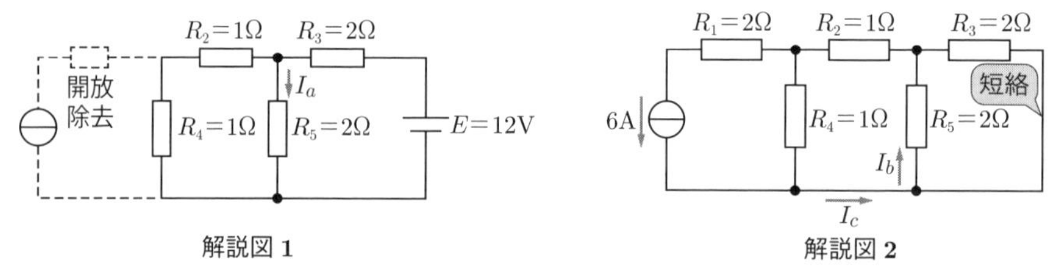

解説図 1　　解説図 2

(4) 解説図 2 において，R_3 と R_5 は並列接続なので合成すれば式 (2·6) より

$$R_{35}=\frac{2\times2}{2+2}=1\ \Omega$$

この合成抵抗 R_{35} と R_2 とは直列接続であるから，式 (2·4) より合成抵抗 $R_{235}=1+1=2\,\Omega$ である．

したがって，電流源の電流 6A は R_4 と R_{235} に分流し，さらに I_c は R_5 と R_3 に分流するので，式 (2·8) より

$$I_b=6\times\frac{R_4}{R_4+R_{235}}\times\frac{R_3}{R_3+R_5}=6\times\frac{1}{1+2}\times\frac{2}{2+2}=1\ \mathrm{A}$$

$$\therefore I=I_a-I_b=2-1=1\ \mathrm{A}$$

(5) 電圧源の電圧を E〔V〕と仮定し，$I=0$ となるためには $I_a=1$ A となればよい．解説図 1 の電流源を開放した回路において

$$I_a=\frac{E}{R_3+\dfrac{R_5(R_2+R_4)}{R_5+(R_2+R_4)}}\times\frac{R_2+R_4}{R_5+(R_2+R_4)}=\frac{E}{6}=1$$

$$\therefore E=6\ \mathrm{V}$$

【解答】 (1) ホ　(2) チ　(3) ワ　(4) ト　(5) ニ

例題 5 ………………………………………… **H26 問 2**

次の文章は，電流源と抵抗からなる直流回路に関する記述である．

図 **1** の回路において，**3** Ωの抵抗に流れる電流 $\boldsymbol{i}$〔A〕をテブナンの定理を用いて求めたい．電流は矢印の向きを正とする．

3 Ωの抵抗を取り除いた図 **2** の回路において，節点 A，B 間の電位差 $\boldsymbol{v}$ を求める．C 点の電位を **0** V とする．図 **2** の電流 $\boldsymbol{i'}$ は [(1)]〔A〕より，A 点の電位は [(2)]〔V〕，B 点の電位は [(3)]〔V〕となる．また，節点 A，B から回路をみた抵抗 $\boldsymbol{r}$ は [(4)]〔Ω〕となる．

よって，テブナンの定理より **3** Ωの抵抗に流れる電流 $\boldsymbol{i}$ は [(5)]〔A〕となる．

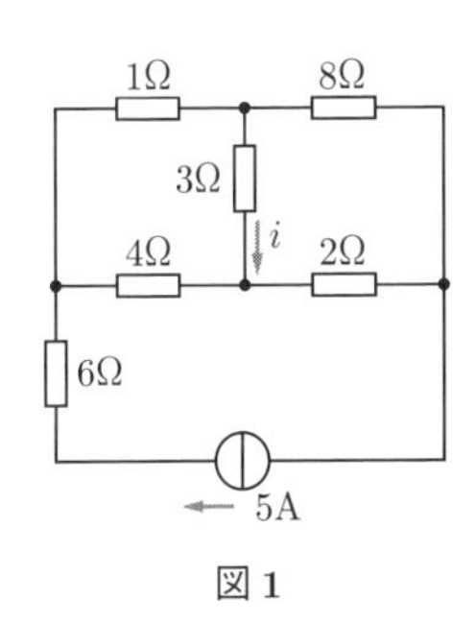

図 **1**

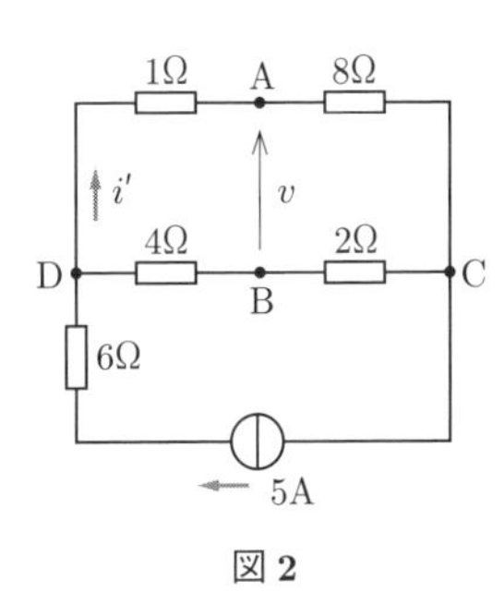

図 **2**

【解答群】

(イ) $\dfrac{30}{19}$　(ロ) $\dfrac{60}{37}$　(ハ) 2　(ニ) $\dfrac{15}{7}$　(ホ) 3

(ヘ) $\dfrac{60}{19}$　(ト) $\dfrac{10}{3}$　(チ) 4　(リ) 5　(ヌ) 6

(ル) $\dfrac{28}{3}$　(ヲ) 10　(ワ) 16　(カ) 24　(ヨ) 40

解 説　(1) 図 2 において，電流源の 5A は点 D → A → C に流れる電流 i' と点 D → B → C に流れる電流（$5-i'$）に分流する．点 D-C 間の電圧降下は，i' 側の電圧降下と（$5-i'$）側の電圧降下で等しいから，式（2･4）と式（2･5）より

$$(1+8)i' = (4+2)(5-i') \qquad \therefore i' = \frac{30}{15} = 2\ \text{A}$$

(2) C 点の電位は 0 V であるから，A 点の電位 $V_A = 8i' = 16$ V

(3) B 点の電位 $V_B = 2(5-i') = 2(5-2) = 6$ V

(4) 節点 A，B から回路をみた抵抗 r は，図 2･11 と同様に考えればよいが，電流源は

開放するので，解説図 1 の等価回路となる．式（2･4），式（2･6）より

$$r=\frac{(1+4)\times(8+2)}{(1+4)+(8+2)}=\frac{10}{3}\,\Omega$$

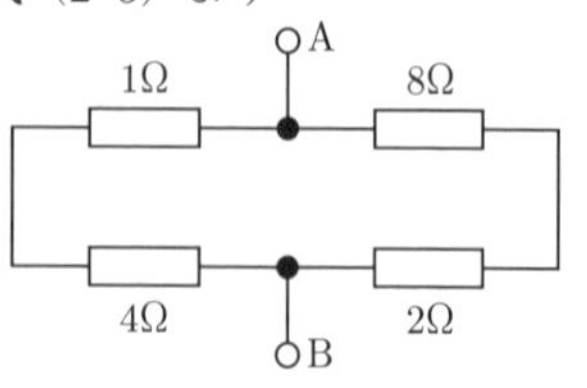

解説図 1

(5) 図 2 の節点 A，B 間の開放端子電圧 V_{AB} は

$$V_{AB}=V_A-V_B=16-6=10\ \text{V}$$

したがって，節点 A，B から回路をみたときの等価回路は解説図 2 の通りであり，テブナンの定理の式（2･24）より

$$i=\frac{10}{\frac{10}{3}+3}=\frac{30}{19}\ \text{A}$$

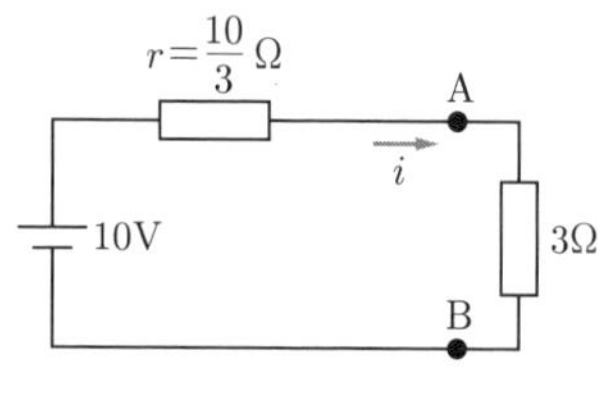

解説図 2

【解答】(1) ハ　(2) ワ　(3) ヌ　(4) ト　(5) イ

例題 6 ………… H23 問 5

次の文章は，電流源と抵抗とからなる直流回路の電圧に関する記述である．

図 **1** の回路において，端子 **1**-**2** 間に現れる電圧 $\boldsymbol{V}$（端子 **2** を基準にした端子 **1** の電圧）をノートンの定理を使って求めたい．

まず，図 **2** の回路において端子 **1**，**2** を短絡したときに端子 **1** から端子 **2** に向かって流れる電流 $\boldsymbol{I}$ は，各抵抗に流れる電流から求めることができる．例えば，**3** Ωの抵抗に下向きに流れる電流は [(1)]〔A〕であり，その他の抵抗に流れる電流をそれぞれ求めることにより，$\boldsymbol{I}=$ [(2)]〔A〕となる．次に電流源の大きさを零として，端子 **1**，**2** よりみたコンダクタンス $\boldsymbol{g_i}$ を求める．電流源の大きさを零にするということは電流源を [(3)] することを意味している点に注意すると，$\boldsymbol{g_i}=$ [(4)]〔S〕となる．以上より，ノートンの定理により $\boldsymbol{V}=$ [(5)]〔V〕となる．

【解答群】

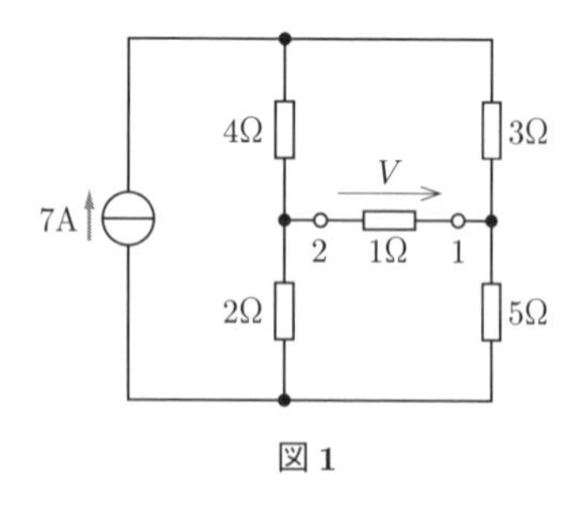

図 1

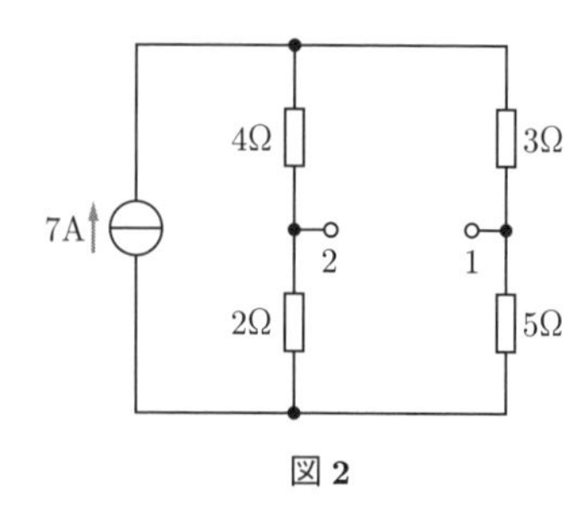

図 2

（イ）$\frac{2}{7}$	（ロ）1	（ハ）そのまま保存	（ニ）2	（ホ）3
（ヘ）$\frac{7}{3}$	（ト）$\frac{14}{9}$	（チ）短絡除去	（リ）$\frac{15}{8}$	（ヌ）5
（ル）開放除去	（ヲ）$\frac{77}{24}$	（ワ）4	（カ）$\frac{7}{9}$	（ヨ）$\frac{1}{2}$

解 説　(1) 解説図 1 に示すように，電流源からの 7A の電流は式（2･8）に基づいて抵抗 4 Ω と 3 Ω の並列回路で分流する．3 Ω に流れる電流 i_1 は

$$i_1 = 7 \times \frac{4}{3+4} = 4\ \mathrm{A}$$

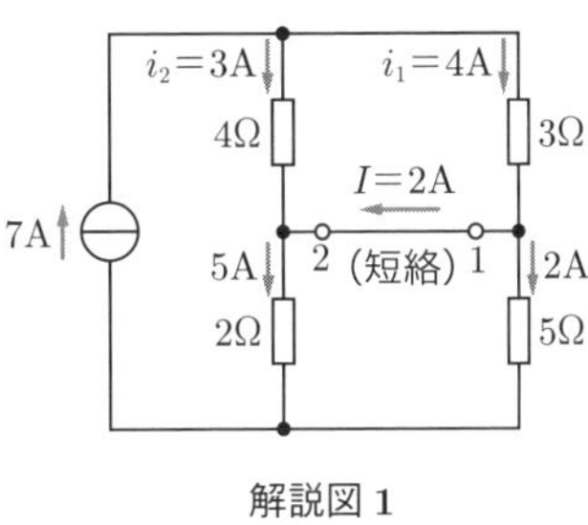

解説図 1

(2) 同様に，4 Ω，5 Ω，2 Ω に流れる電流を求めると，解説図 1 の通りとなる．したがって，端子 1 から端子 2 に流れる電流はキルヒホッフの第 1 法則より 4A − 2A = 2Aとなる．

(3) (4) 電流源は自らの電流のみを流すので，外部からの電源に対しては無限大のインピーダンスとなる．つまり，電流源の大きさを 0 にすることは開放除去することを意味する．解説図 2 で，端子 1，2 からみたコンダクタンス g_i は式（2･4）と式（2･7）より

$$g_i = \frac{1}{3+4} + \frac{1}{5+2} = \frac{2}{7}\ \mathrm{S}$$

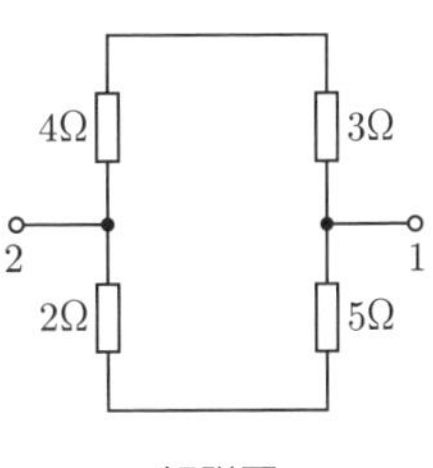

解説図 2

(5) 式（2･28）において，$I_0 = 2$ A，$G_0 = g_i = \frac{2}{7}$ S，

$G = \frac{1}{1} = 1$ S より

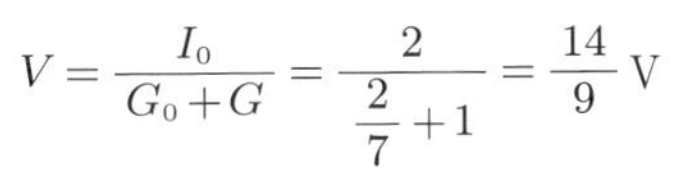

$$V = \frac{I_0}{G_0 + G} = \frac{2}{\frac{2}{7}+1} = \frac{14}{9}\ \mathrm{V}$$

【解答】(1) ワ　(2) ニ　(3) ル　(4) イ　(5) ト

2-2 正弦波交流

攻略のポイント

電験２種の正弦波交流に関しては，電験３種よりも複素数計算を本格的に伴うため，直角座標形式，極座標形式ともに確実にできるようにする．さらに，電験３種では出題されない相互インダクタンスを含む電気回路も出題されているので，考え方や計算方法を十分に学習する．

1 交流波形

(1) 瞬時値

交流は，電圧，電流の大きさと方向が周期的に変化するものをいう．

図 2･16 において，時間 t により瞬時値 e が

$$e = E_m \sin\left(\frac{2\pi}{T}t + \theta\right) = E_m \sin(2\pi ft + \theta)\ 〔\mathrm{V}〕 \tag{2・33}$$

［E_m：振幅（最大値），T：周期〔s〕，f：周波数〔Hz〕(=1/T)，θ：初期位相角〔rad〕］のように三角関数で表される場合，**正弦波交流**という．また，$2\pi f$ を ω と書き，**角周波数**または**角速度**〔rad/s〕という．

e の波形は，図 2･16 のように，角速度 ω で反時計方向に回転する半径 E_m の円で，時間 t における位相角 $\omega t + \theta$ における正弦値をプロットしたものである．

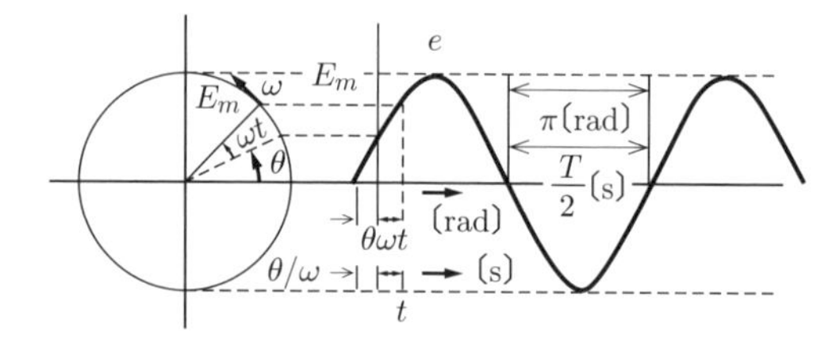

図 2・16　正弦波交流

(2) 位相差

図 2･17 の e_1，e_2，e_3〔V〕は，波形がずれている．この波形のずれの角度を**位相差**という．e_1 と e_2 の位相差は θ_1，e_1 と e_3 の位相差は θ_2 である．これを式で表すと次のようになる．

$$\left.\begin{aligned} e_1 &= E_{m1} \sin \omega t\ 〔\mathrm{V}〕 \\ e_2 &= E_{m2} \sin(\omega t + \theta_1)\ 〔\mathrm{V}〕\ (e_1 \text{より} \theta_1 \text{だけ進んでいる}) \\ e_3 &= E_{m3} \sin(\omega t - \theta_2)\ 〔\mathrm{V}〕\ (e_1 \text{より} \theta_2 \text{だけ遅れている}) \end{aligned}\right\} \tag{2・34}$$

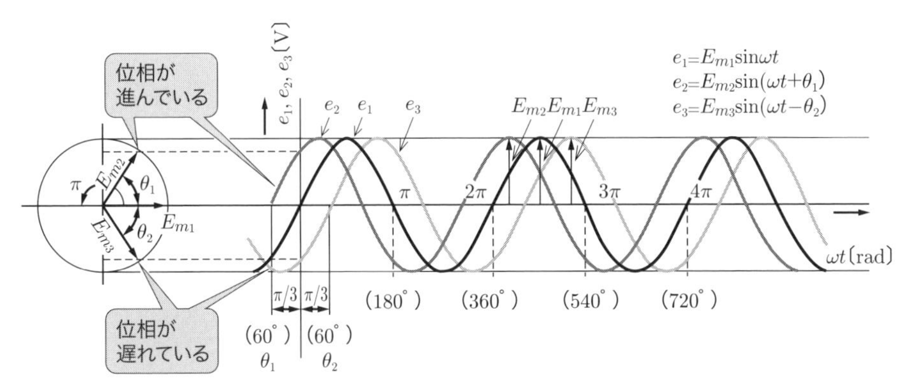

図 2・17 位相差

式（2・34）の θ_1，θ_2 を**位相角**または**位相**といい，単位は〔**rad**〕または〔**°（度）**〕で表す．図 2・17 で，e_2 は e_1 より θ_1 だけ先に変化しており，e_2 は e_1 より θ_1 だけ**位相が進んでいる**という．また，e_3 は e_1 より θ_2 だけ**位相が遅れている**という．一方，2 つの交流の位相差がないとき，それらは**同相**または**同位相**という．

（3）大きさの表現（実効値と平均値）

実効値は「**瞬時値の 2 乗和の平均値の平方根**」で，次式で表される．

$$\boldsymbol{E}=\sqrt{\frac{\boldsymbol{1}}{\boldsymbol{T}}\int_0^T \boldsymbol{e^2 dt}} \qquad (2\cdot35)$$

交流電圧（電流）の大きさは，ことわりがなければ**実効値で表される．**

一方，**平均値は「瞬時値の絶対値の和の平均値」**であるから，次式で表される．

$$\boldsymbol{E_a}=\frac{\boldsymbol{1}}{\boldsymbol{T}}\int_0^T |\boldsymbol{e}|\boldsymbol{dt} \qquad (2\cdot36)$$

これに基づき，正弦波交流の実効値および平均値を計算すると

$$E=\sqrt{\frac{1}{T}\int_0^T E_m{}^2\sin^2\omega t dt}=E_m\sqrt{\frac{1}{T}\int_0^T \frac{1}{2}(1-\cos 2\omega t)dt}=\frac{E_m}{\sqrt{2}} \qquad (2\cdot37)$$

$$E_a=\frac{2}{2\pi}\int_0^\pi E_m\sin\theta d\theta=\frac{E_m}{\pi}[-\cos\theta]_0^\pi=\frac{2}{\pi}E_m \qquad (2\cdot38)$$

さらに，交流波形の目安として，波高率と波形率が用いられる．

$$波高率 = \frac{最大値}{実効値}, \quad 波形率 = \frac{実効値}{平均値} \qquad (2 \cdot 39)$$

簡単な波形についての波高率と波形率を表 2･1 に示す.

表 2・1 波高率と波形率

波　形	名　称	実効値	平均値	波高率	波形率
(I_m)	方形波	I_m	I_m	1	1
(I_m)	正弦波	$\frac{1}{\sqrt{2}}I_m$	$\frac{2}{\pi}I_m$	1.414	1.111
(I_m)	半波 正弦波	$\frac{1}{2}I_m$	$\frac{1}{\pi}I_m$	2	1.571
(I_m)	全波 正弦波	$\frac{1}{\sqrt{2}}I_m$	$\frac{2}{\pi}I_m$	1.414	1.111

2 ベクトル図と正弦波交流の複素数表示

(1) ベクトル図

周波数の同じ 2 つの正弦波交流 e, i が

$$\left.\begin{aligned} e &= \sqrt{2}E\sin(\omega t + \theta_1) \\ i &= \sqrt{2}I\sin(\omega t - \theta_2) \end{aligned}\right\} \quad (E_m = \sqrt{2}E,\ I_m = \sqrt{2}I)$$

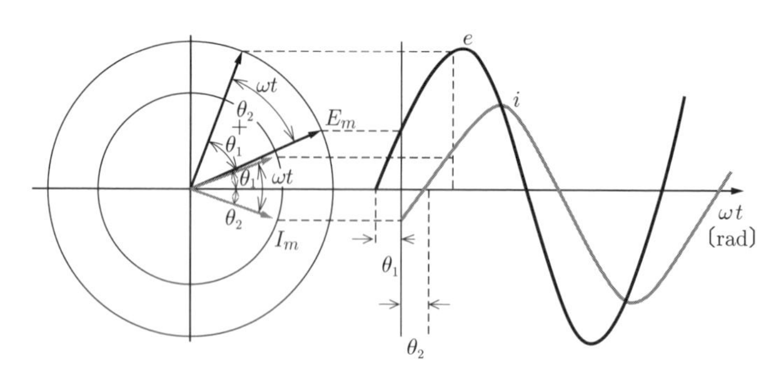

図 2・18 2 組の正弦波交流

で表されるとする．e，i は図 2･18 の回転ベクトルの正弦値として示されるが，回転ベクトルは位相差 $\theta=\theta_1+\theta_2$ を一定に保ったまま同じ角速度で回転しているので，e，i の関係を示すために，図 2･19 のように，ある時点での静止ベクトルで表すことができる．図 2･19 でベクトル表示する場合，大きさは実効値で表すのが実用的である．

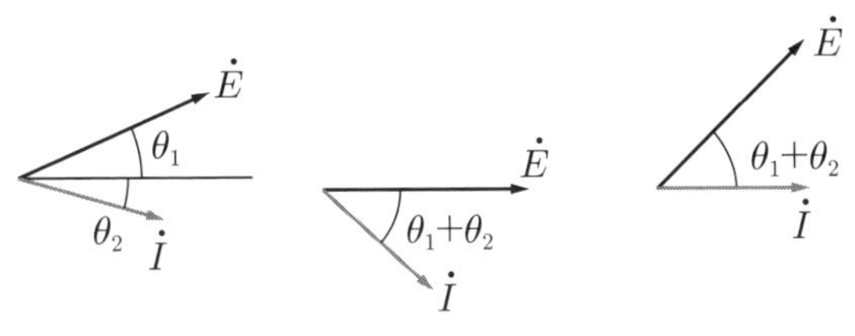

図 2・19　ベクトル表示

(2) 複素数表現

ベクトル $\dot{Z}$ は，X 軸と Y 軸の直角方向成分に分解できるため，複素数を導入する．複素数 $\dot{Z}=x+jy$（虚数単位 $j=\sqrt{-1}$）は，図 2･20 のように，実数と虚数の和で表される．その大きさ $|\dot{Z}|$ を複素数の絶対値といい，次式となる．

$$|\dot{\boldsymbol{Z}}|=\sqrt{\boldsymbol{x}^2+\boldsymbol{y}^2} \tag{2・40}$$

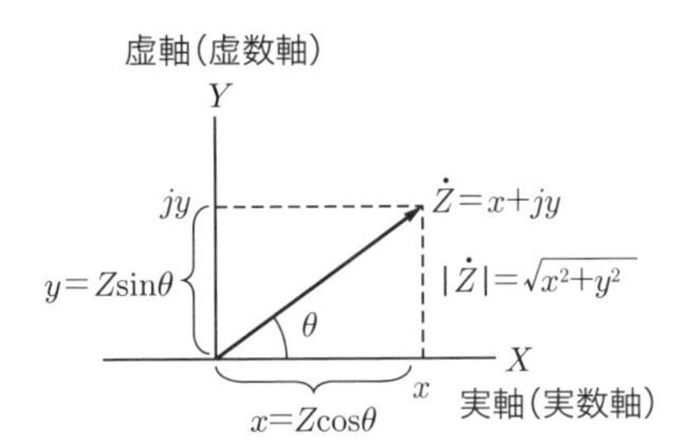

図 2・20　複素数の直角座標形式

次に，e を自然対数の底（=2.71828）とすると

$$\boldsymbol{e^{j\theta}=\cos\theta+j\sin\theta} \tag{2・41}$$

の関係があり，**オイラーの公式**と呼ばれる．これを用いると，ベクトル $\dot{Z}$ は $Ze^{j\theta}$ の形にも書け，**極座標形式**という．直角座標形式と極座標形式の間には図 2･21（a）の関係があり，図 2･21（b）のように，$Z\angle\theta$ と書くこともある．

極座標形式の乗算，除算は，次式が成り立つ．

$$\left.\begin{aligned}\dot{Z} &= Z_1 e^{j\theta_1} Z_2 e^{j\theta_2} = Z_1 Z_2 e^{j(\theta_1+\theta_2)} \\ \dot{Z} &= \frac{\dot{Z}_1}{\dot{Z}_2} = \frac{Z_1 e^{j\theta_1}}{Z_2 e^{j\theta_2}} = \frac{Z_1}{Z_2} e^{j(\theta_1-\theta_2)}\end{aligned}\right\} \quad (2\cdot42)$$

jy
$Ze^{j\theta}$
$Z=\sqrt{x^2+y^2}$
θ
$y = Z\sin\theta$
$x = Z\cos\theta$

$Ze^{j\theta}, Z\angle\theta$
θ（反時計方向）
θ
$Ze^{-j\theta}$ [$\angle\theta = \nwarrow -\theta$]
$Z\nwarrow\theta$（時計方向）

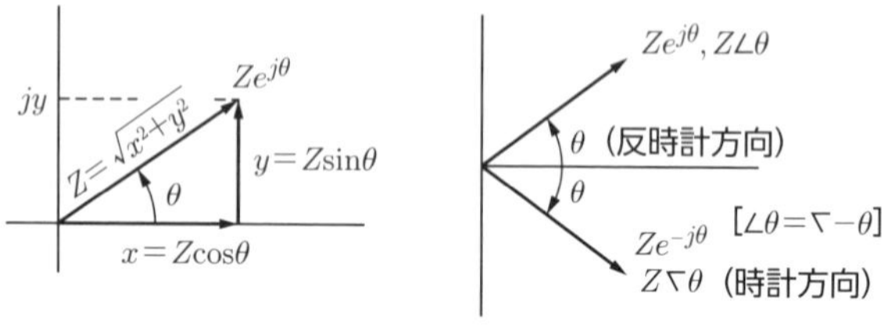

(a)極座標形式　　(b)極座標表示

図 2・21 複素数の極座標形式

これらを図示すると，図 2･22 となる．また，除算を直交座標形式で表現する場合，次式が成立し，$(x_2 - jy_2)$ は $(x_2 + jy_2)$ の**共役複素数**といい，分母の虚数項を消去するために分母と分子に掛け合わせるものである．

$$\dot{Z} = \frac{\dot{Z}_1}{\dot{Z}_2} = \frac{x_1 + jy_1}{x_2 + jy_2} = \frac{(x_1 + jy_1)(x_2 - jy_2)}{(x_2 + jy_2)(x_2 - jy_2)}$$

$$= \frac{x_1x_2 + y_1y_2}{{x_2}^2 + {y_2}^2} - j\frac{x_1y_2 - y_1x_2}{{x_2}^2 + {y_2}^2} \quad (2\cdot43)$$

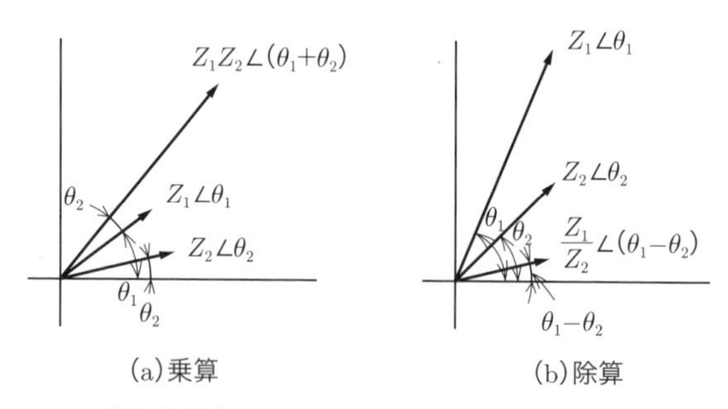

(a)乗算　　(b)除算

図 2・22 極座標形式の複素数の乗算と除算

図 2･23 のように，虚数単位 j を X 軸上のベクトル $\dot{A}$ に掛けると $j\dot{A}$ となり，Y 軸上のベクトルとなる．さらに j を掛けると，$j^2 = -1$ の定義によって，$-\dot{A}$ となる．このように，j はベクトルの位相を 90° 回転させる作用子と考えればよい．

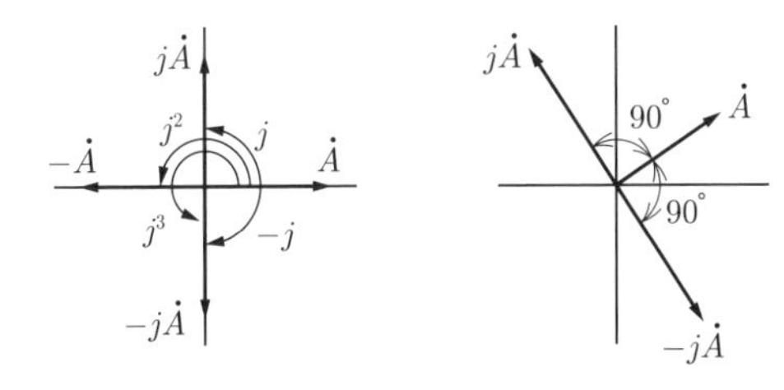

図 2・23 jの作用

(3) 正弦波交流の複素数表示

正弦波交流 $e=\sqrt{2}E\sin(\omega t+\theta)$ はオイラーの公式により，極座標形式 $\dot{E}=Ee^{j(\omega t+\theta)}=Ee^{j\omega t}e^{j\theta}$ の虚数部で表現できる．$e^{j\omega t}$ は図 2･24 (a) のように単位円周上を回転するベクトルを表すので，$e^{j\omega t}$ を省略して $\dot{E}=Ee^{j\theta}$ の形とすれば，図 2･24 (b) のように回転ベクトルを静止することに相当する．このように，正弦波交流を実効値と位相差だけを用いて複素数として表示することを**フェーザ表示**という．

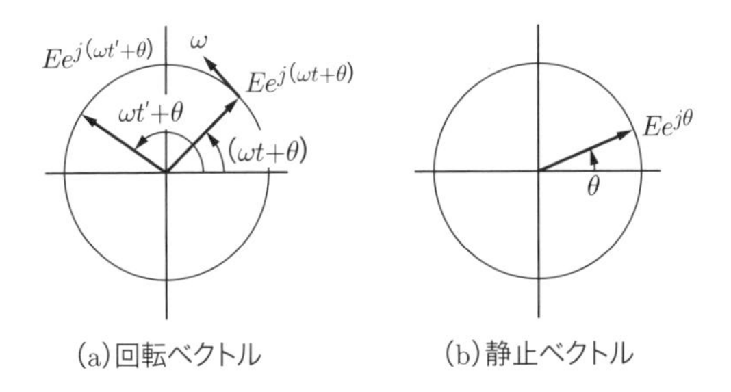

図 2・24 正弦波交流の複素数表示

正弦波交流 $\dot{E}$ を $Ee^{j\omega t}$ の形で扱えば，回路の電圧・電流に関する微分・積分は次のように代数計算に変換できることが，複素数導入の利点である．

（微分）指数関数の微分の公式，$(d/dt)(e^{ax})=ae^{ax}$ により

$$\frac{d}{dt}\dot{E}=E\frac{d(e^{j\omega t})}{dt}=Ej\omega e^{j\omega t}=j\omega\dot{E} \tag{2・44}$$

すなわち，**微分記号 d/dt は $j\omega$ を掛けることに相当**する．

（積分）指数関数の積分の公式，$\int e^{ax}dx=(1/a)e^{ax}$ により

$$\int \dot{E}dt = E\int e^{j\omega t}dt = E\frac{1}{j\omega}e^{j\omega t} = \frac{1}{j\omega}\dot{E} \qquad (2\cdot 45)$$

すなわち，**積分記号** $\int dt$ **は** $j\omega$ **で割ることに相当**する．

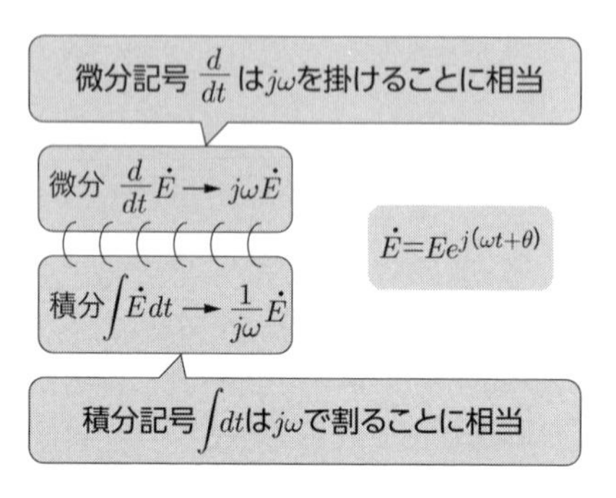

図2・25　正弦波交流の微積分

3 単相交流回路

(1) インピーダンス

交流回路において，端子間電圧を $\dot{V}$，流れる電流を $\dot{I}$ とするとき

$$\dot{V} = \dot{I}\dot{Z} \qquad (2\cdot 46)$$

の関係があり，直流回路のオームの法則における抵抗に相当して電流を妨げる作用をもつ $\dot{Z}$ を**インピーダンス**という．インピーダンスは

$$\dot{Z} = \frac{\dot{V}}{\dot{I}} = R + jX = \sqrt{R^2+X^2}e^{j\theta} = |\dot{Z}|\angle\theta\ 〔\Omega〕 \qquad (2\cdot 47)$$

と定義することができ，**単位は**〔Ω〕である．式（2·47）で，複素数の実数部 R が抵抗，虚数部 X がリアクタンスである．リアクタンス X は $+j$ 分の誘導リアクタンス X_L と，$-j$ 分の容量リアクタンス X_C がある．表2·2に，抵抗回路，誘導リアクタンス回路，容量リアクタンス回路をまとめる．

表2・2 交流の電圧・電流の式・波形とインピーダンス

	回路図	電圧・電流の波形	ベクトル図
抵抗（R）回路	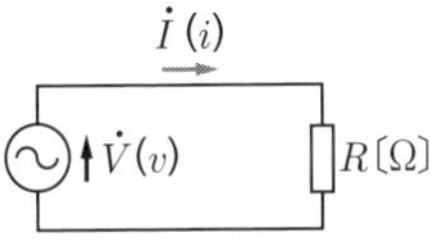 $\dot{I}\,(i)$, $\dot{V}\,(v)$, $R\,〔\Omega〕$	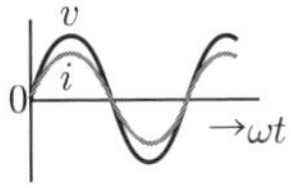 v, i, 0, $\to\omega t$	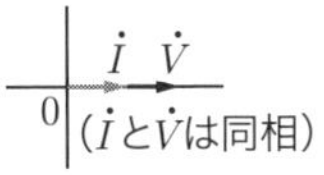 $\dot{I}$ $\dot{V}$, 0, （$\dot{I}$と$\dot{V}$は同相）
	電圧の瞬時値	$v=\sqrt{2}V\sin\omega t\,〔\mathrm{V}〕$	
	電流の瞬時値	$i=\dfrac{v}{R}=\sqrt{2}\dfrac{V}{R}\sin\omega t\,〔\mathrm{A}〕$	
	電圧，電流の記号法表示	$\dot{V}=V\,〔\mathrm{V}〕,\ \dot{I}=\dfrac{V}{R}\,〔\mathrm{A}〕$	
	抵抗のインピーダンス	$\dot{Z}=\dfrac{\dot{V}}{\dot{I}}=R\,〔\Omega〕$	
誘導リアクタンス（X_L）回路	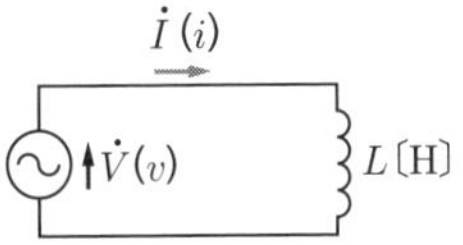 $\dot{I}\,(i)$, $\dot{V}\,(v)$, $L\,〔\mathrm{H}〕$	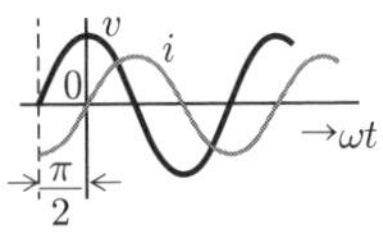 v, i, 0, $\to\omega t$, $\dfrac{\pi}{2}$	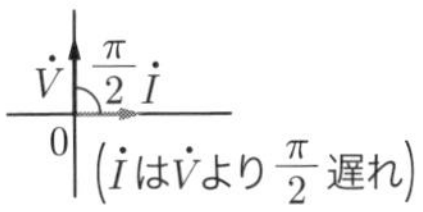 $\dot{V}$, $\dfrac{\pi}{2}$, $\dot{I}$, 0, （$\dot{I}$は$\dot{V}$より$\dfrac{\pi}{2}$遅れ）
	電流の瞬時値	$i=\sqrt{2}I\sin\omega t\,〔\mathrm{A}〕$	
	電圧の瞬時値	$v=L\dfrac{di}{dt}=\sqrt{2}\omega LI\cos\omega t=\sqrt{2}\omega LI\sin\left(\omega t+\dfrac{\pi}{2}\right)〔\mathrm{V}〕$	
	電圧，電流の記号法表示	$\dot{V}=j\omega L\dot{I}=jX_L\dot{I}\,〔\mathrm{V}〕,\ \dot{I}=I\,〔\mathrm{A}〕$	
	コイルのインピーダンス	$\dot{Z}=\dfrac{\dot{V}}{\dot{I}}=j\omega L=jX_L\,〔\Omega〕$	
容量リアクタンス（X_C）回路	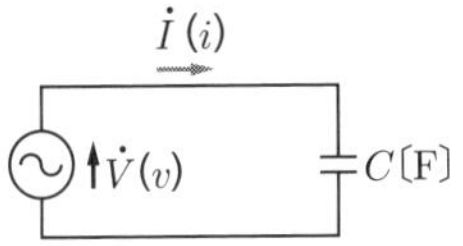 $\dot{I}\,(i)$, $\dot{V}\,(v)$, $C\,〔\mathrm{F}〕$	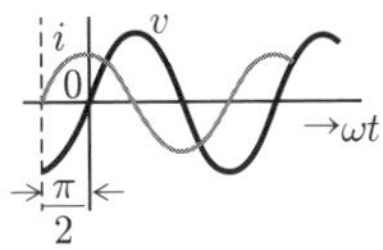 i, v, 0, $\to\omega t$, $\dfrac{\pi}{2}$	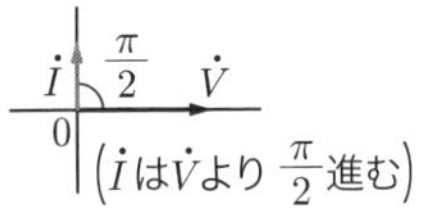 $\dot{I}$, $\dfrac{\pi}{2}$, $\dot{V}$, 0, （$\dot{I}$は$\dot{V}$より$\dfrac{\pi}{2}$進む）
	電圧の瞬時値	$v=\sqrt{2}V\sin\omega t\,〔\mathrm{V}〕$	
	電流の瞬時値	$i=\dfrac{dq}{dt}=C\dfrac{dv}{dt}=\sqrt{2}\omega CV\cos\omega t=\sqrt{2}\omega CV\sin\left(\omega t+\dfrac{\pi}{2}\right)〔\mathrm{A}〕$	
	電圧，電流の記号法表示	$\dot{V}=V\,〔\mathrm{V}〕,\ \dot{I}=j\omega CV\,〔\mathrm{A}〕$	
	コンデンサのインピーダンス	$\dot{Z}=\dfrac{\dot{V}}{\dot{I}}=\dfrac{1}{j\omega C}=-j\dfrac{1}{\omega C}=-jX_C\,〔\Omega〕$	

（2）アドミタンス

インピーダンス $\dot{Z}$ の逆数を**アドミタンス $\dot{Y}$** といい，次式で表す.

$$\dot{\boldsymbol{Y}}=\frac{\boldsymbol{1}}{\dot{\boldsymbol{Z}}}=\boldsymbol{G}+\boldsymbol{jB} \qquad (2\cdot48)$$

$\dot{Y}$ の実数部 G を**コンダクタンス**，虚数部 B を**サセプタンス**といい，**単位は**〔S〕である．サセプタンス B は，$+j$ 分の容量サセプタンスと，$-j$ 分の誘導サセプタンスがある．

（3）インピーダンスの直列接続と *RLC* 直列回路

インピーダンス $\dot{Z}_1, \dot{Z}_2, \cdots, \dot{Z}_n$ が直列に接続されている場合の合成インピーダンス $\dot{Z}_0$ は，直流回路における式（2･4）と同様に，各インピーダンスの複素数の和である．

$$\dot{\boldsymbol{Z}}_{\boldsymbol{0}}=\dot{\boldsymbol{Z}}_{\boldsymbol{1}}+\dot{\boldsymbol{Z}}_{\boldsymbol{2}}+\cdots+\dot{\boldsymbol{Z}}_{\boldsymbol{n}}=\sum_{i=1}^{n}\dot{\boldsymbol{Z}}_{i}\ 〔\Omega〕 \qquad (2\cdot49)$$

抵抗 R，インダクタンス L，静電容量 C の直列回路のインピーダンス $\dot{Z}$ は

$$\dot{Z}=R+j\omega L+\frac{1}{j\omega C}=R+j\left(\omega L-\frac{1}{\omega C}\right)=R+j(X_L-X_C) \qquad (2\cdot50)$$

となる．このときの回路の電流 $\dot{I}$ は次式であり，大きさは絶対値をとる．

$$\dot{I}=\frac{\dot{V}}{\dot{Z}}=\frac{\dot{V}}{R+j\left(\omega L-\frac{1}{\omega C}\right)}=\frac{\dot{V}}{R+j(X_L-X_C)} \qquad (2\cdot51)$$

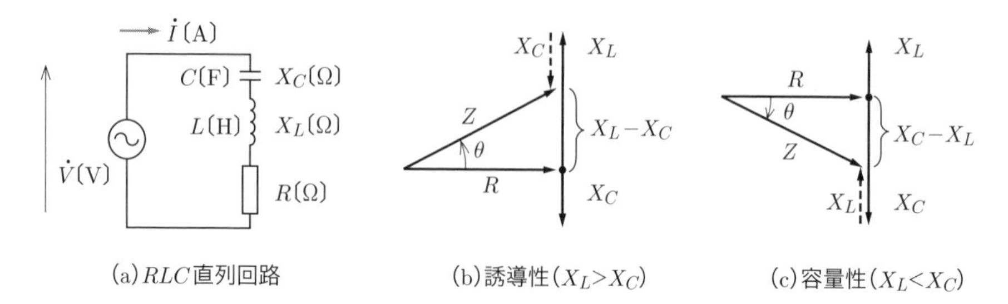

図 2・26　*RLC* 直列回路とインピーダンス

（4）インピーダンスの並列接続と *RLC* 並列回路

アドミタンス $\dot{Y}_1, \dot{Y}_2, \cdots, \dot{Y}_n$ が並列に接続されている場合の合成アドミタンス $\dot{Y}_0$ は，直流回路における式（2･7）と同様に，各アドミタンスの複素数の和である．

$$\dot{\boldsymbol{Y}}_0=\dot{\boldsymbol{Y}}_1+\dot{\boldsymbol{Y}}_2+\cdots+\dot{\boldsymbol{Y}}_n=\sum_{i=1}^{n}\dot{\boldsymbol{Y}}_i \text{〔S〕} \quad (2\cdot52)$$

抵抗 R，インダクタンス L，静電容量 C の並列回路の合成アドミタンスは

$$\dot{Y}=\frac{1}{\dot{Z}}=\frac{1}{R}+j\left(\omega C-\frac{1}{\omega L}\right)=\frac{1}{R}+j\left(\frac{1}{X_C}-\frac{1}{X_L}\right) \quad (2\cdot53)$$

となる．このときの回路の電流 $\dot{I}$ は次式であり，大きさは絶対値をとる．

$$\dot{I}=\dot{Y}\dot{V}=\left\{\frac{1}{R}+j\left(\frac{1}{X_C}-\frac{1}{X_L}\right)\right\}\dot{V}=I_R+j(I_C-I_L) \quad (2\cdot54)$$

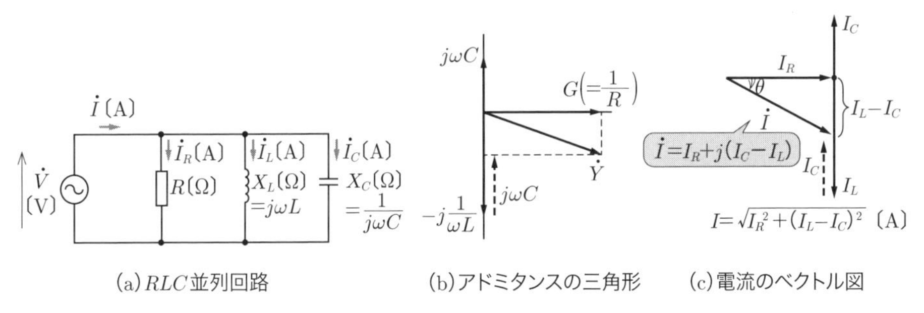

(a) RLC 並列回路　(b) アドミタンスの三角形　(c) 電流のベクトル図

図 2・27 ***RLC*** 並列回路とアドミタンス

(5) 相互インダクタンス回路

相互インダクタンスに関しては，図 2･28 に示すように，それぞれのコイルにより発生する磁束を強め合う和動結合，磁束を弱め合う差動結合があるため，留意する．そして，極性符号（図のドット •）をつけることによって，和動結合か差動結合かを明確にする．

すなわち，相互インダクタンス回路において，i_1，i_2 ともに極性符号（• 印）から電流が流入する場合，または，i_1，i_2 ともに極性符号（• 印）から電流が流出する場合，式（2･55）のように，M の前の符号を正とする．そして，i_1，i_2 のうち一方の電流は極性符号（• 印）から流入し，他方の電流は流出する場合，式（2･56）のように，M の前の符号を負とする．

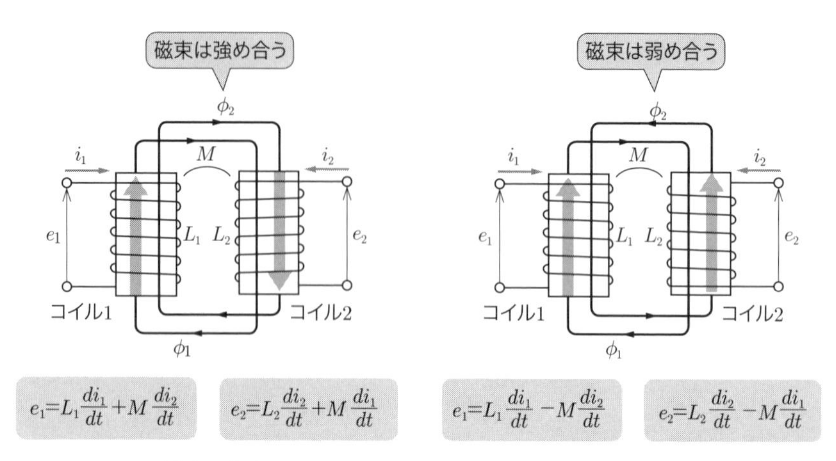

図 2・28 2つのコイルの結合方式

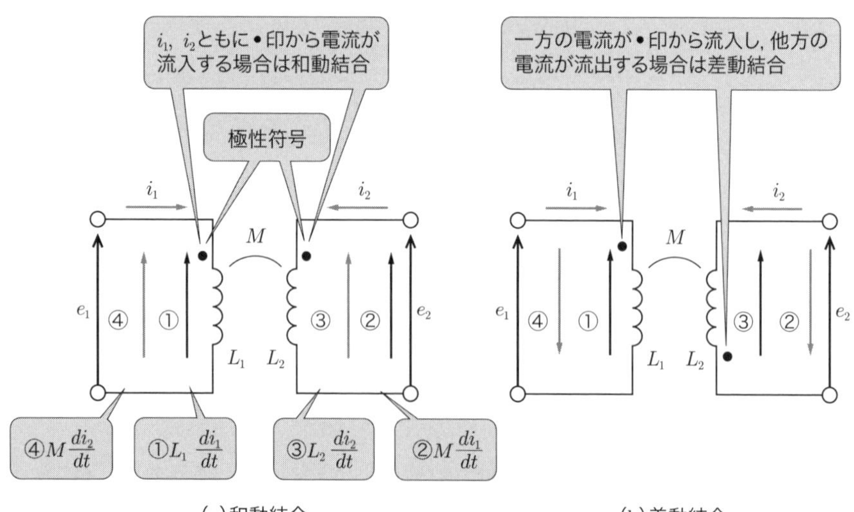

図 2・29 コイルの巻き方と極性符号

図 2･29 (a) に示すように，①左側のコイルの極性符号に向かって電流 i_1 が流入すると，自己誘導によって誘導起電力 $L_1 di_1/dt$ が生じ，②右側のコイルには極性符号から電流が流れ出るような方向に誘導起電力 $M di_1/dt$ が生じる．同様に，③右側のコイルの極性に向かって電流 i_2 が流入すると，自己誘導によって誘導起電力 $L_2 di_2/dt$ が生じ，④左側のコイルには極性符号から電流が流れ出るような方向に

誘導起電力 Mdi_2/dt が生じる．和動結合では

$$\left.\begin{aligned} e_1 &= L_1\frac{di_1}{dt}+M\frac{di_2}{dt} \\ e_2 &= L_2\frac{di_2}{dt}+M\frac{di_1}{dt} \end{aligned}\right\} \qquad (2\cdot 55)$$

POINT
i_1，i_2 ともに極性符号•印から電流が流入している場合は M の前の符号を正とする

一方，差動結合では

$$\left.\begin{aligned} e_1 &= L_1\frac{di_1}{dt}-M\frac{di_2}{dt} \\ e_2 &= L_2\frac{di_2}{dt}-M\frac{di_1}{dt} \end{aligned}\right\} \qquad (2\cdot 56)$$

POINT
i_1，i_2 のうち，一方の電流は•印から流入し，他方の電流は流出している場合は M の前の符号を負とする

なお，図 2･30 のように，右側のコイルの正方向を逆にして電流・電圧の正方向を決めると，コイルの差動結合，和動結合は同図のとおりとなる．

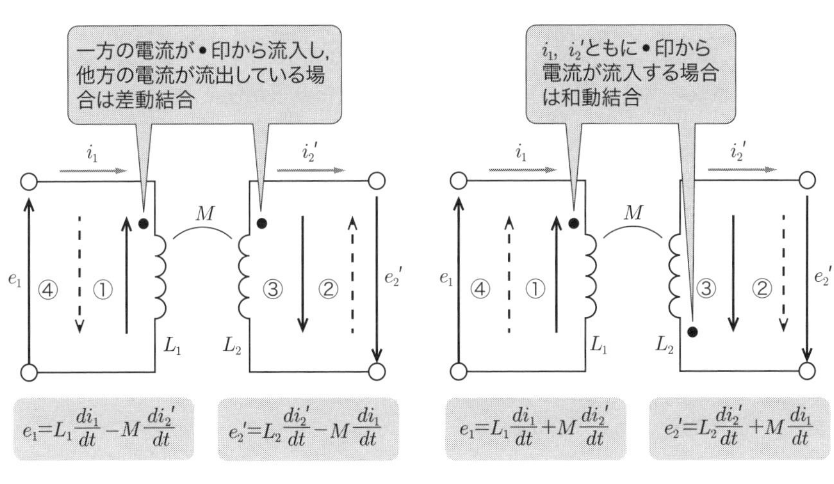

図 2・30 右側のコイルの正方向を反転した場合の差動結合と和動結合

和動結合されたコイルの関係式（2･55）をフェーザ表示すると

$$\left.\begin{aligned} \dot{E}_1 &= j\omega L_1\dot{I}_1+j\omega M\dot{I}_2 \\ \dot{E}_2 &= j\omega M\dot{I}_1+j\omega L_2\dot{I}_2 \end{aligned}\right\} \qquad (2\cdot 57)$$

上式を次式のように書き換えれば，図 2･31 の等価回路に変換できる．

$$\left.\begin{aligned} \dot{E}_1 &= j\omega L_1\dot{I}_1+j\omega M\dot{I}_1-j\omega M\dot{I}_1+j\omega M\dot{I}_2=j\omega(L_1-M)\dot{I}_1+j\omega M(\dot{I}_1+\dot{I}_2) \\ \dot{E}_2 &= j\omega M\dot{I}_1+j\omega M\dot{I}_2-j\omega M\dot{I}_2+j\omega L_2\dot{I}_2=j\omega(L_2-M)\dot{I}_2+j\omega M(\dot{I}_1+\dot{I}_2) \end{aligned}\right\} \qquad (2\cdot 58)$$

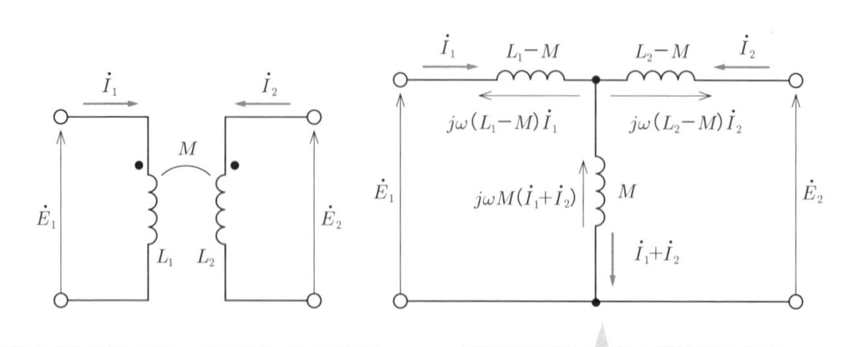

$\dot{E}_1=j\omega L_1\dot{I}_1+j\omega M\dot{I}_2$　$\dot{E}_2=j\omega L_2\dot{I}_2+j\omega M\dot{I}_1$　極性符号を含まない形に等価変換

(a)和動結合回路　(b)等価回路

図 2・31　和動結合回路とその等価回路

差動結合されたコイルの関係式（2･56）をフェーザ表示すると

$$\left.\begin{aligned}\dot{\boldsymbol{E}}_1&=\boldsymbol{j\omega L_1\dot{I}_1-j\omega M\dot{I}_2}\\ \dot{\boldsymbol{E}}_2&=\boldsymbol{-j\omega M\dot{I}_1+j\omega L_2\dot{I}_2}\end{aligned}\right\}\qquad(2\cdot59)$$

上式を次式のように書き換えれば，図 2･31 の等価回路に変換できる．

$$\left.\begin{aligned}\dot{E}_1&=j\omega L_1\dot{I}_1+j\omega M\dot{I}_1-j\omega M\dot{I}_1-j\omega M\dot{I}_2=j\omega(L_1+M)\dot{I}_1-j\omega M(\dot{I}_1+\dot{I}_2)\\ \dot{E}_2&=-j\omega M\dot{I}_1+j\omega M\dot{I}_2-j\omega M\dot{I}_2+j\omega L_2\dot{I}_2=j\omega(L_2+M)\dot{I}_2-j\omega M(\dot{I}_1+\dot{I}_2)\end{aligned}\right\}\qquad(2\cdot60)$$

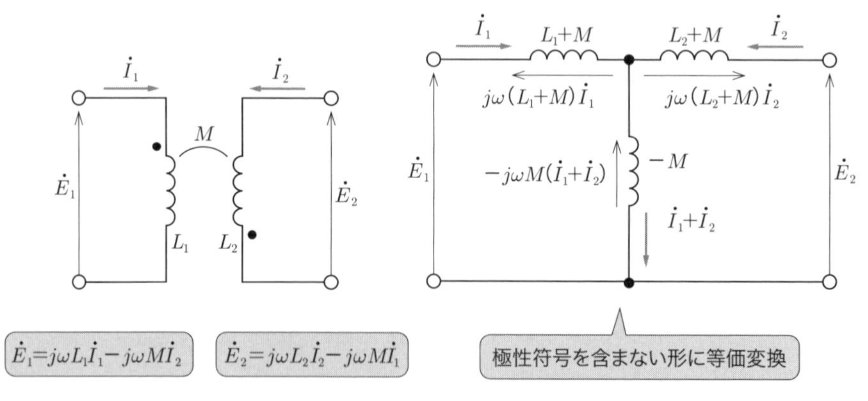

(a)差動結合回路　(b)等価回路

図 2・32　差動結合回路とその等価回路

4 電力と力率

(1) 瞬時電力と平均電力

ある回路の電圧 e，電流 i がそれぞれ $e=\sqrt{2}E\sin\omega t$，$i=\sqrt{2}I\sin(\omega t-\theta)$（$E$，$I$ は実効値）とするとき，瞬時電力 p は三角関数の加法定理を用いて

$$p=ei=2EI\sin\omega t\sin(\omega t-\theta)=EI\{\cos\theta-\cos(2\omega t-\theta)\} \qquad (2\cdot61)$$

となるため，図 2·33 のような波形を示す．

POINT
$\cos(A-B)-\cos(A+B)=2\sin A\sin B$

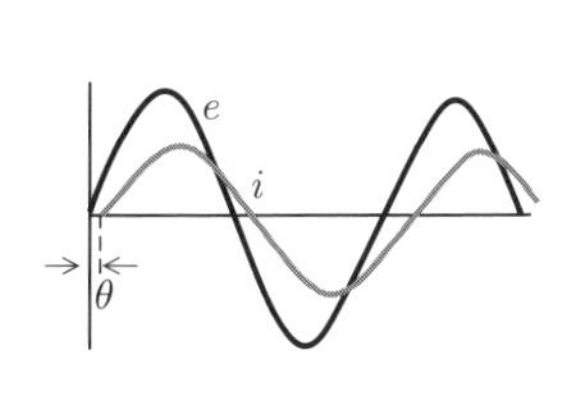

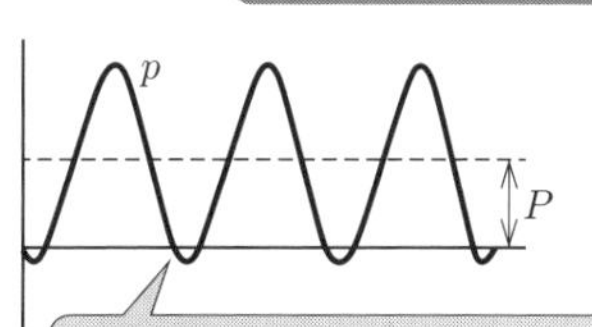

図 2・33　瞬時電力波形

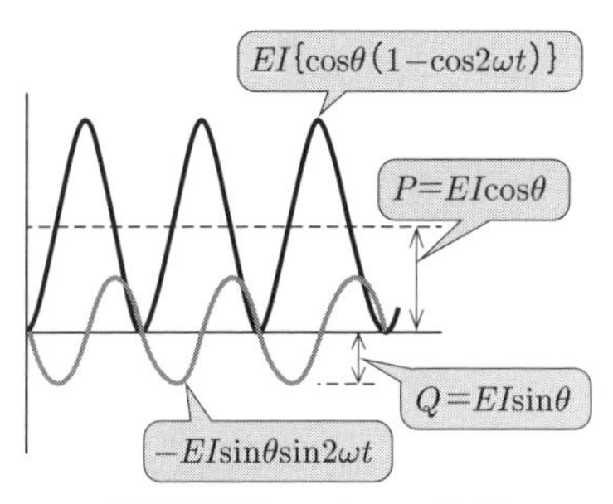

図 2・34　P と Q の波形

さらに，式（2·61）を三角関数の加法定理を用いて分解すると

$$p=EI\{\cos\theta(1-\cos2\omega t)-\sin\theta\sin2\omega t\} \qquad (2\cdot62)$$

POINT
$\cos(2\omega t-\theta)=\cos\theta\cos2\omega t+\sin\theta\sin2\omega t$

図 2·34 に示すように平均電力 P は瞬時電力 p を 1 周期について平均したもので，$2\omega t$ で変化する脈動電力の平均は 0 となるため

$$\boldsymbol{P=EI\cos\theta}\,\text{〔W〕} \qquad (2\cdot63)$$

となり，この電力 P を**有効電力**という．$\cos\theta$ を**力率**といい，θ は電圧と電流の位相差であるが，**力率角**と呼ばれることもある．力率 $\cos\theta$ は 0〜1 の範囲の値であるが，100 倍して％で扱うこともある．

式（2･62）の第 2 項は，大きさが $EI\sin\theta$ で，平均値としては 0 である．この項は，電源と回路の L，C がエネルギーの授受を行っていることを示す．

$$\boldsymbol{Q = EI\sin\theta}\,〔\mathrm{var}〕 \qquad (2\cdot 64)$$

を**無効電力**といい，単位は〔var（**バール**）〕である．そして，電圧と電流の実効値の積は**皮相電力**といい

$$\boldsymbol{S = EI}\,〔\mathrm{V\cdot A}〕 \qquad (2\cdot 65)$$

である．ここで，式（2･63）〜式（2･65）より

$$\boldsymbol{P = S\cos\theta} \qquad \boldsymbol{Q = S\sin\theta} \qquad \boldsymbol{S = \sqrt{P^2 + Q^2}} \qquad (2\cdot 66)$$

となるから，図 2･35 のベクトルとして表すことができる．また，図 2･36 のように電圧 $\dot{E}$ を基準ベクトルとすれば，電圧と同相成分 $I\cos\theta$ を**有効電流**，直角相成分 $I\sin\theta$ を**無効電流**という．

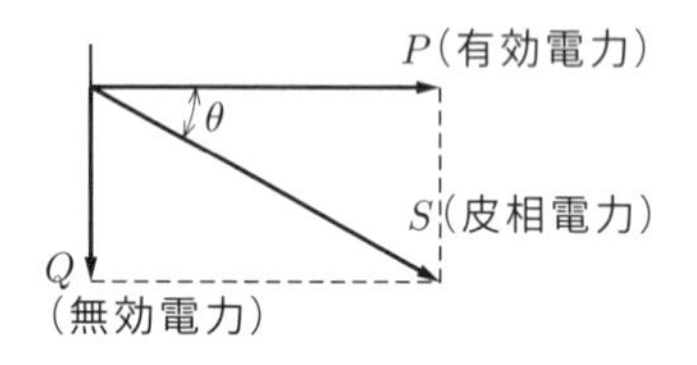

図 2・35　電力のベクトル

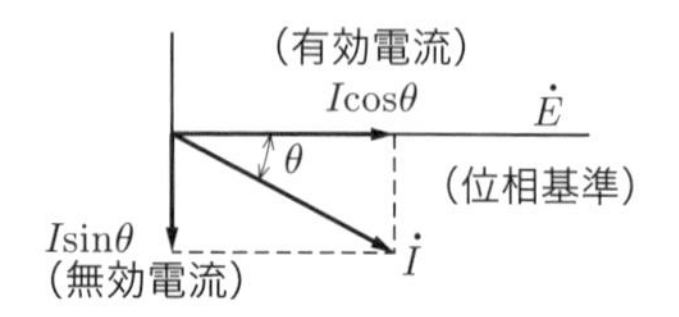

図 2・36　電流のベクトル

（2）電力の複素数表示

電圧，電流のベクトルをそれぞれ $\dot{E} = Ee^{j\omega t}$，$\dot{I} = Ie^{j(\omega t-\theta)}$ とすれば，皮相電力のベクトルは，電圧 $\dot{E}$，電流 $\dot{I}$ のいずれかの共役複素数を使用して計算する．なお，実際には電圧または電流のどちらかを位相の基準とすることが多い．

① **電流 $\dot{I}$ の共役複素数 $\overline{\dot{I}}$ を使用する場合**（図 2･37（a）参照）

$$\boldsymbol{\dot{S} = \dot{E}\,\overline{\dot{I}} = Ee^{j\omega t}Ie^{-j(\omega t-\theta)} = EIe^{j\theta} = EI\cos\theta + jEI\sin\theta} \qquad (2\cdot 67)$$

ただし，虚数部が正のときは遅れ無効電力，負のときは進み無効電力である．

② **電圧 $\dot{E}$ の共役複素数 $\overline{\dot{E}}$ を使用する場合**（図 2･37（b）参照）

$$\boldsymbol{\dot{S} = \overline{\dot{E}}\,\dot{I} = Ee^{-j\omega t}Ie^{j(\omega t-\theta)} = EIe^{-j\theta} = EI\cos\theta - jEI\sin\theta} \qquad (2\cdot 68)$$

ただし，虚数部が正のときは進み無効電力，負のときは遅れ無効電力である．

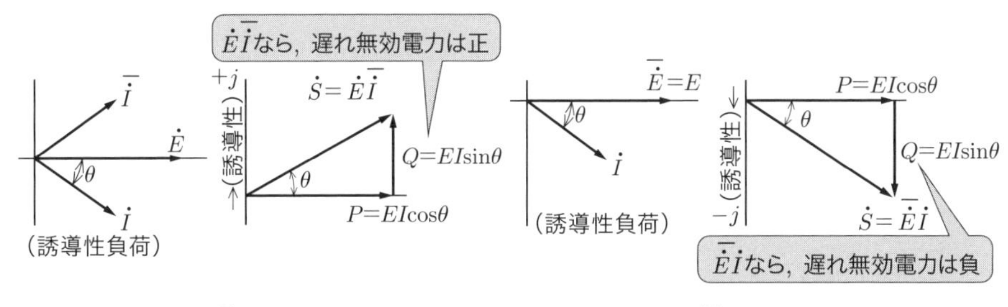

(a) $\dot{S}=\dot{E}\overline{\dot{I}}$ とする場合　　(b) $\dot{S}=\overline{\dot{E}}\dot{I}$ とする場合

図2・37　電力の複素数表示（電圧を位相基準とするケース）

5 共振

(1) 直列共振

図2･38のRLC直列回路において，合成インピーダンス$\dot{Z}$のリアクタンス分，すなわち虚数部が0となるとき，一定電圧のもとで電流$|\dot{I}|$が最大になる．この現象を**直列共振**という．

$$\dot{Z}=R+j\left(\omega L-\frac{1}{\omega C}\right) \qquad (2\cdot69)$$

POINT
直列共振するとき，インピーダンスは最小

の虚数部が0となるのは，$\omega L=\dfrac{1}{\omega C}$のときであり，このときの$\omega$を$\omega_0$，周波数$f$を$f_0$とすれば

$$\omega_0=\frac{1}{\sqrt{LC}} \quad , \quad f_0=\frac{1}{2\pi\sqrt{LC}} \qquad (2\cdot70)$$

となる．上式のf_0を**共振周波数**，ω_0は**共振角周波数**という．周波数変化に対する$|\dot{Z}|$の変化は図2･38のようになり，f_0で最小となる．

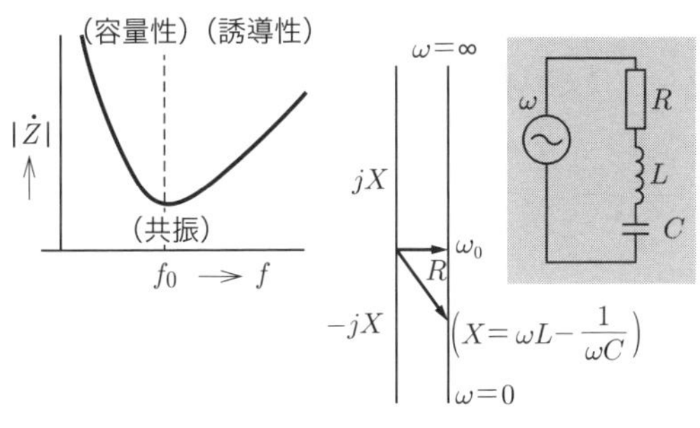

図2・38　$|\dot{Z}|$の直列共振曲線

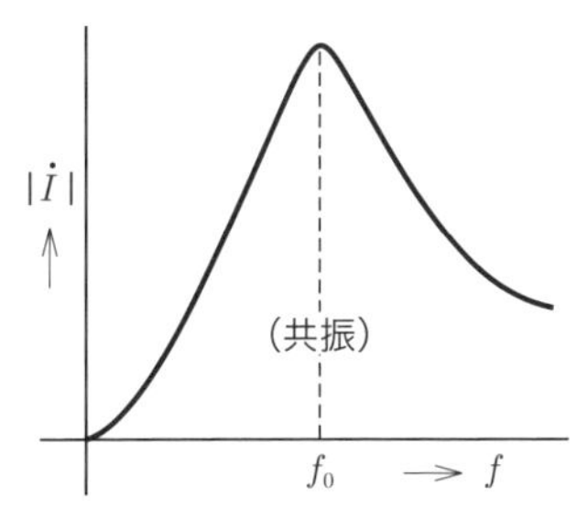

図2・39　$|\dot{I}|$の直列共振曲線

定電圧 $\dot{V}$ を加えたとき，電流 $\dot{I}$ は

$$\dot{I}=\frac{\dot{V}}{R+j\left(\omega L-\dfrac{1}{\omega C}\right)} \qquad (2\cdot71)$$

POINT
直列共振するとき，
電流は最大

であり，$|\dot{I}|$ の変化は図 2･39 のようになる．共振条件 $\omega=\omega_0$ のとき

$$\dot{V}_R=\dot{I}R=\dot{V}\ ,\ \ \dot{V}_L=j\omega_0 L\dot{I}=\frac{j\omega_0 L}{R}\dot{V}\ ,\ \ \dot{V}_C=\frac{\dot{V}}{j\omega_0 CR} \qquad (2\cdot72)$$

となる．共振状態において L および C の両端の電圧 $V_L=V_C$ が電源電圧 V の何倍になるかを示す値 $Q=\dfrac{V_L}{V}=\dfrac{V_C}{V}$ を**尖鋭度（共振の鋭さ）**という．

$$\boldsymbol{Q=\frac{\omega_0 L}{R}=\frac{1}{\omega_0 CR}=\frac{1}{R}\sqrt{\frac{L}{C}}} \qquad (2\cdot73)$$

この Q を用いると，式（2･72）から，$\dot{V}_L=jQ\dot{V}$，$\dot{V}_C=-jQ\dot{V}$ となるため，$|\dot{V}_L|$，$|\dot{V}_C|$ は電源電圧 $|\dot{V}|$ に比べて非常に大きくすることができる．

（2）並列共振

図 2･40 の RLC 並列共振回路において，合成アドミタンス $\dot{Y}$ の虚数部が 0 となるとき，電流 $|\dot{I}|$ が最小になる．この現象を**並列共振**（または**反共振**）という．

$$\boldsymbol{\dot{Y}=\frac{1}{R}+j\left(\omega C-\frac{1}{\omega L}\right)} \qquad (2\cdot74)$$

POINT
並列共振するとき，
電流は最小

の虚数部が 0 となるのは，$\omega C=1/\omega L$ のときであり，このときの ω を ω_0，周波数 f を f_0 とすれば

$$\boldsymbol{\omega_0=\frac{1}{\sqrt{LC}}\quad ,\quad f_0=\frac{1}{2\pi\sqrt{LC}}} \qquad (2\cdot75)$$

となる．上式の f_0 を**反共振周波数**，ω_0 は**反共振角周波数**という．周波数変化に対する $|\dot{Y}|$ の変化は図 2･40 のようになり，f_0 で最小となる．

定電圧 $\dot{V}$ を加えると，電流 $\dot{I}=\dot{Y}\dot{V}$ であり，$|\dot{I}|$ の変化は $|\dot{Y}|$ と同じ形である．そして，共振時には

$$\dot{I}_R=\frac{\dot{V}}{R}=\dot{J}\ ,\ \ \dot{I}_L=\frac{\dot{V}}{j\omega_0 L}=\frac{R}{j\omega_0 L}\dot{J}\ ,\ \ \dot{I}_C=j\omega_0 C\dot{V}=j\omega_0 CR\dot{J} \qquad (2\cdot76)$$

となり

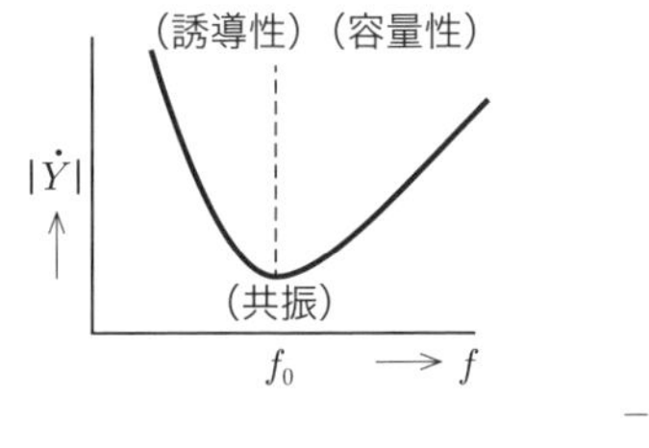

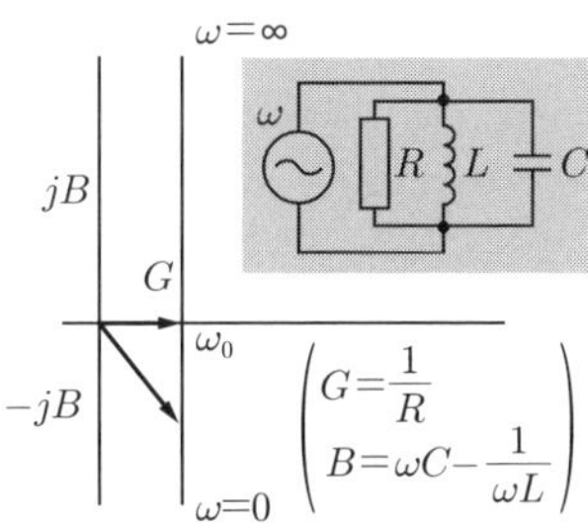

図2・40 $|\dot{Y}|$の並列共振曲線

$$\boldsymbol{Q}=\frac{\boldsymbol{R}}{\boldsymbol{\omega_0 L}}=\boldsymbol{\omega_0 CR} \qquad (2\cdot77)$$

とすれば，$|\dot{I}_L|=|\dot{I}_C|=QJ$ となり，電源電流の Q 倍が LC 間に流れる．

例題7 ……………………………… **H29 問3**

次の文章は，正弦波交流電圧源に接続された，抵抗終端リアクタンス回路に関する記述である．

図のように，抵抗 $\boldsymbol{R}$ で終端した**2**端子対リアクタンス回路に正弦波交流電圧源 $\dot{\boldsymbol{E}}$ を接続すると，回路の端子対で等式 $\frac{\dot{\boldsymbol{V}}_0}{\dot{\boldsymbol{I}}_0}=\frac{\dot{\boldsymbol{V}}_1}{\dot{\boldsymbol{I}}_1}=\boldsymbol{R}$ が成立した．$\frac{\dot{\boldsymbol{V}}_0}{\dot{\boldsymbol{I}}_0}=\frac{\dot{\boldsymbol{V}}_1}{\dot{\boldsymbol{I}}_1}=\boldsymbol{R}$ を満たす素子値 $\boldsymbol{X}_1$，$\boldsymbol{X}_2$，$\boldsymbol{R}$ の組合せは，$\boldsymbol{X}_1\neq\boldsymbol{X}_2$ の場合も含めて無数に存在する．このとき，図の $-j\boldsymbol{X}_2$ に現れる電圧を $\dot{\boldsymbol{V}}_1'$ とおくと，電圧の比 $\frac{\dot{\boldsymbol{V}}_1'}{\dot{\boldsymbol{V}}_0}$，$\frac{\dot{\boldsymbol{V}}_1}{\dot{\boldsymbol{V}}_1'}$ はインピーダンスの比により

$$\frac{\dot{\boldsymbol{V}}_1'}{\dot{\boldsymbol{V}}_0}=\frac{\boxed{(1)}}{\boldsymbol{R}}, \qquad \frac{\dot{\boldsymbol{V}}_1}{\dot{\boldsymbol{V}}_1'}=\frac{\boldsymbol{R}}{\boxed{(2)}} \quad \cdots\cdots ①$$

で与えられる．

もし，リアクタンス回路の素子値が $\boldsymbol{X}_1=\boldsymbol{X}_2=\sqrt{\boldsymbol{3}}\ \Omega$ なら，$\frac{\dot{\boldsymbol{V}}_0}{\dot{\boldsymbol{I}}_0}=\frac{\dot{\boldsymbol{V}}_1}{\dot{\boldsymbol{I}}_1}=\boldsymbol{R}$ より

$\boldsymbol{R}=\boxed{(3)}$〔Ω〕であり，電圧の比 $\frac{\dot{\boldsymbol{V}}_1}{\dot{\boldsymbol{V}}_0}$ は

$$\frac{\dot{\boldsymbol{V}}_1}{\dot{\boldsymbol{V}}_0}=\frac{\boxed{(1)}}{\boxed{(2)}}=\mathrm{e}^{j\boxed{(4)}} \quad \cdots\cdots ②$$

となる．電圧 $\dot{\boldsymbol{V}}_0$，$\dot{\boldsymbol{V}}_1'$，$\dot{\boldsymbol{V}}_1$ の大きさの関係は，式①，②より $\boxed{(5)}$ となる．

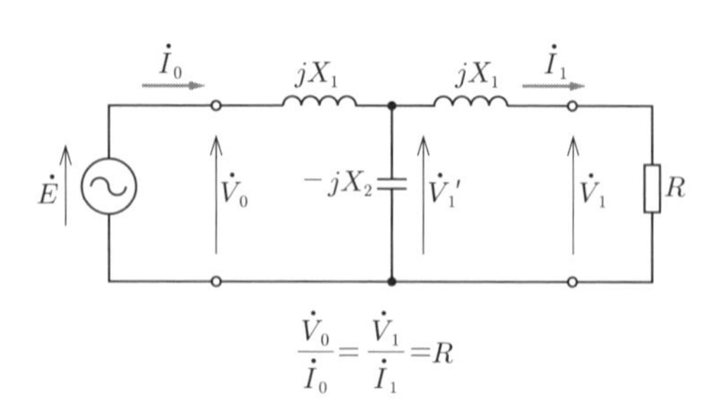

【解答群】

(イ) $\lvert\dot{V}_0\rvert=\lvert\dot{V}_1\rvert=\lvert\dot{V}_1{}'\rvert$	(ロ) $-\pi/4$	(ハ) $R-jX_2$
(ニ) $\pi/3$	(ホ) $R+j(X_2-X_1)$	(ヘ) $\lvert\dot{V}_0\rvert=\lvert\dot{V}_1\rvert>\lvert\dot{V}_1{}'\rvert$
(ト) 1	(チ) $R-jX_1$	(リ) $R+j(X_1-X_2)$
(ヌ) $\lvert\dot{V}_0\rvert=\lvert\dot{V}_1\rvert<\lvert\dot{V}_1{}'\rvert$	(ル) 2	(ヲ) $R+jX_1$
(ワ) $R+jX_2$	(カ) $-\pi/2$	(ヨ) $\sqrt{3}$

解 説 (1) $\dot{V}_0/\dot{I}_0=R$ は，入力端子からみたインピーダンスが R であることを示す．このため，解説図に示す点線範囲の等価インピーダンスは $R-jX_1$ である．したがって，$\dot{V}_1'$ は電圧 $\dot{V}_0$ を jX_1 と（$R-jX_1$）の直列回路に印加したときの分担電圧であるから，式（2·49）より

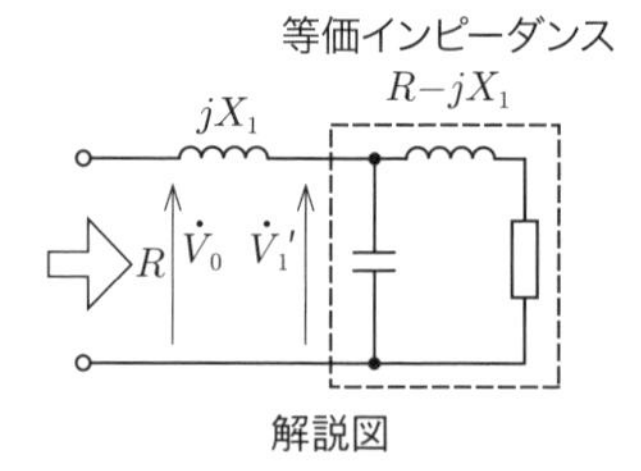

解説図

$$\dot{V}_1'=\frac{R-jX_1}{jX_1+(R-jX_1)}\dot{V}_0=\frac{R-jX_1}{R}\dot{V}_0 \qquad \therefore\ \frac{\dot{V}_1'}{\dot{V}_0}=\frac{R-jX_1}{R} \qquad \cdots\cdots③$$

(2) 問題図を見れば，電圧 $\dot{V}_1$ は電圧 $\dot{V}_1'$ を jX_1 と R の直列接続で分担したものである．

$$\dot{V}_1=\frac{R}{jX_1+R}\dot{V}_1' \qquad \therefore\ \frac{\dot{V}_1}{\dot{V}_1'}=\frac{R}{R+jX_1} \qquad \cdots\cdots④$$

(3) 問題図を見て，入力端子からみたインピーダンスを式（2·49）と式（2·52）より求めるとともに，$X_1=X_2=\sqrt{3}$ を代入すれば

$$\frac{\dot{V}_0}{\dot{I}_0}=jX_1+\frac{-jX_2(R+jX_1)}{-jX_2+(R+jX_1)}=j\sqrt{3}+\frac{-j\sqrt{3}(R+j\sqrt{3})}{-j\sqrt{3}+(R+j\sqrt{3})}$$

$$=j\sqrt{3}-j\sqrt{3}+\frac{3}{R}=\frac{3}{R}$$

一方，$\dfrac{\dot{V}_0}{\dot{I}_0}=R$ であるから，$\dfrac{3}{R}=R \qquad \therefore\ R^2=3 \qquad \therefore\ R=\sqrt{3}$

(4) 式③，式④を辺々かけあわせれば

$$\frac{\dot{V}_1'}{\dot{V}_0}\times\frac{\dot{V}_1}{\dot{V}_1'}=\frac{R-jX_1}{R}\times\frac{R}{R+jX_1}\qquad\therefore\ \frac{\dot{V}_1}{\dot{V}_0}=\frac{R-jX_1}{R+jX_1}$$

$$\therefore\ \frac{\dot{V}_1}{\dot{V}_0}=\frac{R-jX_1}{R+jX_1}=\frac{\sqrt{3}-j\sqrt{3}}{\sqrt{3}+j\sqrt{3}}=\frac{1-j}{1+j}=\frac{\sqrt{1^2+1^2}e^{-j\frac{\pi}{4}}}{\sqrt{1^2+1^2}e^{j\frac{\pi}{4}}}=e^{-j\frac{\pi}{2}}$$

(5) 式③から，$\dot{V}_0=\dfrac{R}{R-jX_1}\dot{V}_1'$，式④から $\dot{V}_1=\dfrac{R}{R+jX_1}\dot{V}_1'$ であり，$R=X_1=\sqrt{3}$ を代入すると

$$\dot{V}_0=\frac{\sqrt{3}}{\sqrt{3}-j\sqrt{3}}\dot{V}_1'=\frac{1}{1-j}\dot{V}_1'=\frac{1}{\sqrt{2}e^{-j\frac{\pi}{4}}}\dot{V}_1'$$

$$\dot{V}_1=\frac{\sqrt{3}}{\sqrt{3}+j\sqrt{3}}\dot{V}_1'=\frac{1}{1+j}\dot{V}_1'=\frac{1}{\sqrt{2}e^{j\frac{\pi}{4}}}\dot{V}_1'$$

$$\therefore\ |\dot{V}_0|=|\dot{V}_1|=\frac{1}{\sqrt{2}}|\dot{V}_1'|\qquad\therefore\ |\dot{V}_0|=|\dot{V}_1|<|\dot{V}_1'|$$

【解答】(1) チ　(2) ヲ　(3) ヨ　(4) カ　(5) ヌ

例題 8 ………………………………………… **H28　問 6**

次の文章は，交流回路に関する記述である．

図の回路において交流電圧源 $\dot{\boldsymbol{E}}$ の角周波数は ω とする．それぞれの素子の両端の電圧と，素子に流れる電流を求めたい．

抵抗 r に流れる電流 $\dot{\boldsymbol{I}}$ は

$\dot{\boldsymbol{I}}=$ [(1)]

インダクタンス L のコイルの両端の電圧 $\dot{\boldsymbol{V}}_L$ は

$\dot{\boldsymbol{V}}_L=$ [(2)]

静電容量 C のコンデンサの両端の電圧 $\dot{\boldsymbol{V}}_C$ は

$\dot{\boldsymbol{V}}_C=$ [(3)]

となる．

図

各素子の値が [(4)] の関係にあるとき，ω の値に関係なく $\dot{\boldsymbol{V}}_C=\dot{\boldsymbol{V}}_r$ となる．このとき，$\dot{\boldsymbol{V}}_C$ の位相は $\dot{\boldsymbol{V}}_L$ に対して，[(5)]．

【解答群】

(イ) $\dfrac{j\omega L}{r+j\omega L}\dot{E}$　(ロ) $\dfrac{1}{j\omega L}\dot{E}$　(ハ) $Rr=\sqrt{LC}$

(ニ) $\dfrac{j\omega L}{r}\dot{E}$　(ホ) $\dfrac{R}{1+j\omega CR}\dot{E}$　(ヘ) $\dfrac{j\omega CR}{1+j\omega CR}\dot{E}$

(ト) $\dfrac{1}{r+j\omega L}\dot{E}$	(チ) $\dfrac{1}{1+j\omega CR}\dot{E}$	(リ) $\dfrac{r}{r+j\omega L}\dot{E}$
(ヌ) $Rr=\dfrac{C}{L}$	(ル) $\dfrac{1}{r}\dot{E}$	(ヲ) $Rr=\dfrac{L}{C}$
(ワ) 同相である	(カ) 90°遅れている	(ヨ) 90°進んでいる

解 説 (1) 抵抗 r とコイルの $j\omega L$ の直列接続部分（インピーダンス $r+j\omega L$）に電源電圧 $\dot{E}$ がかかっているから

$$\dot{I}=\frac{\dot{E}}{r+j\omega L}$$

(2) コイルの両端の電圧 $\dot{V}_L$ は，インピーダンスが $j\omega L$，電流が $\dot{I}=\dfrac{\dot{E}}{r+j\omega L}$ であるから，式（2·46）より

$$\dot{V}_L=\frac{\dot{E}}{r+j\omega L}\times j\omega L=\frac{j\omega L}{r+j\omega L}\dot{E}$$

(3) 静電容量 C のコンデンサに流れる電流を $\dot{I}_C$ とすれば，(1) と同様に

$$\dot{I}_C=\frac{\dot{E}}{R+\dfrac{1}{j\omega C}}=\frac{j\omega C}{1+j\omega CR}\dot{E} \qquad \therefore \dot{V}_C=\dot{I}_C\frac{1}{j\omega C}=\frac{\dot{E}}{1+j\omega CR} \qquad \cdots\cdots①$$

(4) $\dot{V}_r=r\dot{I}=\dfrac{r}{r+j\omega L}\dot{E}$ より，$\dot{V}_r=\dot{V}_C$ となるためには

$$\frac{r}{r+j\omega L}\dot{E}=\frac{\dot{E}}{1+j\omega CR}$$

$$\therefore r(1+j\omega CR)=r+j\omega L \qquad \therefore rCR=L \qquad \therefore Rr=L/C \qquad \cdots\cdots②$$

(5) 式②を式①へ代入すれば

$$\dot{V}_C=\frac{\dot{E}}{1+j\omega CR}=\frac{\dot{E}}{1+j\omega\dfrac{L}{r}}=\frac{r}{r+j\omega L}\dot{E}$$

したがって，$\dot{E}$ を位相の基準としてベクトル図を描くと，解説図のようになる．$\dot{I}$ は $\dot{E}$ よりも位相が遅れ，$\dot{V}_C$ は $\dot{I}$ と同相である．また，$\dot{V}_L$ は $\dot{I}$ に $j\omega L$ を乗じているため，位相が 90° 進む．したがって，$\dot{V}_C$ の位相は $\dot{V}_L$ に対して 90° 遅れている．

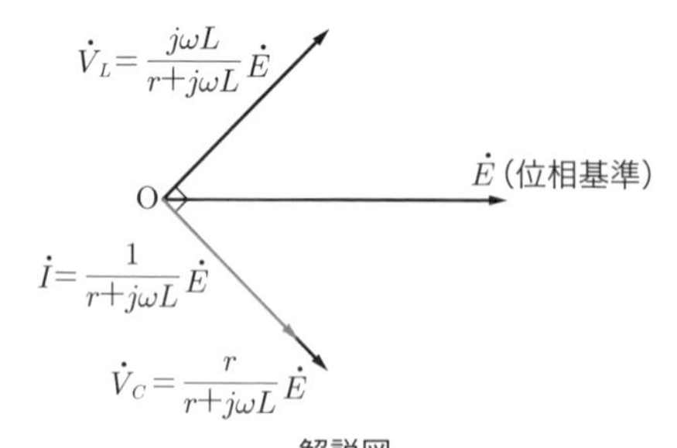

解説図

【解答】(1) ト (2) イ (3) チ (4) ヲ (5) カ

例題 9 ………………………………………………… H26 問3

次の文章は，正弦波交流電源，抵抗，コイル，コンデンサからなる交流回路に関する記述である．

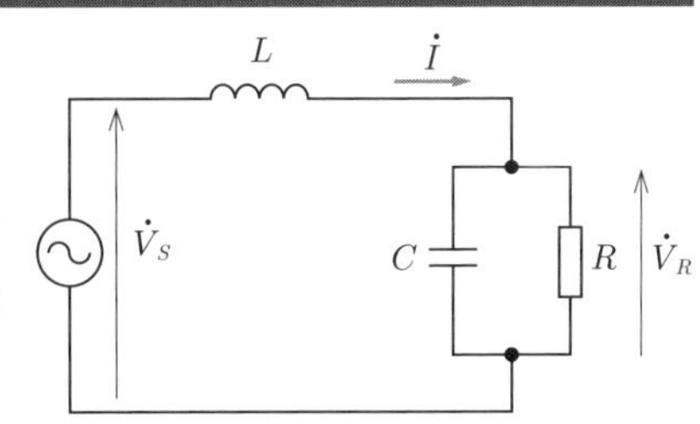

図のような回路があり，コイルのインダクタンスは $\boldsymbol{L}$=**25** mH で，電源の角周波数は $\boldsymbol{\omega}$=**400**rad/s である．ここで，電圧と電流を測定したところ，$|\dot{\boldsymbol{V}}_S|=|\dot{\boldsymbol{V}}_R|=\mathbf{130}$ V，$|\dot{\boldsymbol{I}}|=\mathbf{10}$ A であった．このとき，ベクトル（フェーザ）図において，複素電流 $\dot{\boldsymbol{I}}$〔A〕と直交する複素電圧を，$\dot{\boldsymbol{V}}_S$，$\dot{\boldsymbol{V}}_R$ を使って表すと，（1）〔V〕であり，$|\dot{\boldsymbol{V}}_S-\dot{\boldsymbol{V}}_R|=$ （2）〔V〕である．また，抵抗で消費される電力は （3）〔W〕であり，抵抗 $\boldsymbol{R}$ は （4）〔Ω〕，コンデンサの静電容量 $\boldsymbol{C}$ は （5）〔μF〕である．

【解答群】

（イ）$\dot{V}_S+\dot{V}_R$	（ロ）$\dot{V}_R$	（ハ）1000	（ニ）100	（ホ）13
（ヘ）77	（ト）74	（チ）12	（リ）0	（ヌ）1200
（ル）120	（ヲ）14	（ワ）1300	（カ）$\dot{V}_S-\dot{V}_R$	（ヨ）59

解　説　(1) コイルのインピーダンスは $j\omega L$ であるから，コイルにかかる電圧 $\dot{V}_L$ は $\dot{V}_L=j\omega L\dot{I}$ である．j はベクトルの位相を 90° 回転させる作用子なので，$\dot{I}$ と直交するのは $j\omega L\dot{I}$ である．図より

$$j\omega L\dot{I}=\dot{V}_S-\dot{V}_R \quad \cdots\cdots①$$

(2)　$|\dot{V}_S-\dot{V}_R|=|j\omega L\dot{I}|=400\times 25\times 10^{-3}\times 10=100$ V

(3) 式①と $j\omega L\dot{I}$ が $\dot{I}$ に直交していることから，$\dot{V}_R$ を基準にベクトル図を描けば解説図となる．抵抗 R で消費される電力 P_R は式（2･63）より $P_R=|\dot{V}_R||\dot{I}|\cos\theta$ となる．解説図において，$|\dot{V}_S|=|\dot{V}_R|=130$ で，△OSR は二等辺三角形であり，電流ベクトルと $\dot{V}_S-\dot{V}_R$（すなわちベクトル RS）は直交している．△ORP に注目すると，

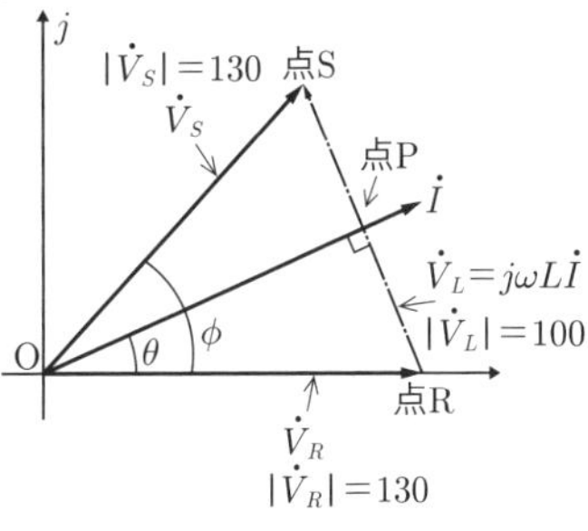

解説図

$\overline{\mathrm{OR}}=130$，　$\overline{\mathrm{PR}}=50$ であるから

$$\cos\theta=\frac{\overline{\mathrm{OP}}}{\overline{\mathrm{OR}}}=\frac{\sqrt{\mathrm{OR}^2-\mathrm{PR}^2}}{\mathrm{OR}}=\frac{\sqrt{130^2-50^2}}{130}=\frac{120}{130}=\frac{12}{13}$$

$$\therefore\ P_R = |\dot{V}_R||\dot{I}|\cos\theta = 130 \times 10 \times \frac{12}{13} = 1\,200\ \text{W}$$

(4) $P_R = \dfrac{|\dot{V}_R|^2}{R}$ と表すこともできるので，$\dfrac{|\dot{V}_R|^2}{R} = \dfrac{130^2}{R} = 1\,200$

$$\therefore\ R = \frac{130^2}{1\,200} = \frac{169}{12} \fallingdotseq 14\ \Omega$$

(5) 静電容量 C で消費される無効電力 Q は $Q = |\dot{V}_R||\dot{I}|\sin\theta = \dfrac{|\dot{V}_R|^2}{X}$

これに $|\dot{V}_R| = 130$，$|\dot{I}| = 10$，$\sin\theta = \dfrac{\overline{\text{PR}}}{\overline{\text{OR}}} = \dfrac{50}{130} = \dfrac{5}{13}$ を代入すれば

$$130 \times 10 \times \frac{5}{13} = \frac{130^2}{X} \qquad \therefore\ X = \frac{169}{5} = 33.8\ \Omega$$

$-jX = \dfrac{1}{j\omega C}$ であるから，$C = \dfrac{1}{\omega X} = \dfrac{1}{400 \times 33.8} \fallingdotseq 74 \times 10^{-6}\text{F} = 74\ \mu\text{F}$

【解答】(1) カ　(2) ニ　(3) ヌ　(4) ヲ　(5) ト

例題 10 ……… H25 問 3

次の文章は，変圧器のある交流回路に関する記述である．

電圧が $\dot{E} = E\,(1 + j0) = E$ で，角周波数 ω（$\omega > 0$）が可変の交流電源に，図のように，変圧器，静電容量 C のコンデンサ，抵抗値が R の抵抗が接続されている．変圧器の一次側と二次側の自己インダクタンスおよび相互インダクタンスはそれぞれ L_1，L_2，M（ただし $L_1 \neq M$）で，極性は図のように定義する．

図中の電流 $\dot{I}_1$，$\dot{I}_2$ を用いて，電圧 $\dot{V}_1$，$\dot{V}_2$ を表すと，それぞれ $\dot{V}_1 =$ [(1)]，$\dot{V}_2 =$ [(2)] である．ここで，$\dot{I}_2 = 0$ になるよう角周波数 ω を調整した場合，その角周波数は [(3)] で，そのときの $\dot{I}_1$ は [(4)] であり，$\dot{I}_1$ が電源電圧に対して遅れ位相となる条件は，[(5)] である．

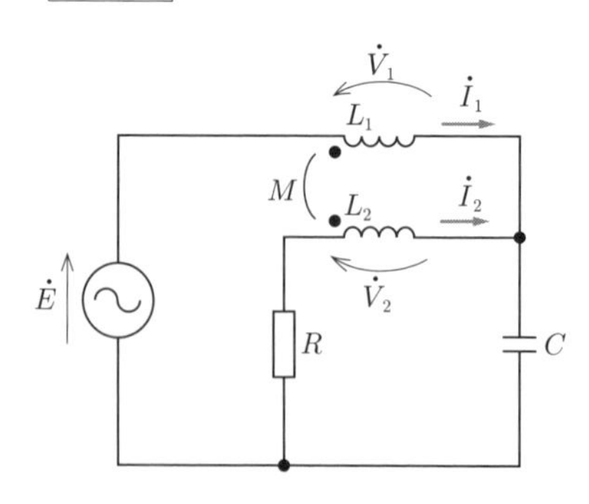

【解答群】

(イ) $\dfrac{1}{\sqrt{MC}}$	(ロ) $j\dfrac{\sqrt{MC}}{M-L_1}E$	(ハ) $j\omega L_1\dot{I}_1+j\omega M\dot{I}_2$
(ニ) $L_1>M$	(ホ) $j\omega(L_2+M)\dot{I}_1$	(ヘ) $j\omega(L_1+M)\dot{I}_1$
(ト) $\dfrac{1}{RC}$	(チ) $L_2>M$	(リ) $\dfrac{M}{R}$
(ヌ) $\sqrt{L_1L_2}>M$	(ル) $j\omega M\dot{I}_1+j\omega L_2\dot{I}_2$	(ヲ) $j\dfrac{RC}{M-L_2}E$
(ワ) $j\omega(L_2+M)\dot{I}_2$	(カ) $j\dfrac{\sqrt{MC}}{L_2-L_1}E$	(ヨ) $j\omega(L_1+M)\dot{I}_2$

解説 (1) (2) 問題の図の極性符号と $\dot{I}_1$, $\dot{I}_2$ の向きを見れば，図 2·29 (a) の和動結合である．式 (2·57) より

$$\dot{V}_1=j\omega L_1\dot{I}_1+j\omega M\dot{I}_2 \quad \cdots\cdots①$$

$$\dot{V}_2=j\omega M\dot{I}_1+j\omega L_2\dot{I}_2 \quad \cdots\cdots②$$

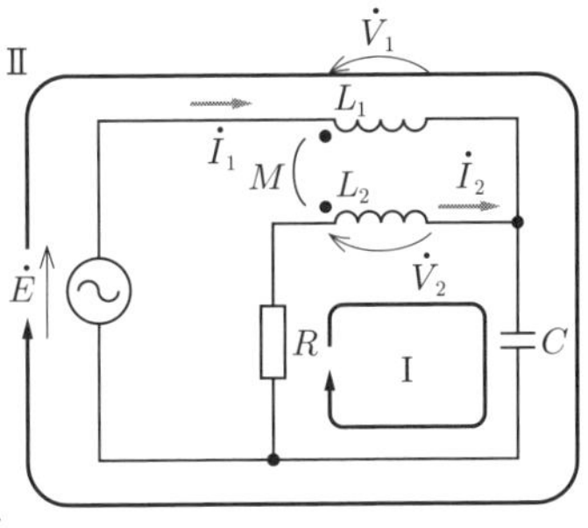

解説図

(3) 式②において $\dot{I}_2=0$ とすれば $\dot{V}_2=j\omega M\dot{I}_1$

解説図の閉回路 I において，$\dot{I}_2=0$ のときコンデンサ C に流れる電流は $\dot{I}_1$ であるから，キルヒホッフの第 2 法則より

$$\dot{V}_2+\frac{1}{j\omega C}\dot{I}_1=0 \quad \therefore j\omega M\dot{I}_1+\frac{1}{j\omega C}\dot{I}_1=0 \quad \therefore \omega^2MC=1 \quad \therefore \omega=\frac{1}{\sqrt{MC}}$$

(4) $\dot{I}_2=0$ を式①へ代入すると $\dot{V}_1=j\omega L_1\dot{I}_1$ であり，閉回路IIにキルヒホッフの第 2 法則を適用すれば

$$\dot{E}=\dot{V}_1+\frac{1}{j\omega C}\dot{I}_1=\left(j\omega L_1+\frac{1}{j\omega C}\right)\dot{I}_1=j\dot{I}_1\left(\frac{L_1}{\sqrt{MC}}-\sqrt{\frac{M}{C}}\right)=j\dot{I}_1\frac{L_1-M}{\sqrt{MC}}$$

$$\therefore \dot{I}_1=\frac{\dot{E}}{j\dfrac{L_1-M}{\sqrt{MC}}}=\frac{\sqrt{MC}}{j(L_1-M)}\dot{E}=j\frac{\sqrt{MC}}{M-L_1}\dot{E} \quad \cdots\cdots③$$

(5) 電流 $\dot{I}_1$ が $\dot{E}$ に対して遅れ位相となるためには，式③がマイナスになることが必要であるから，$M-L_1<0$，すなわち $L_1>M$ である．

【解答】(1) ハ (2) ル (3) イ (4) ロ (5) ニ

例題 11 ………………………………………… R4 問5

次の文章は，変成器を含む交流回路に関する記述である．なお，図の回路において電源の電圧は $\dot{E}$，角周波数は ω，変成器の一次側コイルのインダクタンスは L_1，二次側コイルのインダクタンスは L_2，相互インダクタンスは $M>0$ であり，変成器の巻線抵抗は無視するものとする．

図の回路の一次側と二次側において，以下の回路方程式

$$\dot{E}=\boxed{\quad(1)\quad}-j\omega M\dot{I}_2$$

$$0=\boxed{\quad(2)\quad}+(R+j\omega L_2)\dot{I}_2$$

が成り立つ．

したがって，二次側電流 $\dot{I}_2$ と一次側電流 $\dot{I}_1$ の関係は

$$\dot{I}_2=\boxed{\quad(3)\quad}$$

と表せる．

以上より，図の回路の一次側から見たインピーダンス $\dot{Z}$ は

$$\dot{Z}=j\omega L_1+\boxed{\quad(4)\quad}$$

となる．

また，図の回路において，二次側の抵抗 $R=\infty$ とすれば，回路の一次側電流

$$\dot{I}_1=\boxed{\quad(5)\quad}$$

となる．

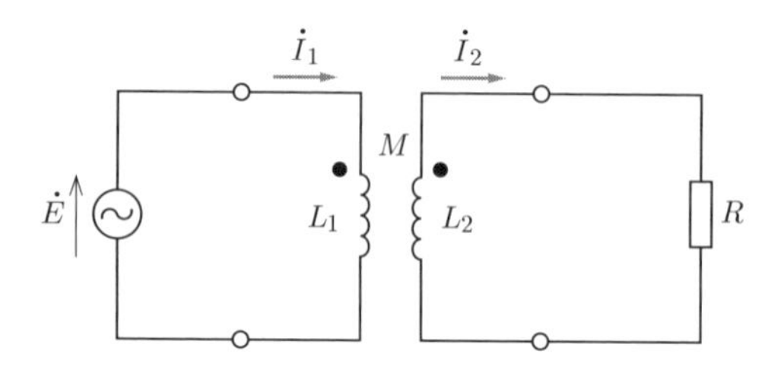

【解答群】

(イ) $\dfrac{(\omega M)^2}{R+j\omega L_1}$　(ロ) $\dfrac{\dot{E}}{j\omega L_2}$　(ハ) $\dfrac{(\omega M)^2}{R+j\omega L_2}$　(ニ) $\dfrac{j\omega M}{R+j\omega L_1}\dot{I}_1$

(ホ) $j\omega L_1\dot{I}_1$　(ヘ) $\dfrac{\dot{E}}{j\omega M}$　(ト) $\dfrac{(\omega M)^2}{R+j\omega M}$　(チ) $-j\omega M\dot{I}_1$

(リ) $\dfrac{\dot{E}}{j\omega L_1}$　(ヌ) $\dfrac{j\omega M}{R+j\omega M}\dot{I}_1$　(ル) $j\omega L_1\dot{I}_2$　(ヲ) $\dfrac{j\omega M}{R+j\omega L_2}\dot{I}_1$

(ワ) $j\omega M\dot{I}_2$　(カ) $-j\omega M\dot{I}_2$　(ヨ) $-j\omega L_1\dot{I}_1$

解 説 (1) (2) 問題の図は，極性符号と電流 $\dot{I}_1$，$\dot{I}_2$ の向きを見れば，図 2･30 (a) の差動結合である．

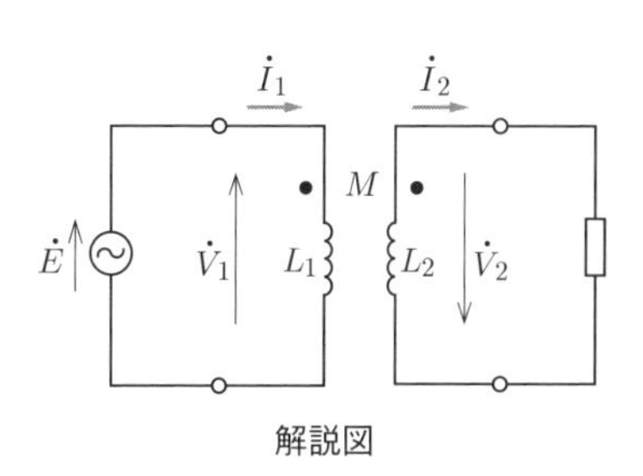

解説図

解説図のように $\dot{V}_1$，$\dot{V}_2$ を設定すれば，式 (2･59) より

$$\left.\begin{aligned}\dot{V}_1 &= j\omega L_1\dot{I}_1 - j\omega M\dot{I}_2\\ \dot{V}_2 &= -j\omega M\dot{I}_1 + j\omega L_2\dot{I}_2\end{aligned}\right\} \quad \cdots\cdots①$$

解説図で $\dot{V}_1 = \dot{E}$，$\dot{V}_2 = -R\dot{I}_2$ であるから，式①へ代入すると

$$\left.\begin{aligned}\dot{E} &= j\omega L_1\dot{I}_1 - j\omega M\dot{I}_2\\ 0 &= -j\omega M\dot{I}_1 + (R + j\omega L_2)\dot{I}_2\end{aligned}\right\} \quad \cdots\cdots②$$

(3) 式②の 2 つ目の式を変形すれば

$$\dot{I}_2 = \frac{j\omega M}{R + j\omega L_2}\dot{I}_1 \quad \cdots\cdots③$$

(4) 式③を式②の 1 つ目の式へ代入すれば

$$\dot{E} = j\omega L_1\dot{I}_1 + \frac{(\omega M)^2}{R + j\omega L_2}\dot{I}_1 \quad \therefore \dot{Z} = \frac{\dot{E}}{\dot{I}_1} = j\omega L_1 + \frac{(\omega M)^2}{R + j\omega L_2} \quad \cdots\cdots④$$

(5) 式④において，$R \to \infty$ とすれば第 2 項の $\displaystyle\lim_{R\to\infty}\frac{(\omega M)^2}{R + j\omega L_2} = 0$ であるから

$$\dot{Z} = \frac{\dot{E}}{\dot{I}_1} = j\omega L_1 \quad \therefore \dot{I}_1 = \frac{\dot{E}}{j\omega L_1}$$

【解答】(1) ホ　(2) チ　(3) ヲ　(4) ハ　(5) リ

例題 12 ………………………………………… **R1　問 2**

次の文章は，直流と交流が混在する回路の電流と電圧に関する記述である．

図のように，直流と角周波数 ω の正弦波交流からなる理想電圧源 $e_s(t) = E + \sqrt{2}E\cos\omega t$ と理想電流源 $i_s(t) = I + \sqrt{2}I\cos\omega t$ が接続された回路を考える．定常状態での図の電流 $i(t) = I_0 + i_1(t)$ と電圧 $v(t) = V_0 + v_2(t)$ を求めたい．ただし，I_0 と V_0 は直流成分を，$i_1(t)$ と $v_2(t)$ は交流成分を表し，$E > 0$，$I > 0$ とする．

回路の直流解析を行うと，重ねの理により $I_0 =$ [(1)]，$V_0 =$ [(2)] となる．

次に実効値を用いて，$e_s(t)$，$i_s(t)$ の交流成分の複素表示および $i_1(t)$，$v_2(t)$ の複素表示を，それぞれ $\dot{E}$，$\dot{I}$ および $\dot{I}_1$，$\dot{V}_2$ とすると，回路の交流解析の結果は

$$\begin{bmatrix} \dot{E} \\ \dot{I} \end{bmatrix} = \begin{bmatrix} \boxed{(3)} & 1 \\ -1 & \boxed{(4)} \end{bmatrix} \begin{bmatrix} \dot{I}_1 \\ \dot{V}_2 \end{bmatrix} \cdots\cdots ①$$

となる．この表現は 2 端子対回路の H パラメータ表現に他ならない．ここで，$\dot{E}=R\dot{I}$，$R=\omega L$，$1/R=\omega C$ と仮定し，式①を解くと

$$\begin{bmatrix} \dot{I}_1 \\ \dot{V}_2 \end{bmatrix} = \frac{1}{(1+j)^2+1} \begin{bmatrix} \boxed{(4)} & -1 \\ 1 & \boxed{(3)} \end{bmatrix} \begin{bmatrix} \dot{E} \\ \dot{I} \end{bmatrix} = \frac{1}{1+j2} \begin{bmatrix} j\dot{I} \\ (2+j)\dot{E} \end{bmatrix} \cdots ②$$

を得る．式②の結果を利用すると，交流電圧 $v_2(t)$ は $v_2(t)=$ $\boxed{(5)}$ となる．

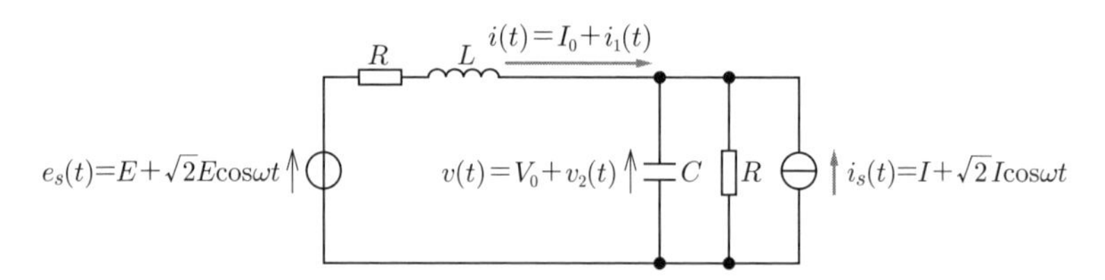

【解答群】

(イ) $\sqrt{2}E\cos\left(\omega t-\tan^{-1}\dfrac{3}{4}\right)$　(ロ) $\dfrac{1}{R}+j\omega C$　(ハ) $E\cos\left(\omega t-\tan^{-1}\dfrac{4}{3}\right)$

(ニ) $\dfrac{E}{2}-\dfrac{RI}{2}$　(ホ) $\dfrac{E}{2R}+\dfrac{I}{2}$　(ヘ) $j\omega L+\dfrac{1}{j\omega C}$

(ト) $\dfrac{RI}{2}$　(チ) $\dfrac{R}{1+j\omega CL}$　(リ) $R+j\omega L$

(ヌ) $j\omega C+\dfrac{1}{j\omega L}$　(ル) $\dfrac{E}{2}+\dfrac{RI}{2}$　(ヲ) $\sqrt{2}E\cos\left(\omega t+\tan^{-1}\dfrac{4}{3}\right)$

(ワ) $\dfrac{E}{2R}-\dfrac{I}{2}$　(カ) $\dfrac{E}{2R}$　(ヨ) $\dfrac{1}{R+j\omega L}$

解　説　(1) 問題の回路は，直流電圧源と直流電流源を含むので，重ね合わせの定理より，電圧源のみがある解説図 1（電流源は開放），電流源のみがある解説図 2（電圧源は短絡）をもとに個別に計算して合計する．いずれも，直流定常解析では，コイルは短絡，コンデンサは開放として扱えばよい．

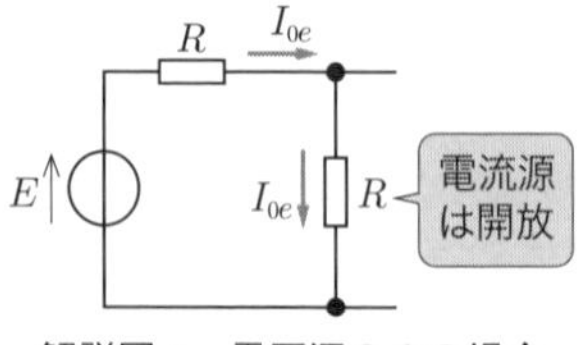

解説図 1　電圧源のみの場合

$$I_{0e}=\frac{E}{R+R}=\frac{E}{2R},\quad I_{0i}=I\times\frac{R}{R+R}=\frac{I}{2}$$

$$\therefore\ I_0=I_{0e}-I_{0i}=\frac{E}{2R}-\frac{I}{2}$$

(2) 電流源に並列の抵抗 R に流れる電流 I_R は解説図1の I_{0e} と解説図2の I_{0i} を重ね合わせるから

$$I_R=I_{0e}+I_{0i}=\frac{E}{2R}+\frac{I}{2}$$

$$\therefore\ V_0=RI_R=R\left(\frac{E}{2R}+\frac{I}{2}\right)=\frac{E}{2}+\frac{RI}{2}$$

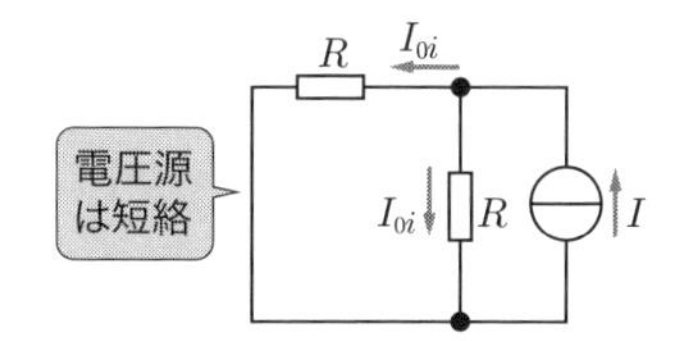

解説図 2　電流源のみの場合

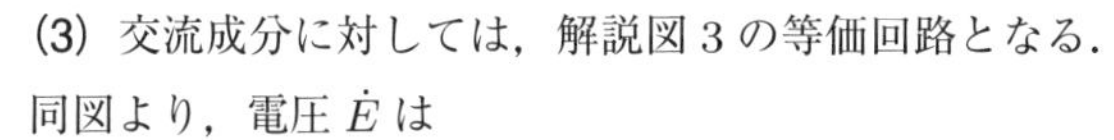

(3) 交流成分に対しては，解説図3の等価回路となる．同図より，電圧 $\dot{E}$ は

$$\dot{E}=(R+j\omega L)\dot{I}_1+\dot{V}_2$$

(4) 抵抗 R とコンデンサ C の並列接続部分のアドミタンス $\dot{Y}$ は $\dot{Y}=1/R+j\omega C$ であるから，キルヒホッフの第1法則より

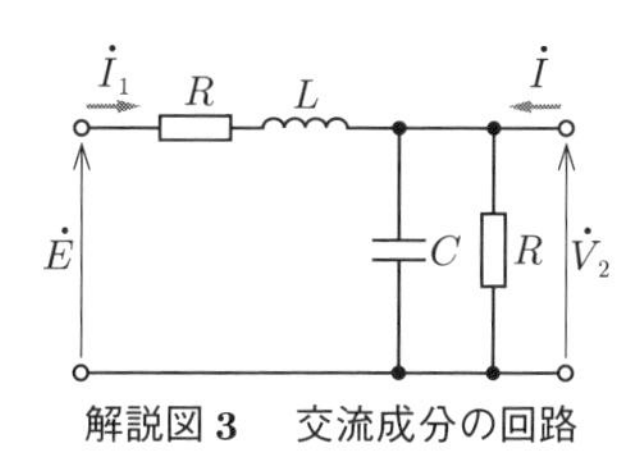

解説図 3　交流成分の回路

$$\dot{I}_1+\dot{I}=\left(\frac{1}{R}+j\omega C\right)\dot{V}_2\quad\therefore\ \dot{I}=-\dot{I}_1+\left(\frac{1}{R}+j\omega C\right)\dot{V}_2$$

（3）と（4）の結果を行列表示すれば式①となる．

(5) 設問中の式②より

$$\dot{V}_2=\frac{2+j}{1+j2}\dot{E}=\frac{(2+j)(1-j2)}{(1+j2)(1-j2)}\dot{E}=\frac{4-j3}{5}\dot{E}$$

$$=\dot{E}\frac{\sqrt{4^2+3^2}e^{-j\tan^{-1}\frac{3}{4}}}{5}=\dot{E}e^{-j\tan^{-1}\frac{3}{4}}$$

解説図3では，正弦波交流電圧 $\sqrt{2}E\cos\omega t$ を位相基準に $\dot{E}$ とおいている．上式より，$\dot{V}_2$ は $\dot{E}$ よりも位相が $\tan^{-1}\dfrac{3}{4}$ だけ遅れ，大きさが $|\dot{V}_2|=|\dot{E}e^{-j\tan^{-1}\frac{3}{4}}|=|\dot{E}|$ で同じなので，$v_2(t)=\sqrt{2}E\cos\left(\omega t-\tan^{-1}\dfrac{3}{4}\right)$

【解答】（1）ワ　（2）ル　（3）リ　（4）ロ　（5）イ

2-3 位相調整・最大・最小条件とベクトル軌跡

攻略のポイント 本節に関しては，電験３種では整合抵抗が出題される程度であるが，電験２種では，微分等を用いた直流電力や交流電力の最大化条件，アドミタンスの最小化条件，電圧と電流の間の位相条件等，よく出題されている．

1 位相調整条件

複素数表示によるインピーダンス $\dot{Z}=C+jD=1/(A-jB)$ に電圧 $\dot{V}$ を加えたとき，電流 $\dot{I}$ は，電圧 $\dot{V}$ を基準にすれば図 2･41 のようになり

$$\dot{I}=\frac{\dot{V}}{\dot{Z}}=\frac{\dot{V}}{C+jD}=(A-jB)\dot{V} \qquad (2 \cdot 78)$$

POINT $A-jB$ はアドミタンス $\dot{Y}$ に相当．$\dot{Z}=C+jD$ とは虚数部の符号が反転

の形に整理される．

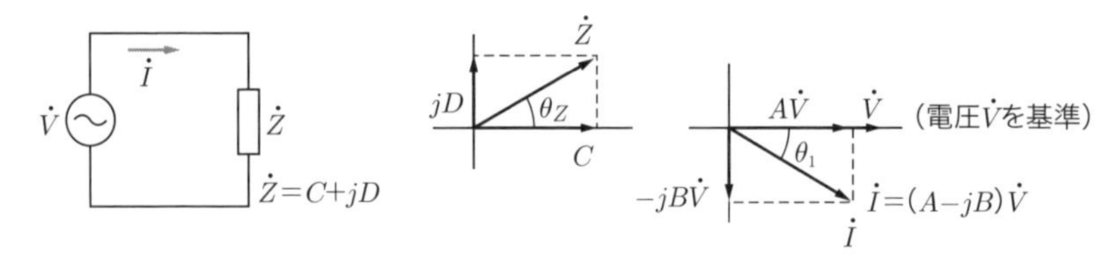

図 2・41 電流のベクトル表示

式 (2･78) で表現するとき，$\dot{I}$ と $\dot{V}$ 間の位相条件は次のようになる．

①同相条件　：虚数部 $B=0$ とする条件を求める．

②直角相条件：実数部 $A=0$ とする条件を求める．

③その他の位相条件：位相差を θ として $\theta=\tan^{-1}(B/A)$ とする条件を求める．

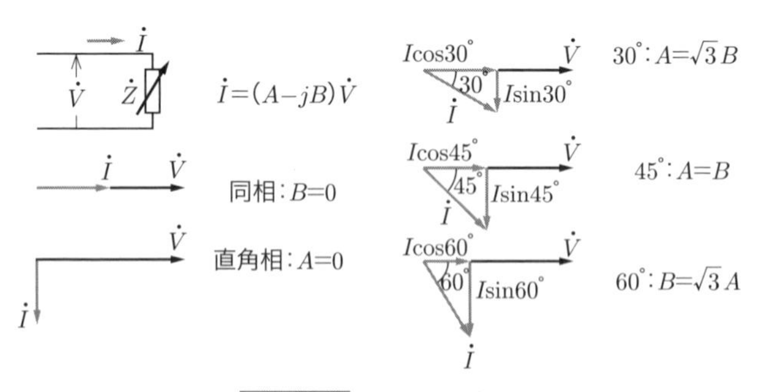

図 2・42 位相調整条件

2 最大・最小条件

図2・43の直流回路において，負荷抵抗Rで消費される電力Pは

$$P=I^2R=\frac{E^2R}{(R_i+R)^2}=\frac{E^2R}{R_i{}^2+2RR_i+R^2}=\frac{E^2}{\dfrac{R_i{}^2}{R}+R+2R_i} \quad (2\cdot79)$$

となる．式（2・79）は負荷抵抗Rの関数であり，これを最大にする負荷抵抗Rを求める．この式では分子は一定であるから，分母に着眼すると，$f(R)=R_i{}^2/R+R+2R_i$を最小化すれば，電力Pは最大となる．$f(R)$をRで微分すれば

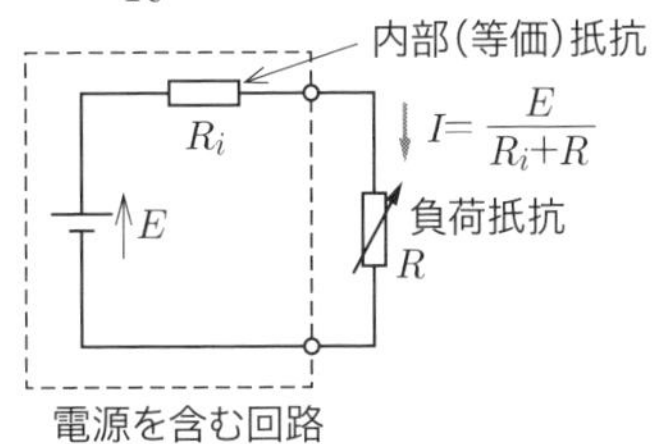

図2・43　抵抗負荷の直流回路

$$\frac{df}{dR}=-\frac{R_i{}^2}{R^2}+1=0 \quad (2\cdot80)$$

POINT
$y=f(x)$において，$x=\alpha$のとき$f'(\alpha)=0$かつ$f''(\alpha)>0$で$f(\alpha)$は極小値．すなわち$f''(\alpha)>0$のとき曲線は下に凸

（加えて，$\dfrac{d^2f}{dR^2}=\dfrac{2R_i{}^2}{R^3}>0$であるから，$f(R)$を最小化する）

$$\therefore\ R=R_i \quad (2\cdot81)$$

つまり，負荷抵抗Rが，負荷端子から見た電源の内部（等価）抵抗R_iと等しいとき，電源から負荷に供給する電力が最大となる．これを**最大電力供給定理**といい，式（2・81）を満たす抵抗Rを**整合抵抗**という．

なお，ここでは微分法を用いたが，**最小の定理（代数定理）**でも求められる．これは，関数が$Ax+B/x$の形に整理できる場合，2項の積は$Ax\times(B/x)=AB$となり，一定となる．この場合，2項の和が最小となる条件は$Ax=B/x$のときであるから，$x=\sqrt{B/A}$となる．この最小の定理を適用すれば，式（2・79）の分母の$\dfrac{R_i{}^2}{R}+R$に関して，2項の積$\dfrac{R_i{}^2}{R}\times R=R_i{}^2$は一定であるから，$\dfrac{R_i{}^2}{R}=R$のとき，つまり$R=R_i$のとき，分母は最小となって，電力$P$は最大となる．

次に，図2・44の交流回路において，負荷で消費される電力Pは，Rの端子電圧$\dot{V}_R$は$\dot{I}R$であるから

$$P=R|\dot{I}|^2=\frac{E^2R}{(R_i+R)^2+(X_i+X)^2}=\frac{E^2}{\frac{R_i{}^2}{R}+2R_i+R+\frac{1}{R}(X_i+X)^2}$$

(2・82)

上式において，分母の $R_i{}^2/R+2R_i+R$ の項は $R=R_i$ で最小，分母の残りの $(X_i+X)^2$ の項は $X=-X_i$ にすると 0 になる．すなわち

$$\dot{Z}=\overline{\dot{Z}_i}\,(=R_i-jX_i)$$ (2・83)

POINT
整合負荷の条件は電源回路の等価インピーダンスの共役複素数

のとき，P は最大になる．このとき，$P=E^2/(4R_i)$ である．

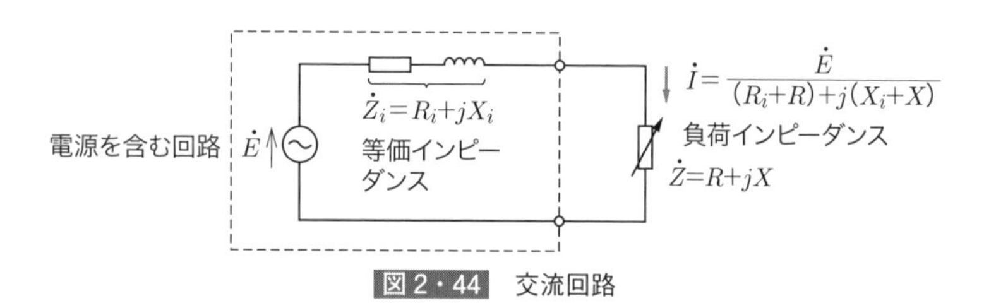

図 2・44　交流回路

3 ベクトル軌跡

交流回路の一部要素が変化するとき，電圧，電流等の変化の状態を，そのベクトルの先端が描く軌跡で示したものを，**ベクトル軌跡**という．

(1) 直線

$\dot{Z}=C+jD$ の形において，C または D の一方が一定で他方のみが変化するとき，$\dot{Z}$ のベクトル軌跡は直線である．抵抗 R とインダクタンス L または静電容量 C の直列回路のインピーダンスは

$$\dot{Z}=R+jX$$ (2・84)

であるが，リアクタンス jX が一定で抵抗 R が 0 から∞まで変化するとき，$\dot{Z}$ のベクトル軌跡は図 2･45 となる．また，抵抗 R が一定で ω が変化するときは図 2･46 となる．

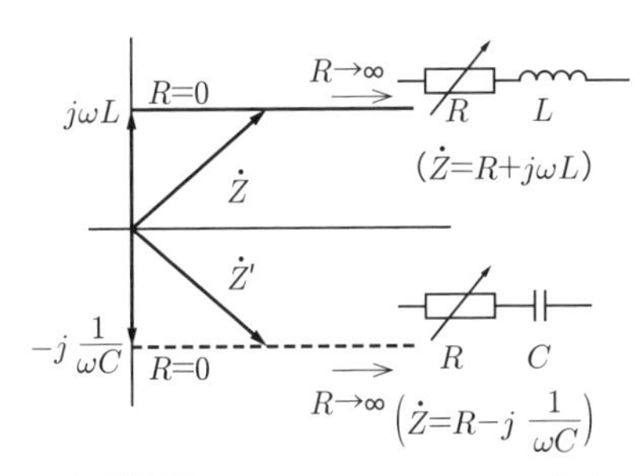

図2・45　R変化インピーダンス軌跡

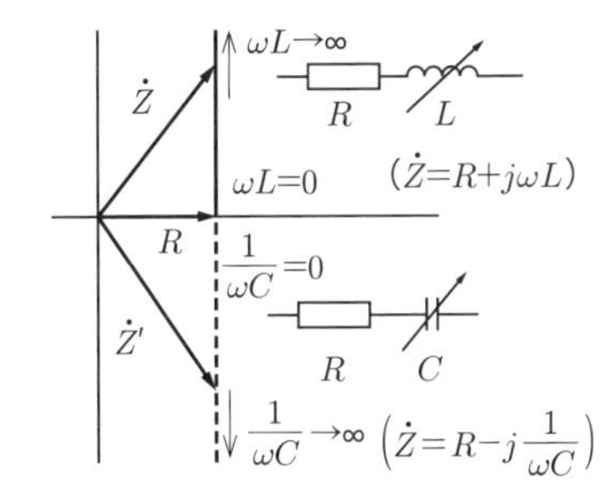

図2・46　ω変化インピーダンス軌跡

(2) 円

直線ベクトル軌跡を描く量の逆数ベクトルは円を描く．すなわち

$$\dot{Y}=\frac{1}{\dot{Z}}=\frac{1}{C+jD} \qquad (2\cdot85)$$

において，C または D の一方が変化するとき，$\dot{Y}$ のベクトル軌跡は円である．

円の直径は，変化しない項の逆数となり，原点を通る円軌跡となる．なお，変化範囲が $-\infty$～0 または 0～∞ の半無限直線のときは，原点を通る半円軌跡となる．例えば，図2･47の RL 直列回路において，アドミタンス $\dot{Y}$ が

$$\dot{Y}=\frac{1}{\dot{Z}}=\frac{1}{R+j\omega L} \qquad (2\cdot86)$$

であるとき，抵抗 R は一定で ωL のみを変化させるときの $\dot{Y}$ の軌跡（図2･47の実線で示す下半円）が半円となることを円の方程式から求めてみる．

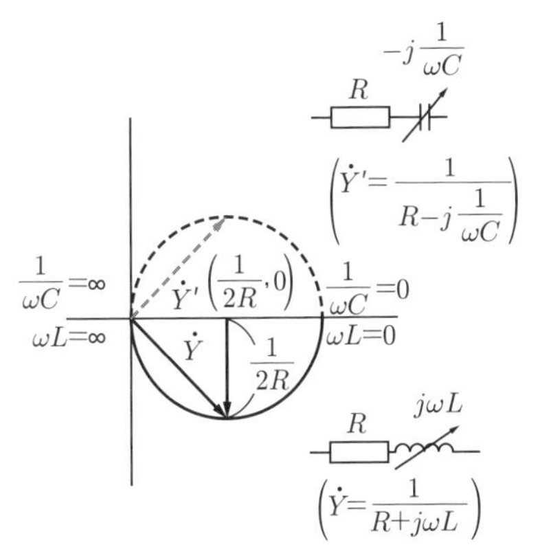

図2・47　ω変化アドミタンス軌跡

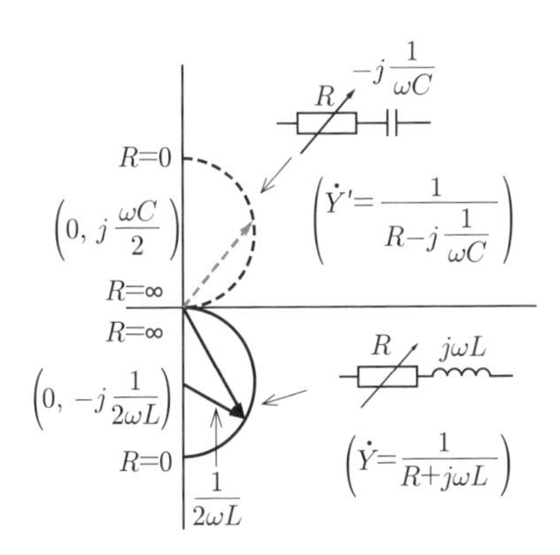

図2・48　R変化アドミタンス軌跡

いま，中心が (a,b) で半径が r の円の方程式は次式で与えられる．

$$(x-a)^2+(y-b)^2=r^2 \qquad (2\cdot 87)$$

一方

$$\dot{Y}=\frac{1}{R+j\omega L}=\frac{R-j\omega L}{(R+j\omega L)(R-j\omega L)}=\frac{R}{R^2+\omega^2L^2}+j\frac{-\omega L}{R^2+\omega^2L^2}$$

$$=g+jb \qquad (2\cdot 88)$$

ここに $g=\dfrac{R}{R^2+\omega^2L^2}$，$b=\dfrac{-\omega L}{R^2+\omega^2L^2}$ とすれば

$$g^2+b^2=\frac{R^2}{(R^2+\omega^2L^2)^2}+\frac{(-\omega L)^2}{(R^2+\omega^2L^2)^2}=\frac{1}{R^2+\omega^2L^2}=\frac{g}{R}$$

$$\therefore \left(g-\frac{1}{2R}\right)^2+b^2=\left(\frac{1}{2R}\right)^2 \qquad (2\cdot 89)$$

式（2･88）と式（2･89）から，$\dot{Y}$ の実数部 g および虚数部 b は，円の方程式を満足し，中心の座標（$1/(2R)$，0），半径 $1/(2R)$ となる．なお，$\omega L>0$ なので，$b=-\omega L/(R^2+\omega^2L^2)<0$ となり，円の下半分が求める軌跡となる．ここで

$$\lim_{\omega\to 0} g=\lim_{\omega\to 0}\frac{R}{R^2+\omega^2L^2}=\frac{1}{R} \qquad \lim_{\omega\to 0} b=\lim_{\omega\to 0}\frac{-\omega L}{R^2+\omega^2L^2}=0$$

$$\lim_{\omega\to \infty} g=\lim_{\omega\to \infty}\frac{R}{R^2+\omega^2L^2}=0 \qquad \lim_{\omega\to \infty} b=\lim_{\omega\to \infty}\frac{-\omega L}{R^2+\omega^2L^2}=0$$

すなわち，図 2･47 に示すように，$\dot{Y}=1/(R+j\omega L)$ で ωL を変化させれば半円になることが理解できるだろう．

また，リアクタンス一定で，抵抗 R が 0〜∞に変化するときは，図 2･48 のようになり，jX が誘導性のときは実線，容量性のときは破線の半円を描く．

例題 13 ･･････････････････････････････････････ **H24 問 2**

次の文章は，$\boldsymbol{RLC}$ 正弦波交流回路に関する記述である．

図に示す $\boldsymbol{RLC}$ 回路を考える．正弦波交流電圧 $\dot{\boldsymbol{E}}$ の角周波数は ω（$\omega>0$）とする．いま，電源電圧 $\dot{\boldsymbol{E}}$ と電流 $\dot{\boldsymbol{I}}_1$ が同相であるとする．このとき，電圧源 $\dot{\boldsymbol{E}}$ からみた回路のインピーダンスを $\dot{\boldsymbol{Z}}$ とおくと，$\dot{\boldsymbol{Z}}$ は純抵抗となり，$\dot{\boldsymbol{Z}}=$ （1） となる．また，インダクタンス $\boldsymbol{L}$ は $\boldsymbol{L}=$ （2） となる．

電流の分流比に着目すると，$\dot{\boldsymbol{I}}_1$ と $\dot{\boldsymbol{I}}_2$ について，$\left|\dfrac{\dot{\boldsymbol{I}}_2}{\dot{\boldsymbol{I}}_1}\right|^2=$ （3） となる．$\dot{\boldsymbol{I}}_1$ が流

れる抵抗 $\boldsymbol{R}$ の消費電力を $\boldsymbol{P}_1$，$\dot{\boldsymbol{I}}_2$ が流れる抵抗 $\boldsymbol{R}$ の消費電力を $\boldsymbol{P}_2$ とする．電圧源が $\boldsymbol{RLC}$ 回路に供給する電力を $\boldsymbol{P}$ とおくと $\boldsymbol{P}=\boldsymbol{P}_1+\boldsymbol{P}_2$ となり，$\dfrac{\boldsymbol{P}_2}{\boldsymbol{P}}=$ (4) となる．

この回路では，電源電圧 $\dot{\boldsymbol{E}}$ と電流 $\dot{\boldsymbol{I}}_1$ が同相であることから $\boldsymbol{R}$ と $\sqrt{\dfrac{\boldsymbol{L}}{\boldsymbol{C}}}$ の大小関係は常に (5) となる．

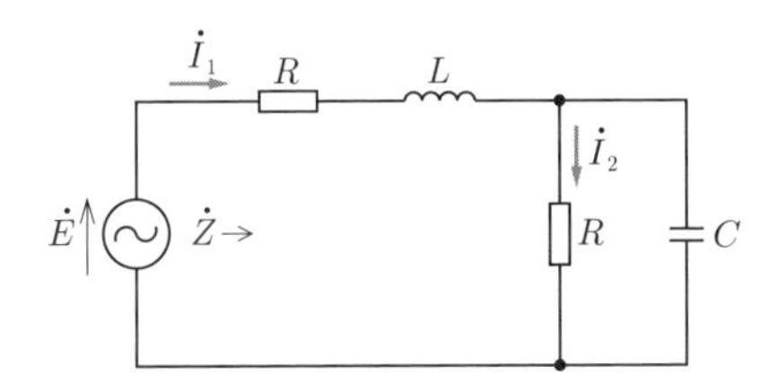

【解答群】

(イ) $R\dfrac{1}{1+\omega^2C^2R^2}$　(ロ) $\dfrac{CR^2}{2+\omega^2C^2R^2}$　(ハ) $\sqrt{\dfrac{L}{C}}>R$

(ニ) $\dfrac{1}{1+\omega^2C^2R^2}$　(ホ) $\sqrt{\dfrac{L}{C}}=R$　(ヘ) $R\dfrac{\omega^2C^2R^2}{1+\omega^2C^2R^2}$

(ト) $\dfrac{2+\omega^2C^2R^2}{1+\omega^2C^2R^2}$　(チ) $\dfrac{\omega^2C^2R^2}{1+\omega^2C^2R^2}$　(リ) $R\dfrac{2+\omega^2C^2R^2}{1+\omega^2C^2R^2}$

(ヌ) $\dfrac{CR}{1+\omega^2C^2R^2}$　(ル) $\dfrac{1}{2+\omega^2C^2R^2}$　(ヲ) $\sqrt{\dfrac{L}{C}}<R$

(ワ) $\dfrac{\omega CR}{1+\omega^2C^2R^2}$　(カ) $\dfrac{\omega^2C^2R^2}{2+\omega^2C^2R^2}$　(ヨ) $\dfrac{CR^2}{1+\omega^2C^2R^2}$

解　説　(1) 問題の図の RLC 回路のインピーダンス $\dot{Z}$ は

$$\dot{Z}=R+j\omega L+\frac{\dfrac{R}{j\omega C}}{R+\dfrac{1}{j\omega C}}=R+j\omega L+\frac{R}{1+j\omega CR}$$

$$=R+j\omega L+\frac{R(1-j\omega CR)}{(1+j\omega CR)(1-j\omega CR)}$$

$$=\frac{R(2+\omega^2C^2R^2)}{1+\omega^2C^2R^2}+j\left(\omega L-\frac{\omega CR^2}{1+\omega^2C^2R^2}\right)$$

電源電圧 $\dot{E}$ と電流 $\dot{I}_1$ が同相であるから，$\dot{Z}$ の虚数部は 0 となる．

$$\therefore\ \dot{Z}=\frac{R(2+\omega^2C^2R^2)}{1+\omega^2C^2R^2}$$

(2) $\dot{Z}$ の虚数部が0であるから

$$\omega L - \frac{\omega C R^2}{1+\omega^2 C^2 R^2} = 0 \qquad \therefore L = \frac{CR^2}{1+\omega^2 C^2 R^2}$$

(3) 電流 $\dot{I}_1$ は，抵抗 R とコンデンサ $1/(j\omega C)$ の並列接続回路に分流するときインピーダンスの逆比例配分とすればよいから

$$\dot{I}_2 = \dot{I}_1 \frac{\dfrac{1}{j\omega C}}{R + \dfrac{1}{j\omega C}} = \frac{\dot{I}_1}{1+j\omega CR}$$

$$\therefore \frac{\dot{I}_2}{\dot{I}_1} = \frac{1}{1+j\omega CR} \qquad \therefore \left|\frac{\dot{I}_2}{\dot{I}_1}\right|^2 = \frac{1}{1+\omega^2 C^2 R^2}$$

(4) $$\frac{P_2}{P} = \frac{P_2}{P_1+P_2} = \frac{R\left|\dot{I}_2\right|^2}{R\left|\dot{I}_1\right|^2 + R\left|\dot{I}_2\right|^2} = \frac{1}{\left|\dfrac{\dot{I}_1}{\dot{I}_2}\right|^2 + 1}$$

(3) より $\left|\dot{I}_1/\dot{I}_2\right|^2 = 1+\omega^2 C^2 R^2$ であるから，上式へ代入し

$$\frac{P_2}{P} = \frac{1}{1+\omega^2 C^2 R^2 + 1} = \frac{1}{2+\omega^2 C^2 R^2}$$

(5) (2) で求めた L を $\sqrt{L/C}$ へ代入すれば

$$\sqrt{\frac{L}{C}} = \sqrt{\frac{CR^2}{1+\omega^2 C^2 R^2} \cdot \frac{1}{C}} = \sqrt{\frac{R^2}{1+\omega^2 C^2 R^2}} = \frac{R}{\sqrt{1+\omega^2 C^2 R^2}}$$

ここで，分母に着目すると，ω，C，R は実数なので $\omega^2 C^2 R^2 > 0$ ゆえ $\sqrt{1+\omega^2 C^2 R^2} > 1$ となる．

$$\therefore \sqrt{\frac{L}{C}} = \frac{R}{\sqrt{1+\omega^2 C^2 R^2}} < R \qquad \therefore \sqrt{\frac{L}{C}} < R$$

【解答】(1) リ　(2) ヨ　(3) ニ　(4) ル　(5) ヲ

例題 14 ………………………………………… **H30 問6**

次の文章は，交流回路に関する記述である．

図の回路において，キャパシタ C のみが可変であり，電圧 $\dot{E}$ の角周波数は ω である．

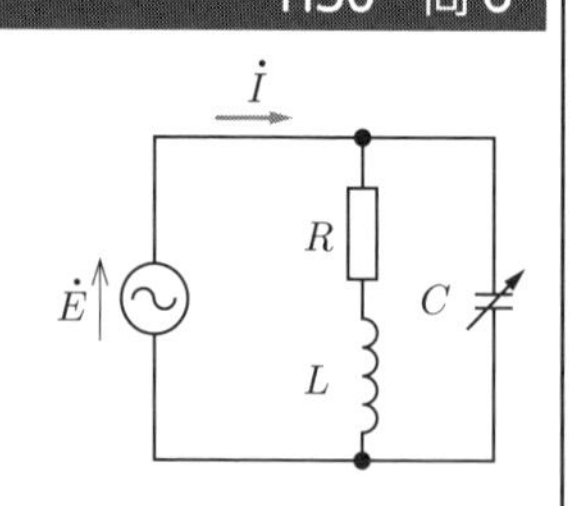

電源からみた回路の合成アドミタンスは，$\dot{Y}=$ (1) $+j$ (2) であり，可変キャパシタ $C=$ (3) のとき，電圧 $\dot{E}$ と電流 $\dot{I}$ の位相差は $\pi/4$〔rad〕となる．

また，可変キャパシタ $C=$ [(4)] のとき，回路の合成アドミタンス $\dot{\boldsymbol{Y}}$ の大きさ $|\dot{\boldsymbol{Y}}|$ が最小となる．このとき，電圧 $\dot{\boldsymbol{E}}$ と電流 $\dot{\boldsymbol{I}}$ の位相の関係は，[(5)] となる．

【解答群】

(イ) $\dfrac{\omega L}{R^2+\omega^2L^2}$　(ロ) $\omega\left(C-\dfrac{L}{R^2+\omega^2L^2}\right)$　(ハ) $\dfrac{R+\omega L}{\omega(R^2+\omega^2L^2)}$

(ニ) $\dfrac{1}{\omega C(R^2+\omega^2L^2)}$　(ホ) $\omega\left(C-\dfrac{R}{R^2+\omega^2L^2}\right)$　(ヘ) $\omega\left[L-\dfrac{1}{C(R^2+\omega^2L^2)}\right]$

(ト) $\dfrac{1}{\omega(R^2+\omega^2L^2)}$　(チ) $\dfrac{L}{R^2+\omega^2L^2}$　(リ) $\dfrac{R}{R^2+\omega^2L^2}$

(ヌ) $\dfrac{R}{R+\omega L}$　(ル) $\dfrac{1}{C(R^2+\omega^2L^2)}$　(ヲ) $\dfrac{R}{\omega(R^2+\omega^2L^2)}$

(ワ) 電圧が電流に対して進み　(カ) 電圧と電流が同相

(ヨ) 電圧が電流に対して遅れ

解　説　(1) (2) R と L の直列接続部分のインピーダンスが $R+j\omega L$ で，これがコンデンサの $1/(j\omega C)$ と並列接続されているから，式（2･52）より

$$\dot{Y}=\frac{1}{R+j\omega L}+j\omega C=\frac{R-j\omega L}{(R+j\omega L)(R-j\omega L)}+j\omega C$$

$$=\frac{R}{R^2+\omega^2L^2}+j\omega\left(C-\frac{L}{R^2+\omega^2L^2}\right)$$

(3) 電圧 $\dot{E}$ と電流 $\dot{I}$ の位相差が $\pi/4$ となるためには，図 2･42 に示すように（1）の合成アドミタンス $\dot{Y}$ の実数部と虚数部が一致しなければならない．

$$\frac{R}{R^2+\omega^2L^2}=\omega\left(C-\frac{L}{R^2+\omega^2L^2}\right)$$

$$\therefore C=\frac{R+\omega L}{\omega(R^2+\omega^2L^2)}$$

(4) 回路の合成アドミタンスの大きさ $|\dot{Y}|$ は

$$|\dot{Y}|=\sqrt{\left(\frac{R}{R^2+\omega^2L^2}\right)^2+\omega^2\left(C-\frac{L}{R^2+\omega^2L^2}\right)^2}$$

合成アドミタンス $|\dot{Y}|$ の第 1 項は可変キャパシタ C の値によって変化しないため，$|\dot{Y}|$ を最小化するためには第 2 項の $\omega^2\left(C-\dfrac{L}{R^2+\omega^2L^2}\right)^2$ の部分が 0 になればよい．

$$\therefore C-\frac{L}{R^2+\omega^2L^2}=0 \qquad \therefore C=\frac{L}{R^2+\omega^2L^2}$$

(5) 合成アドミタンスの虚数部が0なので，$\dot{I}=\dot{Y}\dot{E}$ において電圧 $\dot{E}$ と電流 $\dot{I}$ の位相差は0となる.

【解答】(1) リ　(2) ロ　(3) ハ　(4) チ　(5) カ

例題 15 ……………………………… **H9 問3**

次の文章は，交流回路の電力に関する記述である.

図のような回路において，負荷 R_L に供給される電力を最大にするように静電容量 C とインダクタンス L を定めることを考える．負荷の端子対 a-b から左側を見たときの等価電源のアドミタンス $\dot{Y}$ は (1) となる．そのコンダクタンス分とサセプタンス分とを考えて，電力が最大になる条件式は (2) および (3) $=0$ となる．これらにより，$L=$ (4) ，$C=$ (5) が求まる．ただし，$R_L>R_0$ である．また，ω は電源の角周波数である.

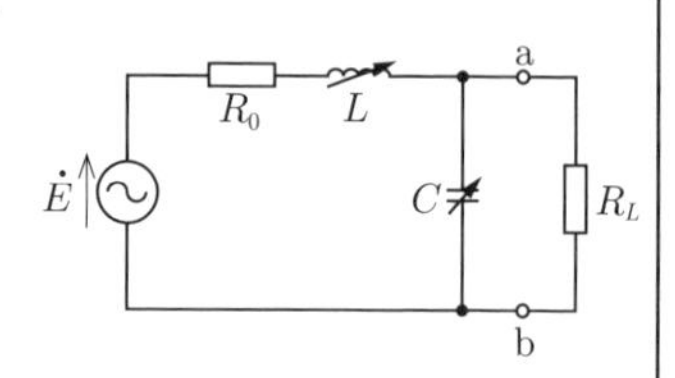

【解答群】

(イ) $j\omega C$　(ロ) $\omega C-\dfrac{\omega L}{{R_0}^2+\omega^2L^2}$　(ハ) $j\omega C+\dfrac{1}{R_0+j\omega L}$

(ニ) $\dfrac{1}{R_L}\sqrt{\dfrac{R_L-R_0}{R_0}}$　(ホ) $\dfrac{R_0}{{R_0}^2+1/(\omega C)^2}=\dfrac{1}{R_L}$

(ヘ) $\dfrac{1}{\omega}\sqrt{R_L(R_L-R_0)}$　(ト) $\omega L-\dfrac{\omega C}{{R_0}^2+\omega^2L^2}$　(チ) $\dfrac{1}{R_0+j\omega L}$

(リ) $\omega C-\dfrac{\omega L}{{R_0}^2+1/(\omega C)^2}$　(ヌ) $\dfrac{1}{\omega R_L}\sqrt{\dfrac{R_L-R_0}{R_0}}$　(ル) $\dfrac{1}{\omega}\sqrt{R_0(R_L-R_0)}$

(ヲ) $R_L=\dfrac{R_0}{{R_0}^2+\omega^2L^2}$　(ワ) $R_0R_L={R_0}^2+\omega^2L^2$　(カ) $\sqrt{R_0(R_L-R_0)}$

(ヨ) $\dfrac{1}{\omega R_L}\sqrt{\dfrac{R_L-R_0}{R_L}}$

解説　(1) 端子対 a-b から回路の左側を見たときの等価アドミタンス $\dot{Y}$ は，電圧源 $\dot{E}$ を短絡すれば $R_0+j\omega L$ と $1/(j\omega C)$ が並列に接続されているため，式 (2·52) より

$$\dot{Y}=j\omega C+\frac{1}{R_0+j\omega L} \quad \cdots\cdots①$$

(2)～(5) 問題の図の等価回路は解説図の通りである．式（2·2）より電圧源を電流源に変換すると

$$\dot{J}=\frac{\dot{E}}{R_0+j\omega L}$$

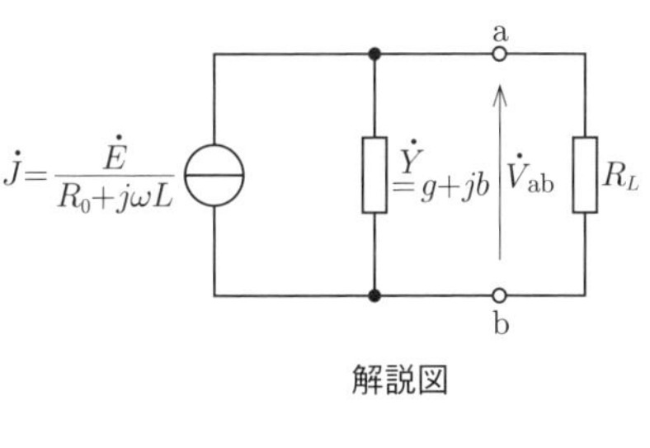

解説図

端子対 a-b の電圧は $\dfrac{\dot{J}}{\dot{Y}+\dfrac{1}{R_L}}$ であるから，R_L の消費電力 P_R は

$$P_R=\frac{1}{R_L}\times\left|\frac{\dot{J}}{\dot{Y}+\dfrac{1}{R_L}}\right|^2=\frac{1}{R_L}\times\frac{E^2}{{R_0}^2+\omega^2L^2}\times\frac{{R_L}^2}{|R_L\dot{Y}+1|^2}$$

$$=\frac{R_LE^2}{({R_0}^2+\omega^2L^2)|R_L\dot{Y}+1|^2} \quad \cdots\cdots②$$

ここで，式①の $\dot{Y}$ を整理すると

$$\dot{Y}=j\omega C+\frac{R_0-j\omega L}{(R_0+j\omega L)(R_0-j\omega L)}=\frac{R_0}{{R_0}^2+\omega^2L^2}+j\left(\omega C-\frac{\omega L}{{R_0}^2+\omega^2L^2}\right)=g+jb$$

となる $\left(g=\dfrac{R_0}{{R_0}^2+\omega^2L^2},\ b=\omega C-\dfrac{\omega L}{{R_0}^2+\omega^2L^2}\right)$．

さて，P_R を最大化するためには，その分子の R_LE^2 が一定なので，分母 f を最小化すればよい．分母の $\dot{Y}$ に $\dot{Y}=g+jb$ を代入すると

$$f=({R_0}^2+\omega^2L^2)\left\{(1+gR_L)^2+b^2{R_L}^2\right\}=\frac{R_0\left\{(1+gR_L)^2+b^2{R_L}^2\right\}}{g} \quad \cdots\cdots③$$

$$\frac{\partial f}{\partial g}=\frac{R_0\left[2R_L(gR_L+1)g-\left\{(1+gR_L)^2+b^2{R_L}^2\right\}\right]}{g^2}$$

$$=\frac{R_0\left\{(g^2-b^2){R_L}^2-1\right\}}{g^2}=0 \quad \cdots\cdots④$$

$$\frac{\partial f}{\partial b}=\frac{2b{R_L}^2R_0}{g}=0 \quad \cdots\cdots⑤$$

POINT
本問では L，C が変数つまり g と b が変数である．このような多変数関数では，いずれか 1 つの変数以外をすべて定数とみなし，通常の微分と同様の計算をするのが偏微分である．

式⑤より，$b=0$ つまり $\omega C-\dfrac{\omega L}{{R_0}^2+\omega^2L^2}=0 \quad \cdots\cdots⑥$

式④で $b=0$ とすれば，$g=\dfrac{R_0}{{R_0}^2+\omega^2L^2}=\dfrac{1}{R_L} \quad \cdots\cdots⑦$

式⑦より，$R_0{}^2+\omega^2L^2=R_0R_L$ ……⑧

$$\therefore L=\frac{1}{\omega}\sqrt{R_0(R_L-R_0)} \quad \cdots\cdots ⑨$$

式⑥，式⑧，式⑨から，$C=\dfrac{L}{R_0{}^2+\omega^2L^2}=\dfrac{L}{R_0R_L}=\dfrac{1}{\omega R_L}\sqrt{\dfrac{R_L-R_0}{R_0}}$

【解答】(1) ハ (2) ワ (3) ロ (4) ル (5) ヌ

例題 16 ……………………………… H15 問 3

次の文章は，理想変圧器を含む交流回路に関する記述である．

図の交流回路において，抵抗 $\boldsymbol{R}$ で消費される電力を最大にする理想変圧器の巻数比 $\boldsymbol{n}$ を求めたい．

一次側，二次側の電流をそれぞれ $\dot{\boldsymbol{I}}_1$，$\dot{\boldsymbol{I}}_2$ とすれば，$\dot{\boldsymbol{I}}_2=$ (1) $\times\dot{\boldsymbol{I}}_1$ である．変圧器の一次側より二次側をみたインピーダンスは $\dot{\boldsymbol{Z}}_1=\dot{\boldsymbol{V}}_1/\dot{\boldsymbol{I}}_1=$ (2) となる．したがって，$\dot{\boldsymbol{I}}_1=$ (3) と求められる．

抵抗 $\boldsymbol{R}$ で消費される電力は，$\boldsymbol{P}=\boldsymbol{R}\times|\dot{\boldsymbol{I}}_2|^2=$ (4) となるので，$\boldsymbol{P}$ を最大にする巻数比は $\boldsymbol{n}=$ (5) である．

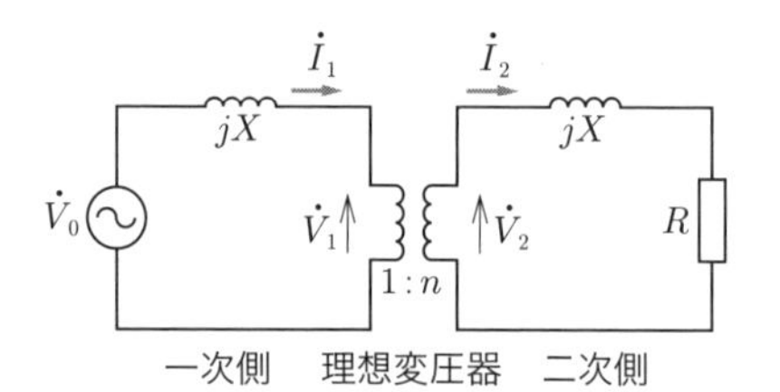

【解答群】

(イ) $R+jX$　(ロ) $\dfrac{1}{n}$　(ハ) $\sqrt{1+\left(\dfrac{R}{X}\right)^2}$

(ニ) $\dfrac{R\left|\dot{V}_0\right|^2}{\dfrac{1}{n^2}R^2+\left(n+\dfrac{1}{n}\right)^2X^2}$　(ホ) $n^2(R+jX)$　(ヘ) $\dfrac{\dot{V}}{nR+j(1+n)X}$

(ト) $\sqrt[4]{1+\left(\dfrac{R}{X}\right)^2}$　(チ) $\dfrac{\dot{V}_0}{n^2R+j(1+n^2)X}$　(リ) $\dfrac{R|\dot{V}_0|^2}{n^2R^2+(1+n)^2X^2}$

(ヌ) n　(ル) $\sqrt{\dfrac{R}{2X}}$　(ヲ) $\dfrac{1}{n^2}(R+jX)$

（ワ）$\dfrac{R|\dot{V}_0|^2}{\dfrac{1}{n^4}R^2+\left(1+\dfrac{1}{n^2}\right)^2X^2}$　（カ）$\dfrac{\dot{V}_0}{\dfrac{1}{n^2}R+j\left(1+\dfrac{1}{n^2}\right)X}$　（ヨ）n^2

解 説　(1) 問題の図の設定より，$\dot{I}_1 : \dot{I}_2 = n : 1$ であるから

$\therefore \dot{I}_2 = \dot{I}_1/n$

(2) $\dot{V}_1$ と $\dot{V}_2$ の関係は $\dot{V}_1/\dot{V}_2 = 1/n$　$\therefore \dot{V}_1 = \dot{V}_2/n$

変圧器の一次側より二次側をみたインピーダンス $\dot{Z}_1$ は

$$\dot{Z}_1 = \frac{\dot{V}_1}{\dot{I}_1} = \frac{\dot{V}_2/n}{n\dot{I}_2} = \frac{1}{n^2}\cdot\frac{\dot{V}_2}{\dot{I}_2} = \frac{1}{n^2}(R+jX)$$

なお，上式では，変圧器の二次側で $\dot{V}_2=(R+jX)\dot{I}_2$ が成立することを利用している．

(3) 変圧器の一次側の回路に注目すると，$\dot{V}_0 = jX\dot{I}_1+\dot{V}_1 = jX\dot{I}_1+\dot{Z}_1\dot{I}_1$

$$\therefore \dot{I}_1 = \frac{\dot{V}_0}{jX+\dot{Z}_1} = \frac{\dot{V}_0}{jX+\dfrac{1}{n^2}(R+jX)} = \frac{\dot{V}_0}{\dfrac{1}{n^2}R+j\left(1+\dfrac{1}{n^2}\right)X}$$

(4)
$$P = R|\dot{I}_2|^2 = R\left|\frac{\dot{I}_1}{n}\right|^2 = \frac{R}{n^2}|\dot{I}_1|^2 = \frac{R}{n^2}\cdot\left|\frac{\dot{V}_0}{\dfrac{R}{n^2}+j\left(1+\dfrac{1}{n^2}\right)X}\right|^2$$

$$= \frac{R}{n^2}\cdot\frac{|\dot{V}_0|^2}{\left(\dfrac{R}{n^2}\right)^2+\left(1+\dfrac{1}{n^2}\right)^2X^2} = \frac{R|\dot{V}_0|^2}{\dfrac{1}{n^2}R^2+\left(n+\dfrac{1}{n}\right)^2X^2}$$

(5) 消費電力 P の式において，分子は一定であるから，分母 $f(n)=\dfrac{1}{n^2}R^2+\left(n+\dfrac{1}{n}\right)^2X^2$ を最小化すればよい． $f(n)$ を n で微分すると

$$\frac{df}{dn} = \frac{-2R^2}{n^3}+2\left(n+\frac{1}{n}\right)\left(1-\frac{1}{n^2}\right)X^2 = 0$$

POINT

$y=\dfrac{f(x)}{g(x)}$ の微分 $y'=\dfrac{f'(x)g(x)-f(x)g'(x)}{\{g(x)\}^2}$

$y=f(g(x))$ の微分 $y'=f'(g(x))g'(x)$

上式を整理すれば

$$-\frac{2R^2}{n^3}+2\left(n-\frac{1}{n^3}\right)X^2=0 \quad \therefore n^4=\frac{R^2+X^2}{X^2}$$

$$\therefore n = \sqrt[4]{\frac{R^2+X^2}{X^2}} = \sqrt[4]{1+\left(\frac{R}{X}\right)^2}$$

ここで，$\dfrac{d^2 f}{dn^2}$の符号を確認すると，$\dfrac{d^2 f}{dn^2}=\dfrac{6R^2}{n^4}+2\left(1+\dfrac{3}{n^4}\right)X^2>0$であるから，

$n=\sqrt[4]{1+\left(\dfrac{R}{X}\right)^2}$のとき，$f(n)$が最小となり，$P$は最大となる．

【解答】(1) ロ　(2) ヲ　(3) カ　(4) ニ　(5) ト

2-4 三相交流回路

攻略のポイント

対称三相交流回路は，電験３種で様々なパターンが出題されているが，電験２種ではあまり出題されていない．電験２種では，３種で扱わない不平衡負荷が出題されることがあるので，取り扱いに慣れておく．

1 対称三相交流

周波数が同じで位相が異なる電源起電力が結合されている交流方式を**多相交流方式**といい，現在の電力系統は三相交流方式が採用されている．3 つの起電力の周波数と実効値が等しく，位相差が互いに 2π/3〔rad〕である三相交流を**対称三相交流**という．大きさまたは位相差が等しくない場合を**非対称三相交流**という．本節の 1〜6 項は，対称三相交流で負荷は平衡していることを前提とする．

対称三相交流電圧の瞬時値は，相順を a, b, c とすれば

$$
\left.\begin{aligned}
\boldsymbol{e_a} &= \boldsymbol{E_m}\sin\boldsymbol{\omega t}\\
\boldsymbol{e_b} &= \boldsymbol{E_m}\sin\left(\boldsymbol{\omega t}-\frac{\boldsymbol{2\pi}}{\boldsymbol{3}}\right)\\
\boldsymbol{e_c} &= \boldsymbol{E_m}\sin\left(\boldsymbol{\omega t}+\frac{\boldsymbol{2\pi}}{\boldsymbol{3}}\right)
\end{aligned}\right\} \qquad (2\cdot 90)
$$

で表され，波形は図 2·49 となる．各相間の位相差は 2π/3〔rad〕(120°）である．a 相を基準にとったベクトルでは図 2·49（b）のようになる．

三相交流ではベクトルを 120° 回転させる作用子として $a=e^{j\frac{2\pi}{3}}=(-1/2+j\sqrt{3}/2)$ を用い，次式のように表すことができる．

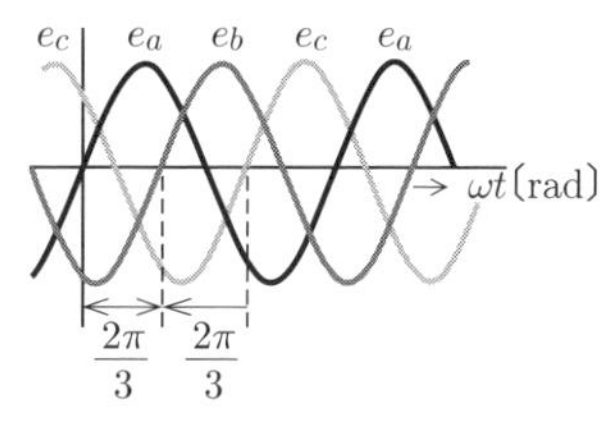

(a)対称三相交流

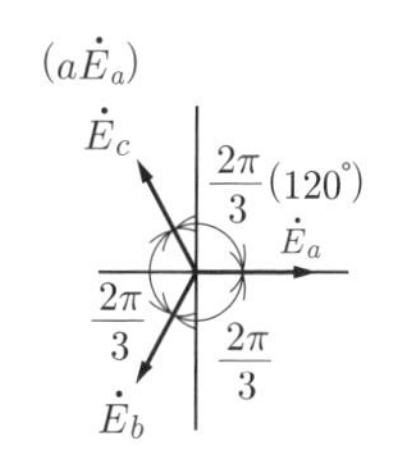

(b)三相電圧ベクトル

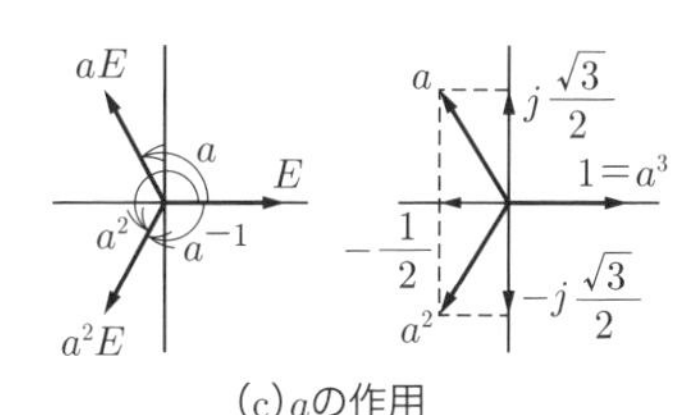

(c)aの作用

図 2・49 対称三相交流波形と三相電圧ベクトル

$$\left.\begin{aligned}\dot{E}_a&=E\\ \dot{E}_b&=Ee^{-j\frac{2\pi}{3}}=E\left(-\frac{1}{2}-j\frac{\sqrt{3}}{2}\right)=a^{-1}E=a^2E\\ \dot{E}_c&=Ee^{j\frac{2\pi}{3}}=E\left(-\frac{1}{2}+j\frac{\sqrt{3}}{2}\right)=aE\end{aligned}\right\}\quad(2\cdot91)$$

a を掛けることはベクトルの位相のみを 120° 進ませることであるから

$$a^3=e^{j2\pi}=1,\ a^{-1}=1/a=a^2,\ a^2+a+1=0 \quad (2\cdot92)$$

の関係がある（図 2･49（c）参照）．

2 Y結線

対称三相交流の相電圧を $\dot{E}_a$，$\dot{E}_b$，$\dot{E}_c$，線間電圧を $\dot{V}_{ab}$，$\dot{V}_{bc}$，$\dot{V}_{ca}$，相電流を $\dot{I}_a$，$\dot{I}_b$，$\dot{I}_c$ とすれば，相電流は同時に線電流でもある．図 2･50 のY結線では

$$\dot{V}_{ab}=\dot{E}_a-\dot{E}_b=\sqrt{3}\dot{E}_ae^{j\frac{\pi}{6}} \quad (2\cdot93)$$

POINT
線間電圧 V は相電圧 E の $\sqrt{3}$ 倍で，位相は $\pi/6$ 進んでいる

$$\dot{V}_{bc}=\dot{E}_b-\dot{E}_c=\sqrt{3}\dot{E}_be^{j\frac{\pi}{6}} \quad (2\cdot94)$$

$$\dot{V}_{ca}=\dot{E}_c-\dot{E}_a=\sqrt{3}\dot{E}_ce^{j\frac{\pi}{6}} \quad (2\cdot95)$$

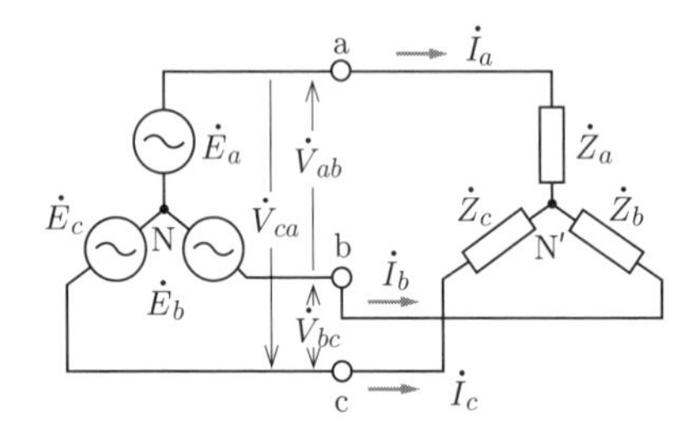

図 2・50　Y結線

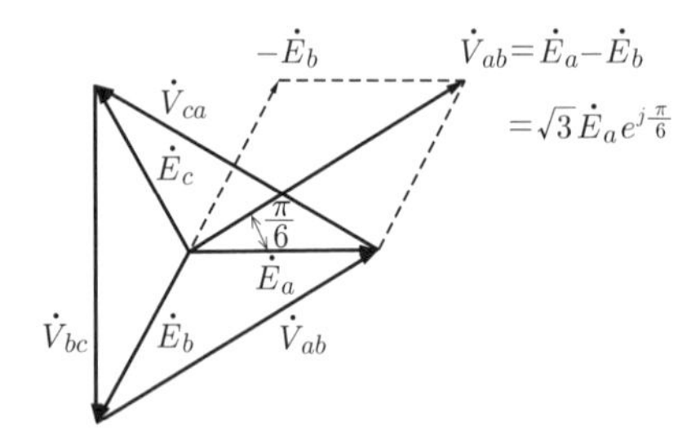

図 2・51　相電圧と線間電圧

つまり，**線間電圧 V の大きさは相電圧 E の $\sqrt{3}$ 倍で，位相は $\pi/6$〔rad〕進んでいる**（図 2･51 参照）．

Y結線の電源と負荷の中性点間を接続した線路を**中性線**という．図 2･52 のように中性線を仮想すれば，相電流すなわち線電流は

$$\dot{I}_a=\frac{\dot{E}_a}{\dot{Z}_a},\ \dot{I}_b=\frac{\dot{E}_b}{\dot{Z}_b},\ \dot{I}_c=\frac{\dot{E}_c}{\dot{Z}_c} \quad (2\cdot96)$$

POINT
対称三相交流・平衡負荷は一相分の等価単相回路で解く

となる．負荷インピーダンスが三相とも等しい平衡負荷の場合，基準とする相（例えば a 相）について線電流 $\dot{I}_a$ を求めれば，$\dot{I}_b$ と $\dot{I}_c$ の大きさは $\dot{I}_a$ と等しく，位相がそれぞれ 120° ずつ異なるものとすればよい．つまり，対称三相回路計算は丫結線の一相分の単相交流回路計算を行えばよい．

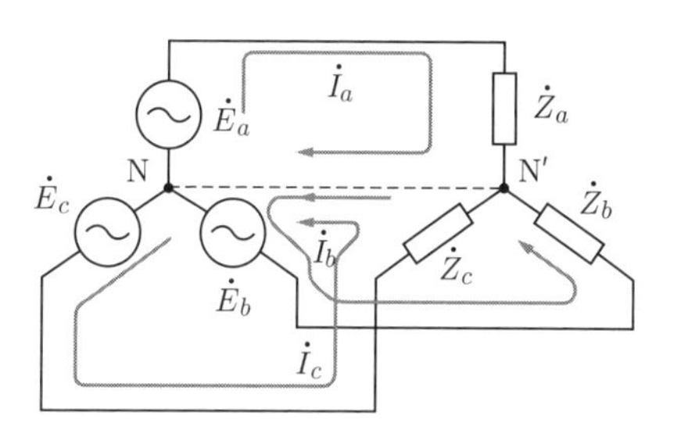

図 2・52　電流分布

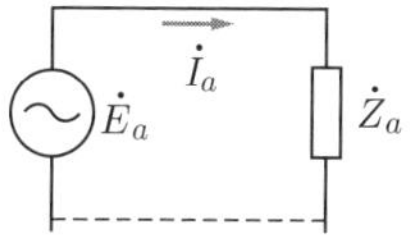

$\dot{I}_a$
$\dot{E}_a$
$\dot{Z}_a$

$$\dot{I}_a = \frac{\dot{E}_a}{\dot{Z}_a}$$

図 2・53　等価単相回路

3　△結線

図 2･54 に示す対称三相交流における△結線では，相電圧と線間電圧は同じである．また，△結線では，閉回路内の $\dot{E}_{ab} + \dot{E}_{bc} + \dot{E}_{ca} = 0$ であり，循環電流は流れない．

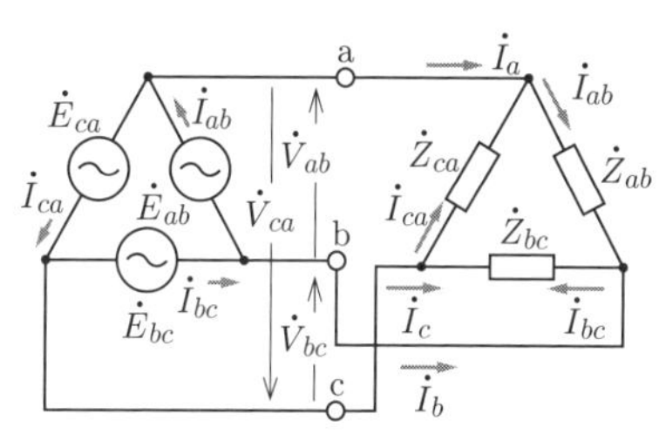

図 2・54　△結線

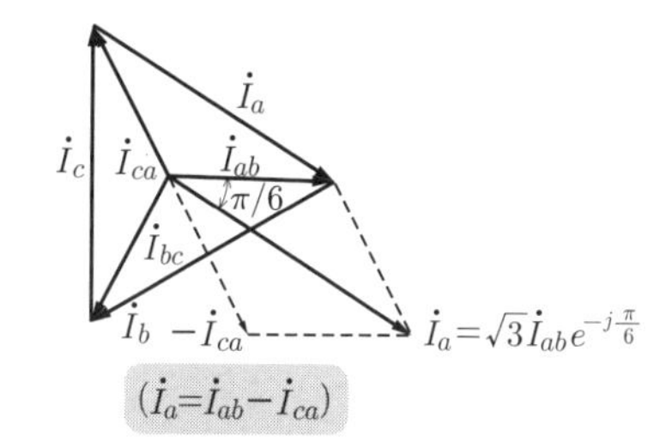

図 2・55　相電流と線電流

相電流 $\dot{I}_{ab}$，$\dot{I}_{bc}$，$\dot{I}_{ca}$ と線電流 $\dot{I}_a$，$\dot{I}_b$，$\dot{I}_c$ の関係は

$$\dot{\boldsymbol{I}}_a = \dot{\boldsymbol{I}}_{ab} - \dot{\boldsymbol{I}}_{ca} = \sqrt{3}\dot{\boldsymbol{I}}_{ab}e^{-j\frac{\pi}{6}} \qquad (2 \cdot 97)$$

$$\dot{\boldsymbol{I}}_b = \dot{\boldsymbol{I}}_{bc} - \dot{\boldsymbol{I}}_{ab} = \sqrt{3}\dot{\boldsymbol{I}}_{bc}e^{-j\frac{\pi}{6}} \qquad (2 \cdot 98)$$

> **POINT**
> 線電流は相電流の $\sqrt{3}$ 倍で，位相は $\frac{\pi}{6}$ 遅れている

$$\dot{\boldsymbol{I}}_c = \dot{\boldsymbol{I}}_{ca} - \dot{\boldsymbol{I}}_{bc} = \sqrt{3}\dot{\boldsymbol{I}}_{ca}e^{-j\frac{\pi}{6}} \qquad (2 \cdot 99)$$

となり，図 2･55 に示すように，**線電流は相電流の $\sqrt{3}$ 倍で，位相は $\pi/6$〔rad〕遅**

れている．負荷インピーダンスを $\dot{Z}_{ab}$，$\dot{Z}_{bc}$，$\dot{Z}_{ca}$ とすれば，相電流は

$$\dot{\boldsymbol{I}}_{ab}=\frac{\dot{\boldsymbol{E}}_{ab}}{\dot{\boldsymbol{Z}}_{ab}},\ \dot{\boldsymbol{I}}_{bc}=\frac{\dot{\boldsymbol{E}}_{bc}}{\dot{\boldsymbol{Z}}_{bc}},\ \dot{\boldsymbol{I}}_{ca}=\frac{\dot{\boldsymbol{E}}_{ca}}{\dot{\boldsymbol{Z}}_{ca}} \tag{2・100}$$

となる．

4 Δ-Y変換

電源と負荷の結線方式が異なる場合は，同一の方式に変換してから計算する．

図2･56ではΔ結線をY結線に変換し，単相交流回路計算により線電流が得られるようにしている．対称三相回路のΔ-Y変換は下記のとおり行う．

①Δ結線の起電力 $\dot{E}_{\triangle}$ は線間電圧 $\dot{V}$ であるので，等価な相電圧 $\dot{E}_{\mathrm{Y}}$ は

$$\dot{\boldsymbol{E}}_{\mathrm{Y}}=\frac{\dot{\boldsymbol{E}}_{\triangle}}{\sqrt{3}}e^{-j\frac{\pi}{6}}=\frac{\dot{\boldsymbol{V}}}{\sqrt{3}}e^{-j\frac{\pi}{6}} \tag{2・101}$$

②Δ結線の負荷インピーダンス $\dot{Z}_{\triangle}$ を等価なY結線の $\dot{Z}_{\mathrm{Y}}$ に変換すると

$$\dot{\boldsymbol{Z}}_{\mathrm{Y}}=\frac{\dot{\boldsymbol{Z}}_{\triangle}{}^{2}}{3\dot{\boldsymbol{Z}}_{\triangle}}=\frac{\dot{\boldsymbol{Z}}_{\triangle}}{3} \tag{2・102}$$

線電流 $\dot{I}$ を求めるには，$\dot{E}_{\mathrm{Y}}$ を基準ベクトルとして

$$\dot{\boldsymbol{I}}=\frac{\dot{\boldsymbol{E}}_{\mathrm{Y}}}{\dot{\boldsymbol{Z}}_{\mathrm{Y}}} \tag{2・103}$$

により求める．なお，線間電圧 $\dot{V}$ を基準ベクトルとする場合の線電流 $\dot{I}'$ は $\dot{I}$ の位相を $\pi/6$〔rad〕遅らせればよい．

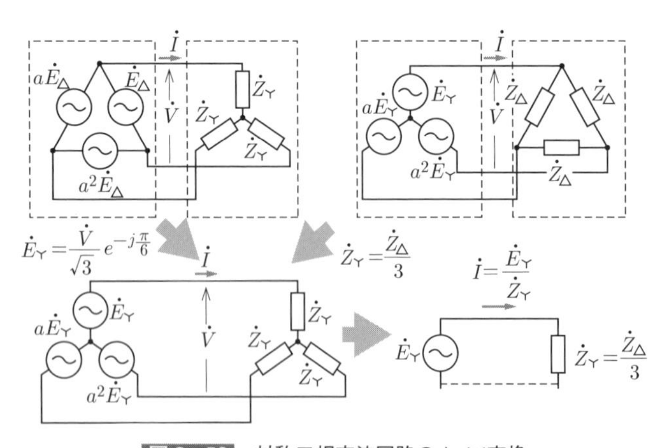

図2・56 対称三相交流回路のΔ-Y変換

5 V結線

V結線は，△結線から一相分の電源を取り除いた結線方法をいう．V結線の線間電圧 $\dot{V}_{ab}$，$\dot{V}_{bc}$，$\dot{V}_{ca}$ は，△結線と同じ対称三相交流になる．図2・57にV結線，図2・58にV結線のベクトル図を示す．

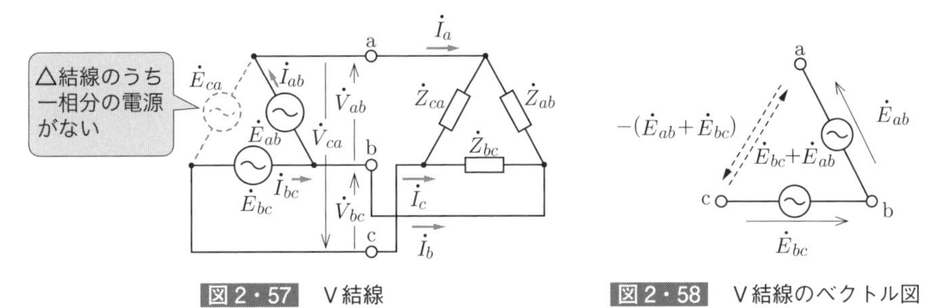

図2・57 V結線

図2・58 V結線のベクトル図

V結線では，図2・58から，相電圧と線間電圧の関係は

$$\dot{V}_{ab}=\dot{E}_{ab},\ \dot{V}_{bc}=\dot{E}_{bc},\ \dot{V}_{ca}=-(\dot{E}_{ab}+\dot{E}_{bc}) \tag{2・104}$$

であり，線間電圧と相電圧は大きさが等しく，同位相である．電流は

$$\dot{I}_a=\dot{I}_{ab},\ \dot{I}_b=\dot{I}_{bc}-\dot{I}_{ab},\ \dot{I}_c=-\dot{I}_{bc} \tag{2・105}$$

となって，線電流と相電流の大きさは等しい．

6 三相交流回路の瞬時電力と平均電力

Y結線平衡負荷の相電圧瞬時値 e_a，e_b，e_c，電流瞬時値 i_a，i_b，i_c の積の合計は三相電力を示すので，e と i の位相差を θ とすれば

$$p=e_ai_a+e_bi_b+e_ci_c$$

$$=2EI\left\{\sin\omega t\sin(\omega t-\theta)+\sin\left(\omega t-\frac{2}{3}\pi\right)\sin\left(\omega t-\frac{2}{3}\pi-\theta\right)\right.$$

$$\left.+\sin\left(\omega t+\frac{2}{3}\pi\right)\sin\left(\omega t+\frac{2}{3}\pi-\theta\right)\right\}$$

POINT
$2\sin A\sin B$
$=\cos(A-B)-\cos(A+B)$

$$=EI\left[3\cos\theta-\left\{\cos(2\omega t-\theta)+\cos\left(2\omega t-\frac{4}{3}\pi-\theta\right)\right.\right.$$

$$\left.\left.+\cos\left(2\omega t+\frac{4}{3}\pi-\theta\right)\right\}\right] \tag{2・106}$$

式（2･106）において，｛　　｝内は任意の t において常に 0 となるので，瞬時三相電力 p には脈動成分は含まれず，平均電力 P は

$$P = 3EI\cos\theta \quad \text{〔W〕} \tag{2・107}$$

となり，この電力 P を**三相電力**（三相回路における有効電力）という．

相電圧 E の代わりに線間電圧 V を用いれば，$V = \sqrt{3}E$ であるので

$$P = \sqrt{3}VI\cos\theta \quad \text{〔W〕} \tag{2・108}$$

となる．ここで注意すべきことは，θ は相電圧と相電流（線電流）との位相差であり，線間電圧と線電流の位相差ではない．**三相無効電力 Q** は，同様に

$$Q = 3EI\sin\theta = \sqrt{3}VI\sin\theta \quad \text{〔var〕} \tag{2・109}$$

となる．

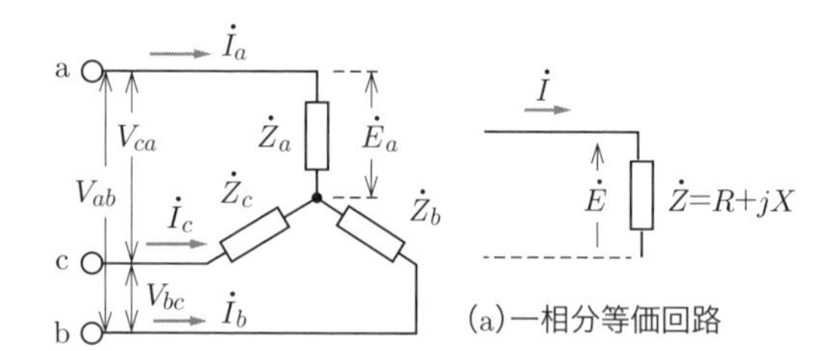

(a)一相分等価回路

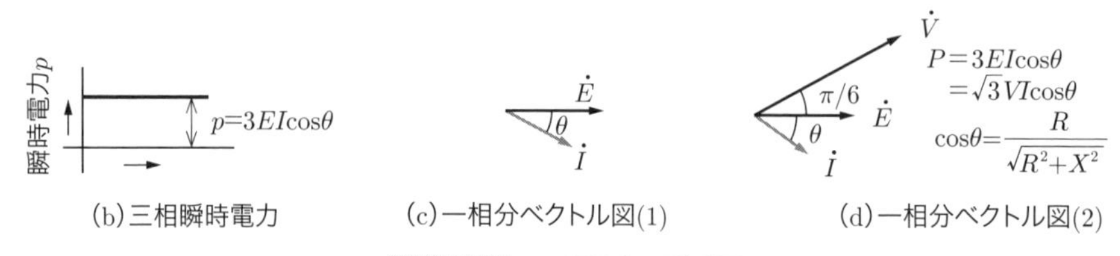

(b)三相瞬時電力　(c)一相分ベクトル図(1)　(d)一相分ベクトル図(2)

図 2・59　三相電力の説明図

三相電力と三相無効電力について，複素数を用いて計算すると

$$P + jQ = \overline{\dot{E}}_a\dot{I}_a + \overline{\dot{E}}_b\dot{I}_b + \overline{\dot{E}}_c\dot{I}_c = \overline{\dot{E}}_a\dot{I}_a + a\overline{\dot{E}}_a a^2\dot{I}_a + a^2\overline{\dot{E}}_a a\dot{I}_a = 3\overline{\dot{E}}_a\dot{I}_a \tag{2・110}$$

となって，式（2･107），式（2･109）が得られる（図 2･60 参照）．

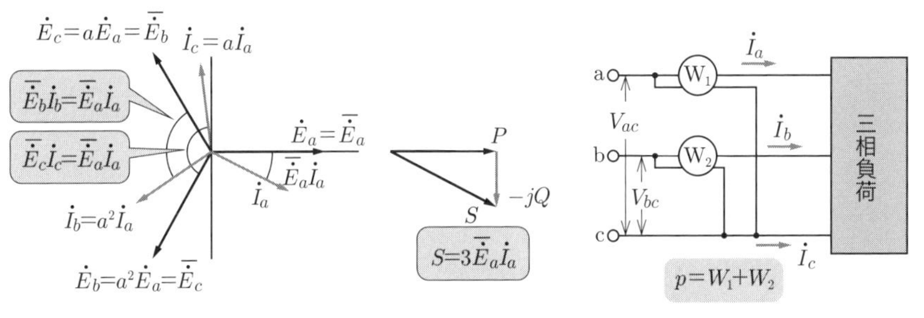

図 2・60　三相電力の複素数表示

図 2・61　ブロンデルの定理

さらに，$\dot{I}_a+\dot{I}_b+\dot{I}_c=0$ であるため，式（2･110）から $\overline{\dot{E}}_c(\dot{I}_a+\dot{I}_b+\dot{I}_c)$ を差し引いても変わらない．したがって

$$P+jQ=\overline{\dot{E}}_a\dot{I}_a+\overline{\dot{E}}_b\dot{I}_b+\overline{\dot{E}}_c\dot{I}_c-\overline{\dot{E}}_c\left(\dot{I}_a+\dot{I}_b+\dot{I}_c\right)$$
$$=(\overline{\dot{E}}_a-\overline{\dot{E}}_c)\dot{I}_a+(\overline{\dot{E}}_b-\overline{\dot{E}}_c)\dot{I}_b=\overline{\dot{V}}_{ac}\dot{I}_a+\overline{\dot{V}}_{bc}\dot{I}_b \qquad (2・111)$$

となる．これは，図 2･61 に示すように，三相電力を測定するための電力計は 2 個でよいことを示す．これを**ブロンデルの定理**といい，一般的に表せば「n 条の電線で送られた電力は $n-1$ 個の電力計で測定することができる」．

7 不平衡三相回路

不平衡三相回路には，電源は対称三相交流であるが負荷が不平衡になっている場合と，電源も負荷も不平衡になっている場合とがある．

(1) Y（対称）- Y（不平衡）回路の場合

図 2･62 のように，不平衡回路全体を一つの回路網として考え，キルヒホッフの法則より方程式を立てて，それを解く．（ミルマンの定理も活用できる．）

$$\dot{I}_a+\dot{I}_b+\dot{I}_c=0 \qquad (2・112)$$

POINT キルヒホッフの第 1 法則

$$\dot{E}_a-\dot{E}_b=\dot{Z}_a\dot{I}_a-\dot{Z}_b\dot{I}_b \qquad (2・113)$$

POINT キルヒホッフの第 2 法則

$$\dot{E}_b-\dot{E}_c=\dot{Z}_b\dot{I}_b-\dot{Z}_c\dot{I}_c \qquad (2・114)$$

上式を解くと，線電流 $\dot{I}_a$，$\dot{I}_b$，$\dot{I}_c$ は，$\triangle=\dot{Z}_a\dot{Z}_b+\dot{Z}_b\dot{Z}_c+\dot{Z}_c\dot{Z}_a$ として

$$\dot{I}_a=\frac{\dot{Z}_c(\dot{E}_a-\dot{E}_b)-\dot{Z}_b(\dot{E}_c-\dot{E}_a)}{\triangle}=\frac{\dot{Z}_c\dot{V}_{ab}-\dot{Z}_b\dot{V}_{ca}}{\triangle} \qquad (2・115)$$

$$\dot{I}_b = \frac{\dot{Z}_a(\dot{E}_b - \dot{E}_c) - \dot{Z}_c(\dot{E}_a - \dot{E}_b)}{\triangle} = \frac{\dot{Z}_a\dot{V}_{bc} - \dot{Z}_c\dot{V}_{ab}}{\triangle} \qquad (2\cdot116)$$

$$\dot{I}_c = \frac{\dot{Z}_b(\dot{E}_c - \dot{E}_a) - \dot{Z}_a(\dot{E}_b - \dot{E}_c)}{\triangle} = \frac{\dot{Z}_b\dot{V}_{ca} - \dot{Z}_a\dot{V}_{bc}}{\triangle} \qquad (2\cdot117)$$

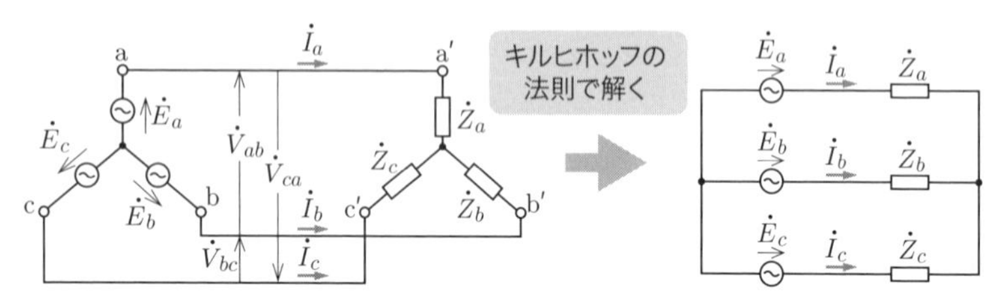

図 2・62　Y（対称）-Y（不平衡）回路の考え方

（2）△（非対称）-△（不平衡）回路の場合

図 2·63 のように，△（非対称）－△（不平衡）回路では，各負荷に加わる線間電圧から相電流を求めた後，線電流を求める．相電流 $\dot{I}_{ab}$，$\dot{I}_{bc}$，$\dot{I}_{ca}$ は

$$\dot{I}_{ab} = \frac{\dot{V}_{ab}}{\dot{Z}_{ab}},\ \dot{I}_{bc} = \frac{\dot{V}_{bc}}{\dot{Z}_{bc}},\ I_{ca} = \frac{\dot{V}_{ca}}{\dot{Z}_{ca}} \qquad (2\cdot118)$$

POINT
各相の負荷に加わる線間電圧から，相電流を算出．相電流は大きさも位相差も異なる

したがって，線電流 $\dot{I}_a$，$\dot{I}_b$，$\dot{I}_c$ は

$$\left.\begin{aligned} \dot{I}_a &= \dot{I}_{ab} - \dot{I}_{ca} \\ \dot{I}_b &= \dot{I}_{bc} - \dot{I}_{ab} \\ \dot{I}_c &= \dot{I}_{ca} - \dot{I}_{bc} \end{aligned}\right\} \qquad (2\cdot119)$$

POINT
線電流はキルヒホッフの第 1 法則より相電流から算出．線電流は大きさも位相差も異なる

で計算する．

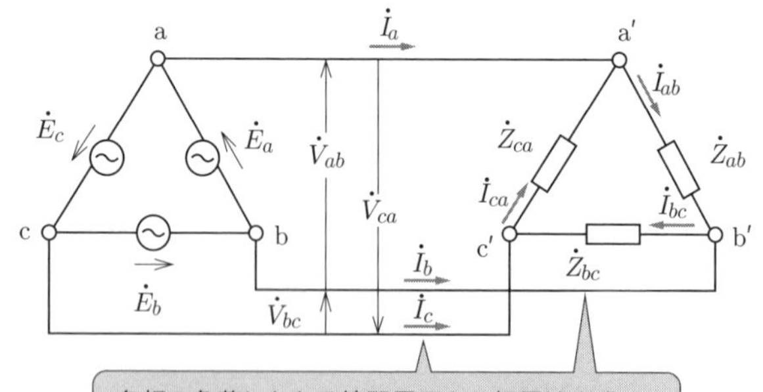

図 2・63　△（非対称）-△（不平衡）回路

(3) Y（非対称）-Y（不平衡）回路の場合

図2·64のように，中性線NN′間にインピーダンス $\dot{Z}_N$ が接続されている場合，電源の中性点Nに対する負荷の中性点N′の電圧 $\dot{V}_N$ は，ミルマンの定理から

$$\dot{V}_N=\frac{\dot{Y}_a\dot{E}_a+\dot{Y}_b\dot{E}_b+\dot{Y}_c\dot{E}_c}{\dot{Y}_a+\dot{Y}_b+\dot{Y}_c+\dot{Y}_N} \tag{2・120}$$

ここで，$\dot{Y}_a=1/\dot{Z}_a$，$\dot{Y}_b=1/\dot{Z}_b$，$\dot{Y}_c=1/\dot{Z}_c$，$\dot{Y}_N=1/\dot{Z}_N$

したがって，線電流 $\dot{I}_a$，$\dot{I}_b$，$\dot{I}_c$，$\dot{I}_N$ は

$$\dot{I}_a=\frac{\dot{E}_a-\dot{V}_N}{\dot{Z}_a},\ \dot{I}_b=\frac{\dot{E}_b-\dot{V}_N}{\dot{Z}_b},\ \dot{I}_c=\frac{\dot{E}_c-\dot{V}_N}{\dot{Z}_c},\ \dot{I}_N=\frac{\dot{V}_N}{\dot{Z}_N} \tag{2・121}$$

となる．なお，中性線がない場合は，式（2·120）で $\dot{Y}_N=0$（インピーダンス∞）として計算すればよい．

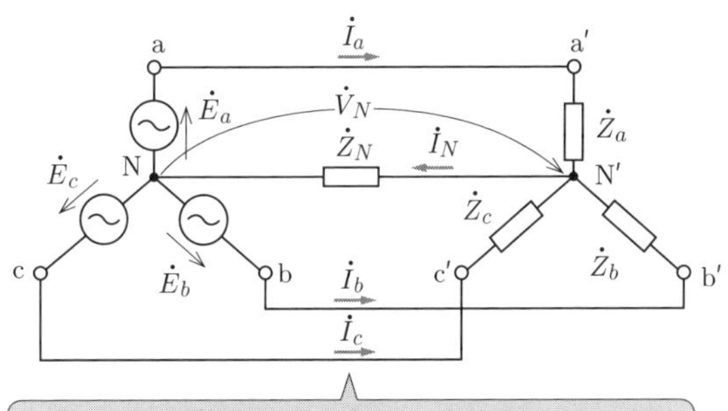

図2・64 Y（非対称）-Y（不平衡）回路

(4) 電源と負荷の結線が異なる場合

電源の結線に合わせ，負荷の結線を変換する．Y-△回路では，負荷を△-Y変換してY-Y結線にし，Y結線の負荷の各相インピーダンス $\dot{Z}_a$，$\dot{Z}_b$，$\dot{Z}_c$ を求め，これにより線電流 $\dot{I}_a$，$\dot{I}_b$，$\dot{I}_c$ を求める．なお，非対称三相交流のY-Y結線はミルマンの定理を使うことになるが，これを避けるためには，電源をY-△変換して△-△結線として計算してもよい．一方，△-Y回路では，負荷をY-△変換することにより，△-△結線に変換する．

(5) 不平衡三相回路の電力

不平衡三相回路の電力 P は各相電力の和である．各相電圧を E_a，E_b，E_c〔V〕，

各相電流 I_{ab}，I_{bc}，I_{ca}〔A〕，各相電圧と各相電流の位相差を ϕ_a，ϕ_b，ϕ_c とすれば，三相有効電力 P，三相無効電力 Q，三相皮相電力 S は次式となる．

三相有効電力$P=E_aI_{ab}\cos\phi_a+E_bI_{bc}\cos\phi_b+E_cI_{ca}\cos\phi_c$〔W〕　(2・122)

三相無効電力$Q=E_aI_{ab}\sin\phi_a+E_bI_{bc}\sin\phi_b+E_cI_{ca}\sin\phi_c$〔var〕　(2・123)

三相皮相電力$S=E_aI_{ab}+E_bI_{bc}+E_cI_{ca}$〔V・A〕　(2・124)

例題17 ……… H23 問6

次の文章は，三相回路に関する記述である．

図に示す回路において，定常状態における $i_1(t)$，$i_{12}(t)$，$i_{13}(t)$ の実効値を求めたい．ただし，

$$e_1(t)=\sqrt{2}E\cos\omega t,\ e_2(t)=\sqrt{2}E\cos\left(\omega t-\frac{2}{3}\pi\right),\ e_3(t)=\sqrt{2}E\cos\left(\omega t-\frac{4}{3}\pi\right)$$

とする．

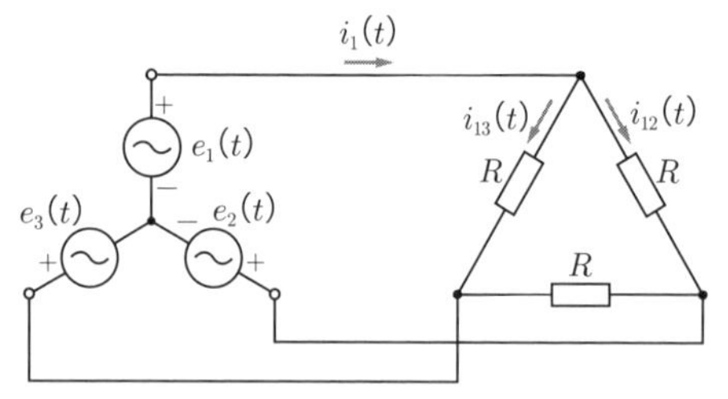

まず，電源 $e_1(t)$，$e_2(t)$ の電圧ベクトルを，それぞれ $\dot{E}_1=Ee^{j0}$，$\dot{E}_2=Ee^{-j\frac{2}{3}\pi}$ と書き表すと，$e_3(t)$ の電圧ベクトルは $\dot{E}_3=$ [(1)] と表される．次に，$i_1(t)=\sqrt{2}I_1\cos(\omega t+\phi_1)$，$i_{12}(t)=\sqrt{2}I_{12}\cos(\omega t+\phi_{12})$，$i_{13}(t)=\sqrt{2}I_{13}\cos(\omega t+\phi_{13})$ とおき，それぞれの電流ベクトルを $\dot{I}_1$，$\dot{I}_{12}$，$\dot{I}_{13}$ とする．このとき，$\dot{I}_{12}=$ [(2)]，$\dot{I}_{13}=$ [(3)]，$\dot{I}_1=$ [(4)] となり，これより $I_{12}=\left|\dot{I}_{12}\right|=$ [(5)]，$I_{13}=\left|\dot{I}_{13}\right|=$ [(5)]，$I_1=\left|\dot{I}_1\right|=$ [(4)] となる．

【解答群】

(イ) $\dfrac{E}{R}\left(2-e^{-j\frac{\pi}{3}}-e^{-j\frac{2}{3}\pi}\right)$　(ロ) $Ee^{-j\frac{4}{3}\pi}$　(ハ) $\dfrac{E}{R}\left(1-e^{-j\frac{\pi}{3}}\right)$

(ニ) $Ee^{-j\pi}$　(ホ) $\dfrac{3E}{R}$　(ヘ) $Ee^{-j2\pi}$

(ト) $\dfrac{E}{R}\left(1-e^{-j\frac{5}{3}\pi}\right)$　(チ) $\dfrac{E}{R}(1-e^{-j0})$　(リ) $\dfrac{E}{R}\left(1-e^{-j\frac{4}{3}\pi}\right)$

(ヌ) $\dfrac{E}{R}\left(2-e^{-j\pi}-e^{-j\frac{4}{3}\pi}\right)$	(ル) $\dfrac{\sqrt{6}E}{R}$	(ヲ) $\dfrac{E}{R}\left(1-e^{-j\frac{2}{3}\pi}\right)$
(ワ) $\dfrac{\sqrt{2}E}{R}$	(カ) $\dfrac{E}{R}(1-e^{-j\pi})$	(ヨ) $\dfrac{\sqrt{3}E}{R}$

解 説 (1) e_1，e_2，e_3 を電圧ベクトル表示にすると，式（2･90）や式（2･91）に示すとおり，$\dot{E}_1=Ee^{j0}$，$\dot{E}_2=Ee^{-j\frac{2}{3}\pi}$，$\dot{E}_3=Ee^{-j\frac{4}{3}\pi}$ である．

(2) (3) i_{12} が流れる抵抗 R にかかる電圧は $\dot{E}_{12}$，i_{13} が流れる抵抗 R にかかる電圧は $\dot{E}_{13}$ であるから

$$\dot{E}_{12}=\dot{E}_1-\dot{E}_2=Ee^{j0}-Ee^{-j\frac{2}{3}\pi}=E\left(1-e^{-j\frac{2}{3}\pi}\right)$$

$$\dot{E}_{13}=\dot{E}_1-\dot{E}_3=Ee^{j0}-Ee^{-j\frac{4}{3}\pi}=E\left(1-e^{-j\frac{4}{3}\pi}\right)$$

ここで，$\dot{E}_{12}=\dot{I}_{12}R$，$\dot{E}_{13}=\dot{I}_{13}R$ であるから

$$\dot{I}_{12}=\frac{\dot{E}_{12}}{R}=\frac{E}{R}\left(1-e^{-j\frac{2}{3}\pi}\right)$$

$$\dot{I}_{13}=\frac{\dot{E}_{13}}{R}=\frac{E}{R}\left(1-e^{-j\frac{4}{3}\pi}\right)$$

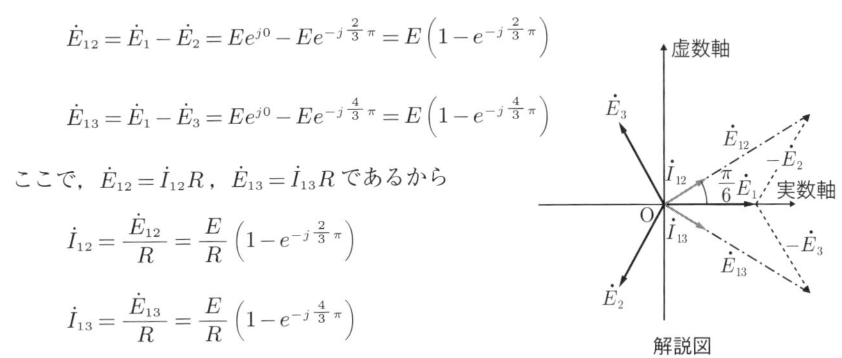

解説図

(4) 問題図で，キルヒホッフの第 1 法則を適用して

$$i_1(t)=i_{12}(t)+i_{13}(t)$$

電圧ベクトルのフェーザ表示でも成り立つから

$$\dot{I}_1=\dot{I}_{12}+\dot{I}_{13}=\frac{E}{R}\left(1-e^{-j\frac{2}{3}\pi}\right)+\frac{E}{R}\left(1-e^{-j\frac{4}{3}\pi}\right)=\frac{E}{R}\left(2-e^{-j\frac{2}{3}\pi}-e^{-j\frac{4}{3}\pi}\right)$$

ここで，$e^{-j\frac{2}{3}\pi}=-\dfrac{1}{2}-j\dfrac{\sqrt{3}}{2}$，$e^{-j\frac{4}{3}\pi}=-\dfrac{1}{2}+j\dfrac{\sqrt{3}}{2}$ であるから

$$\dot{I}_1=\frac{E}{R}\left(2-e^{-j\frac{2}{3}\pi}-e^{-j\frac{4}{3}\pi}\right)=\frac{E}{R}\left(2+\frac{1}{2}+j\frac{\sqrt{3}}{2}+\frac{1}{2}-j\frac{\sqrt{3}}{2}\right)=\frac{3E}{R}$$

(5) $|\dot{I}_{12}|$ も，$e^{-j\frac{2}{3}\pi}=-\dfrac{1}{2}-j\dfrac{\sqrt{3}}{2}$ を代入すれば

$$\left|\dot{I}_{12}\right|=\left|\frac{E}{R}\left(1-e^{-j\frac{2}{3}\pi}\right)\right|=\left|\frac{E}{R}\left(1+\frac{1}{2}+j\frac{\sqrt{3}}{2}\right)\right|=\frac{E}{R}\left|\frac{3}{2}+j\frac{\sqrt{3}}{2}\right|$$

$$=\frac{E}{R}\sqrt{\left(\frac{3}{2}\right)^2+\left(\frac{\sqrt{3}}{2}\right)^2}=\sqrt{3}\frac{E}{R}$$

$|\dot{I}_{13}|$ も同様に計算すればよい．また，ベクトル図からも $|\dot{I}_{13}|=|\dot{I}_{12}|$ である．

【解答】(1) ロ　(2) ヲ　(3) リ　(4) ホ　(5) ヨ

例題 18 ……………………………………… H14 問 3

次の文章は，三相交流回路に関する記述である．

図のように△接続された非対称負荷がある．AB，BC 間のインピーダンスは $\dot{Z}_{ab}=\dot{Z}_{bc}=1\angle 30^\circ$〔Ω〕，CA 間のリアクタンスは $\dot{Z}_{ca}=1\angle 90^\circ$〔Ω〕である．この負荷に対称三相線間電圧 $\dot{V}_{ab}=100\angle 0^\circ$〔V〕，$\dot{V}_{bc}=100\angle 240^\circ$〔V〕，$\dot{V}_{ca}=100\angle 120^\circ$〔V〕が印加されている．各部の電流は次のとおりである．ただし，電圧，電流の正方向は，図の矢印に示すようにとるものとする．

(a) 負荷の各部の電流　$\dot{I}_{ab}=100\angle 330^\circ$〔A〕

$\dot{I}_{bc}=$ （1） 〔A〕

$\dot{I}_{ca}=$ （2） 〔A〕

(b) 各線電流　$\dot{I}_{a}=$ （3） 〔A〕

$\dot{I}_{b}=$ （4） 〔A〕

$\dot{I}_{c}=$ （5） 〔A〕

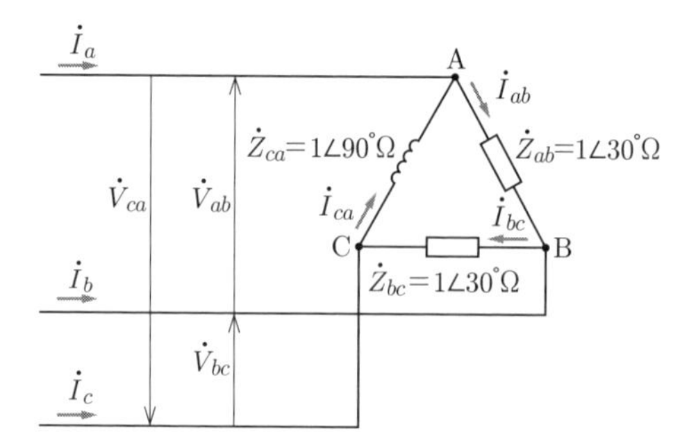

【解答群】

(イ) 50∠240°	(ロ) 86.6∠180°	(ハ) 86.6∠270°	(ニ) 100∠30°
(ホ) 100∠90°	(ヘ) 100∠120°	(ト) 100∠210°	(チ) 100∠270°
(リ) 100∠330°	(ヌ) 120∠300°	(ル) 173∠60°	(ヲ) 173∠150°
(ワ) 173∠180°	(カ) 200∠30°	(ヨ) 200∠60°	

解 説　(1) (2) 電源は対称三相で負荷は不平衡の回路である．式 (2·118) に基づいて計算すればよい．$\dot{I}_{ab}$ は，線間電圧 $\dot{V}_{ab}=100\angle 0^\circ$〔V〕が負荷インピーダンス $\dot{Z}_{ab}=1\angle 30^\circ$〔Ω〕に印加されているときに流れる電流であるから

$$\dot{I}_{ab}=\frac{\dot{V}_{ab}}{\dot{Z}_{ab}}=\frac{100\angle 0^\circ}{1\angle 30^\circ}=\frac{100e^{j0^\circ}}{e^{j30^\circ}}=100e^{j(0^\circ-30^\circ)}=100e^{-j30^\circ}$$

$$=100\angle -30^\circ=100\angle(360^\circ-30^\circ)=100\angle 330^\circ$$

(式 (2・42) 参照)

同様に $\dot{I}_{bc}$，$\dot{I}_{ca}$ も式（2·118），式（2·42）に基づいて計算すれば

$$\dot{I}_{bc}=\frac{\dot{V}_{bc}}{\dot{Z}_{bc}}=\frac{100\angle 240°}{1\angle 30°}=100\angle(240°-30°)=100\angle 210°$$

$$\dot{I}_{ca}=\frac{\dot{V}_{ca}}{\dot{Z}_{ca}}=\frac{100\angle 120°}{1\angle 90°}=100\angle(120°-90°)=100\angle 30°$$

(3)（4）（5）各線電流を求めるにはキルヒホッフの第1法則を適用する．式（2·119）より $\dot{I}_a=\dot{I}_{ab}-\dot{I}_{ca}$，$\dot{I}_b=\dot{I}_{bc}-\dot{I}_{ab}$，$\dot{I}_c=\dot{I}_{ca}-\dot{I}_{bc}$ を解説図のベクトル図で描けばよい．

$$\dot{I}_a=\dot{I}_{ab}-\dot{I}_{ca}=100\angle 270°$$

$$\dot{I}_b=\dot{I}_{bc}-\dot{I}_{ab}=100\sqrt{3}\angle 180° \fallingdotseq 173\angle 180°$$

$$\dot{I}_c=\dot{I}_{ca}-\dot{I}_{bc}=200\angle 30°$$

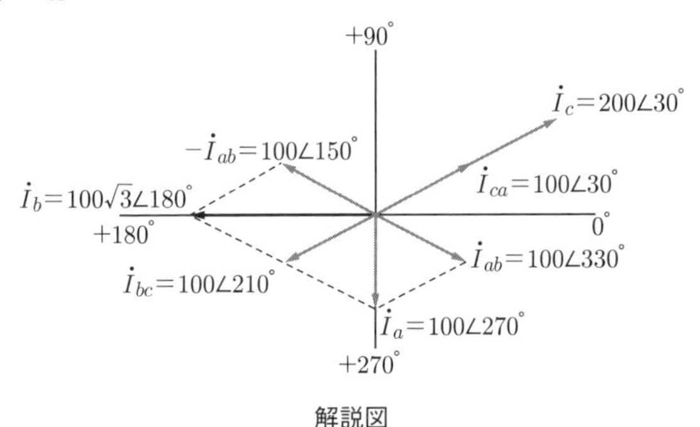

解説図

【解答】（1）ト　（2）ニ　（3）チ　（4）ワ　（5）カ

例題 19 ………… **H18　問 3**

次の文章は，三相交流回路に関する記述である．

対称三相電圧 $\dot{\boldsymbol{E}}_{ab}=\mathbf{200}\angle\mathbf{0}°$〔V〕，$\dot{\boldsymbol{E}}_{bc}=\mathbf{200}\angle-\mathbf{120}°$〔V〕，$\dot{\boldsymbol{E}}_{ca}=\mathbf{200}\angle-\mathbf{240}°$〔V〕が，図のような負荷の端子 a，b，c に印加されている．負荷端子の a-b 間には抵抗値が **20** Ω で可動接点 n をもつ抵抗が接続されており，その接点 n と負荷端子 c の間には抵抗値が **10** Ω の固定抵抗が接続されている．ただし，a-n 間の抵抗は長さに比例しているものとする．いま，分割の係数を $\boldsymbol{k}$（$\mathbf{0}\leqq \boldsymbol{k} \leqq \mathbf{1}$）とすると，a-n 間の抵抗値は $\mathbf{20}\,\boldsymbol{k}$〔Ω〕，b-n 間の抵抗値は $\mathbf{20}\,(\mathbf{1}-\boldsymbol{k})$〔Ω〕となる．

この回路において，可動接点を $\boldsymbol{k}=\mathbf{1/2}$ となる位置に設定すると各電流計は同じ値 [(1)]〔A〕を指す．このときの負荷の全電力は [(2)]〔W〕である．

次に，可動接点を動かして $\boldsymbol{k}=\mathbf{1}$ とするとき，b 相の電流計の指示値は [(3)]〔A〕となり，負荷の全電力は [(4)]〔W〕となる．

さらに，c 相の電流計の指示値に注目すれば，**$k=0$** の場合と **$k=1$** の場合で同じ値となるが，この値は **$k=1/2$** としたときの値の［(5)］倍である．

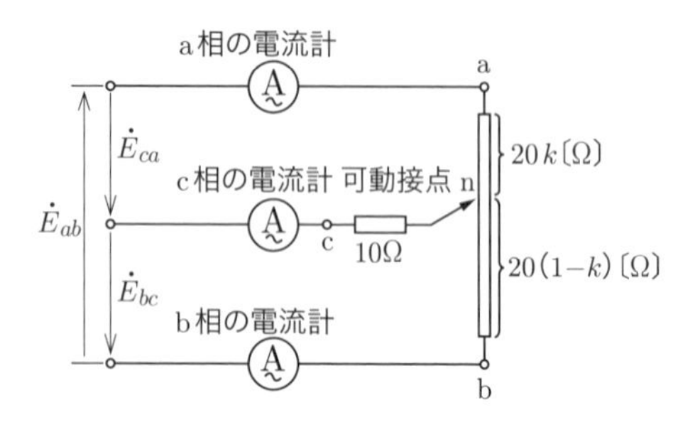

【解答群】

(イ) $\dfrac{1}{\sqrt{3}}$	(ロ) 20	(ハ) $3000\sqrt{3}$	(ニ) 900	(ホ) $10\sqrt{3}$
(ヘ) 4000	(ト) $10\sqrt{7}$	(チ) 1	(リ) 9000	(ヌ) $\sqrt{3}$
(ル) $\dfrac{20}{\sqrt{3}}$	(ヲ) 12000	(ワ) $10\sqrt{5}$	(カ) 6000	(ヨ) $20\sqrt{6}$

解 説 (1) $k=1/2$ のとき，a-n 間の抵抗は $20k=20\times(1/2)=10\ \Omega$，b-n 間の抵抗は $20(1-k)=20(1-1/2)=10\ \Omega$ であり，c-n 間の抵抗も 10Ω であるから，負荷は Y 結線の三相平衡負荷である．したがって，各抵抗には線間電圧 $E=200V$ の $1/\sqrt{3}$ 倍に相当する相電圧が印加されるので，電流 I は $I=\dfrac{E/\sqrt{3}}{R}=\dfrac{200}{10\sqrt{3}}=\dfrac{20}{\sqrt{3}}$ A で等しい．

(2) 負荷の全電力 P は，式（2·107）において $\cos\theta=1$ であるから

$$P=3I^2R=3\times\left(\frac{20}{\sqrt{3}}\right)^2\times 10=4000\ \text{W}$$

(3) $k=1$ のとき，a-n 間の抵抗は $20k=20\times1=20\ \Omega$，b-n 間の抵抗は $20(1-k)=20\times(1-1)=0\ \Omega$ となるので，解説図の回路となる．式（2·112）～式（2·114）と同様に，キルヒホッフの法則を適用すれば

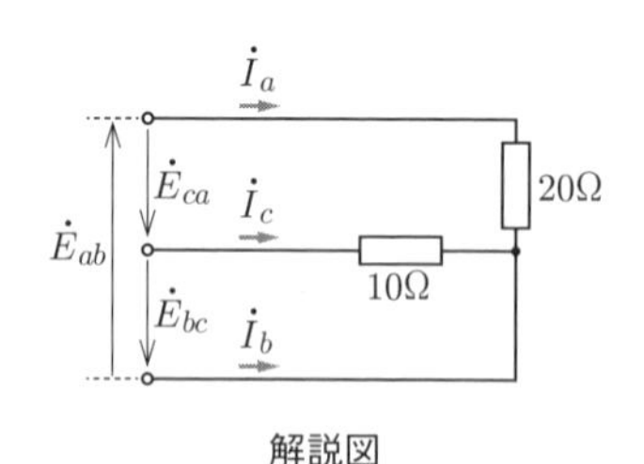

解説図

$$\begin{cases} \dot{I}_a + \dot{I}_b + \dot{I}_c = 0 & \cdots\cdots ① \\ \dot{E}_{ab} = 20\dot{I}_a & \cdots\cdots ② \\ \dot{E}_{bc} = -10\dot{I}_c & \cdots\cdots ③ \end{cases}$$

題意より $\dot{E}_{ab}=200\angle 0°$，$\dot{E}_{bc}=200\angle -120°=200\times\left(-\dfrac{1}{2}-j\dfrac{\sqrt{3}}{2}\right)=-100(1+j\sqrt{3})$ を式②，式③へ代入すれば

$$\dot{I}_a=\frac{\dot{E}_{ab}}{20}=\frac{200\angle 0°}{20}=10\ \text{A}$$

$$\dot{I}_c=-\frac{\dot{E}_{bc}}{10}=10(1+j\sqrt{3})=10\sqrt{1^2+(\sqrt{3})^2}\angle\tan^{-1}\sqrt{3}=20\angle\frac{\pi}{3}\ [\text{A}]$$

これらを式①へ代入すれば

$$\dot{I}_b=-\dot{I}_a-\dot{I}_c=-10-10(1+j\sqrt{3})=-10(2+j\sqrt{3})$$

$$=10\sqrt{2^2+(\sqrt{3})^2}\angle\left(-\tan^{-1}\frac{\sqrt{3}}{2}\right)=10\sqrt{7}\angle\left(-\tan^{-1}\frac{\sqrt{3}}{2}\right)\ \text{A}$$

ゆえに，b 相の電流計の指示値は $10\sqrt{7}$ A.

(4) 負荷の全電力 P は式（2･122）より

$$P=|\dot{I}_a|^2\times 20+|\dot{I}_c|^2\times 10=10^2\times 20+20^2\times 10=6000\ \text{W}$$

(5) c 相の電流計の指示値（$\dot{I}_c$ の大きさ）は，$k=1$ のとき 20A，$k=1/2$ のとき $\dfrac{20}{\sqrt{3}}$ A なので，$\dfrac{20}{20/\sqrt{3}}=\sqrt{3}$ 倍である.

【解答】（1）ル （2）ヘ （3）ト （4）カ （5）ヌ

2-5 ひずみ波交流

攻略のポイント　本節のひずみ波交流に関しては，電験３種では基礎的な出題がされている．電験２種では，基本波や高調波の重ね合わせ，高調波インピーダンスによる共振，高調波を含む回路の消費電力等が出題されている．フーリエ級数までは出題されていないため，ここでは扱わない．

1 ひずみ波交流

正弦波ではない交流を，**ひずみ波交流**という．ひずみ波交流は，周波数の異なる複数の正弦波交流を重ね合わせた形に表すことができ，この中で最も低い周波数の正弦波交流を**基本波**，その整数倍の周波数の正弦波を**高調波**という．そして，n 倍の周波数を**第 n 次高調波**ともいう．

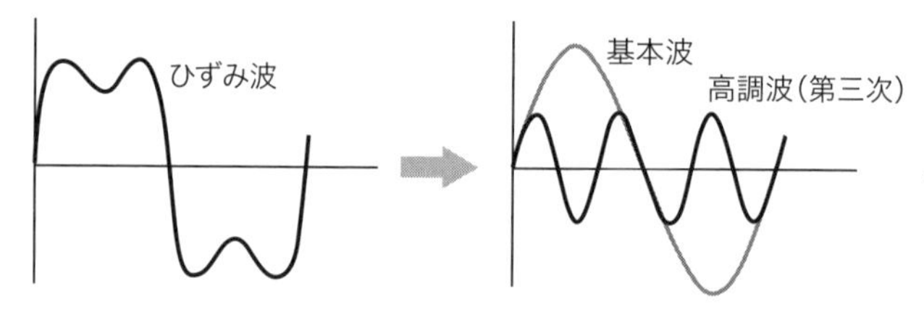

図 2・65　ひずみ波と高調波

2 ひずみ波の実効値

ひずみ波電流の瞬時値が，直流を含めて

$$i=I_0+I_{m1}\sin(\omega t-\phi_1)+I_{m2}\sin(2\omega t-\phi_2)+\cdots \tag{2・125}$$

の形で表されるとき，この電流の実効値は「瞬時値の二乗平均の平方根」だから

$$I=\sqrt{\frac{1}{T}\int_0^T i^2dt} \tag{2・126}$$

となる．ここで，i^2 は

$$\begin{aligned}i^2=&I_0{}^2+I_{m1}{}^2\sin^2(\omega t-\phi_1)+I_{m2}{}^2\sin^2(2\omega t-\phi_2)+\cdots\\&+I_0I_{m1}\sin(\omega t-\phi_1)+I_0I_{m2}\sin(2\omega t-\phi_2)+\cdots\\&+I_{m1}I_{m2}\sin(\omega t-\phi_1)\sin(2\omega t-\phi_2)+\cdots+\cdots\end{aligned}$$

となって複雑であるが，平均すると，第２行以降は０となる．第１行は

$$\sin^2(\omega t-\phi_1)=\{1-\cos 2(\omega t-\phi_1)\}/2$$

であるから，1/2 が残って

POINT
各周波数成分の実効値の二乗和の平方根

$$I=\sqrt{I_0{}^2+\frac{I_{m1}{}^2}{2}+\frac{I_{m2}{}^2}{2}+\cdots}=\sqrt{I_0{}^2+I_1{}^2+I_2{}^2+\cdots} \qquad (2\cdot127)$$

(ただし，I_1，I_2 は $I_1=I_{m1}/\sqrt{2}$，$I_2=I_{m2}/\sqrt{2}$ のように各周波数成分の実効値）となる．**ひずみ波の実効値は各周波数成分の実効値の二乗和の平方根**である．

また，ひずみ波の程度を表すのに，次式のひずみ率が用いられる．

$$\text{ひずみ率}=\frac{\text{高調波分実効値}}{\text{基本波分実効値}}=\frac{\sqrt{I_2{}^2+I_3{}^2+\cdots}}{I_1} \qquad (2\cdot128)$$

3 ひずみ波の回路計算

抵抗は周波数に無関係であるが，リアクタンスは周波数によって変化するので，高調波成分に対するインピーダンスは，第 n 次高調波に対して次のようになる．

$$\left.\begin{array}{l}\text{インダクタンス } L\cdots\cdots\cdots jn\omega L \\ \text{静電容量 } C\cdots\cdots\cdots\cdots\cdots\cdots \dfrac{1}{jn\omega C}\end{array}\right\} \qquad (2\cdot129)$$

POINT
第 n 次高調波分に対しては $\omega\to n\omega$ と置き換える

電源に高調波成分が含まれるときの電流を求めるには，図 2·66 のように**直流，基本波，高調波のおのおのについてのインピーダンスを用いた単独の回路計算を行い，最後にこれを重ね合わせる**．実効値は，式（2·127）のように，各高調波の実効値の二乗和の平方根となる．

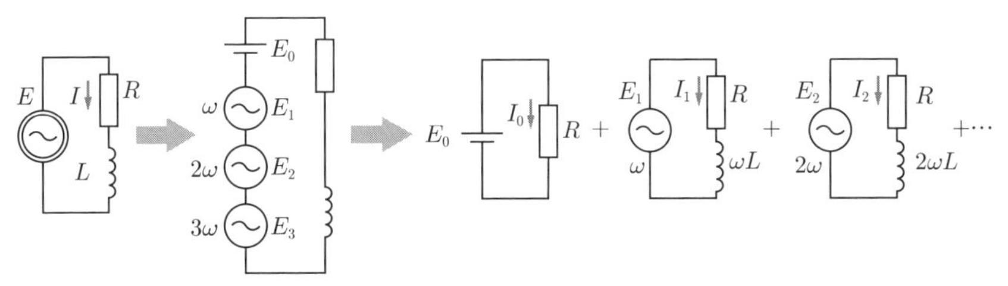

図 2・66 ひずみ波の回路計算

4 ひずみ波の電力と力率

ひずみ波の電力は，同じ次数の成分ごとの電力の和となり，異なる次数の間では1周期の平均は0となって現れてこない．すなわち，図 2·66 の回路における有効

電力は

$$P = E_0 I_0 + \sum_{i=1}^{n} E_i I_i \cos\theta_i \tag{2・130}$$

となる．式（2·130）の第 1 項は直流成分を示す．

一方，総合力率は，有効電力を皮相電力で割った値であるから

$$\text{総合力率} = \frac{P}{EI} = \frac{\sum E_i I_i \cos\theta_i}{\sqrt{\sum E_i{}^2}\sqrt{\sum I_i{}^2}} \tag{2・131}$$

となる．なお，この場合，直流成分は含めない．

例題 20 ………………………………………… **H10　問 4**

次の文章は，ひずみ波交流回路に関する記述である．

図のように抵抗 R とインダクタンス L が直列に接続された回路に次式で表されるひずみ波電圧 e〔V〕を加える．

$$e = 100 + 50\sin\omega t + 20\sin 3\omega t$$

このとき，回路に流れる電流 i〔A〕は

$$i = \boxed{(1)} + \boxed{(2)}\sin\left(\omega t - \frac{\pi}{4}\right) + \boxed{(3)}\sin(3\omega t - \phi_3)$$

である．

ここで，$\phi_3 = \tan^{-1}$ (4) である．

また，この回路で消費される有効電力 P は (5) 〔W〕である．

【解答群】

（イ）0	（ロ）0.44	（ハ）0.632
（ニ）1.41	（ホ）2.50	（ヘ）3.00
（ト）3.16	（チ）3.41	（リ）3.54
（ヌ）7.07	（ル）10.0	（ヲ）14.1
（ワ）564	（カ）1065	（ヨ）1129

解　説　(1)～(4)　ひずみ波電圧 e を $e = E_0 + \sqrt{2}E_1\sin\omega t + \sqrt{2}E_3\sin 3\omega t$ で表すとき，図 2·66 のように，回路に流れる電流は，直流，基本波，第 3 次高調波のそれぞれの電圧に対する電流を計算し，重ね合わせればよい．問題図の RL 直列回路では，基本波に対するインピーダンスは $R + j\omega L$，第 3 次高調波に対するインピーダンスは式（2·129）より $R + j3\omega L$ である．したがって，回路に流れる電流は

$$i=\frac{E_0}{R}+\frac{\sqrt{2}E_1}{\sqrt{R^2+(\omega L)^2}}\sin\left(\omega t-\tan^{-1}\frac{\omega L}{R}\right)$$

$$+\frac{\sqrt{2}E_3}{\sqrt{R^2+(3\omega L)^2}}\sin\left(\omega t-\tan^{-1}\frac{3\omega L}{R}\right)$$

数値を代入すると

$$\frac{E_0}{R}=\frac{100}{10}=10\ \text{A},\quad \frac{\sqrt{2}E_1}{\sqrt{R^2+(\omega L)^2}}=\frac{50}{\sqrt{10^2+10^2}}=3.54\ \text{A}$$

$$\frac{\sqrt{2}E_3}{\sqrt{R^2+(3\omega L)^2}}=\frac{20}{\sqrt{10^2+30^2}}=0.632\ \text{A}$$

$$\tan^{-1}\frac{\omega L}{R}=\tan^{-1}\frac{10}{10}=\tan^{-1}1=\frac{\pi}{4}$$

$$\phi_3=\tan^{-1}\frac{3\omega L}{R}=\tan^{-1}\frac{30}{10}=\tan^{-1}3$$

(5) 回路で消費される電力 P は，式（2･130）のように同じ次数の成分ごとの電力の和であるから

$$P=(I_0{}^2+I_1{}^2+I_3{}^2)R=\left\{10^2+\left(\frac{3.54}{\sqrt{2}}\right)^2+\left(\frac{0.632}{\sqrt{2}}\right)^2\right\}\times 10=1\,065\ \text{W}$$

【解答】(1) ル　(2) リ　(3) ハ　(4) へ　(5) カ

例題 21 ………………………………………… **H12 問 3**

次の文章は，高調波を含む交流回路に関する記述である．

図のような抵抗 $\boldsymbol{R_1}$〔Ω〕，$\boldsymbol{R_2}$〔Ω〕，インダクタンス $\boldsymbol{L}$〔H〕および静電容量 $\boldsymbol{C}$〔F〕の各素子からなる回路において，端子 a，b 間に基本波（角周波数 ω〔rad/s〕）と第 **3** 調波を含む交流電圧 $\dot{\boldsymbol{E}}$〔V〕を加えた．そのとき，抵抗 $\boldsymbol{R_2}$ に流れる電流には，第 **3** 調波は含まれなかった．このことから，静電容量 $\boldsymbol{C}$ とインダクタンス $\boldsymbol{L}$ は，第 **3** 調波に対して [(1)] の状態にあり，このとき，$\boldsymbol{C}=$ [(2)] の関係がある．したがって，第 **3** 調波に対する回路全体のインピーダンスは，$\dot{\boldsymbol{Z}}_3=$ [(3)] となる．

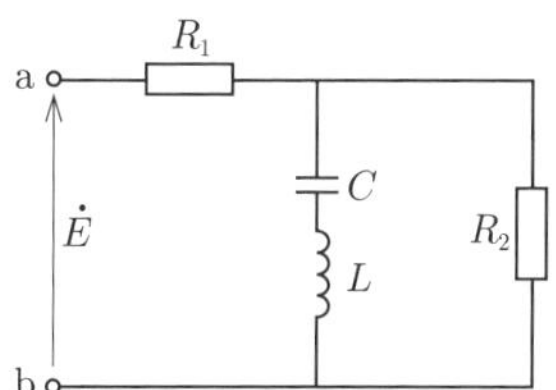

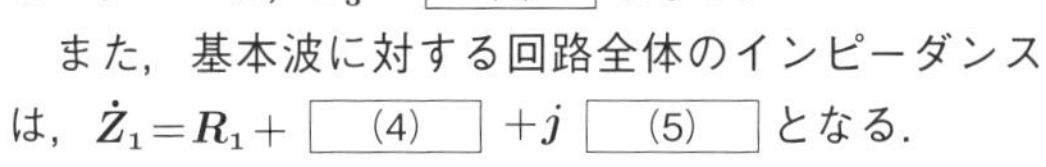

また，基本波に対する回路全体のインピーダンスは，$\dot{\boldsymbol{Z}}_1=\boldsymbol{R_1}+$ [(4)] $+\boldsymbol{j}$ [(5)] となる．

【解答群】

(イ) $\dfrac{1}{8\omega^2 L}$　(ロ) R_1　(ハ) 並列共振　(ニ) $\dfrac{-\omega L R_2{}^2}{R_2{}^2+(\omega L)^2}$

（ホ） $\dfrac{(9\omega L)^2R_2}{{R_2}^2+(9\omega L)^2}$	（ヘ）直列共振	（ト） $\dfrac{1}{9\omega^2 L}$	（チ） $\dfrac{(\omega L)^2R_2}{{R_2}^2+(\omega L)^2}$
（リ） $\dfrac{-8\omega L{R_2}^2}{{R_2}^2+(8\omega L)^2}$	（ヌ） R_1+R_2	（ル） $3R_1$	（ヲ） $\dfrac{1}{\omega^2 L}$
（ワ） $\dfrac{(8\omega L)^2R_2}{{R_2}^2+(8\omega L)^2}$	（カ）直並列共振	（ヨ） $\dfrac{-9\omega L{R_2}^2}{{R_2}^2+(9\omega L)^2}$	

解　説　(1) (2) 与えられた回路を基本波，第3調波に分けて考えると，解説図1，2となる．解説図2において，抵抗 R_2 に流れる電流には第3調波が含まれていないことから，LC 直列接続部分のインピーダンスが0，すなわち直列共振状態にある．

$$jX_3=jX_{L3}-jX_{C3}=j3\omega L+\frac{1}{j3\omega C}=0$$

$$\therefore 3\omega L=\frac{1}{3\omega C}\qquad \therefore C=\frac{1}{9\omega^2 L}$$

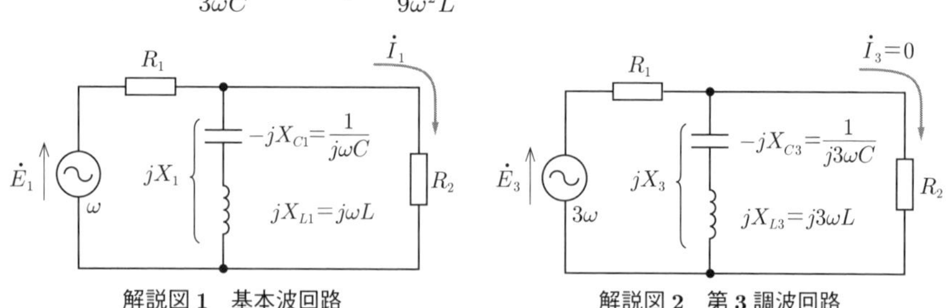

解説図1　基本波回路　　　解説図2　第3調波回路

(3) 第3調波に対する回路全体のインピーダンス $\dot{Z}_3$ は $jX_3=0$ ゆえ

$$\dot{Z}_3=R_1+\frac{jX_3R_2}{jX_3+R_2}=R_1+\frac{0\times R_2}{0+R_2}=R_1$$

(4) (5) 基本波に対する回路全体のインピーダンス $\dot{Z}_1$ は

$$\dot{Z}_1=R_1+\frac{jX_1R_2}{R_2+jX_1}$$

ここで，$jX_1=jX_{L1}-jX_{C1}=j\left(\omega L-\dfrac{1}{\omega C}\right)=j\left(\omega L-\dfrac{9\omega^2 L}{\omega}\right)=-j8\omega L$

となる（$C=1/(9\omega^2L)$ を代入）から

$$\dot{Z}_1=R_1+\frac{jX_1R_2}{R_2+jX_1}=R_1+\frac{-j8\omega LR_2}{R_2-j8\omega L}=R_1+\frac{-j8\omega LR_2(R_2+j8\omega L)}{(R_2-j8\omega L)(R_2+j8\omega L)}$$

$$= R_1 + \frac{(8\omega L)^2 R_2}{R_2{}^2 + (8\omega L)^2} + j\frac{-8\omega L R_2{}^2}{R_2{}^2 + (8\omega L)^2}$$

【解答】(1) ヘ　(2) ト　(3) ロ　(4) ワ　(5) リ

例題 22 ………………………………………… **H16　問4**

次の文章は，交流回路に関する記述である．

図の回路は，基本角周波数 ω とその 3 倍の角周波数 3ω を含む交流電圧源 $e(t)=E\sin\omega t+aE\sin3\omega t$ (a は定数) とインダクタンス L と可変静電容量 C とからなる回路である．この回路において，電流 $i(t)$ は

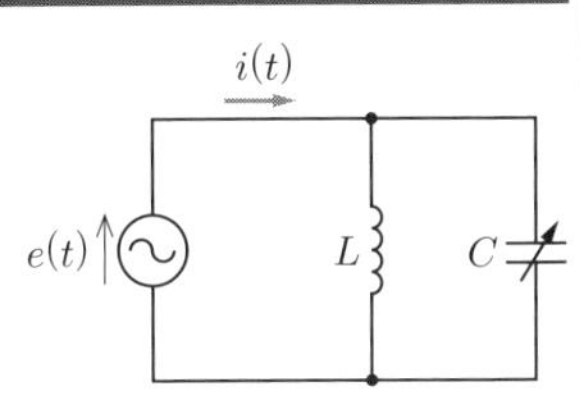

$i(t)=($ (1) $)\times E\cos\omega t+($ (2) $)\times E\cos3\omega t$ である．したがって，$i(t)$ に第 3 調波が含まれないようにするには $C=$ (3) に設定しなければならない．この場合，$i(t)=$ (4) $\times\cos\omega t$ となる．また，逆に $i(t)$ が第 3 調波のみのときは $C=$ (5) となっていなければならない．

【解答群】

(イ) $\omega C-\frac{1}{\omega L}$	(ロ) $\frac{1}{9\omega^2 L}$	(ハ) $3\omega L$	(ニ) $-\frac{8E}{9\omega L}$
(ホ) $\frac{9E}{8\omega L}$	(ヘ) $\frac{1}{3\omega^2 L}$	(ト) $\frac{1}{3\omega L}$	(チ) $3\omega L-\frac{1}{3\omega C}$
(リ) $-\frac{9E}{\omega L}$	(ヌ) $\frac{1}{\omega^2 L}$	(ル) $\omega L-\frac{1}{\omega C}$	(ヲ) $a\left(3\omega C-\frac{1}{3\omega L}\right)$
(ワ) $a\left(\omega C-\frac{1}{\omega L}\right)$	(カ) $\frac{1}{8\omega^2 L}$	(ヨ) $-\frac{a}{3\omega L}$	

解　説　(1) (2) ひずみ波の回路計算は図 2·66 に示すように，基本波，第 3 調波それぞれのインピーダンスを用いた単独の回路計算をした後，重ね合わせればよい．題意から，基本波，第 3 調波分について，解説図 1，解説図 2 のように分けることができる．まず，解説図 1 の基本波分について，$j\omega L$ と $1/(j\omega C)$ とが並列接続されているので，合成アドミタンス $\dot{Y}_1$ は式 (2·52) より

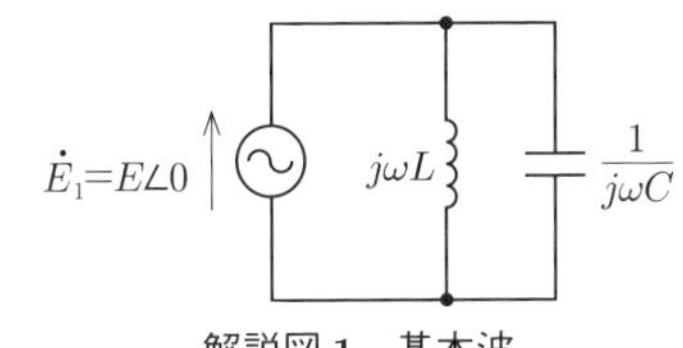

解説図 1　基本波

$\dot{Y}_1 = j\omega C + \dfrac{1}{j\omega L} = j\left(\omega C - \dfrac{1}{\omega L}\right)$ である．基本波の電圧源 $\dot{E}_1$ のフェーザ表示は $\dot{E}_1 = E\angle 0$ であるから，基本波の電流分 $\dot{I}_1$ は

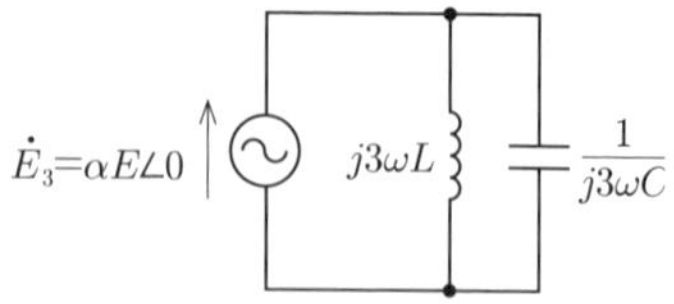

解説図 2　第 3 調波

$$\dot{I}_1 = \dot{Y}_1\dot{E}_1 = j\left(\omega C - \frac{1}{\omega L}\right)E\angle 0 = \left(\omega C - \frac{1}{\omega L}\right)E\angle\frac{\pi}{2}$$

すなわち

$$i_1(t) = \left(\omega C - \frac{1}{\omega L}\right)E\sin\left(\omega t + \frac{\pi}{2}\right) = \left(\omega C - \frac{1}{\omega L}\right)E\cos\omega t$$

同様に，解説図 2 において，第 3 調波分の合成アドミタンス $\dot{Y}_3$ は式（2･129）より

$$\dot{Y}_3 = j3\omega C + \frac{1}{j3\omega L} = j\left(3\omega C - \frac{1}{3\omega L}\right)$$

第 3 調波の電圧源 $\dot{E}_3$ はフェーザ表示で $aE\angle 0$ であるから，第 3 調波の電流分 $\dot{I}_3$ は

$$\dot{I}_3 = \dot{Y}_3\dot{E}_3 = j\left(3\omega C - \frac{1}{3\omega L}\right)aE\angle 0 = \left(3\omega C - \frac{1}{3\omega L}\right)aE\angle\frac{\pi}{2}$$

すなわち $i_3(t) = \left(3\omega C - \dfrac{1}{3\omega L}\right)aE\sin\left(3\omega t + \dfrac{\pi}{2}\right) = \left(3\omega C - \dfrac{1}{3\omega L}\right)aE\cos 3\omega t$

したがって，回路に流れる電流は重ね合わせの定理より

$$i(t) = i_1(t) + i_3(t) = \left(\omega C - \frac{1}{\omega L}\right)E\cos\omega t + a\left(3\omega C - \frac{1}{3\omega L}\right)E\cos 3\omega t \quad \cdots\cdots①$$

(3)（4） $i(t)$ に第 3 調波分が含まれないようにするためには

$$3\omega C - \frac{1}{3\omega L} = 0 \qquad \therefore C = \frac{1}{9\omega^2 L} \quad \cdots\cdots②$$

に設定すればよい．すなわち，インダクタンス L と静電容量 C がこの角周波数で並列共振している．この場合の $i(t)$ は式①とこれに式②を用いて変形すれば

$$i(t) = \left(\omega C - \frac{1}{\omega L}\right)E\cos\omega t = \left(\omega \times \frac{1}{9\omega^2 L} - \frac{1}{\omega L}\right)E\cos\omega t = -\frac{8E}{9\omega L}\cos\omega t$$

(5) 一方，$i(t)$ が第 3 調波分のみのときは，式①の $i(t)$ で基本波分の係数が 0 になればよいから $\omega C - \dfrac{1}{\omega L} = 0 \qquad \therefore C = \dfrac{1}{\omega^2 L}$

【解答】（1）イ　（2）ヲ　（3）ロ　（4）ニ　（5）ヌ

例題23 ………………………………………… **H19 問3**

次の文章は，交流回路の電流計算の方法に関する記述である．

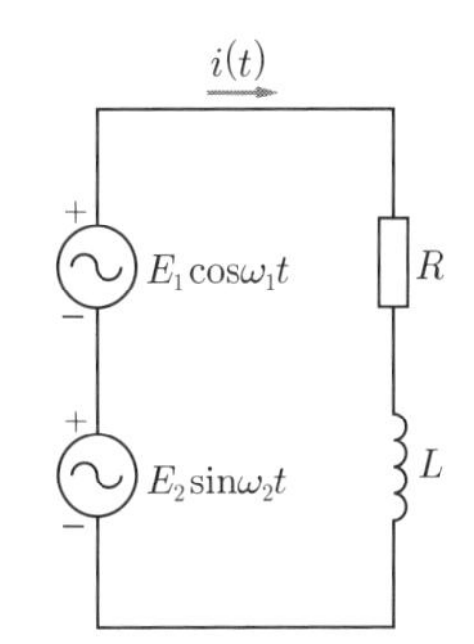

図に示す回路において，定常電流 $\boldsymbol{i(t)}$ を重ねの理（重ね合わせの理）を用いて求めたい．ただし，$\boldsymbol{R=1}\ \Omega$，$\boldsymbol{L=40}$ mH，$\boldsymbol{E_1=10}$ V，$\boldsymbol{E_2=5}$ V，$\boldsymbol{\omega_1=100}$ rad/s，$\boldsymbol{\omega_2=150}$ rad/s とする．

まず，角周波数 $\boldsymbol{\omega_2}$ の電圧源の大きさを **0** にしたとき，抵抗 $\boldsymbol{R}$ に流れる定常電流 $\boldsymbol{i_1(t)}$ を求めると，$\boldsymbol{A_1\cos(100t+\phi_1)}$ となる．

次に，角周波数 $\boldsymbol{\omega_2}$ の電圧源を元に戻し，角周波数 $\boldsymbol{\omega_1}$ の電圧源の大きさを零としたとき，抵抗 $\boldsymbol{R}$ に流れる定常電流 $\boldsymbol{i_2(t)}$ を求めると，$\boldsymbol{A_2\sin(150t+\phi_2)}$ となる．

これより，重ねの理を用いれば $\boldsymbol{i(t)=}$ [(1)] となる．ここにおいて $\boldsymbol{A_1}$ は [(2)]〔A〕，$\boldsymbol{\phi_1}$ は [(3)]〔rad〕となる．さらに，$\boldsymbol{A_2}$ は [(4)]〔A〕，$\boldsymbol{\phi_2}$ は [(5)]〔rad〕となる．ただし，$\boldsymbol{A_1}$ および $\boldsymbol{A_2}$ は正の数とする．

【解答群】

(イ) 1.72　(ロ) $A_1\cos(100t+\phi_1)+A_2\sin(150t+\phi_2)$　(ハ) 1.41
(ニ) 1.33　(ホ) 1.16　(ヘ) $A_1\sin(100t+\phi_1)+A_2\cos(150t+\phi_2)$
(ト) 0.82　(チ) 0.58　(リ) −1.33　(ヌ) −1.41
(ル) 3.44　(ヲ) −0.165　(ワ) −0.245　(カ) 2.43
(ヨ) $A_1\cos(100t+\phi_1)-A_2\sin(150t+\phi_2)$

解　説　角周波数 ω_2 の電圧源の大きさを零（すなわち仮想的に短絡）にするとき，抵抗 R に流れる定常電流 $i_1(t)$ は $i_1(t)=A_1\cos(100t+\phi_1)$ である．これは，電圧源 $E_1\cos\omega_1 t$ による電流である．このとき，図の回路は RL 直列回路でインピーダンス $\dot{Z}_1$ が $\dot{Z}_1=R+j\omega_1 L$ であるから，式（2･46）と式（2･47）より

$$A_1=\frac{E_1}{Z_1}=\frac{E_1}{\sqrt{R^2+(\omega_1 L)^2}}=\frac{10}{\sqrt{1^2+(100\times40\times10^{-3})^2}}=\frac{10}{\sqrt{17}}\fallingdotseq2.43\ \mathrm{A}$$

また，位相角 ϕ_1 は RL 直列回路で遅れ位相（符号は負）であるから

$$\phi_1=-\tan^{-1}\frac{\omega_1 L}{R}=-\tan^{-1}\frac{100\times40\times10^{-3}}{1}=-\tan^{-1}4=-75.96°$$

$$=-75.96\times\frac{\pi}{180}=-1.33\ \mathrm{rad}$$

電圧源が $E_1\cos\omega_1 t$ であり，電流 $i_1(t)$ も cos 関数で表されているため，位相角も ϕ_1 をそのまま使えばよい．

次に，角周波数 ω_2 の電圧源を元に戻し，角周波数 ω_1 の電圧源の大きさを 0（すなわち仮想的に短絡）にするとき，抵抗 R に流れる電流 $i_2(t)$ は $i_2(t)=A_2\sin(150t+\phi_2)$ である．このとき，図の回路のインピーダンス $\dot{Z}_2$ は $\dot{Z}_2=R+j\omega_2 L$ であるから，式（2･46）と式（2･47）より

$$A_2=\frac{E_2}{Z_2}=\frac{E_2}{\sqrt{R^2+(\omega_2 L)^2}}=\frac{5}{\sqrt{1^2+\left(150\times 40\times 10^{-3}\right)^2}}=\frac{5}{\sqrt{37}}\fallingdotseq 0.82\ \mathrm{A}$$

$$\phi_2=-\tan^{-1}\frac{\omega_2 L}{R}=-\tan^{-1}\frac{150\times 40\times 10^{-3}}{1}=-\tan^{-1}6=-80.54^\circ$$

$$=-80.54\times\frac{\pi}{180}=-1.41\ \mathrm{rad}$$

以上より，重ね合わせの定理より

$$i(t)=i_1(t)+i_2(t)=A_1\cos(100t+\phi_1)+A_2\sin(150t+\phi_2)$$

【解答】（1）ロ （2）カ （3）リ （4）ト （5）ヌ

2-6 過渡現象とラプラス変換

攻略のポイント

本節の過渡現象は，電験２種では最頻出分野である．電験３種では，簡単な RL 回路や RC 回路の初期値や最終値，時定数を理解していれば解ける．しかし，２種では微分方程式またはラプラス変換による解法により，過渡現象を本格的に解析することが必要になる．詳細に説明するので徹底的に学習しよう．

1 過渡現象

電気回路において，ある定常状態から他の定常状態に移り変わるとき，その間の現象を**過渡現象**という．

例えば，図 2·67 の RL 直列回路で，時刻 $t=0$ でスイッチを閉じ，直流電圧 E を印加すると，回路に流れる電流を i とすれば

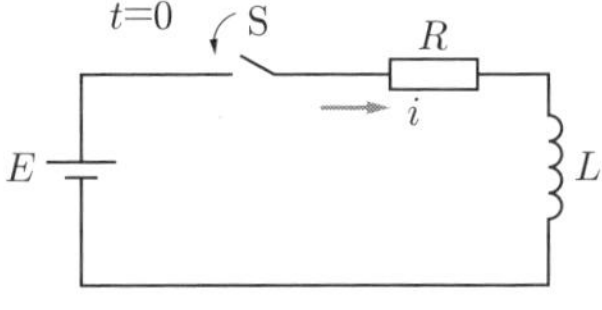

図 2・67　RL 直列回路

$$L\frac{di(t)}{dt}+Ri(t)=E \qquad (2 \cdot 132)$$

が成り立つ．このように微分または積分を含む方程式を**微分方程式**という．そして，式（2·132）を満足する時間関数 $i(t)$ を求めることが微分方程式を解くことであり，過渡現象を解析することになる．

過渡現象においても，キルヒホッフの法則は成立する．式（2·132）にように，**過渡現象は，回路方程式が瞬時電圧・電流の微分方程式で表現される**．その一般解を求め，与えられた初期条件をもとに一般解に含まれる積分定数を決定する．一方，**微分方程式を解く代わりに，ラプラス変換を活用して求めることもできる**．

2 ラプラス変換

(1) ラプラス変換

電気回路の過渡現象において，電圧や電流を時間の関数のまま求めようとすると，複雑な微分方程式を解くことになって計算に手間がかかる場合がある．このため，時間関数（t 関数）から別の関数（s 関数）に一旦変換（**ラプラス変換**）して計算し，その後，時間関数に逆変換（**逆ラプラス変換**）することによって電圧や電流の時間関数を求めるという数学的手法をよく用いる．

時間関数を $f(t)$，それに対応する s関数を $F(s)$ として，ラプラス変換と逆ラプラス変換の関係を整理したのが図 2·68 である．ラプラス変換は $\mathcal{L}[f(t)]=F(s)$，逆ラプラス変換は $\mathcal{L}^{-1}[F(s)]=f(t)$ と表される．

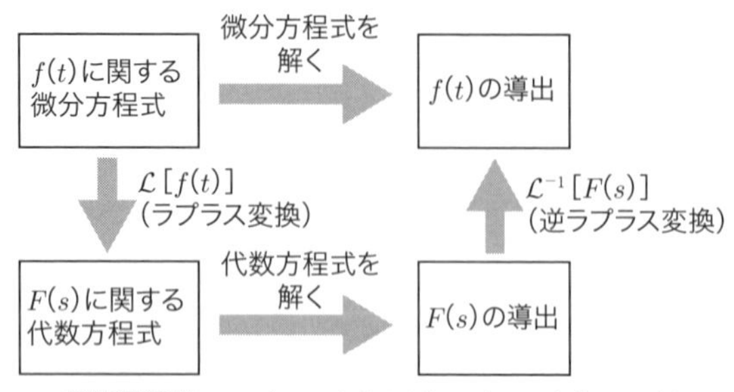

図 2・68　ラプラス変換と逆ラプラス変換の関係

(2) ラプラス変換の定義

ラプラス変換は

$$\boldsymbol{F(s)=\int_0^{\infty} f(t)e^{-st}dt} \tag{2・133}$$

で定義される．この式は，例えば $f(t)=A$ で一定の場合，図 2･69 に示すように，A に e^{-st} を乗じた関数のグラフにおける斜線部分の面積を示す．e^{-st} を乗じる理由は，$f(t)=A$ をそのまま $t=0$～∞ まで積分すると収束せず発散するが，e^{-st} を乗じることによりその積分結果は収束するからである．このため，ラプラス変換では e^{-st} を乗じたうえで積分する形式になっている．

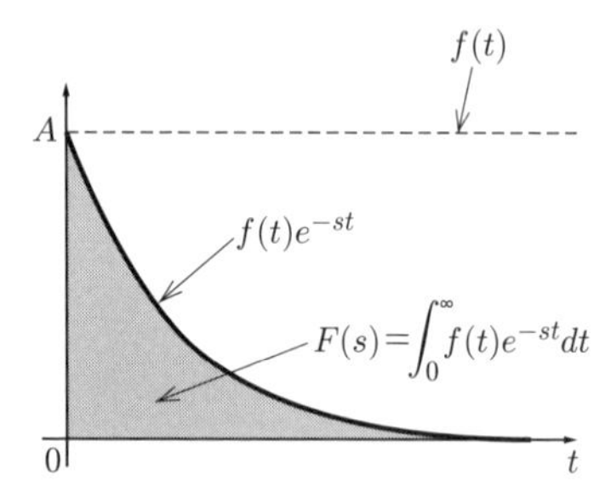

図 2・69　ラプラス変換のイメージ

表2・3 ラプラス変換表

	t 関数	s 関数
ステップ関数	1	$\frac{1}{s}$
ランプ関数	t	$\frac{1}{s^2}$
指数関数	e^{-at}	$\frac{1}{s+a}$
三角関数	$\sin \omega t$	$\frac{\omega}{s^2+\omega^2}$
	$\cos \omega t$	$\frac{s}{s^2+\omega^2}$
双曲線関数	$\sinh \omega t$	$\frac{\omega}{s^2-\omega^2}$
	$\cosh \omega t$	$\frac{s}{s^2-\omega^2}$
相似法則	$f(at)$	$\frac{1}{a}F\left(\frac{s}{a}\right)$
推移法則	$f(t-a)$	$e^{-as}F(s)$
	$e^{-at}F(t)$	$F(s+a)$
微分法則	$\frac{df(t)}{dt}$	$sF(s)-f(0)$
積分法則	$\int f(t)dt$	$\frac{F(s)}{s}+\frac{1}{s}\int_{-\infty}^{0} f(t)dt$

(3) よく出る関数のラプラス変換

代表的な関数を式（2・133）に基づいて計算すると，下記のようになる．

①時間関数 $f(t)=1$ の場合

$$\mathcal{L}[1]=\int_0^{\infty} 1\cdot e^{-st}dt=\left[-\frac{1}{s}e^{-st}\right]_0^{\infty}=\frac{1}{s} \qquad (2\cdot 134)$$

POINT
ラプラス変換の代表的な公式の表 2・3 は覚える

②時間関数 $f(t)=e^{at}$ の場合（$s>a$）

$$\mathcal{L}[e^{at}]=\int_0^{\infty} e^{at}e^{-st}dt=\int_0^{\infty} e^{(a-s)t}dt=\left[\frac{e^{(a-s)t}}{a-s}\right]_0^{\infty}=\frac{1}{s-a} \qquad (2\cdot 135)$$

③時間関数 $f(t)=\sin\omega t$ の場合　　$e^{j\omega t}=\cos\omega t+j\sin\omega t$ より

$\sin\omega t=\dfrac{e^{j\omega t}-e^{-j\omega t}}{2j}$ となるから，式（2・135）を活用し

$$\mathcal{L}[\sin\omega t]=\int_0^{\infty}\frac{e^{j\omega t}-e^{-j\omega t}}{2j}e^{-st}dt=\frac{1}{2j}\left(\frac{1}{s-j\omega}-\frac{1}{s+j\omega}\right)=\frac{\omega}{s^2+\omega^2}$$

(2・136)

④微分法則 $f'(t)$ の場合

$$\mathcal{L}[\boldsymbol{f'(t)}]=\int_0^\infty f'(t)e^{-st}dt=[f(t)e^{-st}]_0^\infty-\int_0^\infty f(t)(-s)e^{-st}dt=\boldsymbol{sF(s)-f(0)} \quad (2\cdot 137)$$

このように計算すればよい．ここでは計算結果を表2･3にまとめておくので，これらの公式を覚えておけば効率的にラプラス変換を用いた計算ができる．

（4）初期値の定理と最終値の定理

時間関数 $f(t)$ に対応する s 関数を $F(s)$ とするとき，$f(t)$ の初期値 $f(0)$ は

$$\boldsymbol{f(0)=\lim_{s\to\infty}sF(s)} \quad (2\cdot 138)$$

で求められる．これを**初期値の定理**という．この定理は，時間関数 $f(t)$ の初期値 $f(0)$ をラプラス変換から求める方法である．

同様に，$f(t)$ の最終値 $f(\infty)$ は

$$\boldsymbol{f(\infty)=\lim_{s\to 0}sF(s)} \quad (2\cdot 139)$$

で求められる．これを**最終値の定理**という．この定理は，時間関数 $f(t)$ の最終値 $f(\infty)$ をラプラス変換から求める方法である．

（5）部分分数分解

部分分数分解とは，分数の積の形をした式を，分数の和の形に変形することをいう．前述のラプラス変換の結果は分数の積になることが多いが，これを逆ラプラス変換するために，部分分数分解によって，分数の和の形に変形する．

例えば，式（2･140）の左辺（これを $F(s)$ とおく）を部分分数分解するために，右辺の未知係数A，Bを決めなければならない．

$$F(s)=\frac{1}{(s+\alpha)(s+\beta)}=\frac{\mathrm{A}}{s+\alpha}+\frac{\mathrm{B}}{s+\beta} \quad (2\cdot 140)$$

このためには，右辺を通分することで分母を左辺と等しくしてから，左辺と右辺の分子同士が等しいという恒等式を解けばよい．式（2･140）を変形して

$$\frac{1}{(s+\alpha)(s+\beta)}=\frac{\mathrm{A}}{s+\alpha}+\frac{\mathrm{B}}{s+\beta}=\frac{(\mathrm{A}+\mathrm{B})s+\mathrm{A}\beta+\mathrm{B}\alpha}{(s+\alpha)(s+\beta)} \quad (2\cdot 141)$$

これから，分子同士が等しい恒等式

$$(\mathrm{A}+\mathrm{B})s+\mathrm{A}\beta+\mathrm{B}\alpha=1 \quad (2\cdot 142)$$

から，$\mathrm{A}+\mathrm{B}=0$，$\mathrm{A}\beta+\mathrm{B}\alpha=1$ という連立方程式を立てることができる．これを解けば $\mathrm{A}=\dfrac{1}{\beta-\alpha}$，$\mathrm{B}=-\dfrac{1}{\beta-\alpha}$ となる．

さらに効率的な手法としては，式（2·140）は恒等式なので，s に適当な値を代入して，A，Bのいずれかを消去しながら求める手法がある．具体的には，まず式（2·140）の両辺に $(s+\alpha)$ を乗じると

$$\frac{1}{s+\beta}=\mathrm{A}+\frac{s+\alpha}{s+\beta}\mathrm{B} \qquad (2\cdot143)$$

となるから，$s=-\alpha$ を代入すれば右辺の第2項は消えて $\mathrm{A}=\dfrac{1}{\beta-\alpha}$ となる．式（2·140）に $(s+\alpha)$ を掛けて $s=-\alpha$ を代入する操作を次式で表す．

$$\mathrm{A}=[(s+\alpha)F(s)]_{s=-\alpha}=\left[\frac{1}{s+\beta}\right]_{s=-\alpha}=\frac{1}{\beta-\alpha} \qquad (2\cdot144)$$

同様に，式（2·140）の両辺に $(s+\beta)$ を乗じたうえで $s=-\beta$ を代入すれば

$$\mathrm{B}=[(s+\beta)F(s)]_{s=-\beta}=\left[\frac{1}{s+\alpha}\right]_{s=-\beta}=-\frac{1}{\beta-\alpha} \qquad (2\cdot145)$$

$$\therefore \frac{1}{(s+\alpha)(s+\beta)}=\frac{1}{\beta-\alpha}\left(\frac{1}{s+\alpha}-\frac{1}{s+\beta}\right) \qquad (2\cdot146)$$

このように未知係数を決定することにより，部分分数分解を行う．

3 直流電源の *RL* 直列回路における過渡現象

（1）スイッチSの投入時

①微分方程式による解法

図2·67の RL 直列回路において，時刻 $t=0$ でスイッチSを閉じ，直流電圧 E を加えたときの電流を求める．式（2·132）の微分方程式を**変数分離法**により解く．まず，電流に関するものは左辺に，時間に関するものは右辺に移項するよう，式（2·132）を変形する（定数 E, R, L は右辺，左辺どちらでもよい）．

$L\dfrac{di}{dt}=E-Ri$ と変形した後，$\dfrac{di}{E-Ri}=\dfrac{dt}{L}$ と変形する．そこで

$$\frac{di}{i-\dfrac{E}{R}}=-\frac{R}{L}dt \qquad (2\cdot147)$$

POINT
i と di は左辺，dt は右辺に変数分離

となって，左辺は電流 i（変数）に関するもの，右辺は時間 t（変数）に関するものと，変数が分離できている．これを積分すると

$$\int \frac{di}{i-\dfrac{E}{R}} = -\int \frac{R}{L}dt$$

$$\log\left|i-\frac{E}{R}\right| = -\frac{R}{L}t+k \quad (\text{ただし，}k\text{は積分定数}) \tag{2・148}$$

ここで，E/R はコイル短絡時の電流であるから，$i(t) \leqq E/R$ であるので

$$\frac{E}{R}-i(t) = Ke^{-\frac{R}{L}t} \quad (\text{ただし，}K=e^k\text{は定数}) \tag{2・149}$$

となる．$t=0$ のときに回路に電流は流れていなかった，つまり $i(0)=0$ という初期条件を式（2·149）に代入すれば $K=E/R$ となり

$$i(t) = \frac{E}{R}\left(1-e^{-\frac{R}{L}t}\right) \tag{2・150}$$

となる．この電流変化を図 2·70 に示す．電流 i は時間の経過に伴い，漸近線 E/R に近づく曲線となり，$t \to \infty$ で電流 $i=E/R$ となる．同図において，$t=0$ における電流 i の接線の傾きを $\tan\theta$ とすれば

$$\tan\theta = \frac{E/R}{T} = \frac{E}{RT} \tag{2・151}$$

一方，式（2·150）を微分し，$t=0$ とすれば

$$\left.\frac{di}{dt}\right|_{t=0} = \frac{E}{R}\cdot\frac{R}{L} = \frac{E}{L} \tag{2・152}$$

式（2·151）と式（2·152）を等しくおけば

$$\boldsymbol{T} = \frac{\boldsymbol{L}}{\boldsymbol{R}} \tag{2・153}$$

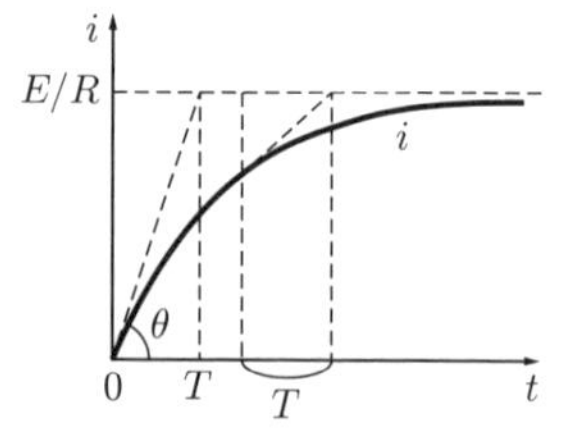

図 2・70　***RL*** 直列回路の電流の時間的変化

となる．この T を**時定数**といい，単位は〔s〕である．また，図 2·70 の曲線上において，任意の時刻で接線を引き，最終値と交わる時間を求めると，すべて T〔s〕となる．

②ラプラス変換による解法

まず，表 2·3 を用いて，式（2·132）をラプラス変換すると

$$L\{sI(s)-i(0)\}+RI(s) = \frac{E}{s} \tag{2・154}$$

になる．ここで，$t=0$ のときに電流が流れていなかったから，$i(0)=0$ である．そして，上式を $I(s)$ について解いたうえで，部分分数分解するため

$$I(s)=\frac{E}{s(sL+R)}=\frac{\mathrm{A}}{s}+\frac{\mathrm{B}}{sL+R} \qquad (2\cdot155)$$

とおく．係数A，Bを決定するため，式（2･140）～式（2･146）を行えば

$$\mathrm{A}=[sI(s)]_{s=0}=\left[\frac{E}{sL+R}\right]_{s=0}=\frac{E}{R} \qquad (2\cdot156)$$

$$\mathrm{B}=[(sL+R)I(s)]_{s=-\frac{R}{L}}=\left[\frac{E}{s}\right]_{s=-\frac{R}{L}}=-\frac{L}{R}E \qquad (2\cdot157)$$

となるから，式（2･155）は次式のように変形できることになる．

$$I(s)=\frac{\frac{E}{R}}{s}+\frac{-\frac{L}{R}E}{sL+R}=\frac{E}{R}\cdot\frac{1}{s}-\frac{E}{R}\cdot\frac{1}{s+\frac{R}{L}} \qquad (2\cdot158)$$

ここで，表2･3を見ながら，逆ラプラス変換すれば

$$i(t)=\frac{E}{R}\left(1-e^{-\frac{R}{L}t}\right) \qquad (2\cdot159)$$

と求めることができ，式（2･150）と同じになる．式（2･159）の第1項を**定常解**，第2項を**過渡解**という．ラプラス変換による解法は，微分方程式を変数分離法で解くよりも，効率的に計算できる．

（2）スイッチSの開放時

①微分方程式による解法

図2･71のRL直列回路において，スイッチSをa側にして定常状態に達した後，時刻$t=0$でスイッチSをb側に投入すると，次式が成り立つ．

$$L\frac{di}{dt}+Ri=0 \qquad (2\cdot160)$$

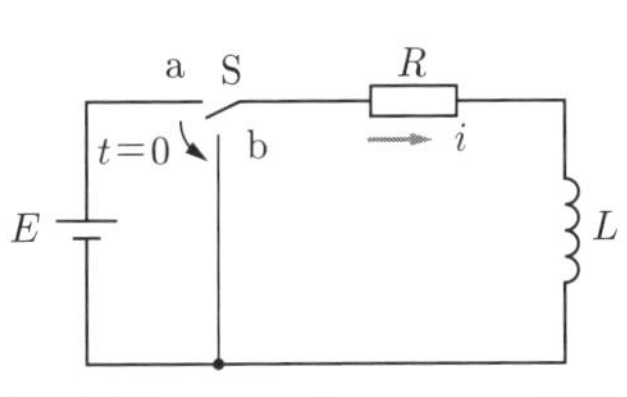

図2・71　RL回路のスイッチ開放時

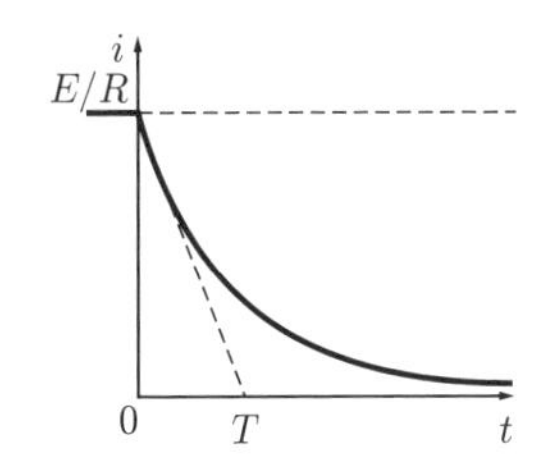

図2・72　電流の時間的変化

これを変数分離すると

$$\frac{di}{i} = -\frac{R}{L}dt$$

$$\therefore \log i = -\frac{R}{L}t + k \qquad (k \text{ は積分定数}) \tag{2・161}$$

$$i = Ke^{-\frac{R}{L}t} \qquad (\text{ただし，} \ K = e^k) \tag{2・162}$$

初期条件は，$t=0$ で $i=E/R$ であるから，上式へ代入すれば $K=E/R$ となる．

$$i = \frac{E}{R}e^{-\frac{R}{L}t} \tag{2・163}$$

②ラプラス変換による解法

式（2·160）をラプラス変換すると

$$L\{sI(s) - i(0)\} + RI(s) = 0 \tag{2・164}$$

$$\therefore I(s) = \frac{i(0)}{s + \dfrac{R}{L}} \tag{2・165}$$

ここで，$i(0) = E/R$ であり，表 2·3 を見て逆ラプラス変換すれば，式（2·163）と同じ式が得られることは理解できるであろう．

4 直流電源の *RC* 直列回路における過渡現象

（1）スイッチ S の投入時

①微分方程式や特性方程式による解法

図 2·73 の *RC* 直列回路において，時刻 $t=0$ でスイッチ S を閉じ，直流電圧 E を加えたときの電流を求める．キルヒホッフの法則により

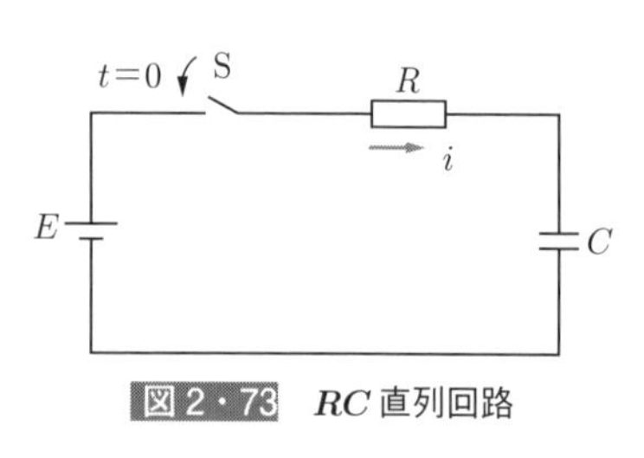

図 2・73 *RC* 直列回路

$$\left.\begin{aligned} Ri + \frac{1}{C}\int i dt &= E \\ i &= \frac{dq}{dt} \end{aligned}\right\} \tag{2・166}$$

が成り立つ．この 2 つの式を整理すれば

$$R\frac{dq}{dt} + \frac{q}{C} = E \tag{2・167}$$

RL 直列回路と同様に，変数分離して解けば

$$q(t)=CE+Ke^{-\frac{1}{CR}t} \qquad (2\cdot168)$$

と解ける．なお，実際には，変数分離して積分しなくても，定数係数線形常微分方程式を簡単に解ける方法を説明しよう．**特性方程式**に基づく考え方である．

まず，式（2·167）を $RC\dfrac{dq}{dt}+q-CE=0$ と変形し

$$q-CE=Ke^{\lambda t} \quad (K\text{は定数}) \qquad (2\cdot169)$$

とおいて同式に代入する．ここで，$dq/dt=\lambda Ke^{\lambda t}$ であるから

$$RC\cdot\lambda Ke^{\lambda t}+Ke^{\lambda t}=0 \qquad (2\cdot170)$$

$Ke^{\lambda t}$ は恒等的に 0 にならないから，式（2·170）を $Ke^{\lambda t}$ で割って

$$RC\lambda+1=0 \qquad (2\cdot171)$$

式（2·171）を**特性方程式**という．また，その解 $\lambda=-1/(RC)$ を**特性根（固有値）**という．これを式（2·169）へ代入して変形すれば次式となる．

$$q(t)=CE+Ke^{-\frac{1}{RC}t} \qquad (2\cdot172)$$

このように，**一般解は定常解（CE）と過渡解（$Ke^{-\frac{1}{RC}t}$）の和で表される．**コンデンサの電荷はS投入前で 0 ゆえ，$t=0$ で $q(0)=0$ である．これを式（2·172）へ代入し，$K=-CE$ になる．したがって

$$q(t)=CE\left(1-e^{-\frac{1}{CR}t}\right) \qquad (2\cdot173)$$

さらに，$i=dq/dt$ であるから

$$i=\frac{dq}{dt}=\frac{E}{R}e^{-\frac{1}{CR}t} \qquad (2\cdot174)$$

となる．これらを図示すると，図 2·74，図 2·75 となる．

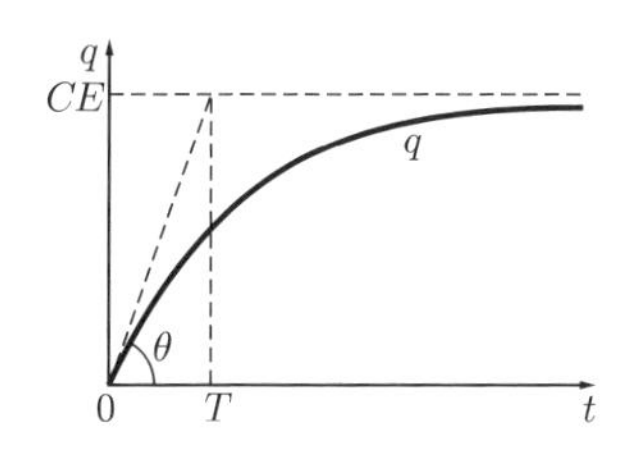

図 2・74　コンデンサの電荷の時間的変化

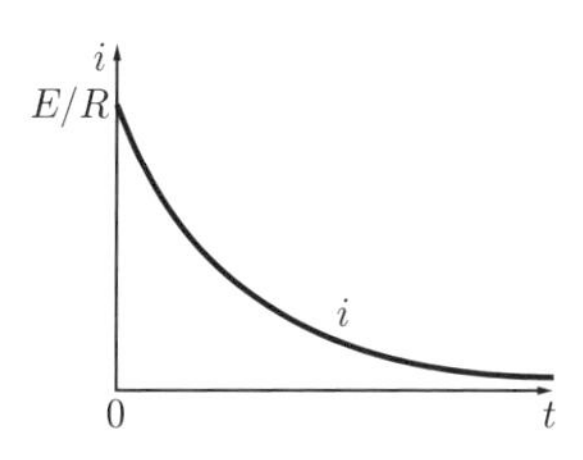

図 2・75　電流の時間的変化

②ラプラス変換による解法

表2･3を見ながら，式（2･167）をラプラス変換すると

$$R\{sQ(s)-q(0)\}+\frac{Q(s)}{C}=\frac{E}{s} \tag{2・175}$$

このとき，$q(0)=0$であるから

$$Q(s)=\frac{E}{R}\cdot\frac{1}{s}\cdot\frac{1}{s+\dfrac{1}{CR}}=CE\left(\frac{1}{s}-\frac{1}{s+\dfrac{1}{CR}}\right) \tag{2・176}$$

そこで，逆ラプラス変換すれば

$$q(t)=CE\left(1-e^{-\frac{1}{CR}t}\right) \tag{2・177}$$

となって，式（2･173）と同じになる．

（2）コンデンサの放電時

図2･76のRC直列回路において，スイッチSをa側にして定常状態に達した後，時刻$t=0$でスイッチSをb側に投入すると，次式が成り立つ．

$$R\frac{dq}{dt}+\frac{q}{C}=0 \tag{2・178}$$

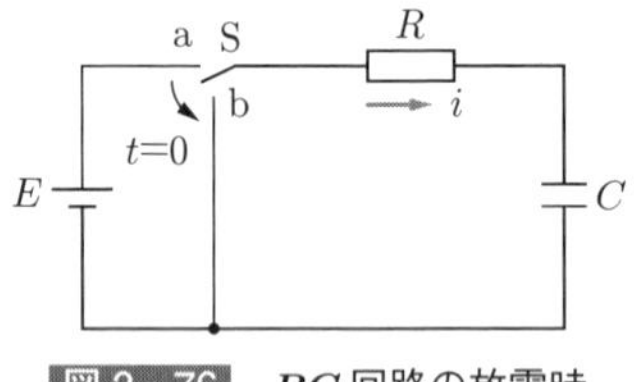

図2・76　*RC*回路の放電時

表2･3を見ながら，これをラプラス変換して

$$R\{sQ(s)-q(0)\}+\frac{Q(s)}{C}=0 \tag{2・179}$$

ここで，$q(0)=CE$を代入し，上式を変形すれば

$$Q(s)=\frac{Rq(0)}{sR+\dfrac{1}{C}}=\frac{CE}{s+\dfrac{1}{CR}} \tag{2・180}$$

となる．表2･3を見ながら，これを逆ラプラス変換すると

$$q(t)=CEe^{-\frac{1}{CR}t} \tag{2・181}$$

となる．さらに，$i=\dfrac{dq}{dt}$であるから

$$i=\frac{dq}{dt}=CE\cdot\left(-\frac{1}{CR}\right)e^{-\frac{1}{CR}t}=-\frac{E}{R}e^{-\frac{1}{CR}t} \tag{2・182}$$

となる．電荷と電流の時間的変化を図2･77と図2･78に示す．

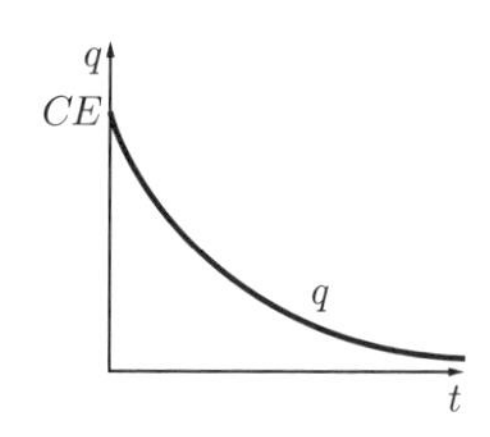

図 2・77 コンデンサの電荷の時間的変化

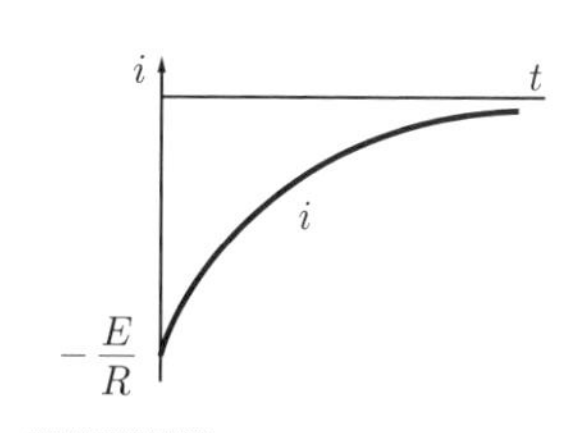

図 2・78 電流の時間的変化

5 直流電源の LC 直列回路における過渡現象

① 特性方程式による解法

図 2・79 の LC 直列回路において，時刻 $t=0$ でスイッチSを閉じ，直流電圧 E を加えたときの電流に関しては次の微分方程式が成立する．

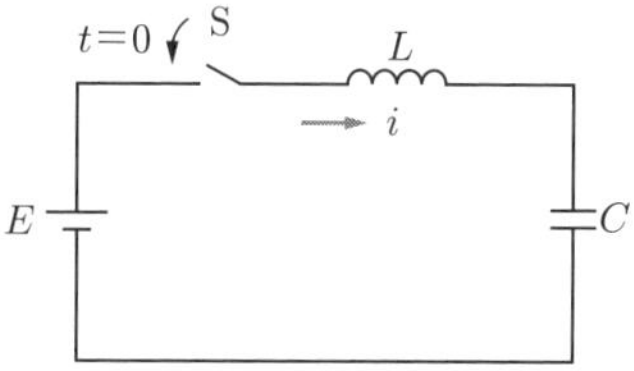

$$L\frac{di}{dt}+\frac{1}{C}\int idt=E \qquad (2 \cdot 183)$$

図 2・79 LC 直列回路

ここで，$i=dq/dt$，$q=\int idt$ であるから

$$L\frac{d^2q}{dt^2}+\frac{q}{C}=E \qquad (2 \cdot 184)$$

一般解は過渡解 q_t と定常解 q_s の和で表され

$$q=q_t+q_s \qquad (2 \cdot 185)$$

とする．上式を式（2・184）へ代入して整理すると

$$\left(L\frac{d^2q_t}{dt^2}+\frac{q_t}{C}\right)+\left(L\frac{d^2q_s}{dt^2}+\frac{q_s}{C}\right)=E \qquad (2 \cdot 186)$$

式（2・186）を下記のように二つの式に分離すれば

$$L\frac{d^2q_t}{dt^2}+\frac{q_t}{C}=0 \qquad (2 \cdot 187)$$

$$L\frac{d^2q_s}{dt^2}+\frac{q_s}{C}=E \qquad (2 \cdot 188)$$

そこで，まず，過渡解に関する式（2・187）を解く．この解を $q_t=Ae^{\lambda t}(A\fallingdotseq 0)$ として，これを式（2・187）へ代入すれば $LA\lambda^2e^{\lambda t}+\frac{A}{C}e^{\lambda t}=0$ となり

$$L\lambda^2 + \frac{1}{C} = 0 \tag{2・189}$$

となる．これが特性方程式である．これから，特性根 λ（固有値）を求めれば

$$\lambda = \pm j\frac{1}{\sqrt{LC}} \tag{2・190}$$

したがって，過渡解は，式（2·190）を用いて次のように表せる．

$$q_t = A_1 e^{j\frac{t}{\sqrt{LC}}} + A_2 e^{-j\frac{t}{\sqrt{LC}}} = A_1\left(\cos\frac{t}{\sqrt{LC}} + j\sin\frac{t}{\sqrt{LC}}\right)$$

$$+A_2\left(\cos\frac{t}{\sqrt{LC}} - j\sin\frac{t}{\sqrt{LC}}\right)$$

$$=(A_1 + A_2)\cos\frac{t}{\sqrt{LC}} + j(A_1 - A_2)\sin\frac{t}{\sqrt{LC}}$$

$$= A_3\cos\frac{t}{\sqrt{LC}} + A_4\sin\frac{t}{\sqrt{LC}} \tag{2・191}$$

ここで，A_1，A_2 は定数であり，$A_3 = A_1 + A_2$，$A_4 = j(A_1 - A_2)$

次に，定常解に関する式（2·188）を解く．この式は定常状態つまり $t \to \infty$ としたときにも成立する．この場合，過渡的な電流の変化がないから，$d^2q_s/dt^2 = 0$ となるから，$q_s = CE$ となる．この定常解と式（2·191）の過渡解を式（2·185）へ代入すると，式（2·184）の一般解が次式で求められる．

$$q = A_3\cos\frac{t}{\sqrt{LC}} + A_4\sin\frac{t}{\sqrt{LC}} + CE \tag{2・192}$$

$$i = \frac{dq}{dt} = -\frac{A_3}{\sqrt{LC}}\sin\frac{t}{\sqrt{LC}} + \frac{A_4}{\sqrt{LC}}\cos\frac{t}{\sqrt{LC}} \tag{2・193}$$

ここで，初期条件 $t=0$ においてコンデンサ C の電荷は充電されていないとし，スイッチ投入直後は L の作用により回路には電流が流れないから，$q|_{t=0}=0$，$i|_{t=0}=0$ である．この初期条件を式（2·192），式（2·193）へ代入すれば $q|_{t=0} = A_3 + CE = 0$，$i|_{t=0} = \frac{A_4}{\sqrt{LC}} = 0$ となる．ゆえに，$A_3 = -CE$，$A_4 = 0$ であるから，電荷 q と電流 i は

$$q = -CE\cos\frac{t}{\sqrt{LC}} + CE = CE\left(1 - \cos\frac{t}{\sqrt{LC}}\right) \tag{2・194}$$

$$i=\frac{CE}{\sqrt{LC}}\sin\frac{t}{\sqrt{LC}}=\sqrt{\frac{C}{L}}E\sin\frac{t}{\sqrt{LC}} \tag{2・195}$$

電荷 q，電流 i の時間的変化は，図 2･80 に示すように，角速度 ω_0 で自由振動する．この振動の固有周波数は，$\omega_0=2\pi f_0$ より

$$f_0=\frac{1}{2\pi}\omega_0=\frac{1}{2\pi\sqrt{LC}} \tag{2・196}$$

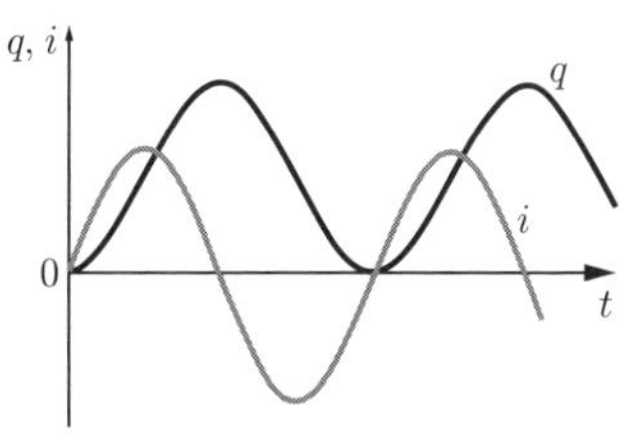

図 2・80　LC 回路の電荷と電流

となる．また，インダクタンス L，コンデンサ C に発生する電圧は，それぞれ

$$V_L=L\frac{di}{dt}=E\cos\frac{t}{\sqrt{LC}} \tag{2・197}$$

$$V_C=\frac{q}{C}=E\left(1-\cos\frac{t}{\sqrt{LC}}\right) \tag{2・198}$$

② ラプラス変換による解法

式（2･184）をラプラス変換すると，$Q(s)=\mathcal{L}[q(t)]$ として

$$L\left\{s^2Q(s)-sq\,|_{t=0}-\frac{dq}{dt}\,|_{t=0}\right\}+\frac{Q(s)}{C}=\frac{E}{s} \tag{2・199}$$

POINT
2 次導関数のラプラス変換
$\mathcal{L}[f''(t)]=s\mathcal{L}[f'(t)]-f'(0)=s\{s\mathcal{L}[f(t)]-f(0)\}-f'(0)=s^2\mathcal{L}[f(t)]-sf(0)-f'(0)$

ここで，$q\,|_{t=0}=0$，$\dfrac{dq}{dt}\,|_{t=0}=i\,|_{t=0}=0$ であるから，上式を整理し

$$Q(s)=\frac{E}{L}\cdot\frac{1}{s\left(s^2+\dfrac{1}{LC}\right)}=\frac{E}{L}\cdot LC\left(\frac{1}{s}-\frac{s}{s^2+\dfrac{1}{LC}}\right)$$

$$=CE\left\{\frac{1}{s}-\frac{s}{s^2+\left(\dfrac{1}{\sqrt{LC}}\right)^2}\right\} \tag{2・200}$$

となる．これを逆ラプラス変換して

$$q(t)=CE\left(1-\cos\frac{t}{\sqrt{LC}}\right) \tag{2・201}$$

となり，式（2·194）と同じ結果が得られる．

6 直流電源の RLC 直列回路における過渡現象

図 2·81 の RLC 直列回路において，時刻 $t=0$ でスイッチSを閉じ，直流電圧 E を加えたときの電流に関しては次の微分方程式が成立する．

$$L\frac{di}{dt}+Ri+\frac{1}{C}\int idt=E \quad (2\cdot202)$$

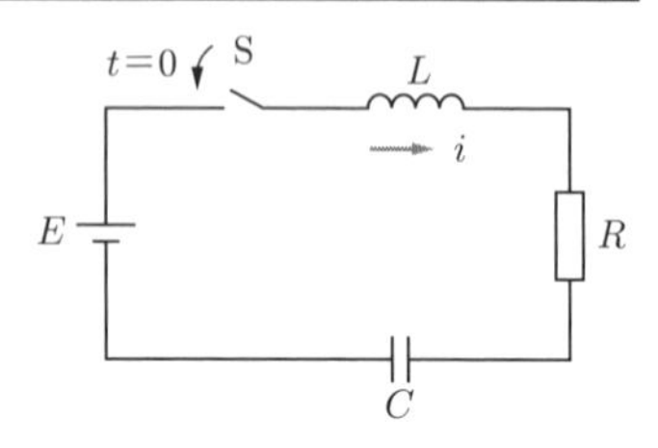

図 2・81 RLC 直列回路

上式をラプラス変換して

$$L\{sI(s)-i(0)\}+RI(s)+\frac{\frac{I(s)}{s}+\frac{q(0)}{s}}{C}=\frac{E}{s} \quad (2\cdot203)$$

ここで，$i(0)=0$，$q(0)=0$ を上式に代入して，式を整理すれば

$$I(s)=\frac{E}{s\left(sL+R+\frac{1}{sC}\right)} \quad (2\cdot204)$$

分母は

$$s\left(sL+R+\frac{1}{sC}\right)=L\left(s^2+\frac{R}{L}s+\frac{1}{LC}\right)$$

$$=L\left[\left(s+\frac{R}{2L}\right)^2+\left\{\frac{1}{LC}-\left(\frac{R}{2L}\right)^2\right\}\right] \quad (2\cdot205)$$

POINT
第二項の正，負，0によってケース分け

と変形できるから，下記の 3 ケースに分けることができる．

(1) ケース 1：$\frac{1}{LC}-\left(\frac{R}{2L}\right)^2>0$ すなわち $\frac{R}{2}<\sqrt{\frac{L}{C}}$ の場合

$\alpha=\frac{R}{2L}$ とおいて式（2·205）の{ }内を $\omega^2=\frac{1}{LC}-\left(\frac{R}{2L}\right)^2$ とすれば

$$I(s)=\frac{E}{L\{(s+\alpha)^2+\omega^2\}}=\frac{E}{L}\cdot\frac{1}{(s+\alpha)^2+\omega^2}=\frac{E}{\omega L}\frac{\omega}{(s+\alpha)^2+\omega^2} \quad (2\cdot206)$$

となる．表 2·3 の推移法則と三角関数を見ながら，逆ラプラス変換すれば

$$i(t)=\frac{E}{\omega L}\mathcal{L}^{-1}\left[\frac{\omega}{(s+\alpha)^2+\omega^2}\right]=\frac{E}{\omega L}e^{-\alpha t}\mathcal{L}^{-1}\left[\frac{\omega}{s^2+\omega^2}\right]$$

$$=\frac{E}{\omega L}e^{-\alpha t}\sin\omega t=\frac{E}{\sqrt{\frac{L}{C}-\left(\frac{R}{2}\right)^2}}e^{-\frac{R}{2L}t}\sin\sqrt{\frac{1}{LC}-\left(\frac{R}{2L}\right)^2}\,t$$

(2・207)

電流の時間的変化を図示すれば図2･82となる．外部から振動性の起電力を加えなくても生じる振動現象を**自由振動**といい，その周波数ω_0を**固有周波数**という．固有周波数fは$f=\omega/2\pi$であるから，上記ωを活用し，次式となる．

$$f=\frac{\omega}{2\pi}=\frac{1}{2\pi}\sqrt{\frac{1}{LC}-\left(\frac{R}{2L}\right)^2} \qquad (2・208)$$

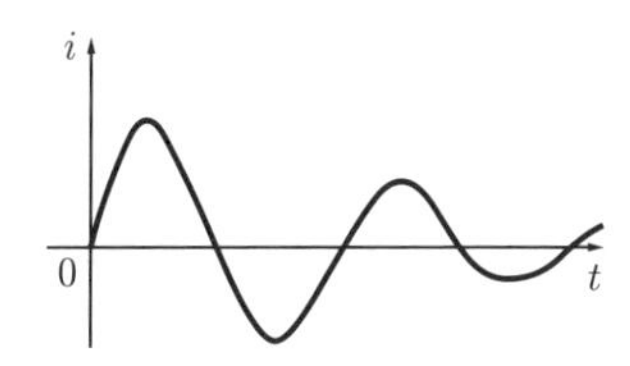

図2・82　ケース1の電流の変化

(2) ケース2：$\frac{1}{LC}-\left(\frac{R}{2L}\right)^2<0$ すなわち $\frac{R}{2}>\sqrt{\frac{L}{C}}$ の場合

$r^2=\left(\frac{R}{2L}\right)^2-\frac{1}{LC}$ とおけば，式（2･204），式（2･205）より

$$I(s)=\frac{E}{L\{(s+\alpha)^2-r^2\}}=\frac{E}{L}\cdot\frac{1}{(s+\alpha)^2-r^2}=\frac{E}{rL}\cdot\frac{r}{(s+\alpha)^2-r^2}$$

(2・209)

表2･3の推移法則と双曲線関数を見ながら，逆ラプラス変換すれば

$$i(t)=\frac{E}{rL}\mathcal{L}^{-1}\left[\frac{r}{(s+\alpha)^2-r^2}\right]=\frac{E}{rL}e^{-\alpha t}\mathcal{L}^{-1}\left[\frac{r}{s^2-r^2}\right]$$

$$=\frac{E}{rL}e^{-\alpha t}\sinh rt=\frac{E}{\sqrt{\left(\frac{R}{2}\right)^2-\frac{L}{C}}}e^{-\frac{R}{2L}t}\sinh\sqrt{\left(\frac{R}{2L}\right)^2-\frac{1}{LC}}\,t$$

(2・210)

となる．ここで，$\sinh rt=\dfrac{e^{rt}-e^{-rt}}{2}$ である．電流の時間的変化を図示すれば図 2･83 となる．

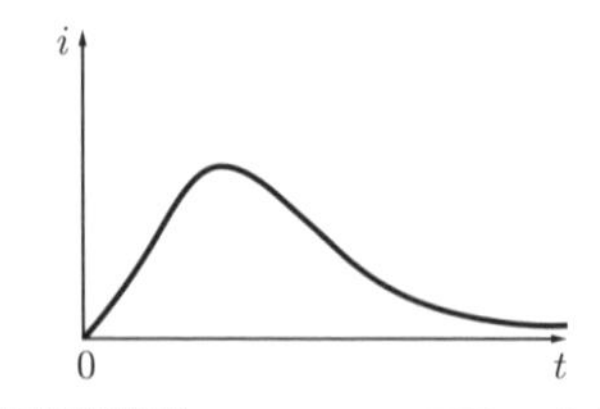

図 2・83　ケース 2 の電流の変化

(3) ケース 3：$\dfrac{1}{LC}=\left(\dfrac{R}{2L}\right)^2$ すなわち $\dfrac{R}{2}=\sqrt{\dfrac{L}{C}}$ の場合

式（2･205）の{　}内が 0 であるから，式（2･204）は

$$I(s)=\frac{E}{L(s+\alpha)^2}=\frac{E}{L}\cdot\frac{1}{(s+\alpha)^2} \qquad (2\cdot211)$$

となる．表 2･3 の推移法則とランプ関数を活用し，逆ラプラス変換すれば

$$i(t)=\frac{E}{L}\mathcal{L}^{-1}\left[\frac{1}{(s+\alpha)^2}\right]=\frac{E}{L}e^{-\alpha t}\mathcal{L}^{-1}\left[\frac{1}{s^2}\right]=\frac{E}{L}te^{-\frac{R}{2L}t} \qquad (2\cdot212)$$

となる．電流の時間的変化を図示すれば図 2･84 となる．

図 2・84　ケース 3 の電流の変化

…………………………… コ ラ ム ……………………………

交流電源の RL 回路における過渡現象

……………………………………………………………………

図 2･85 の RL 直列回路において，時刻 $t=0$ でスイッチ S を閉じ，交流電圧 $e=E_m\sin(\omega t+\theta)$ を加えたとき，次の微分方程式が成立する．

$$L\frac{di}{dt}+Ri=E_m\sin(\omega t+\theta) \quad (2\cdot213)$$

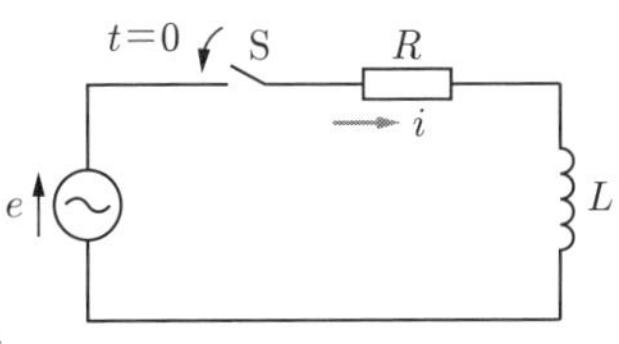

図2・85 *RL* 交流回路

この式の定常解を i_s，過渡解を i_t とおくと，i_s は交流理論により求められる定常状態における交流電流であるから

$$i_s=I_m\sin(\omega t+\theta-\phi) \quad (2\cdot214)$$

ここで $I_m=\dfrac{E_m}{\sqrt{R^2+\omega^2L^2}}$，$\phi=\tan^{-1}\dfrac{\omega L}{R}$

また，i_t は

$$L\frac{di_t}{dt}+Ri_t=0 \quad (2\cdot215)$$

の一般解であるから

$$i_t=Ke^{-\frac{R}{L}t} \quad (\text{ただし } K \text{ は定数}) \quad (2\cdot216)$$

回路の電流は，定常解と過渡解との和であるから

$$i=i_s+i_t=I_m\sin(\omega t+\theta-\phi)+Ke^{-\frac{R}{L}t} \quad (2\cdot217)$$

初期条件が $t=0$ で $i=0$ であるから，これを上式に代入すると

$$K=-I_m\sin(\theta-\phi) \quad (2\cdot218)$$

$$\therefore\ i=I_m\left\{\sin(\omega t+\theta-\phi)-e^{-\frac{R}{L}t}\sin(\theta-\phi)\right\} \quad (2\cdot219)$$

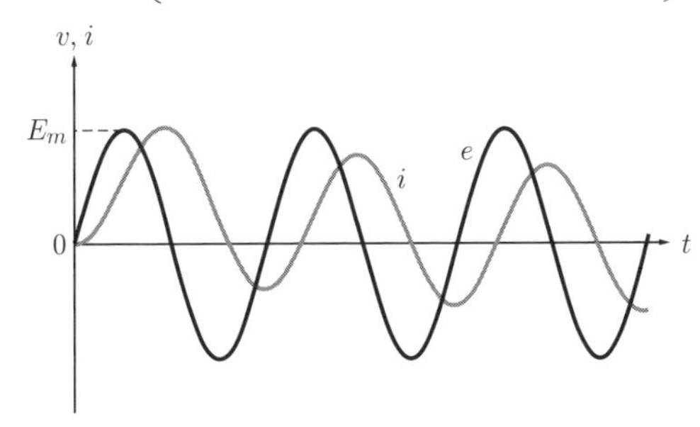

図2・86 電流の時間的変化（$\theta=0$のとき）

例題 24 ……………………………………………… **H23 問 3**

次の文章は，RL 回路に関する記述である．

図のように，抵抗値が R_1，R_2，インダクタンスが L である素子，スイッチおよび直流電流源からなる回路がある．電流および電圧を図のように定める．

時間 $t<0$ ではスイッチは a 側にあり，回路は定常状態である．$t=0$ において，スイッチを a から b に切り替えた．$t>0$ における電圧 v_{R1} および v_L の時間的変化について考える．$t>0$ において，それぞれの電流，電圧の関係から次式が得られる．

$i_1+i_2=I$ ……………………………………………… ①

$v_{R1}=v_L+v_{R2}$ ……………………………………………… ②

$R_1 i_1=$ （1） $+R_2 i_2$ ……………………………………………… ③

$t=0$ における i_2 は （2） であるので，これらの式より i_2 について解くと，

$i_2=$ （3）

となる．また

$v_L=$ （4）

となる．

$t=\infty$ における v_{R1} は （5） となる．

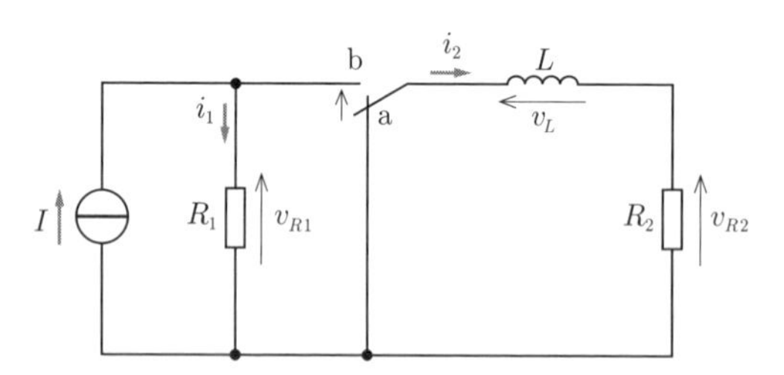

【解答群】

（イ）$\dfrac{R_1}{R_1+R_2}I$　（ロ）$R_1 I$　（ハ）$\dfrac{R_1}{R_1+R_2}I\left(1-e^{-\frac{R_1+R_2}{L}t}\right)$

（ニ）$L\dfrac{di_2}{dt}$　（ホ）$R_2 I e^{-\frac{R_1+R_2}{L}t}$　（ヘ）$\dfrac{R_1R_2}{R_1+R_2}I$　（ト）$\dfrac{1}{L}\cdot\dfrac{di_2}{dt}$

（チ）I　（リ）0　（ヌ）$\dfrac{R_1}{R_1+R_2}I\left(1-e^{-\frac{L}{R_1+R_2}t}\right)$

（ル）$R_1 I e^{-\frac{R_1+R_2}{L}t}$　（ヲ）$\dfrac{{R_1}^2}{R_1+R_2}I$　（ワ）$R_1 I e^{-L(R_1+R_2)t}$

（カ）$\dfrac{R_1}{R_1+R_2}I\left[1-e^{-L(R_1+R_2)t}\right]$　（ヨ）$L\int i_2 dt$

解 説 (1)～(3) $t<0$ のとき，スイッチは a 側にあるので，インダクタンス L に流れる電流 $i_2=0$ である．また，電流源の電流 I はすべて抵抗 R_1 に流れている．

次に，$t=0$ でスイッチを a から b に切り替えると，題意から

$$i_1+i_2=I \quad \cdots\cdots①$$

$$v_{R1}=v_L+v_{R2} \quad \cdots\cdots②$$

式②において，$v_{R1}=R_1 i_1$，$v_L=L\dfrac{di_2}{dt}$，$v_{R2}=R_2 i_2$ より

$$R_1 i_1=L\frac{di_2}{dt}+R_2 i_2 \quad \cdots\cdots③$$

式①を $i_1=I-i_2$ と変形して式③へ代入すれば

$$L\frac{di_2}{dt}+(R_1+R_2)i_2=R_1 I \quad \cdots\cdots④$$

式④をラプラス変換すれば

$$L\{sI_2(s)-i_2(0)\}+(R_1+R_2)I_2(s)=\frac{R_1 I}{s}$$

ここで，$i_2(0)=0$ を代入し，$I_2(s)$ について解けば

$$I_2(s)=\frac{R_1 I}{(sL+R_1+R_2)s}=\frac{R_1 I}{L}\cdot\frac{1}{s\left(s+\dfrac{R_1+R_2}{L}\right)}$$

$$=\frac{R_1 I}{L}\cdot\frac{L}{R_1+R_2}\left(\frac{1}{s}-\frac{1}{s+\dfrac{R_1+R_2}{L}}\right)$$

$$=\frac{R_1 I}{R_1+R_2}\left(\frac{1}{s}-\frac{1}{s+\dfrac{R_1+R_2}{L}}\right)$$

表 2·3 を用いて逆ラプラス変換すれば

$$i_2(t)=\frac{R_1}{R_1+R_2}I\left(1-e^{-\frac{R_1+R_2}{L}t}\right) \quad \cdots\cdots⑤$$

(4) $v_L=L\dfrac{di_2}{dt}$ に式⑤を代入すると

$$v_L=L\times\frac{R_1 I}{R_1+R_2}\times\frac{R_1+R_2}{L}e^{-\frac{R_1+R_2}{L}t}=R_1 I e^{-\frac{R_1+R_2}{L}t}$$

(5) 式⑤において $t=\infty$ とすれば $I_2=\dfrac{R_1}{R_1+R_2}I$

式①より $I_1=I-I_2=I-\dfrac{R_1}{R_1+R_2}I=\dfrac{R_2}{R_1+R_2}I$

$$\therefore v_{R1} = R_1 I_1 = \frac{R_1 R_2}{R_1 + R_2} I$$

問題の回路図を見ると，$t=\infty$ の定常状態では $v_L=0$ なので，電流源の電流 I は抵抗 R_1 と R_2 の並列回路に供給していることがわかる．

【解答】(1) ニ　(2) リ　(3) ハ　(4) ル　(5) ヘ

例題 25 ………… R1 問 3

次の文章は，電気回路の過渡現象に関する記述である．

図の回路は，時刻 $t<0$ においてスイッチ S は開いており，回路は定常状態にある．この回路のスイッチ S を時刻 $t=0$ で閉じるものとする．

スイッチ S を閉じた後，十分に時間が経過して回路が定常状態になったときのキャパシタ C の電圧は，[(1)] である．したがって，時刻 $t=0$ でスイッチ S を閉じた後の過渡状態においては，回路の時定数を T_1 とすれば，キャパシタ C の電圧は

$$v_C(t) = \boxed{(1)} + \boxed{(2)}\, e^{-t/T_1} \quad (t \geqq 0)$$

となる．ここで回路の時定数は，$T_1=$ [(3)] である．

スイッチ S を閉じた後，十分に時間が経過して回路が定常状態になった時刻 $t=t_0$ で，再びスイッチ S を開いた．スイッチ S を再び開いた後の過渡状態においては，回路の時定数を T_2 とすれば，キャパシタ C の電圧は

$$v_C(t) = \boxed{(1)} + \boxed{(2)} \left(\boxed{(4)}\right) \quad (t \geqq t_0)$$

となる．ここで回路の時定数は，$T_2=$ [(5)] である．

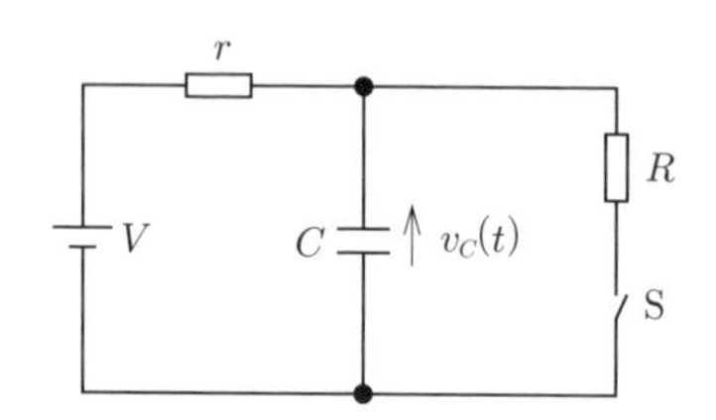

【解答群】

(イ) V　(ロ) $\dfrac{r}{R+r}V$　(ハ) $1-e^{-(t-t_0)/T_2}$　(ニ) $\dfrac{R}{R+r}V$

(ホ) 0　(ヘ) $\dfrac{R+r}{r}V$　(ト) $\dfrac{CRr}{R+r}$　(チ) $C(R+r)$

(リ) $1+e^{-(t-t_0)/T_2}$　(ヌ) $\dfrac{C}{r}$　(ル) $\dfrac{r}{C}$　(ヲ) $-1+e^{-(t-t_0)/T_2}$

(ワ) $-\dfrac{R}{R+r}V$　(カ) Cr　(ヨ) $\dfrac{R+r}{CRr}$

解説 (1) スイッチSを閉じて十分に時間が経過した定常状態では，コンデンサCは充電されて電流が流れない．すなわち，コンデンサCを開放して考えればよい．定常状態では，直流電圧源からの電流iが抵抗rとRの直列接続部分に流れるため，$i=\dfrac{V}{R+r}$であり，キャパシタCの電圧v_Cは抵抗Rの両端の電圧と等しいから

$$v_C=Ri=\frac{R}{R+r}V \quad \cdots\cdots①$$

(2) 抵抗rに流れる電流をi_r，抵抗Rに流れる電流をi_Rとして，スイッチSを閉じた回路ではコンデンサの電流が$C\dfrac{dv_C}{dt}$であるため，次式が成り立つ．

$$V-v_C=ri_r \quad \cdots\cdots②,\quad v_C=Ri_R \quad \cdots\cdots③,\quad i_r=C\frac{dv_C}{dt}+i_R \quad \cdots\cdots④$$

式②より$i_r=\dfrac{V-v_C}{r}$，式③より$i_R=\dfrac{v_C}{R}$と変形し，式④へ代入すれば

$$C\frac{dv_C}{dt}+\frac{R+r}{Rr}v_C=\frac{V}{r} \quad \cdots\cdots⑤$$

式⑤をラプラス変換すれば

$$C\{sV_C(s)-v_C(0)\}+\frac{R+r}{Rr}V_C(s)=\frac{V}{r}\cdot\frac{1}{s} \quad \cdots\cdots⑥$$

ここで，スイッチSを入れる直前はコンデンサにはCVの電荷が充電されているから，$t=0$で$v_C(0)=V$であるため，式⑥へ代入して整理すれば

$$\left(sC+\frac{R+r}{Rr}\right)V_C(s)=CV+\frac{V}{rs}$$

$$\therefore V_C(s)=\frac{V}{s+\dfrac{R+r}{CRr}}+\frac{V}{rC}\cdot\frac{1}{s\left(s+\dfrac{R+r}{CRr}\right)}$$

$$=\frac{V}{s+\dfrac{R+r}{CRr}}+\frac{V}{rC}\cdot\frac{CRr}{R+r}\left(\frac{1}{s}-\frac{1}{s+\dfrac{R+r}{CRr}}\right) \quad \cdots\cdots⑦$$

表2·3を思い浮かべて式⑦を逆ラプラス変換すれば

$$v_C(t)=Ve^{-\frac{R+r}{CRr}t}+\frac{RV}{R+r}\left(1-e^{-\frac{R+r}{CRr}t}\right)$$

$$=\frac{R}{R+r}V+\frac{r}{R+r}Ve^{-\frac{R+r}{CRr}t} \quad \cdots\cdots⑧$$

(3) 式⑧において，時定数は，式（2·153）と同様に考えて$\dfrac{CRr}{R+r}$

(4) $t=t_0$でスイッチSを開いた回路では次式が成り立つ．

$$V - v_C = r i_r \quad \cdots\cdots ⑨, \quad i_r = C\frac{dv_C}{dt} \quad \cdots\cdots ⑩$$

式⑩を式⑨へ代入すれば

$$rC\frac{dv_C}{dt} + v_C = V \quad \cdots\cdots ⑪$$

ラプラス変換して解いてもよいが，今回は，一般解が定常解と過渡解の和で表されることを利用する．$t \to \infty$ の定常解は $v_C = V$ である．一方，過渡解は式⑪の特性方程式が式（2·171）のように $rc\lambda + 1 = 0$ より，$\lambda = -\dfrac{1}{rC}$ の特性根を得る．したがって，式⑪の微分方程式の一般解は定常解と過渡解の和として次式で表せる．

$$v_C(t) = V + Ke^{-\frac{1}{rC}(t-t_0)} \quad （ただし K は定数） \quad \cdots\cdots ⑫$$

ここで，$t = t_0$ のとき，(1) より $v_C(t_0) = \dfrac{R}{R+r}V$ であるから，式⑫に $t = t_0$ を代入すれば

$$\frac{R}{R+r}V = V + K \qquad \therefore K = -\frac{r}{R+r}V$$

$$\therefore v_C(t) = V - \frac{r}{R+r}Ve^{-\frac{1}{Cr}(t-t_0)} = \frac{R}{R+r}V + \frac{r}{R+r}V\left\{1 - e^{-\frac{1}{Cr}(t-t_0)}\right\}$$

$$= \frac{R}{R+r}V + \frac{r}{R+r}V\left\{1 - e^{-\frac{t-t_0}{T_2}}\right\}$$

(5) 時定数 $T_2 = Cr$

【解答】(1) ニ　(2) ロ　(3) ト　(4) ハ　(5) カ

例題 26 ………… **H17 問 4**

次の文章は，回路の過渡現象に関する記述である．

図のように，抵抗，インダクタおよびコンデンサを接続した回路がある．

時刻 $t<0$ では，スイッチ S_1 は閉じた状態，S_2 は a 側にあり，回路は定常状態であったとする．このとき，直流電圧源から流れ出る電流は [(1)]〔A〕，コンデンサに蓄えられた電荷は [(2)]〔C〕，インダクタに生じる磁束は [(3)]〔Wb〕である．ただし，インダクタは空心であるとする．

時刻 $t=0$ でスイッチ S_1 を開き，同時にスイッチ S_2 を b 側に切り替えた．

$t \geqq 0$ におけるコンデンサの両端の電圧 v_c の時間的変化は次式で表される．

$v_c =$ [(4)] $\times e^{[\ (5)\ ] \times t}$〔V〕

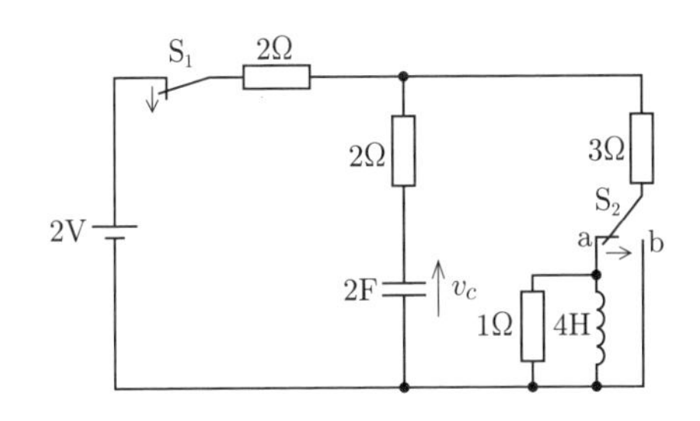

【解答群】

(イ) 2　(ロ) $\frac{8}{3}$　(ハ) $\frac{1}{10}$　(ニ) $-\frac{1}{4}$　(ホ) 10　(ヘ) $\frac{8}{5}$

(ト) $\frac{1}{2}$　(チ) $\frac{6}{5}$　(リ) $-\frac{1}{10}$　(ヌ) $\frac{4}{3}$　(ル) $\frac{4}{5}$　(ヲ) 1

(ワ) $\frac{12}{5}$　(カ) $\frac{1}{3}$　(ヨ) $\frac{2}{5}$

解説　解説図1のように，回路の抵抗，静電容量，インダクタンスに，R_1～R_3，R_2'，C，L をつける．

(1) 直流電源の場合，定常状態（最終状態）ではコンデンサは開放，コイルは短絡と考えて計算すればよい．したがって，直流電圧源から流れ出る電流 I は解説図1の点線のように $V \to R_2' \to R_3 \to L \to V$ と流れる．

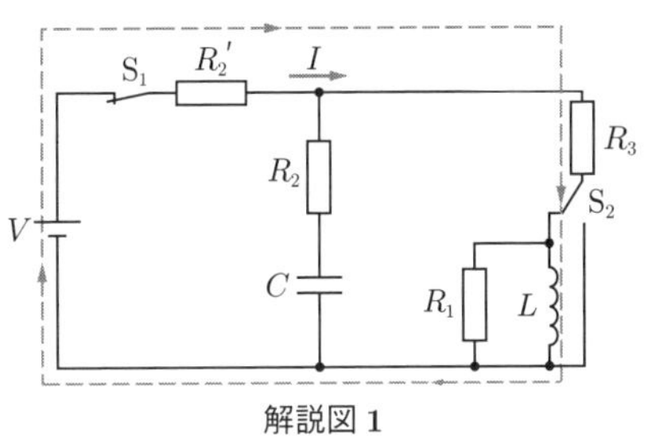

解説図1

$$\therefore I = \frac{V}{R_2' + R_3} = \frac{2}{2+3} = \frac{2}{5}\ \mathrm{A}$$

(2) 解説図1の回路図において，R_2 と C の直列接続部分と，R_3 と L の直列接続部分（定常状態ではコイルは短絡と考えてよいので R_1 は短絡されている）に着目する．まず，定常状態においてコンデンサは充電されているから，電流が流れず，R_2 による電圧降下はない．一方，コイルの両端の電圧は0であるから，コンデンサの両端の電圧 V_C は R_3 の電圧降下と等しい．

$$\therefore V_C = IR_3 = \frac{2}{5} \times 3 = \frac{6}{5}\ \mathrm{V}$$

したがって，コンデンサに蓄えられた電荷 Q_C は，$Q_C = CV_C = 2 \times \frac{6}{5} = \frac{12}{5}\ \mathrm{C}$

(3) インダクタの磁束 ϕ は LI であるから

$$\phi = LI = 4 \times \frac{2}{5} = \frac{8}{5}\,\mathrm{Wb}$$

(4)(5) $t=0$ でスイッチ S_1 を開き，S_2 を b 側に切り替えると，解説図 2 に示す回路となる．コンデンサの電荷を q，回路に流れる電流を i として次の微分方程式が成り立つ．

$$\frac{1}{C}\int i dt + (R_2 + R_3) i = 0 \quad \cdots\cdots ①$$

ここで，$i = \dfrac{dq}{dt}$ であるから，式①へ代入すると

$$(R_2 + R_3)\frac{dq}{dt} + \frac{q}{C} = 0$$

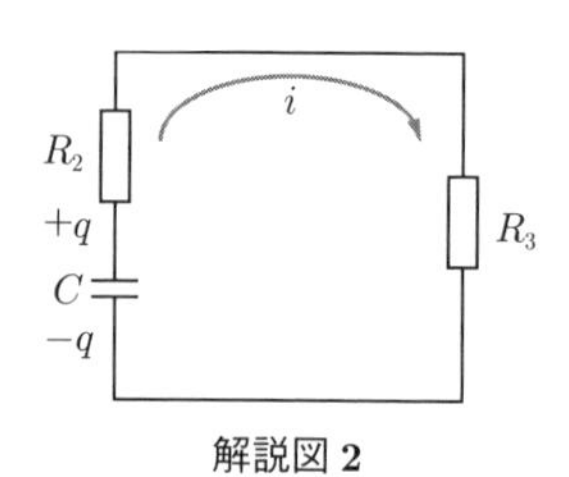

解説図 2

$R_2 = 2$，$R_3 = 3$，$C = 2$ を代入して整理すれば

$$\frac{dq}{dt} + \frac{q}{10} = 0 \quad \cdots\cdots ②$$

式②の微分方程式は積分定数を K とすれば

$$q = Ke^{-\frac{t}{10}} \quad \cdots\cdots ③$$

ここで，$t=0$ において，(2) より $q = Q_C = \dfrac{12}{5}$ であるから

$$K = \frac{12}{5} \qquad \therefore q = \frac{12}{5}e^{-\frac{t}{10}}$$

したがって，$v_c = \dfrac{q}{C} = \dfrac{1}{2} \times \dfrac{12}{5}e^{-\frac{t}{10}} = \dfrac{6}{5}e^{-\frac{t}{10}}$

【解答】 (1) ヨ　(2) ワ　(3) へ　(4) チ　(5) リ

例題 27 ………………………………………………… **H28 問 3**

次の文章は，回路の過渡現象に関する記述である．

図のような $\boldsymbol{RLC}$ 回路を考える．なお，D は順方向にのみ電流を流し，そのときの電圧降下が $\mathbf{0}$ であるような特性をもつ理想的なダイオードとする．初期状態ではスイッチ S は開いており，コイルには電流が流れておらず，コンデンサは $\mathbf{1}$V に充電されている．時刻 $\boldsymbol{t}=\mathbf{0}$ でスイッチを閉じると，直後にはダイオード D には逆向きの電圧が印加されるため，電流 $\boldsymbol{i_2}=\mathbf{0}$ となる．$\boldsymbol{i_2}=\mathbf{0}$ である場合の電流 $\boldsymbol{i_1(t)}$ は

初期条件

$$\boldsymbol{i_1(0)=0}$$

$$\left.\frac{di_1(t)}{dt}\right|_{t=0} = \boxed{\quad(1)\quad}$$

を用いて

$$i_1(t) = \boxed{\quad(2)\quad} e^{-t} + \boxed{\quad(3)\quad} e^{-\boxed{\quad(4)\quad}t}$$

と表される．

ダイオードDには，印加される電圧が反転する時刻以降電流が流れる．ダイオードDに印加される電圧が反転する時刻は，コイルの両端電圧 $Ldi_1(t)/dt$ が反転する時刻に一致することを利用すると，スイッチSを投入してからダイオードDに電流が流れ始めるまでの時間は $\boxed{\quad(5)\quad}$ s と求められる．

なお，$\ln 5 \fallingdotseq 1.6$ としてよい．

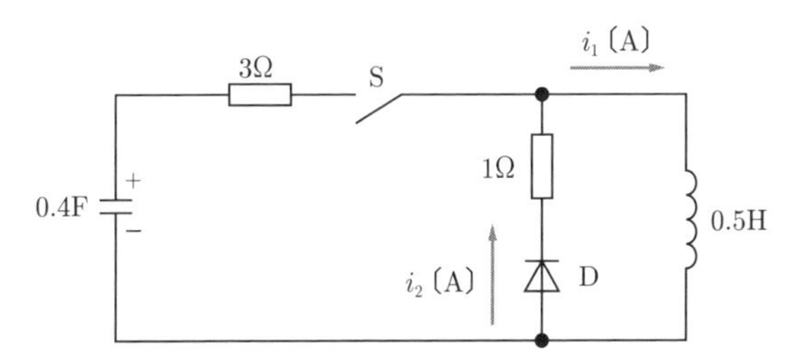

【解答群】

(イ) −2　(ロ) −1　(ハ) −0.5　(ニ) 0.2　(ホ) 0.25　(ヘ) 0.4
(ト) 0.5　(チ) 0.8　(リ) 1　(ヌ) 1.5　(ル) 2　(ヲ) 2.5
(ワ) 4　(カ) 5　(ヨ) 10

解説　(1) スイッチSを閉じた直後にはダイオードDには逆向きの電圧が印加されるため，$i_2=0$ であり，解説図の等価回路になっている．電流 $i_1(t)$ はインダクタンス $L=0.5$ H のコイルに流れる電流であり，初期条件 $i_1(0)=0$ を満たす必要がある．したがって，抵抗 $R=3$ Ωの電圧降下 $Ri_1(0)=0$ になり，コイルの両端にかかる電圧はコンデンサに充電されている $V_C(0)=1$V に等しい．

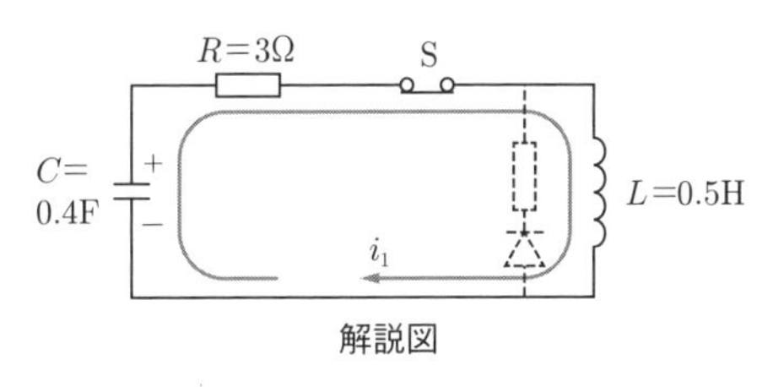

解説図

$$\therefore L\left.\frac{di_1(t)}{dt}\right|_{t=0} = V_C(0) \quad \therefore \left.\frac{di_1(t)}{dt}\right|_{t=0} = \frac{V_C(0)}{L} = \frac{1}{0.5} = 2$$

(2)～(4) 解説図において，キルヒホッフの第2法則を適用すれば

$$\frac{1}{C}\int_{-\infty}^{t} i_1(\tau)d\tau + Ri_1(t) + L\frac{di_1(t)}{dt} = 0 \quad \cdots\cdots①$$

式①の両辺を t で微分すれば

$$\frac{1}{C}i_1(t) + R\frac{di_1(t)}{dt} + L\frac{d^2 i_1(t)}{dt^2} = 0 \quad \cdots\cdots②$$

式②をラプラス変換すれば

$$\frac{1}{C}I_1(s) + R\{sI_1(s) - i_1(0)\} + L\left\{s^2 I_1(s) - si_1(0) - \left.\frac{di_1(t)}{dt}\right|_{t=0}\right\} = 0 \quad \cdots\cdots③$$

式③に(1)で求めた初期値を代入すれば

$$\frac{1}{C}I_1(s) + RsI_1(s) + L(s^2 I_1(s) - 2) = 0$$

$$\therefore I_1(s) = \frac{2L}{Ls^2 + Rs + \frac{1}{C}} = \frac{2}{s^2 + 6s + 5} \quad \cdots\cdots④$$

式④を部分分数分解すると

$$I_1(s) = \frac{2}{(s+1)(s+5)} = \frac{1}{2} \times \frac{1}{s+1} - \frac{1}{2} \times \frac{1}{s+5} \quad \cdots\cdots⑤$$

式⑤を逆ラプラス変換すれば

$$i_1(t) = 0.5e^{-t} - 0.5e^{-5t} \quad \cdots\cdots⑥$$

(5) コイルの両端電圧 v_L は $v_L = L\frac{di_1(t)}{dt}$ であるから

$$v_L = L\frac{di_1}{dt} = L(-0.5e^{-t} + 0.5 \times 5e^{-5t}) = L(-0.5e^{-t} + 2.5e^{-5t}) \quad \cdots\cdots⑦$$

このコイルの両端電圧が反転する時刻は，コイルの両端電圧が 0 となる時刻と等しいから，この時刻を T として式⑦へ代入すれば

$$L\left.\frac{di_1}{dt}\right|_{t=T} = L(-0.5e^{-T} + 2.5e^{-5T}) = 0$$

$$\therefore 0.5e^{-T} = 2.5e^{-5T} \qquad \therefore e^{4T} = 5 \quad \cdots\cdots⑧$$

式⑧の両辺の自然対数をとれば $\ln e^{4T} = \ln 5$

$$\therefore 4T = \ln 5 \fallingdotseq 1.6 \qquad \therefore T = 0.4 \text{ s}$$

【解答】 (1) ル　(2) ト　(3) ハ　(4) カ　(5) へ

例題 28 ・・ **H26 問4**

次の文章は，回路の過渡現象に関する記述である．

図のように直流電圧源 E に接続された RLC 回路を考える．ただし，時間 $t<0$ ではスイッチ S_1 と S_2 は開いており，コンデンサの電荷は 0 とする．

時刻 $t=0$ でスイッチ S_1 を閉じ，次に回路が定常状態になる前の時刻 $t=t_0(>0)$ でスイッチ S_2 を閉じた．$t\geqq t_0$ では回路は左右の 2 つの独立な回路に分けて考えることができる．$v_C(t_0)$ と $i_2(t_0)$ を使うと，$t\geqq t_0$ における抵抗 R_1 の電流 $i_1(t)$ と抵抗 R_2 の電流 $i_2(t)$ は

$$i_1(t)=\boxed{\ (1)\ }\ e^{-\boxed{(2)}(t-t_0)} \cdots\cdots ①$$

$$i_2(t)=i_2(t_0)e^{-\boxed{(3)}(t-t_0)} \cdots\cdots ②$$

と表すことができる．ここで，スイッチ S_2 が開いている間は $i_1(t)=i_2(t)$ であるが，$t=t_0$ でスイッチ S_2 を閉じたときは $i_1(t_0)=i_2(t_0)$ であるとは限らない．ただし，$v_C(t_0)$ と $i_2(t_0)$ が等式 $\boxed{\ (4)\ }$ を満たすときは，式①と式②より $i_1(t_0)=i_2(t_0)$ となる．また，$v_C(t_0)$ が等式 $\boxed{\ (5)\ }$ を満たすときは，$t=t_0$ でスイッチ S_2 を閉じると電流 $i_1(t)$ は $t\geqq t_0$ で 0（一定）となる．

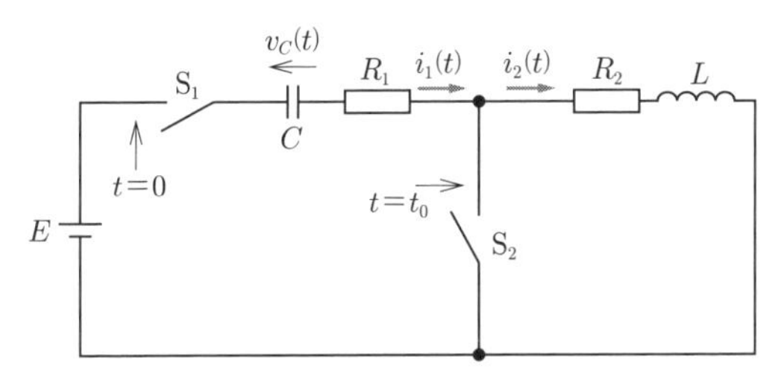

【解答群】

(イ) $v_C(t_0)=0$　　(ロ) $\dfrac{v_C(t_0)}{R_1}=i_2(t_0)$　　(ハ) $\dfrac{v_C(t_0)}{R_1}$

(ニ) $\dfrac{E+v_C(t_0)}{R_1}=i_2(t_0)$　　(ホ) $\dfrac{E+v_C(t_0)}{R_1}$　　(ヘ) $\dfrac{E-v_C(t_0)}{R_1}$

(ト) $\dfrac{1}{R_2L}$　　(チ) $\dfrac{R_1}{C}$　　(リ) $\dfrac{C}{R_1}$

(ヌ) $\dfrac{L}{R_2}$　　(ル) $\dfrac{E-v_C(t_0)}{R_1}=i_2(t_0)$　　(ヲ) $\dfrac{R_2}{L}$

(ワ) $v_C(t_0)=-E$　　(カ) $\dfrac{1}{CR_1}$　　(ヨ) $v_C(t_0)=E$

解 説　(1) (2) 時刻 $t=0$ でスイッチ S_1 を閉じると，コンデンサ C，抵抗 R_1，R_2，インダクタンス L に電流 $i_1(t)(=i_2(t))$ が流れ，コンデンサには電荷 $q(t)=Cv_C(t)$ が蓄えられる．

次に，時刻 $t=t_0$ でスイッチ S_2 を閉じると，解説図のように，閉回路Ⅰと閉回路Ⅱができるが，スイッチ S_2 で短絡されて互いに干渉しなくなるので，それぞれを独立して考えればよい．このとき，コンデンサの電圧 $v_C(t_0)$ と電荷 $q(t_0)=Cv_C(t_0)$ ならびにインダクタンス電流 $i_2(t_0)$ は，スイッチ S_2 の投入前後で連続なので，これらを初期値とし，時刻 $t \geqq t_0$ の微分方程式を解く．

まず，閉回路Ⅰでは，電流 $i_1=dq/dt$，コンデンサの両端の電圧 q/C，抵抗 R_1 の両端の電圧 $R_1 i_1 = R_1 dq/dt$ に着目し，キルヒホッフの法則より

$$R_1\frac{dq(t)}{dt}+\frac{1}{C}q(t)=E \quad \cdots\cdots①$$

式①の微分方程式の一般解は定常解と過渡解の和で表される．$t\to\infty$ の定常解は，コンデンサが充電されるので，$q(\infty)=CE$ である．

過渡解は式①の特性方程式を式（2･171）のように求めるために $q(t)=K_1e^{\lambda(t-t_0)}$ として式①へ代入すれば $\lambda R_1K_1e^{\lambda(t-t_0)}+\dfrac{K_1}{C}e^{\lambda(t-t_0)}=0$

$K_1e^{\lambda(t-t_0)}\neq 0$ より $\lambda R_1+\dfrac{1}{C}=0 \quad \therefore \lambda=-\dfrac{1}{CR_1}$

したがって，式①の一般解は $q(t)=CE+K_1e^{-\frac{t-t_0}{CR_1}} \quad \cdots\cdots②$

$t=t_0$ のとき $q(t_0)=Cv_C(t_0)$ で，これを式②へ代入すれば

$$Cv_C(t_0)=CE+K_1 \quad \therefore K_1=Cv_C(t_0)-CE \quad \cdots\cdots③$$

したがって，式①の一般解は式③を式②へ代入して

$$q(t)=CE-C\{E-v_C(t_0)\}e^{-\frac{t-t_0}{CR_1}} \quad \cdots\cdots④$$

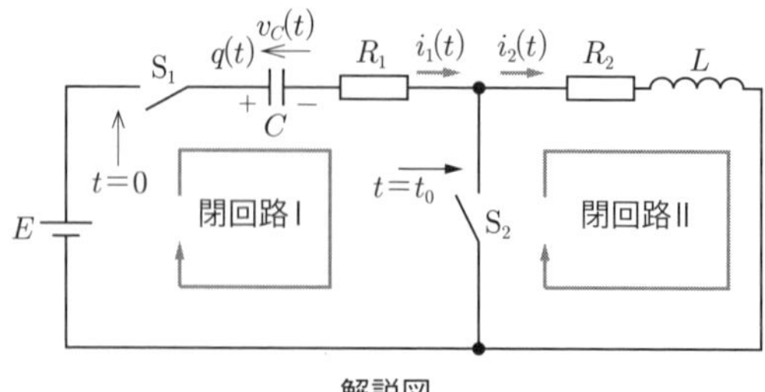

解説図

$i_1(t)$ は $i_1(t)=\dfrac{dq}{dt}$ あるから，式④を微分して

$$i_1(t)=-C\{E-v_C(t_0)\}\cdot\left\{-\frac{1}{CR_1}\right\}e^{-\frac{t-t_0}{CR_1}}=\frac{E-v_C(t_0)}{R_1}e^{-\frac{t-t_0}{CR_1}}\quad\cdots\cdots⑤$$

(3) 次に，閉回路Ⅱを考えると

$$R_2i_2(t)+L\frac{di_2(t)}{dt}=0\quad\cdots\cdots⑥$$

これも特性方程式で求めるのに，$i_2=K_2e^{\lambda(t-t_0)}$ を式⑥へ代入して整理すれば

$$\lambda L+R_2=0\quad\therefore\ \lambda=-R_2/L$$

したがって，式⑥の定常解は$i_2=0$であるから，式⑥の一般解は定常解と過渡解の和で

$$i_2(t)=K_2e^{-\frac{R_2}{L}(t-t_0)}\quad\cdots\cdots⑦$$

となる．$t=t_0$ のとき $i_2(t_0)$ であるから，式⑦に $t=t_0$ を代入し

$$i_2(t_0)=K_2\quad\cdots\cdots⑧$$

式⑧を式⑦へ代入すれば

$$i_2(t)=i_2(t_0)e^{-\frac{R_2}{L}(t-t_0)}\quad\cdots\cdots⑨$$

(4) スイッチ S_2 を閉じた後では，式⑤の $i_1(t)$ と式⑨の $i_2(t)$ は独立な回路の電流なので必ずしも等しくないが，$t=t_0$ においては等しい．

$$\therefore\ \frac{E-v_C(t_0)}{R_1}e^{-\frac{t_0-t_0}{CR_1}}=i_2(t_0)e^{-\frac{R_2}{L}(t_0-t_0)}\quad\therefore\ \frac{E-v_C(t_0)}{R_1}=i_2(t_0)$$

(5) 式⑤より $v_c(t_0)=E$ であれば $i_1(t)$ は 0 になる．式④は電荷 $q(t)$ の式であるが，最終値は CE であり，スイッチ S_2 を閉じたときにコンデンサ電圧 $v_C(t_0)$ と直流電源電圧 E が等しければ過渡現象は発生せず，電流 $i_1(t)$ は $t\geqq t_0$ で 0（一定）となる．

【解答】(1) へ　(2) カ　(3) ヲ　(4) ル　(5) ヨ

例題 29 ………………………………………… **H24 問3**

次の文章は，*RLC* 回路の過渡現象とエネルギーに関する記述である．

図に示す *RLC* 直列回路を考える．ただし，$t<0$ では $i(t)=0$，$v(t)=0$ とする．$t=0$ でスイッチを閉じた．$t\geqq 0$ での回路の電流 $i(t)$ と電圧 $v(t)$ の関係式は

$$Ri(t)=E-[\ \boxed{(1)}\ +v(t)]\quad\cdots\cdots①$$

$$i(t)=\boxed{(2)}\times\frac{d}{dt}v(t)\quad\cdots\cdots②$$

となる．時刻 $t(t>0)$ までに抵抗が消費するエネルギーを $J_R(t)$ で表すと

$$J_R(t)=\int_0^t i(\tau)Ri(\tau)d\tau \cdots\cdots ③$$

となる．$J_R(t)$ は電流 $i(t)$ が 0 になるまで増加を続ける．式①，式②を利用すると

$$J_R(t)=\int_0^t i(\tau)Ri(\tau)d\tau$$
$$=\boxed{\ (3)\ }\times v(t)-\frac{1}{2}Li(t)^2-\frac{1}{2}Cv(t)^2 \cdots\cdots ④$$

となる．ただし，積分計算において微分の性質 $\frac{1}{2}\cdot\frac{d}{dt}[x(t)^2]=x(t)\frac{d}{dt}x(t)$ を利用している．式④の右辺でインダクタンスに蓄積されるエネルギーの引き算を省略した式を考えると，不等式

$$J_R(t)\leqq\boxed{\ (3)\ }\times v(t)-\frac{1}{2}Cv(t)^2 \cdots\cdots ⑤$$

が成立する．式⑤の右辺は上に凸な $v(t)$ の二次関数である．$J_R(t)>0$ であることと式⑤により，この回路の過渡現象について次のことがいえる．電圧 $v(t)$ は絶対に $\boxed{\ (4)\ }\times E$ 以上になることはない．また負になることもない．式④に定常状態（$t=\infty$）での回路の電流 $i(\infty)$ と電圧 $v(\infty)$ の値を代入すると，$J_R(\infty)=\boxed{\ (5)\ }$ となる．$t=\infty$ では式⑤の両辺は等号で結ばれる．

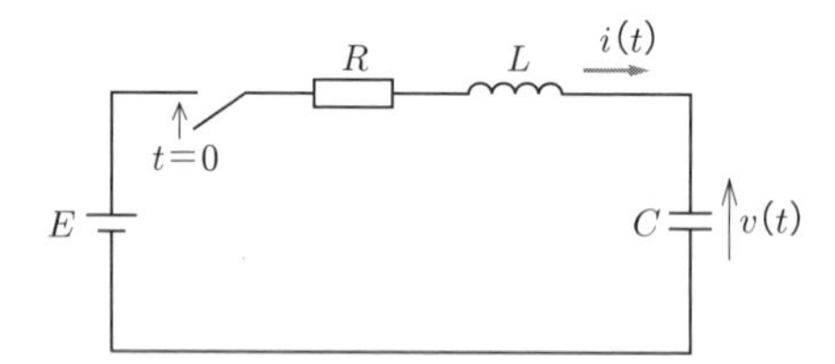

【解答群】

（イ）2　（ロ）CE^2　（ハ）R　（ニ）$L\frac{d}{dt}i(t)$　（ホ）L

（ヘ）$\frac{1}{2}CE$　（ト）C　（チ）$\frac{1}{2}$　（リ）$2CE^2$　（ヌ）1

（ル）$\frac{1}{2}CE^2$　（ヲ）$RC\frac{d}{dt}v(t)$　（ワ）CE　（カ）$\frac{1}{C}\int_0^t i(t)\mathrm{d}t$　（ヨ）$2CE$

解 説 (1) RLC 直列回路において，電流 $i(t)$ が流れるときの R の両端の電圧が $Ri(t)$，L の両端の電圧が $L\dfrac{di(t)}{dt}$，コンデンサの電圧が $v(t)$ であるから，キルヒホッフの第2法則より

$$Ri(t)=E-\left\{L\frac{d}{dt}i(t)+v(t)\right\}$$

(2) コンデンサの電荷を $q(t)$ とすれば

$$i(t)=\frac{d}{dt}q(t)=\frac{d}{dt}Cv(t)=C\frac{d}{dt}v(t)$$

(3) 式③に式①を代入すれば

$$J_R(t)=\int_0^t i(\tau)Ri(\tau)d\tau=\int_0^t i(\tau)\left\{E-\left(L\frac{d}{d\tau}i(\tau)+v(\tau)\right)\right\}d\tau$$

$$=\int_0^t i(\tau)\{E-v(\tau)\}d\tau-L\int_0^t i(\tau)\frac{d}{d\tau}i(\tau)d\tau$$

上式に式②を代入すれば

$$J_R(t)=CE\int_0^t \frac{d}{d\tau}v(\tau)d\tau-C\int_0^t v(\tau)\frac{d}{d\tau}v(\tau)d\tau-L\int_0^t i(\tau)\frac{d}{d\tau}i(\tau)d\tau$$

ここで，微分の性質 $\dfrac{1}{2}\cdot\dfrac{d}{dt}\{x(t)\}^2=\dfrac{1}{2}\cdot 2x(t)\dfrac{d}{dt}x(t)=x(t)\dfrac{d}{dt}x(t)$ を利用すると，$v(0)=i(0)=0$ であることから

$$\int_0^t v(\tau)\frac{d}{d\tau}v(\tau)d\tau=\frac{1}{2}\left[v(\tau)^2\right]_0^t=\frac{1}{2}\{v(t)^2-v(0)^2\}=\frac{1}{2}v(t)^2$$

となり，同様に $\displaystyle\int_0^t i(\tau)\frac{d}{d\tau}i(\tau)d\tau=\frac{1}{2}i(t)^2$

$$\therefore\ J_R(t)=CEv(t)-\frac{1}{2}Li(t)^2-\frac{1}{2}Cv(t)^2$$

(4) 式④の右辺でインダクタンスに蓄積されるエネルギー $\dfrac{1}{2}Li(t)^2$ を省略すれば

$$J_R(t)\leqq CEv(t)-\frac{1}{2}Cv(t)^2$$

ここで，$J_R(t)>0$ であるから，$CEv(t)-\dfrac{1}{2}Cv(t)^2>0$

上式の両辺を $Cv(t)$（ただし $Cv(t)>0$）で割ると

$$E-\frac{1}{2}v(t)>0\qquad\therefore\ v(t)<2E$$

すなわち，$v(t)$ は $2E$ 以上になることはないし，負になることもない．

(5) 定常状態では，電流 $i(\infty)=0$，コンデンサの電圧 $v(\infty)=E$ に収束するから，これを式④へ代入して

$$J_R(\infty)=CE\cdot E-\frac{1}{2}CE^2=\frac{1}{2}CE^2$$

$t=\infty$ では $i(\infty)=0$ となり，インダクタンス L に蓄積される磁気エネルギーは零になるので，式⑤の両辺は等号で結ばれる．

【解答】 (1) ニ　(2) ト　(3) ワ　(4) イ　(5) ル

2-7 四端子定数

攻略のポイント　本節で扱う四端子定数に関して，電験２種では一次試験に出題されたことがあり，二次試験では電力分野の計算問題で出題されることがある．また，分布定数回路や進行波の基礎となるため，基本について説明する．

図2·87に示すように，4つの端子が出ている回路を**四端子回路**という．これは，入力端子対と出力端子対の二組の端子からなる電気回路なので，**二端子対回路**ともいう．

入力電圧を $\dot{E}_s$，入力電流を $\dot{I}_s$，出力電圧を $\dot{E}_r$，出力電流を $\dot{I}_r$ とすれば $\dot{A}$～$\dot{D}$ の四端子定数（一般的には複素数）により

$$\dot{\boldsymbol{E}}_s = \dot{\boldsymbol{A}}\dot{\boldsymbol{E}}_r + \dot{\boldsymbol{B}}\dot{\boldsymbol{I}}_r \tag{2・220}$$

$$\dot{\boldsymbol{I}}_s = \dot{\boldsymbol{C}}\dot{\boldsymbol{E}}_r + \dot{\boldsymbol{D}}\dot{\boldsymbol{I}}_r \tag{2・221}$$

で表すことができる．

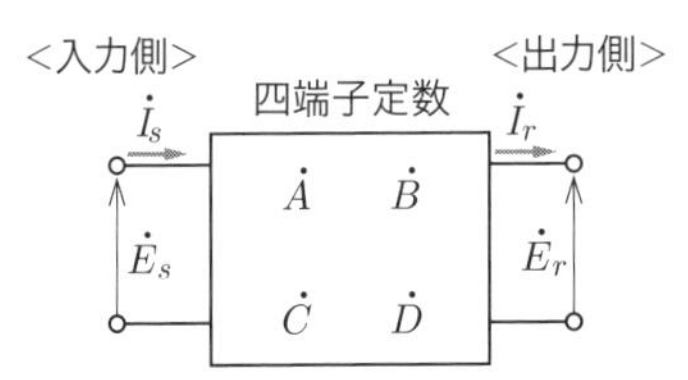

図2・87　四端子回路

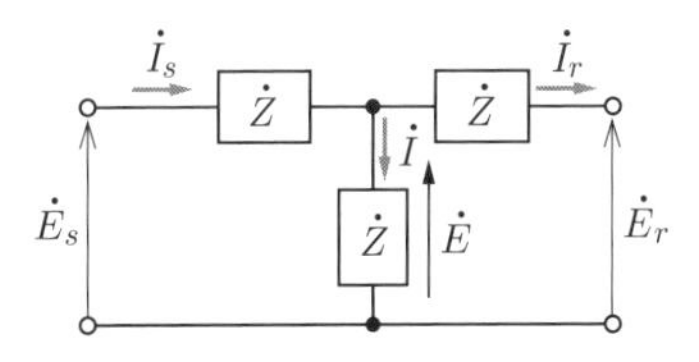

図2・88　四端子定数のモデル

式（2·220）と式（2·221）は，行列を使って

$$\begin{pmatrix} \dot{\boldsymbol{E}}_s \\ \dot{\boldsymbol{I}}_s \end{pmatrix} = \begin{pmatrix} \dot{\boldsymbol{A}} & \dot{\boldsymbol{B}} \\ \dot{\boldsymbol{C}} & \dot{\boldsymbol{D}} \end{pmatrix} \begin{pmatrix} \dot{\boldsymbol{E}}_r \\ \dot{\boldsymbol{I}}_r \end{pmatrix} \tag{2・222}$$

のように書くことも多い．この係数行列を $\boldsymbol{F}$ **行列**という．

次に，図2·88の回路における四端子定数を求める．同図では $\dot{E} = \dot{Z}\dot{I}_r + \dot{E}_r$，$\dot{I} = \dot{E}/\dot{Z} = (\dot{Z}\dot{I}_r + \dot{E}_r)/\dot{Z}$ が成り立つので

$$\dot{I}_s = \dot{I} + \dot{I}_r = \frac{\dot{Z}\dot{I}_r + \dot{E}_r}{\dot{Z}} + \dot{I}_r = \frac{\dot{E}_r}{\dot{Z}} + 2\dot{I}_r \tag{2・223}$$

$$\dot{E}_s = \dot{Z}\dot{I}_s + \dot{E} = \dot{Z}\left(\frac{\dot{E}_r}{\dot{Z}} + 2\dot{I}_r\right) + (\dot{Z}\dot{I}_r + \dot{E}_r) = 2\dot{E}_r + 3\dot{Z}\dot{I}_r \tag{2・224}$$

式（2·223），式（2·224）と式（2·220），式（2·221）を比較すれば $\dot{A} = 2$，$\dot{B} = 3\dot{Z}$，$\dot{C} = 1/\dot{Z}$，$\dot{D} = 2$ となる．このように回路の素子が決まれば $\dot{A}$～$\dot{D}$ も定

まる．この四端子定数は必ず次の関係式が成り立つ．

$$\dot{A}\dot{D}-\dot{B}\dot{C}=1 \tag{2・225}$$

また，図 2･88 のように，入力側から見た回路と出力側から見た回路が等しい対称回路では

$$\dot{A}=\dot{D} \tag{2・226}$$

という関係も成り立つ．

……………………… コラム ………………………

送電線路の四端子等価回路

実際の送電線路は，抵抗 R，インダクタンス L，静電容量 C，漏れコンダクタンス g といった線路定数が線路に沿って一様に分布している分布定数回路である．しかし，線路亘長が短い場合には，線路定数が 1 箇所または数箇所に集中した集中定数回路として取り扱っても誤差は小さい．送電線亘長が 50〜100 km 程度の中距離線路では図 2･89 の T 形等価回路または図 2･90 の π 形等価回路として扱うことが多い．これらの図で，$\dot{Z}=R+jX$ は電線 1 条のインピーダンス，$\dot{Y}=jB$ は電線 1 条の全並列アドミタンスと考える．

(1) T 形等価回路

並列アドミタンス $\dot{Y}$ は中央に集中させ，インピーダンス $\dot{Z}$ を二分してその両側に置いた回路である．図 2･89 より

$$\dot{E}_c=\dot{E}_r+\frac{\dot{Z}}{2}\dot{I}_r$$

$$\dot{I}_c=\dot{Y}\dot{E}_c$$

となるから，送電端の電圧，電流は次式となる．

$$\left.\begin{aligned}\dot{I}_s&=\dot{I}_r+\dot{I}_c=\dot{Y}\dot{E}_r+\left(1+\frac{\dot{Z}\dot{Y}}{2}\right)\dot{I}_r\\ \dot{E}_s&=\dot{E}_c+\frac{\dot{Z}}{2}\dot{I}_s=\left(1+\frac{\dot{Z}\dot{Y}}{2}\right)\dot{E}_r+\dot{Z}\left(1+\frac{\dot{Z}\dot{Y}}{4}\right)\dot{I}_r\end{aligned}\right\} \tag{2・227}$$

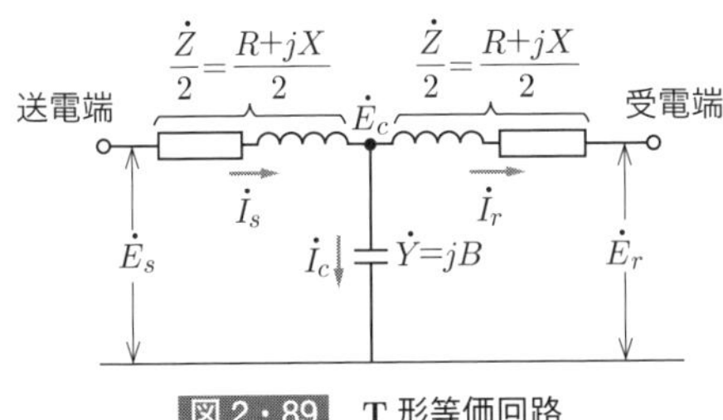

図2・89　T 形等価回路

(2) π形等価回路

インピーダンス $\dot{Z}$ を等価回路の中央に集中させ，アドミタンス $\dot{Y}$ を二分して送電端と受電端に置いた回路である．図 2·90 において

$$\dot{I}_{cr}=\frac{\dot{Y}}{2}\dot{E}_r\,,\quad \dot{I}=\dot{I}_{cr}+\dot{I}_r=\frac{\dot{Y}}{2}\dot{E}_r+\dot{I}_r$$

$$\dot{E}_s=\dot{E}_r+\dot{Z}\dot{I}$$

$$\dot{I}_{cs}=\frac{\dot{Y}}{2}\dot{E}_s\,,\quad \dot{I}_s=\dot{I}+\dot{I}_{cs}$$

となるから，送電端の電圧，電流は次式となる．

$$\left.\begin{aligned}\dot{E}_s&=\left(1+\frac{\dot{Z}\dot{Y}}{2}\right)\dot{E}_r+\dot{Z}\dot{I}_r\\ \dot{I}_s&=\dot{Y}\left(1+\frac{\dot{Z}\dot{Y}}{4}\right)\dot{E}_r+\left(1+\frac{\dot{Z}\dot{Y}}{2}\right)\dot{I}_r\end{aligned}\right\}\qquad(2\cdot228)$$

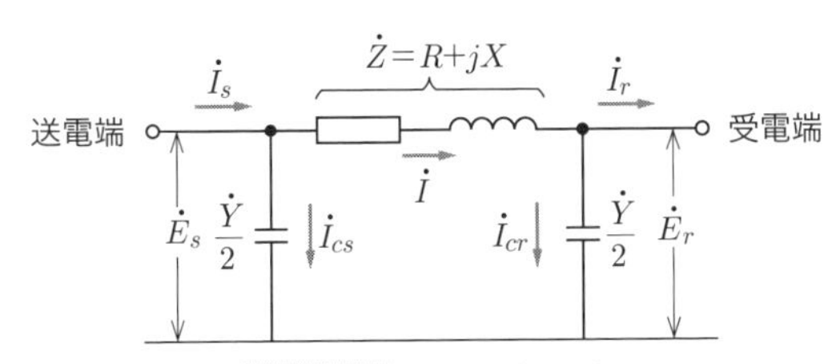

図2・90　π形等価回路

例題 30 ・・・・・・・・・・・・・・・・・・・・・・・・・・・・・・・・・・・・ H13 問 4

次の文章は，二端子対回路に関する記述である．

図のように 3 個の同じインピーダンス $\dot{Z}$ からなる回路がある．端子 1-1′ および端子 2-2′ の電圧をそれぞれ $\dot{V}_1$ および $\dot{V}_2$ とし，両端子に流れる電流をそれぞれ $\dot{I}_1$ および $\dot{I}_2$ とする．

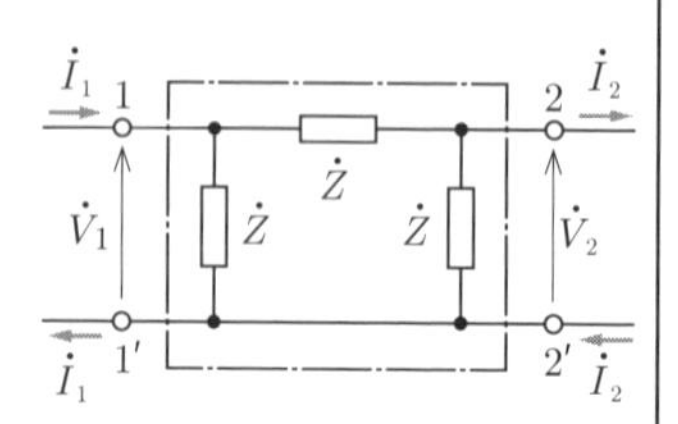

図の一点鎖線で囲まれた回路の四端子定数を $\dot{A}$，$\dot{B}$，$\dot{C}$ および $\dot{D}$ とすれば，$\dot{V}_1$，$\dot{I}_1$，$\dot{V}_2$ および $\dot{I}_2$ の関係は次式で表すことができる．

$$\dot{V}_1 = \dot{A}\dot{V}_2 + \dot{B}\dot{I}_2 \cdots\cdots ①$$

$$\dot{I}_1 = \dot{C}\dot{V}_2 + \dot{D}\dot{I}_2 \cdots\cdots ②$$

この回路において，下表の a 欄に示す操作を行ったとき，端子 1-1′ からみたインピーダンスは，同表の b 欄あるいは c 欄のように求められる．

他方，図の回路において端子 2-2′ を短絡したときの $\dot{I}_1$ と $\dot{I}_2$ の関係を求め，端子 2-2′ を開放したときの $\dot{V}_1$ と $\dot{V}_2$ の関係を求めた後，式①および式②並びに上表の結果を考慮すれば，$\dot{A}=\dot{D}=$ (3)，$\dot{B}=$ (4) および $\dot{C}=$ (5) が求まる．

	a）操作	b）四端子定数で表した値	c）3 個の $\dot{Z}$ の合成で表した値
端子 1-1′ からみたインピーダンス	端子 2-2′ を短絡	(1)	$\frac{\dot{Z}}{2}$
	端子 2-2′ を開放	$\frac{\dot{A}}{\dot{C}}$	(2)

【解答群】

(イ) 1　(ロ) $2\dot{Z}$　(ハ) $\frac{1}{2\dot{Z}}$　(ニ) $\frac{\dot{Z}}{2}$　(ホ) $\dot{Z}$

(ヘ) $\frac{\dot{C}}{\dot{A}}$　(ト) $\frac{2}{3\dot{Z}}$　(チ) 2　(リ) $\frac{\dot{D}}{\dot{B}}$　(ヌ) $\frac{2\dot{Z}}{3}$

(ル) $\frac{3}{\dot{Z}}$　(ヲ) $\frac{\dot{Z}}{3}$　(ワ) $\frac{\dot{B}}{\dot{D}}$　(カ) $\frac{3\dot{Z}}{2}$　(ヨ) $\frac{1}{2}$

解　説　問題で与えられた式①と式②より四端子定数は

$$\dot{A} = \left.\frac{\dot{V}_1}{\dot{V}_2}\right|_{\dot{I}_2=0\ (\text{端子 } 2-2'\text{開放})},\quad \dot{B} = \left.\frac{\dot{V}_1}{\dot{I}_2}\right|_{\dot{V}_2=0\ (\text{端子 } 2-2'\text{短絡})},$$

$$\dot{C} = \left.\frac{\dot{I}_1}{\dot{V}_2}\right|_{\dot{I}_2=0\ (\text{端子 } 2-2'\text{開放})},\quad \dot{D} = \left.\frac{\dot{I}_1}{\dot{I}_2}\right|_{\dot{V}_2=0\ (\text{端子 } 2-2'\text{短絡})}$$

として定義される．

(1) 端子 2-2′を短絡するとき，式①と式②に $\dot{V}_2=0$ を代入すれば $\dot{V}_1=\dot{B}\dot{I}_2$，$\dot{I}_1=\dot{D}\dot{I}_2$ となる．したがって，端子 1-1′からみたインピーダンスは $\dfrac{\dot{V}_1}{\dot{I}_1}=\dfrac{\dot{B}\dot{I}_2}{\dot{D}\dot{I}_2}=\dfrac{\dot{B}}{\dot{D}}$

(2) 端子 2-2′を開放するとき，解説図に示すように，端子 1-1′からみたインピーダンス $\dot{Z}_i$ は $\dot{Z}$ と $2\dot{Z}$ が並列接続されているので

$$\dot{Z}_i=\frac{\dot{Z}\cdot 2\dot{Z}}{\dot{Z}+2\dot{Z}}=\frac{2}{3}\dot{Z}$$

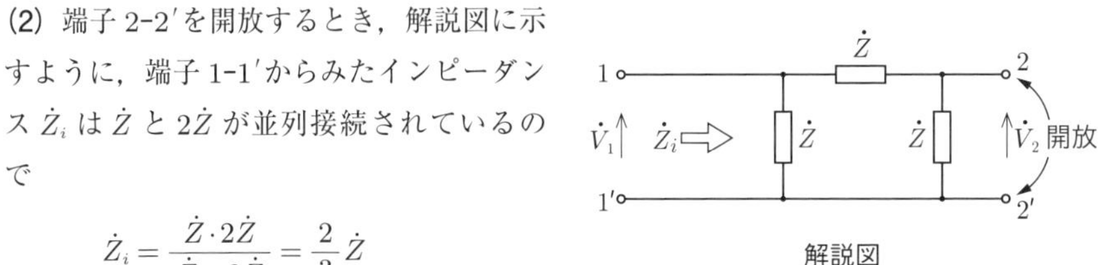

解説図

(3) 端子 2-2′開放時には，解説図より $\dot{V}_2=\dfrac{\dot{Z}}{\dot{Z}+\dot{Z}}\dot{V}_1=\dfrac{1}{2}\dot{V}_1$

ゆえに，パラメータ $\dot{A}$ の定義より，$\dot{A}=\left.\dfrac{\dot{V}_1}{\dot{V}_2}\right|_{\dot{I}_2=0\ (\text{開放})}=\dfrac{\dot{V}_1}{\dot{V}_1/2}=2$

(4) 問題の表中の端子 2-2′を短絡した場合には，端子 1-1′からみたインピーダンスは四端子定数で表すと（1）から $\dot{B}/\dot{D}$ であり，$\dot{Z}$ で表す場合には $\dot{Z}/2$（$\dot{Z}$ と $\dot{Z}$ が並列接続）であるから

$$\frac{\dot{B}}{\dot{D}}=\frac{\dot{Z}}{2}$$

式（2･226）に示すように，対称回路では $\dot{A}=\dot{D}$ であるから，上式を変形し

$$\dot{B}=\frac{\dot{Z}}{2}\dot{D}=\frac{\dot{Z}}{2}\dot{A}=\frac{\dot{Z}}{2}\times 2=\dot{Z}$$

(5) 問題の表中の端子 2-2′を開放した場合には，式①と式②で $\dot{I}_2=0$ とすれば

$$\dot{V}_1=\dot{A}\dot{V}_2,\ \dot{I}_1=\dot{C}\dot{V}_2$$

$$\therefore\ \frac{\dot{V}_1}{\dot{I}_1}=\frac{\dot{A}}{\dot{C}}=\frac{2}{3}\dot{Z}\qquad \therefore\ \dot{C}=\frac{3\dot{A}}{2\dot{Z}}=\frac{3}{2\dot{Z}}\times 2=\frac{3}{\dot{Z}}$$

なお，式（2･225）のように $\dot{A}\dot{D}-\dot{B}\dot{C}=1$ という関係があるため，確認すると $\dot{A}\dot{D}-\dot{B}\dot{C}=2\times 2-\dot{Z}\times\dfrac{3}{\dot{Z}}=4-3=1$ となり，正しいことがわかる．

【解答】（1）ワ （2）ヌ （3）チ （4）ホ （5）ル

章末問題

■1　H27 問6

次の文章は，直流電源と抵抗からなる回路に関する記述である．

図1に示すように直列内部抵抗 r と直流電圧源 E_0 で表される電源，並列内部抵抗 r と直流電流源 I_0 で表される電源，および負荷抵抗 R を直列接続した回路を考える．ただし，$E_0=rI_0$ とする．このとき図1の回路の電流 I_1 と I_2 はそれぞれ $I_1=$ [(1)] $\times I_0$，$I_2=$ [(2)] $\times I_0$ である．図1の回路の二つの内部抵抗 r と負荷抵抗 R で消費される電力の総和を P_1 とおくと $P_1=$ [(3)] $\times I_0{}^2$ である．

次にテブナンの定理とノートンの定理を使って，図1の回路の電源の等価変換を行った．

(a) 図1の回路の二つの電源を一つの電圧源に等価変換した回路を図2とする．

(b) 図1の回路の二つの電源を一つの電流源に等価変換した回路を図3とする．

図1の回路の電流 I_2 と図3の回路の電流 I_3 の関係は，$I_3=$ [(4)] $\times I_2$ である．三つの回路の消費電力が同じになるのは，$I_3=I_1$となるときである．そのとき図1の回路の内部抵抗 r と負荷抵抗 R の関係は [(5)] となる．

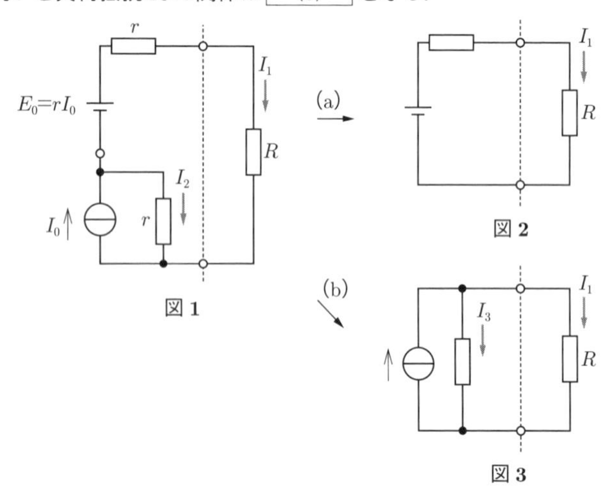

図1　図2　図3

【解答群】

(イ) $R=r$　(ロ) $\dfrac{r}{R+2r}$　(ハ) 1　(ニ) $\dfrac{Rr}{(R+2r)^2}$　(ホ) $\dfrac{r}{R}$

(ヘ) $\dfrac{R}{R+2r}$　(ト) $\dfrac{R}{r}$　(チ) $\dfrac{2R}{R+2r}$　(リ) $(R+r)$　(ヌ) $2R=r$

(ル) $\dfrac{R+r}{R+2r}$　(ヲ) $\dfrac{2r}{R+2r}$　(ワ) R　(カ) $R=2r$　(ヨ) r

■2 R2 問3

次の文章は，直流回路に関する記述である．

図1のように電流源，電圧源および抵抗を接続した回路がある．図1の破線で囲まれた部分を図2の破線部分に示す抵抗 $\boldsymbol{R}$ と電圧源 $\boldsymbol{E}$ に等価変換すると，$\boldsymbol{R}=$ [(1)]〔Ω〕，$\boldsymbol{E}=$ [(2)]〔V〕となる．

図2から，抵抗 $\boldsymbol{R_1}$ に流れる電流 $\boldsymbol{I_1}$ を求めると $\boldsymbol{I_1}=$ [(3)]〔A〕となる．また，$\boldsymbol{R_1}$ で消費される電力 $\boldsymbol{P}$ は $\boldsymbol{P}=\boldsymbol{I_1}^2\boldsymbol{R_1}$ で求められる．

したがって，$\boldsymbol{R_1}=$ [(4)]〔Ω〕のときに電力 $\boldsymbol{P}$ は最大となり，$\boldsymbol{P}=$ [(5)]〔W〕となる．

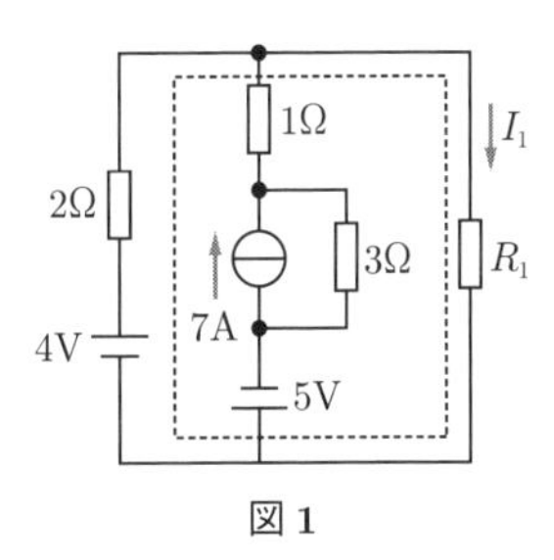

図1

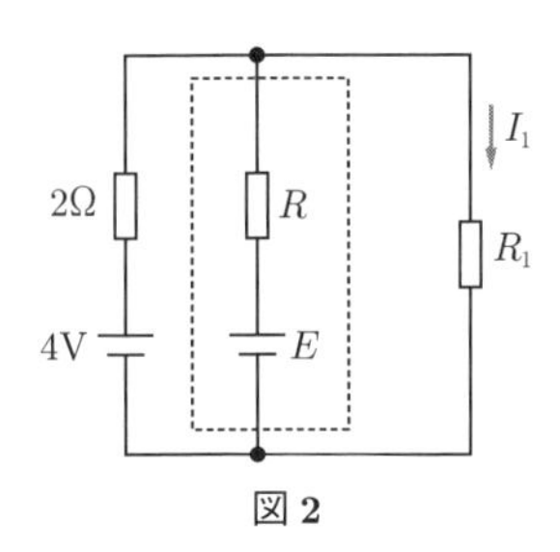

図2

【解答群】

(イ) 9	(ロ) 5	(ハ) 8.3	(ニ) $\frac{4}{3}$	(ホ) 6
(ヘ) $\frac{24}{3R_1+4}$	(ト) $\frac{3}{4}$	(チ) $\frac{5}{3R_1+4}$	(リ) 44.2	(ヌ) 2
(ル) 16	(ヲ) 12.0	(ワ) $\frac{-5}{3R_1+4}$	(カ) $\frac{1}{3}$	(ヨ) 4

■3 H27 問2

次の文章は，交流回路の電流および電圧の計算方法に関する記述である．

図の回路において，重ね合わせの理（重ねの理）を用いて，抵抗に流れる電流 $i_R(t)$，キャパシタの両端の電圧 $v_C(t)$ を求めたい．

ただし，交流電圧源 $e(t)=E_m\cos\omega_1 t$，交流電流源 $i(t)=I_m\sin\omega_2 t$ とする．

抵抗に流れる電流 $i_R(t)$ は，電流の向きを考えると

$$i_R(t)=I_e\cos(\omega_1 t+\phi_e)-I_i\sin(\omega_2 t+\phi_i)$$

と表すことができる．電圧源のみで考えると $I_e=$ [(1)]，電流源のみで考えると $I_i=$ [(2)] となる．

同様に，キャパシタの両端の電圧 $v_C(t)$ を，電圧源，電流源それぞれについて求めると

$$v_C(t)=V_e\cos(\omega_1 t+\phi_e)+V_i\sin(\omega_2 t+\phi_i)$$

と表すことができる．ここで，$-\dfrac{\pi}{2}<\phi_e<\dfrac{\pi}{2}$ とする．

このとき，$V_e=$ (3) ，$\phi_e=$ (4) ，$V_i=$ (5) となる．

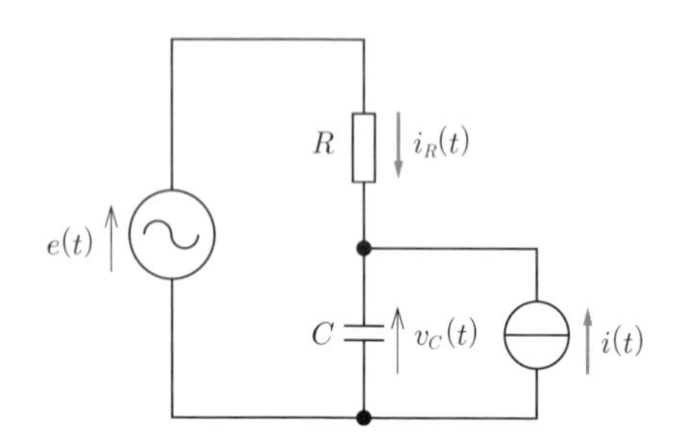

【解答群】

(イ) $\dfrac{\omega_1 CE_m}{1+\omega_1 CR}$　(ロ) $\dfrac{\omega_2 CRI_m}{\sqrt{1+(\omega_2 CR)^2}}$　(ハ) $\dfrac{\pi}{2}-\tan^{-1}\omega_1 CR$

(ニ) $\dfrac{RI_m}{\sqrt{1+(\omega_2 CR)^2}}$　(ホ) $\dfrac{\omega_1 CE_m}{\sqrt{1+(\omega_1 CR)^2}}$　(ヘ) $\omega_1 CE_m$

(ト) $\dfrac{E_m}{R}$　(チ) $\dfrac{I_m}{\sqrt{1+(\omega_2 CR)^2}}$　(リ) $\dfrac{I_m}{\omega_2 C}$

(ヌ) $\dfrac{I_m}{1+\omega_2 CR}$　(ル) $-\tan^{-1}\dfrac{1}{\omega_1 CR}$　(ヲ) $\dfrac{RI_m}{1+\omega_2 CR}$

(ワ) $\dfrac{E_m}{\sqrt{1+(\omega_1 CR)^2}}$　(カ) $\dfrac{E_m}{1+\omega_1 CR}$　(ヨ) $-\tan^{-1}\omega_1 CR$

■4　H7　問6

次の文章は，相互インダクタンスを含む電気回路に関する記述である．

図のような自己インダクタンス L_1〔H〕，L_2〔H〕，相互インダクタンス M〔H〕のコイルにインピーダンス $\dot{Z}$〔Ω〕が接続されている回路において，端子 AB 間に角周波数 ω〔rad/s〕の正弦波交流電圧 $\dot{E}$〔V〕を加えたとき，電流 $\dot{I}_1$〔A〕，$\dot{I}_2$〔A〕が流れたとすると，次の関係式が成り立つ．

〔 (1) 〕$\dot{I}_1+j\omega M\dot{I}_2=$ (2) $\dot{I}_1+$ (3) $\dot{I}_2=\dot{E}$

また，$M^2=L_1L_2$ とすると，$\dot{Z}$ の両端の電圧 $\dot{E}_1$〔V〕は，次式で与えられる．

$$\dot{E}_1=\left[1-\frac{M}{\boxed{(4)}}\right]\dot{E}=\left[1-\frac{\boxed{(5)}}{M}\right]\dot{E}$$

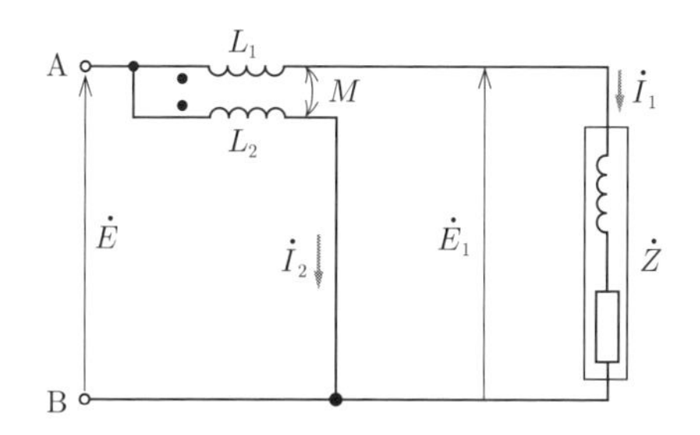

【解答群】

(イ) $+j\omega L_1$　(ロ) $+j\omega L_2$　(ハ) $+j\omega M$　(ニ) $\dot{Z}+j\omega L_1$
(ホ) $\dot{Z}+j\omega L_2$　(ヘ) $\dot{Z}+j\omega M$　(ト) $\dot{Z}$　(チ) L_1
(リ) L_2　(ヌ) M　(ル) L_1/L_2　(ヲ) L_2/L_1
(ワ) $\dot{Z}\dot{I}_1$　(カ) $(L_2+M)\dot{I}_2$　(ヨ) L_1+L_2+M

■5 R2 問5

次の文章は，交流回路に関する記述である．

図1の回路において，負荷の抵抗は $R=3\ \Omega$，有効電力は600W，力率は0.6である．また，電源の角周波数は ω である．

この負荷の無効電力は [(1)]〔var〕であり，負荷のリアクタンスは $\omega L=$ [(2)]〔Ω〕である．

図2のように，図1の回路の端子a-bにキャパシタ C を接続すると，電源からみた回路の合成負荷のアドミタンスは $\dot{Y}=\dfrac{R}{R^2+(\omega L)^2}+j\left(\omega C-\dfrac{\omega L}{R^2+(\omega L)^2}\right)$ となる．図2において電源からみた回路の合成負荷の力率を1とした．このとき，キャパシタ C のサセプタンスは $\omega C=$ [(3)]〔S〕である．

キャパシタ C を接続して合成負荷の力率を1にした後に，電源の角周波数 ω を1/2倍にすると，電源からみた回路の合成負荷は，力率 [(4)] の [(5)] 負荷となる．

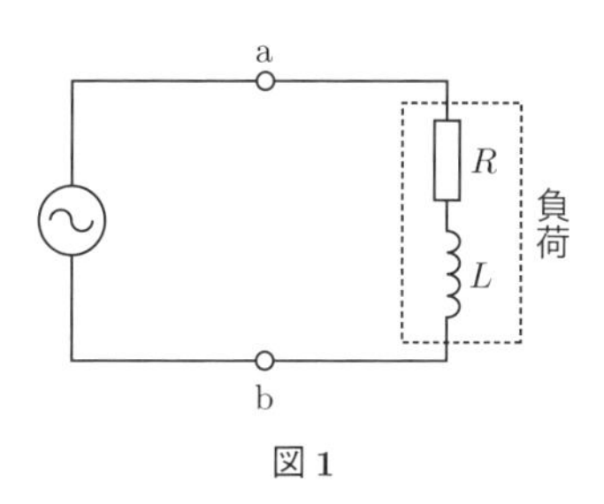

図1

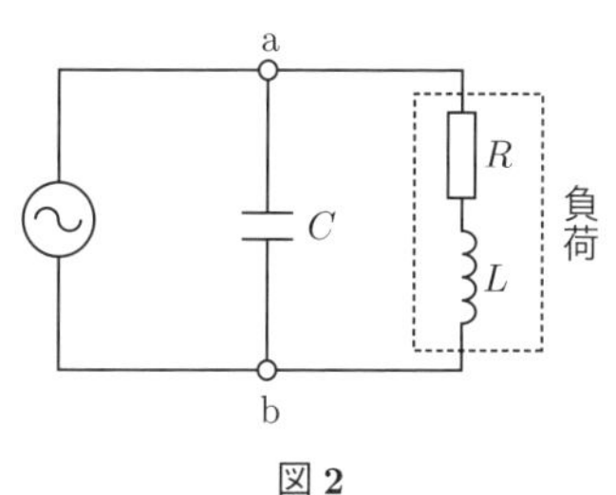

図2

【解答群】

(イ) 0.16	(ロ) 0.12	(ハ) 1	(ニ) 5	(ホ) 600
(ヘ) 容量性	(ト) 6.25	(チ) 誘導性	(リ) 3	(ヌ) 4
(ル) 800	(ヲ) 400	(ワ) 0.952	(カ) 抵抗	(ヨ) 0.192

■6 H17 問3

次の文章は，電球の端子電圧と消費電力に関する記述である．

図1に示すように電球を交流電流源によって点灯している．この電球のフィラメントの電圧・電流特性は図2に示すような特性で，$v=2i+0.1i^3$〔V〕と表されるものとし，電流源から供給される電流は $i=4\sin 10t$〔A〕と表されるものとする．

スイッチSを投入後，定常状態において電球の両端に生じる電圧 v の瞬時値には，基本波成分の他に3倍の高調波成分が含まれる．これを式で表すと

$$v=(\boxed{\quad(1)\quad})\times\sin 10t+(\boxed{\quad(2)\quad})\times\sin 30t\ 〔\mathrm{V}〕$$

となる．

次に，瞬時電力 p は

$$p=(\boxed{\quad(3)\quad})+(\boxed{\quad(4)\quad})\times\cos 20t+(\boxed{\quad(5)\quad})\times\cos 40t\ 〔\mathrm{W}〕$$

となる．

これより，平均電力 P_a は

$$P_a=\boxed{\quad(3)\quad}\ 〔\mathrm{W}〕$$

となる．

参考：$\sin^3 x=\dfrac{3}{4}\sin x-\dfrac{1}{4}\sin 3x$

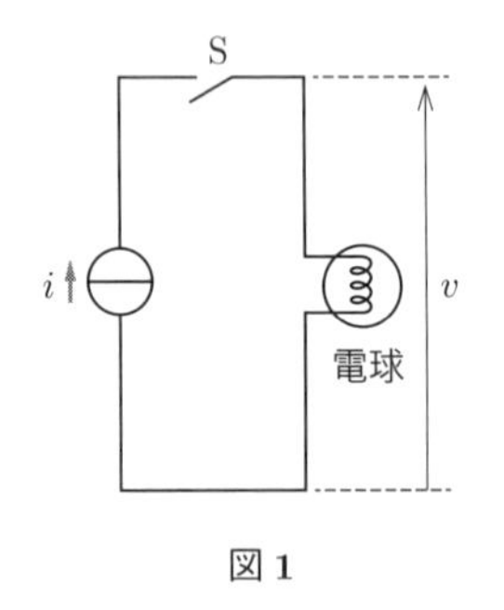

図1

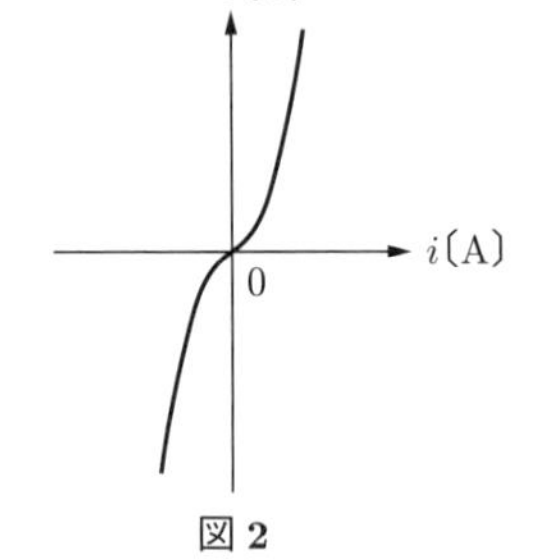

図2

【解答群】

(イ) 6.4	(ロ) −22.4	(ハ) −1.6	(ニ) 3.2	(ホ) 12.8
(ヘ) 51.2	(ト) 25.6	(チ) −3.2	(リ) 14.4	(ヌ) −28.8
(ル) −6.4	(ヲ) 19.2	(ワ) 22.4	(カ) 1.6	(ヨ) −12.8

■7　　H22 問3

次の文章は，回路の過渡現象に関する記述である．

図のように，抵抗 R_1，R_2，R_3，静電容量 C_1，C_2，電圧源 E およびスイッチ S_1，S_2 からなる回路がある．スイッチを次のように開閉したとき，抵抗 R_2 に流れる電流 i と静電容量 C_1，C_2 の両端の電圧 v_1，v_2 の時間的変化を求めたい．静電容量 C_1，C_2 にある電荷をそれぞれ q_1，q_2 とする．

時間 $t<0$ ではスイッチ S_1, S_2 は閉じた状態にあり，回路は定常状態であるとする．$v_1=$ (1) ，$v_2=$ (2) である．このときの q_1，q_2 をそれぞれ Q_{10}，Q_{20} とする．

時刻 $t=0$ において，スイッチ S_1, S_2 を同時に開いた．時間 $t>0$ における電流 i と電圧 v_1，v_2 の時間的変化を考える．

C_1 から C_2 への電荷の移動量を q とすると，v_1，v_2 は

$$\left.\begin{aligned} v_1&=\frac{q_1}{C_1}=\frac{Q_{10}-q}{C_1} \\ v_2&=\frac{q_2}{C_2}=\frac{Q_{20}+q}{C_2} \end{aligned}\right\}\quad\cdots\cdots①$$

となる．また，次の v_1 と v_2，電流 i と電荷 q の関係式

$$v_1=v_2+R_2 i\quad\cdots\cdots②$$

$$i=\frac{dq}{dt}\quad\cdots\cdots③$$

より，q についての微分方程式を求めると

$$R_2\frac{dq}{dt}+\left(\frac{1}{C_1}+\frac{1}{C_2}\right)q=\frac{Q_{10}}{C_1}-\frac{Q_{20}}{C_2}\quad\cdots\cdots④$$

となる．この式を初期条件を考慮して解くと，q は次式で表される．

$$q=\boxed{(3)}\times\left(1-e^{\boxed{(4)}\times t}\right)\quad\cdots\cdots⑤$$

この q を式③に代入すると i，式①に代入すると v_1，v_2 が求まる．ここで，v_1，v_2 の時間的変化を表す図は (5) である．

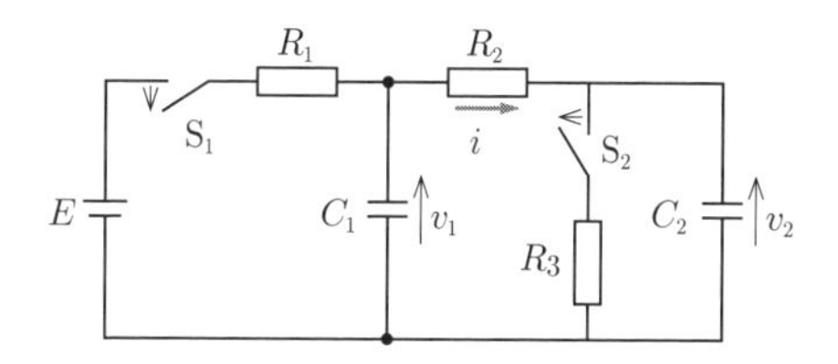

【解答群】

(イ) $\dfrac{C_2Q_{10}-C_1Q_{20}}{C_1+C_2}$　(ロ) $\dfrac{C_1Q_{10}-C_2Q_{20}}{C_1+C_2}$　(ハ) $\dfrac{C_2Q_{10}+C_1Q_{20}}{C_1+C_2}$

(ニ) $\dfrac{R_3}{R_1+R_2+R_3}E$　(ホ) $-\dfrac{C_1+C_2}{R_2C_1C_2}$　(ヘ) $\dfrac{R_3}{R_2+R_3}E$

(ト) E　(チ) $\dfrac{C_1-C_2}{R_2C_1C_2}$　(リ) $\dfrac{R_2+R_3}{R_1+R_2+R_3}E$

(ヌ) $\dfrac{R_1+R_2}{R_1+R_2+R_3}E$　(ル) $-\dfrac{C_1-C_2}{R_2C_1C_2}$　(ヲ) $\dfrac{R_1}{R_1+R_2+R_3}E$

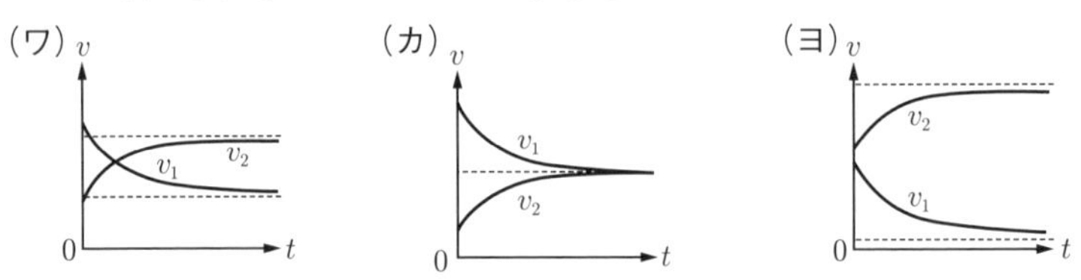

■8　H27　問3

次の文章は，回路の過渡現象に関する記述である．

図1のように，片側矩形波電流を供給する電流源 $i_S(t)$ と並列内部抵抗 R で表される電源に，インダクタンス L のコイルとスイッチSを接続し，$t=0$ でスイッチSを閉じた．スイッチを閉じる前のコイルの磁束は零とする．電流源 $i_S(t)$ の波形は図2のように $t>T$ で周期的であり，$0<I<I_0$ である．

$0<t<T$ でコイルの電流 $i(t)$ が満たす微分方程式は

$$L\frac{d}{dt}i(t)=\boxed{(1)}$$

である．よって次式が得られる．

$$i(T)=I_0\times\boxed{(2)} \quad\cdots\cdots ①$$

次に $T<t<2T$ では，$i_S(t)=0$ であることから

$$i(2T)=i(T)\times\boxed{(3)} \quad\cdots\cdots ②$$

同様に，電流源 $i_S(t)$ の波形に注意すれば

$$i(3T)=i(2T)\times\boxed{(3)}+I\times\boxed{(2)} \quad\cdots\cdots ③$$

$$i(4T)=i(3T)\times\boxed{(3)} \quad\cdots\cdots ④$$

が得られる．

$i(T)+i(2T)=I$ が成立するとき，式②と式③の左辺の和を，各式の右辺の和で表すと

$$i(2T)+i(3T)=[i(T)+i(2T)]\times\boxed{(3)}+I\times\boxed{(2)}=\boxed{(4)}$$

となる．この結果を利用すると，式③と式④の左辺の和に対しても

$$\boldsymbol{i(3T)+i(4T)}= \boxed{\quad (4) \quad}$$

が成立する．このときコイルの電流 $\boldsymbol{i(t)}$ は，$\boldsymbol{i_{\mathrm{S}}(t)}$ と同じように $\boldsymbol{t>T}$ で周期 $\boldsymbol{2T}$ の電流となる．$\boldsymbol{i(T)+i(2T)=I}$ が成立するのは，式①と式②より，$\boldsymbol{I}$ と $\boldsymbol{I_0}$ の関係が $\boxed{\quad (5) \quad}$ のときである．

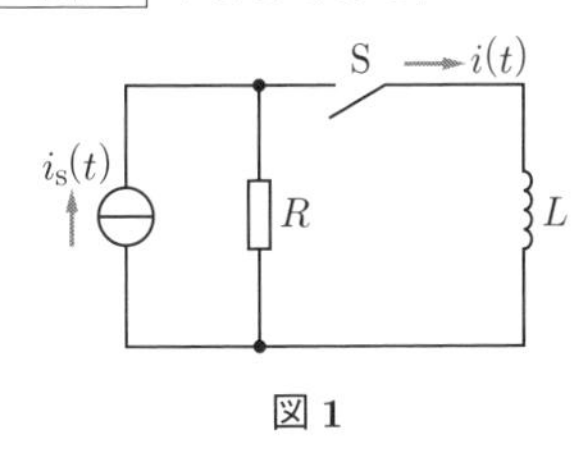

図 1

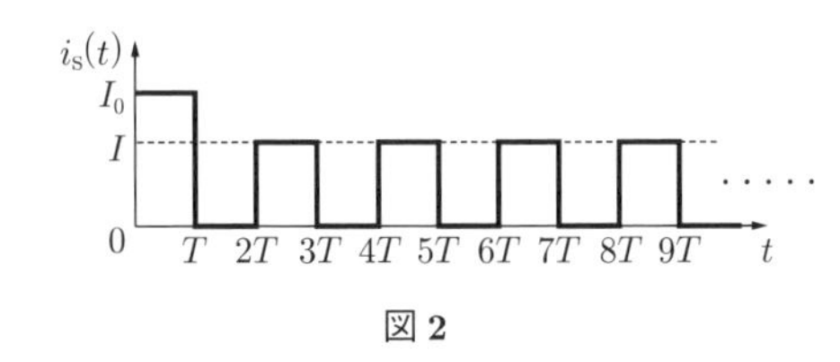

図 2

【解答群】

（イ）$R[i(t)-I_0]$　　（ロ）$\left(e^{-\frac{R}{L}T}-1\right)$　　（ハ）$\left(1-e^{-\frac{L}{R}T}\right)$

（ニ）$I=I_0\left(1-e^{-\frac{R}{L}T}\right)$　　（ホ）$I=I_0e^{-\frac{R}{L}T}$　　（ヘ）$R[I_0-i(t)]$

（ト）$Ie^{-\frac{R}{L}T}$　　（チ）$I=I_0\left(1-e^{-\frac{2R}{L}T}\right)$　　（リ）$e^{-\frac{2R}{L}T}$

（ヌ）$R[I_0+i(t)]$　　（ル）$e^{-\frac{L}{R}T}$　　（ヲ）$e^{-\frac{R}{L}T}$

（ワ）$Ie^{-\frac{2R}{L}T}$　　（カ）I　　（ヨ）$\left(1-e^{-\frac{R}{L}T}\right)$

3章

電子回路

学習のポイント

本分野では，電験3種とは異なり，半導体の移動度や pn 積一定の法則，pn 接合ダイオードの電界，コレクタ接地増幅回路，FET 増幅回路，負帰還増幅回路と発振回路等の計算問題が出題される．また，演算増幅器は3種よりも高度な問題がよく出題される．pn 接合は必須問題，トランジスタ・FET・演算増幅器等は選択問題で出題される．本分野の計算は手法が決まっているので理解すれば難しくない．本書では出題範囲全般にわたり詳述しているが，選択問題の戦略に応じて学習の重点的な配分という作戦もある．

3-1 電子の運動

攻略のポイント

本節では，電界中における電子の運動と磁界中における電子の運動を扱う．電験３種と同様に，電験２種でもこの分野の基本的な出題をされることがある．本節をマスターしておけば解けるので，基本を理解しておく．

1 電界中の電子の運動

電子の電荷は $-q=-1.602\times10^{-19}$ C，質量 $m=9.108\times10^{-31}$ kg である．電界 E〔V/m〕の中で，電子は

$$\dot{F}=q\dot{E} \tag{3・1}$$

の力を受け，陽極に向かって運動する．力学の公式から，加速度 a〔m/s²〕で質量 m の物体が運動するときの力 $\dot{F}'$ は

$$\dot{F}'=ma\text{〔N〕} \tag{3・2}$$

$\dot{F}=\dot{F}'$ とすれば，電子の電界による加速度は

$$\boldsymbol{a}=\frac{\boldsymbol{qE}}{\boldsymbol{m}}\text{〔m/s}^2\text{〕} \tag{3・3}$$

POINT 位置 x，速度 v のとき $a=\dfrac{dv}{dt}=\dfrac{d^2x}{dt^2}$

となり，電界 E に比例する．図3･1のように，平行平板電極の電圧 V〔V〕，間隔 d〔m〕とすれば，電界 $E=V/d$ で一定なので，加速度 $a=qE/m=qV/(md)$ で一定となる．そこで，y 軸方向の電子の初速度を v_{0y} とすれば t〔s〕後は

$$\boldsymbol{v_y=v_{0y}+at=v_{0y}+\frac{q}{m}\cdot\frac{V}{d}t}\text{〔m/s〕} \tag{3・4}$$

POINT 等加速度直線運動で $\dfrac{dv}{dt}=a=\dfrac{qV}{md}$ を積分．初期値は $t=0$ で $v_y=v_{0y}$

の速度となる．運動距離 y は

$$\boldsymbol{y=v_{0y}t+\frac{1}{2}\cdot\frac{q}{m}\cdot\frac{V}{d}t^2}\text{〔m〕} \tag{3・5}$$

POINT 式（3・4）を積分 初期値は $t=0$ で $y=0$

したがって，横軸に時刻 t を取り，式（3･5）で与えられる運動を表すと，図3･1のように一群の**放物線**が得られる．図3･1に示すように，$V<0$ のときには，破線に示すように，電子は減速を受ける．

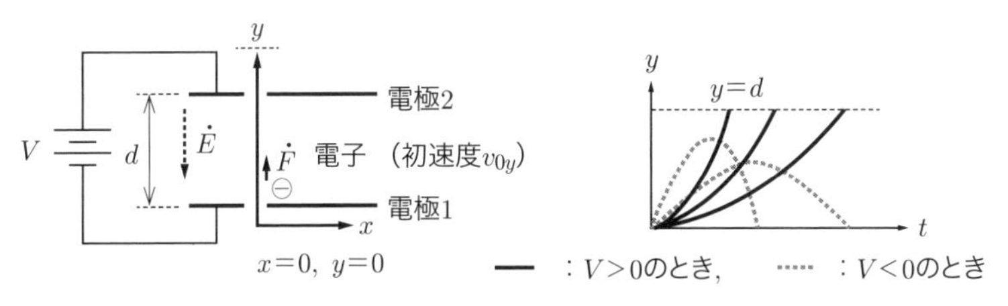

図3・1 一様電界中の電子の運動

一方，$v_{0y}=0$，$y=d$とすれば，式（3･5）から

$$t=d\sqrt{\frac{2m}{qV}} \qquad (3\cdot6)$$

となり，これを式（3･4）へ代入すれば，電極1（陰極）の電子が電極2（陽極）に達したときの速度は

$$\boldsymbol{v=\sqrt{\frac{2q}{m}V}}\ \text{〔m/s〕} \qquad (3\cdot7)$$

となる．この式（3･7）は，エネルギー的にみると，運動エネルギー$(1/2)mv^2$がqVに等しいので，次式からも求まる．

$$\boldsymbol{\frac{1}{2}mv^2=qV} \qquad (3\cdot8)$$

電位差1Vで得られる運動エネルギーを1eV（電子ボルト）といい，式（3･8）から，$1\text{eV}=1.602\times10^{-19}$ Jが得られる．

2 磁界中の電子の運動

（1）平等磁界に対して直角方向に入射した電子の運動

図3･2に示すように，磁束密度B〔T〕，電子の電荷を$-q$〔C〕，速度をv〔m/s〕とすれば，電子が磁界の中で受ける力つまり**ローレンツ力**の大きさはqvB〔N〕となる．この**ローレンツ力の向きは，常に電子の運動方向に対して垂直であるから，電子は円運動をする**．円運動の半径と周期は，磁界による力と遠心力とのつり合いの式から求めることができる．半径をrとすれば

$$\boldsymbol{qvB=\frac{mv^2}{r}} \qquad (3\cdot9)$$

POINT 遠心力は$\boldsymbol{\frac{mv^2}{r}}$

$$\therefore \boldsymbol{r}=\frac{\boldsymbol{mv}}{\boldsymbol{qB}}\ \text{〔m〕} \tag{3・10}$$

さらに，円運動の周期をTとすれば，$T=2\pi r/v$の関係から

$$\boldsymbol{T}=\frac{\boldsymbol{2\pi r}}{\boldsymbol{v}}=\frac{\boldsymbol{2\pi}}{\boldsymbol{v}}\cdot\frac{\boldsymbol{mv}}{\boldsymbol{qB}}=\frac{\boldsymbol{2\pi m}}{\boldsymbol{qB}}\ \text{〔s〕} \tag{3・11}$$

また，回転の角速度（角周波数）ω_cは

$$\boldsymbol{\omega_c}=\frac{\boldsymbol{2\pi}}{\boldsymbol{T}}=\frac{\boldsymbol{qB}}{\boldsymbol{m}}=1.759\times10^{11}B\ \text{〔rad/s〕} \tag{3・12}$$

となる．

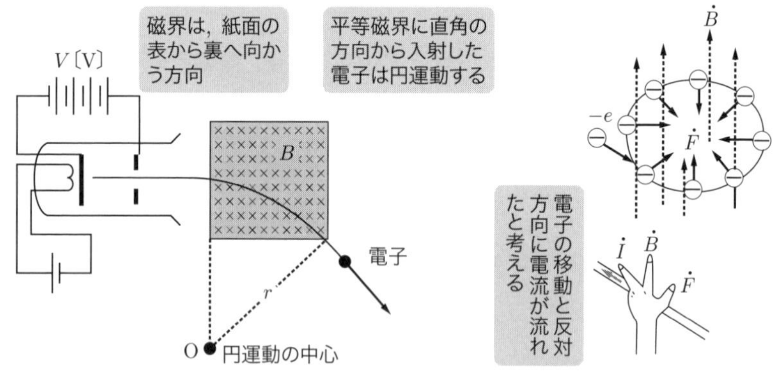

(a) 磁界内の電子の運動(円運動)　(b) 磁界内で受ける力の向き

図3・2　磁界中の電子の運動

(2) 平等磁界に対して斜めに入射した場合の電子の運動

図3·3 (a) のように，平等磁界B〔T〕に速度v_0〔m/s〕，角度θで入射した電子は磁界と同方向の速度成分をv_x，直角方向の速度成分をv_yとすれば，$v_x=v_0\cos\theta$〔m/s〕，$v_y=v_0\sin\theta$〔m/s〕となる．すなわち，電子は，磁界と同方向には等速直線運動をし，磁界と直角方向には円運動をするので，これを合成したものになる．つまり，図3·3 (b) のような**らせん運動**をする．このらせん運動の半径rは，式 (3·10) から，$r=mv_y/(qB)$であり，周期は，式 (3·11) と同じ$T=2\pi m/(qB)$となる．らせん運動のピッチpは

$$p=v_xT=\frac{2\pi mv_0\cos\theta}{qB}\ \text{〔m〕} \tag{3・13}$$

となる．

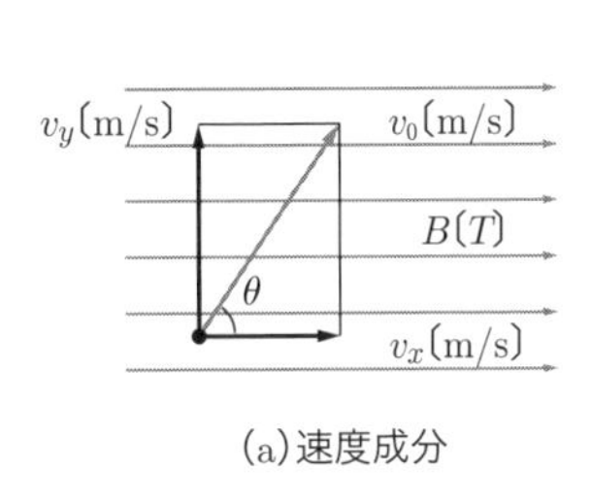

(a)速度成分

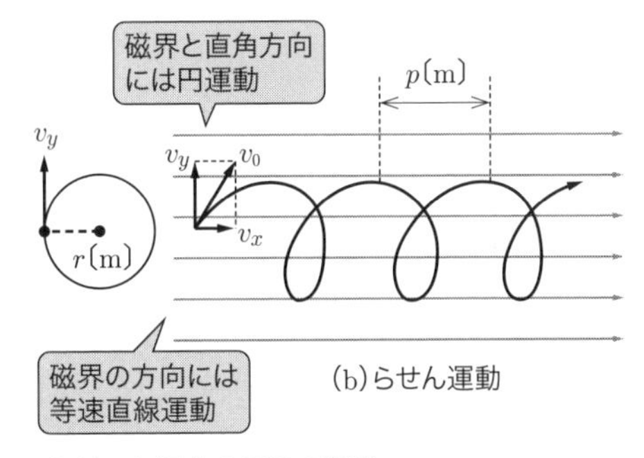

(b)らせん運動

図3・3 斜めに入射した場合の電子の運動

例題 1 ……………………………… H3 問6

次の文章は，静電界による電子の運動に関する記述である．

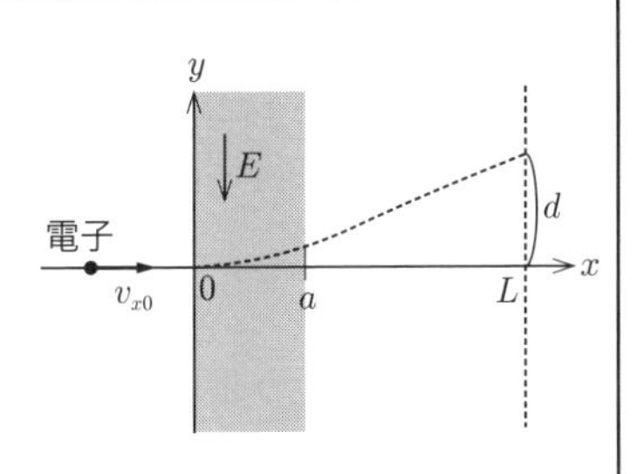

図のように，真空中を電子（質量 m，電荷量 $-e$，$e>0$）が x 軸上を $x<0$ の領域から一定速度 $v_{x0}(>0)$ で運動している．領域 $0 \leqq x \leqq a$ には，図に示すように y 軸の負の方向に均一な電界 $E(>0)$ がかかっており，それ以外の領域では電界がないものとする．電子の x 座標が $x=0$ から $x=a$ に達するまでにかかる時間は [(1)] である．領域 $0 \leqq x \leqq a$ では，電子は電界から力 $F=$ [(2)] を受けて y 方向に偏向する．運動の第2法則から y 方向の運動方程式は $m\dfrac{dv_y}{dt}=$ [(2)] と表される．ただし，v_y は速度の y 方向成分を表す．微分方程式を解くことにより，電子の x 座標が $x=a$ に到達したときの v_y は [(3)] となり，そのときの電子の y 座標は [(4)] となる．領域 $x>a$ では，電子の運動は x，y 方向共に等速度運動となることから，電子が $x=L(>a)$ に到達した際の y 座標を d とすると，$d=$ [(5)] となる．

【解答群】

(イ) $\dfrac{eE}{m}\left(\dfrac{a}{v_{x0}}\right)^2$　(ロ) $\dfrac{eE}{2m}\dfrac{a(2L-a)}{{v_{x0}}^2}$　(ハ) $\dfrac{eE}{m}\dfrac{a}{v_{x0}}$　(ニ) $\dfrac{eE}{2m}\dfrac{a(L-a)}{{v_{x0}}^2}$

(ホ) $\dfrac{m}{eE}\dfrac{L-a}{v_{x0}}$　(ヘ) eE　(ト) $\dfrac{eE}{m}\dfrac{v_{x0}}{a}$　(チ) $\dfrac{eE}{m}$

(リ) $\dfrac{a}{v_{x0}}$	(ヌ) $\dfrac{L}{v_{x0}}$	(ル) $\dfrac{eE}{2m}\left(\dfrac{a}{v_{x0}}\right)^2$	(ヲ) $\dfrac{eE}{m}\dfrac{a(2L-a)}{{v_{x0}}^2}$
(ワ) aE	(カ) $\dfrac{L-a}{v_{x0}}$	(ヨ) $\dfrac{eE}{2m}\left(\dfrac{L}{v_{x0}}\right)^2$	

解 説 (1) 電界は y 軸の負の方向にかかっているから，電子には x 軸方向の力が働かない．このため，電子は x 軸方向には等速直線運動をするため，$x=0$ から $x=a$ に達するまでの時間 t_1 は $t_1=a/v_{x0}$ ……①

(2) $0\leqq x\leqq a$ では，電子は，式（3･1）に示すように，符号が負であるから，電界とは逆向きである上向きの力 $F=eE$ を受ける．このため，式（3･3）に示すように，加速度 $\dfrac{dv_y}{dt}$ を用いて，$m\dfrac{dv_y}{dt}=eE$ となる．y 軸方向には等加速度直線運動する．

(3) （2）の式を変形すると，$\dfrac{dv_y}{dt}=\dfrac{eE}{m}$

これを積分すると $v_y(t)=\displaystyle\int\frac{dv_y}{dt}dt=\int\frac{eE}{m}dt=\frac{eE}{m}t+A$ （A は積分定数）

$t=0$ で $v_y=0$ であるから，上式へ代入して $A=0$ $\therefore\ v_y(t)=\dfrac{eE}{m}t$ ……②

$x=a$ に到達したときの v_y は，式①の $t_1=a/v_{x0}$ を式②へ代入し

$$v_y\left(\frac{a}{v_{x0}}\right)=\frac{eE}{m}\cdot\frac{a}{v_{x0}} \quad \cdots\cdots③$$

(4) $\dfrac{dy}{dt}=v_y=\dfrac{eE}{m}t$ を積分して $y=\displaystyle\int\frac{dy}{dt}dt=\int\frac{eE}{m}tdt=\frac{eE}{2m}t^2+B$

$t=0$ のとき $y=0$ であるから，上式へ代入すると $B=0$

$$\therefore\ y=\frac{eE}{2m}t^2 \quad \cdots\cdots④$$

したがって，$x=a$ に到達するときの時間 $t_1=a/v_{x0}$ を式④へ代入し

$$y_1=\frac{eE}{2m}\left(\frac{a}{v_{x0}}\right)^2 \quad \cdots\cdots⑤$$

(5) $a\leqq x\leqq L$ では電界がかかっていないから，電子は x 軸方向，y 軸方向共に，等速直線運動をする．

電子が $x=a$ から $x=L$ まで移動する時間 t_2 は $t_2=(L-a)/v_{x0}$ であり，電子が $x=a$ に到達したときの y 軸方向の速度 v_y は式③であるから，電子が $x=a$ から $x=L$

まで移動する間に y 軸方向に移動する距離 y_2 は

$$y_2=\frac{eE}{m}\cdot\frac{a}{v_{x0}}\cdot t_2=\frac{eEa(L-a)}{mv_{x0}{}^2}\quad\cdots\cdots⑥$$

したがって，$x=a$ のときの y 座標は式⑤であるから

$$d=y_1+y_2=\frac{eE}{2m}\left(\frac{a}{v_{x0}}\right)^2+\frac{eEa(L-a)}{mv_{x0}{}^2}=\frac{eE}{2m}\cdot\frac{a(2L-a)}{v_{x0}{}^2}$$

【解答】(1) リ　(2) ヘ　(3) ハ　(4) ル　(5) ロ

例題 2　R1 問7

次の文章は，磁界中の電子の運動に関する記述である．

図のように，磁束密度 $B(>0)$ の一様な磁界に直角に速度 $v_0(>0)$ で電子（質量 m，電荷 $-e$，$e>0$）が運動している．このとき電子は磁界からローレンツ力を受ける．その力の向きは電子の進行方向に直角で [(1)] の方向であり，その大きさは $F=$ [(2)] である．電子はこの力を向心力として半径 r の円運動をすることから，$r=$ [(3)] となる．また，電子が回転する角周波数は $\omega=$ [(4)] である．ここに角周波数が ω と等しい振動電界を外部から印加することにより，電子を効率よく加速したり減速したりすることができる．電子が加速された場合には，電子の速度 v_0 が増大することから，円運動の半径は増大する．このとき，電子の円運動の角周波数 ω の大きさは [(5)]．この現象はサイクロトロン共鳴と呼ばれ，高密度プラズマの生成や，固体の有効質量の測定などに応用されている．

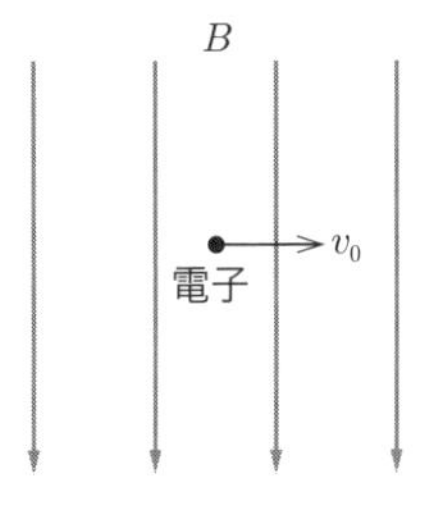

【解答群】

(イ) $\dfrac{eB}{m}$　(ロ) 増大する　(ハ) $\dfrac{mv_0{}^2}{eB}$　(ニ) 減少する

(ホ) $\dfrac{mv_0}{eB}$　(ヘ) $\dfrac{eB}{v_0}$　(ト) $\dfrac{m}{eB}$　(チ) $ev_0{}^2B$

(リ) 紙面表から裏へ　(ヌ) 紙面裏から表へ　(ル) $\dfrac{ev_0B}{m}$　(ヲ) 変わらない

(ワ) ev_0B　(カ) 磁界 B と逆向き　(ヨ) $\dfrac{eB}{2\pi m}$

解 説 (1) 図3·2のように，フレミングの左手の法則を適用すれば，電子は紙面裏から表への方向の力を受ける．

(2) ローレンツ力は式（3·9）の左辺に示すように，$F=ev_0B$ である．

(3) 式（3·9）に示すように，(2) のローレンツ力と，半径 r，速度 v_0 で等速円運動するときの遠心力 $m{v_0}^2/r$ とがつりあうから

$$ev_0B=\frac{m{v_0}^2}{r}\quad \therefore r=\frac{mv_0}{eB}\ \text{〔m〕}$$

(4) 速度 $v_0=r\omega$ であるから

$$\omega=\frac{v_0}{r}=\frac{v_0}{mv_0/(eB)}=\frac{eB}{m}\quad \text{（式（3・12）に同じ）}$$

(5) 式（3·9）～式（3·12）の運動を利用した装置がサイクロトロンである．サイクロトロンは円運動する原子を加速するため，角周波数と同じ周波数の振動限界を加え，解説図のギャップ部分で陽イオンを加速する．なお，陽イオンは電子と逆の正電荷をもつので，イオンの移動方向と電流が同じ向きとなる．サイクロトロン共鳴では，磁界に垂直な電界により電子が加速されるため，円運動の半周ごとに速度 v が増加し，それに伴い半径 r も増加する．このとき，(4) に示すように，電子の角周波数 ω は，電荷，磁束密度，質量に依存するため，変わらない．

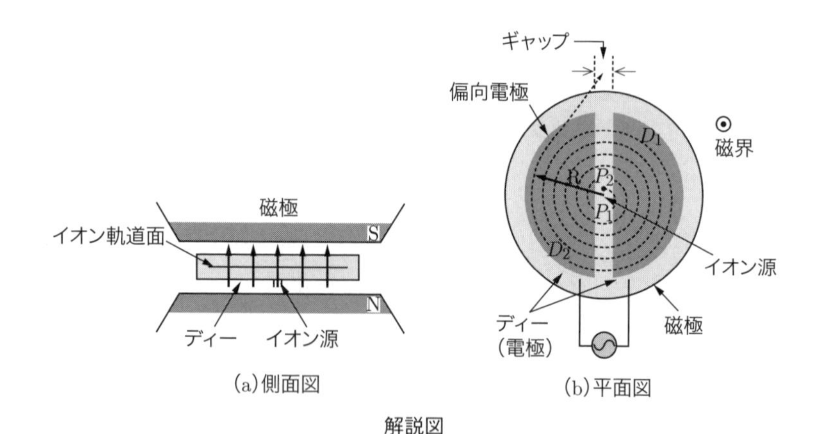

(a)側面図　(b)平面図

解説図

【解答】(1) ヌ　(2) ワ　(3) ホ　(4) イ　(5) ヲ

例題 3 ………………………………………………… H17 問7

図において，平行板電極 A，B のつくる均一電界 $\boldsymbol{E}$ の中を，1 個の電子（電荷量 $-\boldsymbol{e}$）が速度 $\boldsymbol{v}$ で電極 A の方向に動いている．この電子が微小時間 $\boldsymbol{\Delta t}$ の間に電界から得るエネルギーは [(1)] である．一方，このエネルギーは起電力 $\boldsymbol{V}$ の直流電源から電流 $\boldsymbol{I}$ が流れている回路から見れば [(2)] に等しい．したがって，電流 $\boldsymbol{I}$ は [(3)] で表される．

平行板電極間隔を $\boldsymbol{l}$ としたとき，電界 $\boldsymbol{E}$ は [(4)] である．したがって，電流 $\boldsymbol{I}$ を $\boldsymbol{l}$，$\boldsymbol{v}$ の関数として表せば [(5)] となる．

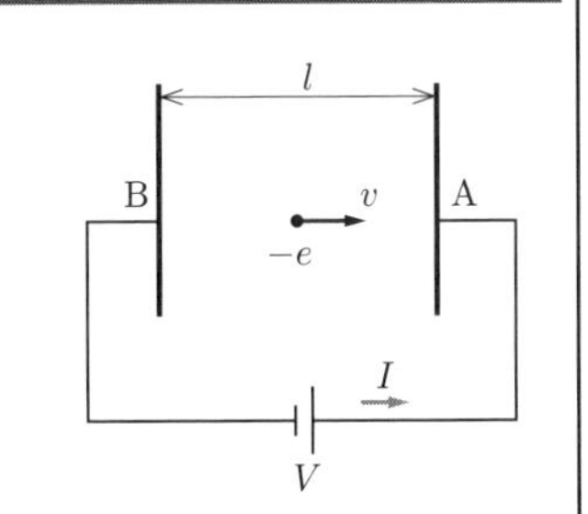

【解答群】

（イ）VI	（ロ）$\dfrac{e}{lv}$	（ハ）$\dfrac{V}{l}$	（ニ）$\dfrac{1}{2}ev^2\Delta t$	（ホ）$\dfrac{eE}{V}$
（ヘ）$eEv\Delta t$	（ト）Vl	（チ）$\dfrac{ev}{l}$	（リ）VI^2	（ヌ）$\dfrac{1}{2}\cdot\dfrac{ev^2}{V}$
（ル）$eE\Delta t$	（ヲ）$VI\Delta t$	（ワ）evl	（カ）$\dfrac{evE}{V}$	（ヨ）$\dfrac{el}{v}$

解説 (1) 電子が電界から得るエネルギー W_E は，電界により電子に働く力 eE と移動距離 $v\Delta t$ の積であるから

$$W_E = eE \times (v\Delta t) = eEv\Delta t$$

(2) 回路から供給したエネルギー W は，式（1･99），式（1･100）より

$$W = VI\Delta t$$

(3) 電流 I は，(1) の W_E と (2) の W を等しくおけば

$$eEv\Delta t = VI\Delta t \quad \therefore I = \frac{evE}{V} \quad \cdots\cdots①$$

(4) 電界 E は，式（1･21）より $E = \dfrac{V}{l}$ ……②

(5) 式①に式②を代入して $I = \dfrac{evE}{V} = \dfrac{ev}{V}\cdot\dfrac{V}{l} = \dfrac{ev}{l}$

【解答】(1) ヘ (2) ヲ (3) カ (4) ハ (5) チ

3-2 半導体

攻略のポイント

本節の内容は，電験３種では半導体の定性的な性質を問われる程度であるが，電験２種では pn 積一定の法則や半導体中の電気伝導など定量的な出題もされている．頻出分野であり，半導体や電子回路の基礎となるので，十分に学習する．

1 金属導体中を流れる電流

図3･4のように，金属の両端に電圧をかけると，電界 $\dot{E}$ が金属中に生ずる．この電界によって電子は $\dot{F}=q\dot{E}$〔N〕の力を受け，電界と逆向きに電子が加速され，電位の低い方から高い方へ向かって移動することにより，金属中に電流が流れる（電子の移動方向と電流の向きは逆）．

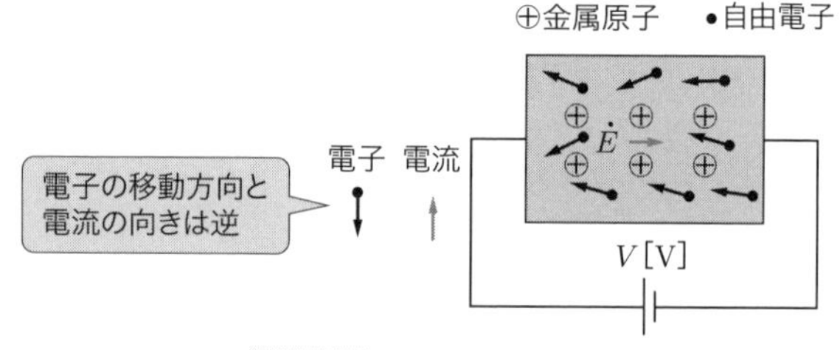

図3・4　金属の導電現象

個々の電子は，金属中を移動するときに電界 $\dot{E}$ により加速され，一方，金属原子と衝突しては減速するという運動を繰り返す．このため，個々の電子の速度はさまざまであるが，電子の数は極めて多いため，全体から見れば平均化されて一定の速度で動いているように見える．これを**平均速度**といい，電界に比例し

$$\boldsymbol{v}=\boldsymbol{\mu E}\text{〔m/s〕} \tag{3・14}$$

となる．この μ を**移動度**という．実際には，個々の電子の速度がまちまちであるにもかかわらず，電流は一定の大きさで流れ続ける．

そこで，金属導体の電子密度（自由電子）を n〔個/m^3〕，電子の平均速度を v〔m/s〕とすると，金属中を流れる電流密度 J〔A/m^2〕は，電子の電荷 $q=1.602\times10^{-19}$ C として

$$\boldsymbol{J}=\boldsymbol{qnv}=\boldsymbol{qn\mu E}=\boldsymbol{\sigma E}\text{〔A/m}^2\text{〕} \tag{3・15}$$

となる．σ は１章「1-4節 電流と抵抗」で示した導電率である．また，金属導体中を流れる電流 I は，導体の面積を S〔m^2〕とすれば，次式となる．

$$\boldsymbol{I}=\boldsymbol{qnvS}\text{〔A〕} \tag{3・16}$$

2 半導体の性質

電気伝導の立場から見ると，物質は，導体，絶縁体，半導体に分類できる．導体は 10^{-8}〜10^{-5} Ω·m の抵抗率をもつもの，絶縁体は 10^{8} Ω·m 以上程度の抵抗率をもつものをいう．この中間の抵抗率をもつものが**半導体**である．こうした抵抗率の違いは，物質を構成する原子の電子を拘束する力の違いにより生じる．

代表的な半導体であるSi（シリコン）について考えると，これは周期律表の第Ⅳ族の元素であるから，図3·5（a）に示すように，最外殻に4個の価電子をもつ原子構造を有する．図3·5（b）のように，各Si（シリコン）の原子は，隣接して位置する4個の他の原子からおのおの1個ずつの電子を共有して，自分の4個の価電子とともに8個の電子をもつ安定な軌道を形成して結合している．これを**共有結合**という．

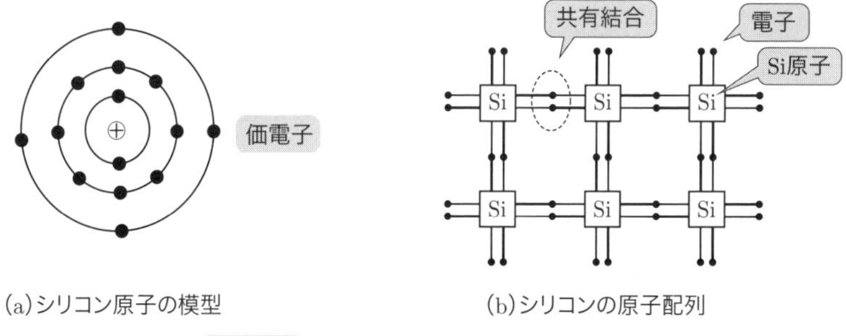

(a)シリコン原子の模型　(b)シリコンの原子配列

図3・5 シリコン原子の模型と原子配列

第Ⅳ族の元素のうち，最も原子量の小さいC（炭素）は，この共有結合が極めて強く電子が自由に動き回れないので，絶縁物である．これに対し，原子量の大きいSn（すず）は，結合が弱く導体となる．それらの中間の**Si（シリコン），Ge（ゲルマニウム）のみが半導体**の性質を示す．

半導体の純度を極めて高く精製したものを**真性半導体**と呼ぶ．真性半導体の共有結合は弱く，図3·6に示す仕組みにより，電気伝導が行われる．図3·6のプロセス③において，価電子が自由電子となって移動した後には，正の電荷を持った孔ができる．この孔を**正孔**または**ホール**という．自由電子や正孔を電荷の運び手という意味で**キャリヤ**という．**高純度のSiやGe（真性半導体）では電子と正孔は同数**であるが，不純物を微量に混ぜることにより，電子と正孔の数や比率を変えることができる．

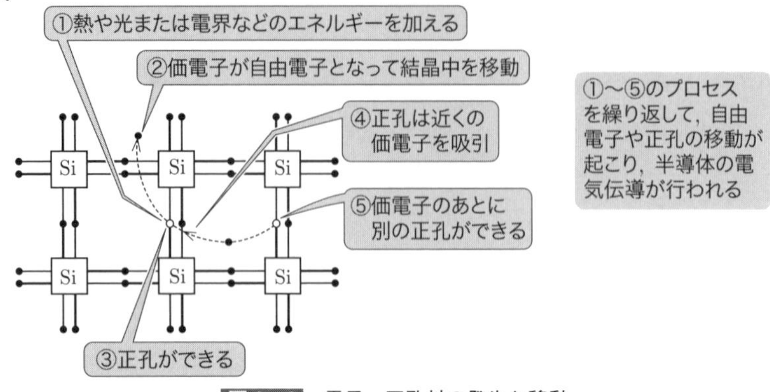

図 3・6　電子・正孔対の発生と移動

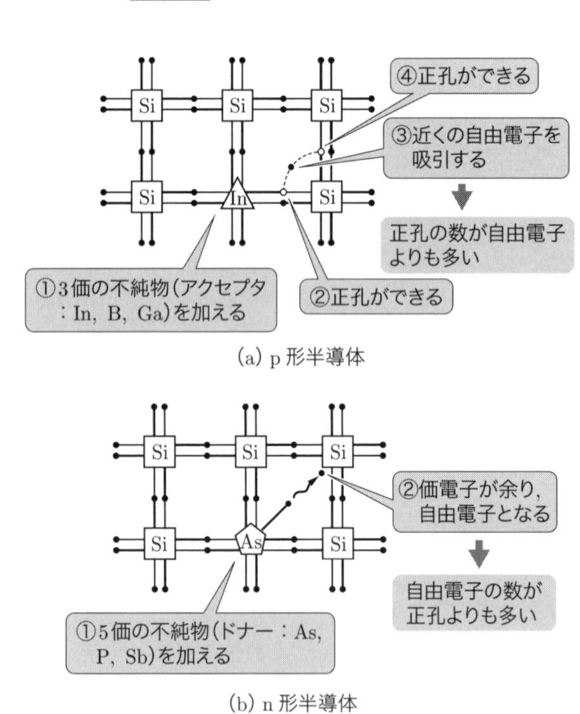

図 3・7　p 形半導体と n 形半導体

図 3·7 (a) に示すように，不純物として 3 価の原子 (In (インジウム)，B (ほう素)，Ga (ガリウム) など) を混ぜると，4 価の Si や Ge と結合する電子が 1 個

不足する．この価電子の不足により正孔が生じ，これが電気伝導の役目を果たす．この場合，結晶全体としては多数の正孔が存在する．正孔が自由電子よりも多い半導体を**p 形半導体**といい，p 形半導体を作るために加えた 3 価の不純物を**アクセプタ**という．**p 形半導体では，正孔が多数キャリヤ**である．正孔が In（インジウム）から離れると，In 自体はイオン化されたアクセプタになり，負の固定電荷となる．

一方，図 3･7（b）に示すように，不純物として 5 価の原子（As（ひ素），P（りん），Sb（アンチモン）など）を混ぜると，4 価の Si や Ge と結合して，なお 1 個の電子が余分になる．この余った電子は結合から外れて自由電子となり，これが電気伝導の役目を果たす．結晶全体としては多数の自由電子が存在することになる．自由電子が正孔の数よりも多い半導体を**n 形半導体**といい，n 形半導体を作るために加えた 5 価の不純物を**ドナー**という．**n 形半導体では，電子が多数キャリヤ**である．自由電子が As（ひ素）から離脱すると，As 原子はイオン化されたドナーとなり，正の固定電荷となる．

p 形半導体や n 形半導体では，図 3･7（a）（b）のように，結晶中の Si 原子を，Ⅲ族（In など）やⅤ族（As など）の原子で置き換えているが，この置換を**ドーピング**という．半導体にドーピングされる不純物を**ドーパント**という．

3 pn 積一定の法則

平衡状態にある**半導体の正孔濃度 p と電子濃度 n には pn 積一定という関係が成り立つ**．真性半導体のキャリヤ密度を n_i とすると

$$pn = n_i^2 \qquad (3 \cdot 17)$$

POINT
pn 積一定の法則

が成り立つ．ドーピング濃度は〔m^{-3}〕や〔cm^{-3}〕が用いられる．例えば $n_i = 1.5 \times 10^{16}\ m^{-3}$ のとき，P（りん）を $5 \times 10^{23}\ m^{-3}$ ドープした半導体を考える．りんはドナーとなるので n 形半導体であり，電子密度 $n \fallingdotseq N_D = 5 \times 10^{23}\ m^{-3}$ となる．また，正孔密度 p は式（3･17）より $p \fallingdotseq n_i^2/N_D = (1.5 \times 10^{16})^2/(5 \times 10^{23}) = 4.5 \times 10^8\ m^{-3}$ となる．

4 半導体における電流密度

半導体など固体中で電流が発生するのは，下記のドリフト電流，拡散電流，1-4 節で説明した変位電流に基づく．

(1) ドリフト電流

固体中に電子や正孔といったキャリヤが存在するとき，固体に電界をかけると，電荷が動いて電流が流れる．この電流を**ドリフト電流**という．ドリフト電流密度は，電界の強さ，キャリヤ密度，キャリヤ移動度に比例する．ここで，**移動度**とは，キャリヤが 1 V/m の電界によって受ける速度である．半導体中の電子および正孔の移動度を μ_n，μ_p〔$m^2/(V \cdot s)$〕，電界の強さを E〔V/m〕とすると，電子と正孔の平均速度 v_n，v_p は

POINT 金属の場合の式（3・14）と考え方は同じ

$$\boldsymbol{v_n} = \boldsymbol{\mu_n E}\ \text{〔m/s〕},\quad \boldsymbol{v_p} = \boldsymbol{\mu_p E}\ \text{〔m/s〕} \qquad (3 \cdot 18)$$

となる．また，キャリヤの密度を n_n，n_p〔m^{-3}〕とすれば，電子および正孔による電流密度 J_n，J_p はそれぞれ

$$\boldsymbol{J_n} = \boldsymbol{q n_n v_n}\ \text{〔A/m}^2\text{〕},\quad \boldsymbol{J_p} = \boldsymbol{q n_p v_p}\ \text{〔A/m}^2\text{〕} \qquad (3 \cdot 19)$$

となる．したがって，半導体中の電流密度 J は式（3･18），式（3･19）から

$$\boldsymbol{J} = \boldsymbol{J_n} + \boldsymbol{J_p} = \boldsymbol{q n_n v_n} + \boldsymbol{q n_p v_p} = (\boldsymbol{q n_n \mu_n} + \boldsymbol{q n_p \mu_p})\boldsymbol{E} = \boldsymbol{\sigma E}\ \text{〔A/m}^2\text{〕} \qquad (3 \cdot 20)$$

POINT 半導体は正孔と電子の両方が電気伝導に寄与

となる．上式の σ は半導体の導電率〔S/m〕を表す．式（3･17）から，n 形半導体の場合は $n \gg p$ なので

$$\textbf{抵抗率}\quad \boldsymbol{\rho} = \frac{\boldsymbol{1}}{\boldsymbol{\sigma}} = \frac{\boldsymbol{1}}{\boldsymbol{q n_n \mu_n}}\ \text{〔}\Omega \cdot \text{m〕} \qquad (3 \cdot 21)$$

一方，p 形半導体の場合，$n \ll p$ なので

$$\textbf{抵抗率}\quad \boldsymbol{\rho} = \frac{\boldsymbol{1}}{\boldsymbol{\sigma}} = \frac{\boldsymbol{1}}{\boldsymbol{q n_p \mu_p}}\ \text{〔}\Omega \cdot \text{m〕} \qquad (3 \cdot 22)$$

(2) 拡散電流

半導体において，電子の濃度が空間的に変化していると，**拡散**により電子は濃度の濃い方向から，薄い方向へ移動する．正孔も同様である．例えば，水にインクを垂らすと，拡散によって全体に広がる．これは，インクが濃度の薄い水側に拡散して移動するためである．拡散のしやすさを表す物性値に**拡散係数**がある．拡散係数 D は，キャリヤの移動度 μ と温度 T に依存し，k をボルツマン定数（絶対温度とエネルギーを結び付ける定数で，温度 T のときに電子のもつ熱エネルギーの大きさは kT で表される）として

$$D = \frac{kT}{q}\mu \qquad (3\cdot 23)$$

POINT
拡散は，キャリヤの移動度が大きいほど，温度が高いほど，速くおきる

が成り立つ．これを**アインシュタインの関係式**と呼ぶ．仮に，キャリヤである電子の濃度が場所ごとに分布があり，位置 x におけるキャリヤ密度関数 $n\ (x)$ で表されたときに電子の拡散電流密度 J_n は，電子の拡散係数を D_n としたとき

$$J_n = qD_n \frac{dn}{dx} \qquad (3\cdot 24)$$

となる．

5 エネルギー帯

固体のように原子間の距離が近いとき，電子が持つエネルギーは，ある幅の帯域（バンド）によって区分された中の値だけが可能となる．これを**許容帯**といい，許容帯と許容帯の間を**禁制帯（禁止帯）**という．その禁制帯の幅を**禁制帯幅**または**バンドギャップ**という．

許容帯の中に入りうる電子の数には限度があり，すべて詰まった許容帯は**充満帯**といい，この中の電子は動けない．さらに，一番エネルギーの高い充満帯を**価電子帯**という．他方，一部空いている許容帯を**伝導帯**といい，電子は外部からエネルギーを得て移動することができる．

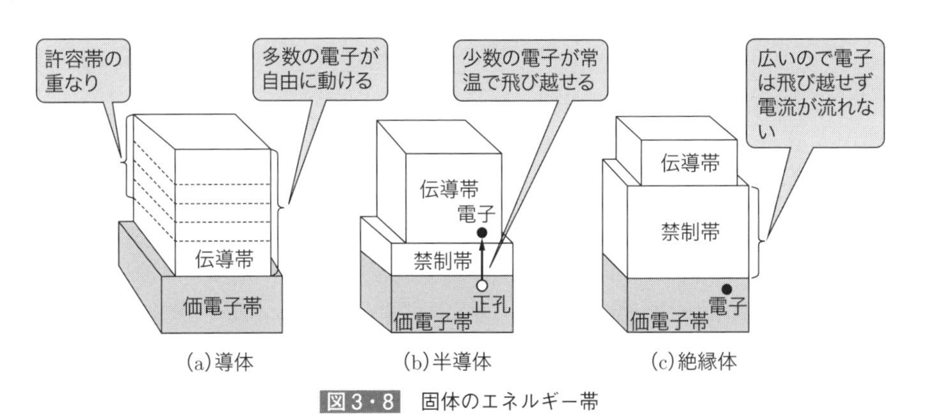

図3・8 固体のエネルギー帯

導体，半導体，絶縁体の区分は，図3·8に示すように，エネルギー帯の構造によるものである．これらの図を**エネルギーバンド図**または**バンド図**という．まず，導

体（金属）においては，事実上すべての価電子が伝導帯に上がっている．温度が上昇してもその数は増加しない．温度が上昇すると，電子が結晶格子の熱運動に妨げられて動きにくくなるため，導電率はむしろ若干低下する．

一方，半導体の場合には，十分低い温度では，ほとんど全部の価電子が充満帯にあり，電気伝導に寄与しない．しかし，温度が高くなると，温度によって決まる割合で一部の電子が禁制帯を飛び越えて伝導帯に励起され，自由に動き回って電気伝導に寄与する．充満帯には**正孔**が残され，これも電気伝導に寄与する．したがって，半導体では，熱的な励起によって電子正孔対が発生し，導電率が増加する．つまり，**半導体の抵抗率は高温では低く，低温では高い**のであって，**半導体の抵抗率の温度係数は負**となる．そして，禁制帯幅は，Ge において 0.7 eV 程度，Si において 1.1 eV 程度である．

他方，ダイヤモンドでは禁制帯幅が 5.4 eV もあり，その絶縁性は高い．

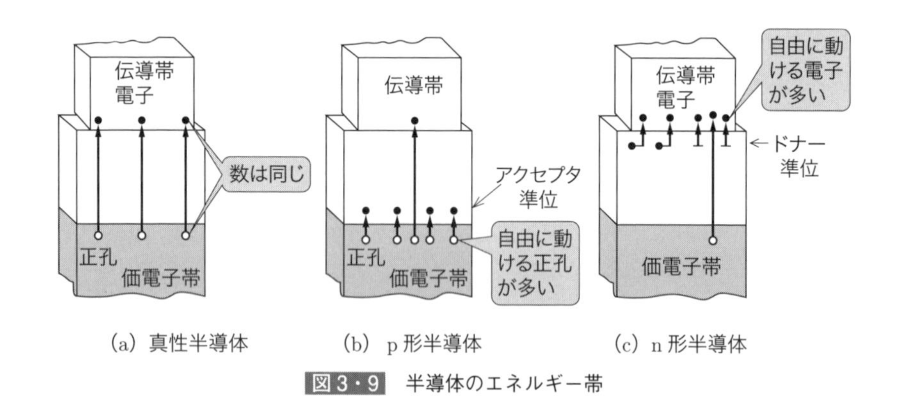

(a) 真性半導体　(b) p 形半導体　(c) n 形半導体

図 3・9　半導体のエネルギー帯

図 3·9 に示すように，n 形半導体では，わずかなエネルギーによって電子が伝導帯に励起されるということは伝導帯の底からわずかに下がったところに，P や As によって作られた**ドナー準位**があると考えればよい．また，p 形半導体では，In や B によって作られた新しい不純物準位（**アクセプタ準位**）が価電子帯の上端のすぐ上にあるため，わずかなエネルギーが価電子帯の電子に与えられると，電子はこのアクセプタ準位に上がり，あとに自由に動き回れる正孔を残す．

コラム

ドルーデの理論に基づく移動度の算出

キャリヤの移動度を，ドルーデの理論に基づいて求める．半導体結晶がある温度に保たれ，熱平衡状態にあるとする．そのキャリヤは，その温度で決まる平均熱速度 v で勝手に熱運動を行い，平均してある一定時間ごとに結晶格子と衝突を繰り返す．いま，ある瞬間において，全キャリヤの次の衝突までの平均余命時間が τ で与えられるとする．キャリヤの中には，衝突直前のもの，衝突直後のもの，その中間のものが均等に含まれているから，もしすべてのキャリヤについて衝突から衝突までの時間がすべて同じと仮定すれば，その衝突時間間隔は 2τ となる．そこで，今度は結晶に電界を印加する．キャリヤ（質量 m, 電荷 q）は電界 E によりクーロン力を受け，速度が加速し，次の運動方程式が成立する．

$$m\frac{dv}{dt} = qE \tag{3・25}$$

衝突と衝突の間の運動は等加速度運動であり，図 3·10 のようになる．のこぎり波形を平均した平均（ドリフト）速度は

$$v_{\mathrm{drift}} = \frac{2\tau}{2}\cdot\frac{dv}{dt} = \tau\cdot\left(\frac{q}{m}E\right) = \frac{q\tau}{m}E \tag{3・26}$$

となり，移動度は次式となる．移動度は τ が長いほど，m が小さいほど大きい．

$$\mu = \frac{q\tau}{m} \tag{3・27}$$

POINT
移動度は，平均余命時間が長いほど，質量が小さいほど，大きい

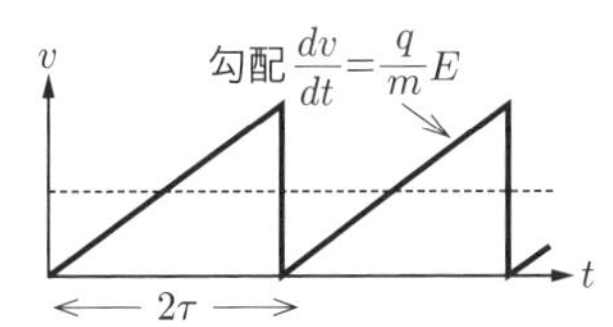

図 3・10 ドルーデのモデル

例題 4 ………………………………………… **H30 問 4**

次の文章は，半導体のキャリヤ濃度に関する記述である．

熱平衡状態にある半導体では，正孔濃度 p と電子濃度 n の積，すなわち pn 積は一定となる性質がある．不純物ドーピングを行っていない真性半導体では，p と n は常に等しい．このとき，$p=n$ を真性キャリヤ濃度 n_i と定義すると，pn 積は n_i を用いて［(1)］と表される．不純物ドーピングを行うと，不純物イオンから供給される正孔又は電子によって，$p \neq n$ となるが，pn 積一定の関係から，多数キャリヤ濃度が決まると少数キャリヤ濃度も決まる．ただし，n_i は温度上昇に伴い顕著に増加する．本問では，室温における n_i が $1.0\times10^{10}\ \mathrm{cm^{-3}}$ であり，また，温度が室温から 40℃ 上昇すると n_i が 10 倍に増加する半導体を考える．半導体の導電率は，電子および正孔による導電率の和で表され，それぞれの導電率はそれぞれの濃度および移動度に比例すると仮定すると，真性半導体の導電率は室温から 40℃ の温度上昇により［(2)］倍となる．ただし，移動度の温度変化は無視する．

この半導体にドナー不純物を $1.0\times10^{18}\ \mathrm{cm^{-3}}$ ドーピングしたところ，不純物濃度と等しい電子濃度を有する n 形半導体となった．この半導体の室温における正孔濃度は［(3)］〔$\mathrm{cm^{-3}}$〕である．また，室温から温度が 40℃ 上昇した場合の正孔濃度は［(4)］〔$\mathrm{cm^{-3}}$〕となる．ただし，多数キャリヤである電子濃度は 40℃ の温度上昇では変化せず，不純物濃度と等しいものとしてよい．この場合，導電率は室温から 40℃ の温度上昇により約［(5)］倍となる．ただし，電子移動度と正孔移動度は等しいと仮定し，温度依存性はないものとする．

【解答群】

(イ) 1.0×10^{-7}	(ロ) 1.0×10^{2}	(ハ) 5.0×10^{3}	(ニ) $n_i^2/2$
(ホ) 0.1	(ヘ) n_i^2	(ト) 20	(チ) 1.0×10^{-2}
(リ) 50	(ヌ) 1.0×10^{-8}	(ル) 1.0×10^{4}	(ヲ) 1.0
(ワ) n_i	(カ) 1.0×10^{-4}	(ヨ) 10	

解 説　(1) 式 (3･17) より $pn=n_i^2$

(2) 室温における導電率は，式 (3･20) に基づき，$n_p=n_n=n_i$，$\mu_p=\mu_n=\mu$ とすれば

$$\sigma = qn_n\mu_n + qn_p\mu_p = 2qn_i\mu$$

室温から 40℃ の温度上昇により，n_i が 10 倍に増加するから，$n_{p40}=n_{n40}=10n_i$

$$\therefore\ \sigma_{40} = qn_{n40}\mu_n + qn_{p40}\mu_p = 20qn_i\mu = 10\sigma$$

したがって，温度上昇により導電率は 10 倍となる．

(3) ドナー不純物をドーピングしたときの電子濃度 $n_n = 1.0\times10^{18}\ \mathrm{cm^{-3}}$ であるから，

pn 積一定の式（3·17）より，$n_p = \dfrac{{n_i}^2}{n_n} = \dfrac{(1.0 \times 10^{10})^2}{1.0 \times 10^{18}} = 1.0 \times 10^2\,\mathrm{cm}^{-3}$

(4) 室温から温度が 40℃上昇すると，キャリヤ濃度が 10 倍になり，pn 積も増加する．題意より，多数キャリヤである電子濃度は 40℃の温度上昇では変化せず不純物濃度と等しいものとしてよいから

$$n_{p40} = \frac{{n_{i40}}^2}{n_{n40}} = \frac{(1.0 \times 10^{10} \times 10)^2}{1.0 \times 10^{18}} = \frac{10^{22}}{10^{18}} = 10^4\,\mathrm{cm}^{-3}$$

(5) この半導体はドーピングにより n 形半導体となり，導電率は多数キャリヤの濃度に依存する．多数キャリヤの電子の濃度は温度上昇により増加しないため，室温および室温から 40℃上昇したときの導電率はそれぞれ $\sigma = qn_n\mu_n$，$\sigma_{40} = qn_{n40}\mu_n = qn_n\mu_n$ であるから，$\sigma = \sigma_{40}$ すなわち，導電率は 40℃の温度上昇により 1.0 倍となる．

【解答】(1) ヘ　(2) ヨ　(3) ロ　(4) ル　(5) ヲ

例題 5 ………………………… R2 問 7

次の文章は，半導体内の電気伝導に関する記述である．なお，電子の電荷量の大きさを e とする．

断面積が S，長さが L の円柱の n 形半導体の両端に，大きさが V の直流電圧を加えた．電圧によって半導体中に一様な電界が形成されるとすると，その電界 E の大きさは $E =$ [(1)] であり，電子は，力の大きさ $F =$ [(2)] で加速される．電子の有効質量を m_e とすると，加速度の大きさは [(3)] となる．半導体中で加速された電子は散乱を受けて加速が弱まり，最終的に一定の速度 v で運動する定常状態となる．散乱により減速する向きに働く力の大きさは v に比例し，その比例定数を m_e/τ と仮定すると，力の釣り合いの関係式から，v と電圧 V の関係が，e，m_e，τ および L を用いて，$v =$ [(4)] V と表される．なお，τ は電子が散乱を受けるまでの時間の目安となる．

半導体中の電子濃度を n とすると，この半導体を流れる電流 I は，電圧 V と，e，m_e，τ，S，L 等を用いて，$I =$ [(5)] と表すことができる．

【解答群】

(イ) $\dfrac{e}{m_e \tau L}$　(ロ) $\dfrac{V}{L}$　(ハ) $\dfrac{n m_e S}{\tau L}V$　(ニ) $\dfrac{eV}{2m_e L}$

(ホ) $\dfrac{eV}{L}$　(ヘ) $\dfrac{e\tau}{m_e L}$　(ト) $\dfrac{V}{2L}$　(チ) $\dfrac{e^2 n\tau S}{m_e L}V$

(リ) $\dfrac{eL}{m_e V}$	(ヌ) $\dfrac{L}{V}$	(ル) $\dfrac{en\tau S}{m_e L}V$	(ヲ) $\dfrac{eV}{L^2}$
(ワ) $\dfrac{eV}{m_e L}$	(カ) $\dfrac{L}{eV}$	(ヨ) $\dfrac{m_e}{e\tau L}$	

解　説　(1) n 形半導体内部では一様な電界が形成されるので，式（1･21）より

$$V = EL \qquad \therefore E = V/L$$

(2) 電荷 e の電子が電界 E により受ける力の大きさは，式（1･3）より $F = eE$ で，(1) の E を代入すれば

$$F = eE = eV/L$$

(3) 力の大きさ F は，加速度 a を用いて $F = m_e a$ と書ける．

$$\therefore a = F/m_e = eV/(m_e L)$$

(4) 散乱により減速する向きに働く力の大きさ F_d は v に比例し，比例定数が m_e/τ であるから，

$$F_d = m_e v/\tau$$

この力が，電界 E から受ける力の大きさ F とつりあうから

$$F = F_d \qquad \therefore \frac{eV}{L} = \frac{m_e}{\tau}v \qquad \therefore v = \frac{e\tau}{m_e L}V$$

(5) 電流 I は式（3･16）より $I = envS$ となり，これに（4）式の v を代入すると

$$I = envS = enS \cdot \frac{e\tau}{m_e L}V = \frac{e^2 n\tau S}{m_e L}V$$

【解答】（1）ロ　（2）ホ　（3）ワ　（4）へ　（5）チ

例題6 ………………………………………… **H19 問7**

次の文章は，半導体中のキャリヤの運動と電気伝導に関する記述である．

半導体中のキャリヤに電界を作用させるとキャリヤは電界による力を受けてランダム運動しながらも，その方向に移動する．このようにドリフトしながら移動するキャリヤのドリフト速度は，電界がそれほど大きくない場合，電界に比例し，その比例定数 $\boldsymbol{\mu}$ を [(1)] という．いま，正孔密度を $\boldsymbol{p}$，正孔の電荷量を $\boldsymbol{q}$，正孔の [(1)] を改めて $\boldsymbol{\mu_p}$ とおき，電界を $\boldsymbol{E}$ とすれば，ドリフト正孔電流密度 $\boldsymbol{J_p}$ は [(2)] となる．同様に電子密度を $\boldsymbol{n}$，電子の [(1)] を $\boldsymbol{\mu_n}$，電子の電荷量を $-\boldsymbol{q}$ とすれば，ドリフト電子電流密度 $\boldsymbol{J_n}$ は [(3)] となる．電子は電界作用に対して正孔と逆方向に移動するが，負の電荷であるため，電流としての向きは正孔と同じである．電子と正孔によるドリフト電流密度を合計した電流密度 $\boldsymbol{J}$ は [(4)] となる．これより導電率 γ は [(5)] となる．

【解答群】

(イ) ドリフト係数	(ロ) $q(\mu_n n+\mu_p p)E$	(ハ) $qp\mu_p\sqrt{E}$
(ニ) $qp\mu_p E$	(ホ) $q\sqrt{\mu_n n+\mu_p p}$	(ヘ) $qn\mu_n E^2$
(ト) $q(\mu_n n+\mu_p p)\sqrt{E}$	(チ) 移動度	(リ) $qp\mu_p E^2$
(ヌ) $q(\mu_n n+\mu_p p)$	(ル) $qn\mu_n\sqrt{E}$	(ヲ) $qn\mu_n E$
(ワ) 拡散率	(カ) $q(\mu_n n+\mu_p p)E^2$	(ヨ) $q\left(\dfrac{\mu_n n+\mu_p p}{2}\right)$

解説 (1) 式（3·18）より $v=\mu E$ で μ は移動度である．

(2) 式（3·19）より，ドリフト正孔電流密度 $J_p=qpv_p$ であり，式（3·18）より $v_p=\mu_p E$ であるから，$J_p=qpv_p=qp\mu_p E$

(3) 式（3·19）より，ドリフト電子電流密度 $J_n=qnv_n=qn\mu_n E$

(4) 式（3·20）より，$J=J_p+J_n=qp\mu_p E+qn\mu_n E=q(\mu_n n+\mu_p p)E$

(5) 導電率 γ は $J=\gamma E$ であるから，（4）の式と見比べて

$$\gamma=q(\mu_n n+\mu_p p)$$

【解答】(1) チ (2) ニ (3) ヲ (4) ロ (5) ヌ

3-3 pn 接合とダイオード

攻略のポイント　本節は，電験３種ではダイオードの基本原理やダイオードを使った各種回路（全波整流回路，波形整形回路等）が出題されている．電験２種では，空乏層の電界，詳細な降伏現象など深い理論が出題される．なお，２種でも各種ダイオード回路が出題されたことはあるが，３種でも出題されるので，割愛する．

1 キャリヤのふるまいと pn 接合

3-2 節でドリフト電流や拡散電流について述べた．さらに，半導体内で正孔と自由電子が出合うと，正電荷と負電荷が打ち消し合って，両者が消滅するが，これを**キャリヤの再結合**という．半導体では，キャリヤの発生と再結合が同時に行われる．この際，キャリヤが再結合した分だけキャリヤの発生が行われるため，半導体内のキャリヤの総数は変わらない．

半導体素子の基本となるのが，p 形半導体と n 形半導体を接合した **pn 接合**である．pn 接合ができると，p 形領域の正孔は n 形領域に拡散し，n 形領域の自由電子は p 形領域に拡散する．拡散によってもう一方の領域に移動したキャリヤを**注入キャリヤ**という．拡散によって移動する正孔と自由電子が接合面付近で出合うとキャリヤの再結合によってキャリヤが消滅し，接合面付近にはキャリヤが存在しない領域ができる．この領域を**空乏層**という．**空乏層にはいずれのキャリヤも存在しないため，電流が流れにくい性質**をもつ．

空乏層の p 形領域では，図 3･11 に示すように，それまで存在していた正孔がなくなるので，負に帯電した原子だけが残る．一方，空乏層の n 形領域では，それまでに存在していた自由電子がなくなるので，正に帯電した原子だけが残る．電気的な正負の偏りによって，空乏層内の p 形領域と n 形領域には電位差が生じ，キャリヤの移動を妨げる電界が発生する．

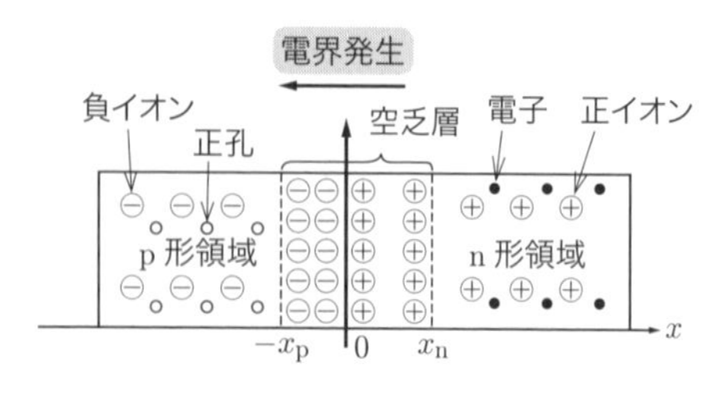

図 3・11　pn 接合の空乏層

まずは，簡単に，空乏層幅を評価する．接合面の静電容量 C は，接合面における微小蓄積面積電荷を dQ，それによる電圧を dV とすると

$$C = -\frac{dQ}{dV} \text{〔F〕} \qquad (3 \cdot 28)$$

POINT 空乏層が広がり，静電容量になる

そして，接合面の面積を S〔m^2〕，素子の誘電率を ε〔F/m〕，それぞれの負電荷および正電荷の幅を x_{p}，x_{n}〔m〕，アクセプタおよびドナーの濃度を N_A，N_D〔m^{-3}〕とすれば，電荷の分布が階段状のときの静電容量 C は

$$C = \frac{\varepsilon S}{x_{\mathrm{p}} + x_{\mathrm{n}}} \text{〔F〕} \qquad (3 \cdot 29)$$

となる．接合面での電荷 Q は

$$Q = qN_A x_{\mathrm{p}} S = qN_D x_{\mathrm{n}} S \text{〔C〕} \qquad (3 \cdot 30)$$

となるから，空乏層の幅 W は

$$W = x_{\mathrm{p}} + x_{\mathrm{n}} = \frac{Q}{qS}\left(\frac{1}{N_A} + \frac{1}{N_D}\right) \text{〔m〕} \qquad (3 \cdot 31)$$

2 pn 接合のエネルギー準位

pn 接合付近のエネルギー準位を考える．図 3･12 (a) は，p 形半導体と n 形半導体が独立に存在する場合のエネルギー準位図を示す．ここで，**フェルミ準位**とは，実際には電子がその位置には存在できないが，存在確率が 50%とみなせる位置をいう．そして，これらの半導体を接合すると，1 項で述べたキャリヤの移動が起こり，最終的には p 形領域と n 形領域のフェルミ準位が一致するまで，相対的に n 形領域

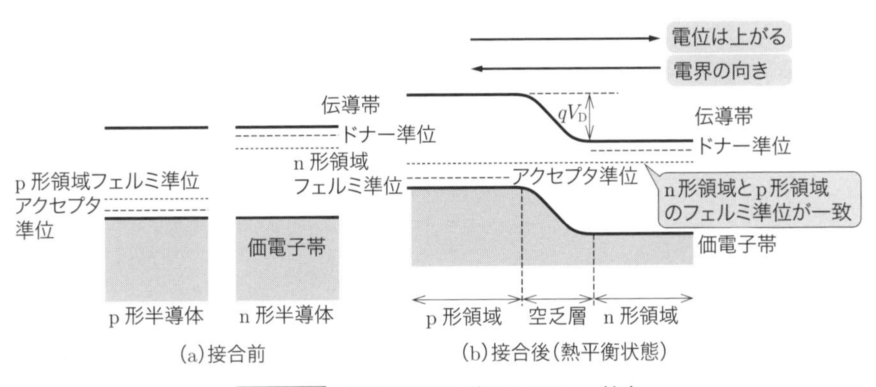

図 3・12 接触する前と後における pn 接合

側の電位が上がって平衡に達する．図 3･12（b）のバンド図において，**バンド図が下に傾いている方が電位は高い**．そして，**電界は傾きの登る方向**と考えればよい．したがって，**電子は伝導帯が下る方向に動くし，正孔は価電子帯の登る方向に動く．**

3 ダイオード

p 形半導体と n 形半導体を接合したものが**ダイオード**である．図 3･13（a）は電圧を加えない状態であり，pn 接合面付近に電子・正孔が存在しない空乏層ができる．ダイオードに加える電圧の方向によって，空乏層幅が変化し，抵抗値が変わる働きを利用する．**順方向バイアス**（順方向電圧）を加えると，電流が流れ，**逆方向バイアス**（逆方向電圧）を加えると電流は流れにくくなる．このように一方向のみ電流をよく流す作用を**整流作用**という．

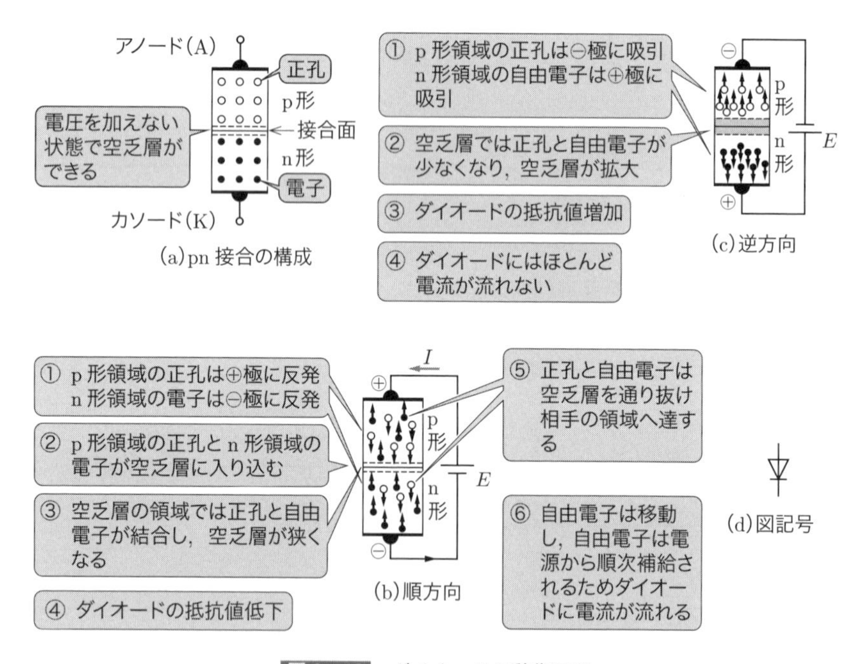

図 3・13　ダイオードの動作原理

なお，実際のダイオードの電圧－電流特性は図 3･14 に示すように，ダイオードに逆方向の電圧を加えたとき，極めてわずかであるが逆方向に電流が流れる．さらに，逆方向の電圧を大きくしていくと，ある値で急に電流が流れるようになる．これを**降伏現象**という．

この降伏現象は，アバランシェ降伏とツェナー降伏の 2 つの原理で発生する．

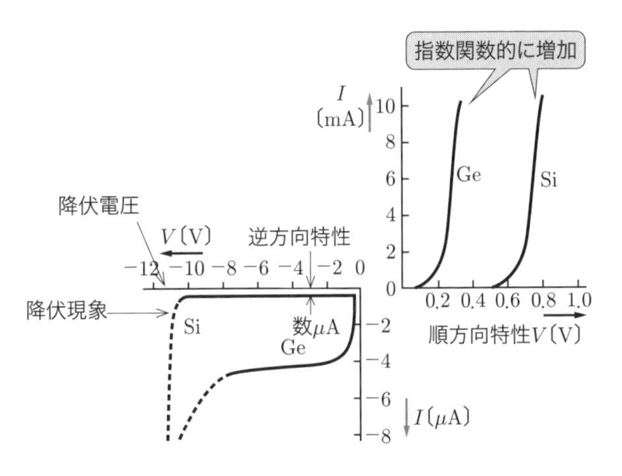

図 3・14 ダイオードの電圧−電流特性

（1）アバランシェ降伏

pn 接合に大きな逆バイアスが印加されると，電子は空乏層中で電界により加速され，大きな運動エネルギーをもつ．この加速された電子が結晶格子を構成する Si 原子に衝突し，結晶格子の結合電子をたたき出して，自由電子と正孔が生成される．たたき出された電子はさらに加速され，また別の電子をはじき出す．このように，雪崩的に，電子正孔対を生成し，電流が急激に増大する．この現象を**アバランシェ降伏（なだれ降伏）**という．

（2）ツェナー降伏

pn 接合の逆電圧による電界により，空乏層での p 形半導体の価電子帯と n 形半導体の伝導帯との距離が近くなり，p 形半導体の価電子帯の電子がトンネル効果により n 形半導体の伝導帯に通り抜けるようになって電流が増大する現象を**ツェナー降伏**という．

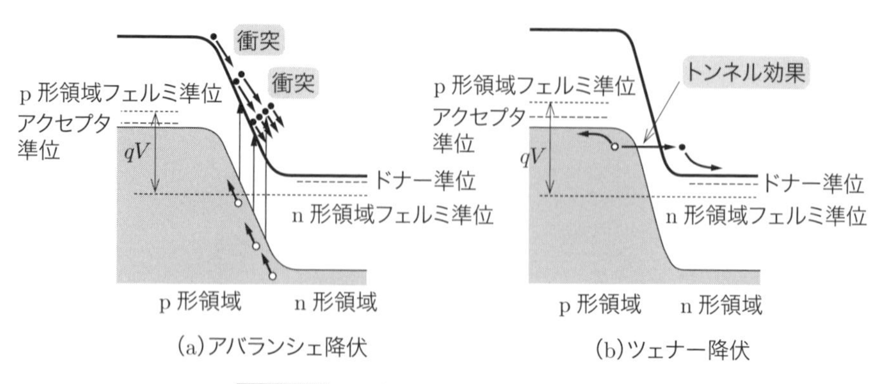

図 3・15　アバランシェ降伏とツェナー降伏

アバランシェ降伏とツェナー降伏のどちらが先に発生するかは，材料や不純物（ドーパント）濃度によって変わる．不純物濃度が低いと，アバランシェ降伏が起きやすく，不純物濃度が高いとツェナー降伏が起こりやすい．実際には，両方が起こっている状態が多い．また，どちらも，禁制帯幅が大きいと，起こりにくい．

コラム

空乏層の電界強度と電位分布

次に，空乏層の電界強度や電位分布を詳細に計算する．

図 3·16 で，p 形半導体のドーピング濃度を N_A，n 形半導体のドーピング濃度を N_D としたときの空乏層内部の電界を求める．空乏層ができたときの p 形半導体の空乏層幅を x_p，n 形半導体の空乏層幅を x_n とする．空乏層ができあがるときに，電子と正孔は 1：1 で再結合するため，空乏層内部の固定電荷の数は p 側と n 側で同一になる．つまり

$$x_\mathrm{p} N_A = x_\mathrm{n} N_D \tag{3・32}$$

の関係が成立する．図 3·16 において，ガウスの定理（微分形）によれば

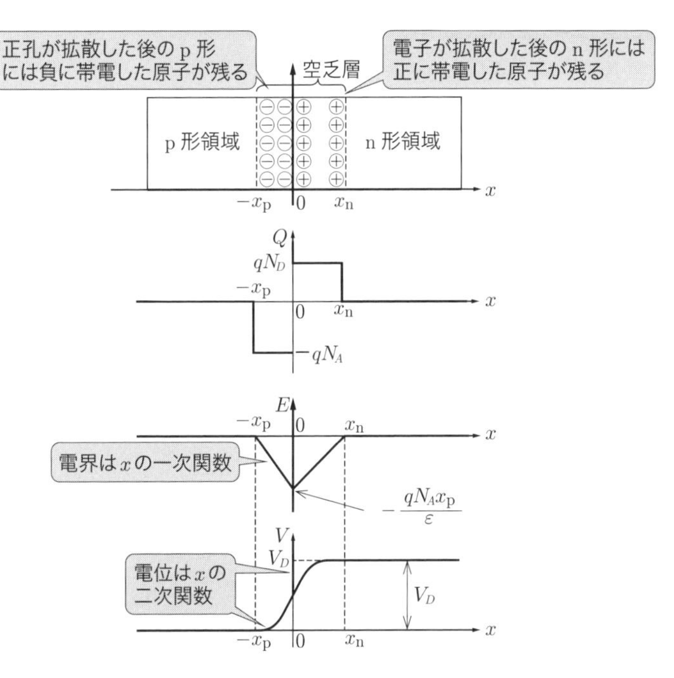

図 3・16　pn 接合の空乏層における電界強度と電位分布

$$\left.\begin{aligned}\frac{dE}{dx} &= -\frac{qN_A}{\varepsilon} \qquad (-x_{\mathrm{p}} \leqq x \leqq 0)\\ \frac{dE}{dx} &= \frac{qN_D}{\varepsilon} \qquad (0 \leqq x \leqq x_{\mathrm{n}})\end{aligned}\right\} \tag{3・33}$$

となり，式 (3･33) は x 成分の積分で解ける．特に，$x \geqq x_{\mathrm{n}}$ と $x \leqq -x_{\mathrm{p}}$ の領域では，電界は 0 になることを考慮する．これは，空乏層自体が面上の電荷の二重層であり，この電荷を足し合わせると正味 0 になり，外部には電気力線が出ないためである．電界分布は次式となる．

$$\left.\begin{aligned}E &= -\frac{qN_A}{\varepsilon}(x + x_{\mathrm{p}})\\ E &= \frac{qN_D}{\varepsilon}(x - x_{\mathrm{n}})\end{aligned}\right\} \tag{3・34}$$

$x = 0$ で電界強度は

$$E = -\frac{qN_A}{\varepsilon}x_{\mathrm{p}} = -\frac{qN_D}{\varepsilon}x_{\mathrm{n}} \tag{3・35}$$

となる．電界が負となるのは，電界の向きが x 軸とは反対方向だからである．

次に，式（1･32）より，電位の分布は，式（3･34）をさらに1回積分して，符号を逆転すればよい．

$$\left.\begin{aligned} V(x) &= \frac{qN_A}{2\varepsilon}(x+x_{\mathrm{p}})^2 & (-x_{\mathrm{p}} \leqq x \leqq 0) \\ V(x) &= -\frac{qN_D}{2\varepsilon}(x-x_{\mathrm{n}})^2 + V_D & (0 \leqq x \leqq x_{\mathrm{n}}) \end{aligned}\right\} \quad (3・36)$$

POINT
電位は x の二次関数

積分に伴う定数部分に際しては，図3･16の電位分布の境界条件（$x=-x_{\mathrm{p}}$ で $V=0$，$x=x_{\mathrm{n}}$ で $V=V_D$）を考慮している．また，$V(+0)=V(-0)$ から

$$-\frac{qN_D}{2\varepsilon}{x_{\mathrm{n}}}^2 + V_D = \frac{qN_A}{2\varepsilon}{x_{\mathrm{p}}}^2$$

$$\therefore V_D = \frac{qN_A}{2\varepsilon}{x_{\mathrm{p}}}^2 + \frac{qN_D}{2\varepsilon}{x_{\mathrm{n}}}^2 \quad (3・37)$$

POINT
V_D：拡散電位，内蔵電位（ビルトインポテンシャル）という

が成り立つから，式（3･32）とあわせて解けば

$$\left.\begin{aligned} x_{\mathrm{p}} &= \sqrt{\frac{2\varepsilon N_D}{qN_A(N_A+N_D)}V_D} \\ x_{\mathrm{n}} &= \sqrt{\frac{2\varepsilon N_A}{qN_D(N_A+N_D)}V_D} \end{aligned}\right\} \quad (3・38)$$

となり，空乏層の厚さ d は $d=x_{\mathrm{p}}+x_{\mathrm{n}}$ である．バイアス V_b をかけるとき

$$\left.\begin{aligned} x_{\mathrm{p}} &= \sqrt{\frac{2\varepsilon N_D}{qN_A(N_A+N_D)}(V_D-V_b)} \\ x_{\mathrm{n}} &= \sqrt{\frac{2\varepsilon N_A}{qN_D(N_A+N_D)}(V_D-V_b)} \end{aligned}\right\} \quad (3・39)$$

となる．順バイアスなら $V_b>0$ で空乏層が狭くなるし，逆バイアスなら $V_b<0$ で空乏層が拡大する．式（3･39）からわかるように，空乏層はドーピング濃度の低い方に広がりやすい．また，空乏層はバイアス電圧の 1/2 乗に比例する．

例題 7 ………………………………………… **H22 問 7**

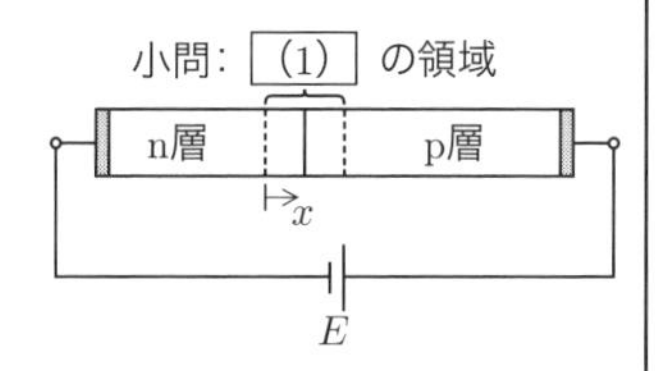

次の文章は，pn 接合で形成されるダイオードに関する記述である．

p 層と n 層とを接合させ，図のように電圧源 E を接続した．p 層と n 層との接合部には電子も正孔もほとんど存在しない［ (1) ］と呼ばれる領域が生じる．まず電圧 $E=0$ とし，n 層側の［ (1) ］領域を考える．この領域では電子がなくなるため，電子を作り出した不純物であるドナーが［ (2) ］となり，電子の流れに対して電位の障壁を作る．不純物分布が一様であるとすれば，n 層の［ (1) ］が始まる境界からの距離を x とするとき，この障壁のポテンシャル関数は x の［ (3) ］関数として表される．

同様に p 層側では正孔がなくなることで同様に電位の障壁を作る．この **2** つの障壁の高さの合計を拡散電位と呼んでいる．

電圧 E を正にすると，この **2** つの障壁の高さの合計は［ (4) ］，電流が流れる．半導体中での電子や正孔の量はその運動エネルギーに対してボルツマン分布を持つと近似できるので，電流量は p 層と n 層間の電圧の増加に対して［ (5) ］関数的に増加する．

【解答群】

(イ) 負の電荷	(ロ) 空乏層	(ハ) 三次	(ニ) 蓄積層	(ホ) 対数
(ヘ) 正の電荷	(ト) 変化せず	(チ) 中性粒子	(リ) 指数	(ヌ) 線形
(ル) 低くなり	(ヲ) 正弦波	(ワ) 反転層	(カ) 二次	(ヨ) 高くなり

解 説 (1) (2) 図 3･11 に示すように，空乏層といい，空乏層の p 形領域では負に帯電した原子だけが残り，その n 形領域では正に帯電した原子だけが残る．

(3) 空乏層における電位分布，すなわち電位障壁のポテンシャル関数は式（3･36）～式（3･37）や図 3･16 に示すように，空乏層の境界からの距離 x の二次関数となる．

(4) 順バイアスをかける場合には空乏層が狭くなるから，電位障壁の高さの合計は低くなる．すなわち，式（3･38）～式（3･39）で，V_D が $V_D-V_b(V_b>0)$ になって x_p，x_n，$d(=x_p+x_n)$ は小さくなると考えればよい．

(5) pn 接合に正の電圧 E を印加すると拡散電位は低くなり，このときの電流 I_D は $I_D=I_S\left(e^{\frac{eE}{kT}}-1\right)$（ただし，$I_S$：飽和電流，$k$：ボルツマン定数，$T$：絶対温度）という式で表され，電流は印加電圧の増加に対して指数関数的に増加する．図 3･14 のダイオードの電圧・電流特性の順方向特性を思い出せば解ける.

【解答】(1) ロ (2) へ (3) カ (4) ル (5) リ

例題 8 ………………………………………………………… **H24 問 4**

次の文章は, pn 接合ダイオードの降伏に関する記述である.

pn 接合ダイオードにおいて, 空乏層内での電界の最大値が 10^5 V/cm 程度の電界 E_{crit} を超えると降伏が起こる. いま E_{crit} は不純物濃度によらず一定とし, p 形半導体は一様な不純物濃度 N_A でドーピングされ, n 形半導体は一様な不純物濃度 N_D でドーピングされているとする. 単位電荷の絶対値を q とする.

p 形半導体の空乏層厚を l_{p}, n 形半導体の空乏層厚を l_{n} とすると, p 層の空乏層内の単位面積当たりの全電荷量は [(1)] であり, n 層の空乏層内の単位面積当たりの全電荷量は [(2)] である. p 層の空乏層と n 層の空乏層では, お互いに空乏化した不純物の作り出す電荷は打ち消しあっているので, これらの絶対値は等しい. したがって, l_{p} と l_{n} の比は N_A/N_Dから計算できる.

空乏層内での電界は空乏層内の電荷により作られ, 電界が最も強いところでは p 側の空乏層での電荷すべてが寄与することから, [(1)] を半導体の誘電率 ε で割れば最も強い電界が求まる. 電界が最も強いところの大きさが E_{crit} になると降伏が起こるので, 降伏時の空乏層厚 l_{p} は E_{crit} を用いて [(3)] と表される.

電界は空乏層が始まるところでは零であり, そこから線形的に増えていくことから, 電界は空乏層が始まった場所からの距離に比例した関数となり, p 側の空乏層での電圧降下の大きさはその積分から l_{p} を用いて表すと [(4)] となる. ここで N_A/N_Dは, 1 より十分小さいとすると [(4)] のみで pn 接合ダイオードの電圧降下をほぼ説明できる.

以上のことから, E_{crit} を用いて電圧降下を表すと [(5)] となる. 通常この電圧が降伏電圧となることから, 不純物濃度が低いほうが降伏電圧を高くできることがわかる.

【解答群】

(イ) $\dfrac{ql_{\mathrm{p}}N_A{}^2}{2\varepsilon}$ (ロ) $q\varepsilon N_A E_{\mathrm{crit}}$ (ハ) $-ql_{\mathrm{p}}N_A$ (ニ) $q\varepsilon N_A E_{\mathrm{crit}}{}^2$ (ホ) $ql_{\mathrm{n}}N_D$

(ヘ) $\dfrac{ql_{\mathrm{p}}{}^2N_A}{2\varepsilon}$ (ト) $\dfrac{\varepsilon E_{\mathrm{crit}}{}^2}{2qN_A}$ (チ) $ql_{\mathrm{n}}N_A$ (リ) $\dfrac{ql_{\mathrm{p}}{}^2N_A}{\varepsilon}$ (ヌ) $ql_{\mathrm{p}}N_A$

(ル) $-ql_{\mathrm{n}}N_D$ (ヲ) $\dfrac{\varepsilon E_{\mathrm{crit}}}{qN_A}$ (ワ) $\dfrac{2\varepsilon E_{\mathrm{crit}}{}^2}{qN_A}$ (カ) $\dfrac{qE_{\mathrm{crit}}}{\varepsilon N_A}$ (ヨ) $ql_{\mathrm{p}}N_D$

解説 (1) p形半導体は不純物濃度 N_A でドーピングされており，空乏層厚さが l_p であるから，p形半導体の単位面積当たりの全電荷量は $-ql_pN_A$ である（図3·16に示すように，負の電荷が残るから，符号は－となる）.

(2) n形半導体は不純物濃度 N_D でドーピングされており，空乏層厚さが l_n であるから，n形半導体の単位面積当たりの全電荷量は ql_nN_D である.

(3) 題意より，ql_pN_A を ε で割れば E_{crit} になることから

$$E_{crit}=\frac{ql_pN_A}{\varepsilon} \qquad \therefore l_p=\frac{\varepsilon E_{crit}}{qN_A} \quad \cdots\cdots①$$

(4) 題意より，電界は空乏層が始まるところでは零であり，そこから線形的に増えていくことから，空乏層の始まるところを $x=0$ としてここでの電界を $E=0$ とすれば，p形半導体の任意の点 x での電界 E_x は

$$E_x=\frac{ql_pN_A}{\varepsilon}\cdot\frac{x}{l_p}=\frac{qN_A}{\varepsilon}x$$

$$\therefore V=\int_0^{l_p}E_x dx=\int_0^{l_p}\frac{qN_A}{\varepsilon}xdx=\frac{qN_A}{\varepsilon}\left[\frac{1}{2}x^2\right]_0^{l_p}=\frac{ql_p{}^2N_A}{2\varepsilon} \quad \cdots\cdots②$$

(5) E_{crit} を用いて電圧降下 V を表すため，式②に式①を代入すれば

$$V=\frac{qN_A}{2\varepsilon}\left(\frac{\varepsilon E_{crit}}{qN_A}\right)^2=\frac{\varepsilon E_{crit}{}^2}{2qN_A}$$

【解答】(1) ハ (2) ホ (3) ヲ (4) ヘ (5) ト

例題9 ………………………………………… **R4 問6**

次の文章は，半導体の降伏電界に関する記述である.

半導体中の電子が，電界から力を受けて一定の平均速度 $\boldsymbol{v}$ で運動している状況を考える．$\boldsymbol{v}$ が電界の大きさ $\boldsymbol{F}$ に比例するものとし，その比例定数を $\boldsymbol{\mu}$ とおくと $\boldsymbol{v}=$ (1) と表され，$\boldsymbol{\mu}$ を (2) と呼ぶ．速さ $\boldsymbol{v}$ で運動する電子の運動エネルギーは，電子の有効質量を $\boldsymbol{m}$ とすると， (3) と表される．電界 $\boldsymbol{F}$ が大きくなると， (3) が半導体の禁制帯幅 $\boldsymbol{E_g}$ を超える状況が生じる．この際，運動する電子は衝突によって運動エネルギーを失う代わりに，価電子帯の電子を伝導帯に励起させることにより，電子正孔対が生じてキャリヤ濃度が増加する．新たに生成した電子も電界によって加速され，同様に次々と電子正孔対を生じることから指数関数的にキャリヤ濃度が増加し，電流が急激に増大する．半導体の破壊の原因ともなるこのような現象を (4) 降伏と呼び，この現象が生じる目安となる電界の大きさ $\boldsymbol{F}$ を，$\boldsymbol{\mu}$，$\boldsymbol{m}$，$\boldsymbol{E_g}$ などを用いて不等式で表すと $\boldsymbol{F}>$ (5) となる．

【解答群】

(イ) ツェナー	(ロ) 拡散定数	(ハ) $\dfrac{F}{\mu}$	(ニ) μF	(ホ) $\dfrac{\mu}{F}$
(ヘ) ミーゼス	(ト) $\dfrac{mv^2}{2}$	(チ) 透磁率	(リ) アバランシェ	(ヌ) $\sqrt{\dfrac{E_g}{\mu m}}$
(ル) mv^2	(ヲ) 移動度	(ワ) mv	(カ) $\dfrac{E_g}{\mu m}$	(ヨ) $\dfrac{1}{\mu}\sqrt{\dfrac{2E_g}{m}}$

解 説 (1) (2) 式 (3·18) に示すように，$v=\mu F$ で μ は移動度である．

(3) 式 (3·8) に示すように，速さ v で運動する電子の運動エネルギーは $\dfrac{1}{2}mv^2$ である．

(4) 図 3·15 とその解説に示すように，アバランシェ降伏である．

(5) 題意より，電子の運動エネルギーが禁制帯幅 E_g を超えるとアバランシェ降伏が生じるから

$$\frac{1}{2}mv^2=\frac{1}{2}m(\mu F)^2>E_g \qquad \therefore F>\frac{1}{\mu}\sqrt{\frac{2E_g}{m}}$$

【解答】(1) ニ (2) ヲ (3) ト (4) リ (5) ヨ

3-4 バイポーラトランジスタと増幅回路

攻略のポイント

本節に関しては，電験３種ではバイポーラトランジスタは頻出分野で様々な出題がされているが，電験２種ではエミッタ接地増幅回路の基本的な設計や電圧増幅度，コレクタ接地回路等が出題されている．

1 バイポーラトランジスタと動作原理

バイポーラトランジスタ（または，**接合トランジスタ**）は，図 3･17 のように，**npn 形**と **pnp 形**とがある．同図で，B は**ベース**，C は**コレクタ**，E は**エミッタ**と呼ばれ，**エミッタの矢印の向きは電流の流れる向き**を示す．

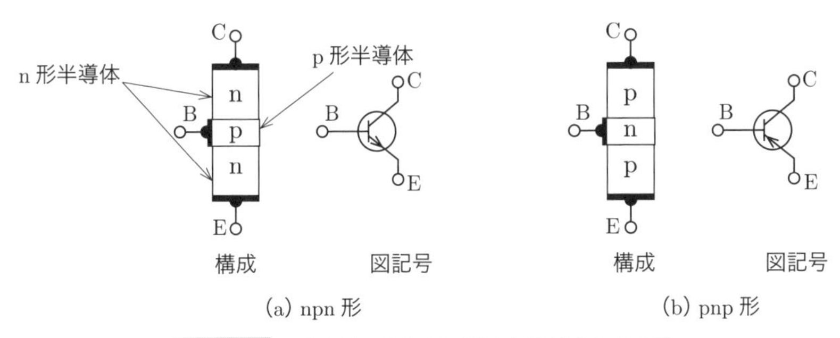

図 3・17　バイポーラトランジスタの構成と図記号

トランジスタは 3 端子なので，**1 端子を入出力共通**とする．図 3･18 のように，共通端子の名称をとって**エミッタ接地**，**ベース接地**，**コレクタ接地**という．

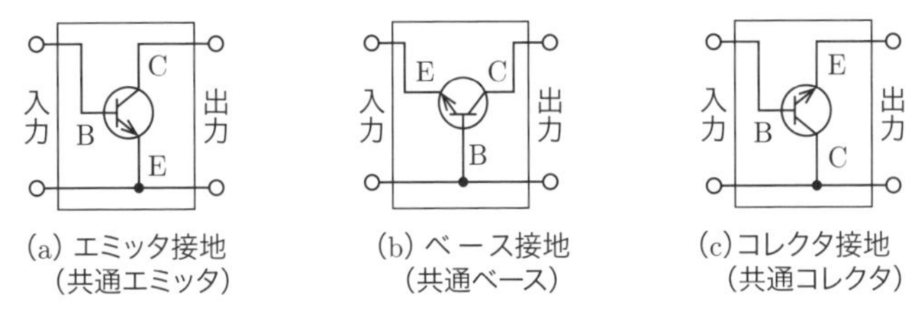

図 3・18　トランジスタの接地方式

トランジスタを動作させるには，図 3･19 のように，**エミッタの矢印の向きに電流が流れるように，2 個の電源を必要**とする．

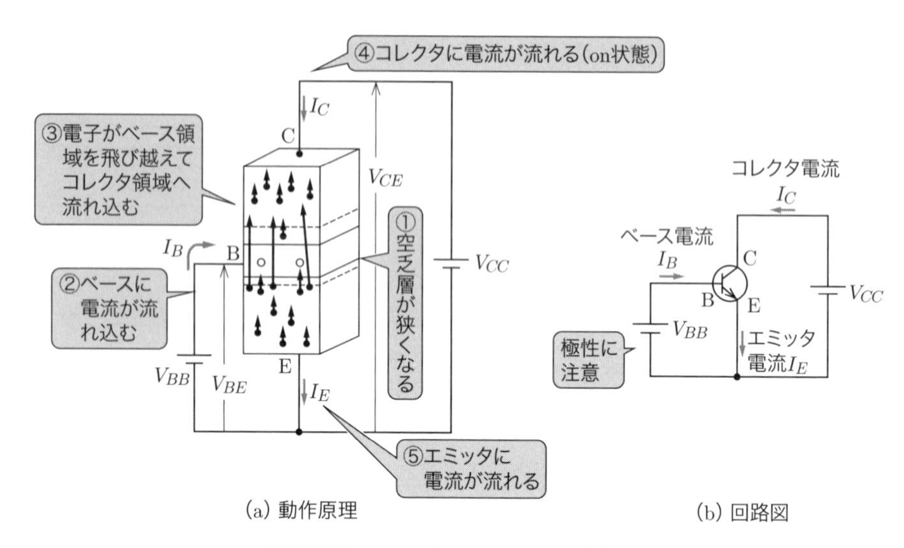

(a) 動作原理　　(b) 回路図

図3・19　npn 形トランジスタの動作原理

この場合，npn 形トランジスタは次のように動作する．

①ベースBとエミッタEの接合面には順方向電圧 V_{BE} が加わり，空乏層が狭くなり，キャリヤが移動しやすい状態になる．

②エミッタから多くのキャリヤ（電子）がベース領域に流れ込む．その際，1％程度の電子がベースの正孔と結合し消滅する．この消滅した正孔の分を直流電源 V_{BB} よりベース電流 I_B として補給する．

③ベース領域で正孔と結合できなかった残りの電子は，コレクタCとベースB間の接合面に達し，コレクタCとエミッタE間に加えられている直流電圧 V_{CE} により，空乏層を飛び越え，コレクタ領域に流れ込む．

④コレクタ領域に達した電子は，コレクタ内を移動し，コレクタ端子から電源 V_{CC} の正側に戻るので，コレクタ電流 I_C が流れる．

⑤エミッタEには電源 V_{CC} より電子が補給され，エミッタ電流 I_E が流れる．

そして，各部の電流 I_B，I_C，I_E の間には次の関係が成り立つ．

$$\boldsymbol{I_E = I_C + I_B} \qquad (3\cdot40)$$

バイポーラトランジスタの動作の基本は，ベースに流れる電流によってトランジスタ全体が動くため，このような素子を**電流制御形素子**という．

2 ベース接地電流増幅率とエミッタ接地電流増幅率

図 3･20 のベース接地の npn 形トランジスタ回路において，V_E の大きさを変えて，V_{EB}（エミッタ-ベース間電圧）を変化させたときの電流の微小変化分 ΔI_E に対する ΔI_C の比は

$$\boldsymbol{\alpha = \frac{\Delta I_C}{\Delta I_E}} \tag{3・41}$$

となり，α を**ベース接地電流増幅率**という．コレクタ電流はエミッタ電流より，ベースで再結合して失われた正孔の分だけ小さくなるため，**α は 1 より小さく，$\alpha = 0.95 \sim 0.995$ 程度の値**となる．

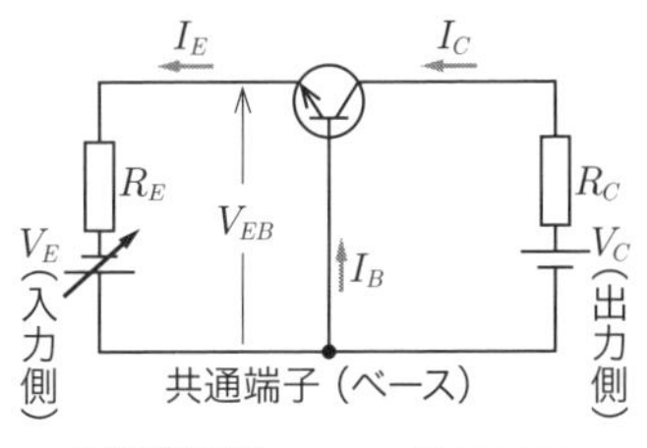

図 3・20　ベース接地回路

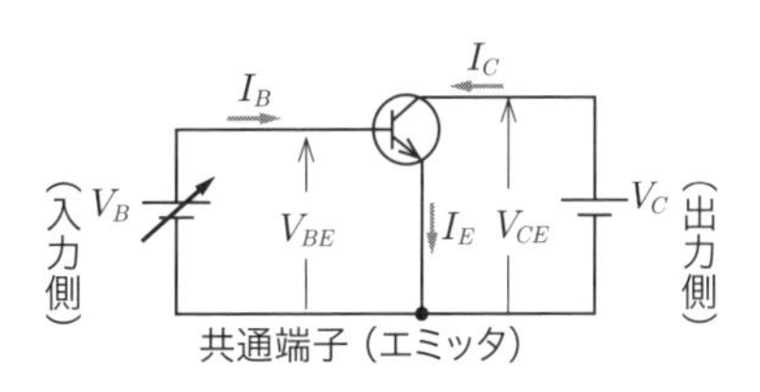

図 3・21　エミッタ接地回路

一方，図 3･21 のエミッタ接地回路で，V_B の大きさを変えて，V_{BE}（ベース-エミッタ間電圧）を変化させたときの電流の微小変化分 ΔI_B に対する ΔI_C の比は

$$\boldsymbol{\beta = \frac{\Delta I_C}{\Delta I_B}} \tag{3・42}$$

となり，β を**エミッタ接地電流増幅率**という．

ここで，式（3･40）から $\Delta I_E = \Delta I_C + \Delta I_B$ が成立し，式（3･41）を用いて

$$\beta = \frac{\Delta I_C}{\Delta I_B} = \frac{\Delta I_C}{\Delta I_E - \Delta I_C} = \frac{(\Delta I_C / \Delta I_E)}{1 - (\Delta I_C / \Delta I_E)} = \frac{\boldsymbol{\alpha}}{\boldsymbol{1 - \alpha}} \tag{3・43}$$

となる．すなわち，**$\alpha = 0.95 \sim 0.995$ 程度であるので，β は 20〜200 程度**である．言い換えれば，**エミッタ接地回路では，ベース電流をわずかに変化させると，それよりはるかに大きなコレクタ電流の変化が得られる**ことを示す．

3 トランジスタの静特性

図 3･22 のトランジスタの各電極に加わる直流電圧と直流電流を定めるとき，これらの関係を示したものをトランジスタの**静特性**という．

図 3･22 の I_B-I_C 特性（電流増幅率特性）において，コレクタ-エミッタ間の電圧 V_{CE} を一定に保ったときの入力電流 I_B と出力電流 I_C との比を

$$h_{FE} = \frac{I_C}{I_B} \qquad (3 \cdot 44)$$

POINT $h_{FE} \fallingdotseq \beta$

で表し，**直流電流増幅率**という．I_B-I_C 特性はほぼ直線になるので，$h_{FE} \fallingdotseq \beta$ と考えてよい．

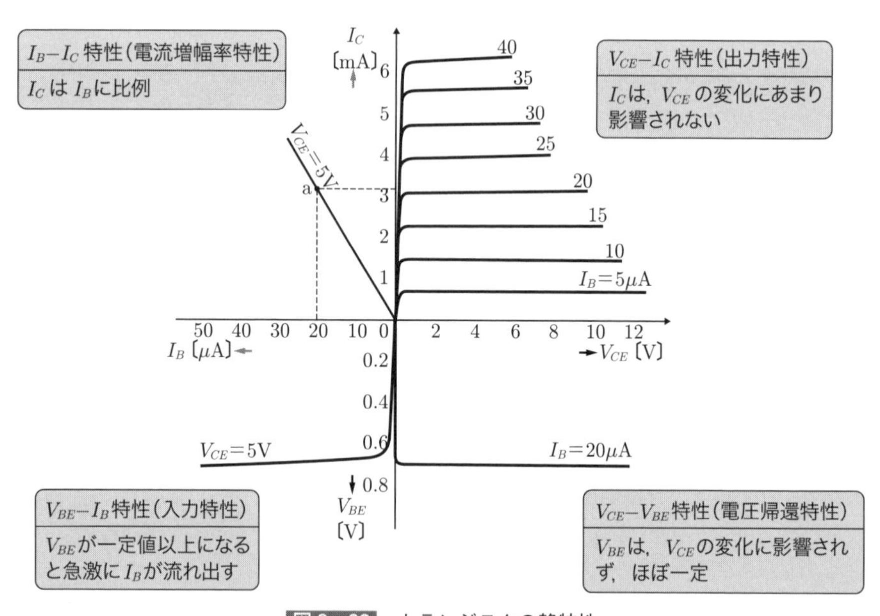

図 3・22　トランジスタの静特性

4 トランジスタの基本増幅回路

図 3･23 は，npn 形トランジスタを使ったエミッタ接地増幅回路の基本形であり，各部の電圧・電流波形を示す．ベース側に正弦波入力電圧 v_i を加え，コレクタ側から増幅された正弦波出力 v_o を取り出す．各部の波形は，直流の電圧・電流を中心値

とし，交流分が変化する．この変化の中心になる直流電圧・電流をトランジスタの**バイアス電圧**，**バイアス電流**といい，単に**バイアス**ともいう．

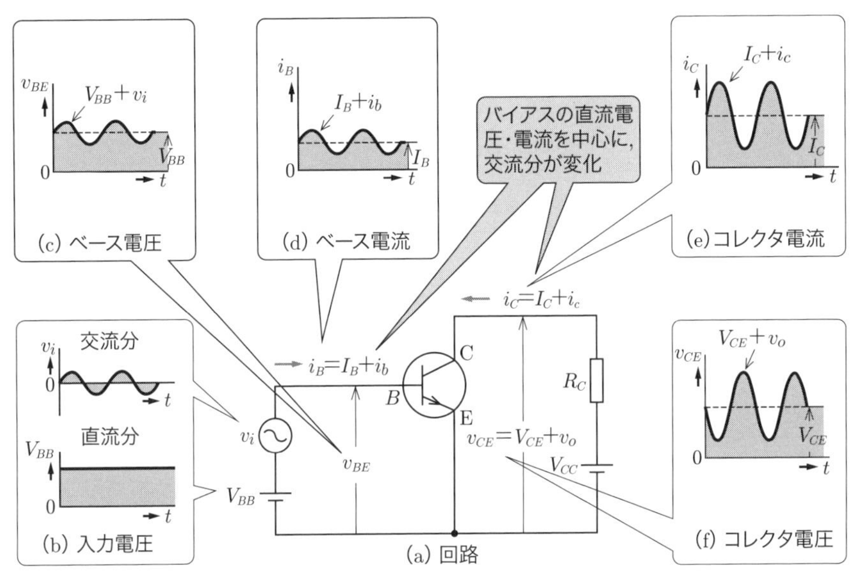

図3・23　エミッタ接地増幅回路と各部の電圧・電流波形

エミッタ接地増幅回路は，図3･24のように，直流の回路と交流分（信号分）の回路に分離することができる．

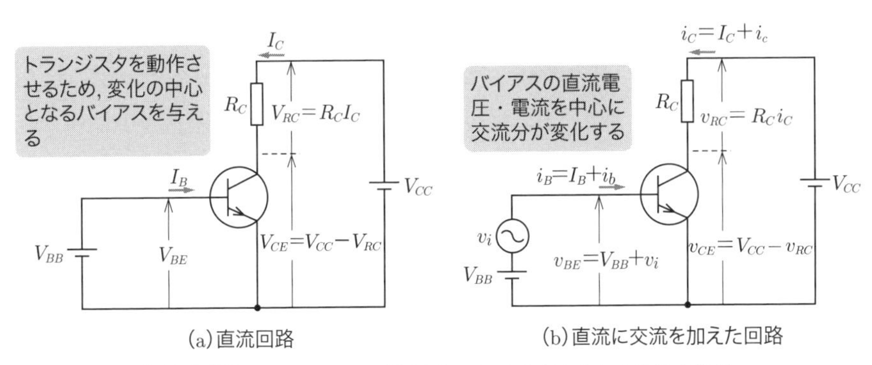

図3・24　トランジスタ増幅回路における直流分と交流分の分離

図 3・24（a）において，直流回路では

$$\boldsymbol{V_{CE}=V_{CC}-V_{RC}=V_{CC}-R_C I_C} \qquad (3\cdot45)$$

が成り立つ．次に，図 3・24（b）のように，ベースに交流の入力電圧 v_i を加えると，ベースには，直流分 I_B と交流分 i_b を含むベース電流 i_B が流れ，コレクタにも直流分 I_C と交流分 i_c を含む電流 i_C が流れる．このとき，i_C による R_C の電圧降下を v_{RC} とすれば，v_{CE} は

$$v_{CE}=V_{CC}-v_{RC}=V_{CC}-R_C(I_C+i_c) \qquad (3\cdot46)$$

となる．ここで，v_{CE} は直流分 V_{CE} と交流分 v_{ce} の和であり，$v_{CE}=V_{CE}+v_{ce}$ として式（3・46）へ代入すれば

$$V_{CE}+v_{ce}=V_{CC}-R_C(I_C+i_c) \qquad (3\cdot47)$$

POINT
直流分と交流分に分離可能

となる．この式で，式（3・45）を考慮すれば，交流分のみでは

$$\boldsymbol{v_{ce}=-R_C i_c} \qquad (3\cdot48)$$

POINT
負の符号：入力電圧と出力電圧が逆相

となる．つまり，v_{ce} を交流の出力電圧 v_o とすれば，この大きさは抵抗 R_C の値を大きくすることにより，ベースに加えられた交流の入力電圧 v_i より大きくすることができる．つまり，電流だけでなく，電圧も増幅できる．

トランジスタに入力電圧を加えて各部の電圧・電流の変化を示す特性を**動特性**というが，具体例で説明する．まず，図 3・24 で直流分だけを考えると，コレクタ電圧 V_{CE} とコレクタ電流 I_C の関係は $V_{CE}=V_{CC}-R_C I_C$ であるから，I_C は

$$I_C=\frac{1}{R_C}(V_{CC}-V_{CE})\ \text{〔A〕} \qquad (3\cdot49)$$

となる．これをトランジスタの V_{CE}-I_C 特性曲線上に描くと，図 3・25 のようになる．この直線を**負荷線**という．図 3・24 の回路において，入力電圧 v_i = 0 V のときベース電流 I_{BP} が流れているとすれば，図 3・25 の出力特性曲線上の I_{BP} における特性曲線と負荷線との交点 P が**動作点**となる．

次に，事例として，入力電圧 v_i を加えて，ベース電流 i_B を I_B = 15 μA を中心として ±10 μA 変化させれば，この回路は負荷線 AB 上で点 P を中心に点 Q と点 R の間を動く．この動作波形を図 3・26 に示す．同図において，入力電圧 v_i = 0.1 V を加えることにより，ベース電流 i_b は 10 μA 変化し，それに応じてコレクタ電流は 2 mA，出力電圧 v_o は 3 V だけ変化する．ここで，出力電圧であるコレクタ電圧

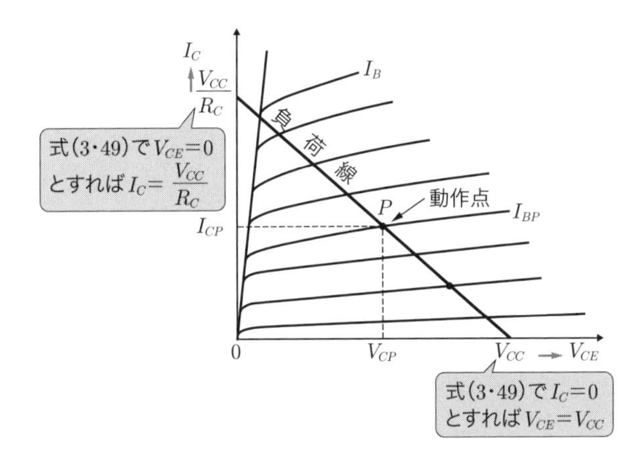

図3・25　負荷線と動作点

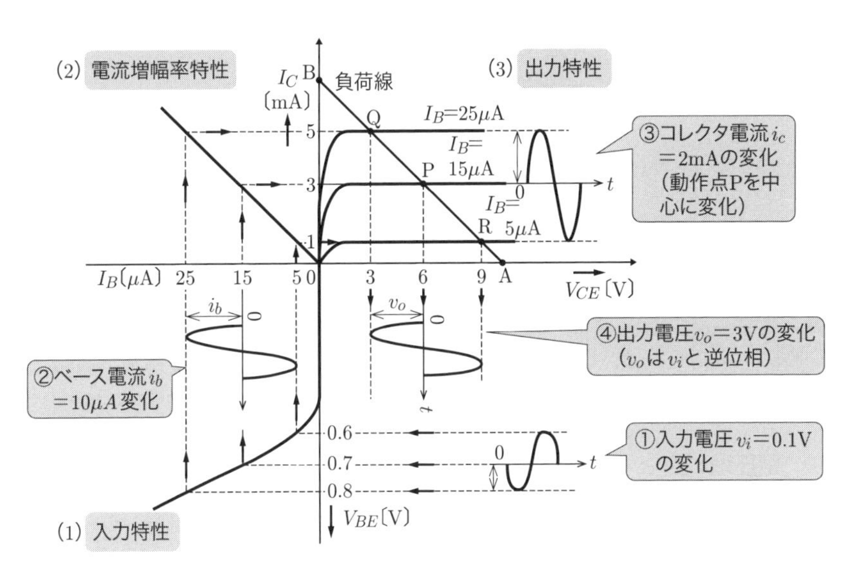

図3・26　トランジスタ動特性の作図例

の交流分v_oは，直流阻止コンデンサを接続することによって得られる．

そして，**i_bとi_cは同位相であるが，v_iとv_oは逆位相になる**．これは，式（3・48）において負の符号がついていることと合致する．

図3･24の回路で，ベース電流の微小変化量 $\Delta I_B\,(=i_b)$ に対するコレクタ電流の微小変化量 $\Delta I_C\,(=i_c)$ の比を**エミッタ接地の小信号電流増幅率**といい，次式で表す．

POINT $h_{fe} \fallingdotseq h_{FE} \fallingdotseq \beta$

$$h_{fe}=\frac{\Delta I_C}{\Delta I_B} \tag{3・50}$$

式（3･44）の h_{FE} と式（3･50）の h_{fe} の値は図3･27の I_B-I_C 特性曲線に示すように，厳密には一致しないが，I_B-I_C 特性はほぼ直線と扱うことも多く，このとき $h_{fe} \fallingdotseq h_{FE} \fallingdotseq \beta$ となる．

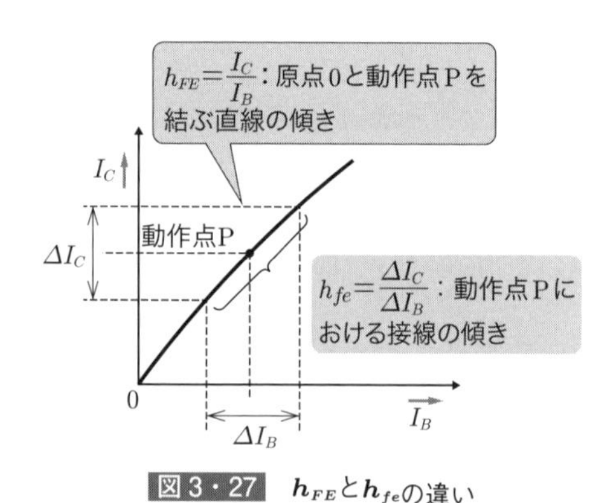

図3・27 h_{FE}とh_{fe}の違い

5 電圧・電流・電力増幅度と利得

一般に，増幅回路は，図3･28のように，入力と出力が2つある四端子回路として表すことができる．この場合

電圧増幅度 $$A_v=\left|\frac{v_o}{v_i}\right| \tag{3・51}$$

電流増幅度 $$A_i=\left|\frac{i_o}{i_i}\right| \tag{3・52}$$

電力増幅度 $$A_p=\left|\frac{p_o}{p_i}\right| \tag{3・53}$$

と表すことができる．

図 3・28 増幅回路の四端子表示

さらに，上式の増幅度を常用対数で表したものを**利得**といい，単位は〔**dB（デシベル）**〕が使われる．増幅回路の電圧・電流・電力の利得は

電圧利得 $\boldsymbol{G_v = 20\ \log_{10} A_v}$〔dB〕 (3・54)

電流利得 $\boldsymbol{G_i = 20\ \log_{10} A_i}$〔dB〕 (3・55)

電力利得 $\boldsymbol{G_p = 10\ \log_{10} A_p}$〔dB〕 (3・56)

> POINT
> 電力利得の係数だけは 10 なので注意

6 バイアス回路

図 3･19 に示したように，トランジスタを動作させるには，V_{CC} と V_{BB} の 2 個の直流電源が必要となる．しかし，電源を 2 個使うのは不経済であるから，抵抗で分圧して V_{BB} をつくり，電源は V_{CC} 1 個でまかなう．これを **1 電源方式**といい，図 3･29 のようなバイアス方式がある．

固定バイアス回路	自己バイアス回路	電流帰還バイアス回路
V_{RB}, V_{BE}, R_B, R_C, I_B, I_C, C, B, E, V_{CC}	I_C+I_B, V_{RC}, V_{RB}, V_{BE}, I_B, R_C, R_B, I_C, C, B, E, V_{CE}, I_E, V_{CC}	V_{RB}, V_{RA}, R_B, R_C, I_B, I_C, I_A, V_{BE}, R_A, V_{RE}, R_E, $I_E=I_C+I_B$, V_{CC}
・回路が簡単 ・温度変化に対して動作が不安定になる ・I_Cの変動が大きい	・回路が簡単 ・温度変化に対する安定性は固定バイアスに比べるとよい ・I_Cの変動が改善される	・回路素子が多い ・温度変化に対する安定性は最も高く，一般によく使われている ・I_Cの変動が小さい

図 3・29 バイアス回路の比較

まず，**固定バイアス回路**では

$$I_B = \frac{V_{CC} - V_{BE}}{R_B} \text{〔A〕} \qquad (3 \cdot 57)$$

$$I_C = h_{FE} I_B = \frac{h_{FE}(V_{CC} - V_{BE})}{R_B} \text{〔A〕} \qquad (3 \cdot 58)$$

が成り立つ．式（3･58）で，$V_{CC} \gg V_{BE}$ であれば，V_{BE} の変化に対して I_C の変化は比較的小さいが，h_{FE} の変化に対しては I_C の変化が大きくなることが欠点である．

次に，**自己バイアス回路**では，$I_C \gg I_B$ なので $I_B + I_C \fallingdotseq I_C$ とすると

$$I_B = \frac{V_{CE} - V_{BE}}{R_B} = \frac{V_{CC} - R_C(I_B + I_C) - V_{BE}}{R_B}$$

$$\fallingdotseq \frac{V_{CC} - R_C I_C - V_{BE}}{R_B} \text{〔A〕} \qquad (3 \cdot 59)$$

となる．この回路は，R_C に（$I_B + I_C$）の電流が流れて電圧が下がる．トランジスタの温度上昇などで I_C が増加すると，R_C による電圧降下が大きくなり，V_{CE} が減少することにより，I_B が減少する．したがって，I_C の増加が抑制されて動作が安定する．

さらに，**電流帰還バイアス回路**では，バイアス電圧 V_{BE} は

$$V_{BE} = R_A I_A - R_E(I_C + I_B) \text{〔V〕} \qquad (3 \cdot 60)$$

となる．トランジスタの温度上昇などで I_C が増加すると，エミッタ電流 I_E も増加するのでR_E の電圧降下が大きくなり，エミッタ電位が上昇する．その結果，V_{BE} が減少してI_B が減少するので，I_C も減少し，動作が安定する．

7 h 定数によるトランジスタの等価回路

図 3･28 の増幅回路の四端子表示において，v_i，i_o を 4 つの定数を用いて

$$\left.\begin{aligned} \boldsymbol{v_i} &= \boldsymbol{h_i i_i} + \boldsymbol{h_r v_o} \\ \boldsymbol{i_o} &= \boldsymbol{h_f i_i} + \boldsymbol{h_o v_o} \end{aligned}\right\} \qquad (3 \cdot 61)$$

が得られる．上式における定数 h_i，h_r，h_f，h_oを **h パラメータ**とい，それぞれ次の意味を持つ．

$$h_i=\left(\frac{v_i}{i_i}\right)_{v_o=0}$$ ：出力端短絡時の入力インピーダンス〔Ω〕

$$h_r=\left(\frac{v_i}{v_o}\right)_{i_i=0}$$ ：入力端開放時の電圧帰還率

$$h_f=\left(\frac{i_o}{i_i}\right)_{v_o=0}$$ ：出力端短絡時の電流増幅率

$$h_0=\left(\frac{i_o}{v_o}\right)_{i_i=0}$$ ：入力端開放時の出力アドミタンス〔S〕

さらに，図3·30のようにエミッタ接地回路において，トランジスタのhパラメータを使うと

$$\left.\begin{aligned} v_b &= h_{ie}i_b + h_{re}v_c \\ i_c &= h_{fe}i_b + h_{oe}v_c \end{aligned}\right\} \qquad (3 \cdot 62)$$

と書ける．このhパラメータはトランジスタの特性曲線において図3·31の意味を持つ．

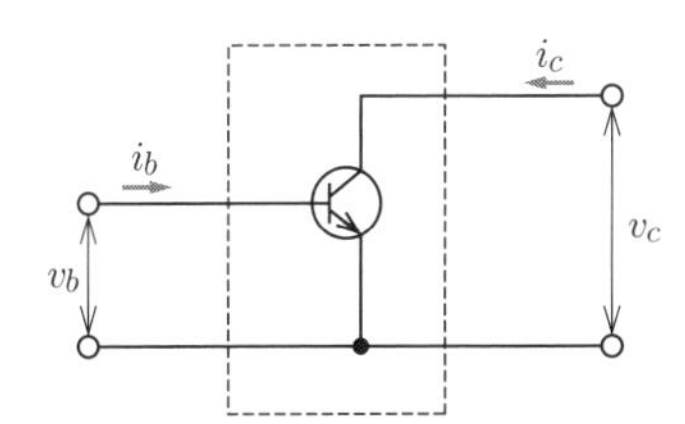

図3・30 トランジスタの入出力電圧・電流

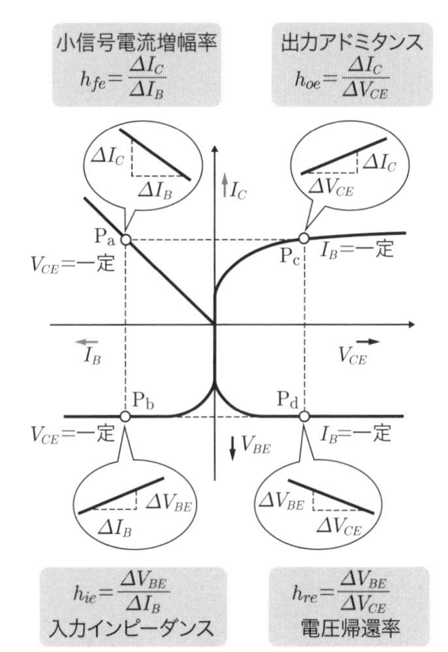

図3・31 特性曲線とhパラメータ

さらに，式（3·62）を回路図に書き表したものが図3·32で，これをトランジスタのエミッタ接地における**hパラメータπ形等価回路**という．

一般に，$h_{re}v_c$は$h_{ie}i_b$に比べて非常に小さく，また並列抵抗$1/h_{oe}$の値は，出力端に接続する負荷抵抗に比べて極めて大きいので，これらを省略すると，図3·33のような**簡略化した等価回路**が得られる．

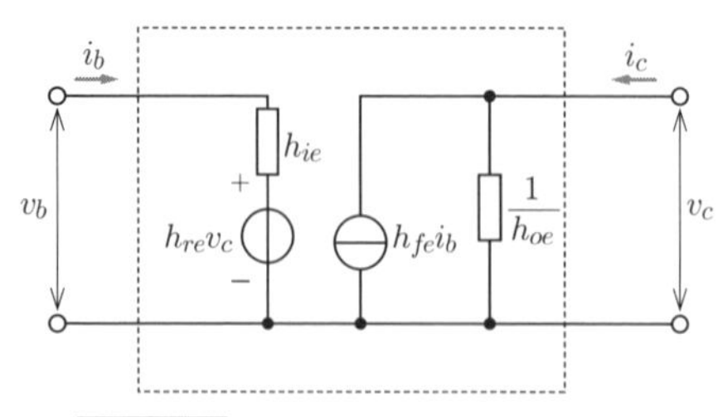

図 3・32　$\boldsymbol{h}$ パラメータ π 形等価回路

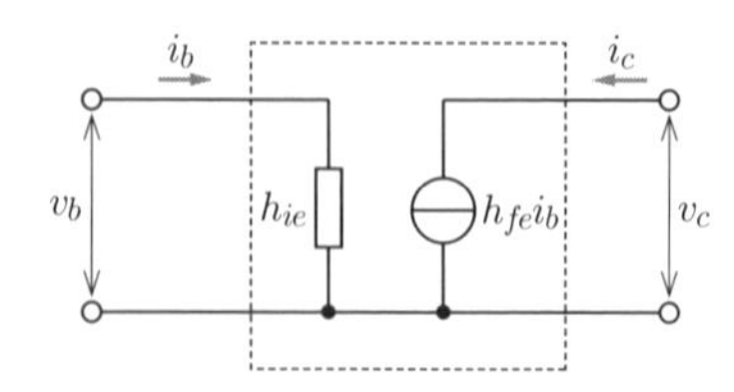

図 3・33　簡略化した等価回路

さらに，図 3·34 のトランジスタ回路において，交流等価回路を導く．

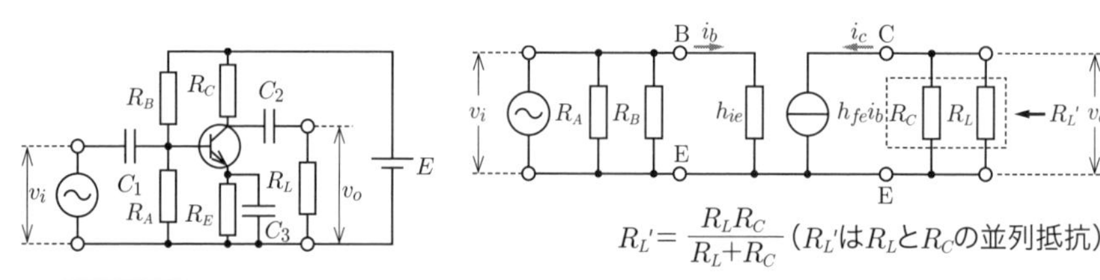

図 3・34　小信号増幅回路

図 3・35　図 **3·34** の交流等価回路

図 3·34 において，コンデンサ C_1 と C_2 は**結合コンデンサ（カップリングコンデンサ）**と呼ばれ，それぞれの入力信号と出力信号から直流分をカットする．また，コンデンサ C_3 は**バイパスコンデンサ**と呼ばれ，交流分に対して安定抵抗 R_E を短絡させるために挿入している．そこで，交流信号に対してコンデンサ C_1，C_2，C_3 と直流電圧源 E は短絡されていると考えることができるため，R_B，R_C を下へ折り返し，図 3·33 の等価回路を適用すると，図 3·35 のようになる．このとき，$i_b = v_i / h_{ie}$，$i_c = h_{fe} i_b$ から，電流増幅度と電圧増幅度は

$$\text{電流増幅度}\ A_i = \frac{i_c}{i_b} = h_{fe} \tag{3・63}$$

$$\text{電圧増幅度}\ A_v = \frac{v_{ce}}{v_{be}} = \frac{R_L{}' i_c}{h_{ie} i_b} = R_L{}' \frac{h_{fe}}{h_{ie}} \left[R_L{}' = \frac{R_L R_C}{R_L + R_C} \right] \tag{3・64}$$

となる．

8 トランジスタの接地方式の比較とコレクタ接地増幅回路

トランジスタの各接地方式には表 3･1 の特徴がある.

表 3・1 トランジスタの接地方式の比較

接地方式	エミッタ接地増幅回路	ベース接地増幅回路	コレクタ接地増幅回路
電圧増幅度	大	大	1
電流増幅度	大	1	大
電力増幅度	大	中	小
入力インピーダンス	中	小	大
出力インピーダンス	中	大	小
入出力の位相	逆相	同相	同相

図 3･36 (a) の**コレクタ接地増幅回路**は，出力電圧 v_o を R_E の両端から取り出しており，エミッタ電圧が入力電圧に追従（フォロー）するため，**エミッタホロワ**とも呼ばれる.

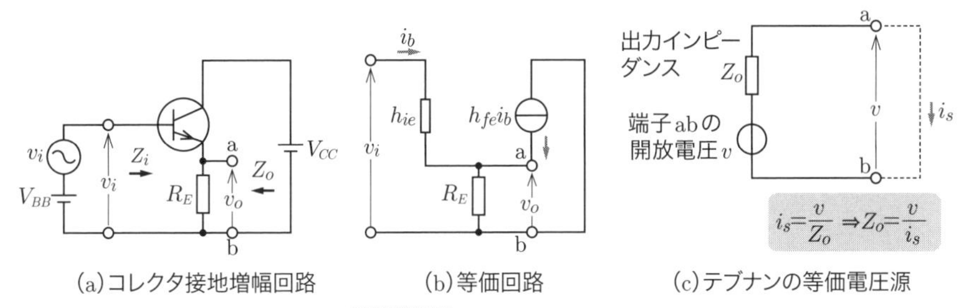

(a)コレクタ接地増幅回路　(b)等価回路　(c)テブナンの等価電圧源

図 3・36 コレクタ接地増幅回路

図 3･36 (b) は h パラメータを用いて図 3･36 (a) を書き換えた等価回路である.

入力電圧 $v_i = h_{ie}i_b + R_E(1+h_{fe})i_b$，出力電圧 $v_o = R_E(1+h_{fe})i_b$ であるから，電圧増幅度 A_vは

$$A_v = \frac{v_o}{v_i} = \frac{R_E(1+h_{fe})}{h_{ie}+R_E(1+h_{fe})} \qquad (3 \cdot 65)$$

一般に，$h_{ie} \ll R_E(1+h_{fe})$ が成り立つから

$$電圧増幅度\ A_v \fallingdotseq 1 \tag{3・66}$$

POINT エミッタホロワの電圧増幅度は 1

となる．入力インピーダンス Z_i は，上述の入力電圧の式を変形すれば

$$Z_i = \frac{v_i}{i_b} = h_{ie} + R_E(1 + h_{fe}) \fallingdotseq h_{ie} + h_{fe}R_E\ 〔\Omega〕 \tag{3・67}$$

POINT 入力インピーダンスは大

となって，h_{ie} の値よりもかなり大きな値となる．一方，出力インピーダンス Z_o はテブナンの定理より，出力端の開放電圧 $v = v_o = A_v v_i \fallingdotseq v_i$ と，出力端短絡 $(R_E = 0)$ 時の電流 $i_s = i_b + i_c = (1 + h_{fe})i_b = (1 + h_{fe})v_i/h_{ie}$ との比だから

$$Z_o = \frac{v}{i_s} = \frac{h_{ie}}{1 + h_{fe}} \fallingdotseq \frac{h_{ie}}{h_{fe}}\ 〔\Omega〕 \tag{3・68}$$

POINT 出力インピーダンスは小

となる．この出力インピーダンスは小さな値となることがわかる．このように，**コレクタ接地増幅回路（エミッタホロワ）はインピーダンス変換作用（高インピーダンス→低インピーダンス）**をもっている．

9 A 級・B 級・C 級電力増幅回路

電力増幅回路は，バイアスによって，A級，B級，C級に分けられる．

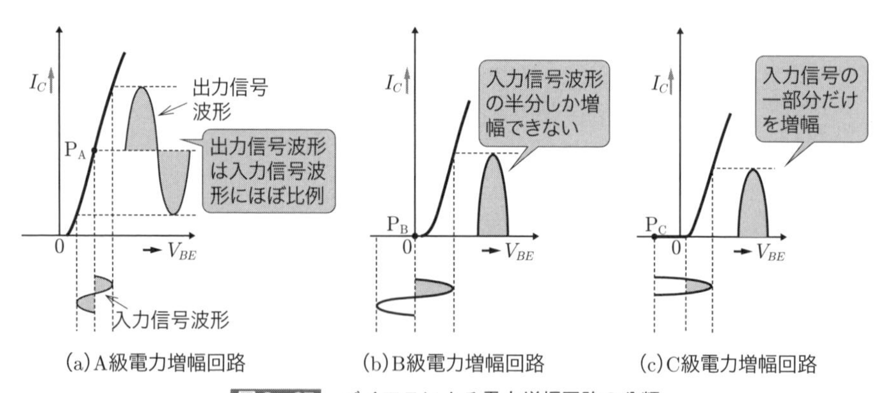

(a)A級電力増幅回路　(b)B級電力増幅回路　(c)C級電力増幅回路

図 3・37　バイアスによる電力増幅回路の分類

A級電力増幅回路は，図 3･37（a）のように，$V_{BE} - I_C$ 特性のほぼ直線とみなせる範囲の点 P_A をバイアスに設定する回路である．これは，出力信号波形が入力信号波形にほぼ比例するため，ひずみの少ない増幅ができる．しかし，無信号時にも

電力が必要になるため，電源効率（＝出力電力/電源供給電力）は 50%以下になる．

B級電力増幅回路は，図 3･37（b）のように，$V_{BE}-I_C$ 特性において，動作点を点 P_B において動作させる．このため，出力信号 I_C は半周期分しか得られない．しかし，この半周期分は大きな振幅の I_C を得ることができる．また，入力信号がないときには直流電流 I_C が流れないため，A級電力増幅回路に比べて効率が良いことも利点である．

図 3･38 は，**B級プッシュプル電力増幅回路**である．入力信号の正の半サイクルでは，トランス T_1 には i_{B1} の方向に電流が流れて npn 形トランジスタ Tr_1 が導通して i_{C1} が流れるから，出力トランス T_2 の上半分が動作する．同様に，入力信号が負の半サイクルでは，Tr_2 のベース電流が流れ Tr_2 が導通して i_{C2} が流れるため，出力トランス T_2 の下半分に電流が流れ，同図の出力信号が得られる．

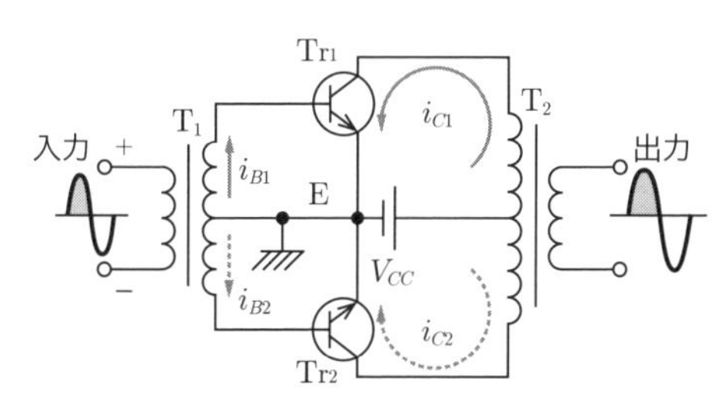

図 3・38　B 級プッシュプル電力増幅回路

C級電力増幅回路は，図 3･37（c）のように，$V_{BE}-I_C$ 特性において，動作点を点 P_C において動作させる．入力波形の一部だけを増幅するため，出力波形はひずみ，振幅に情報をもつ低周波回路には使用できない．しかし，電源効率が高いことを利用して高周波発振回路によく用いられる．

例題 10 ………………………………………… **H23 問 4**

次の文章は，npn バイポーラトランジスタに関する記述である．

平衡状態にある半導体の正孔濃度 $\boldsymbol{p}$ と電子濃度 $\boldsymbol{n}$ には $\boldsymbol{pn}$ 積一定という関係が成立する．この問題では $\boldsymbol{p=n}$ の平衡状態では電子も正孔も真性キャリヤ濃度 $\mathbf{1.4\times10^{10}}\ \mathrm{cm^{-3}}$ の場合を考える．

そこで，不純物をドーピングすると多数キャリヤ濃度がドーピング濃度と等しいと近似できるので，$\boldsymbol{p\neq n}$ となる．しかし，$\boldsymbol{pn}$ 積一定の関係は維持されるので，多数キャリヤ濃度が決まると平衡時の少数キャリヤ濃度も決まる．

いま，ベースのドーピング濃度が $\mathbf{1.0\times10^{18}}\ \mathrm{cm^{-3}}$ としよう．するとベースの少数キャリヤ濃度は [(1)]〔$\mathrm{cm^{-3}}$〕となる．エミッタ・ベース間に電圧を印加しないときはベースの少数キャリヤ濃度はエミッタの多数キャリヤ濃度と拡散電位によって釣り合っている．ここで，ベース電位を零とし，エミッタ電位を負にすると，エミッタに隣接した場所でのベース内の少数キャリヤ濃度である電子濃度は，エミッタからの電子の注入により大きくなる．エミッタ電位が **60 mV** 負の方向に変化するごとにこの電子濃度が **10** 倍になる（**120 mV** の変化では **100** 倍）とし，エミッタ電位を $\mathbf{-780}$ **mV** とした場合，エミッタに隣接した場所でのベース内少数キャリヤ濃度は [(2)]〔$\mathrm{cm^{-3}}$〕となる．

このとき，エミッタに隣接した場所では少数キャリヤ濃度は非平衡であり，ベース内での他の場所よりも少数キャリヤ濃度が高いことから電子は拡散してコレクタ側へ向かう．ベース中の再結合を無視できるとすると，電子の流れる量は濃度勾配の大きさ（単位長さ当たりの電子濃度の減少率）に拡散定数を掛けたものとなる．コレクタに隣接した場所ではベース内少数キャリヤ濃度が平衡時と等しいと考えると，これはエミッタに隣接した場所でのベース内少数キャリヤ濃度に比べて十分小さいので零と近似できる．ベース層の厚さを $\mathbf{1.0\times10^{-5}}\ \mathrm{cm}$ とすると濃度勾配の大きさは [(3)]〔$\mathrm{cm^{-4}}$〕となる．拡散係数が $\mathbf{25}\ \mathrm{cm^2{\cdot}s^{-1}}$ であるとすると，電子の流れる量は [(4)]〔$\mathrm{cm^{-2}{\cdot}s^{-1}}$〕となる．ベースから流れ出た電子の流れはコレクタ電流に相当するので，単位電荷 $\mathbf{1.6\times10^{-19}}\ \mathrm{C}$ を掛けるとコレクタ電流密度は [(5)]〔$\mathrm{A{\cdot}cm^{-2}}$〕となる．

【解答群】

(イ) 1.0×10^2	(ロ) 2.0×10^2	(ハ) 3.0×10^2	(ニ) 5.0×10^2
(ホ) 8.0×10^2	(ヘ) 1.0×10^{10}	(ト) 1.0×10^{15}	(チ) 2.0×10^{15}
(リ) 1.0×10^{16}	(ヌ) 1.0×10^{20}	(ル) 2.0×10^{20}	(ヲ) 1.0×10^{21}
(ワ) 3.0×10^{21}	(カ) 5.0×10^{21}	(ヨ) 1.0×10^{23}	

解 説 (1) pn 積一定の法則の式（3･17）より

$$少数キャリヤ濃度 = \frac{{n_i}^2}{多数キャリヤ濃度} = \frac{(1.4\times10^{10})^2}{1.0\times10^{18}} = 2.0\times10^{2}\ \mathrm{cm^{-3}}$$

(2) npn バイポーラトランジスタでは，ベースの少数キャリヤは電子である．エミッタ電位を負にすると，ベース内にはエミッタから電子が注入される．題意より 60 mV 負の方向に変化するごとに電子濃度は 10 倍になるから，$780\div60=13$ となり，電子濃度は 10^{13} 倍となる．したがって，ベース内少数キャリヤ濃度は，$2.0\times10^{2}\times10^{13}=2.0\times10^{15}\ \mathrm{cm^{-3}}$

(3) ベース層の厚さ $x=1.0\times10^{-5}$ cm であるため，電子濃度勾配 n/x は

$$\frac{n}{x} = \frac{2.0\times10^{15}}{1.0\times10^{-5}} = 2.0\times10^{20}\ \mathrm{cm^{-4}}$$

(4) 電子の流れる量 i_q は，電子濃度勾配 n/x と拡散係数 D をかければよいから

$$i_q = D\frac{n}{x} = 25\times2.0\times10^{20} = 5.0\times10^{21}\ \mathrm{cm^{-2}\cdot s^{-1}}$$

(5) コレクタ電流密度 J は，単位電荷 q に電子の流れる量 i_q をかけたものである．すなわち，式（3･24）を求めることと同じである．

$$J = qi_q = 1.6\times10^{-19}\times5.0\times10^{21} = 8.0\times10^{2}\ \mathrm{A\cdot cm^{-2}}$$

【解答】（1）ロ　（2）チ　（3）ル　（4）カ　（5）ホ

例題 11 ………………………………………………………… **H25　問 7**

次の文章は，トランジスタ増幅回路の設計に関する記述である．ただし，図 **1** のトランジスタ増幅回路において，v_{in} は小信号正弦波入力電圧，v_{out} は小信号正弦波出力電圧である．

いま，抵抗 R_1 を流れる電流 I_1 と比較して直流ベース電流 I_B を無視できると仮定する．まず，直流ベース電位 V_B を **1.2** V とするためには，電流 I_1 が (1) 〔μA〕となるので，抵抗 R_1 を (2) 〔kΩ〕と求めることができる．次に，トランジスタのベース・エミッタ間の直流電圧 V_{BE} を **0.70** V と仮定する．直流エミッタ電流 I_E を **0.10** mA とするために，抵抗 R_E を (3) 〔kΩ〕とする．さらに，直流コレクタ電位 V_C を **2.1** V に設定するために，抵抗 R_L を (4) 〔kΩ〕とする．

最後に，これまでに求めた素子値を用いて，図 **1** のトランジスタ増幅回路の電圧増幅度 $v_{\mathrm{out}}/v_{\mathrm{in}}$ を求めることにする．トランジスタの交流等価回路が図 **2** で表され，また，すべてのコンデンサを正弦波交流信号の周波数において短絡とみなすと，図 **1** のトランジスタ増幅回路の電圧増幅度 $v_{\mathrm{out}}/v_{\mathrm{in}}$ の絶対値は (5) となる．

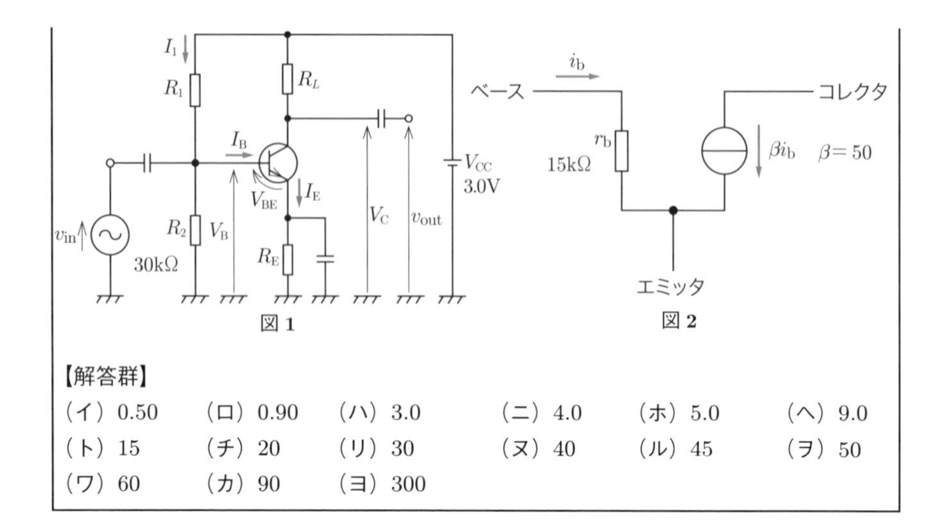

図 1　　　　図 2

【解答群】

(イ) 0.50	(ロ) 0.90	(ハ) 3.0	(ニ) 4.0	(ホ) 5.0	(ヘ) 9.0
(ト) 15	(チ) 20	(リ) 30	(ヌ) 40	(ル) 45	(ヲ) 50
(ワ) 60	(カ) 90	(ヨ) 300			

解　説　(1) 図1のトランジスタ回路において，I_1と比較して直流ベース電流I_Bを無視できるので，直流電源V_{CC}から電流I_1は抵抗R_1とR_2の直列回路に流れる．したがって，$V_B = I_1 R_2$が成り立つから

$$I_1 = \frac{V_B}{R_2} = \frac{1.2}{30 \times 10^3} = 40 \times 10^{-6}\ \mathrm{A} = 40\ \mu\mathrm{A}$$

(2) 図1より，$V_{CC} = I_1 R_1 + V_B$が成り立つから

$$R_1 = \frac{V_{CC} - V_B}{I_1} = \frac{3.0 - 1.2}{40 \times 10^{-6}} = 45 \times 10^3 \Omega = 45\ \mathrm{k}\Omega$$

(3) 図1より，直流ベース電位V_Bは，抵抗R_Eの電圧降下とトランジスタのベース－エミッタ間の電圧V_{BE}の和であるから，$V_B = I_E R_E + V_{BE}$

$$\therefore\ R_E = \frac{V_B - V_{BE}}{I_E} = \frac{1.2 - 0.70}{0.1 \times 10^{-3}} = 5 \times 10^3 \Omega = 5\ \mathrm{k}\Omega$$

(4) 図1より，抵抗R_Lに流れる電流をI_Cとすれば

$$V_C = V_{CC} - I_C R_L$$

$$\therefore\ R_L = \frac{V_{CC} - V_C}{I_C} = \frac{V_{CC} - V_C}{I_E - I_B} \fallingdotseq \frac{V_{CC} - V_C}{I_E} = \frac{3.0 - 2.1}{0.10 \times 10^{-3}} = 9 \times 10^3 \Omega = 9\ \mathrm{k}\Omega$$

(5) 題意より，正弦波交流信号の周波数ではすべてのコンデンサを短絡とみなすことができるので，図3·35と同様に考えれば解説図の等価回路となる．したがって，式(3·64)より

$$A_v=\left|\frac{v_{\rm out}}{v_{\rm in}}\right|=\frac{R_{\rm L}i_c}{r_b i_b}=\frac{R_{\rm L}\beta i_b}{r_b i_b}=\frac{R_{\rm L}\beta}{r_b}=\frac{9\times10^3\times50}{15\times10^3}=30$$

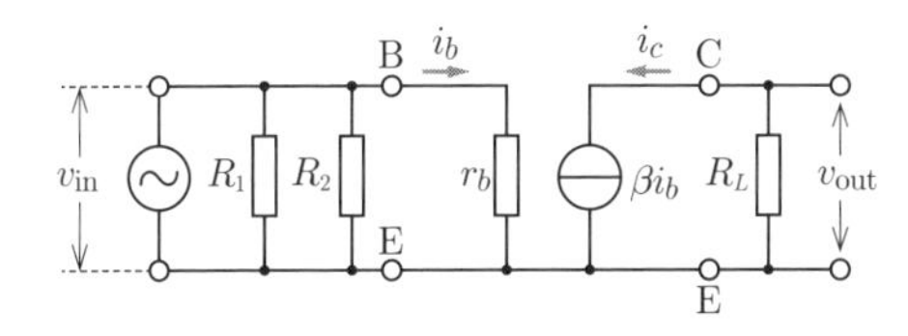

解説図　交流時の等価回路

【解答】(1) ヌ　(2) ル　(3) ホ　(4) ヘ　(5) リ

例題 12 ……………………………………………… **H30　問 7**

次の文章は，バイポーラトランジスタを用いた増幅回路に関する記述である．

図 1 の増幅回路は，使用する周波数帯域において容量 C_E のインピーダンスが十分に小さく短絡とみなせるとき，図 2 の小信号等価回路で表される．ここで h_{ie} および h_{fe} はそれぞれエミッタ接地されたバイポーラトランジスタの入力インピーダンスと電流増幅率である．

図 2 においてトランジスタのベース-エミッタ間電圧 v_{be} および R_{E1} の両端の電圧は，電流 i_b を用いてそれぞれ [(1)] および [(2)] と表される．これらの電圧の和は入力電圧 $v_{\rm in}$ となることから，電流 i_b は入力電圧を用いて [(3)] と表される．電流 i_b は増幅回路の入力電流であるから，増幅回路の入力インピーダンス $v_{\rm in}/i_b$ は [(4)] となる．一方，出力電圧 $v_{\rm out}$ は $v_{\rm out}=-R_{\rm C}h_{fe}i_b$ であるから，$i_b=$ [(3)] を代入することにより，増幅回路の電圧利得 $v_{\rm out}/v_{\rm in}$ は [(5)] となる．

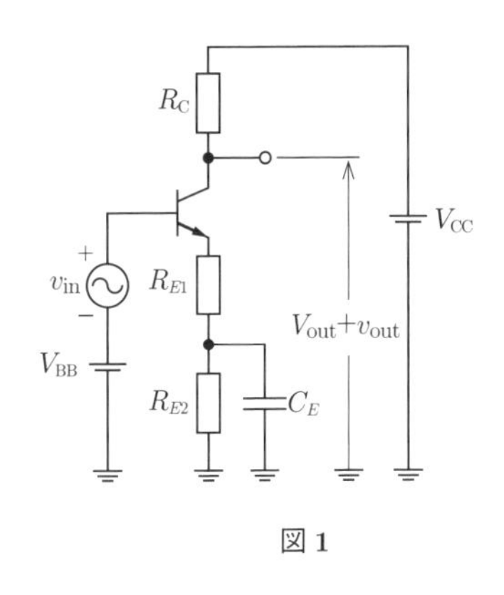

図 1

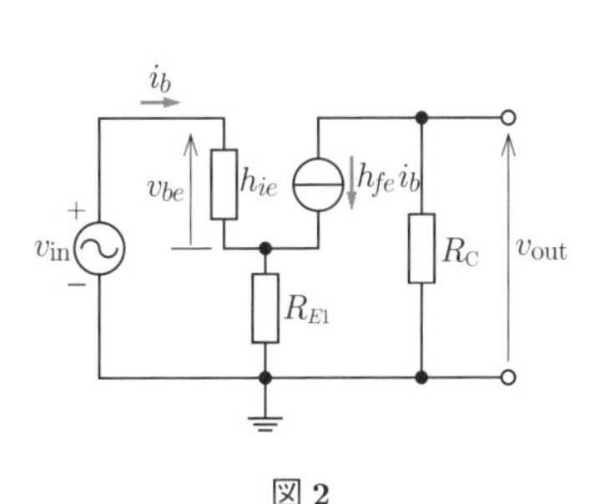

図 2

【解答群】

(イ) $h_{ie}+R_{E1}(1+h_{fe})$	(ロ) $\dfrac{h_{fe}R_C}{h_{ie}+R_{E1}(1+h_{fe})}$	(ハ) $h_{ie}i_b$
(ニ) $\dfrac{-h_{fe}R_C}{h_{ie}+R_{E1}(1+h_{fe})}$	(ホ) $\dfrac{v_{in}}{h_{ie}+R_{E1}(1+h_{fe})}$	(ヘ) $[h_{ie}+R_{E1}(1+h_{fe})]v_{in}$
(ト) h_{ie}	(チ) $R_{E1}(1+h_{fe})i_b$	(リ) $\dfrac{v_{in}}{h_{ie}}$
(ヌ) $h_{ie}+R_{E1}$	(ル) v_{in}	(ヲ) $\dfrac{-h_{fe}R_C}{h_{ie}}$
(ワ) $\dfrac{i_b}{h_{ie}}$	(カ) $R_{E1}i_b$	(ヨ) $\dfrac{i_b}{R_{E1}(1+h_{fe})}$

解説 (1) 図2の回路を見れば，$v_{be}=h_{ie}i_b$

(2) R_{E1} に流れる電流は図2より，$i_b+h_{fe}i_b$ なので，R_{E1} 両端の電圧 v_{RE1} は

$$v_{RE1}=R_{E1}(i_b+h_{fe}i_b)=R_{E1}(1+h_{fe})i_b$$

(3) 題意と図2より，$v_{in}=v_{be}+v_{RE1}=h_{ie}i_b+R_{E1}(1+h_{fe})i_b$

$$\therefore i_b=\frac{v_{in}}{h_{ie}+R_{E1}(1+h_{fe})} \quad \cdots\cdots①$$

(4) 式①を変形すれば，入力インピーダンス $\dfrac{v_{in}}{i_b}=h_{ie}+R_{E1}(1+h_{fe})$

(5) 出力電圧 $v_{out}=-R_Ch_{fe}i_b$ に式①を代入し

$$v_{out}=\frac{-R_Ch_{fe}v_{in}}{h_{ie}+R_{E1}(1+h_{fe})} \quad \therefore \frac{v_{out}}{v_{in}}=\frac{-h_{fe}R_C}{h_{ie}+R_{E1}(1+h_{fe})}$$

【解答】(1) ハ　(2) チ　(3) ホ　(4) イ　(5) ニ

例題 13 ………………………………………… H28　問7

次の文章は，増幅回路に関する記述である．

図1の回路は [(1)] 接地増幅回路又はエミッタフォロワと呼ばれる回路であり，その小信号等価回路（交流等価回路）は図2で与えられる．

図2において，電流 i_b が図に示す向きに流れるとき，r_e および R_E に流れる電流 i_{out} は [(2)] となる．よって，出力電圧 v_{out} は

$$v_{out}=\boxed{(2)}\times R_E \cdots\cdots①$$

と表される．一方，図2中の点線で表す経路にキルヒホッフの電圧則を適用することで，入力電圧 v_{in} を

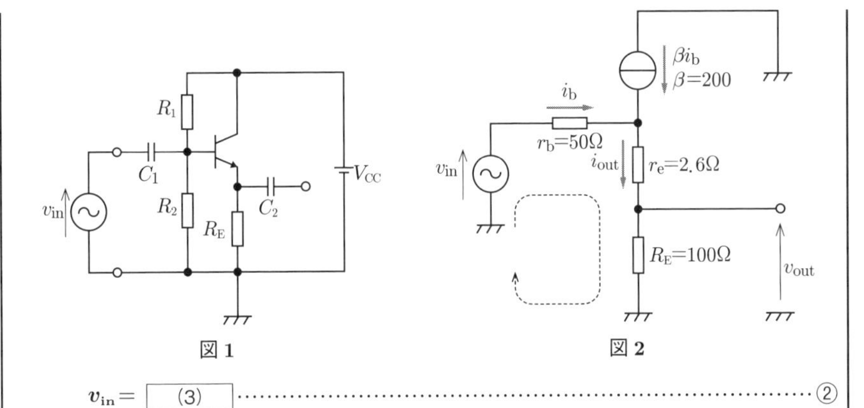

図 1　　図 2

$v_{in}=$ (3) ……………………………………②

と表すことができる．図 1 の回路の電圧利得 v_{out}/v_{in} は式①および式②を用いて，$v_{out}/v_{in}=$ (4) と導かれる．この結果に図 2 中の数値を代入し，電圧利得 v_{out}/v_{in} を求めることで，エミッタフォロワは (5) ことがわかる．

【解答群】

(イ) エミッタ　(ロ) ベース　(ハ) コレクタ

(ニ) $r_b i_b+(1+\beta)r_e i_b$　(ホ) $\dfrac{-\beta R_E}{r_b+(1+\beta)r_e}$　(ヘ) $r_b i_b+\beta(r_e+R_E)i_b$

(ト) $\dfrac{-(1+\beta)R_E}{r_b+\beta(r_e+R_E)}$　(チ) i_b　(リ) $(1+\beta)i_b$

(ヌ) βi_b　(ル) $\dfrac{(1+\beta)R_E}{r_b+(1+\beta)(r_e+R_E)}$　(ヲ) $r_b i_b+(1+\beta)(r_e+R_E)i_b$

(ワ) 非反転増幅回路であり，ほぼ 1 倍の電圧利得を有する
(カ) 反転増幅回路であり，大きな電圧利得を有する
(ヨ) 反転増幅回路であり，ほぼ−1倍の電圧利得を有する

解　説　(1) 接地の見分け方は，解説図の太線のように，入力端子の片側と出力端子の片側が交流的に短絡になっている線を見つければよい．図 1 ではトランジスタを動作させるために電源 V_{CC} が接続されているが，小信号をみると図 2 のように接地されているのと等価である．すなわち，コレクタ接地増幅回路である．

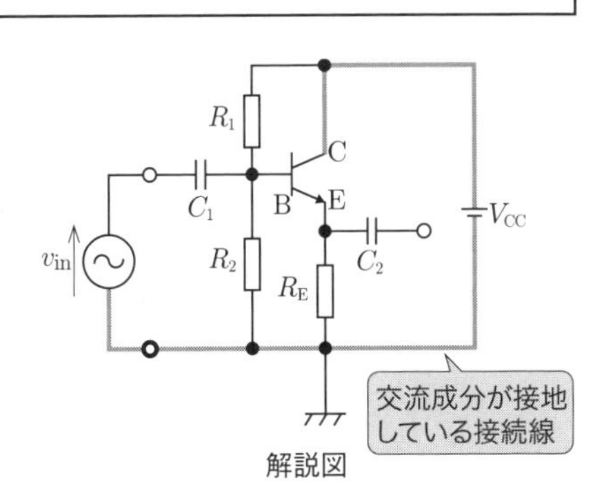

解説図

(2) 図2において，キルヒホッフの第1法則より

$$i_{\text{out}} = i_b + \beta i_b = (1+\beta) i_b$$

(3) 図2の点線で表す経路にキルヒホッフの第2法則（電圧則）を適用すれば

$$v_{\text{in}} = r_b i_b + (r_e + R_{\text{E}}) i_{\text{out}} = r_b i_b + (1+\beta)(r_e + R_{\text{E}}) i_b$$

(4) $$\frac{v_{\text{out}}}{v_{\text{in}}} = \frac{(1+\beta) R_{\text{E}} i_b}{r_b i_b + (1+\beta)(r_e + R_{\text{E}}) i_b} = \frac{(1+\beta) R_{\text{E}}}{r_b + (1+\beta)(r_e + R_{\text{E}})}$$

(5) （4）で求めた式に数値を代入すれば

$$\frac{v_{\text{out}}}{v_{\text{in}}} = \frac{(1+\beta) R_{\text{E}}}{r_b + (1+\beta)(r_e + R_{\text{E}})} = \frac{(1+200) \times 100}{50 + (1+200) \times (2.6+100)} \fallingdotseq 0.97$$

すなわち，入力電圧 v_{in} と出力電圧 v_{out} は正負の反転がなく，大きさはほぼ等しい．したがって，エミッタフォロワは非反転増幅回路であり，ほぼ1倍の電圧利得を有する．

【解答】（1）ハ　（2）リ　（3）ヲ　（4）ル　（5）ワ

3-5 電界効果トランジスタ

攻略のポイント

本節に関して，電験３種でもFETの基本的な計算は出題されることがあるが，電験２種においても，３種の計算問題と本質的には同レベルの内容が出題されている．FETの基本的な考え方や等価回路を理解しておけば対応できる．

1 接合形FET

バイポーラトランジスタでは出力電流を入力電流により制御したが，**電界効果トランジスタ**では出力電流を入力電圧により制御し，**FET**と呼ばれる．

接合形トランジスタは図3･39のような構造を有し，ソースとドレインとの間の電流通路を**チャネル**という．また，チャネルにp形半導体，n形半導体を用いたものをそれぞれ**pチャネル接合形FET**，**nチャネル接合形FET**という．

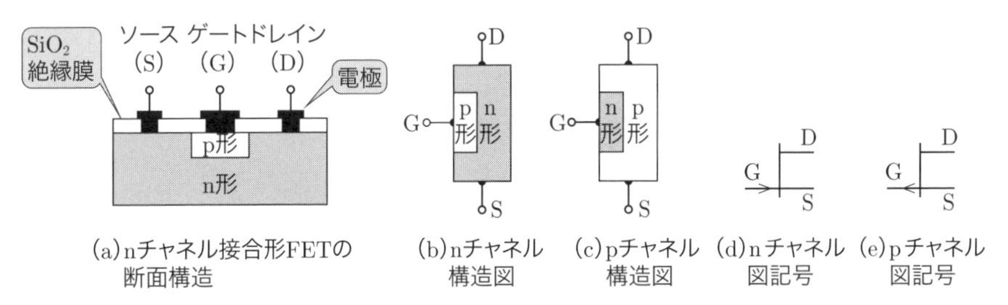

図3・39 接合形FETの構造と図記号

図3･40 (a) のnチャネル接合形FETにおいて，ゲートに電圧を加えず，ドレイン-ソース間電圧に電圧V_{DS}を加えると，n形領域の電子はドレインの正の電圧に引き寄せられてドレイン電流I_Dが十分に流れる．次に，図3･40 (b) のように，ゲート-ソース間に逆方向電圧V_{GS}を加えると，pn接合面に空乏層が広がり，I_Dが流れるチャネルが狭くなって電子が移動しにくい状態になる．つまり，I_Dが減少する．さらに，図3･40 (c) のように，さらにV_{GS}を大きくしていくと，空乏層が完全にチャネルをふさぐため，電流I_Dは流れない．**接合形FETではソース接地形増幅回路が最も多く使用される．**

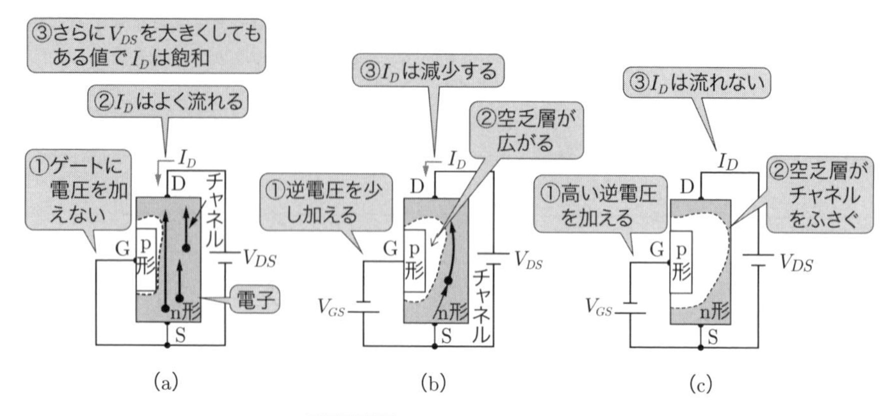

図3・40　接合形 FET の動作

図 3･40 の接合形 FET では図 3･41 の特性曲線が得られる．これを FET の V_{GS} −I_D 特性という．同図の点 P における V_{GS} の微小変化 ΔV_{GS} に対する I_D の微小変化 ΔI_D の比 g_m は

$$\boldsymbol{g_m = \frac{\Delta I_D}{\Delta V_{GS}}}\ \text{〔S〕} \qquad (3 \cdot 69)$$

であり，**相互コンダクタンス**という．この ΔV_{GS} と ΔI_D を小信号の交流電圧・電流として v_{gs}，i_d に置き換えれば

$$\boldsymbol{i_d = g_m v_{gs}} \qquad (3 \cdot 70)$$

となる．つまり，入力電圧 v_{gs} に対して，出力側には $g_m v_{gs}$ の電流が流れるから，これを踏まえると，接合形 FET の等価回路は図 3･42 のとおりとなる．

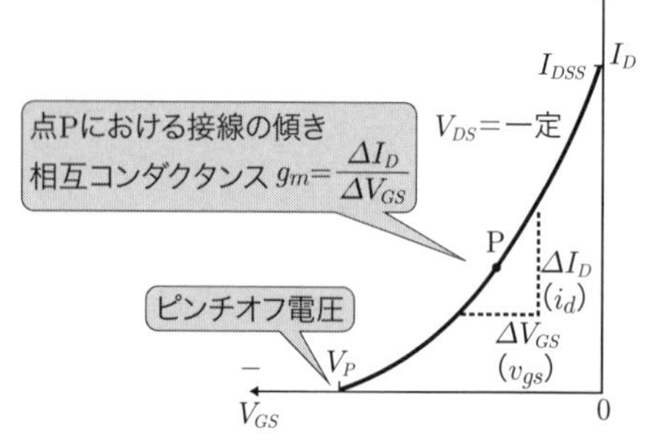

図3・41　特性曲線

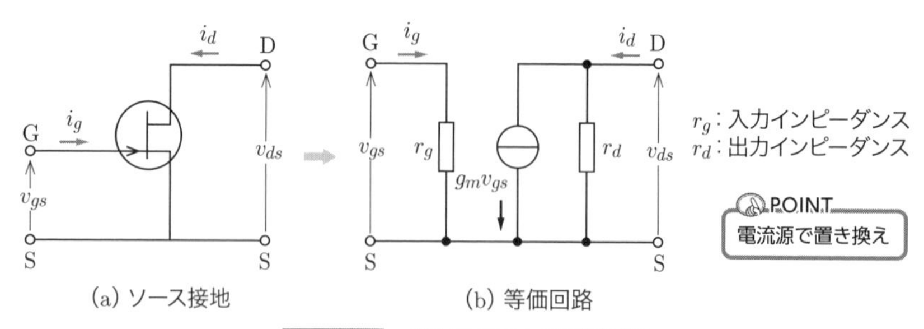

図3・42　接合形 FET の等価回路

図 3･43 (a) のソース接地増幅回路において，直流回路と交流回路に分離して動作解析を行う．

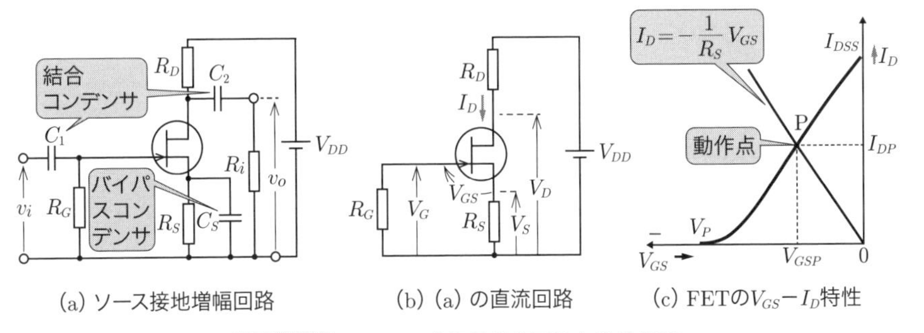

(a) ソース接地増幅回路　(b) (a) の直流回路　(c) FETのV_{GS}−I_D特性

図 3・43　FET の小信号増幅回路と動作解析

まず，図 3･43 (b) の直流回路でバイアスを求める．同図では，ゲートには電流が流れないため，R_G の電圧降下は 0 である．したがって，ソース抵抗 R_S の電圧降下 V_S の大きさがそのままゲート-ソース間電圧 V_{GS} の大きさとなるから，$V_{GS}=-V_S=-R_SI_D$ となるため，これを変形して

$$\boldsymbol{I_D=-\frac{1}{R_S}V_{GS}} \tag{3・71}$$

POINT　傾きが$-\dfrac{1}{R_s}$の直線

となる．これを V_{GS}-I_D 特性曲線上に書くと，図 3･43 (c) のように動作点Pが求まる．

次に，交流等価回路に関しては，交流分に対してコンデンサや直流電源は短絡されていると考えればよく，抵抗 R_D を下へ折り返して図 3･42 の等価回路を適用すれば，図 3･44 の交流等価回路となる．したがって，電圧増幅度 A_v は

$$\boldsymbol{A_v=\left|\frac{v_o}{v_i}\right|=\left|\frac{g_m v_{gs} R_L}{v_{gs}}\right|=g_m R_L}$$

$$\boldsymbol{\fallingdotseq g_m\frac{R_D R_i}{R_D+R_i}}\quad (\boldsymbol{r_d \gg R_D,\ R_i}\text{ のとき}) \tag{3・72}$$

$$\left(\text{ただし，}\boldsymbol{\frac{1}{R_L}=\frac{1}{r_d}+\frac{1}{R_D}+\frac{1}{R_i}}\right)$$

となる．

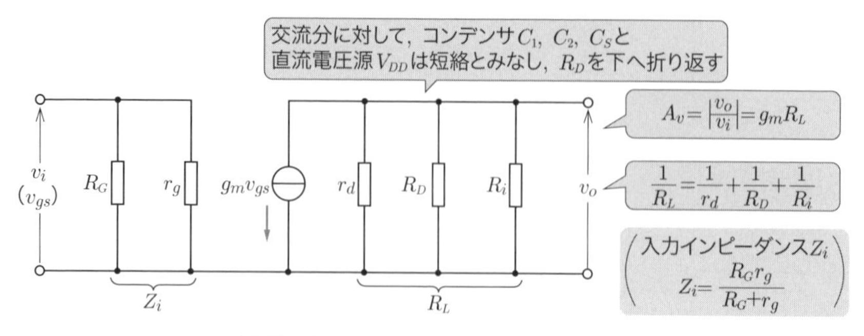

図 3・44　図 3･43（a）の交流等価回路

2　MOS 形 FET

図 3･45 に MOS 形 FET の原理図を示す．p 形半導体基板にソース（S）とドレイン（D）の 2 つの電極を設け，その下に n 形不純物を拡散させて n 形部分をつくる．また，ソースとドレインの間に，基板と絶縁層である SiO_2 層を隔ててゲート（G）電極を設ける．

図 3･45（b）は，n チャネル MOS 形 FET において，ゲート電圧 V_{GS}，ドレイン電圧 V_{DS} を加えたときの動作原理である．V_{GS} を加えると，p 形基板に**反転層**が形成され，この状態で V_{DS} を加えるとドレイン電流 I_D が流れる．さらに V_{DS} を増加すると，ドレイン電流はある値で飽和する．一方，V_{DS} を一定にして，ゲート電圧 V_{GS} を増やしていくとチャネル幅が広がり，I_D が増加する．すなわち，**MOS 形 FET は，ゲート電圧を変化させることにより反転層を変化させ，ドレイン電流を変化させる電圧制御素子**である．なお，この例は，ゲートに正電圧を加えてチャネルを構成する**エンハンスメント形**である．

このほかに，あらかじめチャネルが構成されており，ゲート-ソース間電圧を負に大きくしていって I_D が減少する特性をもった FET を**デプリーション形**という．

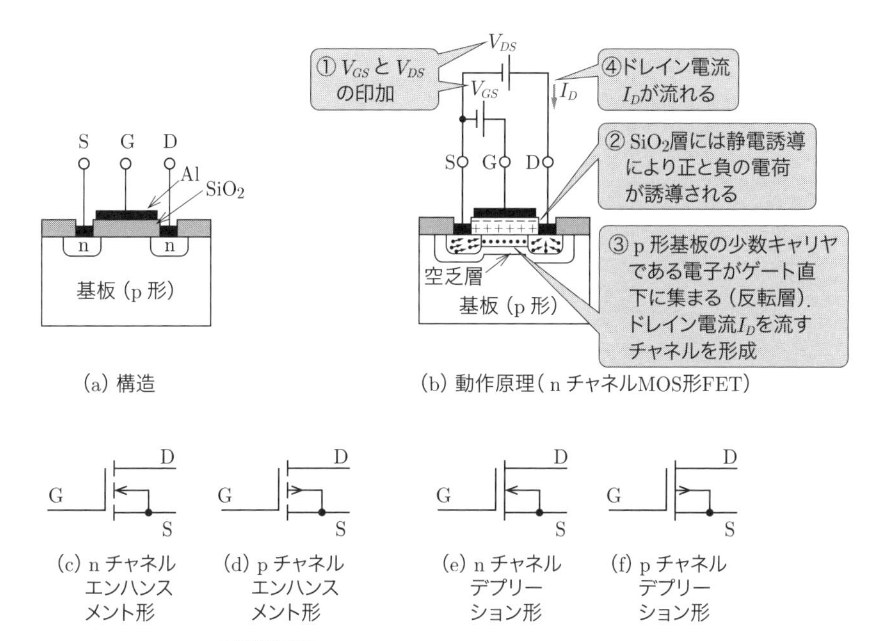

図 3・45 MOS 形 FET の構造・原理・図記号

例題 14 ······ **H27 問 7**

次の文章は，図 1 に示す MOSFET を用いた増幅回路に関する記述である．ただし，図 1 は増幅回路の交流成分のみを考慮しており，MOSFET の交流等価回路は図 2 で表されるものとする．また，抵抗 R_L を 25 kΩ，伝達コンダクタンス g_m を 1.0 mS とする．

図 2 の MOSFET の交流等価回路を使って得られる図 1 の増幅回路の交流等価回路において，v_{gs} は $v_{gs}=$ (1) であるので，電流 i_{in} は $i_{in}=$ (2) となる．この結果に数値を代入すると，図 1 の増幅回路の入力抵抗が $v_{in}/i_{in}=$ (3) 〔kΩ〕であることがわかる．さらに，i_L は i_{in} に等しいので，v_{out} を R_L，g_m，v_{in} を用いて表すと $v_{out}=$ (4) であることがわかる．この結果に数値を代入すると，増幅度 v_{out}/v_{in} は $v_{out}/v_{in}=$ (5) 倍となる．

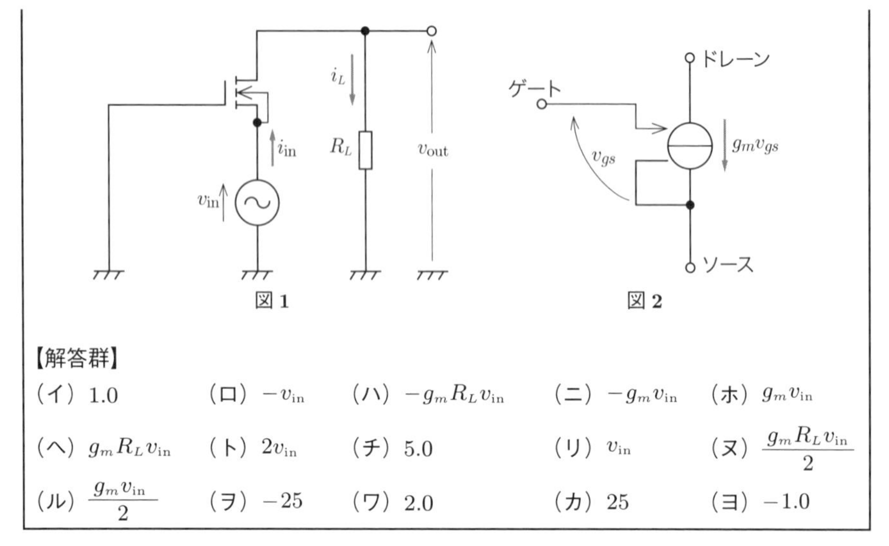

【解答群】

（イ）1.0	（ロ）$-v_{in}$	（ハ）$-g_m R_L v_{in}$	（ニ）$-g_m v_{in}$	（ホ）$g_m v_{in}$
（ヘ）$g_m R_L v_{in}$	（ト）$2v_{in}$	（チ）5.0	（リ）v_{in}	（ヌ）$\dfrac{g_m R_L v_{in}}{2}$
（ル）$\dfrac{g_m v_{in}}{2}$	（ヲ）-25	（ワ）2.0	（カ）25	（ヨ）-1.0

解　説　(1) 図1のMOSFETを図2の交流等価回路で置き換えると，解説図の等価回路になる．解説図から，ゲート電圧 v_{gs} は交流入力電圧 v_{in} と逆極性で定義されているので

$$v_{gs} = -v_{in} \quad \cdots\cdots①$$

(2) 解説図から，ソース電流 i_{in} は，ゲート電圧に比例した電流 $g_m v_{gs}$ と大きさが同じで向きが逆なので

$$i_{in} = -g_m v_{gs} \quad \cdots\cdots②$$

式②に式①を代入して

$$i_{in} = -g_m v_{gs} = g_m v_{in} \quad \cdots\cdots③$$

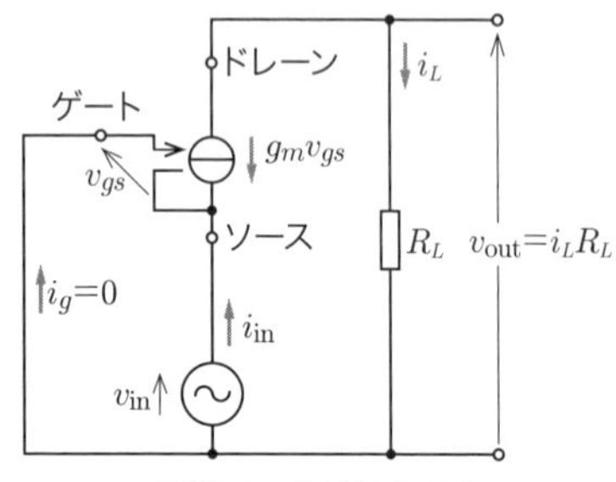

解説図　交流等価回路

(3) 式③を変形し，数値を代入すると

$$\frac{v_{in}}{i_{in}} = \frac{1}{g_m} = \frac{1}{1\times10^{-3}} = 1\times10^3\,〔\Omega〕$$

$$= 1\,\mathrm{k}\Omega$$

(4) 解説図でゲート電流 $i_g = 0$ であるため，$i_L = i_{in}$

$$\therefore v_{out} = i_L R_L = i_{in} R_L \quad \cdots\cdots④$$

式④に式③を代入して $v_{out} = g_m R_L v_{in} \quad \cdots\cdots⑤$

(5) 式⑤を変形し，$\dfrac{v_{out}}{v_{in}} = g_m R_L = 1.0\times10^{-3}\times25\times10^3 = 25$

【解答】(1) ロ　(2) ホ　(3) イ　(4) ヘ　(5) カ

例題 15 ……………………………………………… **H11 問 8**

次の文章は，電界効果トランジスタを用いたソース接地増幅回路に関する記述である．

a）図 1 はソース接地増幅回路の小信号分に対する簡略化した回路を示している．このトランジスタの相互コンダクタンスをg_m，ドレイン抵抗をr_d，増幅率をμとすれば，ドレイン電流 i_d は次式で表される．

$$i_d = \boxed{(1)} \times v_{gs} + \boxed{(2)} \times v_{ds}$$

ただし，v_{gs}はゲート・ソース間電圧，v_{ds}はドレイン・ソース間電圧で，いずれも小信号分である．

したがって，図 1 の回路は，電流源 J を用いて図 2 の等価回路で表され，J は小信号電圧v_{gs}を用いて次式で与えられる．

$$J = \boxed{(3)}$$

また，g_m，r_d，μ の間には，$\boxed{(4)}$ の関係がある．

b）図 2 の回路で端子 c，d 間に負荷抵抗 $R_L = 30\,\mathrm{k\Omega}$ を接続し，$g_m = 25\,\mathrm{mS}$，$r_d = 20\,\mathrm{k\Omega}$ とすれば，$v_{gs} = 20\,\mathrm{mV}$ の小信号を加えたとき，出力電圧は $v_{ds} = \boxed{(5)}$〔V〕となる．

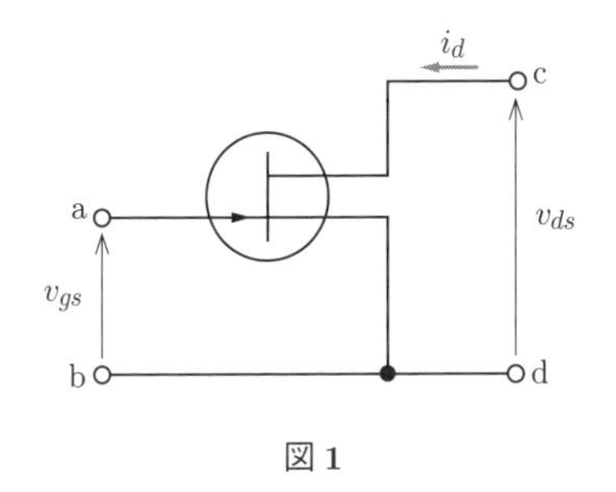

図 1

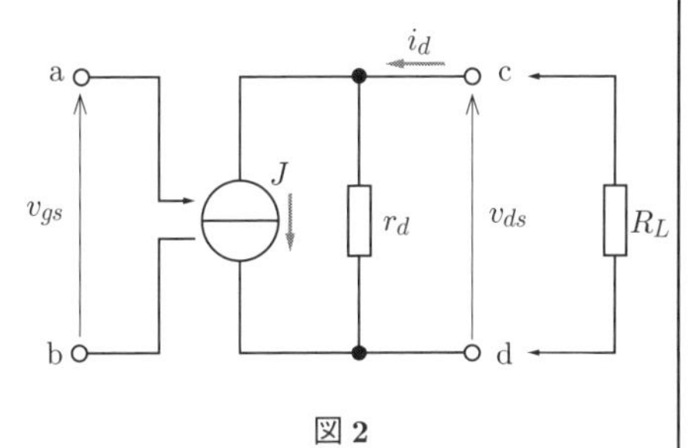

図 2

【解答群】

（イ）6	（ロ）$\dfrac{1}{g_m}$	（ハ）$\dfrac{v_{gs}}{g_m}$	（ニ）$\dfrac{1}{\mu}$	（ホ）$g_m \cdot v_{gs}$
（ヘ）3	（ト）$\dfrac{1}{g_m \cdot v_{gs}}$	（チ）g_m	（リ）$\dfrac{1}{r_d}$	（ヌ）$\mu = r_d \cdot g_m$
（ル）r_d	（ヲ）μ	（ワ）$r_d = \mu \cdot g_m$	（カ）9	（ヨ）$g_m = r_d \cdot \mu$

解 説 (1)～(3) 図1はnチャネル接合形FETであり，ソース接地されている．式（3･70）より $J=g_m v_{gs}$ であるから，図2の等価回路を見てキルヒホッフの第1法則を適用すればよい．

$$i_d = J + \frac{v_{ds}}{r_d} = g_m v_{gs} + \frac{1}{r_d} v_{ds} \quad \cdots\cdots①$$

(4) 式①において，i_d を一定に保つように v_{gs} と v_{ds} が微小変化したとすれば，$di_d=0$ とおけば

$$0 = g_m dv_{gs} + \frac{1}{r_d} dv_{ds}$$

$$\therefore -\frac{dv_{ds}}{dv_{gs}} = g_m r_d = \mu \quad （\mu \text{は電圧増幅度}）$$

(5) 図2のように，端子c，d間に負荷抵抗 R_L を接続する場合，電流源から見た負荷側の合成インピーダンスは $\dfrac{R_L \cdot r_d}{R_L + r_d}$ となる．したがって

$$v_{ds} = J \frac{R_L r_d}{R_L + r_d} = g_m v_{gs} \frac{R_L r_d}{R_L + r_d} = 25 \times 10^{-3} \times 20 \times 10^{-3} \times \frac{30 \times 10^3 \times 20 \times 10^3}{30 \times 10^3 + 20 \times 10^3}$$

$$= 6 \text{ V}$$

【解答】（1）チ （2）リ （3）ホ （4）ヌ （5）イ

3-6 演算増幅器

攻略のポイント

演算増幅器は，電験３種では反転増幅器・非反転増幅器の計算が主流であるが，電験２種では加算回路，減算回路，微分回路，積分回路，周波数特性まで幅広い分野から出題される．本節は電験２種の電子回路では最頻出分野である．

1 差動増幅回路

差動増幅回路は，特性のそろった２つのバイポーラトランジスタまたはFETを組み合わせて作る増幅回路で，周囲温度の変化等による動作点のずれが極めて小さいという特徴がある．差動増幅回路は，図3･46のように，２つの入力端子に加えられた信号の差 v_i を増幅して，２つの出力端子に電圧の差 v_o として出力する回路である．このように差動増幅回路では入力信号の差を増幅しているので，v_{i1} と v_{i2} に共通に含まれる成分は出力として現れないことから，温度変化等による影響を受けにくい回路といえる．

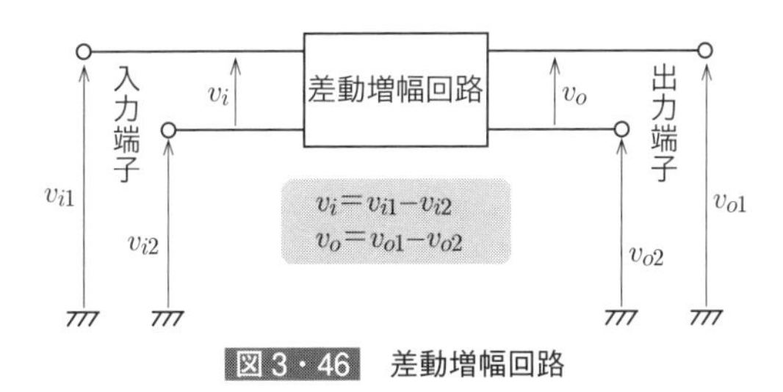

図3・46　差動増幅回路

図3･47（a）は，２つのエミッタ接地増幅回路を左右対称にした差動増幅回路の基本形である．図3･47（b）に示すように，入力信号が同じ大きさで同相のとき，$v_{i1} = v_{i2}$ で $i_{b1} = i_{b2}$ となるから，$i_{c1} = i_{c2}$ となって，出力端子の電圧差 v_o は０となる．一方，図3･47（c）のように，大きさが同じで逆相の入力を加えると，出力端子 c，d の出力は入力信号を反転増幅させるので，出力端子の電圧差 $v_o = v_{o1} - v_{o2}$ となって，振幅が２倍に増幅される．

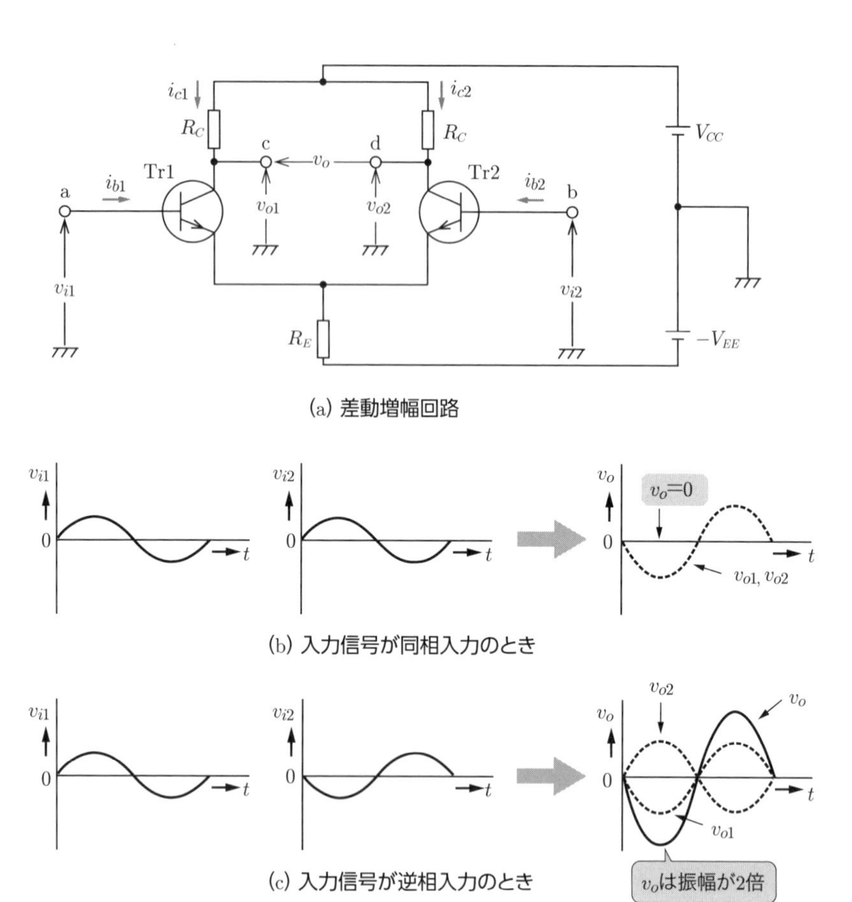

図 3・47 差動増幅回路とその動作

2 演算増幅器の考え方

演算増幅器は，トランジスタや FET による差動増幅回路に何段かの増幅回路等を加えたアナログ IC であり，高性能な差動増幅回路といえる．これは，信号の増幅やアナログ信号の加算・減算等の演算ができ，**オペアンプ**とも呼ばれている．演算増幅器は，図 3･48 に示すように，反転入力と非反転入力の 2 つの入力端子と 1 つの出力端子をもっている．理想的な演算増幅器は次の特徴をもつ．

①電圧増幅度 $A_o = \infty$ である．

②入力インピーダンス $Z_i=\infty$ である．

③出力インピーダンス $Z_o=0$ である．

④帯域は 0～∞ である．

⑤差動増幅器であって，安定した帰還がかけられる．

⑥入力 $V_i=0$ のとき出力 $V_o=0$ であって雑音がない．

以上のような理想的回路を想定するとき，これを図 3･48 のようなブロック図で表すとともに，この等価回路を示す．

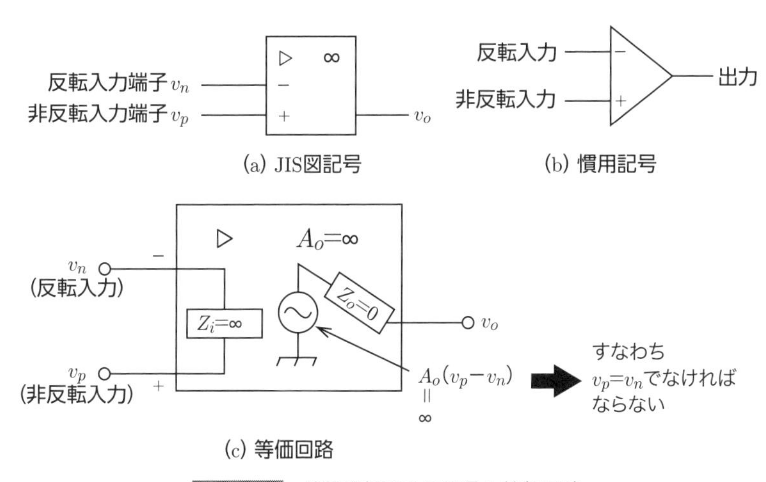

図 3・48　演算増幅器の図記号と等価回路

演算増幅器は，電圧増幅度が非常に大きいので，負帰還をかけて使用するのが一般的である．負帰還は，出力端子から反転入力端子へ電圧を戻すことによってかける（負帰還は 3-8 節で説明）．

3 反転増幅回路

反転増幅回路は，図 3･49 に示すように，反転入力端子だけに入力を行う回路であり，入出力の電圧の位相が反転する．この回路では，抵抗によって出力端子と反転入力端子を接続することで負帰還をかけている．

図 3･49 で，2 つの入力端子間の電位差を v_s とすれば，非反転入力端子がアースされているから，式（3･73）が成り立つ．

$$i_1 = \frac{v_i - v_s}{R_1}, \quad i_2 = \frac{v_s - v_o}{R_2} \qquad (3\cdot73)$$

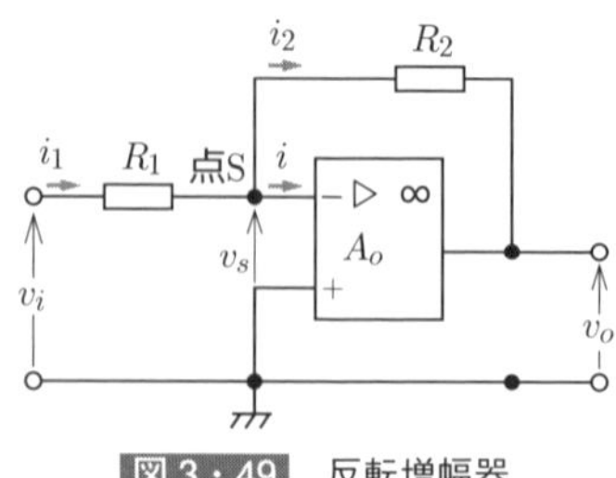

図3・49 反転増幅器

ここで，演算増幅器の**開放電圧増幅度** A_o は $A_o = v_o/v_s$ で定義され，$v_s = v_o/A_o$ と変形できるので，$A_o = \infty$ なら，$v_s = 0$ となる.

POINT
点Sの電位は0

さらに，演算増幅器の入力インピーダンスが∞であるから，$i = 0$ であり

$$i_1 = i_2 \qquad (3\cdot74)$$

POINT
演算増幅器の入力端子に電流は流れ込まない

となる．そこで，式 (3･73)，式 (3･74)，$v_s = 0$ から，電圧増幅度 A_v は

$$\boldsymbol{A_v = \frac{v_o}{v_i} = -\frac{R_2}{R_1}} \qquad (3\cdot75)$$

POINT
$\boldsymbol{A_v}$ は $\boldsymbol{R_1}$ と $\boldsymbol{R_2}$ のみに依存．
負の符号は位相反転

となる．つまり，電圧増幅度 A_v は，外付け素子 R_1 と R_2 のみに依存し，**負符号は位相反転を意味**する．上記に示すように，演算増幅器の2つの入力端子の電位は等しく，反転入力端子と非反転入力端子はあたかも短絡しているように動作しているということである．これを**仮想短絡（イマジナリショート）**という．

4 非反転増幅器

非反転増幅器は，図3･50に示すように，非反転入力端子だけに入力を行う回路であり，入出力の電圧の位相が反転しない．図3･50のように電流，電圧を仮定すれば

$$i_1 = \frac{0 - (v_i + v_s)}{R_1}, \quad i_2 = \frac{v_i + v_s - v_o}{R_2} \qquad (3\cdot76)$$

が成り立つ．$i_1 = i_2$ であるから

POINT
演算増幅器の入力端子には
電流が流れない．$i = 0$

$$\frac{-(v_i + v_s)}{R_1} = \frac{v_i + v_s - v_o}{R_2} \qquad (3\cdot77)$$

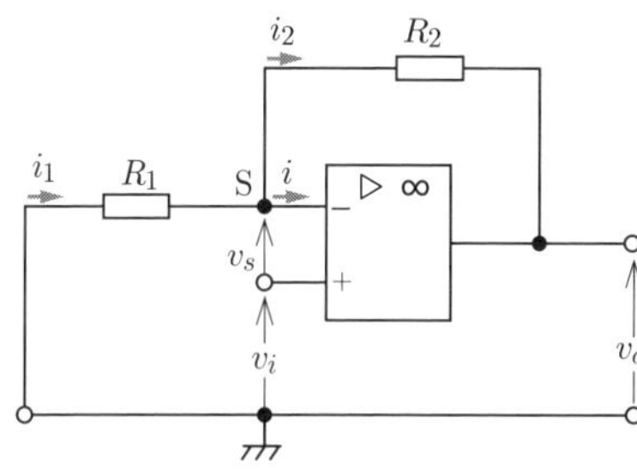

図 3・50 非反転増幅器

演算増幅器の条件から，$v_s=0$ であるから

POINT
オペアンプに負帰還をかけると 2 つの入力端子が仮想短絡（イマジナリショート）している

$$-\frac{v_i}{R_1}=\frac{v_i-v_o}{R_2}$$

電圧増幅度 $$\boldsymbol{A_v=\frac{v_o}{v_i}=1+\frac{R_2}{R_1}} \qquad (3\cdot78)$$

POINT
位相反転がない

つまり，電圧増幅度 A_v は，R_1，R_2 に依存し，位相反転がない．

5 加算回路

図 3･51 に示すように，**加算回路**は複数の入力電圧を足し合わせた電圧を出力する回路である．同図で，$v_s=0$ で，反転入力端子に電流は流れ込まないので

$$i_f=i_1+i_2+i_3=\frac{v_1}{R_1}+\frac{v_2}{R_2}+\frac{v_3}{R_3}$$

$v_s=0$ であり，出力電圧 v_o は R_f の電圧降下分と等しいので

$$v_o=-i_fR_f=-\left(\frac{v_1}{R_1}+\frac{v_2}{R_2}+\frac{v_3}{R_3}\right)R_f \qquad (3\cdot79)$$

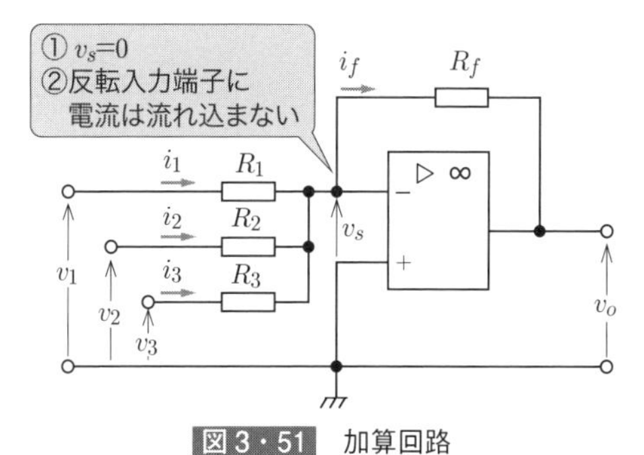

図 3・51 加算回路

ここで，R_1，R_2，R_3 をすべて同じ大きさの R_f とすれば，次式となる．

$$v_o = -(v_1 + v_2 + v_3) \tag{3・80}$$

つまり，入力電圧 v_1，v_2，v_3 の和に比例した出力電圧 v_o を得る．

6 減算回路

図3·52に示すように，**減算回路**は2つの入力電圧の差の値の電圧を出力する回路である．同図のように電圧，電流を仮定すれば，非反転入力端子に電流は流れ込まず，電流 i_2 は抵抗 R_3 と R_4 を流れるため，a点の電位 v_a は

$$v_\mathrm{a} = \frac{R_4}{R_3 + R_4} v_2 \tag{3・81}$$

となる．一方，反転入力端子にも電流は流れ込まないので，電流 i_1 は抵抗 R_1 と R_2 を流れる．

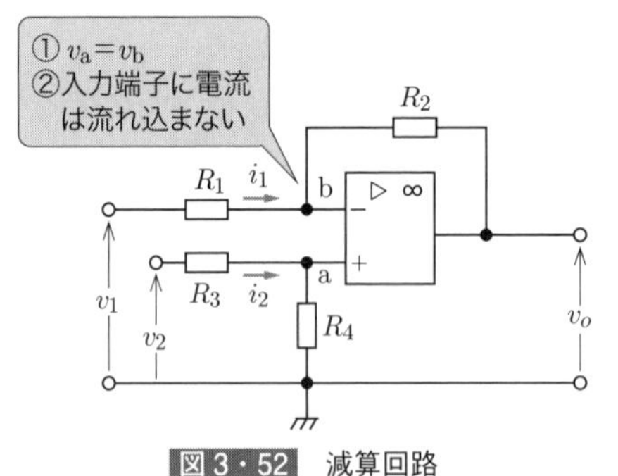

図3・52 減算回路

$$\frac{v_1 - v_\mathrm{b}}{R_1} = \frac{v_\mathrm{b} - v_o}{R_2} \tag{3・82}$$

式（3·81），式（3·82）および $v_\mathrm{a} = v_\mathrm{b}$ を解けば

$$v_o = -\frac{R_2}{R_1} v_1 + \left(1 + \frac{R_2}{R_1}\right) \frac{R_4}{R_3 + R_4} v_2 = -\frac{R_2}{R_1} \left\{ v_1 - \left(\frac{1 + \dfrac{R_1}{R_2}}{1 + \dfrac{R_3}{R_4}} \right) v_2 \right\} \tag{3・83}$$

となる．この式（3·83）で，$\dfrac{R_1}{R_2} = \dfrac{R_3}{R_4}$ の関係があれば，出力電圧 v_o は

$$v_o = -\frac{R_2}{R_1} (v_1 - v_2) \tag{3・84}$$

となるため，電圧の減算が行われることになる．

7 微分回路

図3･53のように，**微分回路**は，入力に方形パルスを加えると，出力に微分波形を得られる．反転回路と同様に，$v_s=0$，$i=0$であるから

$$i_1=i_2=\frac{dC_1(v_i-v_s)}{dt}=C_1\frac{dv_i}{dt} \tag{3・85}$$

したがって，$v_s=0$であり，出力電圧はR_2の電圧降下分であるから

$$v_o=-R_2i_2=-R_2C_1\frac{dv_i}{dt} \tag{3・86}$$

POINT
微分回路であり，信号の変化量を出力する回路

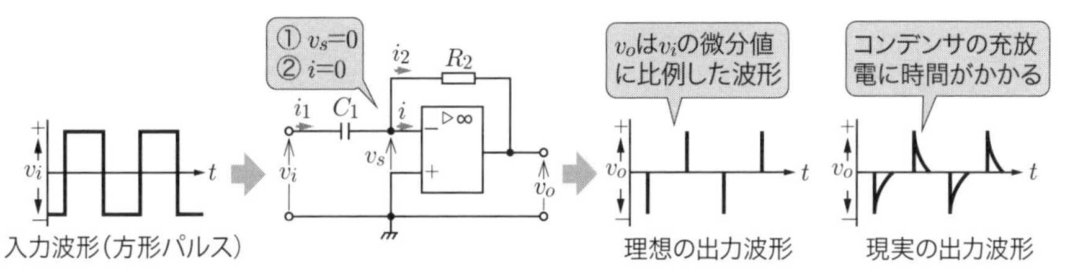

図3・53 微分回路と入出力波形

8 積分回路

図3･54のように，**積分回路**は，入力に方形パルスを加えると，出力に三角パルス波形を得られる．反転回路と同様に，$v_s=0$，$i=0$であるから

$$i_1=i_2=\frac{v_i}{R_1} \tag{3・87}$$

したがって，$v_s=0$であり，出力電圧はC_2の電圧降下分であるから

$$v_o=-\frac{1}{C_2}\int i_2dt=-\frac{1}{C_2R_1}\int v_idt \tag{3・88}$$

POINT
積分回路は入力信号を一定時間積み重ねていく回路

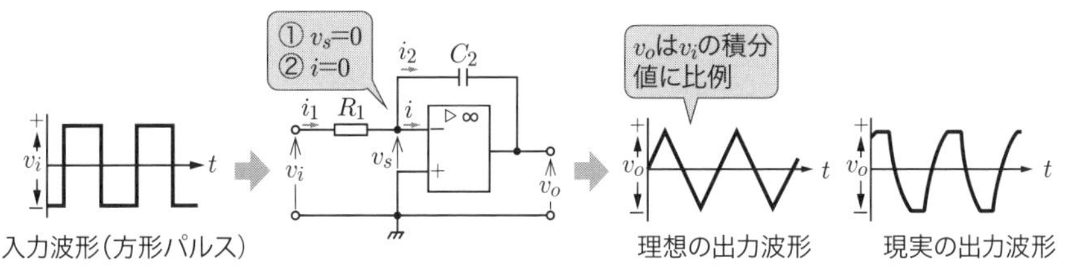

図3・54 積分回路と入出力波形

9 演算増幅器の周波数特性

理想的な演算増幅器の周波数帯域は無限大であるが，現実の演算増幅器は直流～数 MHz が一般的である．高周波を扱えないことが演算増幅器の弱点の一つである．演算増幅器の周波数特性は，図 3･55 のように，横軸が周波数 f，縦軸が開放電圧利得 G_o のグラフで表される．周波数特性は，入力電圧（振幅 v_i）を演算増幅器の反転入力端子に印加し，入力電圧の振幅を一定にしたまま，周波数 f を変化させたときの出力電圧（振幅 v_o）を求めることで得られる．**開放電圧利得（オープンループゲイン）**は次式で定義され，単位は〔**dB（デシベル）**〕である．

$$G_o = 20\log_{10}\left|\frac{v_o}{v_i}\right| \text{〔dB〕} \qquad (3\cdot89)$$

図 3･55 を見れば，周波数 f が 100Hz のとき開放電圧利得は 100 dB であるから，

$100 = 20\log_{10}\left|\frac{v_o}{v_i}\right|$ より，$\left|\frac{v_o}{v_i}\right| = 10^5$ となる．つまり，出力電圧の振幅は入力電圧の振幅の 10^5 倍になる．

POINT
$\log_a a^k = k$，$\log_a M^k = k\log_a M$

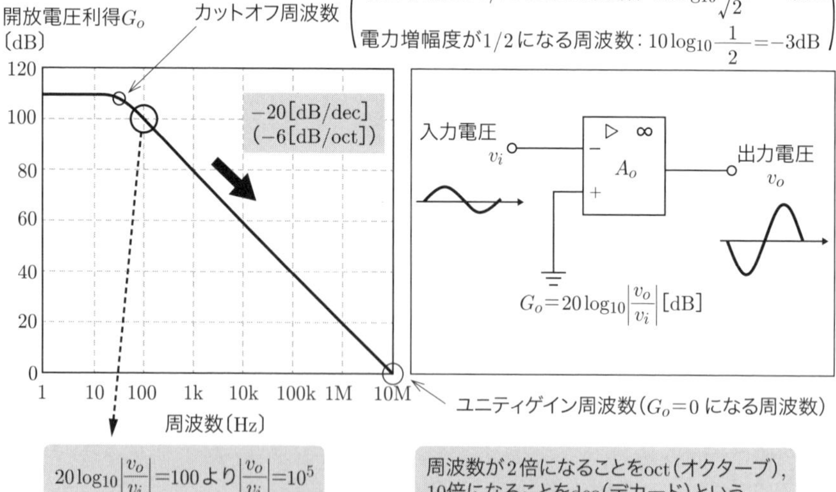

図 3・55 演算増幅器の周波数特性

そして，図 3･55 を見れば，現実の演算増幅器は，周波数 10 Hz を超えたあたりから，開放電圧利得が低下する．まず，周波数 $f=1$ Hz におけるゲインから 3 dB 下がった周波数を**カットオフ周波数**または**遮断周波数**という．3 dB 下がるというのは，$20\log_{10}(1/\sqrt{2})\fallingdotseq-3$ dB なので，電圧出力が $1/\sqrt{2}$ 倍になることに相当する．そして，同図では，周波数 f が 100 Hz のときは開放電圧利得が 100 dB，周波数 f が 1 000 Hz のときは開放電圧利得が 80 dB となっており，周波数 f が 10 倍になると開放電圧利得 G_o が -20 dB となるため，-20 dB/dec の傾きで減少する．周波数が 2 倍になると開放電圧利得が -6 dB になるため，-6 dB/oct の傾きで減少するともいう．さらに，図 3･55 で，入力電圧の周波数を上げていくと，開放電圧利得が減少して 0 dB になるが，このときの周波数を**ユニティゲイン周波数**という．同図では，ユニティゲイン周波数は 10 MHz である．入力電圧の周波数がユニティゲイン周波数以下になれば，開放電圧利得が 0 以下となるため，増幅作用はなくなる．

> **POINT**
> $20\log_{10}\left|\dfrac{v_o}{v_i}\right|=0$ より $\left|\dfrac{v_o}{v_i}\right|=1$ つまり $G_o\leqq 0$ のとき $\left|\dfrac{v_o}{v_i}\right|\leqq 1$ で増幅作用はない

一方，周波数 f と電圧増幅度 $|v_o/v_i|$ との積は常に一定となる．この積のことを**利得帯域幅積（GB 積）**という．例えば，入力電圧の周波数が 100 Hz のときは電圧増幅度 $|v_o/v_i|$ は 10^5 となっている．周波数が 1 kHz のとき電圧増幅度 $|v_o/v_i|$ は 10^4 になる（式（3･89）から，$80=20\log_{10}|v_o/v_i|$ を解けば電圧増幅度 $|v_o/v_i|$ が 10^4 になる）．このように入力電圧の周波数 f が 10 倍になると電圧増幅度 $|v_o/v_i|$ が 1/10 倍になっており，周波数 f と電圧増幅度 $|v_o/v_i|$ との積は一定になる．

例題 16 ……………………………………………… **R1 問 8**

次の文章は，演算増幅器を用いた回路に関する記述である．ただし，演算増幅器は理想的であるとする．

図の回路において演算増幅器の入力端子間の電圧を V_i とすると，演算増幅器の電圧増幅度が無限大であるとき V_i は [(1)] となる．これより，抵抗 R_1 を流れる電流 I_1 は，$I_1=$ [(2)] と求められる．演算増幅器の入力端子には電流が流れないことから，抵抗 R_1 を流れる電流 I_1 と抵抗 R_2 を流れる電流 I_2 は抵抗 R_3 を流れる．その結果，R_3 の両端には大きさが [(3)] の電圧が現れる．$R_1=R_2=R_3=R$ とすると，出力電圧は $V_{out}=$ [(4)] となる．この出力電圧より，この回路は [(5)] と呼ばれる．

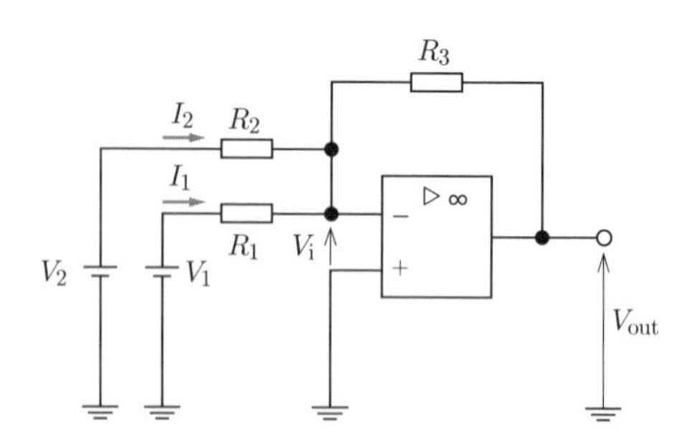

【解答群】

（イ）$\dfrac{V_1}{R_1}$	（ロ）$-(V_1+V_2)$	（ハ）1	（ニ）$R_3(I_1-I_2)$
（ホ）$R_3I_1I_2$	（ヘ）$\dfrac{R_1}{V_1}$	（ト）$R_3(I_1+I_2)$	（チ）積分回路
（リ）$-V_1V_2$	（ヌ）乗算回路	（ル）$\dfrac{V_1}{R_1+R_3}$	（ヲ）加算回路
（ワ）$-(V_1-V_2)$	（カ）無限大	（ヨ）0	

解　説　**(1)** 図3・48（c）の演算増幅器の等価回路に示すように，電圧増幅度が無限大の場合，出力が有限であるためには入力差動端子間の電位差は零でなければならない．　$\therefore V_i=0$

(2)（1）より $V_i=0$ なので，$I_1=\dfrac{V_1-V_i}{R_1}=\dfrac{V_1}{R_1}$　……①

(3) 演算増幅器の入力端子に電流が流れ込まないので，キルヒホッフの第1法則より，電流 I_1 と I_2 の和がすべて抵抗 R_3 を流れる．R_3 の両端の電圧 V_3 は

$\therefore V_3=R_3(I_1+I_2)$　……②

(4) 図より $I_2=\dfrac{V_2-V_i}{R_2}=\dfrac{V_2-0}{R_2}=\dfrac{V_2}{R_2}$　……③

したがって，式②に式①と式③を代入し，$R_1=R_2=R_3=R$ とすれば

$$V_3=R_3\left(\frac{V_1}{R_1}+\frac{V_2}{R_2}\right)=R\left(\frac{V_1}{R}+\frac{V_2}{R}\right)=V_1+V_2$$

ここで，出力電圧 V_{out} は $V_{out}=-V_3$ であるから

$V_{out}=-(V_1+V_2)$

(5) V_{out} の大きさが2つの入力電圧 V_1 と V_2 の和であるから加算回路である．

【解答】（1）ヨ　（2）イ　（3）ト　（4）ロ　（5）ヲ

例題 17 ………… **H23 問8**

次の文章は，演算増幅器を用いた回路に関する記述である．

図の回路において，入力電圧 V_1 が 3.0 V，入力電圧 V_2 が 2.0 V のときの出力電圧 V_5 を求める．

まず，演算増幅器の入力端子には電流は流れ込まないので V_4 は [(1)]〔V〕であり，V_3 も [(1)]〔V〕である．このことから，I_1 は [(2)]〔mA〕となる．I_1 はすべて抵抗 R_3 に流れ込むので R_3 の電圧降下は [(3)]〔V〕である．V_3 が [(1)]〔V〕であるので，V_5 が [(4)]〔V〕と求められる．

また，入力電圧 V_1 を 3.0 V のままに保ち，もう一つの入力電圧 V_2 を [(5)]〔V〕とすると，出力電圧 V_5 は 0 V となる．

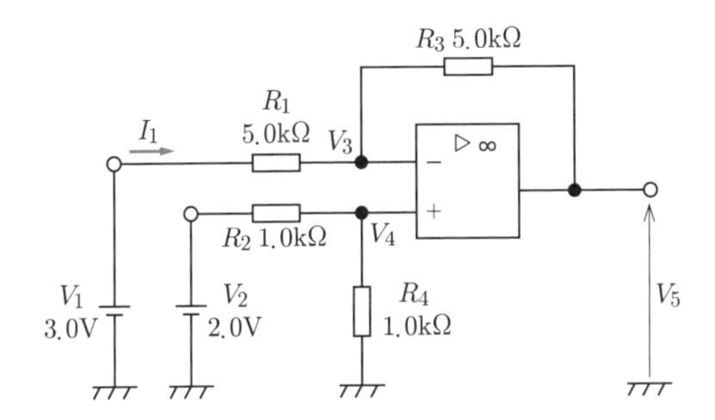

【解答群】

(イ) −5.0	(ロ) −3.0	(ハ) −2.0	(ニ) −1.0	(ホ) 0.20
(ヘ) 0.25	(ト) 0.40	(チ) 0.50	(リ) 0.80	(ヌ) 1.0
(ル) 2.0	(ヲ) 3.0	(ワ) 4.0	(カ) 5.0	(ヨ) 6.0

解説 (1) 理想的な演算増幅器の入力インピーダンスは∞で入力端子に電流は流れ込まない．したがって，入力電圧 V_2 による電流は抵抗 R_2 と R_4 だけに流れるから

$$V_4 = \frac{V_2}{R_2 + R_4} \times R_4 = \frac{2.0}{1.0 + 1.0} \times 1.0 = 1.0\ \mathrm{V}$$

(2) 演算増幅器の+端子と−端子はイマジナリショート（仮想短絡）によって電位が等しいから，$V_3 = V_4 = 1.0\ \mathrm{V}$

$$\therefore I_1 = \frac{V_1 - V_3}{R_1} = \frac{3.0 - 1.0}{5.0 \times 10^3} = 0.40 \times 10^{-3}\ \mathrm{A} = 0.40\ \mathrm{mA}$$

(3) (2) で求めた I_1 は演算増幅器の−端子には流れ込まず，そのまま R_3 に流れるので，R_3 の電圧降下は $I_1 R_3 = 0.40 \times 10^{-3} \times 5.0 \times 10^3 = 2.0\ \mathrm{V}$

(4) 図より，$V_5 = V_3 - I_1 R_3$ であるから，上記の数値を代入して

$$V_5 = V_3 - I_1 R_3 = 1.0 - 2.0 = -1.0 \text{ V}$$

(5) 題意から，入力電圧 V_1 を 3.0 V に保ち，出力電圧 $V_5 = 0$ V にしたとき，抵抗 R_1，R_3 に流れる電流 I_1' は　$I_1' = \dfrac{V_1 - V_5}{R_1 + R_3} = \dfrac{V_1}{R_1 + R_3}$

このとき，演算増幅器の−端子の電圧 V_3' は

$$V_3' = V_5 + I_1' R_3 = 0 + \frac{V_1 R_3}{R_1 + R_3} = \frac{3.0 \times 5.0}{5.0 + 5.0} = 1.5 \text{ V}$$

イマジナリショートの考え方から，演算増幅器の+端子の電圧 $V_4' = V_3' = 1.5$ V であるから，$V_4' = \dfrac{R_4}{R_2 + R_4} V_2'$ へ代入すると

$$1.5 = \frac{1.0}{1.0 + 1.0} V_2' \quad \therefore V_2' = 3.0 \text{ V}$$

【解答】(1) ヌ　(2) ト　(3) ル　(4) ニ　(5) ヲ

例題 18 ………… H29 問 8

次の文章は，演算増幅器を用いた回路に関する記述である．ただし，演算増幅器は理想的であるとする．

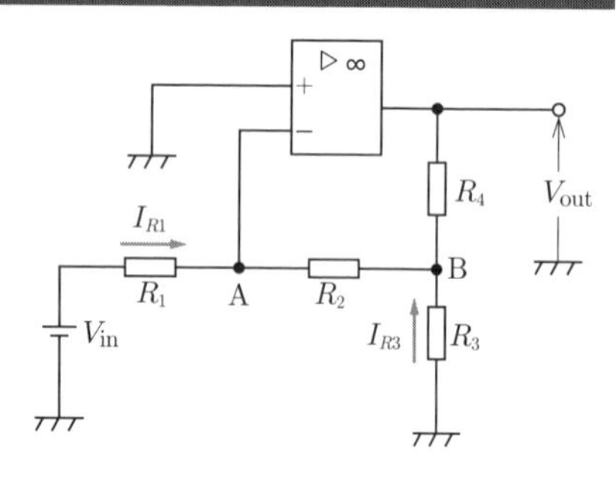

負帰還がかけられた演算増幅器の入力端子間の電位差は零となるため，A 点の電位は零となる．いま，回路に正の入力電圧 $\boldsymbol{V}_{\text{in}}$ が入力されるとすると，$\boldsymbol{R}_1$ を流れる電流 $\boldsymbol{I}_{R1}$ は [(1)] となる．この電流はすべて $\boldsymbol{R}_2$ を流れるため，B 点の電位は [(2)] となる．このとき，$\boldsymbol{R}_3$ には接地された端子から B 点に向かって [(3)] で表される電流 $\boldsymbol{I}_{R3}$ が流れる．$\boldsymbol{R}_4$ を流れる電流は $\boldsymbol{I}_{R1}$ と $\boldsymbol{I}_{R3}$ の和になるため，$\boldsymbol{R}_4$ の両端に現れる電圧の大きさは [(4)] となる．出力端子の電圧 $\boldsymbol{V}_{\text{out}}$ は B 点の電位から [(4)] だけ低い電位となるため，この回路の電圧利得 $\boldsymbol{V}_{\text{out}}/\boldsymbol{V}_{\text{in}}$ は [(5)] となる．

【解答群】

(イ) $-\dfrac{1}{R_1}\left[R_2 - R_4\left(1 + \dfrac{R_2}{R_3}\right)\right]$　(ロ) $\dfrac{R_2}{R_1 R_3} V_{\text{in}}$　(ハ) $-\dfrac{R_2}{R_1} V_{\text{in}}$

(ニ) $\dfrac{V_{out}-V_{in}}{R_1+R_2+R_4}$	(ホ) $\dfrac{R_4}{R_1}\left(\dfrac{R_2}{R_3}+1\right)V_{in}$	
(ヘ) $-\dfrac{1}{R_1}\left[R_2+R_4\left(1+\dfrac{R_2}{R_3}\right)\right]$	(ト) $-\dfrac{R_2}{R_3}V_{in}$	(チ) $\dfrac{V_{in}}{R_1+R_2+R_3}$
(リ) $\dfrac{R_1}{R_2}+R_4\left(\dfrac{1}{R_3}+\dfrac{1}{R_1}\right)$	(ヌ) $\dfrac{V_{in}}{R_3}$	
(ル) $R_4\left(\dfrac{1}{R_3}+\dfrac{1}{R_1}\right)V_{in}$	(ヲ) $\dfrac{R_1}{R_2R_3}V_{in}$	(ワ) $\dfrac{R_1}{R_2}V_{in}$
(カ) $\dfrac{V_{in}}{R_1}$	(ヨ) $R_4\left(\dfrac{1}{R_1}+\dfrac{R_1}{R_2R_3}\right)V_{in}$	

解　説　(1) イマジナリショートより，図のA点の電位は0であるから

$$I_{R1}=\frac{V_{in}-0}{R_1}=\frac{V_{in}}{R_1}$$

(2) 理想的な演算増幅器の入力インピーダンスは∞で入力端子に電流は流れ込まないから，I_{R1} はすべて R_2 を流れる．B点の電位 V_B は，$V_A=0$ より

$$V_B=V_A-I_{R1}R_2=0-\frac{V_{in}}{R_1}\times R_2=-\frac{R_2}{R_1}V_{in}$$

(3) R_3 を流れる電流 I_{R3} は接地点からB点に流れる向きで定義しているから

$$I_{R3}=\frac{0-V_B}{R_3}=\frac{0-\left(-\dfrac{R_2}{R_1}V_{in}\right)}{R_3}=\frac{R_2}{R_1R_3}V_{in}$$

(4) 抵抗 R_4 には，点Bでキルヒホッフの第1法則を適用すれば，I_{R1} と I_{R3} の電流が流れるから，R_4 の両端に現れる電圧は

$$(I_{R1}+I_{R3})R_4=\left(\frac{V_{in}}{R_1}+\frac{R_2}{R_1R_3}V_{in}\right)R_4=\frac{R_4}{R_1}\left(\frac{R_2}{R_3}+1\right)V_{in}$$

(5) $$V_{out}=V_B-(I_{R1}+I_{R3})R_4=-\frac{R_2}{R_1}V_{in}-\frac{R_4}{R_1}\left(\frac{R_2}{R_3}+1\right)V_{in}$$

$$=-\frac{1}{R_1}\left\{R_2+R_4\left(1+\frac{R_2}{R_3}\right)\right\}V_{in}$$

【解答】(1) カ　(2) ハ　(3) ロ　(4) ホ　(5) ヘ

例題 19 ……………………………………………………………… **H24 問 8**

次の文章は，演算増幅器を用いた負性抵抗回路に関する記述である．

図の回路において，演算増幅器の入力端子には電流が流れ込まないので，抵抗 $\boldsymbol{R_2}$ と抵抗 $\boldsymbol{R_3}$ に流れる電流は等しい．このため，$\boldsymbol{V_3}$ は $\boldsymbol{V_2}$ の ＿(1)＿ 倍となる．また，演算増幅器の入力端子の電位 $\boldsymbol{V_1}$ と $\boldsymbol{V_2}$ は等しいので，抵抗 $\boldsymbol{R_1}$ と抵抗 $\boldsymbol{R_2}$ の両端の電位差も等しい．したがって，$\boldsymbol{I_1}$ を 0.10 mA とすると，抵抗 $\boldsymbol{R_2}$ に流れる電流 $\boldsymbol{I_2}$ は ＿(2)＿〔mA〕であることがわかる．このとき，$\boldsymbol{V_2}$ は ＿(3)＿〔V〕であり，$\boldsymbol{V_3}$ は ＿(4)＿〔V〕である．さらに，演算増幅器の入力端子の電位 $\boldsymbol{V_1}$ が $\boldsymbol{V_2}$ に等しいことから，$\boldsymbol{V_1/I_1}$ が ＿(5)＿〔kΩ〕であることがわかる．

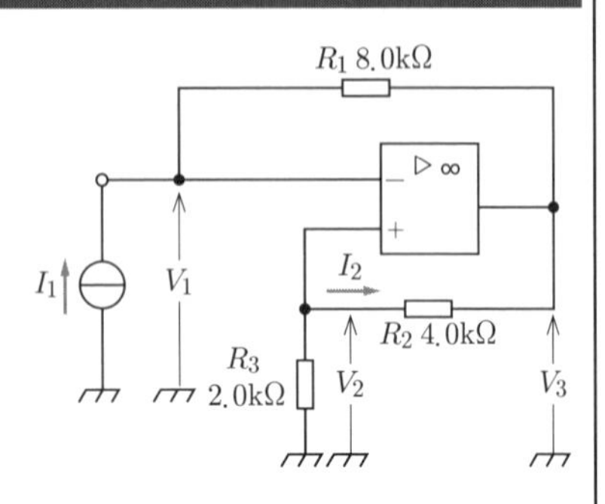

【解答群】

(イ) −4.0　(ロ) −3.0　(ハ) −1.2　(ニ) −0.50　(ホ) −0.40
(ヘ) −0.30　(ト) −0.20　(チ) 0.20　(リ) 0.30　(ヌ) 0.40
(ル) 0.50　(ヲ) 1.2　(ワ) 2.0　(カ) 3.0　(ヨ) 4.0

解 説　(1) 理想的な演算増幅器は増幅度が ∞ なので，＋入力端子と－入力端子はイマジナリショートとなり，－入力端子の電位 V_1 と＋入力端子の電位 V_2 は等しい．また，入力インピーダンスが ∞ なので，演算増幅器に電流は流れ込まない．この 2 つのポイントを考慮すると，解説図になる．

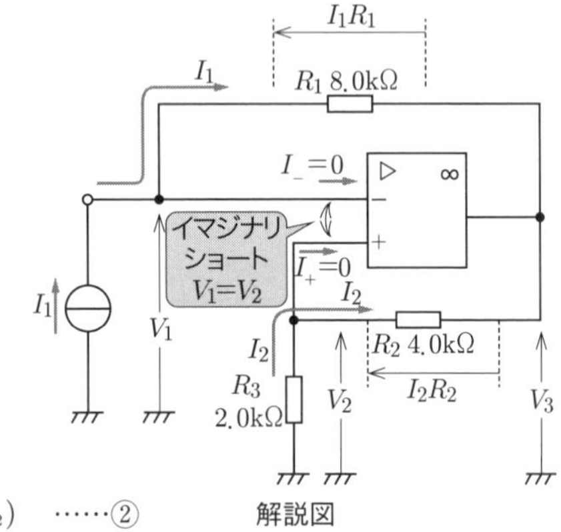

解説図

$$V_2 = 0 - I_2R_3 = -I_2R_3 \quad \cdots\cdots①$$

$$V_3 = 0 - I_2(R_3 + R_2) = -I_2(R_3 + R_2) \quad \cdots\cdots②$$

$$\therefore \frac{V_3}{V_2} = \frac{-I_2(R_3+R_2)}{-I_2R_3} = \frac{R_3+R_2}{R_3} = \frac{2.0+4.0}{2.0} = 3.0$$

(2) 演算増幅器の＋入力端子と－入力端子の電位は等しいので $V_1 = V_2$ となる．

$$\therefore V_1 - V_3 = V_2 - V_3$$

解説図から $V_1 - V_3 = I_1 R_1$，$V_2 - V_3 = I_2 R_2$ なので

$$I_1 R_1 = I_2 R_2 \quad \therefore I_2 = \frac{R_1}{R_2} I_1 = \frac{8.0}{4.0} \times 0.1 = 0.20 \text{ mA}$$

(3) (4) 式①，②に数値を代入し，$V_2 = -I_2 R_3 = -0.20 \times 2.0 = -0.40$ V

$$V_3 = -I_2 (R_3 + R_2) = -0.20 \times (2.0 + 4.0) = -1.2 \text{ V}$$

(5) $V_1 = V_2$ であるから，$V_1 = V_2 = -0.40$ V

$$\therefore \frac{V_1}{I_1} = \frac{-0.40}{0.10 \times 10^{-3}} = -4.0 \text{ k}\Omega$$ すなわち負性抵抗となる．

【解答】(1) カ　(2) チ　(3) ホ　(4) ハ　(5) イ

例題 20 ………………………………………… **R4 問7**

次の文章は，演算増幅器に関する記述である．

a) 理想演算増幅器の差動電圧利得と同相電圧利得を dB で表すと， (1) である．

b) 演算増幅器を用いて増幅回路を実現する場合，通常， (2) 増幅回路を構成して用いられる．演算増幅器を用いた (2) 増幅回路において演算増幅器の 2 個の入力端子の (3) となることを仮想短絡と呼ぶ．

c) 直流における差動電圧利得が 100 dB，遮断周波数が 10 Hz の 1 次の周波数特性を有する演算増幅器がある．この演算増幅器の利得帯域幅積（GB 積）は， (4) である．遮断周波数以上の周波数では周波数が 10 倍に増加すると，演算増幅器の電圧利得は 20 dB 低下する．そのため，電圧利得が 0 dB となる周波数（ユニティゲイン周波数）は GB 積と等しい．

d) 理想演算増幅器を用いた下図の回路の電圧増幅度 $\dfrac{v_{\text{out}}}{v_{\text{in}}}$ は (5) である．

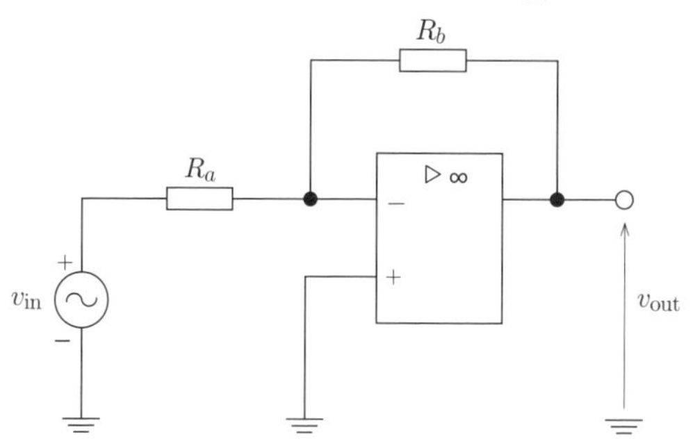

【解答群】

(イ) $-\dfrac{R_b}{R_a}$　(ロ) 1 kHz　(ハ) 1 MHz　(ニ) $\dfrac{R_a + R_b}{R_a}$　(ホ) $-\dfrac{R_a}{R_b}$

(ヘ) 100 kHz　(ト) 負帰還　(チ) 正帰還　(リ) 無帰還
(ヌ) 電位が回路構成によらず常に零
(ル) 電流が回路構成によらず常に零
(ヲ) 電位がほぼ等電位
(ワ) ともに+∞
(カ) 差動電圧利得が+∞であり，同相電圧利得が−∞
(ヨ) 同相電圧利得が+∞であり，差動電圧利得が−∞

解　説　**(1)** 演算増幅器は差動増幅回路をベースに構成しており，電圧利得として dB 表示する場合，演算増幅器の電圧増幅度を A_o とすれば $20\ \log_{10} A_o$ となる．差動電圧利得は通常の電圧増幅度に基づくもので，$A_o = \infty$ より $20\ \log_{10} A_o = \infty$ である．一方，同相電圧利得に関して，図 3･47 の差動増幅回路のように $v_{i1} = v_{i2}$ とすれば $v_o = 0$ となって $A_o = 0$ となる．したがって，この場合，$20\ \log_{10} A_o = -\infty$ となる．

(2) **(3)** 本文の解説に示す通り，演算増幅器は電圧増幅度が非常に大きいので，負帰還をかけて使用するのが一般的である．また，仮想短絡（イマジナリショート）は 2 個の入力端子の電位が等しいことを意味する．

(4) 差動電圧利得が 100 dB であるから，式 (3･89) より

$$100 = 20\ \log_{10}\left|\frac{v_o}{v_i}\right| \quad \therefore \left|\frac{v_o}{v_i}\right| = 10^5$$

GB 積は周波数 f と電圧増幅度 $|v_o/v_i|$ との積であるから

$$\text{GB 積} = 10 \times 10^5 = 10^6 = 1\ \text{MHz}$$

(5) 図を見れば，イマジナリショートの考え方から，演算増幅器の − 端子の電位は + 端子の電位と同じで 0 である．したがって，抵抗 R_a に流れる電流 I_a は $I_a = \dfrac{v_{\text{in}} - 0}{R_a} = \dfrac{v_{\text{in}}}{R_a}$ である．さらに，理想演算増幅器の入力端子に電流は流れ込まないから，この I_a がそのまま R_b に流れる．したがって

$$v_{\text{out}} = 0 - I_a R_b = -\frac{R_b}{R_a} v_{\text{in}} \quad \therefore \frac{v_{\text{out}}}{v_{\text{in}}} = -\frac{R_b}{R_a}$$

【解答】 (1) カ　(2) ト　(3) ヲ　(4) ハ　(5) イ

3-7 各種の半導体素子と効果

攻略のポイント　電験３種ではホール効果，光電効果，熱電効果，熱電子放出など様々な知識を問う問題が出題されるが，電験２種では計算問題が出題される傾向が強いため，本節の出題数は少ない．過去に出題された重要テーマを解説する．

1 各種の半導体素子

(1) サイリスタ

サイリスタは，図3･56 (a) のように，p形半導体とn形半導体を4層構造にした3つの電極をもつ半導体素子である．3つの電極はそれぞれアノード (A)，ゲート (G)，カソード (K) と呼ばれ，図3･56 (b) の図記号で表せる．このサイリスタに，図3･56 (c) に示すアノード電圧 E_A をA-K間に加えても，E_A は n_1p_2 接合面に対して逆方向電圧になっているため，A-K間にはアノード電流 I_A はほとんど流れない．しかし，ゲートGにわずかな電流 I_g を流した状態で E_A を加えると，E_A がある大きさ E_{A3} になったとき，図3･56 (d) の特性曲線に示すように急に大きな電流 I_A が流れるようになる．この特性を利用して，サイリスタは大電力の整流や電車の電動機の駆動制御，誘導電動機の制御などに使用されている．

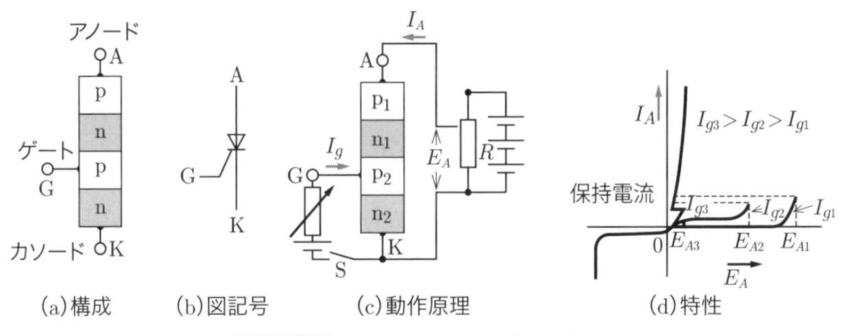

図3・56　サイリスタの構成と特性例

(2) 発光ダイオード

発光ダイオード (LED) は，GaAs (ガリウムヒ素)，GaP (ガリウムリン) 等の化合物を材料としてpn接合を作る．動作原理に関しては，図3･57 (a) に示すように，順方向に電流を流すと接合面付近の自由電子と正孔が再結合して消滅するが，そのときに光が発生し，その光の強さは電流の大きさに比例する．また，混ぜる材料によって，異なる発光色が得られる．発光ダイオードの用途は，表示灯の光源，光通信の送信部の光源等である．特徴は，低電圧，小電流，長寿命，応答速度が速いこと，発光色の異なる素子が得られることなどである．

発光ダイオードの回路計算に際しては，図3･57（d）において，発光ダイオード部分を直流電圧源に置き換えてオームの法則やキルヒホッフの法則を適用して考えればよい．

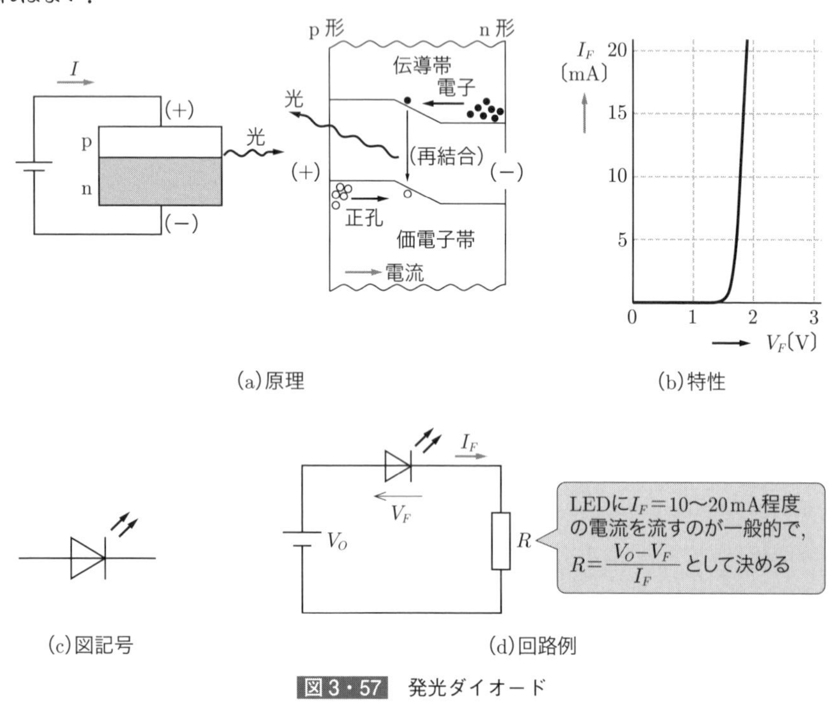

(a)原理　(b)特性

(c)図記号　(d)回路例

図3・57　発光ダイオード

2　各種の効果

(1)　光電効果

振動数ν〔s^{-1}〕の光は，hをプランク定数（$=6.62\times10^{-34}$ J・s）とすると

$$E=h\nu\ \text{〔J〕} \qquad (3\cdot90)$$

のエネルギーを有する粒子の性質をもち，これを**光子**という．

固体に光が当たると，固体表面の電子が光子を吸収してエネルギーを得るので，固体の外へ放出される．これを**光電子放出（外部光電効果）**といい，放出された電子を**光電子**という．

固体の表面から電子が放出されるためには，固体によって異なる一定のエネルギーが必要で，これを**仕事関数**という．仕事関数が ϕ〔J〕のとき，光電子が放出されるための条件は

$$h\nu_0 = \phi \tag{3・91}$$

であり，ν_0 を**限界振動数**という．振動数 ν〔s^{-1}〕の光子を仕事関数 ϕ〔J〕の金属面に当てるとき，質量 m〔kg〕の電子の放出速度を v〔m/s〕とすれば

$$h\nu = \phi + \frac{1}{2}mv^2 \tag{3・92}$$

POINT
金属の仕事関数 ϕ よりも光子のエネルギー $h\nu$ が大きいときに，電子が速度 v で放出される

の関係がある．

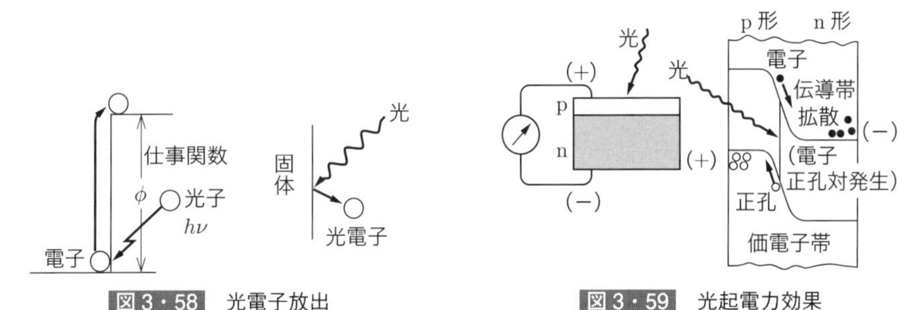

図3・58 光電子放出

図3・59 光起電力効果

pn 接合部に禁制帯幅以上のエネルギーをもつ光を照射すると，光のエネルギーにより，電子と正孔の対が発生する．これが内部電界または拡散により，正孔は p 形半導体に，電子は n 形半導体に分離され，起電力が生じる．これを**光起電力効果**（内部光電効果）という．この起電力は光をあてている間持続し，外部電気回路を接続すれば，光エネルギーを電気エネルギーとして取り出すことができる．これが**太陽電池**の原理である．

光導電効果とは，半導体に禁制帯幅以上のエネルギーをもつ光を照射すると，電子と正孔の対が発生し，半導体の導電率が増加する現象である．光導電効果による電流の増加分は，光の強度が強いほど大きい．光導電効果の応用例としては，照度計などがある．

(2) 磁電効果

磁界が導体中の伝導電子または正孔に力を及ぼすために生じる現象である．例えば，図3･60のように，n 形半導体を流れる電流 I〔A〕と直角方向に磁束密度 B〔T〕

を加えると，電子の進路が曲げられ，電荷分布が偏り，電界 E〔V/m〕が生じる．これを**ホール効果**という．一方，図 3･61 のように，p 形半導体では，電界の方向が n 形半導体の逆となる．

外部に現れる電圧 E は

$$E = R\frac{BI}{d}\text{〔V〕} \qquad (3 \cdot 93)$$

となり，R〔m^3/C〕を**ホール係数**という．

なお，電流通路の偏りのため抵抗率 ρ も増加するが，これを**磁気抵抗効果**という．磁界の二乗に比例し，磁界の方向と関係がない．

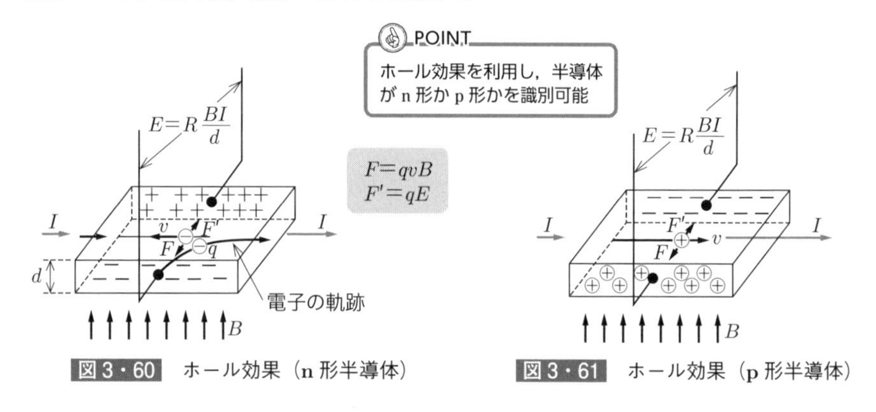

図 3・60　ホール効果（n 形半導体）

図 3・61　ホール効果（p 形半導体）

（3）熱電子放出

金属を高温に熱すると，仕事関数より大きな熱エネルギーをもった固体内の電子が真空中に飛び出してくる．この現象を**熱電子放出**という．物体の単位面積当たりの放出電子流 I_S〔A/m^2〕は，物体を加熱する絶対温度を T〔K〕，カソードの仕事関数を ϕ〔J〕，ボルツマン定数を $k = 1.38 \times 10^{-23}$ J/K とすると，次式で表される．この I_S を温度制限電流という．A_0 は定数であり，物質によって変動する．次の式が**熱電子放出の式**である．

$$I_S = A_0 T^2 e^{-\frac{\phi}{kT}}\text{〔A/m}^2\text{〕} \qquad (3 \cdot 94)$$

熱電子を放出する物質の陰極に強い電界を加えると，仕事関数が減少し，温度制限電流が増加する．つまり，金属表面からの熱電子放出は，外部から電界を加えることにより増加する．これを**ショットキー効果**という．

例題 21 ······ R3 問 7

次の文章は，発光ダイオード（LED）の点灯回路に関する記述である．ただし，LED の明るさは LED を流れる電流に比例するとする．

点灯時の LED の順方向電圧 V_D はほぼ一定値となる．このため点灯時の LED の解析は，LED を図 1 のように大きさ V_D の直流電圧源で置き換えて考えると簡略化できる．

まず，図 2 の回路を用いて LED を点灯させた．LED に直列に接続する抵抗 R の役割は [(1)] である．LED を流れる電流は LED を直流電圧源 V_D に置き換えることで [(2)] と求められる．

次に，2 個の LED を点灯させるために図 3 および図 4 の回路を作製した．このとき図 3 および図 4 で用いたすべての LED の特性は等しく，V_D はすべて 2 V とする．図 3 の $V_{\rm in}$ が 5 V であるとき図 3 の LED を流れる電流を 50 mA とするためには図 3 の抵抗 R を [(3)]〔Ω〕とすればよい．図 3 と図 4 の抵抗 R を [(3)]〔Ω〕とし，図 3 と図 4 のすべての LED の明るさが等しくなるように図 4 の $V_{\rm in}$ を調整した．このとき図 4 の回路の消費電力は [(4)]〔mW〕である．

図 3 および図 4 の 2 個の LED のうち片方の LED が破損し断線したときにも，もう一方の LED が点灯し続けるのは [(5)] である．

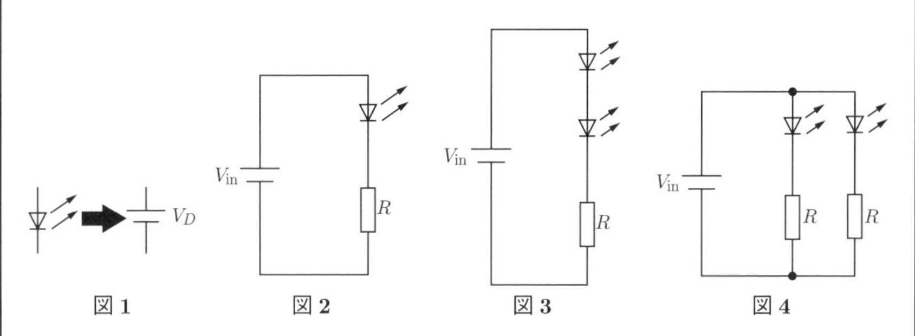

図 1　図 2　図 3　図 4

【解答群】

（イ）300　（ロ）500　（ハ）LED の破損防止　（ニ）250

（ホ）図 3　（ヘ）60　（ト）20　（チ）$\dfrac{V_{\rm in}+V_D}{R}$

（リ）図 3 と図 4 の両方　（ヌ）50　（ル）LED の保温

（ヲ）LED の明るさの向上　（ワ）$\dfrac{V_{\rm in}}{R}$　（カ）図 4

（ヨ）$\dfrac{V_{\rm in}-V_D}{R}$

解　説　(1) LEDを点灯させるには，図2のようにLEDと直列に抵抗Rを接続し，LEDに10〜20 mA程度の電流を流すとともに，LEDの破損防止を行うことが一般的である（図3･57（d）参照）．

(2) 題意より，LEDを直流電圧源V_Dに置き換えると，解説図1となる．したがって，LEDを流れる電流I_1は

解説図 1

$$I_1 = \frac{V_{\text{in}} - V_D}{R}$$

(3) 題意から，解説図2の回路状態である．$V_{\text{in}} = 5$ Vで，$V_D = 2$ Vが2個直列になっているから

解説図 2

$$V_{\text{in}} - 2V_D = I_2 R \quad \therefore 5 - 2 \times 2 = 50 \times 10^{-3} \times R \quad \therefore R = \frac{1}{50 \times 10^{-3}} = 20\ \Omega$$

(4) 題意より，LEDの明るさはLEDに流れる電流に比例し，図3と図4のすべてのLEDの明るさを等しくするから，解説図3のように，並列接続されているLEDとRに流れる電流はそれぞれ$I_3 = I_4 = 50$ mAである．図4の回路の消費電力Wは，2つのRと2つのLEDの消費電力の合計であるから，式（1･99）より

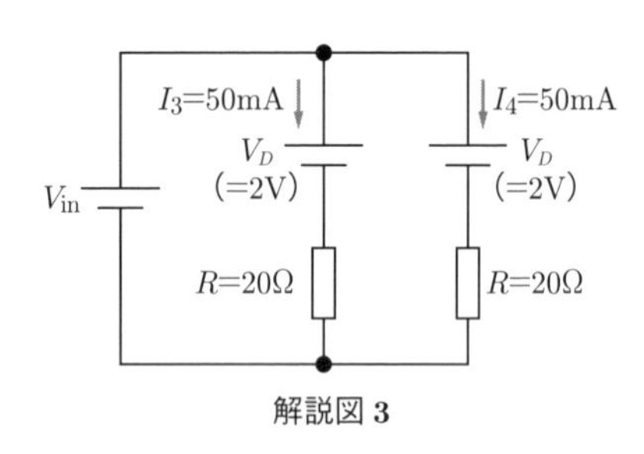

解説図 3

$$\begin{aligned} W &= RI_3{}^2 + V_D I_3 + RI_4{}^2 + V_D I_4 = 2RI_3{}^2 + 2V_D I_3 \\ &= 2 \times 20 \times (50 \times 10^{-3})^2 + 2 \times 2 \times 50 \times 10^{-3} \\ &= 300 \times 10^{-3} = 300\ \text{mW} \end{aligned}$$

(5) 図3はLEDが直列接続されているので，片方のLEDが破損し断線すると，電流が流れなくなる．しかし，図4はLEDが並列接続されているので，片方のLEDが破損し断線しても，健全なLEDには電流が流れて点灯し続ける．

【解答】(1) ハ　(2) ヨ　(3) ト　(4) イ　(5) カ

例題 22 ………………………………………………………… H27 問4

次の文章は，ホール測定に関する記述である．

図のような，x 方向に a，y 方向に b，z 方向に c の大きさをもった直方体の試料がある．ただし，試料は正孔がキャリヤの多数を占める p 形半導体とする．

いま $y=0$ の面が正に，$y=b$ の面が負になるように電圧 V_y を掛けたとすると，一様な y 方向の電界 E_y の大きさは [(1)] となり，電流が流れる．y 方向のキャリヤの平均速度 v_y は，散乱がある半導体においては $v_y=\mu E_y$ という比例関係が成り立つ．この μ は [(2)] と呼ばれる．

ここで，垂直な z 方向（図中で上向き）に磁束密度 B_z を加えると，磁界中を平均速度 v_y で y 方向に動くキャリヤは，電荷量が単位電荷 q であることから，x 方向に大きさ [(3)] のローレンツ力 F_L を受ける．すると，$x=a$ の面では正孔が溜まり，正に帯電し，$x=0$ の面で正孔不足となり負に帯電して，x 方向に電界 E_x が発生する．キャリヤが x 方向の電界から受ける力 qE_x とローレンツ力 F_L は打ち消し合い，平衡状態となるので，E_x の大きさは [(4)] となる．そこで $x=0$ の面と $x=a$ の面の間に発生する電圧 V_H と y 方向に印加した電圧 V_y の比の大きさは [(5)] である．

以上の関係から磁束密度が分かっている場合には μ を求めることができ，また μ が分かった試料は，磁気センサとして用いることができる．

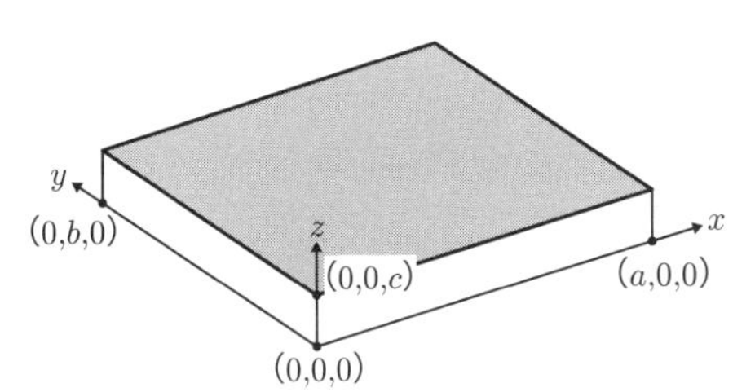

【解答群】

（イ）$|\mu E_y B_z|$　（ロ）$\left|\dfrac{V_y}{b}\right|$　（ハ）$|qv_y B_z a|$　（ニ）$\left|\dfrac{\mu E_y B_z}{c}\right|$

（ホ）$\left|\dfrac{\mu B_z a}{b}\right|$　（ヘ）$|q\mu E_y B_z|$　（ト）$\left|\dfrac{\mu B_z}{c}\right|$　（チ）抵抗率

（リ）$|qv_y B_z b|$　（ヌ）伝導度　（ル）$\left|\dfrac{V_H}{b}\right|$　（ヲ）$\left|\dfrac{\mu E_y B_z}{a}\right|$

（ワ）$\left|\dfrac{V_y}{a}\right|$　（カ）$\left|\dfrac{\mu B_z}{a}\right|$　（ヨ）移動度

解説 (1) 電界 E_y は一様であり，式（1･21）より $E_y = \left|\dfrac{V_y}{b}\right|$

(2) 式（3･18）で説明しているが，$v_y = \mu E_y$ の μ は移動度である．

(3) 正孔が運動している中で磁界を加えると，式（1･139）のローレンツ力 F_L が働く．$F_L = |q \times v_y \times B_z| = |q\mu E_y B_z|$ の大きさであり，向きは x 軸の正の方向である．

(4) (3) のローレンツ力により，正孔は $x = a$ の面に溜まり，正に帯電するから，x 軸の負の方向に電界 E_x が発生する．正孔がこの電界から受ける力 $|qE_x|$ とローレンツ力 $F_L = |q\mu E_y B_z|$ が等しくなって平衡するから

$$|qE_x| = |q\mu E_y B_z| \quad \therefore |E_x| = |\mu E_y B_z|$$

解説図　x 軸方向の力の釣り合い

(5) $V_H = \displaystyle\int_0^a E_x dx = |\mu a E_y B_z|$

$$\therefore \frac{V_H}{V_y} = \frac{|\mu a E_y B_z|}{|bE_y|} = \left|\frac{\mu B_z a}{b}\right|$$

【解答】(1) ロ　(2) ヨ　(3) へ　(4) イ　(5) ホ

例題 23 ………… H29 問7

次の文章は，金属の熱電子放出に関する記述である．

金属を高温に熱すると，[(1)] より大きな熱エネルギーをもった固体内の電子が真空中に飛び出してくる熱電子放出が顕著になる．いま，真空中に金属の電極 A，電極 B を配置し，電極 B を接地する．ここで電極 A に電圧 V を印加し，電極 A を加熱すると，電圧 V が [(2)] の場合には，電極 A から放出された熱電子は印加電界によって誘引されて電極 B で収集され，熱電子放出電流として計測される．また，電圧 V の正負を反転させると，放出された熱電子は電極 A に戻ってしまうため，電流はほとんど流れなくなることから，電極 A–B 間の電流電圧特性は [(3)] を示すことがわかる．電極の温度が十分低い場合には，熱電子放出電流は，電極温度の上昇に伴って指数関数的に増大するが，電圧 V への依存性は小さい．一方，放出される電子の数が増加してくると，電極 A の周囲には，電子の電荷により熱電子放出を [(4)] 向きの電界が形成される．その結果，電流の大きさが電圧 V に依存して変

化するようになる．この現象は ［(5)］ と呼ばれ，熱電子放出電流を電圧で制御するための基本原理となっている．

【解答群】

(イ) 増幅特性	(ロ) 禁制帯幅	(ハ) 負	(ニ) 促進する
(ホ) 温度制限	(ヘ) ショットキー障壁	(ト) 正	(チ) 仕事関数
(リ) 負性抵抗特性	(ヌ) 整流特性	(ル) 妨げる	(ヲ) 空間電荷制限
(ワ) フェルミ準位	(カ) 電子散乱制限	(ヨ) 0	

解説 (1) 金属中の電子は，金属表面のポテンシャル障壁を飛び越えるのに必要なエネルギーを外部から与えることで金属から飛び出すことができる．このポテンシャル障壁が仕事関数である（式（3･91）参照）．

(2) 解説図の通り，電極Aを加熱して熱電子を放出させ，電界によって誘引して電極Bで収集するには，電極Aの電位は負である．

(3) 電圧 V の正負を逆転させて電極Aの電位を正にすれば，熱電子は電極Aに戻って電流がほとんど流れない．つまり，電極A-B間の電流電圧特性は，ダイオードと同様に，整流特性を示す．

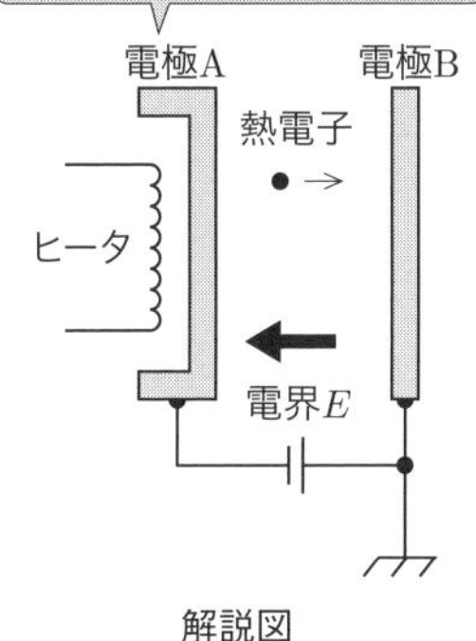

解説図

(4) (5) 電極Aの温度が高くなると，放出される熱電子の数が非常に多くなる．そこで電極Aの周辺には熱電子がたまり，その熱電子から発生される電界は電極Aからさらなる熱電子が放出されるのを妨げるように作用する．このため，熱電子放出電流の大きさは電圧に依存するようになり，この現象を**空間電荷制限**という．

【解答】(1) チ (2) ハ (3) ヌ (4) ル (5) ヲ

3-8 負帰還増幅回路と発振回路

攻略のポイント　本節に関して，電験３種ではマルチバイブレータや負帰還増幅回路の特徴等が出題されるのに対し，電験２種では，演算増幅器と組み合わせた発振回路，３点接続発振回路，水晶振動子等が出題されている．なお，出題数は多くない．

1 負帰還増幅回路

増幅回路の出力信号の一部を入力側に戻すことを**帰還**または**フィードバック**といい，帰還がかけられた増幅回路を**帰還増幅回路**という．帰還増幅回路は，増幅回路と帰還回路とで構成される．図 3･62 (a) に示すように，**正帰還増幅回路**は帰還させる信号が入力信号と同相の場合（正帰還）であり，発振回路に使われる．一方，**負帰還増幅回路**は帰還させる信号が入力信号と逆相の場合（負帰還）であり，負帰還をかけると増幅回路が安定化する．

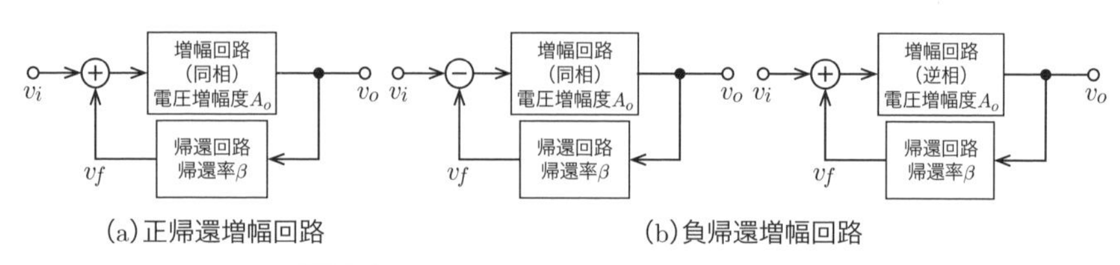

図 3・62　正帰還増幅回路と負帰還増幅回路

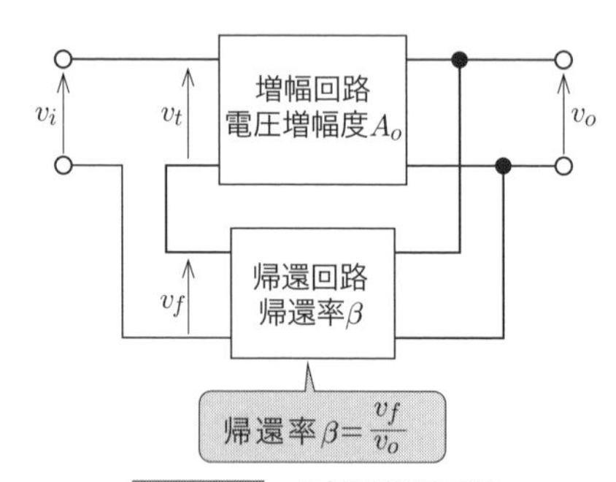

図 3・63　負帰還増幅回路

図 3･63 のように，負帰還増幅回路は，出力電圧 v_o の一部を帰還電圧 v_f として入力側に戻している．帰還電圧 v_f と出力電圧 v_o との比を**帰還率 β** という．図 3･63 から，次の関係式が成立する．

$$v_f = \beta v_o \qquad (3 \cdot 95)$$

$$v_t = v_i - v_f \qquad (3 \cdot 96)$$

$$v_o = A_o v_t \qquad (3 \cdot 97)$$

式（3･95）を式（3･96）へ代入し，これを式（3･97）へ代入して整理すれば

$$v_o = \frac{A_o v_i}{1 + A_o \beta} \qquad (3 \cdot 98)$$

となる．したがって，負帰還回路の電圧増幅度 A_v は

$$\boldsymbol{A_v = \frac{v_o}{v_i} = \frac{A_o}{1 + A_o \beta}} \qquad (3 \cdot 99)$$

上式は，負帰還増幅回路の電圧増幅度 A_v は本来の電圧増幅度 A_o を $\dfrac{1}{1+A_o\beta}$ 倍していることを意味する．ここで，$A_o\beta \gg 1$ であれば，式（3･99）の分母の $1+A_o\beta \fallingdotseq A_o\beta$ となるから

$$A_v = \frac{A_o}{1 + A_o \beta} \fallingdotseq \frac{A_o}{A_o \beta} = \frac{1}{\beta} \qquad (3 \cdot 100)$$

POINT
$\boldsymbol{A_v}$は$\boldsymbol{A_o}$とは無関係に決まる

となる．すなわち，負帰還増幅回路の電圧増幅度 A_v は，本来の増幅回路の電圧増幅度 A_o とは無関係に決まる．言い換えれば，温度変化等によって増幅回路の A_o が変化しても，負帰還増幅回路の電圧増幅度 A_v はほとんど変化しない．このため，負帰還により，安定した増幅を行うことができる．同様に，増幅回路内部で発生するノイズは，負帰還により，電圧増幅度と同様に，$1/\beta$ に低減させることができる．

2 発振回路

(1) 発振回路の考え方

図 3･64 のように，**発振回路**は，増幅回路の出力を帰還回路を通して入力側に正帰還させ，再び増幅しては入力側に正帰還させるという動作を繰り返すと，出力は徐々に増大し，外部から入力信号を加えることなく，ある周波数をもった持続的な出力信号が得られる．これが発振の原理である．

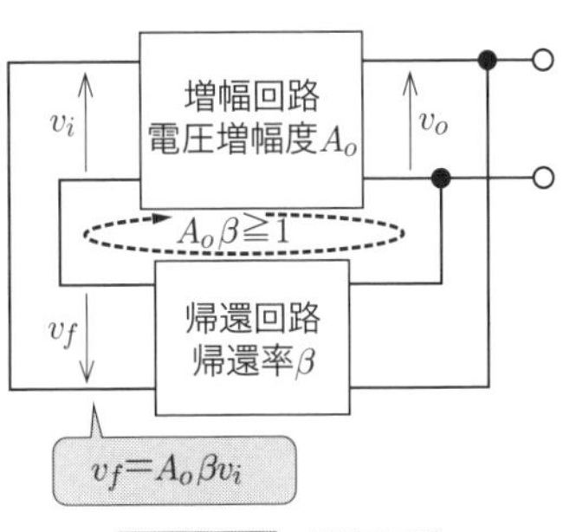

図 3・64 発振回路

発振条件としては次の 2 つが必要である.

① **位相条件：v_i と v_f が同位相であること**

② **利得条件：増幅回路の電圧増幅度 A_o，帰還回路の帰還率 β とすれば**

$$\boldsymbol{A_o\beta \geqq 1\left(A_o=\frac{v_o}{v_i},\ \beta=\frac{v_f}{v_o}\right)} \quad (3\cdot101)$$

(2) 同調形発振回路

図 3･65 のように，同調形発振回路は，増幅回路と同調回路（共振回路）を組み合わせている．L_1，C の共振回路と，L_2 の正帰還回路から構成されている．同調形発振回路では，同調回路の共振周波数が発振周波数 f になるから

$$\boldsymbol{f=\frac{1}{2\pi\sqrt{L_1C}}} \quad (3\cdot102)$$

である．帰還率 β は主にトランスの巻数比で決まる．

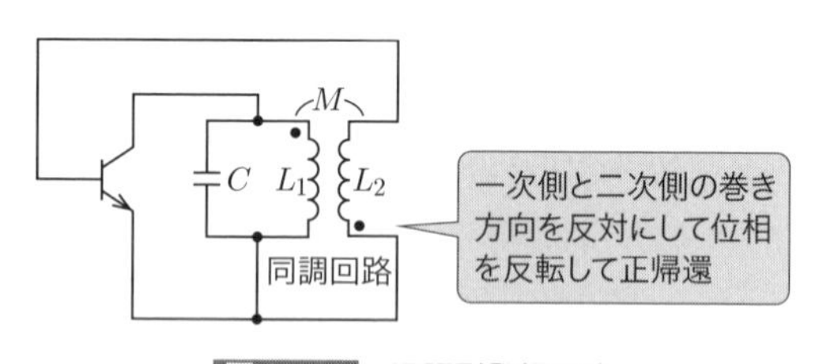

図 3・65　同調形発振回路

(3) 3 点接続発振回路

図 3･66 が **3 点接続発振回路**である．

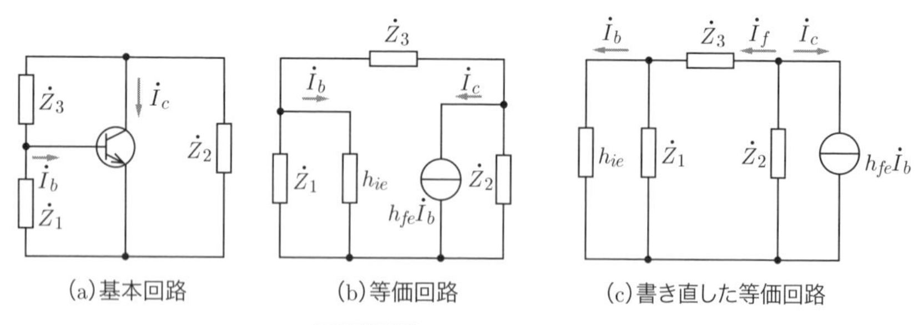

図 3・66　3 点接続発振回路

ここで，$\dot{Z}_1$，$\dot{Z}_2$，$\dot{Z}_3$ は回路に接続されたインピーダンスである．図 3·66（c）から，電流増幅度 A は

$$A = \frac{|\dot{I}_c|}{|\dot{I}_b|} = h_{fe} \tag{3・103}$$

また，帰還電流 $\dot{I}_f$ は

$$\dot{I}_f = -\dot{I}_c \times \frac{\dot{Z}_2}{\dot{Z}_2 + \left(\dot{Z}_3 + \dfrac{h_{ie}\dot{Z}_1}{h_{ie} + \dot{Z}_1}\right)} \tag{3・104}$$

であるから

$$\dot{I}_b = \dot{I}_f \times \frac{\dot{Z}_1}{h_{ie} + \dot{Z}_1} = -\dot{I}_c \frac{\dot{Z}_2}{\dot{Z}_2 + \dot{Z}_3 + \dfrac{h_{ie}\dot{Z}_1}{h_{ie} + \dot{Z}_1}} \cdot \frac{\dot{Z}_1}{h_{ie} + \dot{Z}_1}$$

$$= \frac{-\dot{I}_c\dot{Z}_1\dot{Z}_2}{\dot{Z}_1(\dot{Z}_2 + \dot{Z}_3) + h_{ie}(\dot{Z}_1 + \dot{Z}_2 + \dot{Z}_3)} \tag{3・105}$$

したがって，帰還率は

$$\dot{\beta} = \frac{-\dot{I}_b}{\dot{I}_c} = \frac{\dot{Z}_1\dot{Z}_2}{\dot{Z}_1(\dot{Z}_2 + \dot{Z}_3) + h_{ie}(\dot{Z}_1 + \dot{Z}_2 + \dot{Z}_3)} \tag{3・106}$$

ここで，$\dot{Z}_1$，$\dot{Z}_2$，$\dot{Z}_3$ を純リアクタンスとすると，h_{ie} は抵抗分であるので，正帰還させるためには，$\dot{\beta}$ が実数，すなわち，式（3·106）の分母の第 2 項が 0 であることが必要になる．このことから，発振周波数を決める条件式として

$$\boldsymbol{\dot{Z}_1 + \dot{Z}_2 + \dot{Z}_3 = 0} \tag{3・107}$$

が導かれる．また，式（3·107）を式（3·106）へ代入すれば

$$\dot{\beta} = \frac{\dot{Z}_1\dot{Z}_2}{\dot{Z}_1(\dot{Z}_2 + \dot{Z}_3)} = \frac{\dot{Z}_2}{\dot{Z}_2 + \dot{Z}_3} = \frac{\dot{Z}_2}{-\dot{Z}_1} \tag{3・108}$$

$$\therefore \beta = \frac{Z_2}{Z_1} \tag{3・109}$$

ここで，式（3·101）に式（3·103），式（3·109）を代入すると

$$\boldsymbol{A\beta = h_{fe}\frac{Z_2}{Z_1} \geqq 1} \tag{3・110}$$

となり，これは**発振のための利得条件**といわれる．

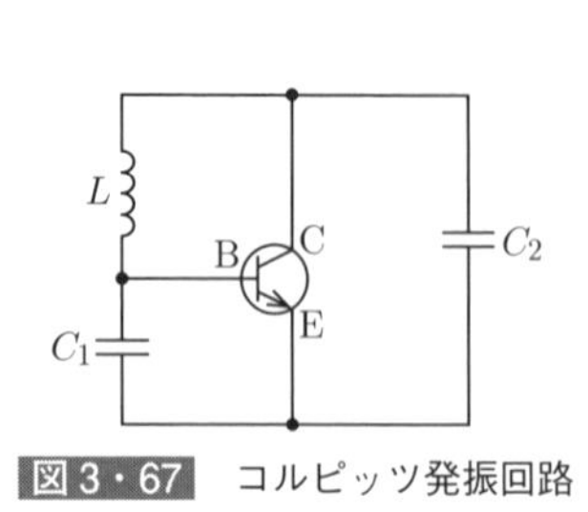

図3・67　コルピッツ発振回路

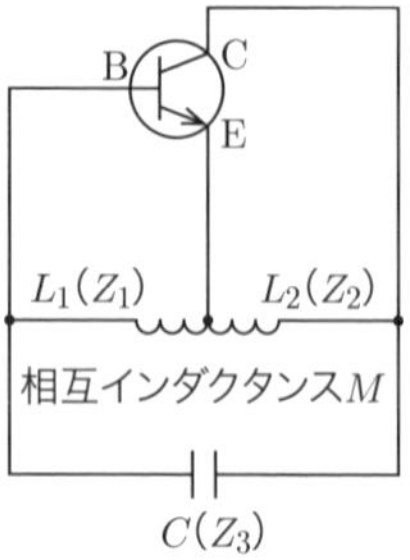

図3・68　ハートレー発振回路

図3･67のコルピッツ発振回路の発振条件は，図3･66 (a) と式 (3･110) に $Z_1=\dfrac{1}{\omega C_1}$，$Z_2=\dfrac{1}{\omega C_2}$ を代入すれば

$$\boldsymbol{h_{fe} \geqq \frac{C_2}{C_1}} \tag{3・111}$$

となる．また，発振周波数は式 (3･107) に $\dot{Z}_1=\dfrac{1}{j\omega C_1}$，$\dot{Z}_2=\dfrac{1}{j\omega C_2}$，$\dot{Z}_3=j\omega L$ を代入すれば $\dfrac{1}{j\omega C_1}+\dfrac{1}{j\omega C_2}+j\omega L=0$ となる．これを変形すると $\omega^2=\dfrac{C_1+C_2}{LC_1C_2}$ となるから

$$\boldsymbol{f=\frac{\omega}{2\pi}=\frac{1}{2\pi}\sqrt{\frac{C_1+C_2}{LC_1C_2}}} \tag{3・112}$$

となる．

図3･68のハートレー発振回路（センタタップ付コイル）の発振条件は，図3･66 (a) と式 (3･110) に $Z_1=\omega(L_1+M)$，$Z_2=\omega(L_2+M)$ を代入すれば

$$\boldsymbol{h_{fe} \geqq \frac{L_1+M}{L_2+M}} \tag{3・113}$$

となる．発振周波数は式 (3･107) に $\dot{Z}_1=j\omega(L_1+M)$，$\dot{Z}_2=j\omega(L_2+M)$，$\dot{Z}_3=\dfrac{1}{j\omega C}$ を代入すれば $j\omega(L_1+M)+j\omega(L_2+M)+\dfrac{1}{j\omega C}=0$ となる．これを変形すると，$\omega(L_1+L_2+2M)-\dfrac{1}{\omega C}=0$ となるから

$$\boldsymbol{f=\frac{1}{2\pi\sqrt{C(L_1+L_2+2M)}}} \tag{3・114}$$

となる．

（4）CR 移相形発振回路（進相形）

図3･69（a）のように，CR 移相形発振回路（進相形）は，オペアンプの反転増幅回路とコンデンサ C と抵抗 R を3段に組み合わせた帰還回路で構成される．移相回路だけを取り出すと，図3･69（b）になる．移相回路の入力は増幅回路の出力電圧 v_o であり，移相回路の出力は増幅回路の入力電圧 v_i になる．

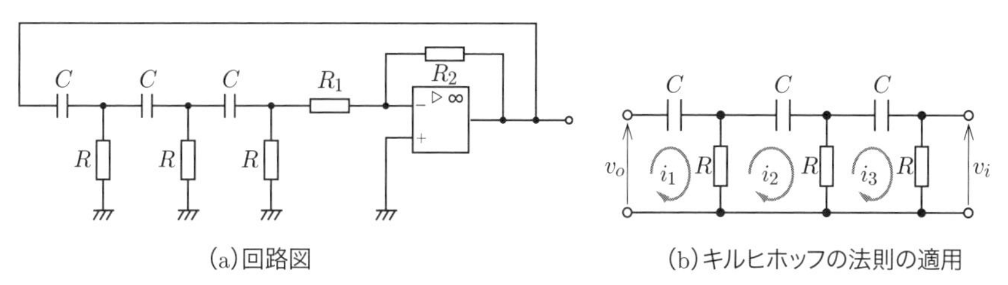

図3・69 CR 移相形発振回路

図3･69（b）のように電圧・電流を仮定し，$v_i = Ri_3$ であるから，i_3 を求めるために，$X_c = 1/(\omega C)$ として，キルヒホッフの法則（閉路方程式）を適用すると

$$\left.\begin{aligned}(R-jX_C)i_1 \quad -Ri_2 \qquad\qquad &= v_o\\ -Ri_1+(2R-jX_C)i_2- \quad Ri_3 &= 0\\ -Ri_2+(2R-jX_C)i_3 &= 0\end{aligned}\right\} \tag{3・115}$$

上式を解けば

$$i_3 = \frac{R^2 v_o}{R(R^2-5X_C{}^2)-jX_C(6R^2-X_C{}^2)}$$

$$v_i = Ri_3 = \frac{R^3 v_o}{R(R^2-5X_C{}^2)-jX_C(6R^2-X_C{}^2)} \tag{3・116}$$

したがって，増幅度 A_v は

$$A_v = \frac{v_o}{v_i} = \frac{R^2-5X_C{}^2}{R^2} - j\frac{X_C}{R^3}(6R^2-X_C{}^2) \tag{3・117}$$

となる．増幅度が実数の場合，式（3･117）の第2項が0になるときなので

$$6R^2 - X_C{}^2 = 0 \qquad \therefore \sqrt{6}R = X_C = \frac{1}{\omega C}$$

したがって，発振周波数 f は

$$\boldsymbol{f}=\frac{\boldsymbol{\omega}}{\mathbf{2\pi}}=\frac{\mathbf{1}}{\mathbf{2\pi\sqrt{6}}\boldsymbol{CR}} \qquad (3\cdot118)$$

ここで，式（3･117）に式（3･118）を代入すれば

$$\boldsymbol{A_v}=\frac{\boldsymbol{R^2-5X_C{}^2}}{\boldsymbol{R^2}}=\frac{\boldsymbol{R^2-5\times6R^2}}{\boldsymbol{R^2}}=\mathbf{-29} \qquad (3\cdot119)$$

これは，移相回路の出力 v_i が入力 v_o に対して位相が反転して 1/29 に減衰していることを意味しており，帰還率は 1/29 である．オペアンプの反転増幅回路の増幅度は式（3･75）より R_2/R_1 で示されるので，発振のための利得条件は次式となる．

$$\frac{\boldsymbol{R_2}}{\boldsymbol{R_1}}\geqq\mathbf{29} \qquad (3\cdot120)$$

（5）ウィーンブリッジ形発振回路

図 3･70 がウィーンブリッジ形発振回路である．帰還回路は $\dot{Z}_1$ と $\dot{Z}_2$ で構成される．$\dot{Z}_1$ と $\dot{Z}_2$ は

$$\dot{Z}_1=R_1+\frac{1}{j\omega C_1}=\frac{j\omega C_1R_1+1}{j\omega C_1}$$

$$\dot{Z}_2=\frac{R_2\times\dfrac{1}{j\omega C_2}}{R_2+\dfrac{1}{j\omega C_2}}=\frac{R_2}{1+j\omega C_2R_2}$$

であるから，帰還率 β は次式となる．

$$\beta=\frac{\dot{Z}_2}{\dot{Z}_1+\dot{Z}_2}$$

$$=\frac{j\omega C_1R_1}{1-\omega^2C_1C_2R_1R_2+j\omega(C_1R_1+C_2R_2+C_1R_2)} \qquad (3\cdot121)$$

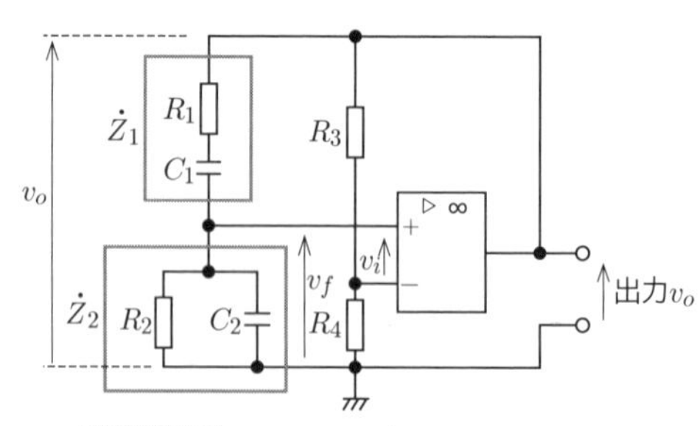

図 3・70　ウィーンブリッジ形発振回路

上式において増幅度が実数の場合，式（3·121）は実数でなければならないので

$$1-\omega^2 C_1 C_2 R_1 R_2=0 \tag{3・122}$$

となり，このとき，帰還率 β は

$$\beta=\frac{C_1 R_1}{C_1 R_1+C_2 R_2+C_1 R_2} \tag{3・123}$$

式（3·122）より，発振周波数 f は

$$\boldsymbol{f=\frac{1}{2\pi\sqrt{C_1 C_2 R_1 R_2}}} \tag{3・124}$$

ここで，$C_1=C_2=C$，$R_1=R_2=R$ とすれば，式（3·124），式（3·123）から

$$f=\frac{1}{2\pi CR} \quad \beta=\frac{1}{3} \tag{3・125}$$

となる．このとき，利得条件の式（3·101）より $A_0 \geqq 3$ となる．ウィーンブリッジ形発振回路は，2つの抵抗またはコンデンサを連動して変化させることにより発振周波数を容易に変えられるので，可変周波数の低周波発振回路として利用される．

（6）水晶発振回路

水晶振動子は図3·71の構成と図記号である．水晶片に，外部から圧縮力や引張力を加えると，圧力に比例した分極（表面電荷）が発生する．また，外部から電界を加えると，水晶片に機械的なひずみが発生する．これを**圧電効果**または**ピエゾ効果**という．後者は**逆圧電効果**ともいう．

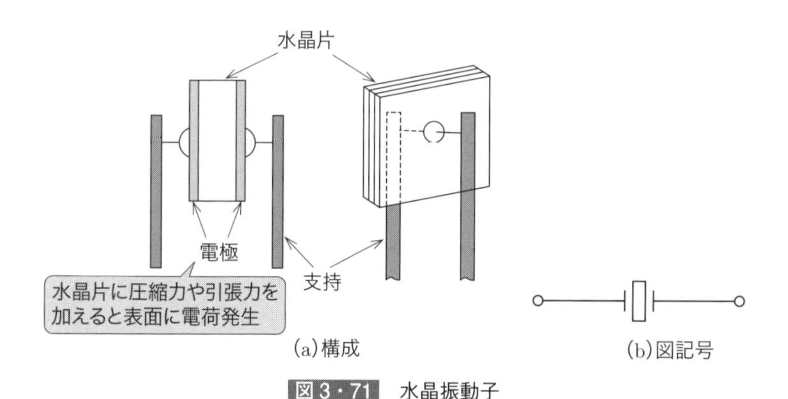

図3・71　水晶振動子

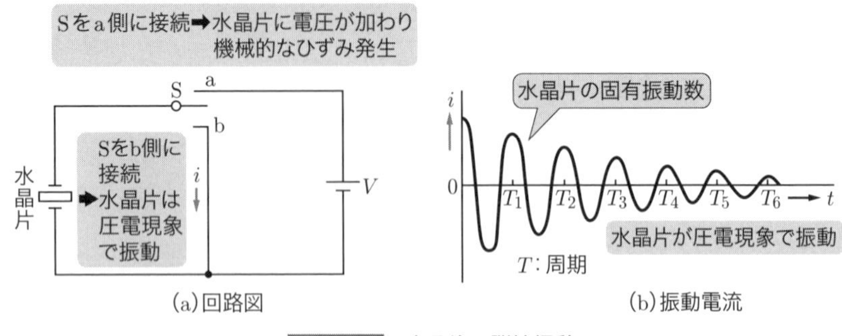

図3・72　水晶片の弾性振動

圧電効果の動作を図3･72（a）の回路で考える．スイッチSをa側に接続して，水晶片に電圧を加え，機械的なひずみを起こす．次に，スイッチSをb側に接続すれば，水晶片は圧電効果によって振動を起こし，図3･72（b）のような振動電流が流れる．この電流の周波数は水晶片の固有振動数であり，非常に高い周波数である．また，この微弱な電流の変化は，RLC 直列共振回路の共振電流と似ている．

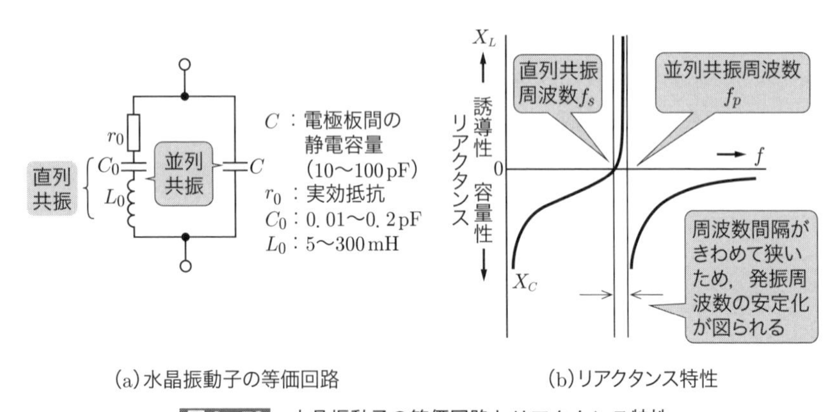

図3・73　水晶振動子の等価回路とリアクタンス特性

そこで，水晶振動子の等価回路は図3･73（a）で表現することができる．f_s は，C_0，L_0 の直列回路の共振周波数（直列共振周波数）である．また，f_p は，電極板間容量 C と，C_0，L_0 による並列回路の共振周波数（並列共振周波数）である．水晶振動子は，f_s と f_p の間で誘導性リアクタンスの性質を示し，水晶振動子を利用する場合にはこの誘導性の周波数帯域を用いる．

$$\boldsymbol{f_S}=\frac{\mathbf{1}}{\mathbf{2\pi\sqrt{L_0C_0}}}\text{〔Hz〕}$$ POINT 直列共振 (3・126)

$$\boldsymbol{f_p}=\frac{\mathbf{1}}{\mathbf{2\pi\sqrt{L_0\left(\dfrac{C_0C}{C_0+C}\right)}}}\text{〔Hz〕}$$ POINT 並列共振 (3・127)

そして，共振周波数付近では，回路のせん鋭度 Q は

$$Q=\frac{\omega L_0}{r_0}=\frac{1}{r_0}\sqrt{\frac{L_0}{C_0}}=10^4\sim10^5 \quad (3\cdot128)$$

となって非常に大きくなるので，精度の高い発振が可能になる．

例題 24 ……………………………………………… **H20 問 8**

次の文章は，負帰還増幅回路に関する記述である．

図 1 は負帰還増幅回路を模式的に表した図である．また，図 1 の各ブロックは，それぞれ図 2 のような機能を持つものとする．ただし，図 2 において，$\boldsymbol{A}$ は電圧増幅度を，$\boldsymbol{H}$ は減衰率を表している．

まず，増幅器の入力電圧 $\boldsymbol{v_4}$ を用いて負帰還増幅回路の出力電圧 $\boldsymbol{v_2}$ を表すと

$\boldsymbol{v_2}=$ (1) $\times\boldsymbol{v_4}$

であり，また，$\boldsymbol{v_2}$ を用いて減衰器の出力電圧 $\boldsymbol{v_3}$ を表すと $\boldsymbol{v_3=Hv_2}$ である．

さらに，

$\boldsymbol{v_4}=$ (2)

であるから，$\boldsymbol{v_2}$ は負帰還増幅回路の入力電圧 $\boldsymbol{v_1}$ を用いて

$\boldsymbol{v_2}=$ (3) $\times\boldsymbol{v_1}$

と表される．このときループ利得 $\boldsymbol{AH}$ が $\mathbf{1}$ よりも十分大きいと仮定すると，

$\boldsymbol{v_2}\fallingdotseq$ (4) $\times\boldsymbol{v_1}$

と近似することができる．また，$\boldsymbol{v_2}$ が有限の値のとき，増幅器の電圧増幅度 $\boldsymbol{A}$ を大きくしていくと，$\boldsymbol{v_4}$ は (5) に近づいていく．

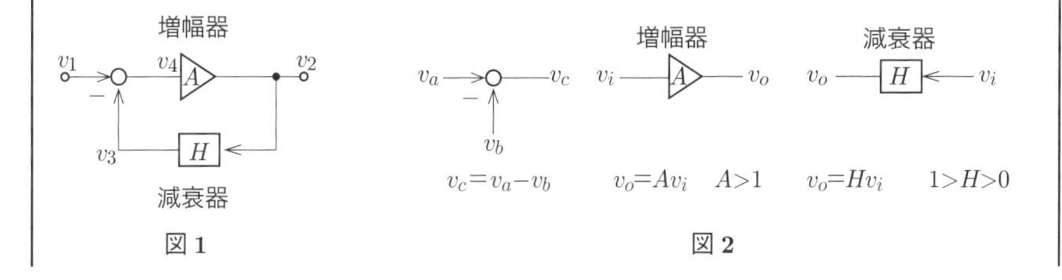

図 1　図 2

【解答群】

(イ) $\dfrac{A}{1+AH}$	(ロ) $\dfrac{1}{A}$	(ハ) $\dfrac{1}{H}$	(ニ) Av_1	(ホ) H
(ヘ) Hv_3	(ト) $\dfrac{1}{AH}$	(チ) $\dfrac{H}{1+AH}$	(リ) -1	(ヌ) v_1-v_3
(ル) A	(ヲ) AH	(ワ) 0	(カ) 1	(ヨ) $\dfrac{A}{1-AH}$

解説 (1) 出力電圧 v_2 は，増幅器を介して，入力電圧 v_4 の A 倍になるから

$$v_2 = Av_4 \quad \cdots\cdots①$$

(2) 図 1 より，増幅器の入力電圧 v_4 は v_1 から v_3 を引いた値なので

$$v_4 = v_1 - v_3 \quad \cdots\cdots②$$

(3) 式①に式②を代入するとともに，$v_3 = Hv_2$ を代入すれば

$$v_2 = A(v_1 - v_3) = A(v_1 - Hv_2)$$

$$\therefore v_2 = \frac{A}{1+AH}v_1 \quad \cdots\cdots③$$

(4) $AH \gg 1$ なら，式③は $v_2 = Av_1/(AH) = v_1/H$ と表される．

(5) 式①から，$v_4 = v_2/A$ となる．ここで，v_2 が有限，$A \to \infty$ とすれば v_4 は 0 に近づいていく．

【解答】(1) ル (2) ヌ (3) イ (4) ハ (5) ワ

例題 25 ………… H26 問 8

次の文章は，図 **1** に示す発振回路に関する記述である．ただし，演算増幅器には正の値の直流電圧源 V_{DD} と負の値の直流電圧源 $-V_{SS}$ が接続されており，演算増幅器の特性は図 **2** に示すとおり，$V_1 - V_2$ が正のとき演算増幅器の出力電圧 V_{out} は V_{DD} に等しく，$V_1 - V_2$ が負のとき $-V_{SS}$ に等しいとする．

図 **1** の回路において，初期状態として V_{out} が V_{DD} に等しく，V_2 が 0V である場合を考える．このとき，抵抗 R を介してコンデンサ C が充電され，V_2 が増加する．V_2 が [(1)] を超えると，V_{out} は [(2)] となる．このため，今度は抵抗 R を介してコンデンサ C が放電され，V_2 が減少する．やがて V_2 が [(3)] を下回ると，V_{out} が [(4)] に等しくなる．この動作が繰り返され，図 **1** の回路は発振する．図 **1** の回路が安定して発振している状態における V_2 の時間的変化を表す図は [(5)] である．

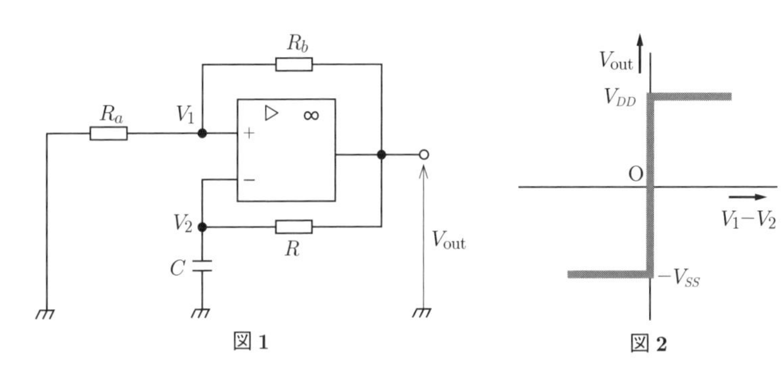

図 1　　　図 2

【解答群】

（イ）$-2V_{SS}$　　（ロ）$\dfrac{-R_a}{R_a+R_b}V_{SS}$　　（ハ）$\dfrac{-R_a}{R_a+R_b}(V_{DD}+V_{SS})$

（ニ）V_{DD}　　（ホ）$-V_{SS}$　　（ヘ）$-V_{DD}$

（ト）$\dfrac{R_b}{R_a+R_b}(V_{DD}-V_{SS})$　　（チ）$\dfrac{-R_b}{R_a+R_b}V_{SS}$　　（リ）$2V_{DD}$

（ヌ）$\dfrac{R_b}{R_a+R_b}V_{DD}$　　（ル）$\dfrac{R_a}{R_a+R_b}V_{DD}$　　（ヲ）V_{SS}

（ワ）
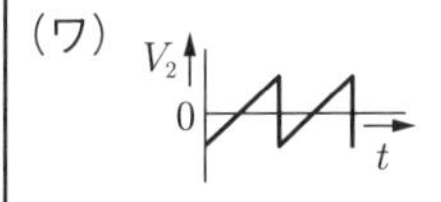

（カ）
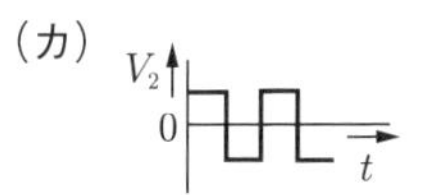

（ヨ）
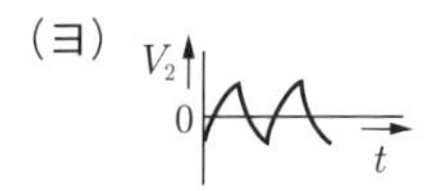

解　説　(1)～(5) 題意より，初期条件（時刻 $t=t_0$）は $V_{out}=V_{DD}$，$V_2=0$ である．$t \geqq t_0$ において，図 1 のオペアンプの出力と反転端子側の回路を取り出すと，解説図となる．このとき

$$V_{DD}=Ri+\frac{q}{C},\quad i=\frac{dq}{dt}$$

が成り立つから，整理して 1 つの式にまとめれば

$$\frac{dq}{dt}+\frac{q}{CR}=\frac{V_{DD}}{R} \quad \cdots\cdots ①$$

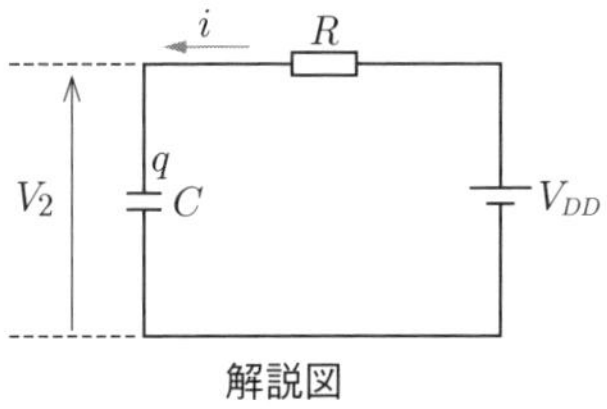

解説図

式①の微分方程式の解は 2-6 節で説明したように，定常解と過渡解の和で表すことができるから，$q=CV_{DD}+Ke^{-\frac{t}{CR}}$ と書ける．$t=t_0$ において $V_2=0$，$q=0$ を上式に代入すれば

$$0=CV_{DD}+Ke^{-\frac{t_0}{CR}} \quad \therefore K=-CV_{DD}e^{\frac{t_0}{CR}}$$

$$\therefore q = CV_{DD} - CV_{DD}e^{-\frac{t-t_0}{CR}} = CV_{DD}\left(1-e^{-\frac{t-t_0}{CR}}\right)$$

したがって，V_2 は $V_2 = q/C$ であるから

$$V_2 = \frac{q}{C} = V_{DD}\left(1-e^{-\frac{t-t_0}{CR}}\right) \quad \cdots\cdots②$$

POINT
$t = t_0$ で，$V_{out} = V_{DD}$，$V_2 = 0$ のとき抵抗 R に電流が流れ，C が充電されて，コンデンサ電圧 V_2 が上昇

一方，演算増幅器の非反転入力端子の電圧 V_1 は

$$V_1 = \frac{R_a}{R_a + R_b}V_{DD} \quad \cdots\cdots③$$

そこで，式②に基づき，コンデンサが充電されて増加した V_2 が式③の V_1 を超え，$V_1 - V_2 < 0$ になると図2の特性により V_{out} は $-V_{SS}$ になり，V_1 は次の値に急変する．

$$V_1 = \frac{R_a}{R_a + R_b} \times (-V_{SS}) = \frac{-R_a}{R_a + R_b}V_{SS} \quad \cdots④$$

そして，コンデンサの電荷が放電し，V_2 が式④を下回ると $V_{out} = V_{DD}$ に戻る．コンデンサの放電の時定数は CR で，電圧 V_2 は指数関数的に減少する．これらの動作を繰り返し，回路は発振する．

電圧 V_2 は，解答群の（ヨ）のように，指数関数的に増加・減少を繰り返す波形になる．なお，解答群の（カ）は V_{out} の波形で，$+V_{DD}$ と $-V_{SS}$ を繰り返す．

【解答】（1）ル　（2）ホ　（3）ロ　（4）ニ　（5）ヨ

例題 26 ………… H12　問7

次の文章は，トランジスタ発振回路に関する記述である．

発振回路は，一般に増幅回路において出力の一部を入力に［（1）］させたものである．

図のようにトランジスタとインピーダンス素子とを組み合わせた回路において，Z_1 を［（2）］，Z_2 をインダクタンス素子，Z_3 を［（3）］とすることによって，発振させることができる．この回路を［（4）］発振回路という．また，Z_1 に［（5）］を用いることで，発振周波数の安定化を図ることができる．

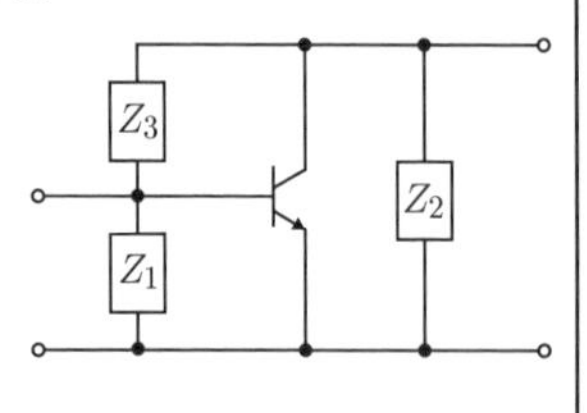

【解答群】

（イ）光電素子　（ロ）サイリスタ　（ハ）ブロッキング
（ニ）ホール素子　（ホ）ハートレー　（ヘ）移相形

(ト) カウンタ	(チ) 正帰還	(リ) キャパシタンス素子
(ヌ) 水晶振動子	(ル) コルピッツ	(ヲ) コレクタ
(ワ) インダクタンス素子	(カ) ツェナーダイオード	(ヨ) 負帰還

解 説 (1)～(5) 本文の図 3･68 は，センタタップ付コイルのハートレー発振回路を示しているが，本問はハートレー発振回路の基本形である．図 3･64 に示すように，発振回路は増幅回路と正帰還回路を組み合わせて構成する．

正帰還回路を構成する場合，設問図において，$\dot{Z}_2$ がインダクタンス素子であるから入力電圧と同相とするためには，$\dot{Z}_1$ をインダクタンス素子，$\dot{Z}_3$ をキャパシタンス素子とする必要がある．

一方，図 3･71～図 3･73 に示すように，水晶振動子に電圧を加えると，水晶振動子のもつ固有振動数の周波数で安定した発振となる．この発振周波数は，水晶振動子のリアクタンス特性のきわめて狭い領域で発振する（図 3･73 参照）．

ハートレー発振回路のインダクタンス素子を水晶振動子に置き換えたピアース回路が解説図である．

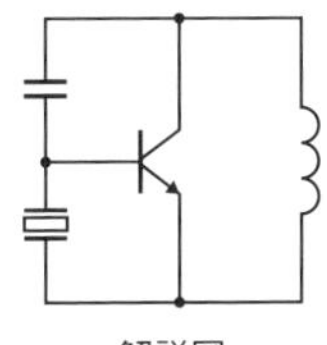

解説図

参考に，設問図のハートレー発振回路の発振条件と発振周波数を示しておく．まず，式（3･110）に，$Z_1=\omega L_1$，$Z_2=\omega L_2$ を代入すれば $h_{fe} \geqq \dfrac{L_1}{L_2}$ が発振条件である．

また，式（3･107）に $\dot{Z}_1=j\omega L_1$，$\dot{Z}_2=j\omega L_2$，$\dot{Z}_3=\dfrac{1}{j\omega C}$ を代入すれば

$$j\omega L_1+j\omega L_2+\frac{1}{j\omega C}=0$$ となる．

これより，発振周波数 $f=\dfrac{\omega}{2\pi}=\dfrac{1}{2\pi\sqrt{(L_1+L_2)C}}$ が求まる．

【解答】(1) チ (2) ワ (3) リ (4) ホ (5) ヌ

章末問題

■1 H20 問7

次の文章は，真空中における交番電界中の電子の運動に関する記述である．なお，電子の質量を m_0，電荷を $-e$（$e>0$）とし，電子の速度はその質量の変化が無視できる範囲とする．

図のように十分離れた平行板電極中の電界 $E(t)$ の向きを電極に直角な方向とし，その振幅の大きさを E_0，角周波数を ω として，$E(t)=E_0\sin\omega t$ とする．電子を電極間の一点に拘束しておき，$t=t_0$ においてこれを自由にするものとする．このとき電子は，電界と反対方向に [(1)] $\times\sin\omega t$ の力を受ける．電子の速度を v（ただし，v の正方向を図示の方向とする）とすると，運動の第2法則により，この [(1)] $\times\sin\omega t$ の力は [(2)] と平衡する．したがって，電子の運動方程式から次の微分方程式が得られる．

$$\frac{dv}{dt}= \boxed{(3)}$$

電界$E(t)$
$E_0\sin\omega t$
電極
電子
v
電極

$t=t_0$ で $v=0$ であることを考慮して，この式を積分すると，電子の速度 v は $v=$ [(4)] で表される．これらによれば，電子の運動は [(5)] ごとの時間で元の状態に戻ることがわかる．

【解答群】

（イ）$\dfrac{m_0E_0}{e}\sin\omega t$　（ロ）em_0E_0　（ハ）$\dfrac{eE_0}{m_0\omega}(\cos\omega t_0-\cos\omega t)$

（ニ）$\dfrac{e^2}{m_0}\dfrac{dv}{dt}$　（ホ）$\dfrac{eE_0}{m_0}\sin\omega t$　（ヘ）$\dfrac{3\pi}{\omega}$

（ト）$\dfrac{2\pi}{\omega}$　（チ）$\dfrac{{m_0}^2E_0}{e}\sin\omega t$　（リ）$\dfrac{m_0E_0}{e\omega}(\cos\omega t_0-\cos\omega t)$

（ヌ）${m_0}^2E_0$　（ル）$em_0\dfrac{dv}{dt}$　（ヲ）$m_0\dfrac{dv}{dt}$

（ワ）$\dfrac{\pi}{\omega}$　（カ）eE_0　（ヨ）$\dfrac{{m_0}^2E_0}{e\omega}(\cos\omega t_0-\cos\omega t)$

■2 H21 問7

次の文章は，半導体のキャリヤが非熱平衡状態から熱平衡状態に戻るときの過渡状態に関する記述である．

図のように，熱平衡状態にある n 形半導体に光を照射して，一様に過剰キャリヤを生成させた後，光の照射を止めた場合の過剰キャリヤの減衰過程を考察する．熱平衡状態にあるときの n 形半導体の電子密度を n_0，正孔密度を p_0 とする．光照射による外部エネルギーを得て，生成された過剰キャリヤの過剰電子密度を Δn，過剰正孔密度を Δp とする．これら過剰キャリヤは対生成であるので，Δn と Δp の量的関係は [(1)] である．光照射を止めた直後では，電子密度 n と正孔密度 p は $n=n_0+\Delta n$ および $p=p_0+\Delta p$ である．なお，ここではキャリヤの生成量が少なく，$\Delta n \ll n_0$，$\Delta p \ll n_0$ である場合を考える．

2 つのエネルギー準位間において，単位体積当たり高いエネルギー準位へ単位時間に遷移する電子の数を R_{up}，低いエネルギー準位へ単位時間に遷移する電子の数を R_{down} とすると，$R_{\mathrm{up}}=K_{\mathrm{up}}n_0p_0$ および $R_{\mathrm{down}}=K_{\mathrm{down}}(n_0+\Delta n)(p_0+\Delta p)$（ただし，$K_{\mathrm{up}}$ および K_{down} は比例定数）と書ける．この場合，$\Delta n \ll n_0$，$\Delta p \ll n_0$ であるので，光照射を止めた後も熱平衡状態に近いとして，$K=K_{\mathrm{up}}=K_{\mathrm{down}}$ とする．このとき，単位体積当たり単位時間に再結合する正味の電子の数 R は $R_{\mathrm{down}}-R_{\mathrm{up}}$ であり，$\Delta n \ll n_0$，$\Delta p \ll n_0$ および n 形半導体（$n_0 \gg p_0$）であることに注意すれば

$R=$ [(2)] ……………… ①

と近似される．このことから Δp の減少する時間的変化を表す等式は

[(3)] ……………… ②

と書ける．時刻 $t=0$ における過剰正孔密度を $\Delta p(0)$ とするとき式②を解けば

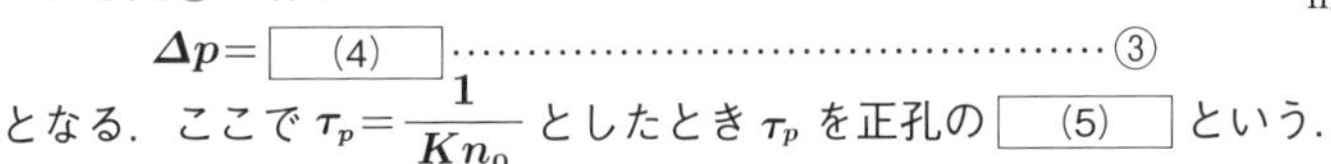

$\Delta p=$ [(4)] ……………… ③

となる．ここで $\tau_p=\dfrac{1}{Kn_0}$ としたとき τ_p を正孔の [(5)] という．

【解答群】

(イ) $-\dfrac{d\Delta p}{dt}=K\Delta p$	(ロ) $\Delta n=\Delta p$	(ハ) $\Delta n>\Delta p$
(ニ) $\Delta p(0)e^{Kn_0t}$	(ホ) 周期	(ヘ) $-\dfrac{d\Delta p}{dt}=Kn_0\Delta p$
(ト) $\Delta n<\Delta p$	(チ) 寿命	(リ) 結合速度
(ヌ) $Kn_0\Delta p$	(ル) $\dfrac{d\Delta p}{dt}=Kn_0\Delta p$	(ヲ) $(p_0+\Delta p)+\Delta p(0)e^{-Kn_0t}$
(ワ) $K\Delta n\Delta p$	(カ) $K\Delta p$	(ヨ) $\Delta p(0)e^{-Kn_0t}$

■3 H19 問8

次の文章は，トランジスタ回路に関する記述である．

図**1**のトランジスタ回路において，v_{in} は正弦波入力信号電圧，v_{o1}，v_{o2} は正弦波出力信号電圧である．いま，ベース直流電流 I_B が抵抗 R_A を流れる直流電流 I_A に比較して十分小さいと仮定すると，ベースの直流電圧は $V_B=$ (1) 〔V〕となる．さらに，トランジスタのベース-エミッタ間の直流電圧を $V_{BE}=0.7$ V と仮定すると，エミッタ直流電流は $I_E=$ (2) 〔mA〕と求められる．

ここで，トランジスタの交流等価回路が図**2**で表され，また，すべてのコンデンサを正弦波交流信号の周波数において短絡とみなすと，v_{o1} を出力電圧としたときの電圧増幅度は，$v_{o1}/v_{\text{in}} \fallingdotseq$ (3) 倍である．さらに，出力電圧を v_{o2} とするときの電圧増幅度は，$v_{o2}/v_{\text{in}} \fallingdotseq$ (4) 倍である．したがって，v_{o1} と v_{o2} の位相差は (5) である．

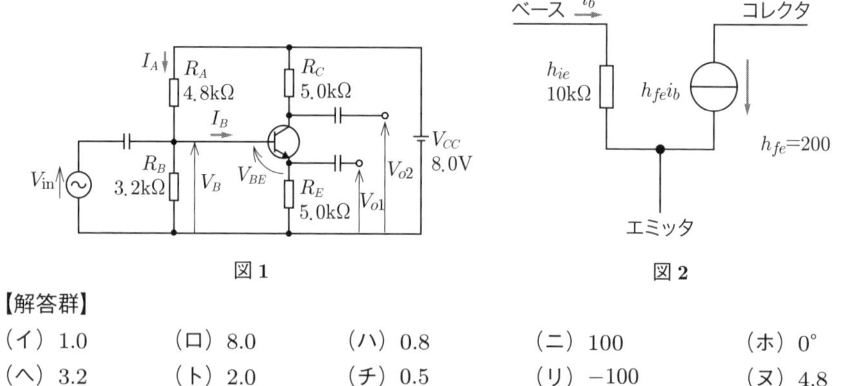

図**1**　　図**2**

【解答群】

(イ) 1.0　(ロ) 8.0　(ハ) 0.8　(ニ) 100　(ホ) 0°
(ヘ) 3.2　(ト) 2.0　(チ) 0.5　(リ) −100　(ヌ) 4.8
(ル) 180°　(ヲ) 0.1　(ワ) 90°　(カ) 1.5　(ヨ) −1.0

■4 H16 問7

次の文章は，インバータに関する記述である．

図**1**，図**2**は MOSFET を用いたインバータである．MOSFET のゲート-ソース間電圧 V_{GS} は図に示す向きを正にとるものとする．V_T を正の直流電圧とすると，n チャネル，p チャネルともに $V_{GS}>V_T$ のとき，MOSFET はオンしてドレーン-ソース間が短絡され，$V_{GS}\leqq V_T$ ではオフしてドレーン-ソース間は開放（オープン）になるものとする．ただし，$V_{DD}>V_T$ とする．

図**1**の n チャネル MOSFET Q_1 を用いた回路で入力 X が高レベル（V_{DD}，以下同じ）になると，出力 Y は低レベル（**0** V，以下同じ）になる．このとき，抵抗 R_L に流れる電流は，$I_L=$ (1) である．したがって，出力 Y が図**3**に示すようなパルス波形のとき，V_{DD} から R_L に供給される平均電力は，$P=$ (2) である．

図 **2** は，図 **1** の抵抗 $\boldsymbol{R_L}$ を p チャネル MOSFET $\boldsymbol{Q_2}$ に置き換えた回路である．入力 $\boldsymbol{X}$ が低レベルのとき，[(3)] 状態になり，出力 $\boldsymbol{Y}$ は高レベルになる．また，$\boldsymbol{X}$ が高レベルのときは，[(4)] 状態になり，$\boldsymbol{Y}$ は低レベルになる．いずれの状態でも，微小な寄生容量 $\boldsymbol{C_0}$ を充電する電流を除いて $\boldsymbol{V_{DD}}$ から電流が流れ出ないので，図 **2** は図 **1** に比較して消費電力が少ないのが特長である．

これらの回路の論理式は，[(5)] で表される．

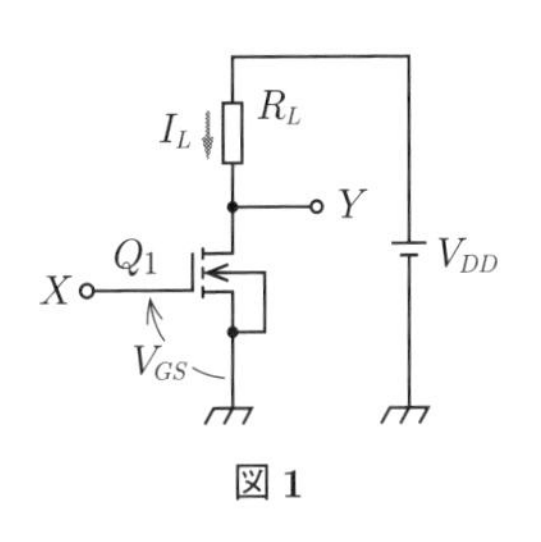

図 1

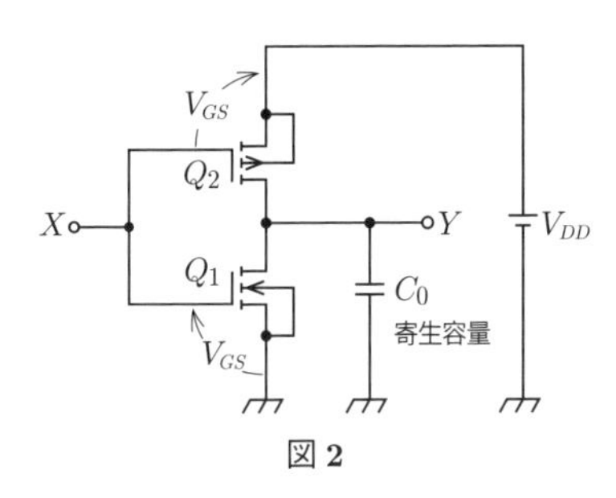

図 2

【解答群】

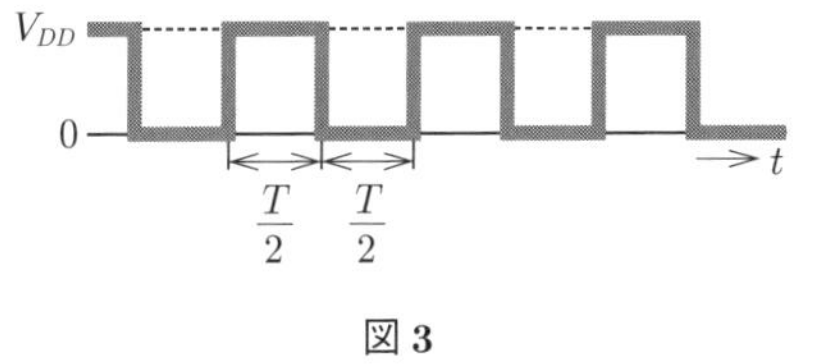

図 3

（イ）$\dfrac{{V_{DD}}^2}{R_L}$　（ロ）$\dfrac{V_{DD}}{2R_L}$　（ハ）$\dfrac{{V_{DD}}^2}{2R_L}$

（ニ）$Y=1$　（ホ）$\dfrac{V_{DD}}{4R_L}$　（ヘ）$\dfrac{{V_{DD}}^2}{4R_L}$

（ト）$\dfrac{V_{DD}}{R_L}$　（チ）$Y=0$　（リ）Q_1 がオン，Q_2 がオフ

（ヌ）Q_1 がオン，Q_2 もオン　（ル）$Y=X$　（ヲ）Q_1 がオフ，Q_2 もオフ

（ワ）Q_1 がオフ，Q_2 がオン　（カ）Q_1，Q_2 ともにオン，オフが定まらない

（ヨ）$Y=\overline{X}$

■5　R2 問8

次の文章は，演算増幅器を用いた電圧安定化回路に関する記述である．

図の回路の入力電圧と出力電圧をそれぞれ V_{in} と V_{out} とする．R_L は負荷であり，R_L を流れる電流を出力電流 I_{out} とする．演算増幅器は理想的な特性を有し，演算増幅器の入力端子には電流が流れないとする．このとき V_A は V_{out}，R_1 および R_2 を用いて，

$$V_A = \boxed{(1)}\ V_{\text{out}} \quad \cdots\cdots ①$$

と書ける．また，負帰還のかかった演算増幅器の入力端子間の電位差は零となるため，

$$V_A = \boxed{(2)} \quad \cdots\cdots ②$$

と表される．式①および式②から V_A を消去すると出力電圧は，

$$V_{\text{out}} = \boxed{(3)} \quad \cdots\cdots ③$$

と求められる．式③よりこの回路の出力電圧は基準電圧 V_{ref} と抵抗 R_1 と R_2 のみで定まり，出力電流 I_{out} や入力電圧 V_{in} の大きさによらず一定となることがわかる．

通常 R_1 と R_2 は R_L に比べ十分に大きい値なので，入力電流 I_{in} は I_{out} と等しいと近似できる．このとき回路の入力電力と出力電力の差は $\boxed{(4)}$ となり，主に $\boxed{(5)}$ で消費される．

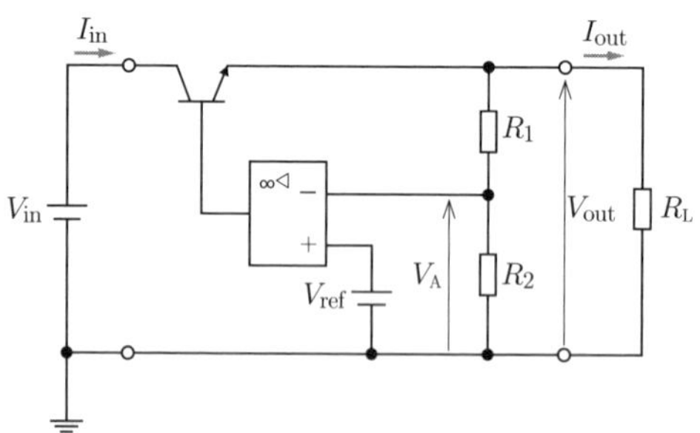

【解答群】

（イ）R_1 と R_2　（ロ）$\dfrac{R_1}{R_2}V_{\text{ref}}$　（ハ）トランジスタ　（ニ）$\dfrac{R_1+R_2}{R_2}V_{\text{ref}}$

（ホ）V_{ref}　（ヘ）$(V_{\text{in}}-V_{\text{out}})I_{\text{out}}$　（ト）$\dfrac{R_1}{R_1+R_2}$　（チ）演算増幅器

（リ）$\dfrac{R_2}{R_1}$　（ヌ）$\dfrac{R_1+R_2}{R_1}V_{\text{ref}}$　（ル）$V_{\text{out}}\ I_{\text{out}}$　（ヲ）V_{in}

（ワ）$V_{\text{in}}\ I_{\text{out}}$　（カ）$\dfrac{1}{2}V_{\text{ref}}$　（ヨ）$\dfrac{R_2}{R_1+R_2}$

■6　　　　　　　　　　　　　　　　　　　　3種　H29　問18

演算増幅器を用いた回路について，次の（a）および（b）の問に答えよ．

(1) 図**1**の回路の電圧増幅度v_o/v_iを**3**とするためには，αをいくらにする必要があるか．αの値として，最も近いのは次のうちどれか．

（イ）0.3　　（ロ）0.5　　（ハ）1　　（ニ）2　　（ホ）3

(2) 図**2**の回路は，図**1**の回路に，帰還回路として**2**個の**5 kΩ**の抵抗と**2**個の**0.1μF**のコンデンサを追加した発振回路である．発振の条件を用いて発振周波数の値f〔**kHz**〕として，最も近いのは次のうちどれか．

（イ）0.2　　（ロ）0.3　　（ハ）0.5　　（ニ）2　　（ホ）3

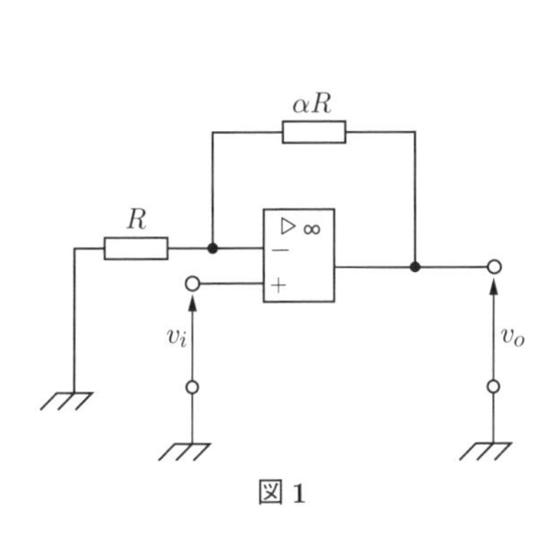

図**1**

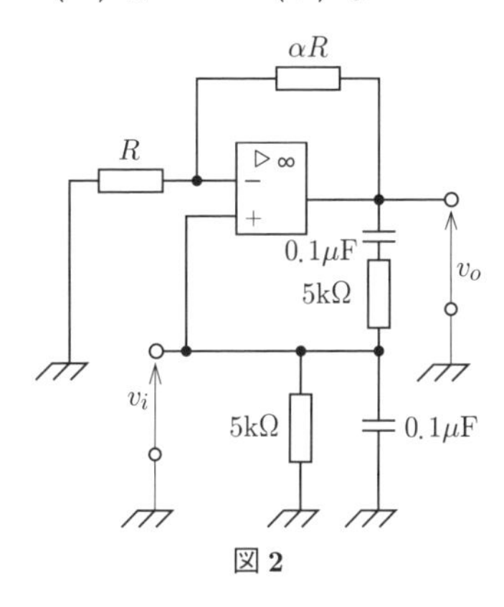

図**2**

4章

電気・電子計測

学習のポイント

本分野では，抵抗やインピーダンスの測定（特に交流ブリッジ），分流器と倍率器，誤差等の計算問題がよく出題される．電験３種と比べ，交流ブリッジ，オシロスコープ等のレベルは上がるものの，基本的には電験３種と概ね同レベルの出題である．加えて，本分野は必須問題として出題されることもあれば，選択問題として出題されることもある．学習としては，電磁気，電気回路，電子回路の総仕上げのつもりで，基本を確実におさえる観点から取り組んでほしい．

4-1 指示電気計器の動作原理と使用法

攻略のポイント　本節に関しては，電験３種では計器の種類や特徴などがよく出題されるのに対し，電験２種では静電電圧計の原理に関連した計算問題，可動コイル形や可動鉄片形に関連した実効値や平均値の積分計算，計器の定性的な原理などが出題される．

1 計測法の分類

被測定量によって計測器に偏位を生じさせ，その偏位量から被測定量を計測する方法を**偏位法**という．指示電気計器を用いる計測は偏位法になる．

一方，被測定量と既知量を比較して平衡状態をつくり検出器の偏位を零にする方法を**零位法**という．例えば，電位差計やブリッジがこれに該当する．

偏位法は簡単で扱いやすいが，偏位のために被測定量のエネルギーを取り出すため，誤差がその分だけ大きくなる．しかし，零位法はこうしたことがなく，測定に手間はかかるものの，精密な測定を可能とする．

2 指示電気計器の分類

まずは，指示電気計器の動作原理と使用法から説明する．指示電気計器の種類，記号，指示値，原理を表 4·1 にまとめる．

表 4・1　指示電気計器の分類

分類	記号	計器の動作原理	使用回路	指示	使用範囲			適用計器
					電圧〔V〕	電流〔A〕	周波数〔Hz〕	
永久磁石可動コイル形		永久磁石とコイル電流の電磁作用	直流	平均値	10^{-2}～10^{3}	10^{-6}～10^{1}	DC	電圧計，電流計，抵抗計，磁束計
整流形	 (注)	整流器の整流作用	交流	(平均値)×(正弦波の波形率)	10^{0}～10^{3}	10^{-4}～10^{1}	10^{1}～10^{4}	電圧計，電流計，回転計
熱電対形	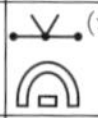 (注)	熱電効果作用	交直流	実効値	10^{0}～10^{2}	10^{-3}～10^{1}	DC～10^{7}	電圧計，電流計，電力計
可動鉄片形		軟磁性材に生じる磁気誘導作用	交流(直流)	実効値	10^{1}～10^{3}	10^{-2}～10^{2}	10^{1}～10^{2}	電圧計，電流計
電流力計形		固定・可動コイル電流間の電磁作用	交直流	実効値	10^{1}～10^{3}	10^{-1}～10^{1}	DC～10^{3}	電圧計，電流計，電力計
静電形	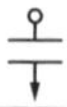	静電力	交直流	実効値	10^{2}～10^{5}	—	DC～10^{3}	電圧計
誘導形		磁界とうず電流の相互作用	交流	実効値	10^{0}～10^{2}	10^{-1}～10^{1}	商用周波数	電圧計，電流計，電力計，電力量計

（注）整流形や熱電対形は永久磁石可動コイル形が組み合わされている

3 永久磁石可動コイル形計器

永久磁石可動コイル形計器は，永久磁石で発生した磁界中にコイルを配置して電流を流したときに発生するトルクを利用した計器である．コイルの発生トルクとうず巻ばねの弾性による制御トルクがつり合う角度で指針は静止する．**指針はコイル電流の平均値を指示し，直流専用**である．特徴として，感度が高く，消費電力が少ない．

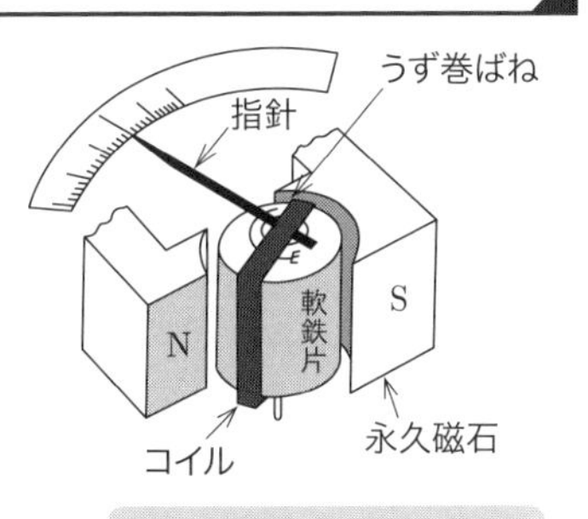

図 4・1　永久磁石可動コイル形

4 整流形計器

整流形計器は，ダイオードによって交流を直流に変換し，これを永久磁石可動コイル形計器で指示させる（図 4･2 は全波整流）．可動コイル形計器は整流電流の平均値を示すので，正弦波形の波形率（＝実効値/平均値＝1.11）を用いて，**平均値指示の目盛値を 1.11 倍して実効値目盛としてある．**整流形計器は交流用計器のうちで最も感度が良いが，交流の波形が正弦波よりひずむと誤差を生じる．

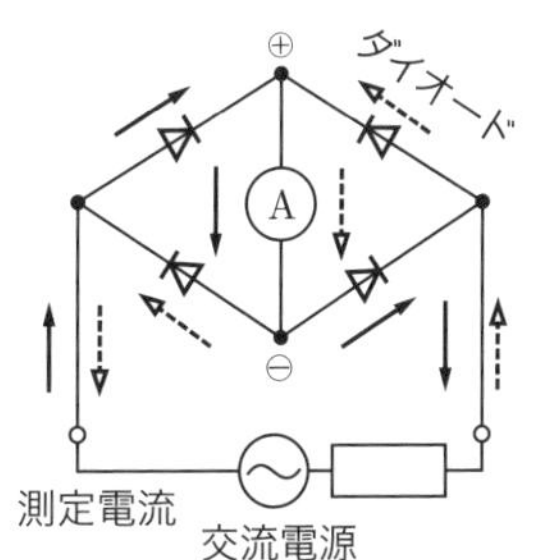

図 4・2　整流形

5 熱電対形計器

熱電対とは，異なる 2 種類の金属を接合したものである．図 4･3 (a) のように，熱電対の一方を加熱し，加熱された側の接合点と他方の接合点との間で温度差が生じると，起電力が発生して電流が流れる．これを**ゼーベック効果**という．**熱電対形計器**は，図 4･3 (b) のように，熱線に測定電流を流せば，熱電対の片方を加熱でき，他方と温度差が生じることにより，起電力が発生して電流が流れるため，これを永久磁石可動コイル形計器で指示させる．**熱電対形計器は，直流から高周波交流まで測定可能であり，実効値を示す．**

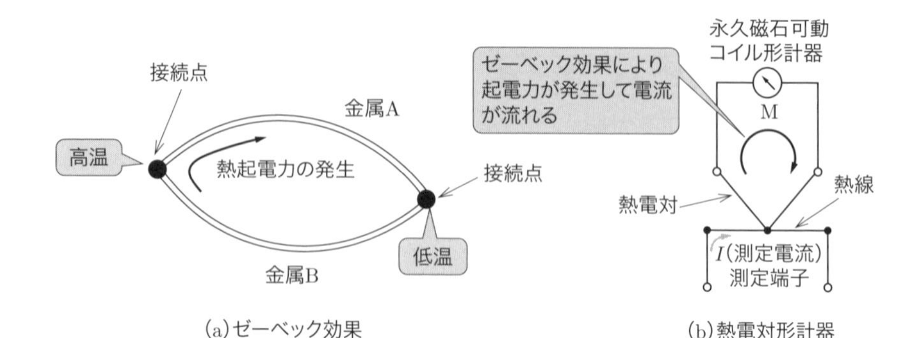

図4・3　ゼーベック効果と熱電対形計器

6 可動鉄片形計器

可動鉄片形計器は，固定コイルの内側に鉄片を配置し，固定されたコイルに測定電流を流して，これによる磁界で鉄片を同一方向に磁化し，鉄片間に生じる反発力や吸引力によって可動部分に駆動トルクが働くようにしている．**駆動トルクは，電流の二乗に比例する．交流用計器であり，計器の指示は実効値**である．

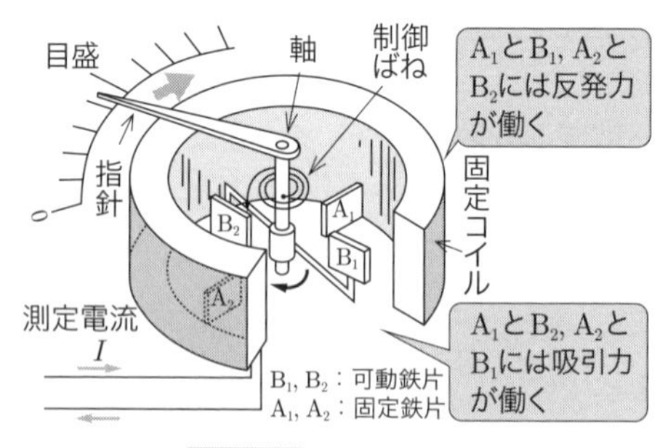

図4・4　可動鉄片形

7 電流力計形計器

電流力計形計器は，固定コイルの内側に可動コイルを配置する．固定コイルに電流を流して固定コイル内に生じる磁界と可動コイルに流れる電流による電磁力を利用して，可動コイルに駆動トルクを生じさせる．**電流力計形計器は，交直両用計器**として用いられるほか，**電力計**としても使われる．

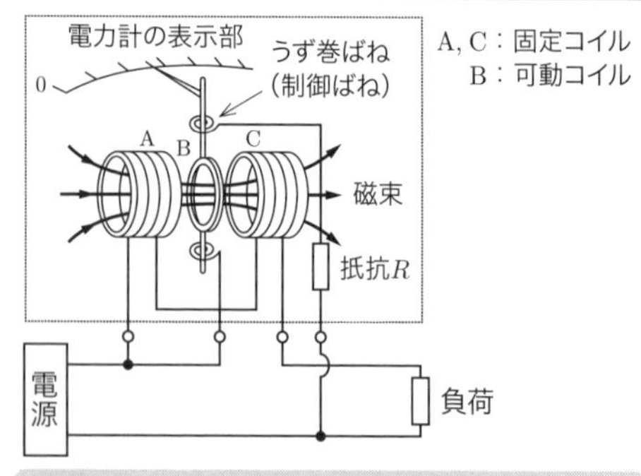

図4・5　電流力計形

8 静電形計器

静電形計器は，固定電極と可動電極との間に電圧を加えると，可動電極は静電力によって吸引される．これは，**電圧の二乗に比例したトルク**を生じるので，交流の場合，実効値に比例するトルクとなる．静電形計器は**交直両用の電圧計**であるが，**高電圧，高インピーダンス回路の電圧測定に適している．**

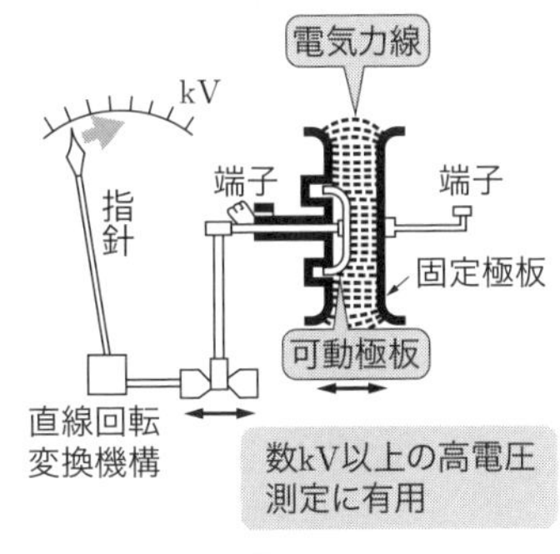

図 4・6　静電形

9 ディジタル形計器

ディジタル形計器は，連続したアナログ量をディジタル量に変換して数値で表示するもので，ブロック図を図 4･7 に示す．ここで，**A−D変換器**が重要であり，雑音や精度，安定度などの面から，実用されているものとしては二重積分方式やパルス幅変調方式などがある．A−D 変換の際に行う処理が**量子化**である．この量子化においては，連続的な値を 0 と 1 の 2 進数で表し，連続的な値を段階的なディジタル量に変換する．

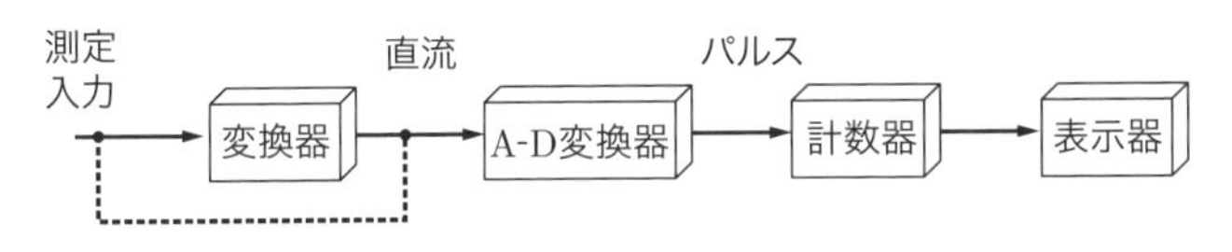

図 4・7　ディジタル形計器の構成ブロック図

図 4･8 は，二重積分形A−D変換器の原理を示すもので，まず測定対象の入力電圧 V_i を一定時間（t_i）だけ積分する．次に，今度は，逆方向に，基準電圧 V_s で積分し，電圧が 0（元の電圧）になるまで時間 t_s を計る．この時間の計測は一定周波数のクロック信号を使用する．そして，t_i と t_s の比と基準電圧から，入力電圧 $\left(V_i = V_s \dfrac{t_s}{t_i}\right)$ を知ることができる．積分器の特性や基準周波数の変動，周波数雑音などは，2 回の積分により相殺されるので，影響が少なくなる．

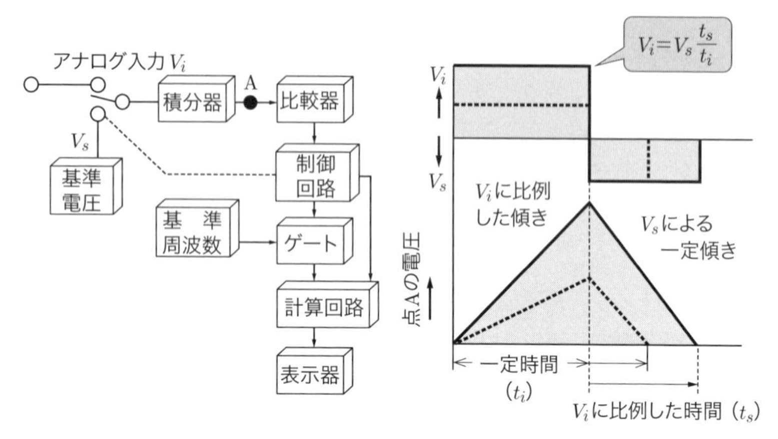

図4・8 二重積分形 **A-D** 変換器の原理

ディィジタル形計器は

①測定は自動的で，読取誤差や測定者の個人差がない

②測定精度は高く，経年変化が少ない

③データ処理装置との結合が容易で，測定の自動化，省力化が可能

などの特徴があり，電子技術の進歩により，広く使用されている．

10 誘導形計器

誘導形計器は，1つの固定コイルの交番磁束により可動円板に生じるうず電流と，他方の固定コイルの磁束との間の電磁力を利用する．一方の固定コイル磁束 ϕ_1 によって，可動円板に起電力 $\dot{E}_1 = -j\omega\phi_1$ が生じる．円板の等価インピーダンスを $\dot{Z} = Ze^{j\gamma}$ とすれば，うず電流 $\dot{I}_1$ は

$$\dot{I}_1 = \frac{\dot{E}_1}{\dot{Z}} = \frac{\omega\phi_1}{Z} e^{-j\left(\frac{\pi}{2}+\gamma\right)} \tag{4・1}$$

I_1 と他方の固定コイル ϕ_2 との間に働く平均トルクは

$$\tau_1 = kI_1\phi_2\cos\theta_1$$

$$= \frac{k\omega\phi_1\phi_2}{Z}\cos\left\{\frac{\pi}{2} - (\beta - \gamma)\right\} = \frac{k\omega\phi_1\phi_2}{Z}\sin(\beta - \gamma) \tag{4・2}$$

同様に，ϕ_2 により生じるうず電流 I_2 と ϕ_1 との間の平均トルクは

$$\tau_2 = \frac{k\omega\phi_1\phi_2}{Z}\cos\theta_2 = \frac{k\omega\phi_1\phi_2}{Z}\sin(\beta+\gamma) \qquad (4\cdot3)$$

である．全トルク τ は $\tau=\tau_1+\tau_2$ であり，Z，γ，ω などは一定とすれば

$$\tau = \frac{2k\omega\phi_1\phi_2}{Z}\sin\beta\cos\gamma = k_0\phi_1\phi_2\sin\beta \qquad (4\cdot4)$$

一方のコイルに，電圧に比例し 90° 遅れた磁束 ϕ_1，他方のコイルに電流に比例した磁束 ϕ_2 を発生させれば，電力に比例するトルクが得られる．円板を永久磁石で挟んで制動トルクを与え，回転速度を電力に比例させれば，円板回転数は電力量に比例するので，**電力量計**となる．誘導形計器は，構造が簡単であるが，温度や周波数の影響が大きいので，精密な指示計器には向かない．

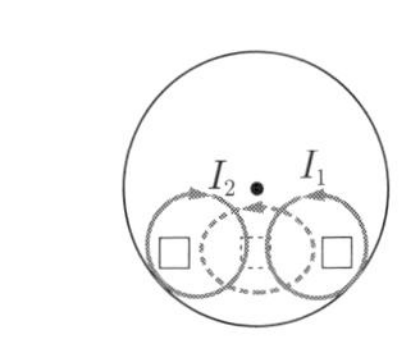

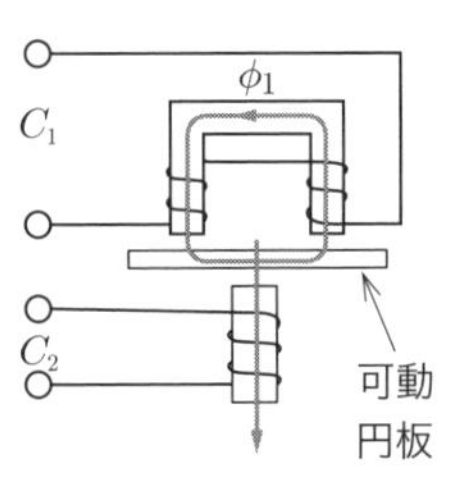

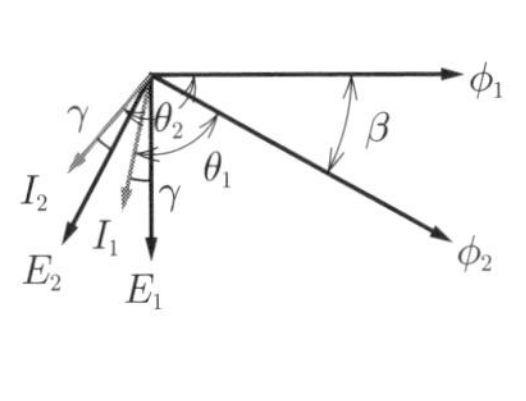

図 4・9　誘導形計器の原理

例題 1 ………………………………………… **H21 問 6**

次の文章は，静電電圧計に関する記述である．

図 **1** は静電電圧計の原理を示したものである．いま，可動電極および固定電極間に測定電圧が加えられると可動電極は固定電極に吸引され，可動電極の移動により指針が回転することにより測定電圧に相当する指示を示す．図 **1** において，可動電極および固定電極間には空気のみ存在するものとし，その誘電率を ε_0 とする．いま，可動電極の面積を $\boldsymbol{S}$，測定電圧を $\boldsymbol{V}$，電極間の距離を $\boldsymbol{r}$，電極間に蓄えられるエネルギーを $\boldsymbol{W}$ とすれば，両電極に働く力 $\boldsymbol{F}$（$\boldsymbol{r}$ が増加する方向を正とする）は $\boldsymbol{F}=\dfrac{\boldsymbol{dW}}{\boldsymbol{dr}}$ より，$\boldsymbol{F}=$ (1) となる．したがって，測定電圧の (2) 乗に比例した力が生じ，力に比例した駆動トルクにより指針が

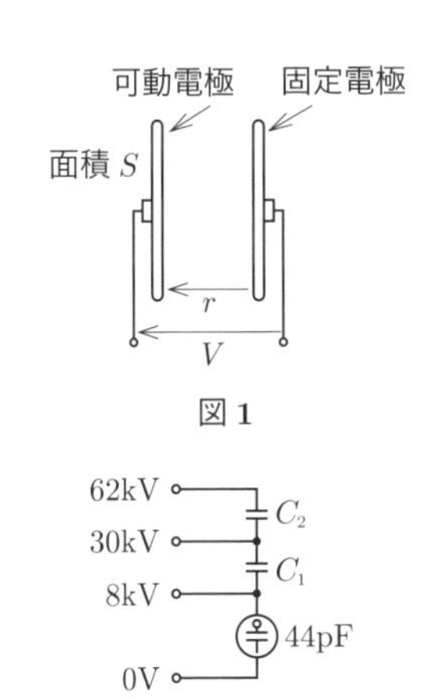

回転する．静電電圧計は高電圧の測定に適し，[(3)]の計器である．
また，図 **2** に示すように，測定範囲が最大 **8 kV**，静電容量が **44pF** の静電電圧計の測定範囲を **30 kV** および **62 kV** に拡大する場合，静電電圧計に直列に接続するコンデンサの静電容量は，それぞれ $C_1=$ [(4)]〔pF〕，$C_2=$ [(5)]〔pF〕となる．

【解答群】

（イ）341	（ロ）16	（ハ）2	（ニ）121	（ホ）$-\dfrac{\varepsilon_0 SV}{2r}$
（ヘ）直流専用	（ト）$-\dfrac{\varepsilon_0 SV^2}{2r^2}$	（チ）1	（リ）交流専用	（ヌ）165
（ル）11	（ヲ）$-\dfrac{\varepsilon_0 S}{2rV}$	（ワ）-1	（カ）交直両用	（ヨ）64

解説 (1) 電極間に蓄えられるエネルギーWは式（1·71），式（1·39）より

$$W=\frac{1}{2}CV^2=\frac{\varepsilon_0 S}{2r}V^2$$

となる．測定電圧は印加されているので，吸引力 F は式（1·75）や題意より

$$F=\frac{dW}{dr}=-\frac{\varepsilon_0 S}{2r^2}V^2 \quad \cdots\cdots ①$$

(2) 式①から，測定電圧の二乗に比例した力が生じる．
(3) コンデンサに蓄えられるエネルギーは，交流・直流ともに可能なので，交直両用で測定可能である．
(4) (5) コンデンサの直列回路では，図 1·33 に示すように，各コンデンサの電荷量が等しくなるよう電圧が分担される．静電電圧計の電荷 Q は

$$Q=CV=44\times10^{-12}\times8\times10^3=3.52\times10^{-7}\,\mathrm{C}$$

であるから

$$C_1=\frac{3.52\times10^{-7}}{(30-8)\times10^3}=16\times10^{-12}\,\mathrm{F}=16\,\mathrm{pF}$$

$$C_2=\frac{3.52\times10^{-7}}{(62-30)\times10^3}=11\times10^{-12}=11\,\mathrm{pF}$$

【解答】(1) ト　(2) ハ　(3) カ　(4) ロ　(5) ル

例題2 ………………………………………………………… **H13 問5**

次の表は，図1から図4に示す波形の電圧を可動コイル形電圧計および可動鉄片形電圧計を用いて測定し，それぞれの指示値をまとめたものである．

ただし，図1は正弦波電圧を半波整流したもの，図2は同じく全波整流したものであり，各図の波高値はいずれも $E=1$ V，横軸は時間，T は周期を表す．なお，測定に用いた電圧計は，いずれも各波形の測定に十分適応しているものとする．

	図1	図2	図3	図4
可動コイル形の指示値〔V〕	(1)	(2)	$\dfrac{1}{2}$	(3)
可動鉄片形の指示値〔V〕	$\dfrac{1}{2}$	$\dfrac{1}{\sqrt{2}}$	(4)	(5)

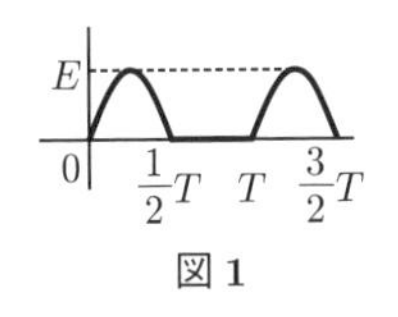

図1

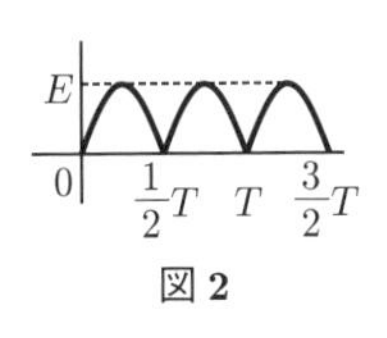

図2

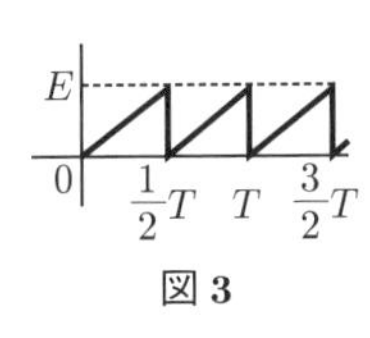

図3

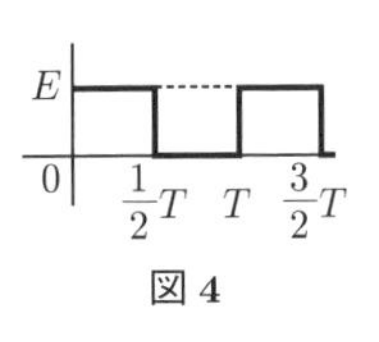

図4

【解答群】

(イ) $\dfrac{\sqrt{2}}{\pi}$　(ロ) $\dfrac{1}{2\pi}$　(ハ) $\dfrac{1}{2}$　(ニ) $\dfrac{\pi}{2}$　(ホ) $\dfrac{2}{\sqrt{3}\pi}$

(ヘ) $\dfrac{2}{\sqrt{3}}$　(ト) $\dfrac{1}{\sqrt{2}}$　(チ) $\dfrac{\pi}{\sqrt{3}}$　(リ) $\dfrac{1}{2\sqrt{3}}$　(ヌ) $\dfrac{2}{\pi}$

(ル) $\dfrac{1}{\sqrt{2}\pi}$　(ヲ) $\dfrac{1}{\sqrt{3}}$　(ワ) $\dfrac{1}{\pi}$　(カ) $\dfrac{\pi}{\sqrt{2}}$　(ヨ) $\dfrac{1}{3\sqrt{2}}$

解　説　指示電気計器に関して，可動コイル形は平均値，可動鉄片形は実効値を指示する．実効値は式（2･35），平均値は式（2･36）に基づいて計算する．

(1)
$$V_{a1}=\frac{1}{T}\int_0^T|e|dt=\frac{1}{T}\int_0^{\frac{T}{2}}E\sin\omega t dt=\frac{E}{T}\cdot\frac{1}{\omega}\Big[-\cos\omega t\Big]_0^{\frac{T}{2}}$$
$$=\frac{E}{\omega T}\left\{-\cos\left(\omega\cdot\frac{T}{2}\right)+\cos 0\right\}=\frac{E}{\pi}=\frac{1}{\pi}\quad(\because\ \omega T=2\pi,\ E=1)$$

(2)
$$V_{a2}=\frac{1}{T}\int_0^T|e|dt=\frac{1}{\dfrac{T}{2}}\int_0^{\frac{T}{2}}E\sin\omega t=\frac{2}{T}\int_0^{\frac{T}{2}}E\sin\omega t dt=2V_{a1}=2\times\frac{1}{\pi}=\frac{2}{\pi}$$

(3)
$$V_{a4}=\frac{1}{T}\int_0^T|e|dt=\frac{1}{T}\int_0^{\frac{T}{2}}Edt=\frac{E}{T}\Big[t\Big]_0^{\frac{T}{2}}=\frac{E}{2}=\frac{1}{2}$$

(4) $0 \leqq t \leqq \dfrac{T}{2}$ では $e = \dfrac{E}{T/2}t = \dfrac{2E}{T}t$

$$V_{e3} = \sqrt{\frac{1}{T}\int_0^T e^2 dt} = \sqrt{\frac{1}{T/2}\int_0^{\frac{T}{2}} \left(\frac{2E}{T}t\right)^2 dt} = \sqrt{\frac{2}{T}\cdot\left(\frac{2E}{T}\right)^2 \times \left[\frac{t^3}{3}\right]_0^{\frac{T}{2}}}$$

$$= \frac{E}{\sqrt{3}} = \frac{1}{\sqrt{3}}$$

(5) $V_{e4} = \sqrt{\dfrac{1}{T}\displaystyle\int_0^{\frac{T}{2}} E^2 dt} = \sqrt{\dfrac{E^2}{T}\cdot\Big[t\Big]_0^{\frac{T}{2}}} = \dfrac{E}{\sqrt{2}} = \dfrac{1}{\sqrt{2}}$

【解答】(1) ワ　(2) ヌ　(3) ハ　(4) ヲ　(5) ト

例題 3 …………………………………… 3種　R1　問18

図 **1** は，二重積分形 A–D 変換器を用いたディジタル直流電圧計の原理図である．

(a) 図 **1** のように，負の基準電圧 $-V_r$ $(V_r > 0)$〔V〕と切換スイッチが接続された回路があり，その回路を用いて正の未知電圧 $V_x (>0)$〔V〕を測定する．まず，制御回路によってスイッチが S_1 側へ切り換わると，時刻 $t = 0$ s で測定電圧 V_x〔V〕が積分器へ入力される．その入力電圧 V_i〔V〕の時間変化が図 **2** (a) であり，積分器からの出力電圧 V_o〔V〕の時間変化が図 **2** (b) である．ただし，$t = 0$ s での出力電圧を $V_o = 0$ V とする．時刻 t_1 における V_o〔V〕は，入力電圧 V_i〔V〕の期間 $0 \sim t_1$〔s〕で囲われる面積 S に比例する．積分器の特性で決まる比例定数を $k (>0)$ とすると，時刻 $t = T_1$〔s〕のときの出力電圧は，$V_m =$ [(ア)]〔V〕となる．

定められた時刻 $t = T_1$〔s〕に達すると，制御回路によってスイッチが S_2 側に切り換わり，積分器には基準電圧 $-V_r$〔V〕が入力される．よって，スイッチ S_2 の期間中の時刻 t〔s〕における積分器の出力電圧の大きさは，$V_o = V_m -$ [(イ)]〔V〕と表される．

積分器の出力電圧 V_o が 0V になると，電圧比較器がそれを検出する．$V_o = 0$ V のときの時刻を $t = T_1 + T_2$〔s〕とすると，測定電圧は $V_x =$ [(ウ)]〔V〕と表される．さらに，図 **2** (c) のようにスイッチ S_1，S_2 の各期間 T_1〔s〕，T_2〔s〕中にクロックパルス発振器から出力されるクロックパルス数をそれぞれ N_1，N_2 とすると，N_1 は既知なので N_2 をカウントすれば，測定電圧 V_x がディジタル信号に変換される．ここで，クロックパルスの周期 T_s は，クロックパルス発振器の動作周波数に [(エ)] する．

上記の記述中の空白箇所 (ア)，(イ)，(ウ) および (エ) に当てはまる組合せとして，正しいものを次の (**1**) 〜 (**5**) のうちから一つ選べ．

	（ア）	（イ）	（ウ）	（エ）
(1)	kV_xT_1	$kV_r(t-T_1)$	$\dfrac{T_2}{T_1}V_r$	反比例
(2)	kV_xT_1	kV_rT_2	$\dfrac{T_2}{T_1}V_r$	反比例
(3)	$k\dfrac{V_x}{T_1}$	$k\dfrac{V_r}{T_2}$	$\dfrac{T_1}{T_2}V_r$	比例
(4)	$k\dfrac{V_x}{T_1}$	$k\dfrac{V_r}{T_2}$	$\dfrac{T_1}{T_2}V_r$	反比例
(5)	kV_xT_1	$kV_r(t-T_1)$	$T_1T_2V_r$	比例

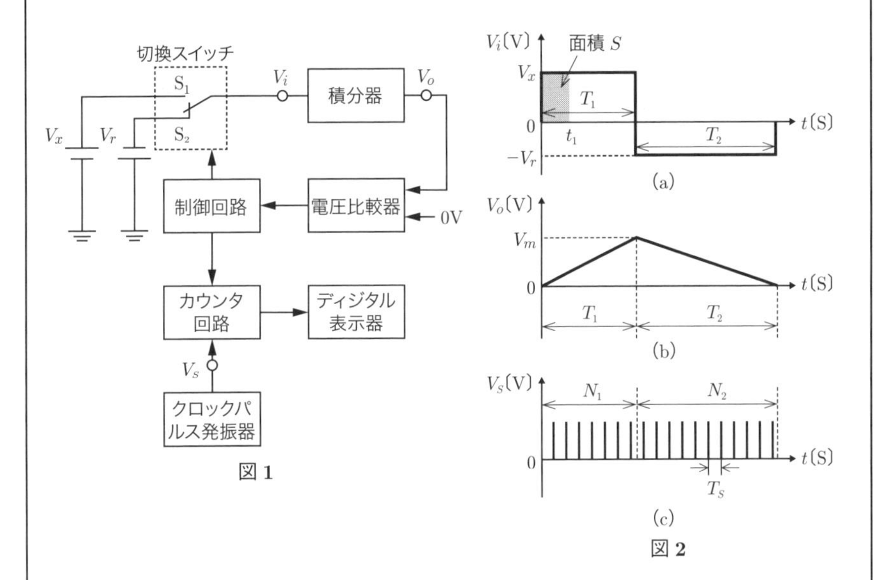

図 1

図 2

(b) 基準電圧が $V_r = 2.0$ V，スイッチの S_1 の期間 T_1〔s〕中のクロックパルス数が $N_1 = 1.0 \times 10^3$ のディジタル直流電圧計がある．この電圧計を用いて未知の電圧 V_x〔V〕を測定したとき，スイッチ S_2 の期間 T_2〔s〕中のクロックパルス数が $N_2 = 2.0 \times 10^3$ であった．測定された電圧 V_x の値〔V〕として，最も近いものを次の（**1**）～（**5**）のうちから一つ選べ．

(1) 0.5　　(2) 1.0　　(3) 2.0　　(4) 4.0　　(5) 8.0

解 説 (a)（ア）時刻 t_1 における V_o は，入力電圧 V_i の $0\sim t_1$ で囲われる面積に比例するため，時刻 $t=T_1$ では出力電圧 $V_m=kV_xT_1$

（イ）$t=T_1$ に達すると，スイッチが S_2 側に切り換わり，積分器には基準電圧 $-V_r$ が入力されるから，$V_o=V_m-kV_r(t-T_1)$ になる．

（ウ）$t=T_1+T_2$ になったとき出力 V_o は 0 となるから，（ア）と（イ）を利用して

$$V_o=kV_xT_1-kV_r(T_1+T_2-T_1)=0 \quad \therefore V_x=T_2V_r/T_1$$

（エ）周波数と周期は互いに逆数の関係にあるため，クロックパルスの周期はクロックパルス発振器の動作周波数に反比例する．

(b) クロックパルス数は積分時間に比例するので，$T_2/T_1=N_2/N_1$

(a) の（ウ）より

$$V_x=\frac{T_2}{T_1}V_r=\frac{N_2}{N_1}V_r=\frac{2\times10^3}{1\times10^3}\times2=4\ \mathrm{V}$$

【解答】 (a) 1　(b) 4

4-2 誤差と補正

攻略のポイント　本節に関しては，電験３種では相対誤差，誤差率，電圧計や電流計の接続方法による誤差などが出題され，電験２種でも同様の傾向である．電験２種での出題数は少ないものの，計測の基本なので，目を通しておこう．

測定値を M，真の値を T とするとき，**絶対誤差**は

$$\boldsymbol{M-T} \tag{4・5}$$

で表される．そして，**相対誤差** ε は絶対誤差の真の値に対する比率で定義され

$$\varepsilon=\frac{\boldsymbol{M-T}}{\boldsymbol{T}} \tag{4・6}$$

POINT　百分率誤差は $\dfrac{\boldsymbol{M-T}}{\boldsymbol{T}}\times\boldsymbol{100}$〔%〕

と表される．これを**誤差率**ともいう．そして，これを百分率で示す（式（4･6）を100倍する）のが**百分率誤差**〔%〕である．また，補正率 α は

$$\alpha=\frac{T-M}{M} \tag{4・7}$$

誤差率と補正率との間には，式（4･6）と式（4･7）から

$$(\varepsilon+1)(\alpha+1)=\frac{M}{T}\cdot\frac{T}{M}=1 \tag{4・8}$$

という関係がある．測定誤差の原因としては，計器の誤差，読取りなど測定者による誤差，測定方法や回路構成上の誤差，測定環境による誤差などがある．

1 直流電圧測定

図4･10の回路でa-b間の電圧を測定する場合，電圧計の内部抵抗 R_v が無限大ではないために生じる誤差は次のようになる．

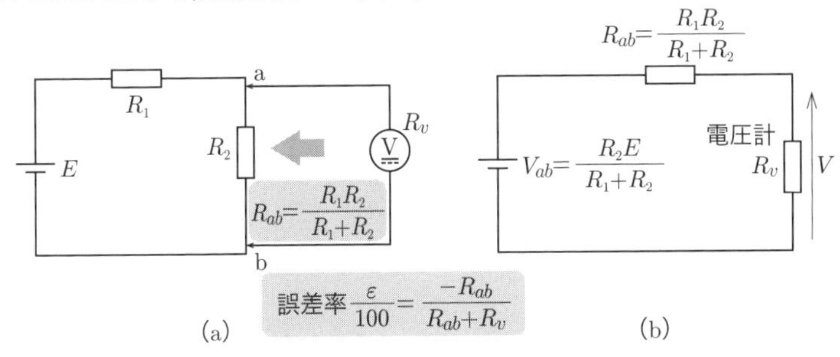

図4・10　直流電圧測定法の誤差

端子 a-b 間に電圧計を接続する前の電圧を V_{ab} とし，端子 a,b から電源側を見た合成抵抗を R_{ab} とすると，端子 a,b に抵抗 R_v を接続したとき R_v に流れる電流は，テブナンの定理を適用すると

$$I = \frac{V_{ab}}{R_{ab} + R_v} \tag{4・9}$$

となる．ただし，a-b 間の開放電圧は $V_{ab} = \dfrac{R_2 E}{R_1 + R_2}$，端子 a,b から見た電源側の合成抵抗は $R_{ab} = \dfrac{R_1 R_2}{R_1 + R_2}$ である．したがって，電圧計を接続したときの端子電圧は

$$V = IR = \frac{V_{ab} R_v}{R_{ab} + R_v} \tag{4・10}$$

となる． V_{ab} は誤差計算における真値 V_T である．誤差率 ε〔%〕とすれば

$$\frac{\varepsilon}{100} = \frac{V - V_T}{V_T} = \frac{\dfrac{V_T R_v}{R_{ab} + R_v} - V_T}{V_T} = \frac{R_v}{R_{ab} + R_v} - 1$$

$$= \frac{-R_{ab}}{R_{ab} + R_v} \tag{4・11}$$

となり，負の誤差となる．

2 直流電流測定

図 4･11 の回路で，電流計の内部抵抗があるために生じる誤差は次のようになる．

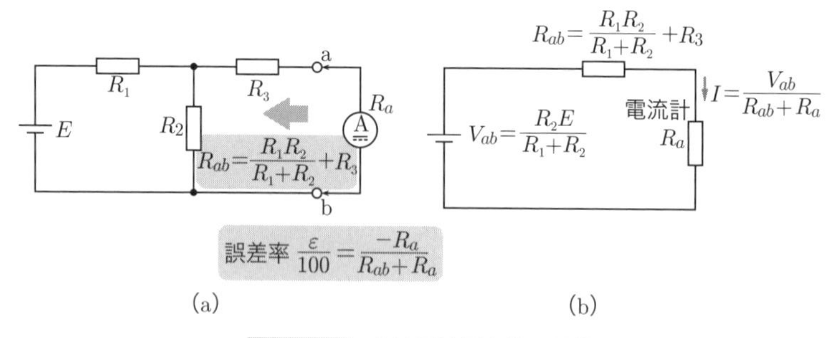

図 4・11　直流電流測定法の誤差

電流計を接続する前の a-b 間の電圧を V_{ab} とし，端子 a,b から電源側を見た合成抵抗を R_{ab} とすると，端子 a,b に抵抗 R_a を接続したとき R_a に流れる電流 I は，テ

ブナンの定理を適用すると

$$I=\frac{V_{ab}}{R_{ab}+R_a} \tag{4・12}$$

となる．ただし，接続前の a–b 間の電圧は $V_{ab}=\dfrac{R_2E}{R_1+R_2}$，端子 a,b から電源側を見た合成抵抗は $R_{ab}=\dfrac{R_1R_2}{R_1+R_2}+R_3$ である．一方，電流計を接続せず，単に短絡したときの電流が真値 I_T であり，$I_T=V_{ab}/R_{ab}$ となる．したがって，誤差率 ε〔%〕は

$$\frac{\varepsilon}{100}=\frac{I-I_T}{I_T}=\frac{\dfrac{V_{ab}}{R_{ab}+R_a}-\dfrac{V_{ab}}{R_{ab}}}{\dfrac{V_{ab}}{R_{ab}}}=\frac{-R_a}{R_{ab}+R_a} \tag{4・13}$$

となり，負の誤差となる．

3 直流電力測定

図 4･12 の回路で，電圧計，電流計の接続方法として，次の 2 種類があるが，電圧計，電流計に内部抵抗があるために生じる誤差は次のようになる．

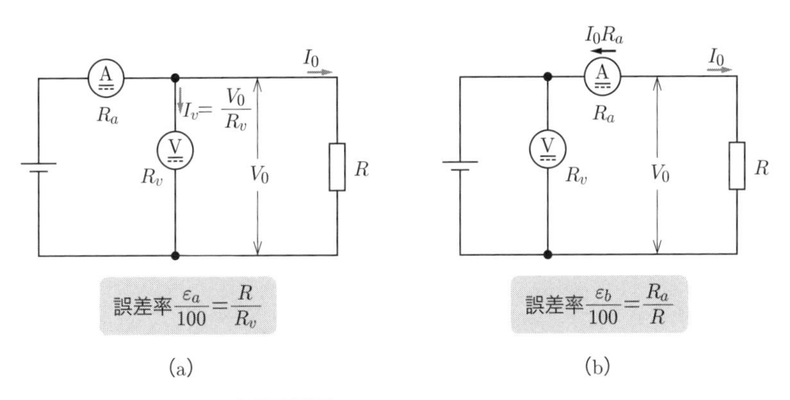

図 4・12　直流電力測定法の誤差

①電圧計は真値 V_0 を計測するが，電流計の計測値は電圧計のコイル電流 I_v が負荷電流 I_0 に加わり，誤差の原因となる．電力の真値 $P_T=V_0I_0$ であり，負荷抵抗 $R=V_0/I_0$ となるので，誤差率 ε_a〔%〕は

$$\frac{\varepsilon_a}{100}=\frac{V_0\left(I_0+\dfrac{V_0}{R_v}\right)-V_0I_0}{V_0I_0}=\frac{1}{R_v}\cdot\frac{V_0}{I_0}=\frac{R}{R_v}\tag{4・14}$$

POINT
$\boldsymbol{R_v}\gg\boldsymbol{R}$のとき誤差小

となる．

②電流計は真値 I_0 を計測するが，電圧計は電流計コイルの電圧降下分が加わり，誤差の原因となる．誤差率 ε_b〔%〕は

$$\frac{\varepsilon_b}{100}=\frac{(V_0+I_0R_a)I_0-V_0I_0}{V_0I_0}=R_a\cdot\frac{I_0}{V_0}=\frac{R_a}{R}\tag{4・15}$$

POINT
$\boldsymbol{R_a}\ll\boldsymbol{R}$のとき誤差小

となる．

例題 4 …………………………………… **H30 問 8**

次の文章は，抵抗の測定に関する記述である．

図 1 および図 2 は，直流電圧源 E，内部抵抗 r_v の直流電圧計 Ⓥ および内部抵抗 r_c の直流電流計 Ⓐ を用い，未知の抵抗 R を測定する回路である．

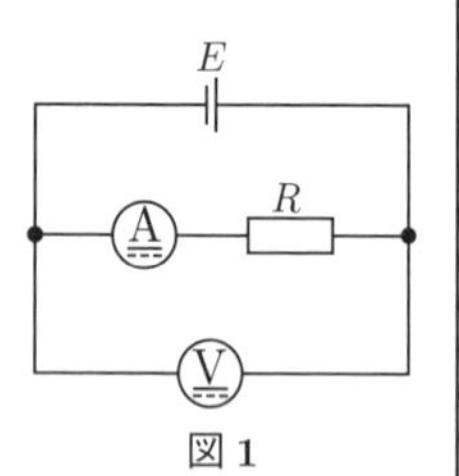

図 1

図 1 において電圧計の指示が V_1，電流計の指示が I_1 であるとき，計器の指示から求められる抵抗を R_1 とすると，$R_1=\dfrac{V_1}{I_1}=$ (1) となる．次に，図 2 において電圧計の指示が V_2，電流計の指示が I_2 であるとき，計器の指示から求められる抵抗を R_2 とすると，$R_2=\dfrac{V_2}{I_2}=$ (2) となる．

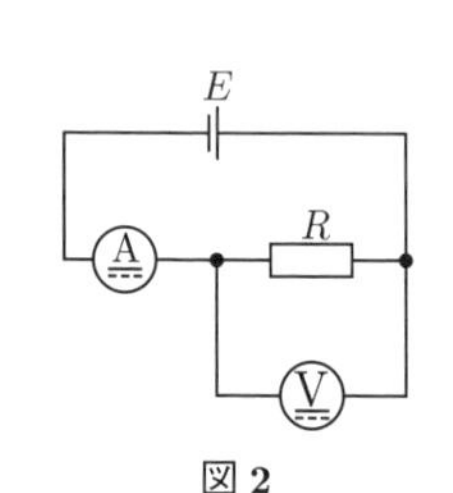

図 2

測定の誤差率 ε を$\dfrac{\text{測定値}-\text{真値}}{\text{真値}}$と定義すると，図 1 の測定における誤差率 ε_1 は$\varepsilon_1=$ (3) ，図 2 の測定における誤差率 ε_2 は$\varepsilon_2=$ (4) となる．

一般に，高抵抗を測定する場合には図 1 の回路が用いられ，R と r_c の関係が (5) を満足する電流計を使用することにより，誤差が小さい測定が可能となる．

【解答群】

(イ) r_c-R	(ロ) r_v	(ハ) $R\gg r_c$	(ニ) $\dfrac{r_v+r_c}{r_v+R}$
(ホ) $-\dfrac{R}{r_v+R}$	(ヘ) $\dfrac{r_vR}{r_v+R}$	(ト) r_c	(チ) $R\ll r_c$
(リ) $r_c+\dfrac{r_vR}{r_v+R}$	(ヌ) $\dfrac{r_v(r_c+R)}{r_c+r_v+R}$	(ル) r_c+R	(ヲ) $\dfrac{r_c}{R}$
(ワ) $R=r_c$	(カ) $-\dfrac{r_v}{R}$	(ヨ) $R-r_v$	

解　説　(1) 電圧計の指示 V_1 は抵抗 R と電流計の内部抵抗 r_c を電流 I_1 が流れるから

$$V_1=(r_c+R)I_1 \quad \therefore R_1=\frac{V_1}{I_1}=r_c+R$$

(2) 図 2 の接続では，電圧源からの電流は抵抗 R と電圧計に分流し，それが合流して電流計を流れるから

$$I_2=\frac{V_2}{R}+\frac{V_2}{r_v}=\frac{r_v+R}{r_vR}V_2 \quad \therefore R_2=\frac{V_2}{I_2}=\frac{r_vR}{r_v+R}$$

(3) 図 1 の測定値 R_1 と真値 R より，誤差率 ε_1 は式（4･6）や題意より

$$\varepsilon_1=\frac{R_1-R}{R}=\frac{(r_c+R)-R}{R}=\frac{r_c}{R}$$

(4) 誤差率 ε_2 も式（4･6）より

$$\varepsilon_2=\frac{R_2-R}{R}=\frac{\dfrac{r_vR}{r_v+R}-R}{R}=-\frac{R}{r_v+R}$$

(5) 題意より，誤差率 ε_1 が小さくなるには，$R\gg r_c$ であればよい．

【解答】(1) ル　(2) ヘ　(3) ヲ　(4) ホ　(5) ハ

例題 5 …………………………………………………… **H20 問 6**

次の文章は，直流電力の測定誤差に関する記述である．

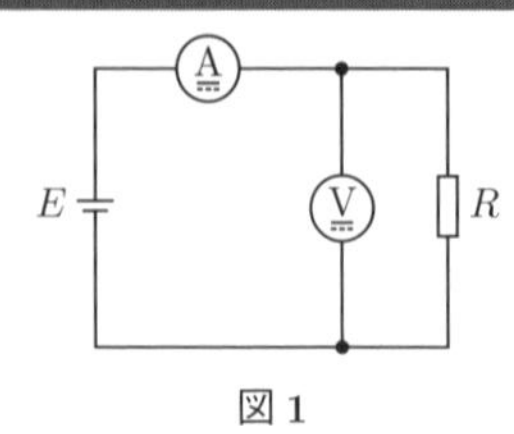

図 1

図 1 および図 2 は，直流電圧源 E，内部抵抗 R_p の直流電圧計 Ⓥ および内部抵抗 R_c の直流電流計 Ⓐ を使用し，抵抗 R で消費される直流電力を測定する回路である．

これらの図において，計器の内部抵抗を無視できない場合は，計器の読みから計算される直流電力の測定値には誤差が含まれる．これらの測定誤差を誤差率で表したい．ここで，直流電圧計および直流電流計の読みは V_m および I_m であり，誤差率 ε は $\dfrac{\text{測定値}-\text{真値}}{\text{真値}}$ で求められる．ただし，真値は R でのみ消費される直流電力であり，図 1 において R と V_m で，図 2 において R と I_m で求められるものとする．

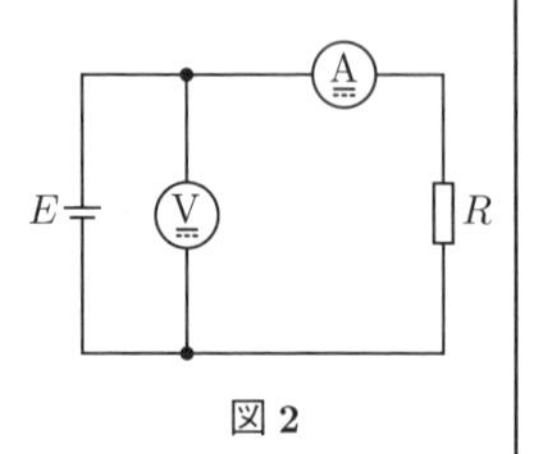

図 2

図 1 においては，直流電力の測定値 P_m は直流電圧計の内部抵抗を用いると $P_m = V_m I_m =$ (1) で表され，誤差率 ε_a は (2) となる．また，図 2 においては，直流電力の測定値 P_m は直流電流計の内部抵抗を用いると $P_m = V_m I_m =$ (3) で表され，誤差率 ε_b は (4) となる．ここで，R_p が 10 kΩ，R_c が 2 Ω，R が 100 Ω の場合において，ε_a と ε_b の関係は (5) となる．

【解答群】

(イ) $I_m{}^2 R$　(ロ) $\dfrac{V_m{}^2}{R_p}$　(ハ) $\dfrac{V_m{}^2}{R}$　(ニ) $V_m{}^2\left(\dfrac{R+R_p}{RR_p}\right)$

(ホ) $\dfrac{1}{R_c}$　(ヘ) $\varepsilon_a > \varepsilon_b$　(ト) $\dfrac{R}{R_c}$　(チ) $I_m{}^2(R+R_c+R_p)$

(リ) $\dfrac{R_c}{R}$　(ヌ) $\varepsilon_a = \varepsilon_b$　(ル) $\dfrac{1}{R_p}$　(ヲ) $\dfrac{R_p}{R}$

(ワ) $\varepsilon_a < \varepsilon_b$　(カ) $\dfrac{R}{R_p}$　(ヨ) $I_m{}^2(R+R_c)$

解　説　(1) 図 4・12，式 (4・14) に示すように，図 1 の回路では，電流計に流れる電流 I_m は抵抗 R の電流 I_R と電圧計に流れる電流 I_V の和であるから

$$P_m = V_m I_m = V_m (I_R + I_V) = V_m\left(\frac{V_m}{R}+\frac{V_m}{R_p}\right) = V_m{}^2\left(\frac{R+R_p}{RR_p}\right)$$

(2) 抵抗 R で消費される電力の真値 $P = V_m{}^2/R$ であるから，式（4·14）と同様に

$$\varepsilon_a = \frac{P_m - P}{P} = \frac{V_m{}^2\left(\dfrac{R+R_p}{RR_p}\right) - \dfrac{V_m{}^2}{R}}{\dfrac{V_m{}^2}{R}} = \frac{R}{R_p} \quad \cdots\cdots①$$

(3) 図 2 の回路では，電圧計は抵抗 R に加えて電流計の電圧降下分 V_c が加わるので

$$P_m = V_m I_m = (V_R + V_c) I_m = (I_m R + I_m R_c) \times I_m = I_m{}^2 (R + R_c)$$

(4) 抵抗 R で消費される電力の真値 $P = I_m{}^2 R$ であるから

$$\varepsilon_b = \frac{P_m - P}{P} = \frac{I_m{}^2(R+R_c) - I_m{}^2 R}{I_m{}^2 R} = \frac{R_c}{R} \quad \cdots\cdots②$$

(5) 式①と式②に設問の条件を代入すれば

$$\varepsilon_a = \frac{R}{R_p} = \frac{100}{10 \times 10^3} = 0.01, \quad \varepsilon_b = \frac{R_c}{R} = \frac{2}{100} = 0.02$$

$$\therefore \varepsilon_a < \varepsilon_b$$

【解答】（1）ニ （2）カ （3）ヨ （4）リ （5）ワ

4-3 電圧・電流の測定

攻略のポイント

本節に関して，電験３種では測定範囲を拡大するための倍率器や分流器がよく出題され，電験２種では倍率器や分流器について少しレベルを上げた出題が見られる．基本をおさえておけば電気回路の応用で解けるため，確実に学習する．

1 直流電圧測定と直流電位差計

直流電圧を測定するためには，永久磁石可動コイル形電圧計，直流電位差計，ディジタル形電圧計を用いることができる．永久磁石可動コイル形電圧計は，電圧の測定範囲を拡大するため，倍率器を用いるが，２項で説明する．ここでは直流電位差計について説明する．

直流電位差計の原理図は，図4･13に示すように，抵抗 R に一定電流 I を流しておき，スイッチKを標準電池 E_s 側に倒して平衡したとき（検流計Gの電流が0）の抵抗値を R_s，Kを未知電圧 E_x 側に倒して平衡したときの抵抗値を R_x とすれば，平衡状態では $E_s = R_s I$，$E_x = R_x I$ であるから，未知電圧 E_x は

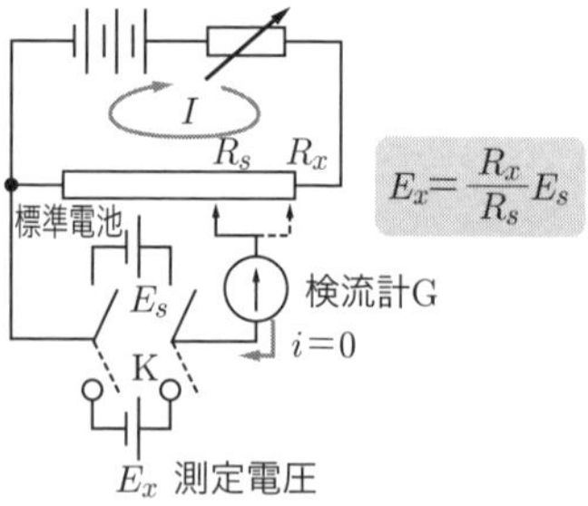

図4・13　直流電位差計の原理

$$E_x = \frac{R_x}{R_s} E_s \text{〔V〕} \qquad (4 \cdot 16)$$

となる．

2 直流電圧・電流の測定範囲の拡大

永久磁石可動コイル形計器は，直接，電流計として使用することができるが，計器の可動コイルに直接流しうる電流は数十mA程度に過ぎない．これ以上の大きな電流を測定するためには，測定する電流の一部だけを可動コイルに流し，計器の可動コイルに並列に接続する抵抗器（分流器）を活用する．

このように直流電圧や電流の測定範囲を拡大するため，電圧測定には**倍率器**や**分圧器**，電流測定には**分流器**が用いられる．

（1）倍率器と分圧器

電圧計の内部抵抗を R_v，最大値を v とし，図4･14のように電圧計に直列に倍率器（抵抗 R_m）を接続すれば，測定電圧 V は

$$\frac{V}{R_m+R_v}=\frac{v}{R_v} \tag{4・17}$$

$$\boldsymbol{V=\frac{R_v+R_m}{R_v}v=mv}\ \text{〔V〕} \tag{4・18}$$

POINT 電圧計で直接測れる電圧の m 倍の電圧を測定

m を**倍率**といい，m を指定すれば，倍率器 R_m は

$$\boldsymbol{R_m=(m-1)R_v} \tag{4・19}$$

電圧計の内部抵抗 R_v が十分に大きいときは，図 4·15 のような**分圧器**を用いる．

$$V=\frac{R_1+R_2}{R_2}v=mv \tag{4・20}$$

$$R_1=(m-1)R_2 \tag{4・21}$$

$V=mv$
$R_m=(m-1)R_v$

図 4・14 倍率器

$V=\left(1+\dfrac{R_1}{R_2}\right)v$　ただし $R_v \gg R_2$

図 4・15 分圧器

(2) 分流器

電流計（内部抵抗 R_a）に並列に分流器（抵抗 R_s）を接続して，測定電流の一部を計器に分流する．図 4·16 のように，測定電流を I，計器電流を i とすれば

$$iR_a=(I-i)R_s \tag{4・22}$$

$$\boldsymbol{I=\frac{R_a+R_s}{R_s}i=mi} \tag{4・23}$$

POINT 計器電流の m 倍の電流が測定可能

m を**倍率**といい，m を指定すれば，分流器 R_s は

$$\boldsymbol{R_s=\frac{R_a}{m-1}} \tag{4・24}$$

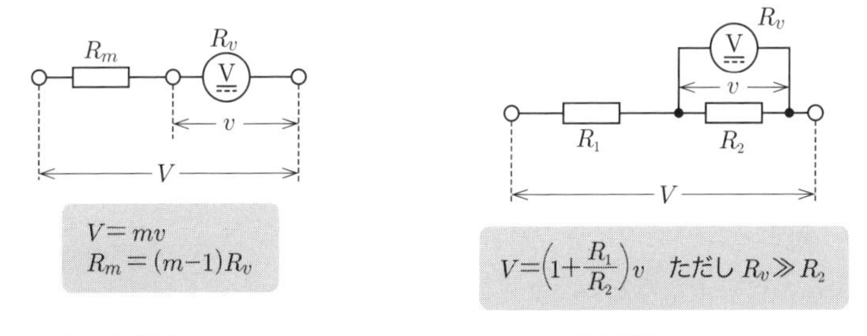

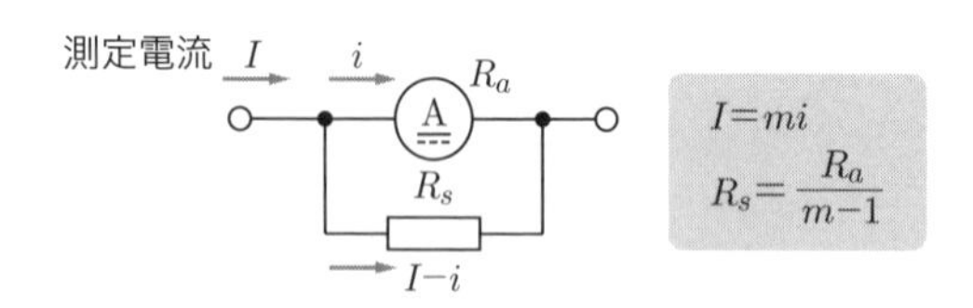

図4・16 分流器

3 交流電圧測定

交流電圧を測定するため，可動鉄片形，電流力計形，静電形，整流形，熱電対形，ディジタル形といった指示電気計器が用いられる．そして，高電圧の測定のためには，次の**計器用変圧器（VT，PD）**が用いられる．

VTは，図4･17の変圧器であり，一次巻線をn_1，二次巻線をn_2，計器指示値をvとすれば，測定電圧Vは

$$\boldsymbol{V}=\frac{\boldsymbol{n_1}}{\boldsymbol{n_2}}\boldsymbol{v} \tag{4・25}$$

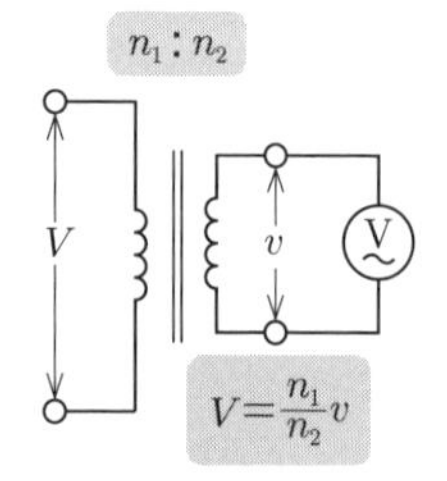

図4・17 VT

となる．負荷電流は二次回路の導線と計器インピーダンスで定まり，誤差を許容値内に保つため，指定された計器負担V･Aを超えないようにする．

数十kV以上の高電圧回路には，絶縁上の有利性から，図4･18の**コンデンサ形計器用変圧器（PD）**が広く使用される．図4･18において，計器負担$\dot{Z}_b$が計器電圧$\dot{v}$に無関係となる条件を，テブナンの定理を活用して求める（角周波数をωとし，電源側のインピーダンスは無視する）．

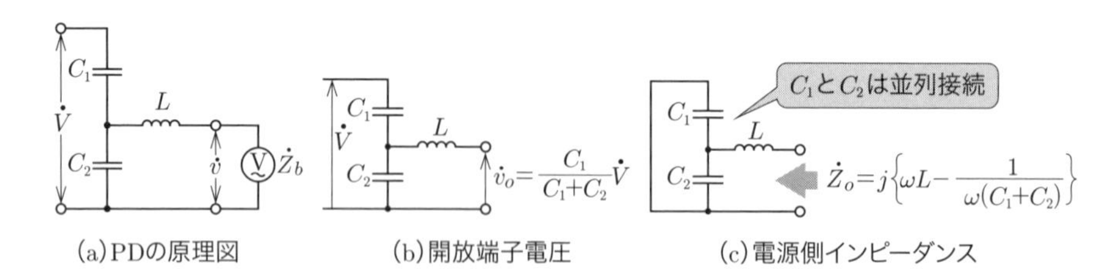

図4・18 PDの原理

計器端子から電源側を見たとき，図 4･18（b）より開放電圧 $\dot{v}_0 = \dfrac{C_1}{C_1 + C_2}\dot{V}$ となる．また，電源側のインピーダンスは同図（c）のように電源を短絡すれば $\dot{Z}_0 = j\left\{\omega L - \dfrac{1}{\omega(C_1 + C_2)}\right\}$ となる．したがって，テブナンの定理より，$\dot{Z}_b$ を接続した場合の端子電圧 $\dot{v}$ は，$\dot{Z}_b$ に流れる電流を $\dot{I}$ とすると

$$\dot{v} = \dot{I}\dot{Z}_b = \frac{\dot{v}_0}{\dot{Z}_0 + \dot{Z}_b}\dot{Z}_b = \frac{\dot{Z}_b}{j\left\{\omega L - \dfrac{1}{\omega(C_1 + C_2)}\right\} + \dot{Z}_b} \cdot \frac{C_1}{C_1 + C_2}\dot{V} \quad (4 \cdot 26)$$

ここで，分母において

$$\boldsymbol{\omega L = \frac{1}{\omega(C_1 + C_2)}} \quad (4 \cdot 27)$$

POINT
L，C_1，C_2の共振

が成り立てば

$$\boldsymbol{\dot{v} = \frac{C_1}{C_1 + C_2}\dot{V}} \quad (4 \cdot 28)$$

となり，$\dot{Z}_b$ と無関係になる．

図 4･19 のようにすれば，コンデンサの直列接続は容量に反比例して電圧が加わることにより，測定範囲が拡大される．合成容量 $C_1C_2/(C_1 + C_2)$ から

$$V : v = \frac{C_1 + C_2}{C_1C_2} : \frac{1}{C_2} \quad (4 \cdot 29)$$

$$V = \frac{C_1 + C_2}{C_1}v \text{〔V〕} \quad (4 \cdot 30)$$

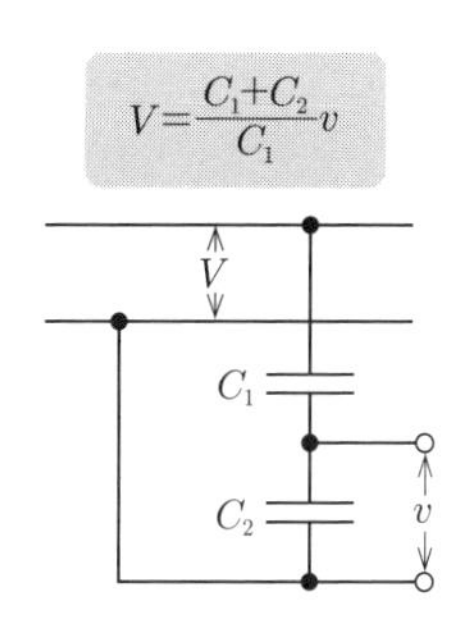

図 4・19　コンデンサ分圧器

すなわち，コンデンサ分圧器では，$(C_1 + C_2)/C_1$ が倍率となる．

4　交流電流測定

交流電流を測定するため，可動鉄片形，電流力計形，静電形，整流形，熱電対形，ディジタル形といった指示電気計器が用いられる．そして，大電流の測定のためには，次の**変流器**（CT）が用いられる．

変流器は図 4･20 のように変圧器の一種である．一次巻線を n_1，二次巻線を n_2，

計器電流を i とすると，一次電流 I は次式となる．

$$\boldsymbol{I} = \frac{\boldsymbol{n_2}}{\boldsymbol{n_1}} \boldsymbol{i} \ \text{〔A〕} \tag{4・31}$$

一次巻線は，貫通形やブッシング形の場合，$n_1 = 1$ となる場合もある．

変流器の二次回路を開放すると，図 4・21 のように，一次側電流はすべて励磁電流となり，鉄心磁束 ϕ を飽和させるので，二次電圧 e は ϕ の時間変化率に比例し，高い波高値をもつひずみ波となる．このため，**変流器の巻線，計器，回路の絶縁破壊を生じる危険があることから，通電中の二次回路は開放しないよう注意する．**

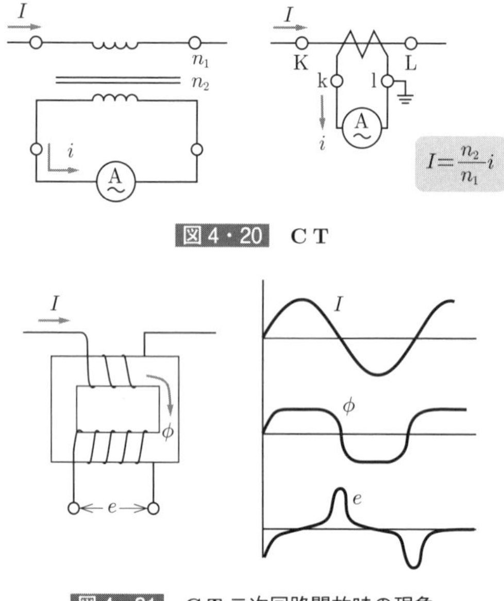

図 4・20　CT

図 4・21　CT 二次回路開放時の現象

5 衝撃電圧の測定

衝撃電圧を測定するためには，電圧が加わった短時間だけ確実に動作する測定装置が必要になる．そこで火花ギャップや陰極線オシログラフが用いられる．

図 4・22 のように，球ギャップによる高電圧の測定は，直径の等しい 2 つの球を離しておき，その間に被測定電圧を印加する．ギャップの長さを

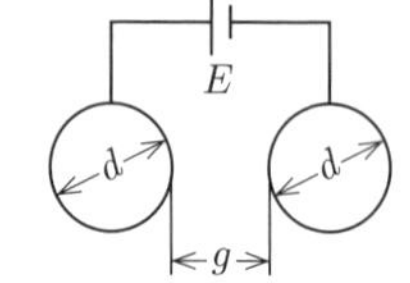

図 4・22　球ギャップによる測定

短くすると火花放電が始まる．そのときの電圧 E は，①球の直径（d），②ギャップ長（g），③気圧，④温度の条件で決まる．

そこで，事前に標準状態（760 mmHg，20℃）において，d の異なる各種の球体について g と E の関係を測定しておけば，未知の電圧は火花放電を開始したときのギャップ長 g の大きさから求めることができる．実際には，測定する環境を標準状態に保つことは困難なので，測定時の気圧と周囲温度から相対空気密度を計算して電圧を補正する必要がある．

例題 6 …………………………………………………… **H9 問 6**

次の文章は，電流と電圧などの測定に関する記述である．

最大 **2 mA** まで測れる内部抵抗 **50 Ω** の直流電流計 A_0 がある．これを最大 **200 mA** の直流電流計（これを電流計 A_1 と呼ぶ）として使用するには (1) 〔Ω〕の抵抗を電流計 A_0 に (2) に接続すればよい．また，電流計 A_0 を最大 **5V** の直流電圧計（これを電圧計 V_1 と呼ぶ）として使用するには (3) 〔Ω〕の抵抗を電流計 A_0 に (4) に接続すればよい．**1.5 V** の電池におおよそ **10 Ω** の抵抗を接続し，電圧計 V_1 と電流計 A_0 あるいは電流計 A_1 を用いて抵抗値を求めたい．この場合，電圧計と電流計を下の図 (5) のように接続した方が正確な測定ができる．

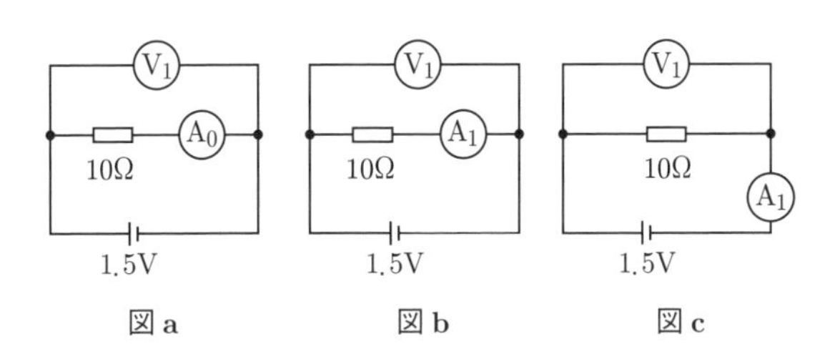

【解答群】

（イ）直列	（ロ）b	（ハ）5.0	（ニ）2.5×10^3	（ホ）5.0×10
（ヘ）5.0×10^3	（ト）5.0×10^{-1}	（チ）c	（リ）2.5×10^{-1}	（ヌ）2.5×10^2
（ル）2.5×10	（ヲ）2.5	（ワ）5.0×10^2	（カ）a	（ヨ）並列

解説 (1) 図 4・16 に示すように，電流計に 2 mA 流し，200 mA まで測定範囲を拡大するためには，分流器に $200-2=198$ mA の電流を流す必要がある．電流計の電圧降下は $2\times10^{-3}\times50=0.1$ V なので，分流器の抵抗は

$$0.1/(198\times10^{-3})=0.50\ \Omega$$

(2) 図 4・16 に示すように，分流器は電流計 A_0 に並列接続する．

(3) 図 4･14 に示す倍率器の問題である．5V まで測定範囲を拡大するためには，$5/(2\times10^{-3})=2\,500\ \Omega$ の抵抗が必要になる．したがって，電流計 A_0 の内部抵抗が 50Ω なので，必要になる抵抗は $2\,500-50=2\,450\ \Omega$ である．解答群の中では，これを上回る直近の $2.5\times10^3\ \Omega$ が適切である．

(4) 図 4･14 に示すように，倍率器は直列に接続する．

(5) 負荷 10 Ω に電流計が直列接続されている図 a，b の誤差率は図 4･12 (b) に該当して，誤差率 $\varepsilon_b/100=R_a/R$ である．

一方，電流計の計測値が負荷電流と電圧計の電流を含む図 c の誤差率は図 4･12 (a) に該当して，誤差率 $\varepsilon_a/100=R/R_v$ である．

まず，図 a は式 (4･15) より，誤差率 $\dfrac{\varepsilon_{ba}}{100}=\dfrac{R_a}{R}=\dfrac{50}{10}=5$，図 b は，電流計 A_1 の合成抵抗が 50 Ω と 0.5 Ω の並列接続で $50\times0.5/(50+0.5)=0.495\ \Omega$ であるから

誤差率 $\dfrac{\varepsilon_{bb}}{100}=\dfrac{R_a}{R}=\dfrac{0.495}{10}=0.0495$

図 c は式 (4･14) より誤差率 $\dfrac{\varepsilon_{ac}}{100}=\dfrac{R}{R_v}=\dfrac{10}{2500}=0.004$ となる．したがって，図 c の誤差が最も小さい．

【解答】(1) ト (2) ヨ (3) ニ (4) イ (5) チ

例題 7 ……………………………… **H25 問 8**

次の文章は，可動コイル形計器の測定範囲拡大に関する記述である．

図 1 において，最大目盛値が **20 mA**，内部抵抗が **10 Ω** の直流電流計に抵抗 $\boldsymbol{R_1}$，$\boldsymbol{R_2}$，$\boldsymbol{R_3}$ を接続し，電流測定範囲を拡大するとともに電圧も測定できるようにしたい．

まず，電流の測定範囲を **0.1A** および **1A** に拡大する場合には，図 **2** および図 **3** のように $\boldsymbol{R_1}$ および $\boldsymbol{R_2}$ を電流計に接続する．ここで，図 **2** より $\boldsymbol{R_1+R_2}=$ [(1)] 〔Ω〕となり，図 **3** より [(2)] $\times\boldsymbol{R_1}=\boldsymbol{0.02(R_2+10)}$ の関係が得られる．

以上より $\boldsymbol{R_1}$ および $\boldsymbol{R_2}$ を求めれば，$\boldsymbol{R_1}=$ [(3)] 〔Ω〕，$\boldsymbol{R_2}=$ [(4)] 〔Ω〕となる．

さらに，電圧の測定範囲を **1V** までにする場合には，図 **4** より，$\boldsymbol{R_3}=$ [(5)] 〔Ω〕を電流計に接続すればよいことがわかる．

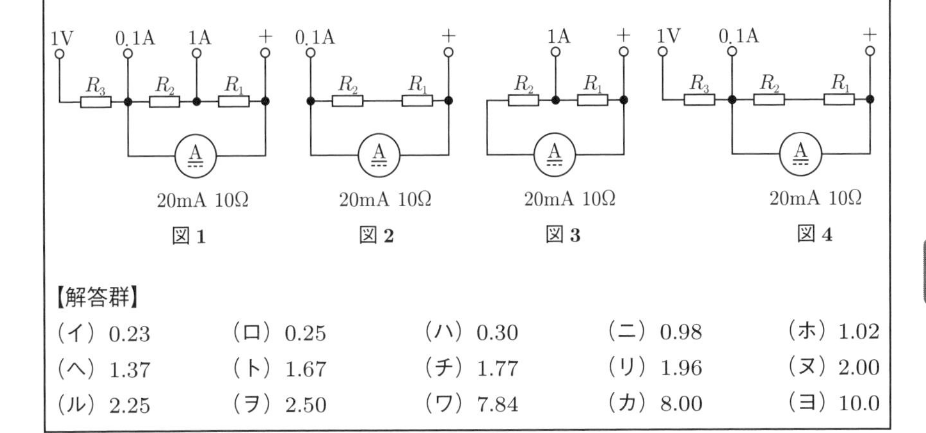

図 1　図 2　図 3　図 4

【解答群】

(イ) 0.23	(ロ) 0.25	(ハ) 0.30	(ニ) 0.98	(ホ) 1.02
(ヘ) 1.37	(ト) 1.67	(チ) 1.77	(リ) 1.96	(ヌ) 2.00
(ル) 2.25	(ヲ) 2.50	(ワ) 7.84	(カ) 8.00	(ヨ) 10.0

解説 (1) 図 2 において，0.1A の電流を測定できるように拡大するため，電流計に流れる電流を 20mA(=0.02A) とすれば，抵抗 R_1 と R_2 に流れる電流は 0.1A − 0.02A = 0.08A である．並列部分の電圧が等しいから

$$0.08 \times (R_1 + R_2) = 0.02 \times 10 \quad \therefore R_1 + R_2 = 2.5\ \Omega \quad \cdots\cdots ①$$

(2) 図 3 において，1A の電流は電流計と R_2 に 20mA(=0.02A) 流れ，抵抗 R_1 に 0.98A(= 1A − 0.02A) 流れる．R_1 の両端の電圧は，電流計と R_2 の電圧降下分の合計に等しいから，$0.98R_1 = 0.02(10 + R_2)$　……②

(3) (4) 式①から $R_2 = 2.5 - R_1$ と変形し，式②へ代入すれば

$$0.98R_1 = 0.02(10 + 2.5 - R_1)$$

$$\therefore R_1 = 0.25\ \Omega \quad \therefore R_2 = 2.5 - R_1 = 2.5 - 0.25 = 2.25\ \Omega$$

(5) 解説図に示す通り，電流計に流れる電流を 20mA(=0.02A) にすれば，抵抗 R_1，R_2 を流れる電流は 0.08A であり，R_3 を流れる電流は 0.1A になる．+端子から R_3 端子までの電圧が 1V であるためには

$$0.02 \times 10 + 0.1R_3 = 1$$

$$\therefore R_3 = 8.00\ \Omega$$

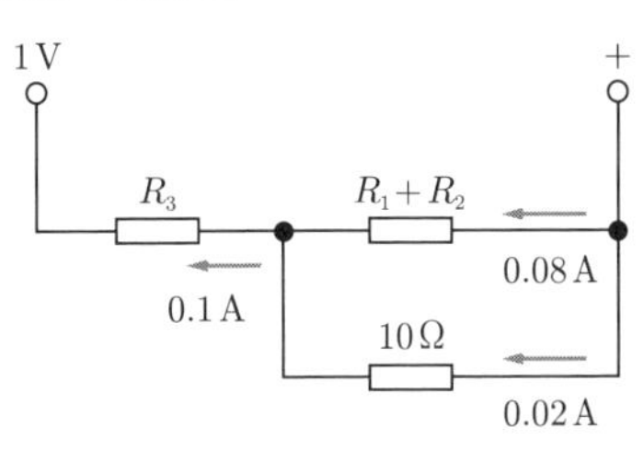

解説図

【解答】(1) ヲ　(2) ニ　(3) ロ　(4) ル　(5) カ

例題 8 ……………………………………………… H29　問 4

次の文章は，エアトン分流器を使った直流電流測定に関する記述である．

図は，理想的な直流電流計 Ⓐ に分流器を接続し，スイッチ S を切り換えることで直流電流の測定範囲を拡大する回路である．

図より，スイッチ S が位置 a において，

$$\left(\boxed{\quad(1)\quad}\right) \boldsymbol{I_m} = \boldsymbol{R_1} (\boldsymbol{I_a} - \boldsymbol{I_m}) \cdots\cdots ①$$

スイッチ S が位置 b において，

$$\left(\boxed{\quad(2)\quad}\right) \boldsymbol{I_m} = \left(\boxed{\quad(3)\quad}\right) (\boldsymbol{I_b} - \boldsymbol{I_m}) \cdots\cdots ②$$

スイッチ S が位置 c において，

$$\boldsymbol{R_m I_m} = \left(\boxed{\quad(4)\quad}\right) (\boldsymbol{I_c} - \boldsymbol{I_m}) \cdots\cdots ③$$

が成立する．

ここで，$\boldsymbol{R_m}$ が 100 Ω，電流計に流れる電流 $\boldsymbol{I_m}$ が 0.05A であるとき，スイッチ S が位置 a において電流 $\boldsymbol{I_a}=105$ A，位置 b において電流 $\boldsymbol{I_b}=10.5$ A，位置 c において電流 $\boldsymbol{I_c}=1.05$ A を測定するものとする．$\boldsymbol{R_1}=0.05$ Ω であるとき $\boldsymbol{R_3}$ を求めれば，$\boldsymbol{R_3}=\boxed{\quad(5)\quad}$〔Ω〕となる．

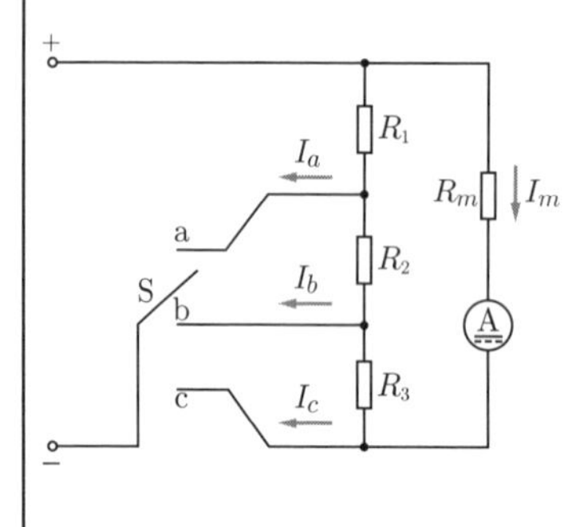

【解答群】

(イ)	R_3+R_m	(ロ)	$R_1+R_2+R_3+R_m$
(ハ)	R_2+R_m	(ニ)	R_1+R_2
(ホ)	$R_1+R_2+R_m$	(ヘ)	$R_2+R_3+R_m$
(ト)	0.45	(チ)	R_1+R_m
(リ)	$R_1+R_3+R_m$	(ヌ)	4.50
(ル)	$R_1+R_2+R_3$	(ヲ)	4.95
(ワ)	R_2+R_3	(カ)	R_m
(ヨ)	R_1+R_3		

解　説　(1) スイッチ S が位置 a にあるときの等価回路は解説図 1 の通りである．抵抗 R_1 の電圧降下は，電流計回路（電流計，R_m，R_2，R_3 の直列接続部分）の電圧降下と等しいから

$$(R_m+R_2+R_3)I_m = R_1(I_a-I_m) \quad \cdots\cdots ①$$

(2) (3) スイッチ S が位置 b にあるときの等価回路は解説図 2 の通りである．(1) と同様に

$$(R_3+R_m)I_m = (R_1+R_2)(I_b-I_m) \quad \cdots\cdots ②$$

(4) スイッチ S が位置 c にあるときの等価回路は解説図 3 の通りである．(1)，(2) と

同様に

$$R_m I_m = (R_1 + R_2 + R_3)(I_c - I_m) \quad \cdots\cdots③$$

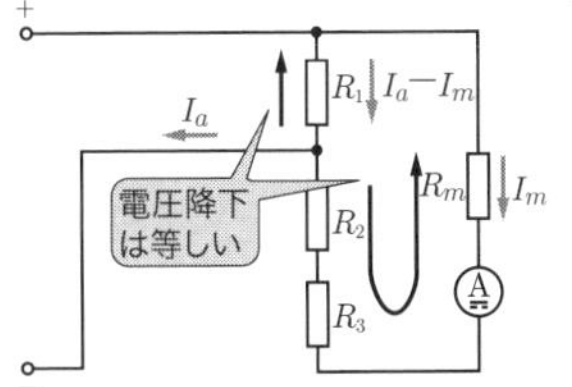

解説図 1
スイッチ S が a のときの回路図

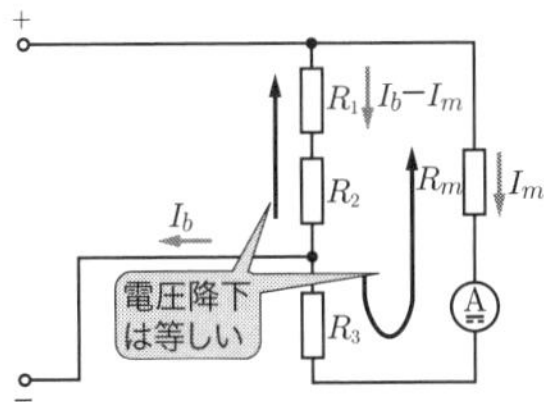

解説図 2
スイッチ S が b のときの回路図

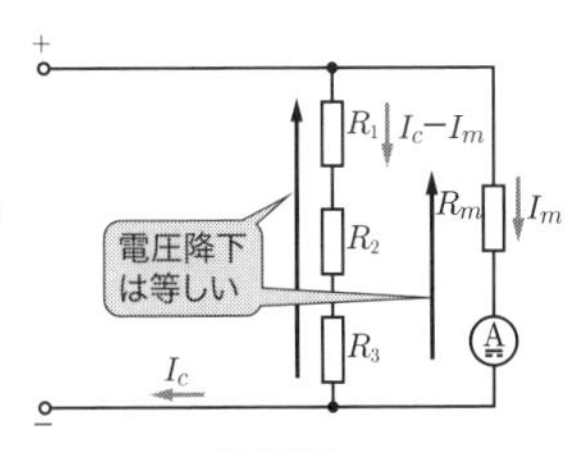

解説図 3
スイッチ S が c のときの回路図

(5) 設問の条件を式①へ代入し

$$(100 + R_2 + R_3) \times 0.05 = 0.05(105 - 0.05)$$

$$\therefore R_2 + R_3 = 4.95 \quad \therefore R_3 = 4.95 - R_2 \quad \cdots\cdots④$$

次に，スイッチが位置 b にあるときの条件から，式②へ代入し

$$(100 + R_3) \times 0.05 = (0.05 + R_2)(10.5 - 0.05) \quad \cdots\cdots⑤$$

式⑤に式④を代入すれば $(100 + 4.95 - R_2) \times 0.05 = (0.05 + R_2) \times 10.45$

$$\therefore R_2 = \frac{94.5}{210} = 0.45 \quad \cdots\cdots⑥$$

式⑥を式④へ代入して，$R_3 = 4.95 - 0.45 = 4.5\,\Omega$

【解答】(1) ヘ　(2) イ　(3) ニ　(4) ル　(5) ヌ

例題 9 ……………………………… R1 問 4

次の文章は，コンデンサ形計器用変圧器に関する記述である．

図は容量分圧の原理を使って高電圧を低電圧に変換して測定する回路である．図において，$\dot{V}_1$ および ω は測定する電圧およびその角周波数，C_1 および C_2 は静電容量，L はリアクトルのインダクタンス，$\dot{Z}$ は交流電圧計 Ⓥ の内部インピーダンスとする．ただし，リアクトルの抵抗は交流電圧計の内部インピーダンスに比べ十分小さく，無視できるものとする．

テブナンの定理により，交流電圧計を切り離して端子 A-B から左側をみた場合のインピーダンス $\dot{Z}_0$ は，

$$\dot{Z}_0=\frac{1}{\boxed{(1)}}$$

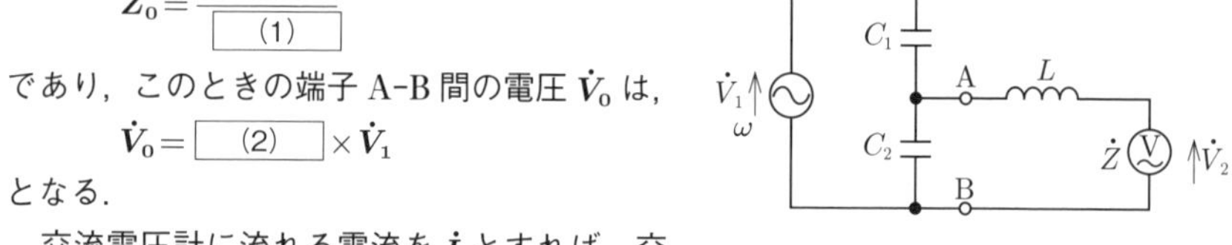

であり，このときの端子 A-B 間の電圧 $\dot{V}_0$ は，

$$\dot{V}_0=\boxed{(2)}\times\dot{V}_1$$

となる．

交流電圧計に流れる電流を $\dot{I}$ とすれば，交流電圧計で測定される電圧 $\dot{V}_2$ は，

$$\dot{V}_2=\dot{I}\times\dot{Z}=\frac{\boxed{(2)}\times\dot{V}_1}{\boxed{(3)}+\dot{Z}}\times\dot{Z}$$

となる．ここで，$\dot{V}_2$ が $\dot{Z}$ の大きさに無関係になるためには $\boxed{(3)}$ の項が零になればよく，このとき L，C_1，C_2 の関係は $\boxed{(4)}=1$ で表される．

このように，回路の L，C_1，C_2 を $\boxed{(5)}$ させることにより，電圧計の内部インピーダンスとは無関係に，高電圧を低電圧に変換して測定することができる．

【解答群】

(イ) $\omega^2 LC_1$	(ロ) $j\omega L+\dfrac{1}{j\omega(C_1+C_2)}$	(ハ) 減衰
(ニ) $\dfrac{C_1+C_2}{C_1}$	(ホ) $\dfrac{C_2}{C_1}$	(ヘ) $j\omega C_1$
(ト) $\dfrac{1}{j\omega(C_1+C_2)}$	(チ) 増幅	(リ) $j\omega C_2$
(ヌ) $\omega^2 L(C_1+C_2)$	(ル) $\dfrac{C_1}{C_1+C_2}$	(ヲ) $j\omega(C_1+C_2)$
(ワ) $\omega L(C_1+C_2)$	(カ) 共振	(ヨ) $j\omega L+\dfrac{1}{j\omega C_2}$

解説 (1) 図 4・18，式（4・26）～式（4・28）と同様に計算する．端子 A–B から左側をみたインピーダンスは，交流電圧源を短絡すると，静電容量 C_1 と C_2 が並列接続されているから

$$\dot{Z}_0=\frac{1}{j\omega(C_1+C_2)}$$

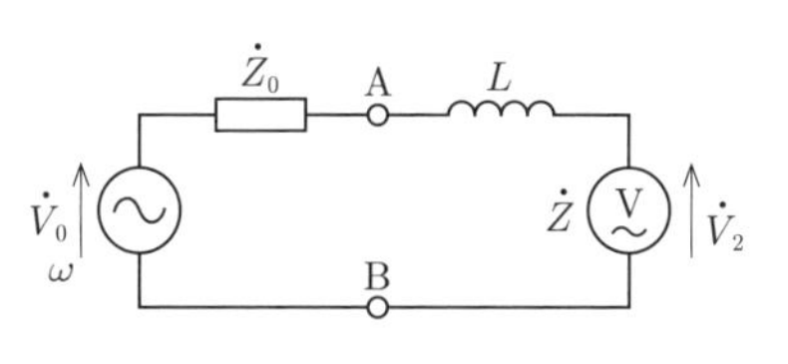

解説図

(2) 端子 A–B を開放した場合，電圧 $\dot{V}_1$ を C_1 と C_2 の直列回路で分圧した C_2 の電圧が $\dot{V}_0$ になるから

$$\dot{V}_0=\frac{\dfrac{1}{j\omega C_2}}{\dfrac{1}{j\omega C_1}+\dfrac{1}{j\omega C_2}}\dot{V}_1=\frac{C_1}{C_1+C_2}\dot{V}_1$$

(3) (1)，(2) より等価回路は解説図となる．

$$\dot{V}_2=\frac{\dot{V}_0\dot{Z}}{\dot{Z}_0+j\omega L+\dot{Z}}=\frac{\dfrac{C_1}{C_1+C_2}\dot{V}_1\dot{Z}}{\dfrac{1}{j\omega(C_1+C_2)}+j\omega L+\dot{Z}}$$

$$=\frac{\dfrac{C_1}{C_1+C_2}}{\dfrac{1}{\dot{Z}}\left\{j\omega L+\dfrac{1}{j\omega(C_1+C_2)}\right\}+1}\times\dot{V}_1 \quad\cdots\cdots①$$

(4) 式①において，$\dot{V}_2$ が $\dot{Z}$ に無関係になるためには｛ ｝内が 0 になればよいから

$$j\omega L+\frac{1}{j\omega(C_1+C_2)}=0 \qquad \therefore\ \omega^2L(C_1+C_2)=1$$

(5) 式①において，分母の第一項と第二項は角周波数 ω を含むため，周波数によってインピーダンスが変動する．｛ ｝内が 0 になる状態は共振である．

【解答】(1) ヲ (2) ル (3) ロ (4) ヌ (5) カ

4-4 電力・電力量・力率の測定

攻略のポイント　本節に関して，電験３種では三電圧計法，三電流計法，二電力計法，誘導型電力量計の原理や計器定数に関連した出題があるのに対し，電験２種では誘導型電力量計の原理を問う出題がある程度で，これまではほとんど出題されていない．

直流電力は，電圧 E と電流 I の積 $P=EI$ であり，電圧と電流を個別に測定して計算により求める．

交流電力を直接測定する計器としては，電圧と電流の乗算を行わせる機能が必要になる．指示計器のうち，電流力計形と誘導型は電圧と電流の積に比例したトルクを発生できるので，電力計として用いられる．また，小電力の測定には次の三電圧計法や三電流計法も用いられる．

1 三電圧計法による電力の測定

電圧，電流に比例する2つのベクトルと，それらの和のベクトルの絶対値を測定して，電力を計算により求める方法である．

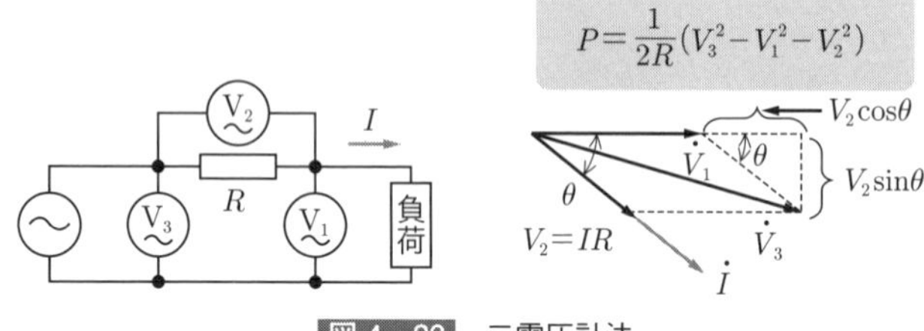

図4・23　三電圧計法

図4･23のように，電圧計3個と既知抵抗 R を接続すれば，各電圧のベクトル図から，力率角を θ として，力率 $\cos\theta$ は

$$\dot{V}_3=\dot{V}_1+\dot{V}_2$$

POINT
余弦定理 $V_3^2=V_1^2+V_2^2-2V_1V_2\cos(\pi-\theta)$
$=V_1^2+V_2^2+2V_1V_2\cos\theta$ も適用可能

$$V_3^2=(V_1+V_2\cos\theta)^2+(V_2\sin\theta)^2=V_1^2+2V_1V_2\cos\theta+V_2^2$$

$$\therefore \cos\theta=\frac{V_3^2-V_1^2-V_2^2}{2V_1V_2} \qquad (4\cdot 32)$$

また，$I=V_2/R$ となるので，電力 P は

$$\boldsymbol{P}=V_1 I\cos\theta=V_1\frac{V_2}{R}\cdot\frac{{V_3}^2-{V_1}^2-{V_2}^2}{2V_1V_2}=\frac{\mathbf{1}}{\mathbf{2}\boldsymbol{R}}\left(\boldsymbol{V_3}^{\mathbf{2}}-\boldsymbol{V_1}^{\mathbf{2}}-\boldsymbol{V_2}^{\mathbf{2}}\right)\text{〔W〕}\quad(4\cdot 33)$$

2 三電流計法による電力の測定

三電圧計法と同じ考え方で，図 4·24 のように電流計 3 個を，既知抵抗 R を用いて接続する．

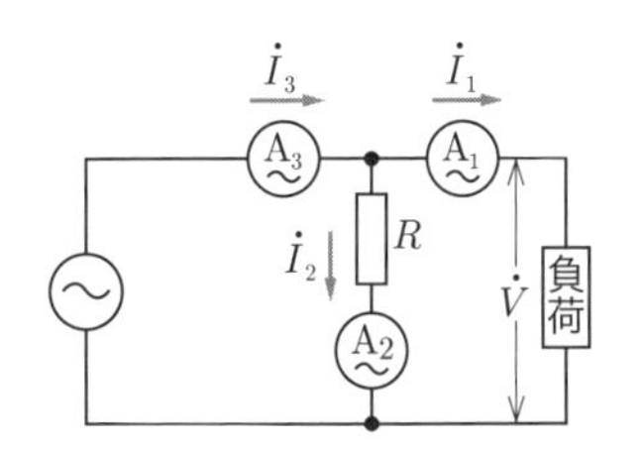

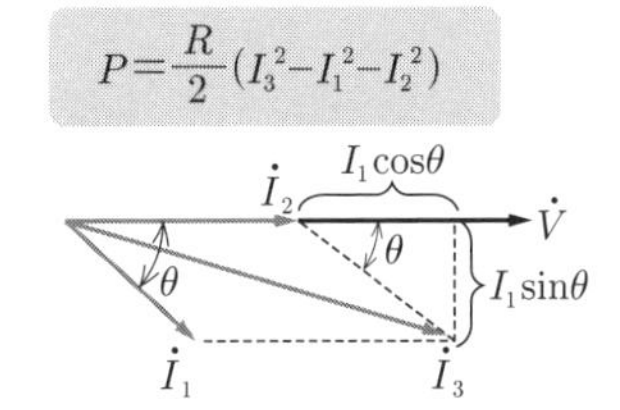

図 4・24　三電流計法

ベクトル図から，力率 $\cos\theta$ は

$$\dot{I}_3=\dot{I}_1+\dot{I}_2$$

POINT
余弦定理 $\boldsymbol{I_3}^2=\boldsymbol{I_1}^2+\boldsymbol{I_2}^2-2\boldsymbol{I_1}\boldsymbol{I_2}\cos(\pi-\theta)$
$=\boldsymbol{I_1}^2+\boldsymbol{I_2}^2+2\boldsymbol{I_1}\boldsymbol{I_2}\cos\theta$ も適用可能

$${I_3}^2=(I_2+I_1\cos\theta)^2+(I_1\sin\theta)^2={I_1}^2+2I_1I_2\cos\theta+{I_2}^2$$

$$\therefore\ \boldsymbol{\cos\theta}=\frac{\boldsymbol{I_3}^{\mathbf{2}}-\boldsymbol{I_1}^{\mathbf{2}}-\boldsymbol{I_2}^{\mathbf{2}}}{\mathbf{2}\boldsymbol{I_1}\boldsymbol{I_2}}\quad(4\cdot 34)$$

また，$V=I_2R$ となるので，電力 P は

$$\boldsymbol{P}=VI_1\cos\theta=I_2RI_1\frac{{I_3}^2-{I_1}^2-{I_2}^2}{2I_1I_2}=\frac{\boldsymbol{R}}{\mathbf{2}}\left(\boldsymbol{I_3}^{\mathbf{2}}-\boldsymbol{I_1}^{\mathbf{2}}-\boldsymbol{I_2}^{\mathbf{2}}\right)\text{〔W〕}\quad(4\cdot 35)$$

3 二電力計法による三相電力の測定

三相回路の電力は，ブロンデルの定理により，負荷の平衡，不平衡を問わず，電力計 2 個で正しく測定できる．これを**二電力計法**という．

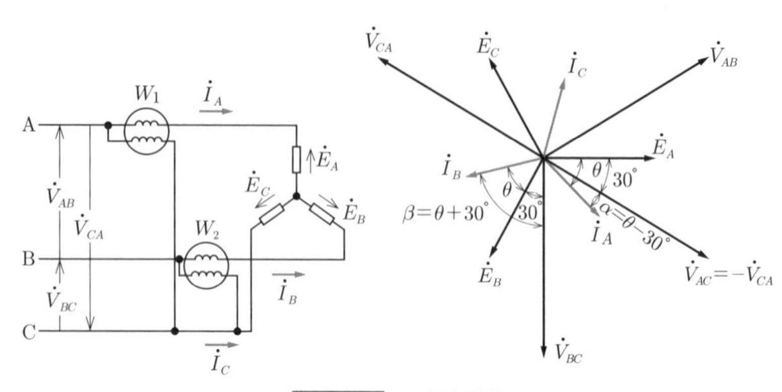

図 4・25　二電力計法

三相平衡負荷の場合の電圧・電流ベクトルの関係は図 4･25 のようになる．相順をA→B→Cとすると，W_1 の電圧コイルには

$$\dot{V}_{AC}=-\dot{V}_{CA}=\dot{E}_A-\dot{E}_C$$

W_2 の電圧コイルには

$$\dot{V}_{BC}=\dot{E}_B-\dot{E}_C$$

の電圧が加わっている．各電力計は，接続された電圧，電流に基づく電力を指示するので

$$W_1=V_{AC}I_A\cos\alpha=VI\cos\left(\theta-\frac{\pi}{6}\right) \tag{4・36}$$

$$W_2=V_{BC}I_B\cos\beta=VI\cos\left(\theta+\frac{\pi}{6}\right) \tag{4・37}$$

各電力計の指示の合計は

$$\boldsymbol{W}=\boldsymbol{W_1}+\boldsymbol{W_2}=VI\left\{\cos\left(\theta-\frac{\pi}{6}\right)+\cos\left(\theta+\frac{\pi}{6}\right)\right\}=VI\cdot 2\cos\frac{\pi}{6}\cos\theta$$

$$=\boldsymbol{\sqrt{3}VI\cos\theta}\text{〔W〕} \tag{4・38}$$

POINT
三角関数の加法定理
$\boldsymbol{\cos(\alpha+\beta)=\cos\alpha\cos\beta-\sin\alpha\sin\beta}$
$\boldsymbol{\cos(\alpha-\beta)=\cos\alpha\cos\beta+\sin\alpha\sin\beta}$

となり，三相電力を示すことがわかる．

負荷の力率角 θ が $60°$（$\pi/3$〔rad〕）以上（負荷力率遅れ 50%以下）になると，図 4･25 の W_2 の電圧−電流間の位相角 $\beta=\theta+30°>90°$ となり，$\cos\beta$ の値が負と

なるので $W_2<0$ となり，W_2 の指針は負側に振れて指示値の読取りができなくなる．このため，電力計 W_2 の電圧または電流のいずれかの接続を逆にし，電力計の指示極性を反転してから読み取った値 W_2 の値をマイナスにして

$$\boldsymbol{W}=\boldsymbol{W_1}+(-\boldsymbol{W_2}) \tag{4・39}$$

のように求める．他方，負荷力率が進み 50 %以下になると，$W_1<0$ となるので，電力計 W_1 に対して極性を反転し，同様の処理を行う（$W=W_2-W_1$ とする）．

4 電力量の測定

(1) 誘導形電力量計

誘導形電力量計は，アルミニウム円板に，電力に比例した駆動トルクを生じさせ，円板を電力に比例した速度で回転させるようにしたものである．電力量計の 1 kWh 当たりの回転子の回転数は**計器定数** K と呼ばれ，単位は〔rev/kWh〕である．一定電力 P〔kW〕を t〔s〕の間通じたとき，電力量計の円板回転数を n，計器定数を K〔rev/kWh〕とすれば，次の関係になる．

$$\boldsymbol{P}\frac{\boldsymbol{t}}{\boldsymbol{60\times60}}=\frac{\boldsymbol{n}}{\boldsymbol{K}}\text{〔kWh〕} \tag{4・40}$$

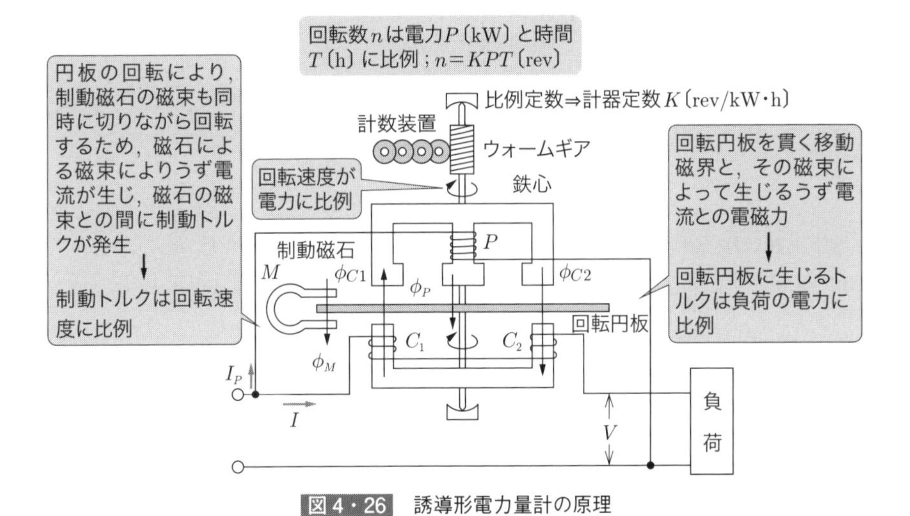

図4・26 誘導形電力量計の原理

(2) 電子式電力量計

電力量計に関しては，誘導形が長年にわたり使用されてきたが，最近は電子式に置き換えられている．電子式電力量計は電力量をパルスで出力する．この電力量計のパルス定数が N〔パルス/kWh〕のとき，M〔パルス〕が出力されたとすれば，電力量計が計測した電力量 w は次式で求められる．

$$1\,〔\mathrm{kWh}〕:N\,〔パルス〕=w\,〔\mathrm{kWh}〕:M\,〔パルス〕$$

$$\therefore \boldsymbol{w}=\frac{\boldsymbol{M}}{\boldsymbol{N}}\,〔\mathrm{kWh}〕 \qquad (4\cdot 41)$$

5 無効電力の測定

無効電力計は，電圧コイルの電流が端子電圧よりも $\pi/2$〔rad〕位相がずれるようにした電力計である．位相をずらすには，L，C，R などを組み合わせ，例えば図 4·27 のようにする．

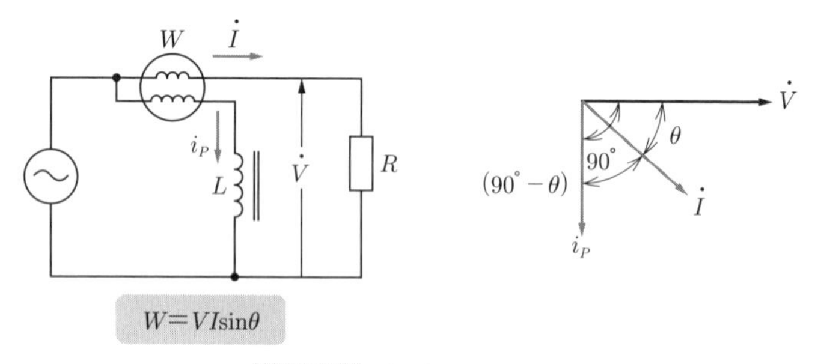

図 4・27 無効電力計の原理

三相平衡回路の場合，図 4·28 のように，線間電圧 $\dot{V}_{BC}$ は相電圧 $\dot{E}_A$ に対し $\pi/2$〔rad〕位相が異なるので，電力計を図 4·29 のように接続すれば，指示 W は

$$W=VI\cos\left(\frac{\pi}{2}-\theta\right)=VI\sin\theta \qquad (4\cdot 42)$$

したがって，三相無効電力 Q は

$$\boldsymbol{Q}=\sqrt{3}\boldsymbol{VI}\sin\boldsymbol{\theta}=\sqrt{3}\boldsymbol{W}\,〔\mathrm{var}〕 \qquad (4\cdot 43)$$

として求まる．これを**一電力計法**という．

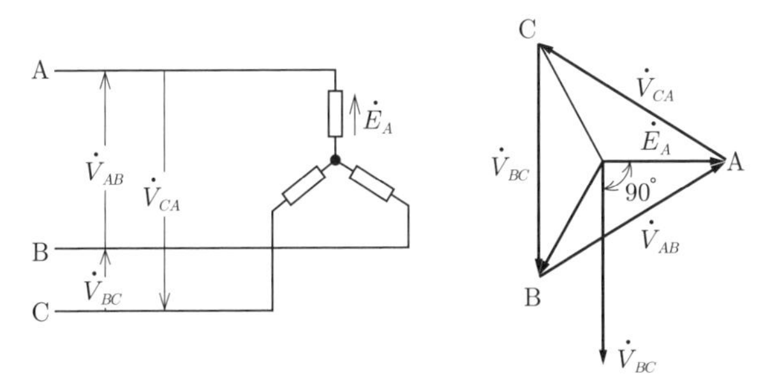

図 4・28 線間電圧と相電圧ベクトル

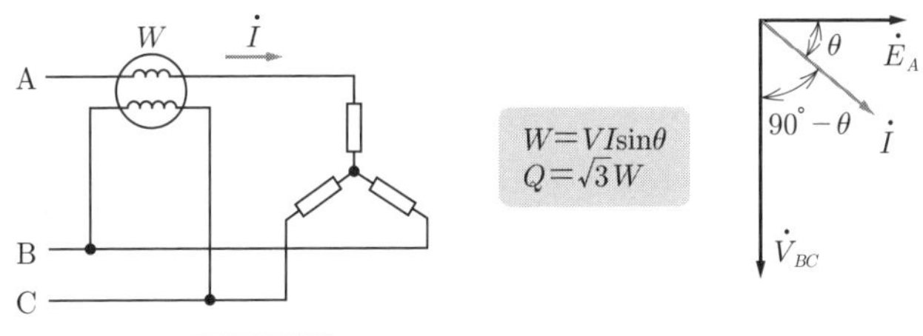

図 4・29 一電力計法無効電力計の原理

図 4·25 に示した二電力計法において，W_1 と W_2 の差を取れば

$$W_1-W_2=VI\left\{\cos\left(\frac{\pi}{6}-\theta\right)-\cos\left(\frac{\pi}{6}+\theta\right)\right\}=VI\sin\theta \qquad (4\cdot 44)$$

したがって，三相無効電力 Q は

$$\boldsymbol{Q=\sqrt{3}VI\sin\theta=\sqrt{3}(W_1-W_2)}\ \text{〔var〕} \qquad (4\cdot 45)$$

W_2 が逆振れのときは，電力計 W_2 の極性を反転して読み取った指示値 W_2 から，$Q=\sqrt{3}(W_1+W_2)$ とする．

6 力率の測定

力率は，有効電力 P と皮相電力 $P_a=VI$ の比であり，また，電圧−電流間の位相差 θ の余弦である．

$$\text{力率}=\frac{P}{P_a}=\frac{P}{VI}=\cos\theta \qquad (4\cdot 46)$$

指示計として種々の原理があるが，最近では，電圧−電流間の位相差を電子回路で検出する方式が用いられている．間接測定法としては三電圧計法，三電流計法があり，式（4･32），式（4･34）から求められる．

力率は，式（4･38）の $P=W_1+W_2$ と式（4･45）の $Q=\sqrt{3}(W_1-W_2)$ から

$$\cos\theta=\frac{P}{\sqrt{P^2+Q^2}}=\frac{W_1+W_2}{\sqrt{(W_1+W_2)^2+3(W_1-W_2)^2}} \qquad (4\cdot 47)$$

と表される．

例題 10 ………………………………………………… **H7　問 4**

次の文章は，誘導形交流電力量計に関する記述である．

誘導形交流電力量計は，交流電力の時間積算値を計量する計器で駆動素子，回転子，[(1)]，軸受，計量装置，補償装置，調整装置から構成されている．

駆動素子は，電圧コイルと電流コイルで構成され，円板に[(2)]に比例した[(3)]を与える．また，回転子は，直径約 **85 mm**，厚さ約 **1 mm** の[(4)]円板にアルミニウム，ステンレスなどの軸を取り付け，円板には，無負荷時の[(5)]防止用に約 **1～2 mm**ϕ の小穴 **2** 個があけられている．

【解答群】

（イ）負荷電力　（ロ）潜動　（ハ）電力量　（ニ）アルミニウム
（ホ）銅　（ヘ）ステンレス　（ト）制動磁石　（チ）皮相電力
（リ）鉄心　（ヌ）駆動トルク　（ル）励磁コイル　（ヲ）摩擦トルク
（ワ）鉄　（カ）回転速度　（ヨ）振動

解　説　4-1 節の指示電気計器の動作原理と使用法の 10 誘導形計器および本節 4（1）の誘導形電力量計を参照する．

誘導形計器の原理において，式(4･4)で全トルク $\tau=k_0\phi_1\phi_2\sin\beta$ になることを説明した．解説図の誘導形電力量計において，電圧コイルには負荷電圧に比例して 90° 遅れた磁束 ϕ_P，電流コイルには負荷電流に比例した磁束 ϕ_C を発生させれば

$$全トルク\ \tau=k_1VI\sin\left(\frac{\pi}{2}-\varphi\right)=k_1VI\cos\varphi$$

となって，全駆動トルクは負荷で消費される電力 $VI\cos\varphi$ に比例する．一方，誘導形電力量計は，軽負荷の場合，駆動トルクが小さいので，回転軸と軸受の間の摩擦による誤差が発生する．これを打ち消すために取り付けられるのが軽負荷補償装置である．これは，解説図の電圧コイル P の磁束の一部を切るように取り付けられた導体短絡環で

あり，$\phi_P{}^2$ に比例した打消しトルクを与える．したがって，電圧が上がれば無負荷でも回転板が回り出すおそれがあって，この現象を潜動という．これを防止するために設けられるのが回転板の小孔であり，この小孔が電圧コイルの真下にきたとき，うず電流が減少し，回転板が止まるようになっている．

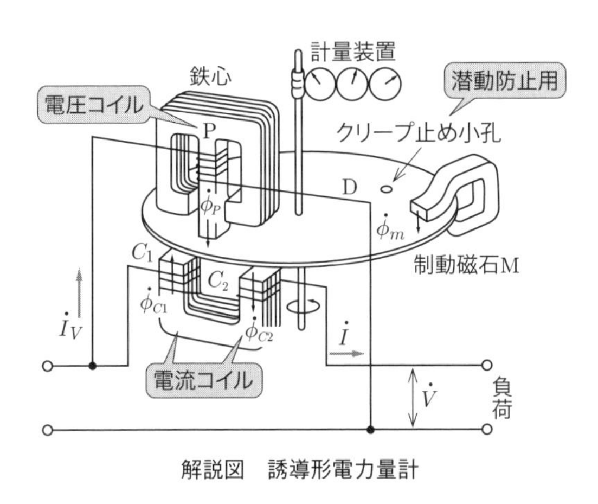

解説図　誘導形電力量計

【解答】(1) ト　(2) イ　(3) ヌ　(4) ニ　(5) ロ

例題 11 ………………………………………… **H13 問 7**

次の文章は，誘導形電力量計の動作原理に関する記述である．

誘導形電力量計では，図のように回転導体円板の上下に**2**つのコイルが配置されている．

電流コイルには負荷電流を通じ，この電流に [(1)] した磁束 $+\phi_c$ および $-\phi_c$ が円板を貫く．電圧コイルには負荷電圧を加えるが，このコイルの [(2)] は十分に大きくしてあり，生じる磁束 ϕ_p の位相は電圧より **90°** 遅れる．この場合，**2**つのコイルによって [(3)] が生じ，円板上には [(4)] が生じる．これら両者の間に発生した電磁力が駆動トルクとして働き，円板は回転する．

また，円板の別の位置に [(5)] があり，円板の回転速度は負荷電力に比例するようになっている．

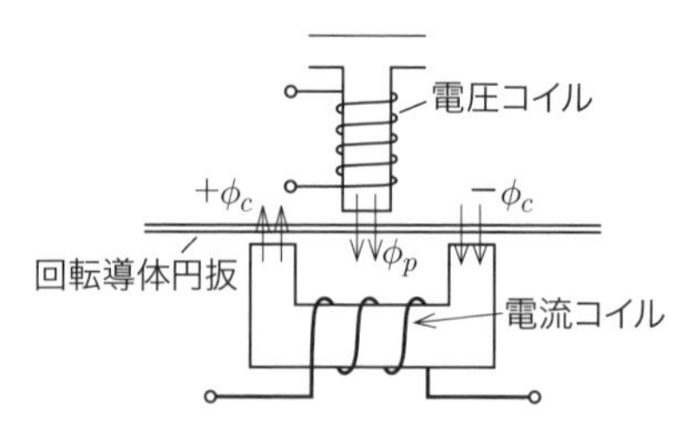

【解答群】

(イ) 静電容量	(ロ) 移動磁界（磁束）	(ハ) 反比例
(ニ) 始動電流	(ホ) 制動用磁石	(ヘ) 抵抗
(ト) 比例	(チ) 軽負荷補償装置	(リ) 円形回転磁界（磁束）
(ヌ) インダクタンス	(ル) 潜動阻止装置	(ヲ) 変位電流
(ワ) うず電流	(カ) くま取りコイル	(ヨ) 漏れ磁束

解 説 4-1 節の指示電気計器の動作原理と使用法の 10 誘導形計器および本節 4 項（1）の誘導形電力量計を参照する．

【解答】(1) ト　(2) ヌ　(3) ロ　(4) ワ　(5) ホ

例題 12 ………………………………………………… H11 問4

次の文章は，交流回路に関する記述である.

図の回路において，V_0，V_1，V_2 の大きさは，それぞれ 200V，75V，150V である．$R_2=50\ \Omega$ ならば，回路を流れる電流は $I=$ (1) 〔A〕である．$R_1+jX_1=Z\angle\alpha$〔Ω〕とおけば，インピーダンスの大きさは $Z=$ (2) 〔Ω〕となる．角 α については，V_0，V_1，V_2 の大きさがわかっているので，$\cos\alpha=$ (3) のように定まる．これらの結果から，$R_1=$ (4) 〔Ω〕，$X_1=$ (5) 〔Ω〕が求まる.

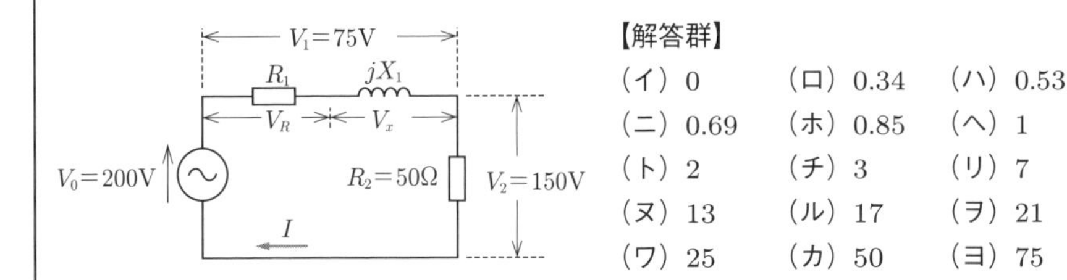

【解答群】

(イ) 0	(ロ) 0.34	(ハ) 0.53
(ニ) 0.69	(ホ) 0.85	(ヘ) 1
(ト) 2	(チ) 3	(リ) 7
(ヌ) 13	(ル) 17	(ヲ) 21
(ワ) 25	(カ) 50	(ヨ) 75

解 説 (1) 設問の回路について，$\dot{V}_2$（または回路の電流 $\dot{I}$）を位相の基準としてベクトル図を描くと解説図になる.

$$I=|\dot{I}|=\frac{V_2}{R_2}=\frac{150}{50}=3\ \text{A}$$

(2) 解説図のように，$R_1+jX_1=Z\angle\alpha$ とすれば

$$Z=\frac{V_1}{I}=\frac{75}{3}=25\quad\cdots\cdots①$$

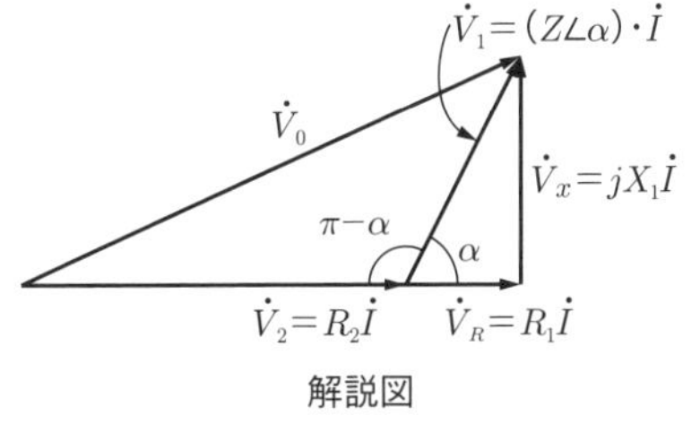

解説図

(3) 一方，解説図の $\dot{V}_0$，$\dot{V}_1$，$\dot{V}_2$ の三角形で余弦定理を適用すれば

$$V_0^2=V_1^2+V_2^2-2V_1V_2\cos(\pi-\alpha)=V_1^2+V_2^2+2V_1V_2\cos\alpha$$

$$\therefore\ 200^2=75^2+150^2+2\times75\times150\cos\alpha$$

$$\therefore\ \cos\alpha=\frac{200^2-75^2-150^2}{2\times75\times150}\fallingdotseq0.53\quad\cdots\cdots②$$

POINT
三電圧計法と同じ手法

(4)(5) 式①，式②を踏まえ

$$R_1=Z\cos\alpha=25\times0.53\fallingdotseq13\ \Omega$$

$$X_1=Z\sin\alpha=Z\sqrt{1-\cos^2\alpha}=25\times\sqrt{1-0.53^2}\fallingdotseq21\ \Omega$$

【解答】(1) チ　(2) ワ　(3) ハ　(4) ヌ　(5) ヲ

4-5 抵抗とインピーダンスの測定

攻略のポイント　本節に関して，電験３種ではホイートストンブリッジや交流ブリッジの基礎的な出題が多いのに対し，電験２種ではホイートストンブリッジや交流ブリッジでも少し複雑な計算を要する出題となる．計測の中では出題数が多いので，十分に学習する．

1 抵抗測定

(1) ブリッジ法

1Ω～1MΩ程度の抵抗の測定には**ホイートストンブリッジ**（図4·30）がある．同図で，抵抗 R_s を調整してブリッジ回路を平衡させる．ブリッジ回路の平衡条件は

$$\boldsymbol{R_x = \frac{R_A}{R_B} R_s} \ 〔\Omega〕 \tag{4・48}$$

次に，1Ω程度以下の低抵抗を測定する場合，導線，接触抵抗などの影響が大きくなるので，高精度測定には図4·31に示す**ケルビンダブルブリッジ**が用いられる．同図では，R_s は標準低抵抗，R_x は被測定抵抗，R_l は導線や接触抵抗を示す．回路に流れる電流 i_1, i_2, I を同図のように仮定し，閉回路ⅠおよびⅡにキルヒホッフの法則を適用すると

$$R_A i_1 = R_x I + R_a i_2 \tag{4・49}$$

$$R_B i_1 = R_s I + R_b i_2 \tag{4・50}$$

式（4·49）と式（4·50）から，比を取ると

$$\frac{R_A}{R_B} = \frac{R_x I + R_a i_2}{R_s I + R_b i_2} = \frac{R_x + R_a \dfrac{i_2}{I}}{R_s + R_b \dfrac{i_2}{I}} \tag{4・51}$$

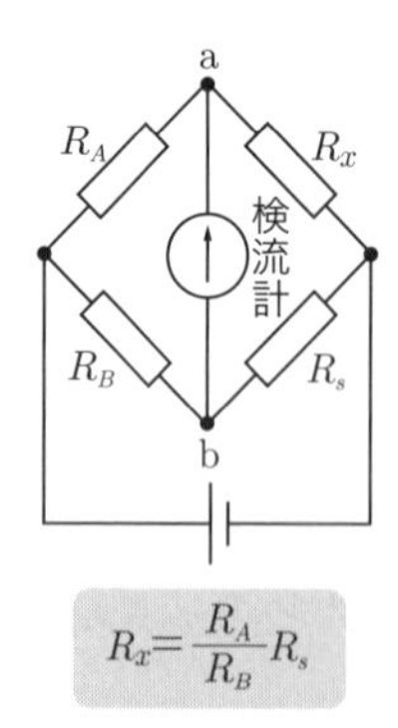

図4・30　ホイートストンブリッジ

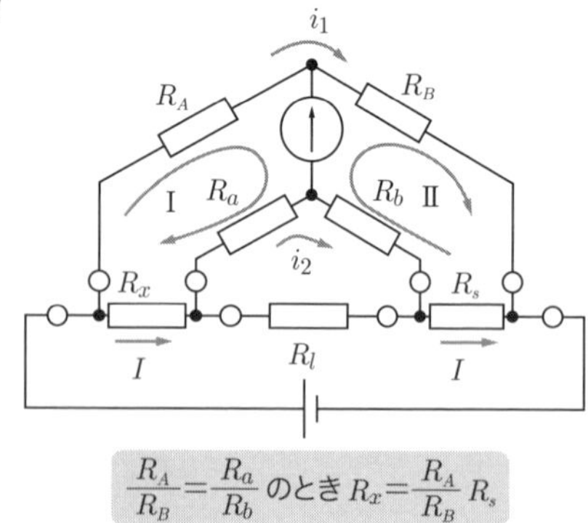

図4・31　ケルビンダブルブリッジ

また，I は (R_a+R_b) と R_l の回路に分流するので，$(R_a+R_b)i_2=R_l(I-i_2)$ の関係から

$$\frac{i_2}{I}=\frac{R_l}{R_a+R_b+R_l} \tag{4・52}$$

となる．ここで，$K=\dfrac{R_l}{R_a+R_b+R_l}$ とし，式（4･51）を整理すれば

$$R_x=\frac{R_A}{R_B}R_s+\left(\frac{R_A}{R_B}-\frac{R_a}{R_b}\right)R_bK \tag{4・53}$$

上式から，

$$\boldsymbol{\frac{R_A}{R_B}=\frac{R_a}{R_b}} \tag{4・54}$$

POINT
左の条件が成立するとき，
式（4・53）の第2項は零

を満足するように調整すれば，導線や接触抵抗を示す R_l の影響がなくなり

$$\boldsymbol{R_x=\frac{R_A}{R_B}R_s} \tag{4・55}$$

として測定することができる．

（2）電圧降下法

電圧降下法は，抵抗に電流を流し，電流と電圧を測定して，オームの法則により抵抗値を求める．図4･32に示すように，計器の内部抵抗が影響するので，測定抵抗に応じて電圧計と電流計の接続方法を選択する．すなわち，$R_x \ll R_v$ のときは図4･32（a）の接続を，$R_x \gg R_a$ のときは図4･32（b）の接続を用いると，誤差は小さくなる．

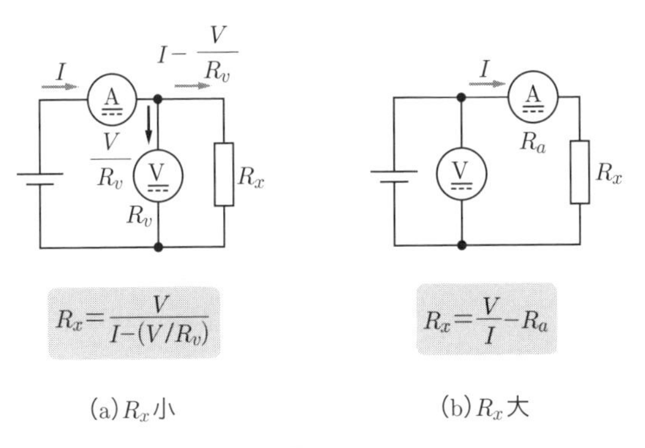

図4・32　電圧降下法

(3) 抵抗計法

1 MΩ以上の高抵抗を測定するには**絶縁抵抗計(メガー)**が用いられる．電池式絶縁抵抗計は，電池電圧を定電圧 DC コンバータにより 500〜1000 V に昇圧し，図 4･33 の回路として，電流計の指示を抵抗値で目盛っている．ケーブル心線－鉛被間の体積抵抗を測定する場合，表面漏れ電流が指示計を通らないように G(保護)端子を用いる必要がある．

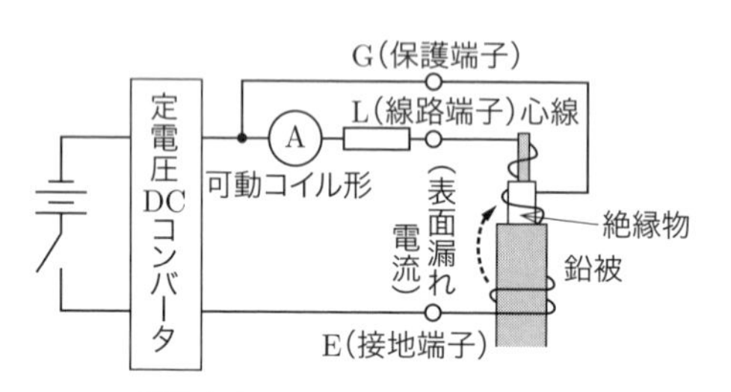

図 4・33　絶縁抵抗計(電池式)

(4) 接地抵抗測定

接地用金属と大地との間の抵抗を**接地抵抗**という．接地抵抗は，季節や大地の乾湿状況によっても変化し，また直流を流すと分極作用を生じることから，測定電源としては主に交流電源を用いる．

POINT
電解液の抵抗や接地抵抗の測定

①コールラウシュブリッジ法

図 4･34 のように，P_1P_2，P_1P_3，P_2P_3 間の合成抵抗を R_{12}，R_{13}，R_{23}〔Ω〕をコールラウシュブリッジで測定する．P_1，P_2，P_3 のそれぞれの接地抵抗を R_1，R_2，R_3〔Ω〕として，次の関係がある．

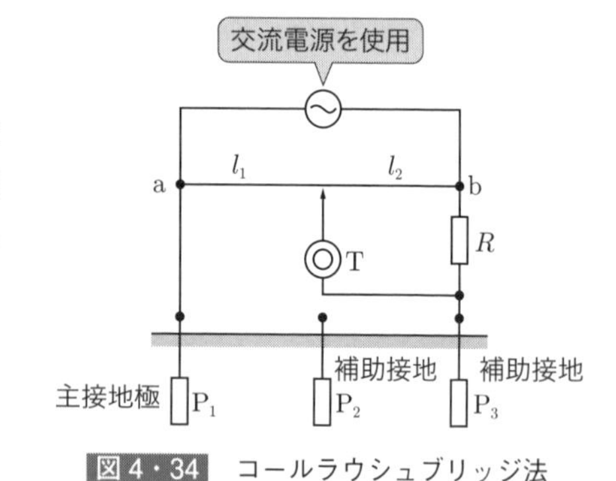

図 4・34　コールラウシュブリッジ法

$$R_{12} = R_1 + R_2$$
$$R_{13} = R_1 + R_3$$
$$R_{23} = R_2 + R_3$$

$$\therefore \boldsymbol{R_1} = \frac{\boldsymbol{R_{12} + R_{13} - R_{23}}}{\boldsymbol{2}}〔\Omega〕 \qquad (4\cdot56)$$

②接地抵抗計

図 4·35 のように，接地極 E から補助接地極 P，C をそれぞれ 10 m 程度離して埋める．接地極 E と補助接地極 C の間に電流 I〔A〕を流したとき，電圧降下の曲線が水平になるところの V_E〔V〕を I〔A〕で割った値が接地極 E の接地抵抗 R_E〔Ω〕である．

$$R_E = \frac{V_E}{I}〔\Omega〕 \quad (4 \cdot 57)$$

POINT
接地極 E の近傍は，電流密度が高く電位傾度は大

補助接地極 C の接地抵抗 R_C〔Ω〕は，V_C〔V〕を I〔A〕で割ればよい．

$$R_C = \frac{V_C}{I}〔\Omega〕 \quad (4 \cdot 58)$$

POINT
補助接地極 C の近傍は，電流密度が高く，電位傾度は大

交流電位差計式接地抵抗計の原理は図 4·36 のようになり，一定電流 I に対する電圧降下 $E_x = nIR_s$ から，$R_x = nR_s$ として，抵抗ダイヤルから直読できる．

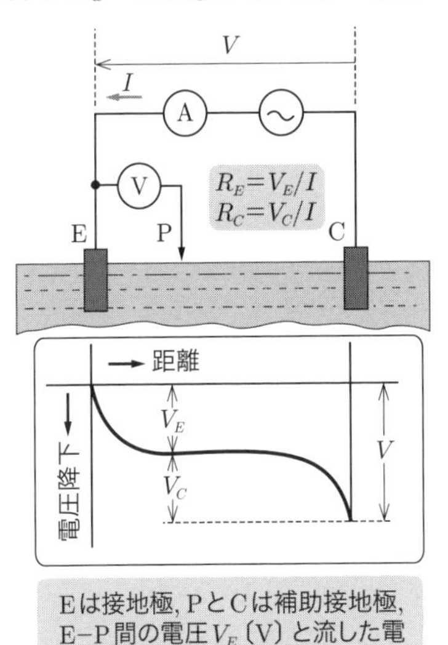

図 4・35　接地抵抗の測定

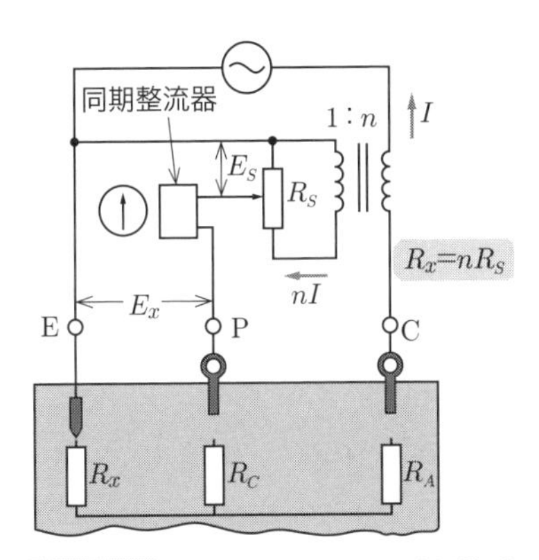

図 4・36　交流電位差計式接地抵抗計

2 インピーダンス測定

図 4·37 の**交流ホイートストン形ブリッジ**の平衡条件は複素数表示のインピーダ

ンスにより

$$\dot{Z}_1\dot{Z}_4=\dot{Z}_2\dot{Z}_3 \qquad (4\cdot59)$$

となり，**両辺の実数部と虚数部が同時に等しくならなければならない**．または

$$\left.\begin{aligned} \boldsymbol{Z_1Z_4} &= \boldsymbol{Z_2Z_3} \\ \angle(\boldsymbol{\phi_1}+\boldsymbol{\phi_4}) &= \angle(\boldsymbol{\phi_2}+\boldsymbol{\phi_3}) \end{aligned}\right\} \qquad (4\cdot60)$$

のように表され，大きさと位相角について平衡をとる必要がある．

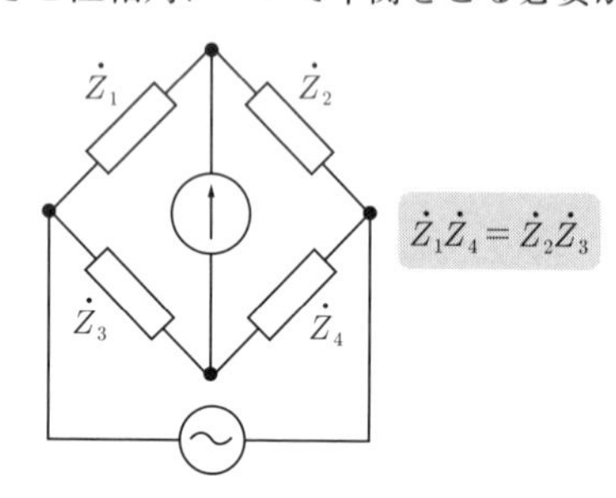

図 4・37　交流ホイートストン形ブリッジ

（1）L を求めるブリッジ

①マクスウェルブリッジ（図 4･38）

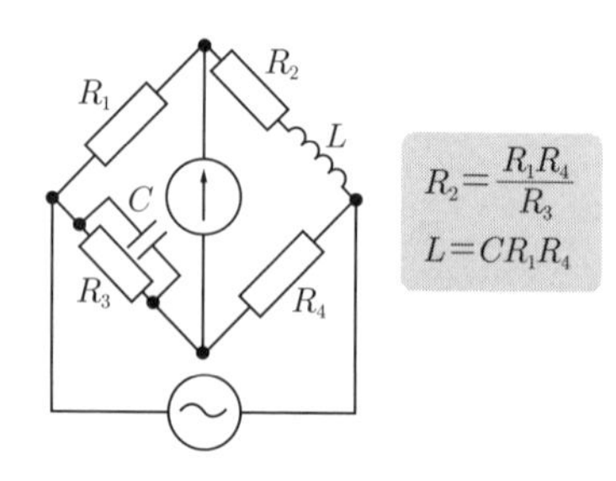

図 4・38　マクスウェルブリッジ

式（4･59）の平衡条件から

$$R_1R_4=(R_2+j\omega L)\left(\frac{\dfrac{R_3}{j\omega C}}{R_3+\dfrac{1}{j\omega C}}\right)$$

$$R_1R_4+j\omega CR_1R_3R_4=R_2R_3+j\omega LR_3$$

実数部，虚数部をそれぞれ等しいとして

$$R_2=\frac{R_1}{R_3}R_4 \qquad L=CR_1R_4 \qquad (4\cdot61)$$

②アンダーソンブリッジ（図 4･39）

C，R_4，R_5 を△-Y 変換してから，平衡条件を求めると

$$(R_1+j\omega L)\left(\frac{\dfrac{R_4}{j\omega C}}{R_4+R_5+\dfrac{1}{j\omega C}}\right)=R_2\left(R_3+\frac{R_4R_5}{R_4+R_5+\dfrac{1}{j\omega C}}\right)$$

$$\frac{L}{C}R_4+\frac{R_1R_4}{j\omega C}=R_2\{R_3(R_4+R_5)+R_4R_5\}+\frac{R_2R_3}{j\omega C}$$

実数部，虚数部をそれぞれ等しいとして

$$R_1 = \frac{R_2 R_3}{R_4} \qquad L = CR_2 \left\{ R_3 \left(1 + \frac{R_5}{R_4} \right) + R_5 \right\} \tag{4・62}$$

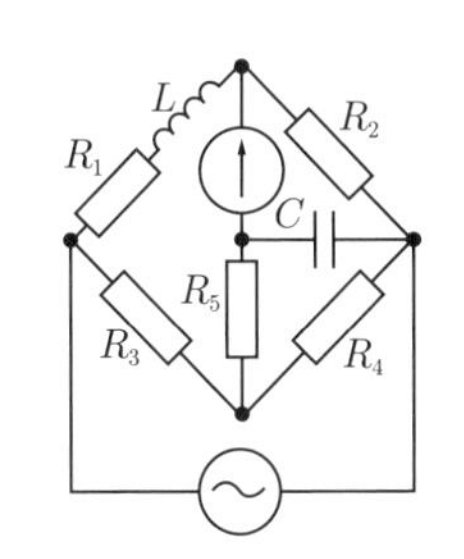

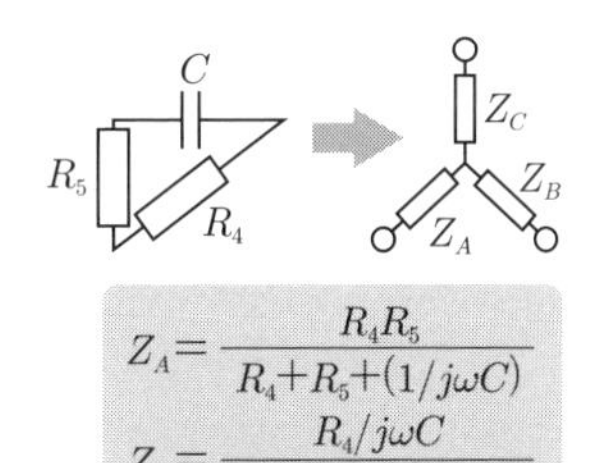

$R_1 = \frac{R_2 R_3}{R_4}$

$L = CR_2 \left\{ R_3 \left(1 + \frac{R_5}{R_4} \right) + R_5 \right\}$

$Z_A = \frac{R_4 R_5}{R_4 + R_5 + (1/j\omega C)}$

$Z_B = \frac{R_4 / j\omega C}{R_4 + R_5 + (1/j\omega C)}$

図 4・39　アンダーソンブリッジ

（2）Mを求めるブリッジ

ケリーフォスターブリッジ（図 4･40）は，相互インダクタンス M を∨-丫変換してから，平衡条件を求めると

$$j\omega M \left(R_4 + \frac{1}{j\omega C} \right) = R_2 \{ R_3 + j\omega (L - M) \}$$

$$\frac{M}{C} + j\omega M R_4 = R_2 R_3 + j\omega R_2 (L - M)$$

実数部，虚数部をそれぞれ等しいとして

$$M = CR_2 R_3 \qquad L = CR_3 (R_2 + R_4) \tag{4・63}$$

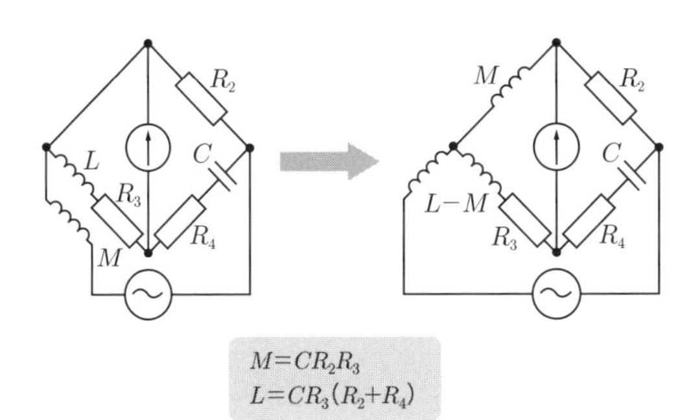

$M = CR_2 R_3$
$L = CR_3 (R_2 + R_4)$

図 4・40　ケリーフォスターブリッジ

(3) Cを求めるブリッジ

シェーリングブリッジ（図4･41）は，平衡条件から

$$\left(R_1+\frac{1}{j\omega C_1}\right)\left(\frac{\dfrac{R_4}{j\omega C_4}}{R_4+\dfrac{1}{j\omega C_4}}\right)=R_2\frac{1}{j\omega C_3}$$

$$R_1R_4+\frac{R_4}{j\omega C_1}=\frac{R_2}{j\omega C_3}(1+j\omega C_4R_4)=\frac{C_4}{C_3}R_2R_4+\frac{R_2}{j\omega C_3}$$

$$\therefore\ R_1=\frac{C_4}{C_3}R_2 \qquad C_1=\frac{R_4}{R_2}C_3 \tag{4・64}$$

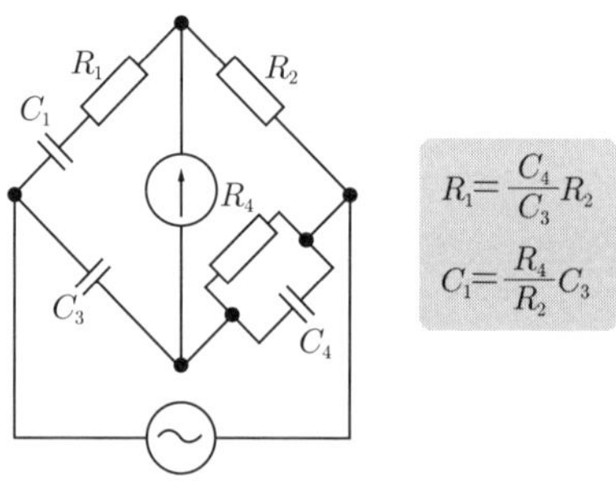

(a)シェーリングブリッジ

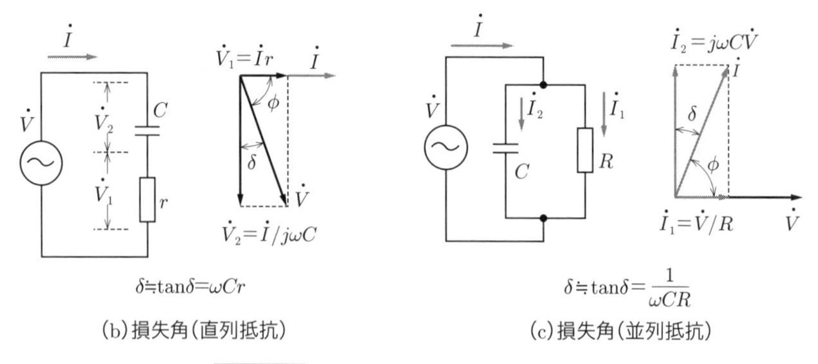

(b)損失角(直列抵抗)　(c)損失角(並列抵抗)

図4・41　シェーリングブリッジと損失角

なお，コンデンサに損失があるとき，損失分を直列抵抗で表すときは図4･41（b）のようになり，並列抵抗で表すときは図4･41（c）のようになる．損失は $VI\cos\phi=VI\sin\delta$ であるが，δが小さいとき，$\sin\delta\fallingdotseq\tan\delta\fallingdotseq\delta$ の関係があるから

$$\left.\begin{array}{ll}\text{直列抵抗の場合} & \delta \fallingdotseq \tan\delta = \dfrac{V_1}{V_2} = \omega Cr \\ \text{並列抵抗の場合} & \delta \fallingdotseq \tan\delta = \dfrac{I_1}{I_2} = \dfrac{1}{\omega CR}\end{array}\right\} \quad (4\cdot65)$$

ここで，δ を**損失角**または**誘電損角**といい，損失角 δ の正接を**誘電正接** $\boldsymbol{\tan\delta}$ と表す．シェーリングブリッジでは，損失角 δ を次のように求める．

$$\delta = \omega C_1 R_1 = \omega C_4 R_4 \quad (4\cdot66)$$

例題 13 ………………………………………… **H23 問 7**

次の文章は，抵抗の測定に関する記述である．

図の回路は既知の抵抗 $\boldsymbol{R_S}$ を基準として，未知の抵抗 $\boldsymbol{R_X}$ を測定するものである．図において，スイッチを $\boldsymbol{R_S}$ 側に倒し，可変抵抗 $\boldsymbol{R_h}$ を $\boldsymbol{R_h = R_1}$ に設定したところ電流計の読みが $\boldsymbol{M_1}$ となった．次に，スイッチを $\boldsymbol{R_X}$ 側に倒し，電流計の読みが $\boldsymbol{M_1}$ になるように可変抵抗 $\boldsymbol{R_h}$ を調整したところ，$\boldsymbol{R_h = R_2}$ となった．ただし，電流計の内部抵抗を $\boldsymbol{r_g}$ とし，直流電圧源 $\boldsymbol{E}$ の内部抵抗は無視できるものとする．

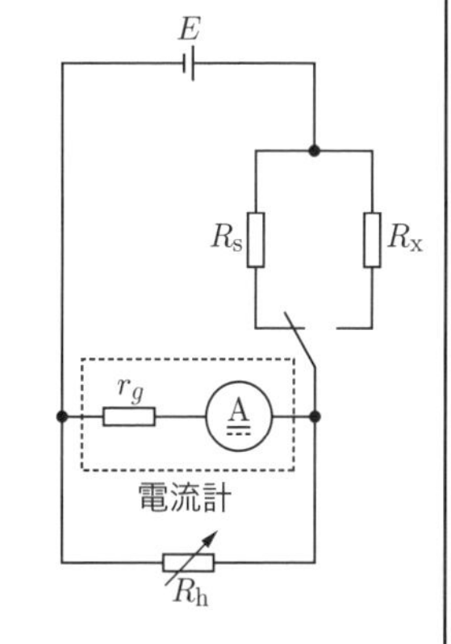

いま，スイッチを $\boldsymbol{R_S}$ および $\boldsymbol{R_X}$ 側に倒したときの電流計に流れる電流を $\boldsymbol{I_S}$ および $\boldsymbol{I_X}$ とすれば，

$\boldsymbol{I_S} =$ [(1)] ……………………………… ①

$\boldsymbol{I_X} =$ [(2)] ……………………………… ②

となる．電流計の読みが等しいので，式①および式②より $\boldsymbol{R_X}$ は [(3)] となる．

次に，$\boldsymbol{R_X}$ が既知，$\boldsymbol{r_g}$ が未知の場合に対して，上記と同じ測定を行い $\boldsymbol{r_g}$ を求めることを考える．電流計の読みが等しい場合には，式①および式②より $\boldsymbol{r_g}$ は [(4)] となる．ここで，$\boldsymbol{r_g > 0}$ であるので，電流計の読みが等しくなるように $\boldsymbol{R_h}$ を調整すれば，測定に用いる $\boldsymbol{R_S}$ と $\boldsymbol{R_X}$ の抵抗値が $\boldsymbol{R_S > R_X}$ である場合には，$\boldsymbol{R_1}$ と $\boldsymbol{R_2}$ の大きさの関係は [(5)] となる．

【解答群】

(イ) $\dfrac{R_2 R_S (R_1 + r_g)}{R_1 (R_2 + r_g)}$　(ロ) $\dfrac{R_2 r_g}{R_X (R_2 + r_g) + R_2 r_g} E$　(ハ) $R_1 < R_2$

(ニ) $\dfrac{r_g}{R_S (R_1 + r_g) + R_1 r_g} E$　(ホ) $\dfrac{R_2 R_S (R_1 - r_g)}{R_1 (R_2 + r_g)}$

(へ) $\dfrac{R_2}{R_X(R_2+r_g)+R_2r_g}E$	(ト) $\dfrac{R_1R_2(R_X-R_S)}{R_1R_S-R_2R_X}$	
(チ) $\dfrac{R_1}{R_S(R_1+r_g)+R_1r_g}E$	(リ) $\dfrac{R_1r_g}{R_S(R_1+r_g)+R_1r_g}E$	(ヌ) $R_1=R_2$
(ル) $\dfrac{R_1R_2(R_S-R_X)}{R_1R_X-R_2R_S}$	(ヲ) $\dfrac{R_1R_Sr_g}{R_2(R_1+r_g)}$	(ワ) $\dfrac{R_1R_2(R_S-R_X)}{R_2R_X-R_1R_S}$
(カ) $R_1>R_2$	(ヨ) $\dfrac{r_g}{R_X(R_2+r_g)+R_2r_g}E$	

解説 (1) スイッチを R_S 側に倒したとき，電圧源 E からみた全抵抗 R は r_g と $R_h(=R_1)$ の並列接続部分が R_S と直列接続されているため，$R=R_S+\dfrac{r_gR_1}{r_g+R_1}$

したがって，電圧源を流れる電流 I は

$$I=\frac{E}{R}=\frac{R_1+r_g}{R_S(R_1+r_g)+R_1r_g}E$$

この電流 I が抵抗 r_g と R_1 に分流するから，式（2･8）より

$$I_S=I\frac{R_1}{r_g+R_1}=\frac{R_1+r_g}{R_S(R_1+r_g)+R_1r_g}E\cdot\frac{R_1}{r_g+R_1}=\frac{R_1}{R_S(R_1+r_g)+R_1r_g}E \quad \cdots\cdots①$$

(2) スイッチを R_X 側に倒すとき，式①の R_S を R_X に，R_1 を R_2 に置き換えれば

$$I_X=\frac{R_2}{R_X(R_2+r_g)+R_2r_g}E \quad \cdots\cdots②$$

(3) $I_S=I_X$ より

$$\frac{R_1}{R_S(R_1+r_g)+R_1r_g}E=\frac{R_2}{R_X(R_2+r_g)+R_2r_g}E$$

これを R_X について整理すれば

$$R_1R_X(R_2+r_g)+R_1R_2r_g=R_2R_S(R_1+r_g)+R_2R_1r_g$$

$$\therefore R_X=\frac{R_2R_S(R_1+r_g)}{R_1(R_2+r_g)} \quad \cdots\cdots③$$

(4) R_X が既知，r_g が未知の場合，式③を r_g について整理すれば

$$r_g=\frac{R_1R_2(R_S-R_X)}{R_1R_X-R_2R_S} \quad \cdots\cdots④$$

(5) $r_g>0$ かつ $R_S>R_X$ の場合，式④から $R_1R_X-R_2R_S>0$ となる．

$$\therefore \frac{R_1}{R_2}>\frac{R_S}{R_X}$$ さらに，題意より $R_S>R_X$ なので，$\dfrac{R_S}{R_X}>1$

すなわち，$\frac{R_1}{R_2} > \frac{R_S}{R_X} > 1$　　$\therefore R_1 > R_2$

【解答】(1) チ　(2) へ　(3) イ　(4) ル　(5) カ

例題 14 ………………………………………… **H19　問6**

次の文章は，接地抵抗の測定に関する記述である．

図1は接地抵抗の測定原理を示したものである．図1において，接地電極 P_1 から距離 d 離れた所に補助電極 P_2 を，距離 x の所に補助電極 P_3 を設け接地する．P_1 と P_2 間に交流電流を流し，P_3 を移動させて交流電圧計の読み，すなわち地表面の P_1 からの電位 v を図に表すと，[(1)] のようになる．

一方，図2において，R_1 は求めようとする接地抵抗の値，R_2 および R_3 は補助電極の抵抗値，K は抵抗値 R_K の固定抵抗器とする．また，Q は半固定抵抗器，W は抵抗値 R_W の滑り線抵抗器である．

いま，検出器Ⓓの一端を滑り線抵抗器 W の A 点に接触させ，スイッチ S を 1 側に閉じる．半固定抵抗器 Q を調整して，その抵抗値が R_Q のとき回路が平衡したとすれば，次式が得られる．

[(2)] ……………………………………………………①

次に，半固定抵抗器 Q の抵抗値 R_Q はそのままの状態で，スイッチ S を 2 側に閉じる．検出器の一端を滑り線抵抗器 W の B 点に移動させて回路の平衡が得られたとすると，次式が得られる．ただし，滑り線抵抗器 W の A 点から B 点までの抵抗値を R_B とする．

[(3)] ……………………………………………………②

式①および式②から R_2 を消去して R_1 を求めると，$R_1 =$ [(4)] となる．したがって，滑り線抵抗器 W を予め細かく目盛っておけば，その読みと [(5)] の値から R_1 を求めることができる．

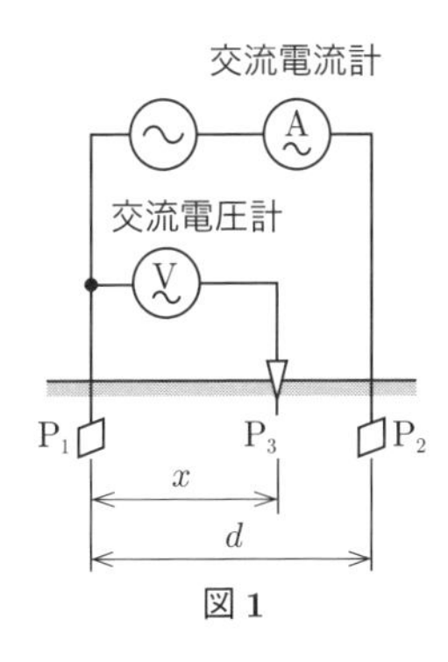

図1

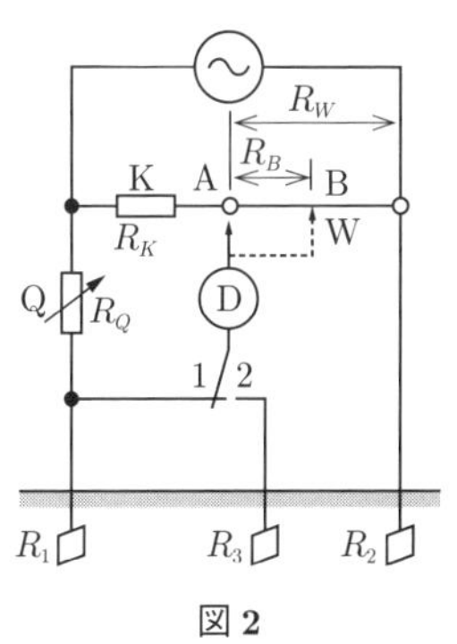

図2

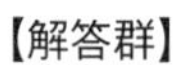
【解答群】

(イ)

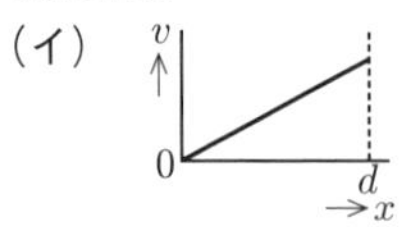

(ロ)

(ハ)

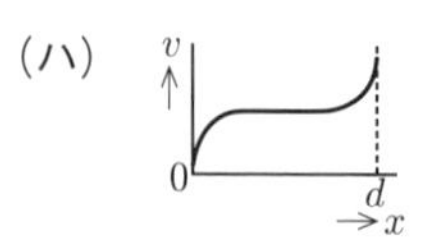

(ニ) $(R_2+R_3)(R_K+R_B)=(R_Q+R_1)(R_W-R_B)$

(ホ) $R_K(R_1+R_2)=R_QR_W$　(ヘ) $\dfrac{(R_K+R_B)R_Q}{R_W}$　(ト) $\dfrac{R_Q}{R_K}$

(チ) $R_KR_1=R_Q(R_W+R_2)$　(リ) $\dfrac{R_K+R_B}{R_W}$

(ヌ) $(R_Q+R_1)(R_W-R_B)=R_2(R_K+R_B)$

(ル) $\dfrac{R_KR_Q}{R_B}$　(ヲ) $\dfrac{R_K}{R_B}$　(ワ) $R_KR_2=R_WR_1$

(カ) $(R_Q+R_1+R_3)(R_W-R_B)=R_2(R_K+R_B)$　(ヨ) $\dfrac{R_BR_Q}{R_K}$

解　説　(1) 接地抵抗に関しては，図 4·35 を思い浮かべながら解けばよい．もう少し詳しく解説する．図 1 のように，2 つの電極 P_1，P_2 間に電流を流す場合，解説図 1 の通り，一方の電極 P_2 から電流は大地に拡散し，もう一方の電極 P_1 に集まってくる．電極からある程度離れた地点の電流密度はほぼ零になる．このため，補助電極 P_3 の位置を $x=0$〜d の間で移動させながら，接地電極 P_1 との間の電圧 v を測定すると，電流密度の高い $x=0$ 近傍や $x=d$ 近傍の電位傾度は大きく，中間の $x=d/2$ 近傍では電位傾度は零となることから，(ハ) が正しい．

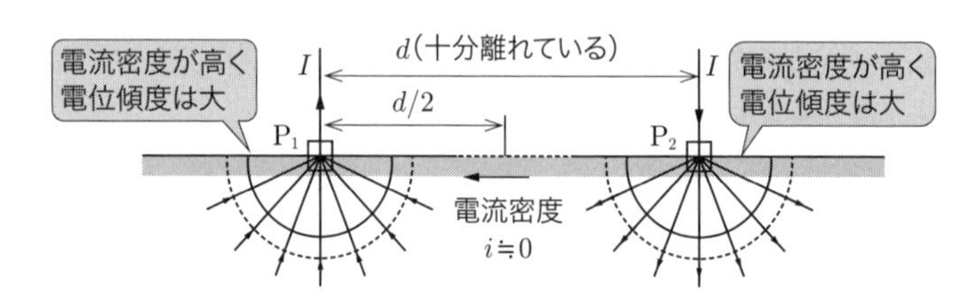

解説図 1

(2) 検出器の一端を A 点としてスイッチ S を 1 側に閉じた場合の等価回路が解説図 2 である．ブリッジ回路の平衡条件の式（4·59）より

$$R_K(R_1+R_2)=R_WR_Q \quad \cdots\cdots①$$

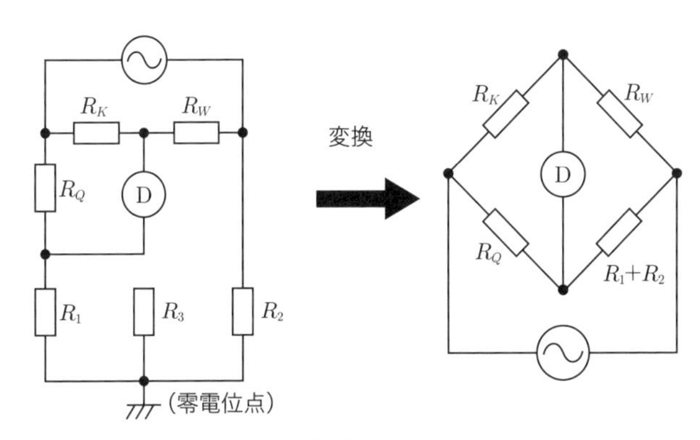

解説図 2

(3) 検出器の一端をＢ点としてスイッチＳを２側に閉じた等価回路が解説図３である．式（4･59）より

$$(R_Q + R_1)(R_W - R_B) = R_2(R_K + R_B) \quad \cdots\cdots②$$

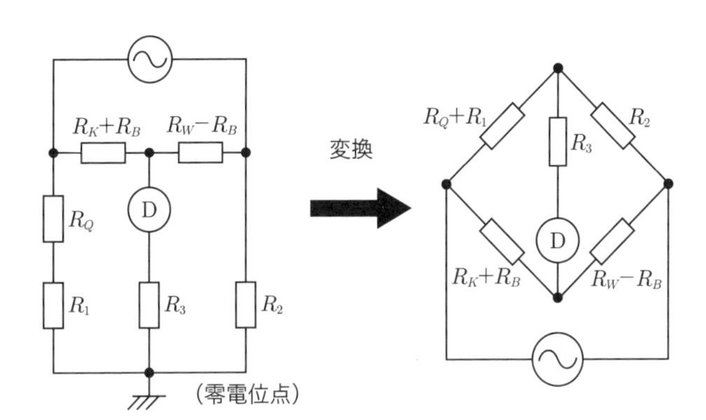

解説図 3

(4) 式②から，$R_2 = \dfrac{(R_Q + R_1)(R_W - R_B)}{R_K + R_B}$ と変形し，式①へ代入すれば

$$R_K\left\{R_1 + \frac{(R_Q + R_1)(R_W - R_B)}{R_K + R_B}\right\} = R_W R_Q$$

$$\frac{R_1 R_K + R_Q R_W - R_B R_Q + R_1 R_W}{R_K + R_B} = \frac{R_W R_Q}{R_K}$$

$$\therefore R_1(R_K + R_W) + R_Q(R_W - R_B) = \frac{R_W R_Q(R_K + R_B)}{R_K}$$

$$\therefore R_1 = \frac{R_B R_Q R_W + R_B R_Q R_K}{R_K (R_K + R_W)} = \frac{R_B R_Q}{R_K}$$

(5) 上式から，R_1 は，滑り線抵抗器の R_B と $\dfrac{R_Q}{R_K}$ の値から求めることができる．

【解答】(1) ハ　(2) ホ　(3) ヌ　(4) ヨ　(5) ト

例題 15 ……………………………………………… **H26　問 6**

次の文章は，交流ブリッジの平衡条件に関する記述である．

図において，交流電源の電圧を $\dot{V}$，その角周波数を ω（$\omega=2\pi f$，f は周波数）とする．また R_1，R_2 および R_3 は抵抗，C_1，C_2 および C_3 は静電容量，Ⓓは検出器である．

いま，検出器の指示が零となり，ブリッジが平衡しているとすれば次式が成立する．

$$\frac{R_2}{j\omega C_2} = \left(R_1 + \frac{1}{j\omega C_1}\right) \times \boxed{\quad (1) \quad}$$

したがって，上式より R_1 は $\boxed{\quad (2) \quad}$，C_1 は $\boxed{\quad (3) \quad}$ となる．

このような交流ブリッジは主にコンデンサの静電容量の測定に用いられ，$\boxed{\quad (4) \quad}$ ブリッジと呼ばれる．また，コンデンサの $\boxed{\quad (5) \quad}$ の測定にも用いられる．

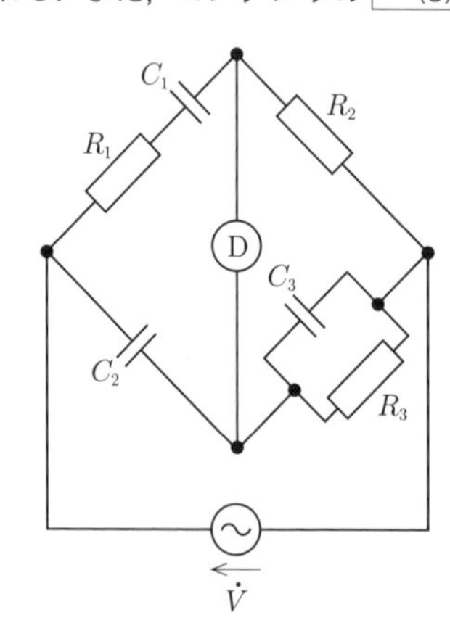

【解答群】

(イ) $\dfrac{C_3}{C_2}R_2$　　(ロ) $\dfrac{R_2}{C_2}$　　(ハ) $\dfrac{C_2}{C_3}R_2$

(ニ) $\dfrac{j\omega C_3 R_3}{1+j\omega C_3 R_3}$　　(ホ) シェーリング　　(ヘ) $\dfrac{C_2}{R_2}$

(ト) 位相角	(チ) ケルビンダブル	(リ) 誘電正接($\tan\delta$)
(ヌ) $\dfrac{R_3}{R_2}C_2$	(ル) $\dfrac{R_3}{1-j\omega C_3 R_3}$	(ヲ) $\dfrac{R_3}{1+j\omega C_3 R_3}$
(ワ) 温度係数	(カ) $\dfrac{R_2}{R_3}C_2$	(ヨ) マクスウェル

解説 (1) ブリッジ回路の平衡条件の式（4･59）を適用し，式（4･64）と同様に計算する．

$$\frac{R_2}{j\omega C_2}=\left(R_1+\frac{1}{j\omega C_1}\right)\times\frac{\dfrac{R_3}{j\omega C_3}}{R_3+\dfrac{1}{j\omega C_3}}=\left(R_1+\frac{1}{j\omega C_1}\right)\times\frac{R_3}{1+j\omega C_3 R_3}$$

(2) (3) 上式を整理して，$\dfrac{R_2}{R_3}(1+j\omega C_3 R_3)=j\omega C_2\left(R_1+\dfrac{1}{j\omega C_1}\right)$

$$\therefore \frac{C_2}{C_1}+j\omega C_2 R_1=\frac{R_2}{R_3}+j\omega C_3 R_2$$

この式において，実数部，虚数部をそれぞれ等しくおけば $\dfrac{C_2}{C_1}=\dfrac{R_2}{R_3}$，$C_2R_1=C_3R_2$

$$\therefore R_1=\frac{C_3}{C_2}R_2,\quad C_1=\frac{R_3}{R_2}C_2$$

(4) (5) これは図 4･41 に示したシェーリングブリッジである．また，式（4･65），式（4･66）に示すように，コンデンサの誘電正接 ($\tan\delta$) の測定に使われる．

【解答】(1) ヲ (2) イ (3) ヌ (4) ホ (5) リ

4-6 周波数の測定

攻略のポイント

本節に関して，電験３種ではオシロスコープの基本的な考え方が出題される程度であるが，電験２種ではオシロスコープのプローブ特性と等価回路，リサジュー図などもう少し突っ込んだ出題がある．交流ブリッジも学習しておきたい．

1 オシロスコープによる波形の観測

ブラウン管（陰極線管）オシロスコープは，図 4･42 のブロック図で示され，時間とともに変化する様々な電気信号の波形や位相を観測するために用いられる．観測波形信号により垂直方向に電子線を偏向し，のこぎり波電圧で電子線を水平方向に偏向する．ブラウン管の蛍光面には，垂直と水平の両電圧を合成した点に輝点が現れて図 4･43 のように連続波形を描くことができる．

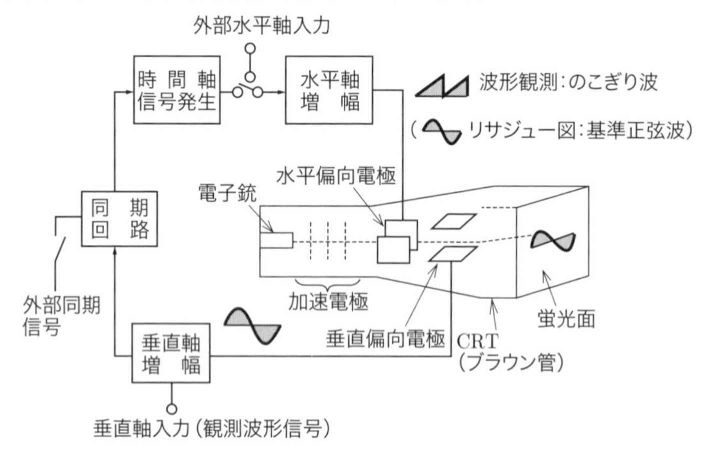

図 4・42　ブラウン管オシロスコープの構成図

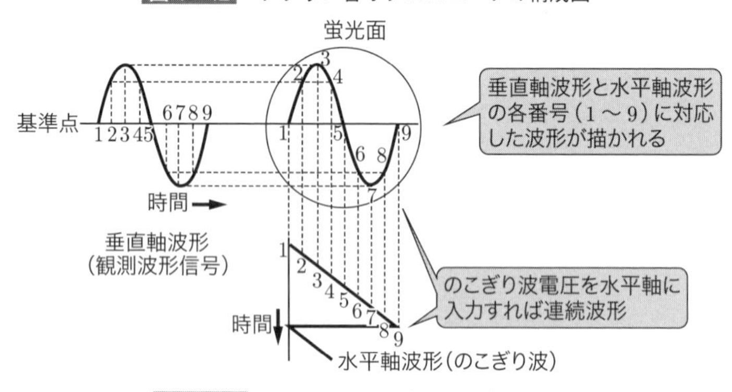

図 4・43　オシロスコープによる波形の観測

2 リサジュー図

オシロスコープの水平軸（H 軸）と垂直軸（V 軸）に

$$e_H = E_m \sin\omega_H t \qquad e_V = E_m \sin(\omega_V t + \theta) \qquad (4 \cdot 67)$$

の正弦波電圧を入力したときに描かれる図形を**リサジュー図**という．

図 4･44（a）は垂直軸入力と水平軸入力に同一の正弦波を加えたとき，図 4･44（b）は位相が $\pi/2$ だけ異なる正弦波を加えたとき，図 4･44（c）は垂直軸に周波数 f〔Hz〕，水平軸に周波数 $2f$〔Hz〕で最大値が等しい正弦波を加えたときのリサジュー図である．

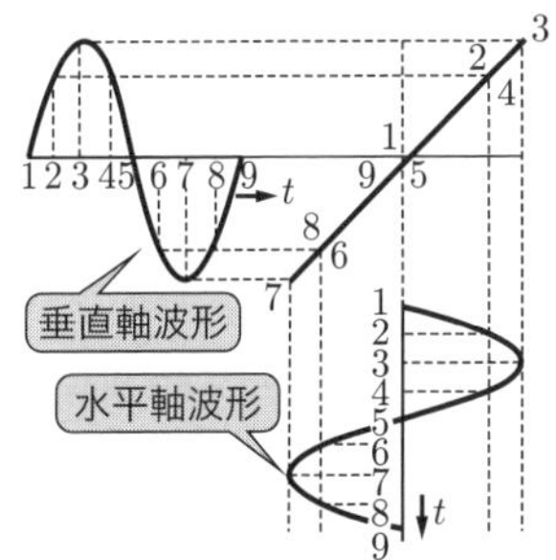

(a) 垂直軸と水平軸に同一の正弦波（位相も同じ）を加えたとき

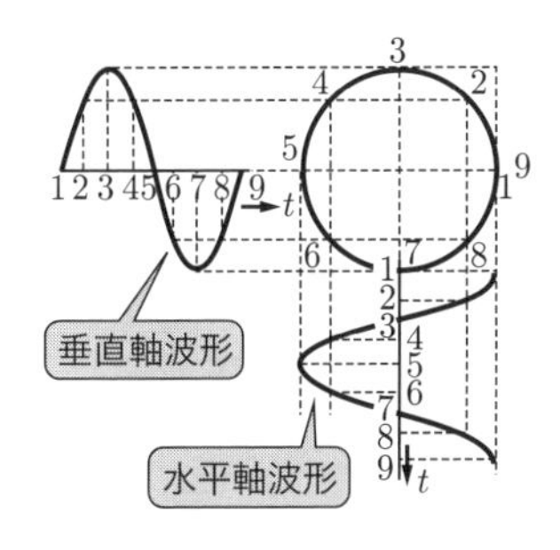

(b) 位相が $\pi/2$ 異なる正弦波を加えたとき

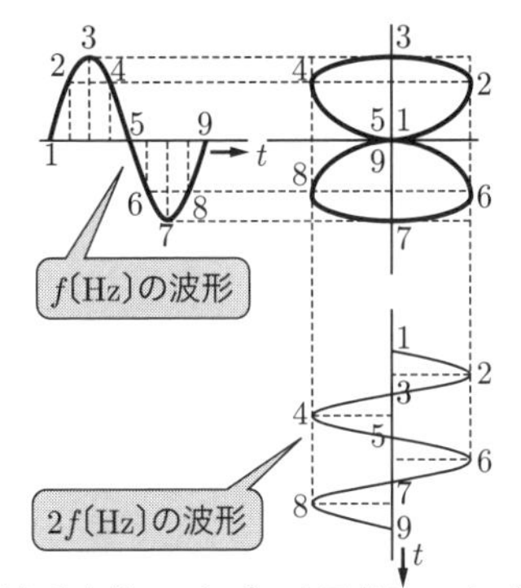

(c) 垂直軸に f〔Hz〕，水平軸に $2f$〔Hz〕の正弦波を加えたとき

図 4・44　信号波形とリサジュー図

リサジュー図は，オシロスコープの水平軸と垂直軸の一方に既知の正弦波電圧，もう一方に測定しようとする正弦波電圧を加え，描かれる図形から，既知の正弦波

電圧との周波数比や位相差を測定する．

周波数比は，次のようにして求められる．垂直軸の正弦波電圧の周波数を f_V，水平軸の正弦波電圧の周波数を f_H，図形の線が垂直軸と交差する点の数を Y_P，図形の線が水平軸と交差する点の数を X_P とすれば，周波数比は

$$\frac{f_V}{f_H}=\frac{X_P}{Y_P} \tag{4・68}$$

POINT
リサジュー図から周波数比が求められるようにしておく

として求められる．図4･45の場合には上式から，$f_V/f_H=X_P/Y_P=2/6=1/3$ となるので，周波数比は $f_V:f_H=1:3$ となる．あるいは，周波数比の算出は，リサジュー図を出発点からなぞり，元に戻るまでに何回往復したかを数えればよい．x 方向の往復回数は水平軸入力の周波数，y 方向の往復回数は垂直軸入力の周波数である（図4･45の点線を参照）．

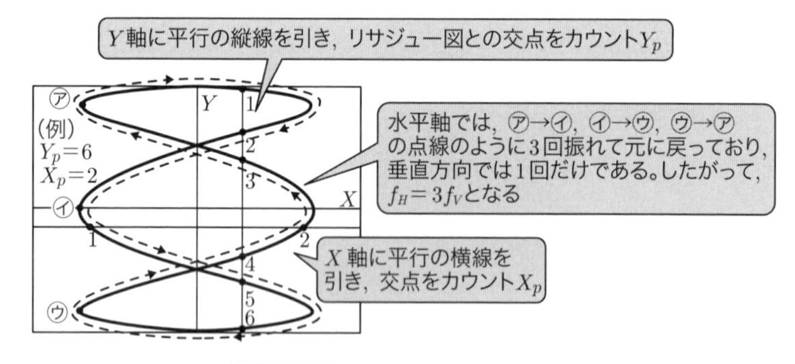

図4・45 周波数比の求め方の例

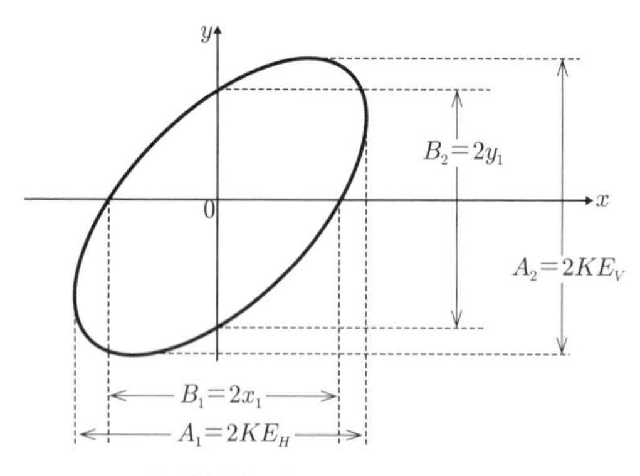

図4・46 楕円のリサジュー図

次に，位相差の測定について述べる．同一周波数で位相差をθとし，$e_H = E_H \sin\omega t$，$e_V = E_V \sin(\omega t + \theta)$をオシロスコープの水平軸と垂直軸に加え，そのときの輝点の偏位をx，yとすれば

$$x = KE_H \sin\omega t \qquad y = KE_V \sin(\omega t + \theta) \tag{4・69}$$

となる．ここで，Kは感度を表す比例定数である．したがって，リサジュー図は，式（4･69）からωtを消去すれば

$$\left(\frac{x}{E_H}\right)^2 - 2\frac{xy}{E_H E_V}\cos\theta + \left(\frac{y}{E_V}\right)^2 = K^2 \sin^2\theta \tag{4・70}$$

となり，一般に楕円となる．

式（4･70）において，$y=0$のときのxの値をx_1とすれば，$\dfrac{x_1}{KE_H} = \sin\theta$となる．また，$x=0$のときの$y$の値を$y_1$とすれば，$\dfrac{y_1}{KE_V} = \sin\theta$となる．式（4･69）から，$KE_H$および$KE_V$はそれぞれ$x$，$y$の最大値であり，図4･46のリサジュー図から，2つの正弦波電圧の位相差θは

$$\boldsymbol{\theta} = \mathbf{sin}^{-1}\left(\frac{\boldsymbol{B_1}}{\boldsymbol{A_1}}\right) = \mathbf{sin}^{-1}\left(\frac{\boldsymbol{B_2}}{\boldsymbol{A_2}}\right) \tag{4・71}$$

POINT
リサジュー図から位相差が求められるようにしておく

として求められる．

水平軸，垂直軸に加える周波数，位相差の違いによるリサジュー図を図4･47に示す．

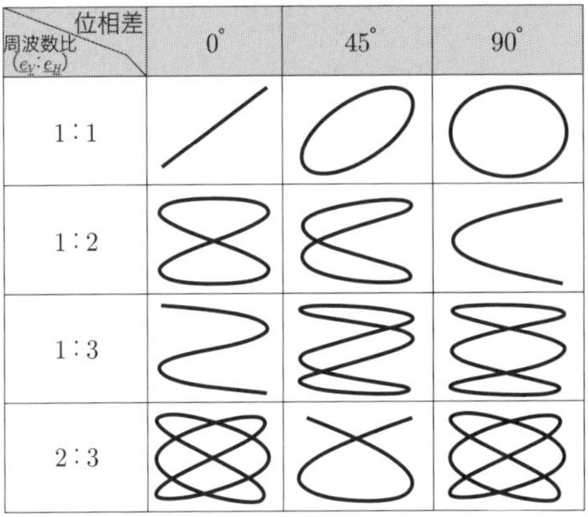

周波数比 $(e_V \cdot e_H)$ ＼ 位相差	0°	45°	90°
1：1			
1：2			
1：3			
2：3			

図4・47　各種のリサジュー図

3 ブリッジ

平衡条件に周波数を含むブリッジを，周波数測定に用いることができる．代表例として，**キャンベルブリッジ**（図4･48），**ウィーンブリッジ**（図4･49）がある．

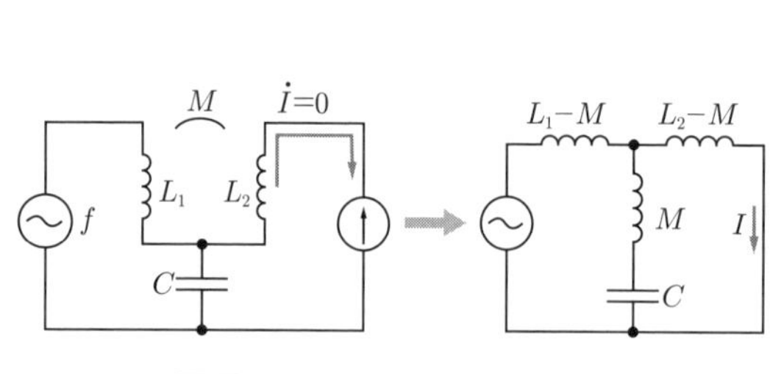

図4・48　キャンベルブリッジ

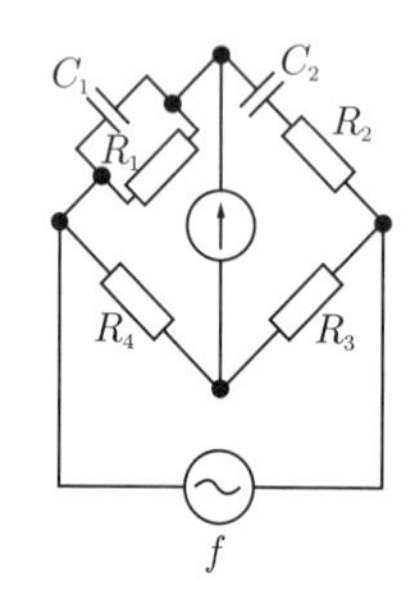

図4・49　ウィーンブリッジ

図4･48において，下記が成り立つ．

$$\dot{I}=\frac{E}{j\omega(L_1-M)+\dfrac{j\omega(L_2-M)\cdot j\left(\omega M-\frac{1}{\omega C}\right)}{j\omega(L_2-M)+j\left(\omega M-\frac{1}{\omega C}\right)}}\times\frac{j\left(\omega M-\frac{1}{\omega C}\right)}{j\omega(L_2-M)+j\left(\omega M-\frac{1}{\omega C}\right)}$$

$$=\frac{j\left(\omega M-\frac{1}{\omega C}\right)E}{j\omega(L_1-M)\left\{j\omega(L_2-M)+j\left(\omega M-\frac{1}{\omega C}\right)\right\}+j\omega(L_2-M)j\left(\omega M-\frac{1}{\omega C}\right)}$$

（4・72）

ここで，$I=0$ とすれば

$$\omega M-\frac{1}{\omega C}=0$$

であるから，これを変形して $\omega^2MC=1$

$$f=\frac{1}{2\pi\sqrt{MC}} \qquad (4・73)$$

一方，図4･49において，平衡条件から

$$\frac{\dfrac{R_1}{j\omega C_1}}{R_1+\dfrac{1}{j\omega C_1}}\times R_3=\left(R_2+\frac{1}{j\omega C_2}\right)\times R_4$$

$$j\omega C_2R_1R_3=R_4\{1-\omega^2C_1C_2R_1R_2+j\omega(C_2R_2+C_1R_1)\}$$

実数部，虚数部をそれぞれ等しいとおけば

$$\omega^2C_1C_2R_1R_2=1$$

$$\frac{C_1}{C_2}=\frac{R_3}{R_4}-\frac{R_2}{R_1}$$

$$\therefore f=\frac{1}{2\pi\sqrt{C_1C_2R_1R_2}} \qquad (4\cdot74)$$

例題 16 ………………………………………… **H14 問7**

次の文章は，ブラウン管オシロスコープに関する記述である．

図は，アナログ方式のブラウン管オシロスコープの代表的な内部構成を示している．被測定電圧は入力端子から (1) （図の A 部分）および遅延回路を経て，ブラウン管の垂直 (2) に加えられている．このとき，点 P から被測定電圧信号を取り出して，トリガ信号発生器を経て図の B 部分において (3) を発生させる．これは水平信号増幅器を経てブラウン管の水平 (2) に加えられる．

このような構成においては，入力端子から見たインピーダンスは (4) ので，観測時にオシロスコープが被測定回路へ及ぼす影響は少ない．また，トリガ信号の発生レベルを被測定電圧に応じて調整することにより，被測定電圧が単一のパルス電圧であっても，その波形の (5) を観測できる．

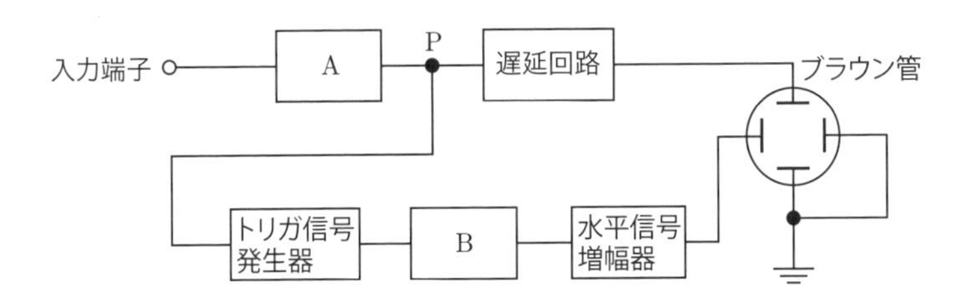

【解答群】

(イ) 面積　(ロ) 低い　(ハ) ローパスフィルタ
(ニ) のこぎり波電圧　(ホ) 共振回路　(ヘ) 広い
(ト) 偏向板　(チ) 伝達関数　(リ) 制御格子

(ヌ) 正弦波電圧	(ル) 垂直信号増幅器	(ヲ) 方形波電圧
(ワ) 立ち上がり付近	(カ) 加速電極	(ヨ) 高い

解 説 本文の解説を参照する．なお，ブラウン管オシロスコープの入力端子から見たインピーダンスは高く，観測時にオシロスコープが被測定回路に及ぼす影響は小さい．

【解答】(1) ル (2) ト (3) ニ (4) ヨ (5) ワ

例題 17 ·· **H8 問 7**

ブラウン管オシロスコープの水平，垂直両偏向板の一方に周波数 f_x の正弦波電圧を加え，他方にこれと最大値の等しい周波数 f_s の正弦波電圧を加える．

A 欄のリサジュー図に対応する条件を B 欄から選べ．ただし，θ は f_x の電圧と f_s の電圧との位相差である．

【解答群】

A	B
(1)	(イ) $\dfrac{f_x}{f_s}=2$
(2)	(ロ) $\dfrac{f_x}{f_s}=1$, $\theta=45°$
(3)	(ハ) $\dfrac{f_x}{f_s}=4$
(4)	(ニ) $\dfrac{f_x}{f_s}=1$, $\theta=90°$
(5)	(ホ) $\dfrac{f_x}{f_s}=3$
	(ヘ) $\dfrac{f_x}{f_s}=1$, $\theta=0°$

解 説 (1) 図 4･45 のように作図し，式（4･68）で $f_H = f_x$，$f_V = f_s$ として

$$\frac{f_s}{f_x} = \frac{X_P}{Y_P} = \frac{2}{6} = \frac{1}{3} \qquad \therefore \frac{f_x}{f_s} = 3$$

(2) 周波数比は，図 4･45 と同様に，$\frac{f_s}{f_x} = \frac{X_P}{Y_P} = \frac{1}{1} = 1$ となる．位相差は，図 4･46 と比べ，図形の長軸方向の A_1 を 1 とすれば短軸方向の $B_1 = 0$ であるから，式（4･71）より

$$\theta = \sin^{-1}\frac{B_1}{A_1} = \sin^{-1}\frac{0}{1} = 0°$$

(3) 周波数比は，$\frac{f_s}{f_x} = \frac{X_P}{Y_P} = \frac{2}{2} = 1$，位相差は図形が円の場合，図 4･46 における $A_1 = B_1$ であるから，式（4･71）より

$$\theta = \sin^{-1}\left(\frac{B_1}{A_1}\right) = \sin^{-1} 1 = 90°$$

(4) 周波数比は $\frac{f_s}{f_x} = \frac{X_P}{Y_P} = \frac{2}{2} = 1$，位相差は図形の大きさ（図 4･46 の A_1 や B_1）が示されていないので計算できないが，0° と 90° の間にあることは明確で，解答群の中から $\theta = 45°$ を選択できる．

(5) 周波数比は $\frac{f_s}{f_x} = \frac{X_P}{Y_P} = \frac{2}{4} = \frac{1}{2} \qquad \therefore \frac{f_x}{f_s} = 2$

【解答】（1）ホ （2）ヘ （3）ニ （4）ロ （5）イ

例題 18 ………………………………………………………………… **H24 問 7**

次の文章は，オシロスコープのプローブの等価回路に関する記述である．

図において，$\dot{V}_1$ はプローブ先端の被測定電圧，$\dot{V}_2$ はオシロスコープの入力電圧，C_1 および R_1 はプローブの静電容量および抵抗，C_2 および R_2 はオシロスコープの入力静電容量および抵抗，C_3 はプローブ補正用の可変静電容量であるとする．ただし，被測定電圧の角周波数は ω（$=2\pi f$，f は周波数）であり，ケーブルの静電容量は無視できるものとする．

いま，簡単のために静電容量 C_1，C_2 および C_3 を無視し，R_2 を 1MΩ，プローブの減衰率 $\dot{V}_2/\dot{V}_1$ を 1/10 とすれば，R_1 は [(1)]〔MΩ〕となる．

次に，C_1，C_2 および C_3 を考慮すれば，オシロスコープの入力電圧 $\dot{V}_2$ は [(2)] $\times\dot{V}_1$ で表される．したがって，$(C_2+C_3)R_2=$ [(3)] となるように C_3 を調整すれば，[(2)] の ω の項は消滅し，$\dot{V}_2$ は [(4)] $\times\dot{V}_1$ となる．この場合において，R_2 を 1MΩ，C_1 を 10pF，C_2 を 20pF，プローブの減衰率 $\dot{V}_2/\dot{V}_1$ を 1/10 とすれば，C_3 は [(5)]〔pF〕となる．

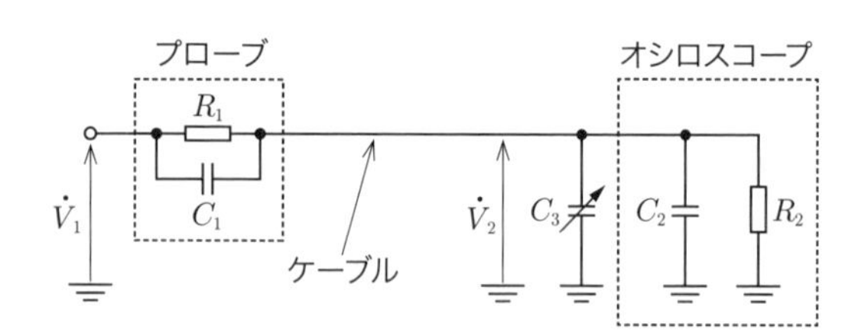

【解答群】

（イ）$\dfrac{R_2}{R_1+R_2}$　（ロ）$10C_1R_1$　（ハ）$\dfrac{R_2}{R_2+R_1\left\{\dfrac{1+j\omega C_1R_1}{1+j\omega(C_2+C_3)R_2}\right\}}$

（ニ）9　（ホ）$\dfrac{R_2}{R_1}$　（ヘ）$\dfrac{R_1}{R_2+R_1\left\{\dfrac{1+j\omega C_1R_1}{1+j\omega(C_2+C_3)R_2}\right\}}$

（ト）19　（チ）170　（リ）80

（ヌ）C_1R_1　（ル）10　（ヲ）70

（ワ）$\dfrac{R_1}{R_1+R_2}$　（カ）$2C_1R_1$　（ヨ）$\dfrac{R_2}{R_2+R_1\left\{\dfrac{1+j\omega(C_2+C_3)R_2}{1+j\omega C_1R_1}\right\}}$

解 説 (1) 題意より，静電容量 C_1，C_2，C_3 を無視できるので，$\dot{V}_2$ は $\dot{V}_1$ を抵抗 R_1 と R_2 で分圧したものになる．

$$\dot{V}_2 = \frac{R_2}{R_1+R_2}\dot{V}_1 \qquad \therefore \frac{\dot{V}_2}{\dot{V}_1} = \frac{R_2}{R_1+R_2}$$

ここで，$\dfrac{\dot{V}_2}{\dot{V}_1} = \dfrac{1}{10}$，$R_2 = 1\,\mathrm{M\Omega}$ を代入すれば，$\dfrac{1}{10} = \dfrac{1}{R_1+1}$　　$\therefore R_1 = 9\,\mathrm{M\Omega}$

(2) 次に，静電容量 C_1，C_2，C_3 を考慮する場合，プローブの入力インピーダンスを $\dot{Z}_1$，オシロスコープのインピーダンスを $\dot{Z}_2$ とすれば

$$\dot{Z}_1 = \frac{R_1 \cdot \dfrac{1}{j\omega C_1}}{R_1 + \dfrac{1}{j\omega C_1}} = \frac{R_1}{1+j\omega C_1 R_1}$$

$$\dot{Z}_2 = \frac{R_2 \cdot \dfrac{1}{j\omega (C_2+C_3)}}{R_2 + \dfrac{1}{j\omega (C_2+C_3)}} = \frac{R_2}{1+j\omega (C_2+C_3) R_2}$$

$$\therefore \dot{V}_2 = \frac{\dot{Z}_2}{\dot{Z}_1+\dot{Z}_2}\dot{V}_1 = \frac{\dfrac{R_2}{1+j\omega (C_2+C_3) R_2}}{\dfrac{R_1}{1+j\omega C_1 R_1} + \dfrac{R_2}{1+j\omega (C_2+C_3) R_2}} \times \dot{V}_1$$

$$= \frac{R_2}{R_2 + R_1\left\{\dfrac{1+j\omega (C_2+C_3) R_2}{1+j\omega C_1 R_1}\right\}} \times \dot{V}_1 \quad \cdots\cdots①$$

(3) 式①において，{ } の角周波数 ω のついた項に着目すると $(C_2+C_3) R_2 = C_1 R_1$ となるようにC_3 を調整すれば

$$\frac{1+j\omega (C_2+C_3) R_2}{1+j\omega C_1 R_1} = \frac{1+j\omega C_1 R_1}{1+j\omega C_1 R_1} = 1$$

となって，式①の ω の項は消滅する．

(4) (3) の条件が成立するとき，式①は

$$\dot{V}_2 = \frac{R_2}{R_1+R_2}\dot{V}_1$$

(5) (3) で求めた式より

$$C_3 = C_1\frac{R_1}{R_2} - C_2 = 10 \times \frac{9}{1} - 20 = 70\ \mathrm{pF}$$

【解答】 (1) ニ　(2) ヨ　(3) ヌ　(4) イ　(5) ヲ

例題 19 ………………………………………… H28 問 8

次の文章は，周波数の測定に関する記述である．

図に示す交流ブリッジ回路において，交流電源の電圧を $\dot{V}$，その角周波数を ω（$\omega=2\pi f$，f は周波数），R_1～R_4 を抵抗，C_1 および C_2 を静電容量，Ⓓを検出器とする．

いま，検出器の指示が零となりブリッジが平衡したとすると，以下の関係が成立する．

$$R_3\left(\frac{R_1}{\boxed{(1)}}\right)=R_4\left(\frac{1+j\omega C_2R_2}{j\omega C_2}\right) \cdots\cdots ①$$

①式の虚数部より $C_1=\boxed{(2)}\,C_2$ となる．また，実数部より $\boxed{(3)}=1$ となるから，交流電源の周波数 f は，$f=\dfrac{1}{2\pi\sqrt{\boxed{(4)}}}$ で表される．

このような交流ブリッジは一般に $\boxed{(5)}$ ブリッジと呼ばれ，ブリッジの平衡条件に周波数が関係するため，周波数の測定に利用することができる．

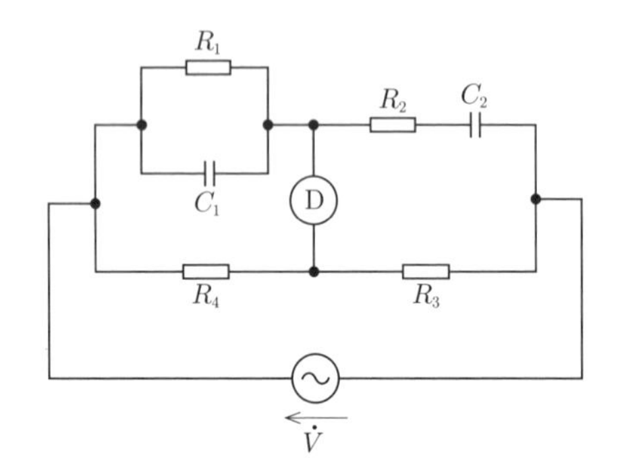

【解答群】

（イ）$1-j\omega C_1R_1$　（ロ）ケルビンダブル　（ハ）$1+j\omega C_1R_1$

（ニ）$C_1C_2R_1R_2$　（ホ）$C_1C_2R_1R_4$　（ヘ）$\omega^2C_1C_2R_1R_4$

（ト）ホイートストン　（チ）$\dfrac{R_1R_3}{R_4}$　（リ）$j\omega C_1$

（ヌ）ウィーン　（ル）$C_1C_2R_2R_4$　（ヲ）$\dfrac{R_1R_3-R_2R_4}{R_1R_4}$

（ワ）$\dfrac{R_2R_4-R_1R_3}{R_2R_3}$　（カ）$\omega^2C_1C_2R_2R_4$　（ヨ）$\omega^2C_1C_2R_1R_2$

解　説　(1) ブリッジの平衡条件の式（4･59）を適用すれば

$$\frac{R_1\cdot\dfrac{1}{j\omega C_1}}{R_1+\dfrac{1}{j\omega C_1}}\times R_3=\left(R_2+\frac{1}{j\omega C_2}\right)\times R_4$$

$$\therefore\ R_3\left(\frac{R_1}{1+j\omega C_1R_1}\right)=R_4\left(\frac{1+j\omega C_2R_2}{j\omega C_2}\right)\quad\cdots\cdots①$$

(2) 式①を展開して整理すれば

$$j\omega C_2R_1R_3=R_4(1+j\omega C_2R_2)(1+j\omega C_1R_1)$$

$$\therefore\ j\omega C_2R_1R_3=R_4(1-\omega^2C_1C_2R_1R_2)+j\omega R_4(C_1R_1+C_2R_2)\quad\cdots\cdots②$$

式②の両辺の実数部，虚数部はそれぞれ等しい．まず，虚数部から

$$\omega C_2R_1R_3=\omega R_4(C_1R_1+C_2R_2)$$

$$\therefore\ C_1=\frac{R_1R_3-R_2R_4}{R_1R_4}\times C_2$$

(3) 式②の実数部を等しいとおけば

$$0=R_4(1-\omega^2C_1C_2R_1R_2)\qquad\therefore\ \omega^2C_1C_2R_1R_2=1\quad\cdots\cdots③$$

(4) 式③より $\omega=\dfrac{1}{\sqrt{C_1C_2R_1R_2}}$　　$\therefore\ f=\dfrac{\omega}{2\pi}=\dfrac{1}{2\pi\sqrt{C_1C_2R_1R_2}}$　……④

(5) これは，図 4･49 に示すウィーンブリッジである．ウィーンブリッジは電源の周波数測定に用いられる．式④において，$C_1=C_2=C$，$R_1=R_2=R$ に設定すれば，周波数 $f=\dfrac{1}{2\pi CR}$ となる．

【解答】(1) ハ　(2) ヲ　(3) ヨ　(4) ニ　(5) ヌ

章末問題

■1　　H18　問7

次の文章は，可動コイル形計器の温度補償方法に関する記述である．

図は可動コイル形計器を用いて直流電圧 $\boldsymbol{V}$ を測定する回路であり，温度の上昇に対して可変抵抗 $\boldsymbol{R_1}$ を適切に設定することにより，計器の誤差を補償するものである．図において，可動コイルの抵抗および温度係数を $\boldsymbol{R_0}$ および $\boldsymbol{\alpha_0}$，可変抵抗 $\boldsymbol{R_1}$ の温度係数を $\boldsymbol{\alpha_1}$，抵抗 $\boldsymbol{R_2}$ の温度係数を $\boldsymbol{\alpha_2}$ とする．ただし，$\boldsymbol{\alpha_1}$ は $\mathbf{0}$ とし，$\boldsymbol{\alpha_0}$，$\boldsymbol{\alpha_2}$ は正の温度係数をもち，$\boldsymbol{\alpha_2 > \alpha_0}$ とする．

基準となる温度において，電圧 $\boldsymbol{V}$ は $\boldsymbol{V}=$ (1) $\times \boldsymbol{I}+\boldsymbol{R_0}\times\boldsymbol{I}$ と表され，$\boldsymbol{V}=$ (2) $\times\boldsymbol{I}$ となる．

いま，基準温度より $\boldsymbol{t}$ だけ温度上昇した場合，可動コイルに流れる電流を $\boldsymbol{I'}$ とすると，電圧 $\boldsymbol{V}$ は $\boldsymbol{V}=$ (3) $\times\boldsymbol{I'}$ となる．

ここで，(4) の条件を満足すれば，温度補償ができることになる．したがって，$\boldsymbol{t}$ だけ温度上昇したとき，可変抵抗 $\boldsymbol{R_1}$ を (5) $\times\boldsymbol{R_2}$ とすればよい．

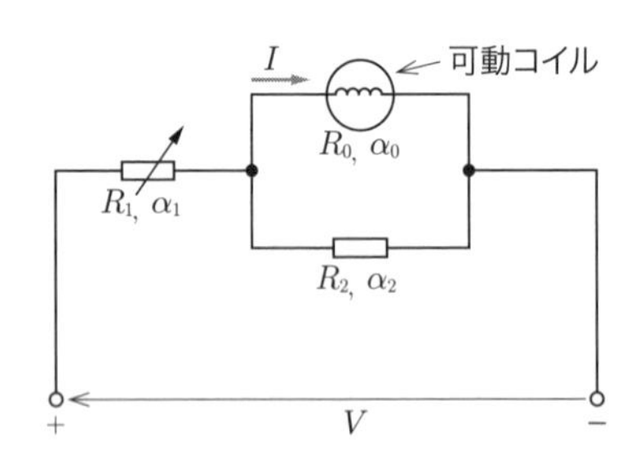

【解答群】

（イ）$R_1\left(1+\dfrac{R_0}{R_2}\right)$　（ロ）$\left(R_2+\dfrac{R_0R_2}{R_1}+R_0\right)$　（ハ）$\dfrac{\alpha_2-\alpha_0}{\alpha_0(1+\alpha_2 t)}$

（ニ）$\left[R_1+\dfrac{R_0R_1(1+\alpha_0 t)}{R_2(1+\alpha_2 t)}+R_0(1+\alpha_0 t)\right]$　（ホ）$I=I'$

（ヘ）$\left(R_1+\dfrac{R_1R_2}{R_0}+R_2\right)$　（ト）$I<I'$　（チ）$\left(R_1+\dfrac{R_0R_1}{R_2}+R_0\right)$

（リ）$\dfrac{\alpha_2(1+\alpha_0 t)}{\alpha_0-\alpha_2}$　（ヌ）$\left[R_1+\dfrac{R_1R_2(1+\alpha_2 t)}{R_1(1+\alpha_0 t)}+R_2(1+\alpha_2 t)\right]$

（ル）$R_2\left(1+\dfrac{R_0}{R_1}\right)$　（ヲ）$\dfrac{\alpha_0(1+\alpha_2 t)}{\alpha_2-\alpha_0}$　（ワ）$I>I'$

（カ）$\left[R_2+\dfrac{R_0R_2(1+\alpha_2 t)}{R_1(1+\alpha_0 t)}+R_0(1+\alpha_0 t)\right]$　（ヨ）$R_1\left(1+\dfrac{R_2}{R_0}\right)$

■2 R4 問8

次の文章は，電流比較器による電力計の校正に関する記述である．

図は，校正対象の電力計と，電流比較器，抵抗 R，静電容量 C のコンデンサ，検流計および交流電圧計から成る電力計の校正回路である．電流比較器は，鉄心や巻線の損失や漏れ磁束のない理想的なもので，N_R，N_C，N_X および N_D は各巻線の巻数を表し，N_R，N_C および N_X は可変である．

電力計の校正の手順および原理は次のとおりである．

まず，角周波数が等しく ω である正弦波電圧 $\dot{E}$ および正弦波電流 $\dot{I}$ を電力計および校正回路に加える．次に，検流計が零を指すように N_R，N_C および N_X を調整し，さらに，$\dot{E}$ の実効値 $|\dot{E}|$ を交流電圧計で測定する．

検流計が零を指すのは，各巻線を流れる電流によって生じる鉄心内の磁束が零になり，各巻線に生じる起電力が零になったときである．このとき，抵抗に流れる電流 $\dot{I}_R$ は [(1)]，コンデンサに流れる電流 $\dot{I}_C$ は [(2)] となる．また，各巻線の巻数と流れる電流の向きや，鉄心内の磁束が零であることを考慮すると，起磁力に関する等式 [(3)] が成立する．

[(3)] を $\dot{I}$ について解き，$\dot{I}_R$ および $\dot{I}_C$ を代入する．さらに両辺に $\dot{E}$ の共役複素数 $\bar{E}$ を乗じると次式が得られる．

$\bar{E}\dot{I}=$ [(4)] $-j$ [(5)]

なお，[(4)] および [(5)] は，それぞれ，電力計へ入力される有効電力および無効電力である．

以上のように，この校正回路は，既知の値（R，C，ω および巻数）と $|\dot{E}|$ の測定値から有効電力および無効電力を求め，電力計の校正を実現している．

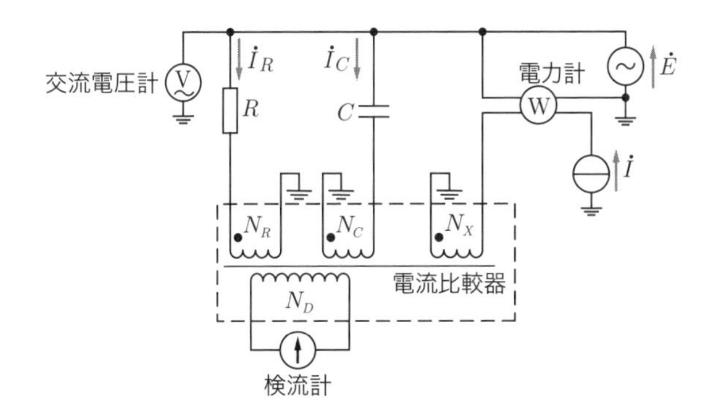

【解答群】

(イ) $N_R\dot{I}_R+N_C\dot{I}_C-N_X\dot{I}=0$　(ロ) $-j\omega C\dot{E}$　(ハ) $\dfrac{N_X}{N_C\omega C}|\dot{E}|^2$

(ニ) $N_R\dot{I}_R-N_C\dot{I}_C-N_X\dot{I}=0$　(ホ) $R\dot{E}$　(ヘ) $\dfrac{R}{\dot{E}}$

(ト) $\dfrac{N_C\omega C}{N_X}|\dot{E}|$　(チ) $j\omega C\dot{E}$　(リ) $\dfrac{N_C\omega C}{N_X}|\dot{E}|^2$

(ヌ) $\dfrac{N_R}{N_X R}|\dot{E}|^2$　(ル) $\dfrac{\dot{E}}{j\omega C}$　(ヲ) $\dfrac{\dot{E}}{R}$

(ワ) $N_R\dot{I}_R+N_C\dot{I}_C+N_X\dot{I}=0$　(カ) $\dfrac{N_R}{N_X R}|\dot{E}|$　(ヨ) $\dfrac{N_X R}{N_R}|\dot{E}|^2$

■3　R2 問6

次の文章は，直流ブリッジを用いた抵抗測定に関する記述である．

図は，ひずみにより微小な抵抗変化を生じるひずみゲージを用いた測定回路である．このような抵抗の測定には，図のような [(1)] ブリッジの原理が使用される．

図において，直流電圧源を $\boldsymbol{E}$，回路の電流を $\boldsymbol{I_1}$，$\boldsymbol{I_2}$ とする．ひずみがなく，ひずみゲージの固定抵抗 $\boldsymbol{R_1}$ の変化 $\boldsymbol{\Delta R_1}$ が $\boldsymbol{\Delta R_1=0}$ の場合，ブリッジの出力電圧 $\boldsymbol{V_0}$ を $\boldsymbol{R_1}$，$\boldsymbol{R}$，$\boldsymbol{E}$ を用いて表すと，

$\boldsymbol{V_0}=$ [(2)] ……………………………①

となる．ただし，周囲温度の変化による各抵抗の変化は無視できるものとする．

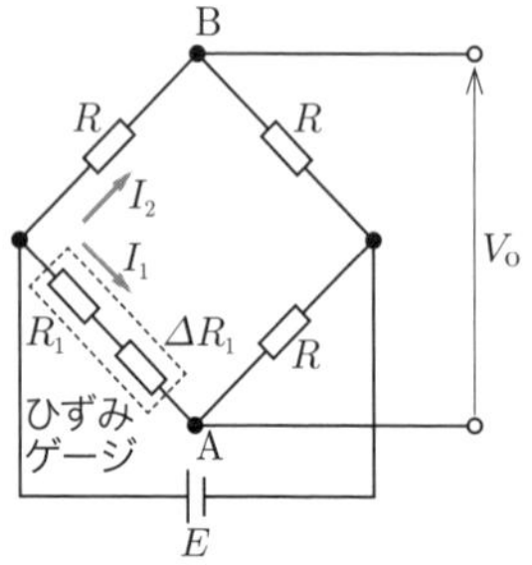

次に，ひずみが生じ，$\boldsymbol{R_1}$ が $(\boldsymbol{R_1+\Delta R_1})$ になった場合を考える．$\boldsymbol{R_1=R}$ となるようなひずみゲージを選べば，式①より $\boldsymbol{V_0}$ は

$\boldsymbol{V_0}=$ [(3)] ……………………………②

となる．ここで，通常 $\boldsymbol{R_1\gg\Delta R_1}$ であることから，式②より $\boldsymbol{V_0}$ は

$\boldsymbol{V_0}\fallingdotseq$ [(4)]

となり，$\boldsymbol{\Delta R_1}$ に比例した電圧が得られる．

したがって，$\boldsymbol{R_1=R=100\ \Omega}$，$\boldsymbol{E=2\ \mathrm{V}}$ であるとき，ある大きさのひずみにより，$\boldsymbol{0.2\%}$の抵抗増加が $\boldsymbol{R_1}$ に生じたとすれば，[(5)]〔mV〕の出力電圧 $\boldsymbol{V_0}$ が得られる．

【解答群】

(イ) ウィーン　(ロ) ホイートストン　(ハ) $\dfrac{R_1-R}{2(R_1+R)}E$

(ニ) $\dfrac{\Delta R_1}{(2R+\Delta R_1)}E$　(ホ) $\dfrac{R_1}{2(R_1+R)}E$　(ヘ) $\dfrac{\Delta R_1}{4R}E$

(ト) $\dfrac{\Delta R_1}{(4R+2\Delta R_1)}E$　(チ) $\dfrac{R_1-R}{(R_1+R)}E$　(リ) 2.0

(ヌ) $\dfrac{\Delta R_1}{(R+\Delta R_1)}E$　(ル) 1.0　(ヲ) シェーリング

(ワ) 20.0　(カ) $\dfrac{\Delta R_1}{R}E$　(ヨ) $\dfrac{\Delta R_1}{2R}E$

■4　H27　問8

次の文章は，接地抵抗計に関する記述である．

図のように，測定対象の接地電極をE，補助電極をP_1およびP_2とし，その接地抵抗値をそれぞれ$\boldsymbol{R_e}$，$\boldsymbol{R_1}$および$\boldsymbol{R_2}$とする．また，交流電源の電圧を$\boldsymbol{V}$，固定抵抗器の抵抗値を$\boldsymbol{R}$，滑り抵抗器の抵抗値（AC間）を$\boldsymbol{R_s}$とする．ただし，各電極は互いに影響がないように十分離して接地されている．

図に示す接地抵抗値の測定において，電流$\boldsymbol{I}$が図のように流れ，スイッチSが**1**側に閉じているときの電極EおよびP_2間の地中の電位分布を図に表すと［(1)］のようになる．

いま，スイッチSを**1**側に閉じ，滑り抵抗器のAB間の抵抗値が$\boldsymbol{r_1}$，BC間の抵抗値が$\boldsymbol{r_2}$を示したときに検出器Ⓓの読みが**0**になり回路が平衡したとすれば，式①が得られる．

$\boldsymbol{r_1 R}=$［(2)］……………………①

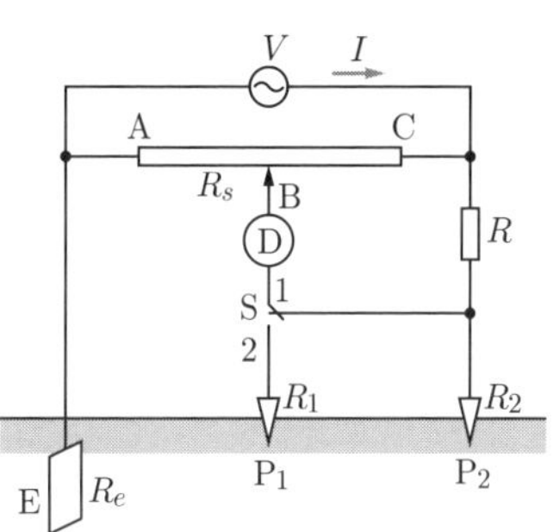

次に，スイッチSを**2**側に閉じ，同様に滑り抵抗器のAB間の抵抗値が$\boldsymbol{r_3}$，BC間の抵抗値が$\boldsymbol{r_4}$を示したときに回路が平衡したとすれば，式②が得られる．

$\boldsymbol{r_4 R_e}=$［(3)］……………………②

以上の測定から，式①および式②より$\boldsymbol{R_2}$を消去して接地抵抗値$\boldsymbol{R_e}$を求めれば，$\boldsymbol{r_1}$，$\boldsymbol{r_2}$，$\boldsymbol{r_3}$，$\boldsymbol{r_4}$および［(4)］の値を用いて，$\boldsymbol{R_e}=$［(5)］となる．

ただし，$\boldsymbol{r_1+r_2=r_3+r_4=R_s}$である．

【解答群】

(イ) R　(ロ) $r_2(R_e+R_2)$　(ハ) R_1　(ニ) $r_2(R_1+R_2)$

(ホ) $\dfrac{r_3}{r_2}R_1$　(ヘ) $\dfrac{r_3}{r_2}R$　(ト) $r_3(R_1+R_2)$　(チ) r_1R_2

（リ）$\dfrac{R_2}{R_1}$　（ヌ）$r_3(R_2+R)$　（ル）$\dfrac{r_4}{r_2}R$　（ヲ）r_3R_2

（ワ）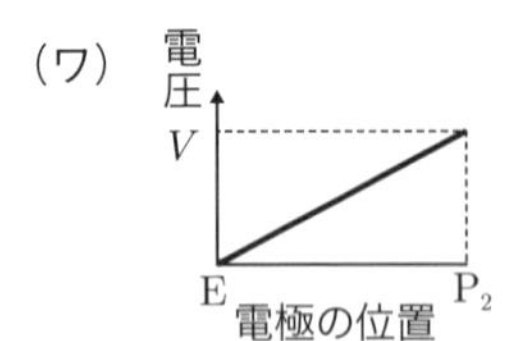

（カ）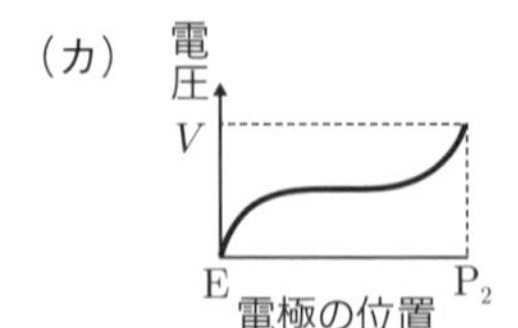

（ヨ）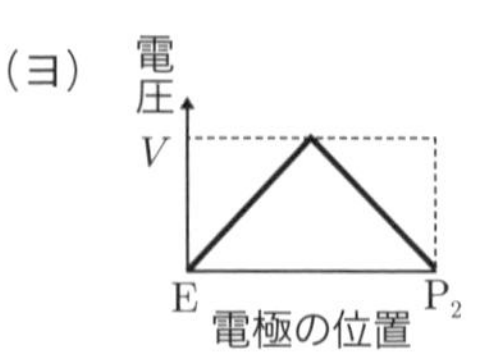

■5　H22　問4

次の文章は，ヘイブリッジに関する記述である．

図において，交流電源の電圧を $\dot{E}$，その角周波数を $\omega(\omega=2\pi f)$ とし，R_2，R_3 および R_4 は既知の抵抗，C は既知の静電容量，Ⓖは検出器であるとする．いま，角周波数 ω が既知であり，インダクタンス L とその抵抗 R_1 が未知の場合を考える．検出器Ⓖの指示が零となりブリッジが平衡しているとすれば，平衡条件式の実数部より $\dfrac{L}{C}=$ [(1)]，虚数部より $\omega^2=$ [(2)] が成立する．したがって，未知のインダクタンス L とその抵抗 R_1 はそれぞれ，$L=$ [(3)]，$R_1=$ [(4)] で求められる．

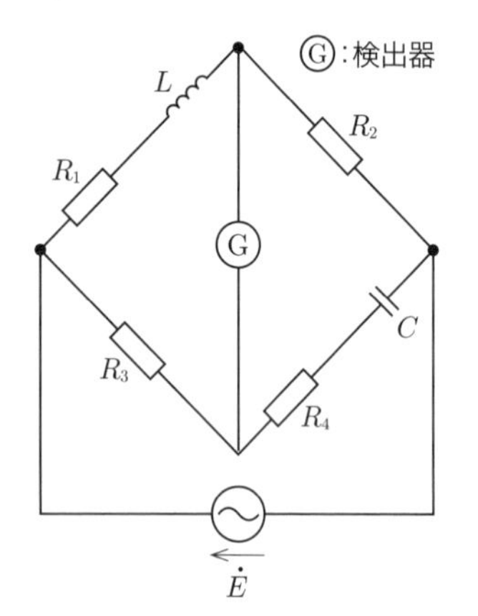

次に，ブリッジの各素子 R_2，R_3，R_4，C およびインダクタンス L とその抵抗 R_1 が既知であり，角周波数 ω が未知である場合を考える．平衡条件式の虚数部に着目し，ブリッジに接続された交流電源の周波数 f を求めれば，$f=$ [(5)] となる．

【解答群】

（イ）CLR_1R_4　（ロ）$\dfrac{\sqrt{R_1}}{\sqrt{CLR_4}}$　（ハ）$R_2R_3-R_1R_4$

（ニ）$\dfrac{CR_2R_3}{1-\omega^2C^2R_4{}^2}$　（ホ）$\dfrac{\omega^2C^2R_2R_3R_4}{1-\omega^2C^2R_4{}^2}$　（ヘ）$\dfrac{\sqrt{R_1}}{2\pi\sqrt{CLR_4}}$

（ト）$\omega^2C^2R_2R_3R_4$　（チ）$\dfrac{CR_2R_3}{1+\omega^2C^2R_4{}^2}$　（リ）$2\pi\sqrt{CL}$

（ヌ）$\dfrac{R_4}{CLR_1}$　（ル）CR_2R_3　（ヲ）R_2R_3

（ワ）$\dfrac{\omega^2C^2R_2R_3R_4}{1+\omega^2C^2R_4{}^2}$　（カ）$R_1R_4-R_2R_3$　（ヨ）$\dfrac{R_1}{CLR_4}$

■6 　　R3　問 8

次の文章は，交流ブリッジによるコンデンサの測定に関する記述である．

図の破線で囲んだ部分は測定対象のコンデンサで，その等価回路は静電容量 C_1 と抵抗 R_1 の直列回路である．図の R_2，R_3 および R_4 は既知の抵抗，C_2 は既知の静電容量，Ⓓは検出器である．また，交流電源の電圧を $\dot{E}$，その角周波数を ω とする．

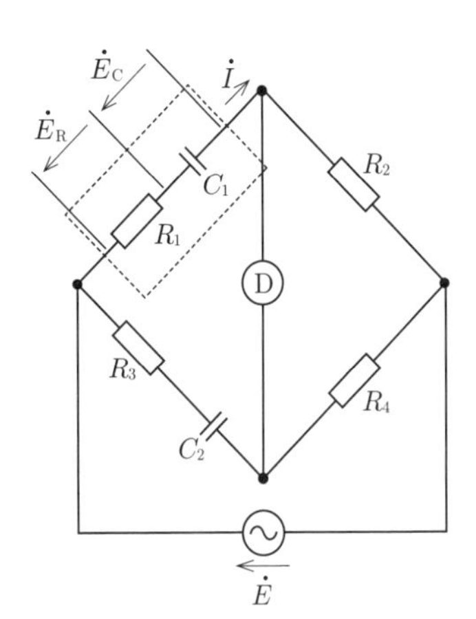

今，検出器の指示が零となりブリッジが平衡したとすると，次式が成り立つ．

[(1)]

上式から，$R_1 =$ [(2)]，$C_1 =$ [(3)] が求められる．

電圧 $\dot{E}_R$，電圧 $\dot{E}_C$ および電流 $\dot{I}$ をフェーザ図で表すと [(4)] となる．

フェーザ図に記した δ の正接である $\tan\delta =$ [(5)] は誘電正接と呼ばれ，コンデンサの性能を表す指標の一つである．なお，理想的なコンデンサの誘電正接は 0 となる．

【解答群】

(イ) $\dfrac{R_4}{R_2 R_3}$　(ロ) $\omega C_2 R_3$　(ハ) $\dfrac{C_2 R_2}{R_4}$　(ニ) $\dfrac{R_3 R_4}{R_2}$

(ホ) $\dfrac{R_3}{\omega C_2}$　(ヘ) $\dfrac{C_2 R_4}{R_2}$　(ト) $\dfrac{R_2 R_3}{R_4}$　(チ) $\dfrac{1}{\omega C_2 R_3}$

(リ) $\dfrac{R_2}{C_2 R_4}$　(ヌ) $\left(R_1 + \dfrac{1}{j\omega C_1}\right) R_4 = \left(R_3 + \dfrac{1}{j\omega C_2}\right) R_2$

(ル) $R_1 + R_2 + \dfrac{1}{j\omega C_1} = R_3 + R_4 + \dfrac{1}{j\omega C_2}$

(ヲ) $\left(R_1 + \dfrac{1}{j\omega C_1}\right) R_2 = \left(R_3 + \dfrac{1}{j\omega C_2}\right) R_4$

(ワ)

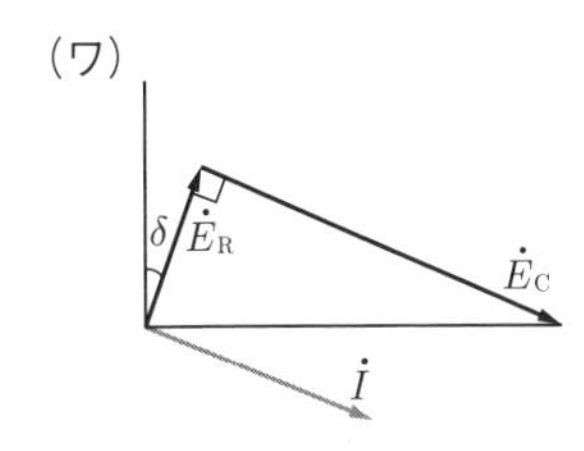

(カ)

$\dot{I}$　δ　$\dot{E}_R$　$\dot{E}_C$

(ヨ)

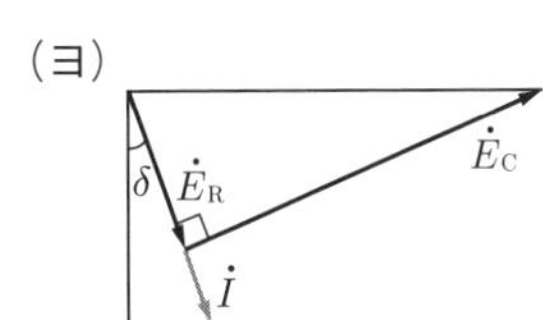

章末問題解答

1章　電磁気学

▶1　解答　(1) リ　(2) ヲ　(3) ヌ　(4) ヨ　(5) チ

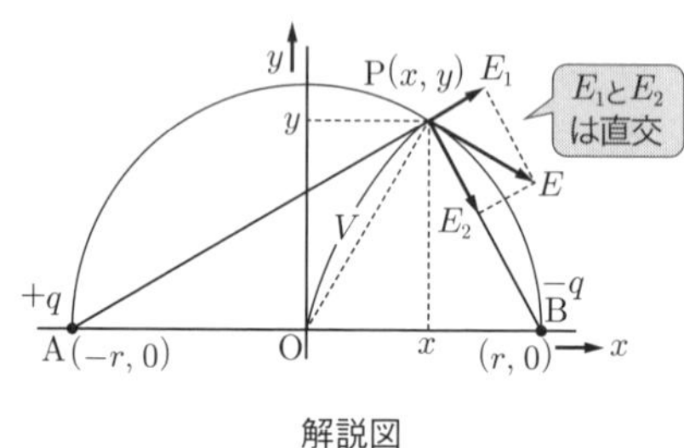

解説図

(1) 解説図に示すように，正電荷の位置をA，負電荷の位置をBとすれば，距離$\overline{\mathrm{AP}}$は三平方の定理より，$\overline{\mathrm{AP}}=\sqrt{(r+x)^2+y^2}$

(2) 点Pは円周上にあるから，$x^2+y^2=r^2$

すなわち $y^2=r^2-x^2$

$$\therefore\ \overline{\mathrm{AP}}=\sqrt{(r+x)^2+r^2-x^2}$$
$$=\sqrt{2r(r+x)}$$

したがって，正電荷による点Pの電界の大きさE_1は式（1･4）より

$$E_1=\frac{1}{4\pi\varepsilon_0}\cdot\frac{q}{\overline{\mathrm{AP}}^2}=\frac{1}{4\pi\varepsilon_0}\cdot\frac{q}{2r(r+x)}$$

(3) $\mathrm{BP}=\sqrt{(r-x)^2+y^2}=\sqrt{2r(r-x)}$より，負電荷による点Pの電界の大きさ$E_2$は

$$E_2=\frac{1}{4\pi\varepsilon_0}\cdot\frac{-q}{\overline{\mathrm{BP}}^2}=\frac{1}{4\pi\varepsilon_0}\cdot\frac{-q}{2r(r-x)}$$

(4) 合成電界Eは，点Pが円周上にあるため，E_1とE_2は直交しているから

$$E=\sqrt{{E_1}^2+{E_2}^2}=\frac{q}{4\pi\varepsilon_0}\cdot\frac{1}{2r}\sqrt{\frac{1}{(r+x)^2}+\frac{1}{(r-x)^2}}\quad\cdots\cdots①$$

(5) 合成電界の最小値は，上式の根号内が最小になればよい．これを$f(x)$として

$$f(x)=\frac{1}{(r+x)^2}+\frac{1}{(r-x)^2}=\frac{2(r^2+x^2)}{(r^2-x^2)^2}$$

ここで，fをxで微分して0とおけば

$$\frac{df}{dx}=2\times\frac{2x(r^2-x^2)^2-(r^2+x^2)\times2(-2x)(r^2-x^2)}{(r^2-x^2)^4}=\frac{4x(x^2+3r^2)}{(r^2-x^2)^3}=0$$

$$\therefore\ x=0$$

そこで，この$x=0$を式①に代入すると，電界の大きさの最小値$E_{\min}$は

$$E_{\min}=\frac{q}{4\pi\varepsilon_0}\cdot\frac{1}{2r}\sqrt{\frac{1}{r^2}+\frac{1}{r^2}}=\frac{1}{\sqrt{2}}\cdot\frac{q}{4\pi\varepsilon_0r^2}$$

▶2　解答　(1) ヨ　(2) ル　(3) ホ　(4) ヌ　(5) ト

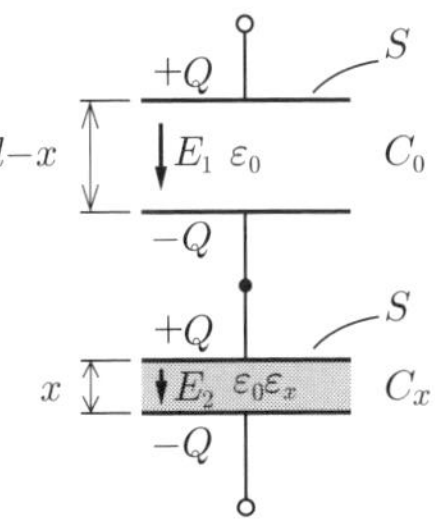

解説図

(1) 図1のコンデンサの等価回路は解説図に示すように，二つのコンデンサの直列回路となる．電束は真電荷であり，電束密度 D は面積で割ればよいから $D=Q/S$

(2) 絶縁体部の電界 E_2 の大きさは式（1･53）より

$E_2=\dfrac{D}{\varepsilon_0\varepsilon_x}=\dfrac{Q}{\varepsilon_0\varepsilon_x S}$ である．空気中の電界 E_1 は

$E_1=\dfrac{D}{\varepsilon_0}=\dfrac{Q}{\varepsilon_0 S}$ である．

(3) 空気部，絶縁体部のコンデンサの静電容量をそれぞれ C_0， C_x とすれば

$$C_0=\frac{\varepsilon_0 S}{d-x} \qquad C_x=\frac{\varepsilon_0\varepsilon_x S}{x}$$

両コンデンサの合成静電容量は解説図のように直列接続で，式（1･67）より

$$C=\frac{1}{\dfrac{1}{C_0}+\dfrac{1}{C_x}}=\frac{1}{\dfrac{d-x}{\varepsilon_0 S}+\dfrac{x}{\varepsilon_0\varepsilon_x S}}=\frac{\varepsilon_0\varepsilon_x S}{(1-\varepsilon_x)x+d\varepsilon_x}$$

(4) コンデンサCの静電容量を変形すれば

$$C=\frac{\varepsilon_0 S}{d}\cdot\frac{1}{1-\dfrac{1}{d}\left(1-\dfrac{1}{\varepsilon_x}\right)x}=\frac{\varepsilon_0 S}{d}\cdot\frac{1}{1-kx}$$

$$\left(\text{ただし, } k=\frac{1}{d}\left(1-\frac{1}{\varepsilon_x}\right)\right)$$

この式を x について一次微分，二次微分すると

$$\frac{dC}{dx}=\frac{\varepsilon_0 S}{d}\cdot\frac{k}{(1-kx)^2}$$

$$\frac{d^2C}{dx^2}=\frac{\varepsilon_0 S}{d}\cdot\frac{-k\times 2(-k)(1-kx)}{(1-kx)^4}=\frac{\varepsilon_0 S}{d}\cdot\frac{2k^2}{(1-kx)^3}$$

題意より， $\varepsilon_x>1$ なので， $0<kx=\dfrac{x}{d}\left(1-\dfrac{1}{\varepsilon_x}\right)<1$

したがって， $\dfrac{dC}{dx}>0$， $\dfrac{d^2C}{dx^2}>0$

静電容量 C は x が増加するにしたがって増加し，下に凸の曲線（図3の③のグラフ）を描く．

(5) $C_1=\dfrac{\varepsilon_0\times 12\times S}{(1-12)\times\dfrac{d}{4}+d\times 12}=\dfrac{\varepsilon_0 S}{d}\times\dfrac{48}{37}$

$C_2=\dfrac{\varepsilon_0\varepsilon_r S}{(1-\varepsilon_r)\times\dfrac{3}{4}d+d\cdot\varepsilon_r}=\dfrac{\varepsilon_0 S}{d}\times\dfrac{4\varepsilon_r}{3+\varepsilon_r}$

題意から，$C_1=C_2$ より

$$\frac{\varepsilon_0 S}{d}\times\frac{48}{37}=\frac{\varepsilon_0 S}{d}\times\frac{4\varepsilon_r}{3+\varepsilon_r}\qquad\therefore\ \varepsilon_r=\frac{36}{25}=1.44$$

▶3　解答　(1) ト　(2) ロ　(3) ワ　(4) チ　(5) イ

(1) (2) 式（1･53）より $D_1=\varepsilon_1 E_1$，$D_2=\varepsilon_2 E_2$

(3) 式（1･54）より $D_1\cos\theta_1=D_2\cos\theta_2$

(4) 式（1･54）～式（1･56）より $\dfrac{\tan\theta_2}{\tan\theta_1}=\dfrac{\varepsilon_2}{\varepsilon_1}$

(5) 題意より，$\theta_1>\theta_2$ かつ $0<\theta_1<90°$，$0<\theta_2<90°$ なので，$\sin\theta_1>\sin\theta_2$ が成り立つ．これと $E_1\sin\theta_1=E_2\sin\theta_2$ の関係から，$E_1<E_2$ となる．
同様に，$\cos\theta_1<\cos\theta_2$ が成り立つので，これと（3）の式から $D_1>D_2$

▶4　解答　(1) ハ　(2) ヨ　(3) ヌ　(4) チ　(5) カ

(1) ～ (4) 図 1･77 のヒステリシスループを見れば，反時計回りであり，B_r は残留磁束密度（残留磁気）である．永久磁石には，保磁力 H_c および最大エネルギー積 $(BH)_{\max}$ の大きいものが適しているから，B_r と H_c の両方が大きいのが適する．ヒステリシス損は，周波数 f で磁化すると，毎秒 f 回ヒステリシス損が発生するので，周波数に比例する．

(5) ヒステリシス損 $=SVf=5.0\times10^2\times1.5\times10^{-3}\times60=45$ W

▶5　解答　(1) ホ　(2) チ　(3) ヲ　(4) カ　(5) ロ

(1) 図 1 の磁気回路の等価回路は解説図 1 のようになる．鉄心部，空げき部の磁気抵抗は $R_l=\dfrac{l}{\mu S}$，$R_d=\dfrac{d}{\mu_0 S}$

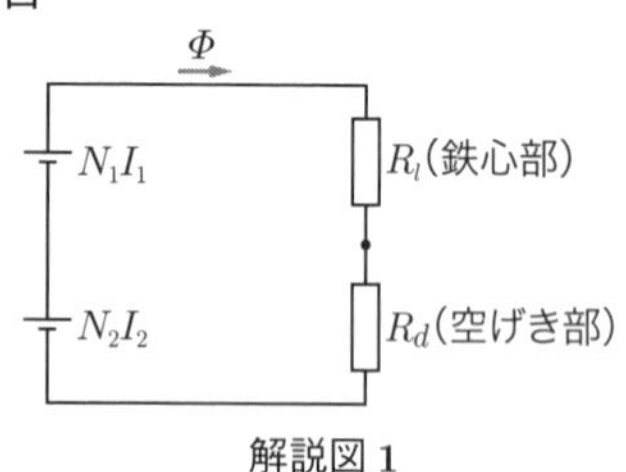

解説図 1

巻線 1，2 の鎖交磁束は，解説図 1 から

$$\Phi=\frac{N_1I_1+N_2I_2}{R_l+R_d}=\frac{N_1I_1+N_2I_2}{\dfrac{l}{\mu S}+\dfrac{d}{\mu_0 S}}$$

そこで，a−c 間の自己インダクタンス L_{12} は $I_1=I_2=I$，$N_1=2N$，$N_2=N$ として，式（1·166）より

$$L_{12}=\frac{(N_1+N_2)\varPhi}{I}=\frac{(2N+N)}{I}\cdot\frac{2NI+NI}{\dfrac{l}{\mu S}+\dfrac{d}{\mu_0 S}}=\frac{9N^2S}{\dfrac{l}{\mu}+\dfrac{d}{\mu_0}}$$

(2) 巻線 2 の自己インダクタンス L_2 は，起磁力が N_2I_2 だけなので，$I_2=I$ として

$$\varPhi_2=\frac{N_2I_2}{R_l+R_d}=\frac{NI}{\dfrac{l}{\mu S}+\dfrac{d}{\mu_0 S}}$$

$$\therefore L_2=\frac{N_2\varPhi_2}{I_2}=\frac{N\varPhi_2}{I}=\frac{N}{I}\cdot\frac{NI}{\dfrac{l}{\mu S}+\dfrac{d}{\mu_0 S}}=\frac{N^2S}{\dfrac{l}{\mu}+\dfrac{d}{\mu_0}}$$

(3) 巻線 1 と 2 の相互インダクタンス M に関しては，電流 I_1 によって作られる磁束 $\varPhi_1$ のうち，巻線 2 と鎖交する $\varPhi_{12}$ は漏れ磁束がないため，$\varPhi_1$ と等しい．

$$\varPhi_{12}=\varPhi_1=\frac{N_1I_1}{R_l+R_d}=\frac{N_1I_1}{\dfrac{l}{\mu S}+\dfrac{d}{\mu_0 S}}$$

ここで，$N_1=2N$，$N_2=N$，$I_1=I$ と置けば

$$M=\frac{N_2\varPhi_{12}}{I_1}=\frac{N}{I}\cdot\frac{2NI}{\dfrac{l}{\mu S}+\dfrac{d}{\mu_0 S}}=\frac{2N^2S}{\dfrac{l}{\mu}+\dfrac{d}{\mu_0}}$$

(4) 巻線 1 に電流 i を流すと，巻線 2 に誘導される電圧 v_{bc} は

$$v_{bc}=M\frac{di}{dt}=M\frac{d}{dt}\{I_m\sin(\omega t+\alpha)\}=\omega MI_m\cos(\omega t+\alpha)$$

(5) 題意より $v_{bc}=M\dfrac{di}{dt}$ であり，変形すると $\dfrac{di}{dt}=\dfrac{v_{bc}}{M}$ となる．v_{bc} は $0\leqq t\leqq\dfrac{T}{2}$ で V，$\dfrac{T}{2}\leqq t\leqq T$ で $-V$ となっており，v_{bc} は一定である．これより i は $t=T/2$ まで直線的に増加し，$T/2$ から T までは直線的に減少して，解説図 2 となる．したがって，i の最大値は積分すれば

$$I_m=\int di=\int_0^{\frac{T}{2}}\frac{V}{M}dt=\frac{V}{M}\Big[t\Big]_0^{\frac{T}{2}}=\frac{VT}{2M}$$

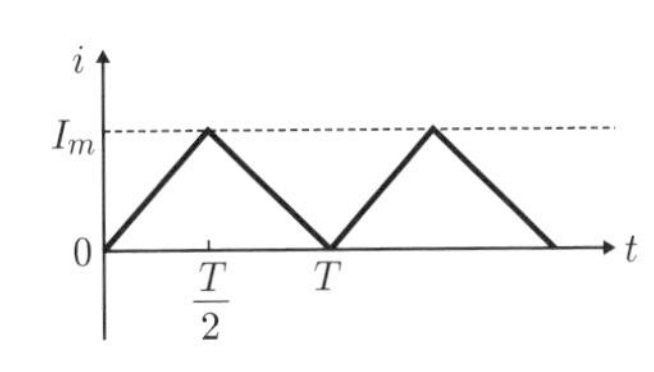

解説図 2

したがって，電流 i の最大値と最小値の差は

$$\frac{VT}{2M}-0=\frac{VT}{2M}$$

▶6 解答 (1) ハ (2) ワ (3) ニ (4) リ (5) ホ

(1) 式（1･156），図 1･78 から，磁気抵抗 $R=\dfrac{l}{\mu_0\mu_r S}$〔$H^{-1}$〕

巻線 1 に周波数 f の交流電流 i を流したときの鉄心中の磁束 Φ は

$$\Phi=\frac{n_1 i}{R}=\frac{n_1 i}{\dfrac{l}{\mu_0\mu_r S}}=\frac{n_1 i\mu_0\mu_r S}{l}\text{〔Wb〕} \quad \cdots\cdots①$$

(2) ファラデーの電磁誘導の法則の式（1･161）より $U=-n_2\dfrac{d\Phi}{dt}$ ……②

(3) (4) 交流電流 i を表す式は $i=\sqrt{2}I\sin\omega t$ （I は実効値）

交流電流の周波数が 50Hz，実効値が 1A の場合は

$$i=\sqrt{2}\times 1\times\sin 2\pi ft=\sqrt{2}\sin 100\pi t \quad \cdots\cdots③$$

(5) 式②に式①と式③を代入すれば

$$|U|=\left|-n_2\frac{d\Phi}{dt}\right|=\left|-\frac{\sqrt{2}n_1 n_2\mu_0\mu_r S}{l}\frac{d(\sin 100\pi t)}{dt}\right|$$

$$=\left|-\frac{\sqrt{2}n_1 n_2\mu_0\mu_r S}{l}(100\pi)\cos 100\pi t\right|$$

$$=\left|-\frac{\sqrt{2}n_1 n_2\mu_0\mu_r S}{l}\cdot 100\pi\right|$$

$$=\frac{\sqrt{2}\times 100\times 20\times 4\pi\times 10^{-7}\times 1000\times 3.0\times 10^{-3}\times 100\pi}{0.5}\fallingdotseq 6.7\text{ V}$$

この値は最大値であるから，実効値に換算すると

$$U_e=\frac{U}{\sqrt{2}}=\frac{6.7}{\sqrt{2}}=4.73\text{ V}$$

▶7 解答 (1) ヲ (2) チ (3) ヌ (4) ホ (5) カ

(1) 継鉄部分の磁界の強さ H_y は，磁束密度 B_y，継鉄の透磁率を μ_y とすると，式（1･154）から $H_y=B_y/\mu_y$ である．ここで，継鉄の透磁率 μ_y が無限大であるから，$H_y=0$

(2) 図 1 の破線部分にアンペアの周回積分の法則の式（1･125）を適用する．継鉄部分の磁路長を l_y とすると，$H_y=0$ であるため

$$\oint_c \dot{H}\cdot d\dot{l} = H_1 l + H_y l_y + H_2 l + H_y l_y = H_1 l + H_2 l = NI \quad \cdots\cdots ①$$

(3) 題意から，$H_1 = B_1/\mu$，$H_2 = B_2/\mu = B_1/(2\mu)$ を式①へ代入すると

$$\frac{B_1}{\mu}l + \frac{B_1}{2\mu}l = \frac{3B_1}{2\mu}l = NI \qquad \therefore B_1 = \frac{2\mu NI}{3l}$$

(4) U 相鉄心の磁束は $\phi_1 = B_1 S$，U 相巻線との磁束鎖交数は $\Phi_1 = N\phi_1$ であるから

$$\Phi_1 = N\phi_1 = NB_1 S = \frac{2\mu N^2 S}{3l}I$$

したがって，U 相巻線の自己インダクタンスは，式（1·166）より

$$L = \frac{\Phi_1}{I} = \frac{2\mu N^2 S}{3l}$$

(5) 2 巻線間の相互インダクタンス M は，V 相巻線の磁束が $\phi_2 = B_2 S$，V 相巻線との鎖交磁束は $\Phi_2 = N\phi_2$，$B_1 = 2B_2$ より $B_2 = B_1/2$ であるから

$$\Phi_2 = N\phi_2 = NB_2 S = N\cdot\frac{B_1 S}{2} = \frac{\Phi_1}{2} \qquad \therefore M = \frac{\Phi_2}{I} = \frac{\Phi_1}{2I} = \frac{1}{2}L$$

そこで，$\dot{V}_{\mathrm{U}} = j\omega(L\dot{I}_{\mathrm{U}} + M\dot{I}_{\mathrm{V}} + M\dot{I}_{\mathrm{W}}) = j\omega L\left(\dot{I}_{\mathrm{U}} + \frac{1}{2}\dot{I}_{\mathrm{V}} + \frac{1}{2}\dot{I}_{\mathrm{W}}\right)$ の式に

$\dot{I}_{\mathrm{V}} = \dot{I}_{\mathrm{U}}e^{-j\frac{2}{3}\pi} = \dot{I}_{\mathrm{U}}\left(-\frac{1}{2} - j\frac{\sqrt{3}}{2}\right)$，$\dot{I}_{\mathrm{W}} = \dot{I}_{\mathrm{U}}e^{-j\frac{4}{3}\pi} = \dot{I}_{\mathrm{U}}\left(-\frac{1}{2} + j\frac{\sqrt{3}}{2}\right)$を代入すれば

$$\dot{I}_{\mathrm{U}} + \frac{1}{2}\dot{I}_{\mathrm{V}} + \frac{1}{2}\dot{I}_{\mathrm{W}} = \left\{1 + \frac{1}{2}\left(-\frac{1}{2} - j\frac{\sqrt{3}}{2}\right) + \frac{1}{2}\left(-\frac{1}{2} + j\frac{\sqrt{3}}{2}\right)\right\}\dot{I}_{\mathrm{U}} = \frac{1}{2}\dot{I}_{\mathrm{U}}$$

$$\therefore \dot{V}_{\mathrm{U}} = j\omega L\left(\dot{I}_{\mathrm{U}} + \frac{1}{2}\dot{I}_{\mathrm{V}} + \frac{1}{2}\dot{I}_{\mathrm{W}}\right) = \frac{1}{2}\times j\omega L\dot{I}_{\mathrm{U}}$$

▶8　解答　(1) チ　(2) ホ　(3) イ　(4) リ　(5) カ

(1) 式（1·156）より，鉄心部の磁気抵抗 R_{m1} は $R_{m1} = l/(\mu S)$，空げき部の磁気抵抗 R_{m2} は $R_{m2} = d/(\mu_0 S)$ であるから，全体の磁気抵抗 R_m は

$$R_m = R_{m1} + R_{m2} = \frac{l}{\mu S} + \frac{d}{\mu_0 S}$$

(2) 巻線 1 の自己インダクタンス L_1 は式（1·168）より $L_1 = N_1{}^2/R_m$
両巻線の相互インダクタンス M は式（1·174）より $M = N_1 N_2/R_m$
一方，巻線 2 の自己インダクタンス L_2 は式（1·168）より $L_2 = N_2{}^2/R_m$

これらの 3 つの式から，R_m を消去すれば

$$L_2=\left(\frac{N_2}{N_1}\right)^2\times L_1,\quad M=\left(\frac{N_2}{N_1}\right)\times L_1$$

(3) 式（1･173）より $v_2=M\dfrac{di_1}{dt}$

(4) (5) (3)で求めた式を $t=0$ から $t=\infty$ まで積分すればよい．

$$\int_0^\infty v_2dt=\int_0^\infty\left(M\frac{di_1}{dt}\right)dt=\int_0^i Mdi_1$$

ここで，i は電流の最終値であり，$t\to\infty$ では巻線1の自己インダクタンス L_1 の誘導起電力 v_1 は $v_1=L_1\dfrac{di_1}{dt}=0$ になるから，$i=\dfrac{E}{R}$

したがって，相互インダクタンス M は

$$\int_0^\infty v_2dt=\int_0^{\frac{E}{R}} Mdi_1=M\Big[i_1\Big]_0^{\frac{E}{R}}=M\frac{E}{R}\qquad\therefore M=\frac{R}{E}\int_0^\infty v_2dt$$

2章　電気回路

▶1　解答　(1) ヲ　(2) ヘ　(3) ヨ　(4) ハ　(5) カ

(1) 図1の回路の電流源 I_0 と抵抗 r の並列回路を式（2･1）～（2･3）までの考え方に基づき，等価電圧源と抵抗の直列回路の接続に置き換えると，解説図1になる．これより式（2･4）から

$$I_1=\frac{2E_0}{R+2r}=\frac{2r}{R+2r}I_0$$

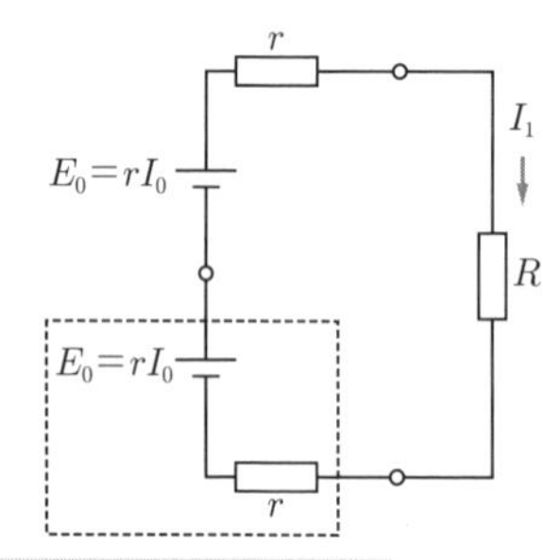

電流源 I_0，抵抗 r と等価

解説図1

(2) 図1より，I_2 は I_0 と I_1 の差だから

$$I_2=I_0-I_1=I_0-\frac{2r}{R+2r}I_0=\frac{R}{R+2r}I_0$$

(3) 図1の回路で $R+r$ に流れる電流は I_1，r に流れる電流は I_2 だから

消費電力 $P_1=I_1{}^2(R+r)+I_2{}^2r$

$$=\left(\frac{2r}{R+2r}I_0\right)^2(R+r)+\left(\frac{R}{R+2r}I_0\right)^2r=rI_0{}^2$$

(4) 図1を図3のように変換するには，解説図1の電圧源 $2E_0$ と抵抗 $2r$ の直列接続部を等価電流源に変換すればよい．式（2･1）～式（2･3）より，解説図2（すなわち図3）になる．図3の電流 I_3 は電流源の電流 I_0 が並列接続の抵抗の逆比例配分により分流す

るから，$I_3 = \dfrac{RI_0}{R+2r}$ である．

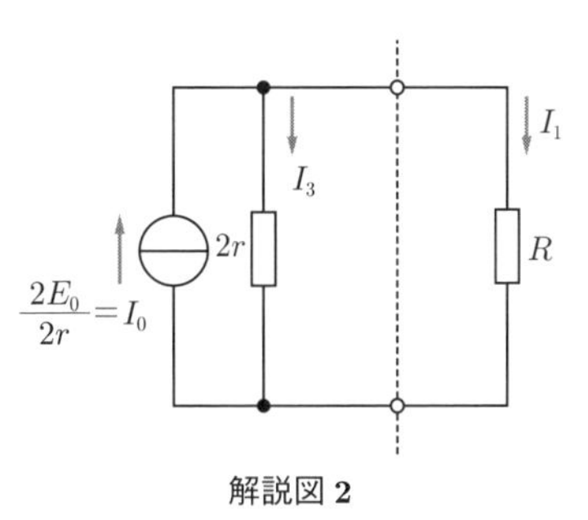

解説図 2

そこで，(2) で求めた式から $I_0 = \dfrac{R+2r}{R} I_2$ と変

形し，電流 I_3 を求める式に代入すれば

$$I_3 = \frac{RI_0}{R+2r} = \frac{R}{R+2r} \times \frac{R+2r}{R} I_2 = I_2$$

(5) 題意から $I_3 = I_1$ として

$$\frac{R}{R+2r} I_0 = \frac{2r}{R+2r} I_0 \qquad \therefore R = 2r$$

▶2　解答　(1) ヨ　(2) ル　(3) ヘ　(4) ニ　(5) ヲ

(1) (2) 図 1 の破線部を取り出し，7A と 3Ω の電流源の並列接続を式（2･1）～（2･3）に基づき，電圧源と抵抗の直列接続に変換すると解説図 1 になる．解説図 1 を等価変換すると解説図 2，図 1 全体の等価回路は解説図 3 になる．

(3) 解説図 3 において，ミルマンの定理の式（2･23）から

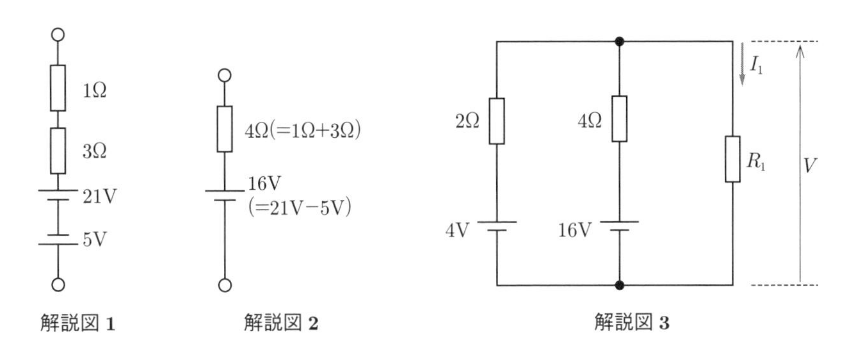

解説図 1　　解説図 2　　解説図 3

$$V = \frac{\dfrac{4}{2} + \dfrac{16}{4}}{\dfrac{1}{2} + \dfrac{1}{4} + \dfrac{1}{R_1}} = \frac{2+4}{\dfrac{3}{4} + \dfrac{1}{R_1}} = \frac{24}{3 + \dfrac{4}{R_1}} \text{〔V〕}$$

$$I_1 = \frac{V}{R_1} = \frac{24}{3 + \dfrac{4}{R_1}} \times \frac{1}{R_1} = \frac{24}{3R_1 + 4} \text{〔A〕}$$

(4) R_1 で消費される電力 P は

$$P = I_1{}^2 R_1 = \left(\frac{24}{3R_1 + 4}\right)^2 R_1 = \frac{24^2}{\left(9R_1 + \dfrac{16}{R_1}\right) + 24}$$

ここで，分母の（　）内が最小になるとき，Pは最大となる．分母の（　）内を微分して求めてもよいが，2-3 節 2 項「最大・最小条件」で説明した最小の定理（代数定理）によれば $9R_1 = \dfrac{16}{R_1}$ のときが最小条件になる．すなわち $R_1 = \dfrac{4}{3}\,\Omega$

(5)（4）で求めた R_1 の値を，上記の消費電力の式に代入すれば

$$P_{\max} = \frac{24^2}{9 \times \dfrac{4}{3} + \dfrac{16}{4/3} + 24} = \frac{24^2}{12 + 12 + 24} = 12\ \mathrm{W}$$

▶3　解答　(1) ホ　(2) チ　(3) ワ　(4) ヨ　(5) ニ

(1) 図において，電圧源のみで考えるとき，電流源を開放して解説図 1 の等価回路で計算する．このとき，抵抗に流れる電流 i_e の最大値 I_e は

$$I_e = \left|\frac{E_m}{R + \dfrac{1}{j\omega_1 C}}\right| = \frac{E_m}{\sqrt{R^2 + \dfrac{1}{(\omega_1 C)^2}}} = \frac{\omega_1 C E_m}{\sqrt{1 + (\omega_1 C R)^2}}$$

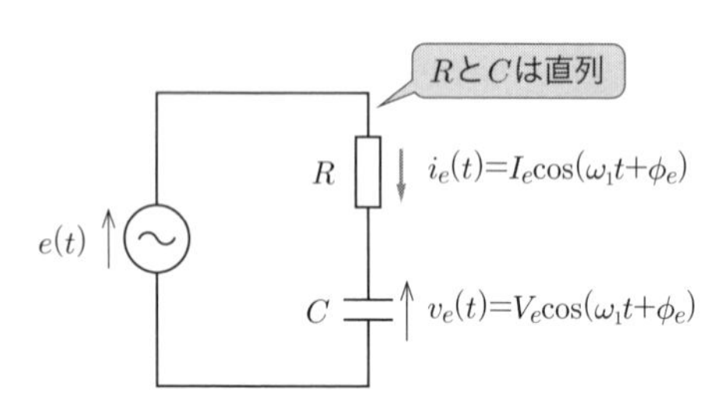

解説図 1

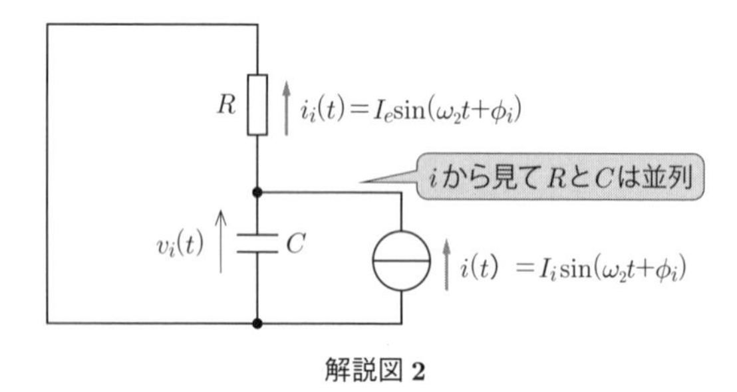

解説図 2

(2) 図において，電流源のみで考えるとき，電圧源を短絡して解説図２の等価回路で計算する．このとき，抵抗に流れる電流 i_i の最大値 I_i は

$$I_i = \left| \frac{\dfrac{1}{j\omega_2 C}}{R + \dfrac{1}{j\omega_2 C}} \right| I_m = \left| \frac{1}{1 + j\omega_2 CR} \right| I_m = \frac{I_m}{\sqrt{1 + (\omega_2 CR)^2}}$$

(3) (4) 電圧源のみで考えるとき，キャパシタ電圧のフェーザ表示は

$$\dot{v}_c = \frac{\dot{E}_m}{R + \dfrac{1}{j\omega_1 C}} \times \frac{1}{j\omega_1 C} = \frac{\dot{E}_m}{1 + j\omega_1 CR}$$

したがって，キャパシタ電圧の最大値 V_e は

$$V_e = |\dot{v}_c| = \frac{E_m}{\sqrt{1 + (\omega_1 CR)^2}}$$

位相角は $\phi_e = -\tan^{-1} \dfrac{\omega_1 CR}{1} = -\tan^{-1}(\omega_1 CR)$

(5) 電流源のみで考えるとき，キャパシタ電圧の最大値 V_i は，電流源の電流が抵抗とキャパシタの並列回路に流れ込むと考えればよいから

$$V_i = \left| I_m \frac{R}{R + \dfrac{1}{j\omega_2 C}} \times \frac{1}{j\omega_2 C} \right| = \frac{RI_m}{|1 + j\omega_2 CR|} = \frac{RI_m}{\sqrt{1 + (\omega_2 CR)^2}}$$

▶4　解答　(1) ニ　(2) ハ　(3) ロ　(4) リ　(5) チ

(1)～(3) 図において，極性符号と電流の向きに注意すれば和動結合されているから，式（2･57）と同様に考えれば，次式が成り立つ．

$$(\dot{Z} + j\omega L_1)\dot{I}_1 + j\omega M \dot{I}_2 = \dot{E} \quad \cdots\cdots①$$

$$j\omega M \dot{I}_1 + j\omega L_2 \dot{I}_2 = \dot{E} \quad \cdots\cdots②$$

(4) (5) そこで，式①の両辺に L_2，式②の両辺に M を掛けた後，辺辺引き算を行うと $(\dot{Z} + j\omega L_1)L_2\dot{I}_1 - j\omega M^2 \dot{I}_1 = L_2\dot{E} - M\dot{E}$ になり，変形すれば

$$\dot{I}_1 = \frac{L_2 - M}{\dot{Z}L_2 + j\omega(L_1L_2 - M^2)} \dot{E}$$

となる．題意より $L_1L_2 - M^2 = 0$ であるから

$$\dot{I}_1 = \frac{L_2 - M}{\dot{Z}L_2} \dot{E}$$

$$\therefore \dot{E}_1 = \dot{Z}\dot{I}_1 = \frac{L_2 - M}{L_2}\dot{E} = \left(1 - \frac{M}{L_2}\right)\dot{E} = \left(1 - \frac{M}{M^2/L_1}\right)\dot{E} = \left(1 - \frac{L_1}{M}\right)\dot{E}$$

▶5 解答 (1) ル (2) ヌ (3) イ (4) ワ (5) チ

(1) 図の負荷の皮相電力をS，有効電力をP，無効電力をQ，力率を$\cos\theta$として，図2･35のようなベクトル図を描いて計算する．

$$S=\frac{P}{\cos\theta}=\frac{600}{0.6}=1\,000\text{ VA} \text{ なので}$$

$$Q=S\sin\theta=S\sqrt{1-\cos^2\theta}=1\,000\sqrt{1-0.36}=800\text{ var}$$

(2) 図2･35や図2･36のように考える．電源電圧を$\dot{V}$として

$$P-jQ=\overline{\dot{V}}\dot{I}=\overline{\dot{V}}\frac{\dot{V}}{R+j\omega L}=\frac{(R-j\omega L)\,|\dot{V}\,|^2}{R^2+\omega^2L^2} \text{ より}$$

$$\frac{Q}{P}=\frac{\omega L|\dot{V}|^2/(R^2+\omega^2L^2)}{R|\dot{V}|^2/(R^2+\omega^2L^2)}=\frac{\omega L}{R}$$

$$\therefore \tan\theta=\frac{Q}{P}=\frac{\omega L}{R} \qquad \therefore \omega L=R\tan\theta=R\frac{\sin\theta}{\cos\theta}=3\times\frac{0.8}{0.6}=4\,\Omega$$

(3) 合成負荷の力率が1になるのは，問題文中のアドミタンスの式の虚数部が0になるときであるから

$$\omega C-\frac{\omega L}{R^2+(\omega L)^2}=0$$

$$\therefore \omega C=\frac{\omega L}{R^2+(\omega L)^2}=\frac{4}{3^2+4^2}=\frac{4}{25}=0.16$$

(4) 角周波数を1/2とするとき，(2)や(3)で求めたωLやωCの値を1/2にすればよいことに注意して，アドミタンス$\dot{Y}'$を求めると

$$\dot{Y}'=\frac{3}{3^2+2^2}+j\left(0.08-\frac{2}{3^2+2^2}\right)=\frac{3}{13}-j\frac{0.96}{13}$$

$$\therefore \cos\theta=\frac{\mathrm{Re}[\dot{Y}']}{|\dot{Y}'|}=\frac{\frac{3}{13}}{\sqrt{\left(\frac{3}{13}\right)^2+\left(\frac{0.96}{13}\right)^2}}\fallingdotseq 0.952$$

(5) (4)で求めたアドミタンス$\dot{Y}'$の虚数部は負なので，誘導性負荷である．

▶6 解答 (1) ホ (2) ハ (3) ト (4) ヌ (5) ニ

(1) (2) 電流の瞬時値は$i=4\sin 10t$より，電圧の瞬時値は

$$v=2i+0.1i^3=2\times(4\sin 10t)+0.1\times(4\sin 10t)^3=8\sin 10t+6.4\sin^3 10t$$

文中の参考の$\sin^3 x=\frac{3}{4}\sin x-\frac{1}{4}\sin 3x$で$x=10t$とし，上式に適用すると

$$v = 8\sin 10t + 6.4\left(\frac{3}{4}\sin 10t - \frac{1}{4}\sin 30t\right) = 12.8\sin 10t - 1.6\sin 30t \ \text{〔V〕}$$

(3) (4) (5) 次に，瞬時電力 p は

$$p = vi = (12.8\sin 10t - 1.6\sin 30t) \times (4\sin 10t)$$

$$= 51.2\sin^2 10t - 6.4\sin 30t \cdot \sin 10t$$

$$= 51.2 \times \frac{1-\cos 20t}{2} - \frac{6.4}{2}(\cos 20t - \cos 40t)$$

$$= 25.6 - 28.8\cos 20t + 3.2\cos 40t \ \text{〔W〕}$$

POINT

$\cos 2x = 1 - 2\sin^2 x$ より $\sin^2 x = \frac{1-\cos 2x}{2}$，$\sin A \sin B = \frac{1}{2}(\cos(A-B) - \cos(A+B))$

平均電力は，上式を1周期について平均すればよい．第2項と第3項は0になるから，平均電力 $P_a = 25.6$ W

▶7　解答　(1) リ　(2) ニ　(3) イ　(4) ホ　(5) カ

(1) $t<0$ では，2つのスイッチは閉じて回路は定常状態にあるから，コンデンサは充電されており，電流は流れない．したがって，コンデンサ部分は開放して考えればよく，電流は抵抗部分を流れる．コンデンサ C_1 の端子電圧 v_1 は抵抗 R_2 と R_3 の直列部分の電圧と等しいので $v_1 = \dfrac{R_2 + R_3}{R_1 + R_2 + R_3}E$

(2) コンデンサ C_2 の電圧 v_2 は，抵抗 R_3 の電圧と等しく $v_2 = \dfrac{R_3}{R_1 + R_2 + R_3}E$

(3) (4) $t = 0$ でスイッチを同時に開くと，式④の微分方程式が成り立つ．この微分方程式の一般解 q は定常解 q_s と過渡解 q_t の和となる．定常解 q_s は $\dfrac{dq}{dt} = 0$ として

$$q_s = \frac{\dfrac{Q_{10}}{C_1} - \dfrac{Q_{20}}{C_2}}{\dfrac{1}{C_1} + \dfrac{1}{C_2}} = \frac{C_2 Q_{10} - C_1 Q_{20}}{C_1 + C_2}$$

また，過渡解 q_t は，$R_2\dfrac{dq_t}{dt} + \left(\dfrac{1}{C_1} + \dfrac{1}{C_2}\right)q_t = 0$ で $q_t(t) = Ke^{\lambda t}$（K は定数）とすれ

ば，$R_2\lambda K e^{\lambda t}+\left(\dfrac{1}{C_1}+\dfrac{1}{C_2}\right)K e^{\lambda t}=0$となる．ゆえに，特性方程式 $R_2\lambda+\dfrac{1}{C_1}+\dfrac{1}{C_2}=0$

より $\lambda=-\dfrac{C_1+C_2}{R_2C_1C_2}$となるから，$q_t=Ke^{-\frac{C_1+C_2}{R_2C_1C_2}t}$ となるので，微分方程式の一般解 q は

$$q=q_s+q_t=\frac{C_2Q_{10}-C_1Q_{20}}{C_1+C_2}+Ke^{-\frac{C_1+C_2}{R_2C_1C_2}t}$$

ここで，初期条件 $t=0$ で $q=0$ から，$\dfrac{C_2Q_{10}-C_1Q_{20}}{C_1+C_2}+K=0$

$$\therefore K=-\frac{C_2Q_{10}-C_1Q_{20}}{C_1+C_2}$$

$$\therefore q=\frac{C_2Q_{10}-C_1Q_{20}}{C_1+C_2}\times\left(1-e^{-\frac{C_1+C_2}{R_2C_1C_2}t}\right)$$

(5) v_1，v_2 の時間的変化を求めるのに，$t=0$ と $t=\infty$ を把握すればよい．

式⑤に $t=0$ を代入すれば $q=0$，$t=\infty$ では $q=\dfrac{C_2Q_{10}-C_1Q_{20}}{C_1+C_2}$

そこで，v_1の時間的変化は，$t=0$のとき式①に上記の q を代入して$v_1=\dfrac{Q_{10}-q}{C_1}=\dfrac{Q_{10}}{C_1}$

となり，$t=\infty$ では $v_1=\dfrac{Q_{10}-q}{C_1}=\dfrac{Q_{10}}{C_1}-\dfrac{1}{C_1}\cdot\dfrac{C_2Q_{10}-C_1Q_{20}}{C_1+C_2}=\dfrac{Q_{10}+Q_{20}}{C_1+C_2}$ となる．また，v_2 の時間的変化は，$t=0$ のとき $v_2=\dfrac{Q_{20}+q}{C_2}=\dfrac{Q_{20}}{C_2}$ となり，$t=\infty$ では

$v_2=\dfrac{Q_{20}+q}{C_2}=\dfrac{Q_{20}}{C_2}+\dfrac{1}{C_2}\cdot\dfrac{C_2Q_{10}-C_1Q_{20}}{C_1+C_2}=\dfrac{Q_{10}+Q_{20}}{C_1+C_2}$ となる．すなわち，v_1と v_2 は $t=\infty$ では同じ値に収束していく．したがって，（カ）が正解である．

▶8　解答　(1) へ　(2) ヨ　(3) ヲ　(4) カ　(5) チ

(1) $t=0$ でスイッチを閉じると，コイルの電流が$i(t)$，抵抗 R に流れる電流が $i_S(t)-i(t)$ である．コイルと抵抗の電圧が等しいので

$$L\frac{d}{dt}i(t)=\{i_S(t)-i(t)\}\times R$$

$0<t<T$ では $i_S(t)=I_0$ より $L\dfrac{d}{dt}i(t)=R[I_0-i(t)]$

(2)（1）の微分方程式の一般解は定常解と過渡解の和で表せる．定常解は $\dfrac{d}{dt}i(t)=0$ とすれば，$i(t)=I_0$ となる．過渡解は $L\dfrac{d}{dt}i(t)+Ri(t)=0$ で $i(t)=Ke^{\lambda t}$（K は定数）とすれば，特性方程式 $L\lambda+R=0$ となり，$\lambda=-R/L$ となる．したがって，一般解は

$i(t)=I_0+Ke^{-\frac{R}{L}t}$ となる．$t=0$ で $i(0)=0$ ゆえ，$K=-I_0$　$\therefore\ i(t)=I_0\left(1-e^{-\frac{R}{L}t}\right)$

$t=T$ を代入すれば $i(T)=I_0\left(1-e^{-\frac{R}{L}T}\right)$

(3) $T<t<2T$ では，電流源出力が図2から0であり，電流源の内部抵抗は ∞ であるので，解説図1の等価回路になる．この回路で，$t=T$ を起点に微分方程式を立てると，$L\dfrac{d}{dt}i(t)=-i(t)R$ になるため，この一般解も定常解と過渡解の和として求める．

まず，定常解 i_{st} は $\dfrac{d}{dt}i=0$ とすれば $i_{st}=0$ となる．過渡解は $i_t=Ke^{\lambda t}$（K は定数）とすると特性方程式が $\lambda L=-R$ となり，$\lambda=-\dfrac{R}{L}$

そこで一般解 i は $i=i_{st}+i_t=Ke^{-\frac{R}{L}t}$ となる．ここで，$t=T$ で $i(T)$ となるから

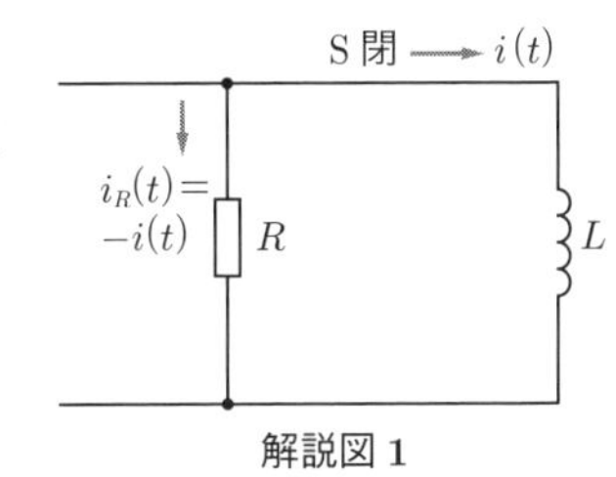

解説図1

$$K=i(T)e^{\frac{R}{L}T}\qquad \therefore\ i(t)=i(T)e^{-\frac{R}{L}(t-T)}$$

上式に $t=2T$ を代入すれば

$$i(2T)=i(T)e^{-\frac{R}{L}(2T-T)}=i(T)e^{-\frac{R}{L}T}$$

(4) $i(2T)+i(3T)$ へ式②，式③を代入し，$i(T)+i(2T)=I$ を適用すれば

$$i(2T)+i(3T)=i(T)e^{-\frac{R}{L}T}+i(2T)e^{-\frac{R}{L}T}+I\left(1-e^{-\frac{R}{L}T}\right)$$

$$=\{i(T)+i(2T)\}e^{-\frac{R}{L}T}+I\left(1-e^{-\frac{R}{L}T}\right)$$

$$=Ie^{-\frac{R}{L}T}+I\left(1-e^{-\frac{R}{L}T}\right)=I$$

(5) 式①を式②へ代入すれば

$$i(2T)=I_0\left(1-e^{-\frac{R}{L}T}\right)e^{-\frac{R}{L}T}$$

$i(T)+i(2T)=I$ が成立するためには，式①，式②をこれに代入して

$$I_0\left(1-e^{-\frac{R}{L}T}\right)+I_0\left(1-e^{-\frac{R}{L}T}\right)e^{-\frac{R}{L}T}=I$$

$$\therefore\ I = I_0\left(1 - e^{-\frac{2R}{L}T}\right)$$

$i(T) + i(2T) = I$ 成立時の電流波形を解説図 2 に示す．

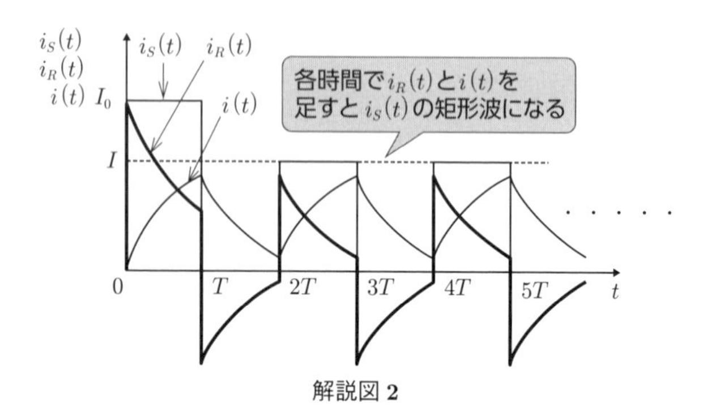

解説図 2

3章　電子回路

▶1　解答　(1) カ　(2) ヲ　(3) ホ　(4) ハ　(5) ト

(1) 電子が電界から受ける力 F は式（3･1）より $F = eE = eE_0 \sin\omega t$

(2) 質量 m_0，加速度 $a = dv/dt$ で運動するときの力 F' は式（3･2）より

$$F' = m_0 a = m_0 \frac{dv}{dt}$$

(3) 力 $F = F'$ とおけば

$$m_0 \frac{dv}{dt} = eE_0 \sin\omega t \qquad \therefore\ \frac{dv}{dt} = \frac{eE_0}{m_0}\sin\omega t$$

(4)（3）で求めた微分方程式を積分する．

$$\int \frac{dv}{dt} = \int \frac{eE_0}{m_0}\sin\omega t dt \qquad \therefore\ v = \frac{eE_0}{m_0}\cdot\frac{1}{\omega}(-\cos\omega t + k) \quad (k\text{ は積分定数})$$

ここで，初期値 $t = t_0$，$v = 0$ を代入すれば

$$0 = \frac{eE_0}{m_0\omega}(-\cos\omega t_0 + k) \qquad \therefore\ k = \cos\omega t_0$$

$$\therefore\ v = \frac{eE_0}{m_0\omega}(\cos\omega t_0 - \cos\omega t)$$

(5) 上記の式は，速度 v が角周波数 ω で周期的に変化することを示している．周期 T は $T = 2\pi/\omega$ となる．

▶2　解答　(1) ロ　(2) ヌ　(3) ヘ　(4) ヨ　(5) チ

(1) 電験2種の問題は文中にヒントが示されていることも少なくないため，丁寧に読んで誘導に従って落ち着いて計算する．半導体に光を照射すると，過剰キャリヤが対生成されると本文に示されており，過剰電子と過剰正孔がそれぞれ同数だけ生成されるので，$\Delta n = \Delta p$

(2) 単位体積当たり単位時間に再結合する正味の電子の数 R は，題意より

$$R = R_{\text{down}} - R_{\text{up}} = K_{\text{down}}\,(n_0 + \Delta n)(p_0 + \Delta p) - K_{\text{up}}\,n_0 p_0$$

$$= K n_0 p_0 + K n_0 \Delta p + K p_0 \Delta n + K \Delta n \Delta p - K n_0 p_0 = K n_0 \Delta p + K p_0 \Delta n$$

$$(\because K = K_{\text{up}} = K_{\text{down}},\ \Delta n \Delta p \cong 0)$$

となる．題意から，$\Delta n \ll n_0$，$\Delta p \ll p_0$ であり，n形半導体では $n_0 \gg p_0$ ゆえ

$$R = K n_0 \Delta p$$

(3) (2) で求めた式は，単位体積当たり単位時間に再結合する正味の電子の数であり，Δp の時間的変化に等しい．したがって

$$R = -\frac{d\Delta p}{dt} \quad \therefore -\frac{d\Delta p}{dt} = K n_0 \Delta p$$

なお，上式の負の符号は時間の経過とともに減少することを意味する．

(4) (5) 上述の微分方程式を解くのに，一般解は定常解と過渡解の和で表されることを使う．定常解は0である．過渡解を求めるのに，$\Delta p = Ae^{\lambda t}$ の形を想定すれば特性方程式は $-\lambda = K n_0$ すなわち $\lambda = -K n_0$

したがって，微分方程式の一般解は $\Delta p = Ae^{-K n_0 t}$ となる．

初期条件として $t = 0$ のとき過剰正孔密度 $\Delta p = \Delta p(0)$ であるから

$$A = \Delta p(0) \qquad \therefore \Delta p = \Delta p(0) e^{-K n_0 t} = \Delta p(0) e^{-\frac{t}{\tau_p}}$$

$\tau_p = \dfrac{1}{K n_0}$ としたとき，τ_p を正孔の寿命という．

▶3　解答　(1) ヘ　(2) チ　(3) イ　(4) ヨ　(5) ル

(1) I_B が I_A より十分小さい仮定より，V_B は V_{CC} を R_A と R_B で分圧した値になるから

$$V_B = V_{CC}\frac{R_B}{R_A + R_B} = 8.0 \times \frac{3.2}{4.8 + 3.2} = 3.2\ \text{V}$$

(2) R_E には $V_B - V_{BE} = 3.2 - 0.7 = 2.5\ \text{V}$ が印加されるので

$$I_E = \frac{2.5\ \text{V}}{5.0\ \text{k}\Omega} = 0.5\ \text{mA}$$

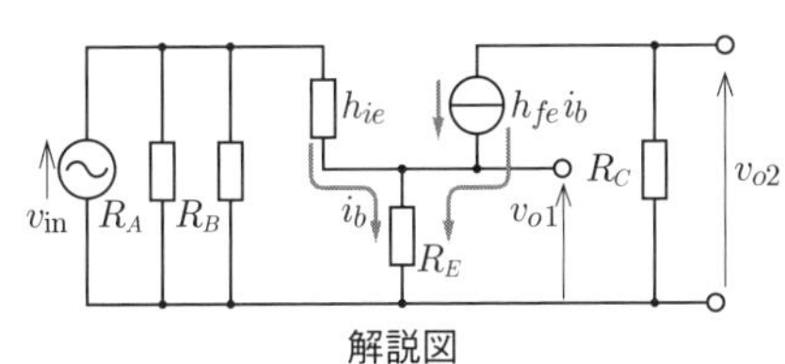

解説図

(3)～(5) トランジスタの交流等価回路を

図 2 で置き換えるとともに，交流信号に対して直流電圧源は短絡，コンデンサも短絡とみなして，R_A と R_C を下へ折り返すと，解説図の等価回路になる．これに基づけば

$$\frac{v_{01}}{v_{\rm in}}=\frac{R_E\,(i_b+h_{fe}i_b)}{h_{ie}i_b+R_E\,(i_b+h_{fe}i_b)}=\frac{R_E\,(1+h_{fe})}{h_{ie}+R_E\,(1+h_{fe})}=0.99\cong 1.0 \quad \cdots\cdots ①$$

$$\frac{v_{02}}{v_{\rm in}}=\frac{-R_Ch_{fe}i_b}{h_{ie}i_b+R_E\,(i_b+h_{fe}i_b)}=-\frac{R_Ch_{fe}}{h_{ie}+R_E\,(1+h_{fe})}=-0.985\cong -1.0 \quad \cdots\cdots ②$$

一方，v_{01} と v_{02} の位相差は上述の式中における式①と式②の分子を見れば，式②の分子に負の符号がついているから，位相差は 180° である．

▶4　解答　(1) ト　(2) ハ　(3) ワ　(4) リ　(5) ヨ

(1) 図 1 において，入力 X が高レベルになると，MOSFET Q_1 が ON になり，解説図 1 の等価回路になる．図より，$I_L=V_{DD}/R_L$

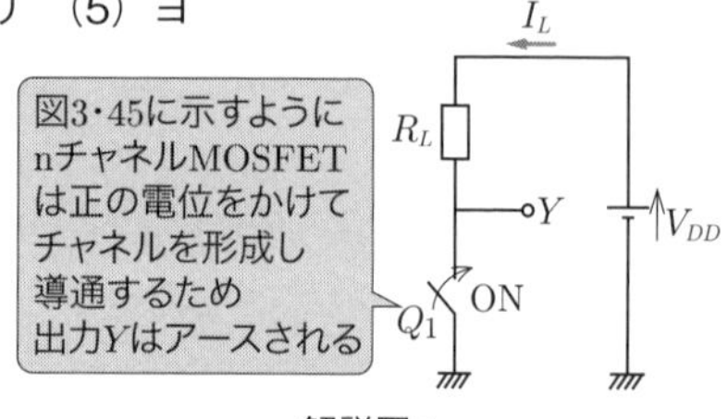

解説図 1

(2) 出力 Y が問題の図 3 の方形波パルス波形のとき，平均電力 P は

$$P=\frac{1}{T}\left(\frac{V_{DD}{}^2}{R_L}\times\frac{T}{2}+\frac{0^2}{R_L}\times\frac{T}{2}\right)=\frac{V_{DD}{}^2}{2R_L}$$

(3) (4) 問題の図 2 の回路において，入力 X が低レベルになると，n チャネル MOSFET である Q_1 は OFF になるが，p チャネル MOSFET である Q_2 は ON になる．他方，入力 X が高レベルのときはその逆である．解説図 2，解説図 3 は，それぞれ入力 X が低レベル，高レベルのときの等価回路である．

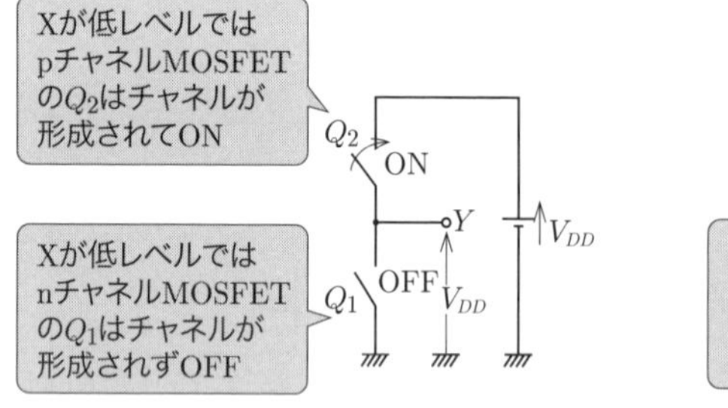

解説図 2　入力 X が低レベルのとき

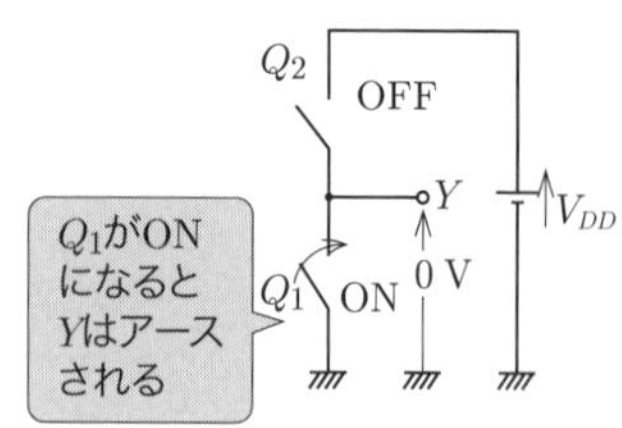

解説図 3　入力 X が高レベルのとき

(5) 回路は，入力 X が低レベルのとき出力 Y が高レベルに，入力 X が高レベルのとき出力 Y が低レベルになる．NOT 回路となり，論理式は $Y=\overline{X}$ である．

▶5　解答　(1) ヨ　(2) ホ　(3) ニ　(4) ヘ　(5) ハ

(1) 理想的な演算増幅器の入力端子に流れ込む電流は零であるから，R_1 と R_2 に流れる電流は等しい．

$$\frac{V_{\text{out}}}{R_1+R_2}=\frac{V_A}{R_2} \qquad \therefore V_A=\frac{R_2}{R_1+R_2}V_{\text{out}}$$

(2) 理想的な演算増幅器の入力端子間の電位差は零であるため $V_A=V_{\text{ref}}$

(3) (2) で求めた式に (1) の式を代入すれば

$$V_{\text{ref}}=V_A=\frac{R_2}{R_1+R_2}V_{\text{out}} \qquad \therefore V_{\text{out}}=\frac{R_1+R_2}{R_2}V_{\text{ref}}$$

(4) 入力電力は $V_{\text{in}}I_{\text{in}}$ であり，出力電力は $V_{\text{out}}I_{\text{out}}$ である．ここで題意から $I_{\text{in}}\cong I_{\text{out}}$ であるので，その差は $V_{\text{in}}I_{\text{in}}-V_{\text{out}}I_{\text{out}}\cong V_{\text{in}}I_{\text{out}}-V_{\text{out}}I_{\text{out}}=(V_{\text{in}}-V_{\text{out}})I_{\text{out}}$ と求めることができる．

(5) 入力電力と出力電力の差である回路損失分は，主にトランジスタによって熱消費される．

▶6　解答　(1) ニ　(2) ロ

電験３種に出題された問題であるが，電験２種レベルであり，図 3･70 や式 (3･121) ～式 (3･125) のウィーンブリッジ形発振回路の例として取り上げた．

(1) 図 3･50 の非反転増幅器であり，式 (3･78) より

$$A_v=\frac{v_o}{v_i}=1+\frac{R_2}{R_1}=1+\frac{\alpha R}{R}=1+\alpha=3 \qquad \therefore \alpha=2$$

(2) 図２の回路において，増幅回路は (a) で取り上げており，解説図の破線で囲んだ部分が帰還回路 β に相当する部分である．$A\beta$ を計算する．

$$A\beta=A\frac{\dot{Z}_1}{\dot{Z}_1+\dot{Z}_2}=1 \quad \left(\because \text{図 2 で } v_{i+}=\frac{\dot{Z}_1}{\dot{Z}_1+\dot{Z}_2}v_o \text{ ゆえ，} \beta=\frac{\dot{Z}_1}{\dot{Z}_1+\dot{Z}_2}\right)$$

$$A\frac{\dfrac{1}{1/R_1+j\omega C_1}}{\dfrac{1}{1/R_1+j\omega C_1}+R_2+\dfrac{1}{j\omega C_2}}=1$$

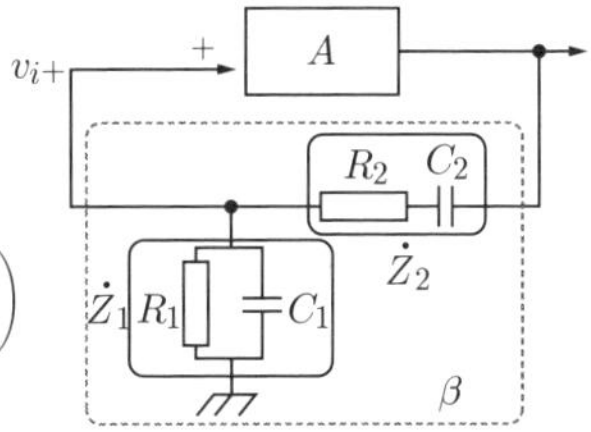

$$A=\left(\frac{1}{1/R_1+j\omega C_1}+R_2+\frac{1}{j\omega C_2}\right)\left(\frac{1}{R_1}+j\omega C_1\right)$$

$$=1+R_2\left(\frac{1}{R_1}+j\omega C_1\right)+\frac{1}{j\omega C_2}\left(\frac{1}{R_1}+j\omega C_1\right)$$

$$=1+\frac{R_2}{R_1}+\frac{C_1}{C_2}+j\left(\omega C_1R_2-\frac{1}{\omega C_2R_1}\right)$$

解説図

A が実数ゆえ，$A=1+\dfrac{R_2}{R_1}+\dfrac{C_1}{C_2}$，$\omega C_1R_2-\dfrac{1}{\omega C_2R_1}=0$

$$\therefore \omega=\frac{1}{\sqrt{C_1C_2R_1R_2}}$$

$$\therefore f=\frac{\omega}{2\pi}=\frac{1}{2\pi\sqrt{C_1C_2R_1R_2}}=\frac{1}{2\pi\sqrt{(0.1\times10^{-6})^2\times(5\times10^3)^2}}$$

$$=318\,\mathrm{Hz}\fallingdotseq0.3\,\mathrm{kHz}$$

4章　電気・電子計測

▶1　解答　(1) イ　(2) チ　(3) ニ　(4) ホ　(5) ヲ

(1) 可動コイルに流れる電流が I なので，その電圧降下は R_0I となる．このため，可動コイルに並列になっている抵抗 R_2 に流れる電流は R_0I/R_2 である．このため，抵抗 R_1 に流れる電流 I_1 は $I_1=I+(R_0I)/R_2$ である．したがって，電圧 V は

$$V=R_1I_1+R_0I=R_1\left(I+\frac{R_0}{R_2}I\right)+R_0I=R_1\left(1+\frac{R_0}{R_2}\right)I+R_0I$$

(2) 上式を整理すれば

$$V=\left(R_1+\frac{R_0R_1}{R_2}+R_0\right)I$$

(3) 抵抗は，温度変化との関連が式（1·96）で表され，

$$R_1'=R_1(1+\alpha_1t)=R_1,\quad R_0'=R_0(1+\alpha_0t),\quad R_2'=R_2(1+\alpha_2t)$$

で，これらを上式へ代入し

$$V=\left\{R_1+\frac{R_0R_1(1+\alpha_0t)}{R_2(1+\alpha_2t)}+R_0(1+\alpha_0t)\right\}I'$$

(4) 可動コイル形の動作原理は，永久磁石による磁界と可動コイルに流れる電流による電磁力が作用する．したがって，$I=I'$ なら，温度補償されたことになる．

(5) (4) の条件より，(2) の V と (3) の V が等しくなればよい．

$$R_1+\frac{R_0R_1(1+\alpha_0t)}{R_2(1+\alpha_2t)}+R_0(1+\alpha_0t)=R_1+\frac{R_0R_1}{R_2}+R_0$$

$$\therefore \frac{R_1}{R_2}\left(\frac{1+\alpha_0t}{1+\alpha_2t}-1\right)=-\alpha_0t\qquad \therefore R_1=R_2\frac{-\alpha_0t}{\dfrac{1+\alpha_0t}{1+\alpha_2t}-1}=R_2\frac{\alpha_0(1+\alpha_2t)}{\alpha_2-\alpha_0}$$

▶2　解答　(1) ヲ　(2) チ　(3) ニ　(4) ヌ　(5) リ

(1) 題意より，各巻線を流れる電流によって生じる鉄心内の磁束が零になり，各巻線

に生じる起電力が零になったときを考えているから，図より，電圧源 $\dot{E}$，抵抗 R，巻線 N_R，接地の閉回路を考えれば，電流 $\dot{I}_R = \dot{E}/R$

(2) (1) と同様に，電圧源 $\dot{E}$，コンデンサ C，巻線 N_C，接地の閉回路を考えれば，巻線に生じる起電力が零であるから，$\dot{I}_C = j\omega C\dot{E}$

(3) 問題図の電流比較器の部分の等価回路を示せば解説図の通りである．極性符号と電流の流れる向きに注意すると，解説図のように，ϕ_R は上向き，ϕ_C と ϕ は下向きの磁束になるから

$$\phi_R - \phi_C - \phi = 0$$

ここで，各磁束は同じ磁気回路を通るため，磁気抵抗 R_m は同じであり

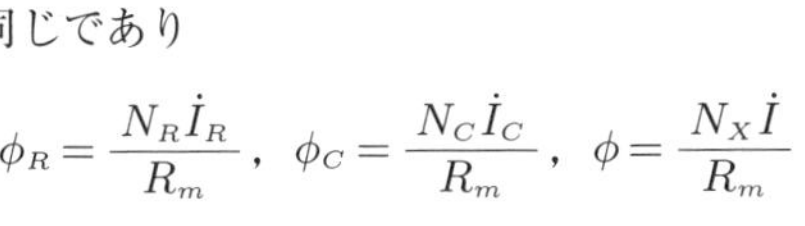

$$\phi_R = \frac{N_R\dot{I}_R}{R_m}, \ \phi_C = \frac{N_C\dot{I}_C}{R_m}, \ \phi = \frac{N_X\dot{I}}{R_m}$$

となる．

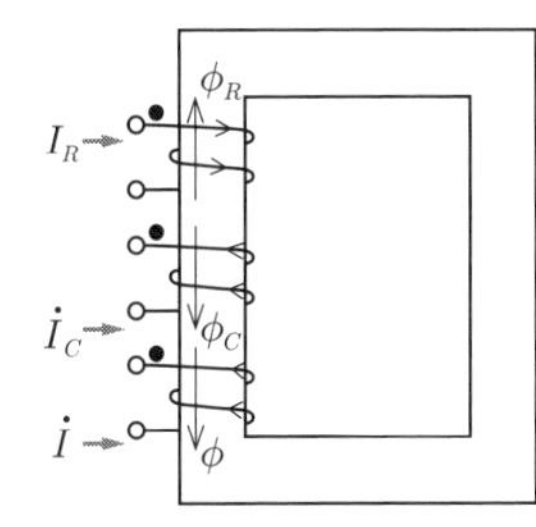

解説図

$$\therefore \frac{N_R\dot{I}_R}{R_m} - \frac{N_C\dot{I}_C}{R_m} - \frac{N_X\dot{I}}{R_m} = 0 \qquad \therefore N_R\dot{I}_R - N_C\dot{I}_C - N_X\dot{I} = 0$$

(4) **(5)** そこで，(3) の式を $\dot{I}$ について解き，(1) や (2) で求めた式を代入し

$$\dot{I} = \frac{N_R\dot{I}_R - N_C\dot{I}_C}{N_X} = \frac{N_R}{N_X R}\dot{E} - j\frac{N_C\omega C}{N_X}\dot{E}$$

$$\therefore \overline{E}\dot{I} = \frac{N_R}{N_X R}|\dot{E}|^2 - j\frac{N_C\omega C}{N_X}|\dot{E}|^2$$

なお，$\overline{E}\dot{I}$ の符号は進み無効電力が正，遅れ無効電力が負となる．

▶3　解答　(1) ロ　(2) ハ　(3) ト　(4) ヘ　(5) ル

(1) 図 4·30 に示すように，3 つの固定抵抗，1 つの可変抵抗で構成されるブリッジをホイートストンブリッジという．

(2) 図の回路に流れる電流 I_1，I_2 はそれぞれ経路上で抵抗が直列接続されているので，

$$I_1 = \frac{E}{R_1 + \Delta R_1 + R}, \ I_2 = \frac{E}{R + R} = \frac{E}{2R}$$

したがって，図の点 A，点 B の電位 V_A，V_B は，$V_A = E - (R_1 + \Delta R_1)I_1$，$V_B = E - RI_2$ となる．ブリッジの出力電圧 $V_0 = V_B - V_A$ であるから

$$V_0 = (E - RI_2) - \{E - (R_1 + \Delta R_1)I_1\}$$

$$= \left(E - R\cdot\frac{E}{2R}\right) - \left\{E - (R_1 + \Delta R_1)\frac{E}{R_1 + \Delta R_1 + R}\right\}$$

$$= \left(E - \frac{E}{2}\right) - \frac{(R_1 + \Delta R_1 + R)E - (R_1 + \Delta R_1)E}{R_1 + \Delta R_1 + R}$$

$$= \frac{1}{2}E - \frac{R}{R_1 + \Delta R_1 + R}E \quad \cdots\cdots ①$$

したがって，$\Delta R_1 = 0$ のとき，上式に $\Delta R_1 = 0$ を代入し

$$V_0 = \frac{1}{2}E - \frac{R}{R_1 + R}E = \frac{R_1 - R}{2(R_1 + R)}E$$

(3) 式①に $R_1 = R$ を代入すれば

$$V_0 = \frac{1}{2}E - \frac{R}{R + \Delta R_1 + R}E = \frac{1}{2}E - \frac{R}{2R + \Delta R_1}E = \frac{\Delta R_1}{4R + 2\Delta R_1}E \quad \cdots\cdots ②$$

(4) $R = R_1 \gg \Delta R_1$ より，$R + \Delta R_1 \fallingdotseq R$ ゆえに，$2R + 2\Delta R_1 \fallingdotseq 2R$

この近似式と式②より

$$V_0 = \frac{\Delta R_1}{2R + (2R + 2\Delta R_1)}E \fallingdotseq \frac{\Delta R_1}{2R + 2R}E = \frac{\Delta R_1}{4R}E \quad \cdots\cdots ③$$

(5) 0.2 %の抵抗増加が R_1 に生じるとき，$\dfrac{\Delta R_1}{R_1} = 0.002$

そして，式③に条件の数値を代入すれば

$$V_0 = \frac{\Delta R_1}{4R_1}E = \frac{1}{4} \times 0.002 \times 2 = 0.001\,\mathrm{V} = 1.0\,\mathrm{mV}$$

▶4　解答　(1) カ　(2) ロ　(3) ヌ　(4) イ　(5) へ

(1) 問題図において，スイッチが 1 側に閉じているとき，電源 V の電流 I は滑り抵抗器と抵抗 R に分流する．そして，抵抗 R 経由の電流 I_R は，補助電極 $\mathrm{P_2}$ ～地中～接地電極 E を介して電源 V に戻る．補助電極 $\mathrm{P_2}$ 近傍の電流密度 i_R は，例題 14 の解説図 1 に示すように，半径 a の半球なので，$i_R = \dfrac{I_R}{2\pi x^2}$ である．大地の抵抗率を ρ として，補助電極 $\mathrm{P_2}$ から距離 l の点の電位 V_l は

$$V_l = \int_a^l \rho \frac{I_R}{2\pi x^2}dx = \frac{\rho}{2\pi}I_R\left[-\frac{1}{x}\right]_a^l = \frac{\rho I_R}{2\pi a} - \frac{\rho I_R}{2\pi l} = V - \frac{\rho I_R}{2\pi l}$$

つまり，補助電極 $\mathrm{P_2}$ 近傍の電位は電位 V を起点に距離 l に反比例して低下する．一方，補助電極 $\mathrm{P_2}$ と接地電極 E の間の中間区間では電流密度はほぼ零なので，電位はほぼ一定である．他方，接地電極 E 側では，補助電極側と電流の向きが逆であるが同様の分布となる．したがって，(カ) が正しい．

(2) スイッチが 1 側に閉じているときの等価回路が解説図 1 である．ブリッジ平衡条

件の式（4･48）より

$$r_1 R = r_2 (R_e + R_2) \quad \cdots\cdots ①$$

(3) スイッチが2側に閉じているときの等価回路が解説図2である．ブリッジの平衡条件より

$$r_4 R_e = r_3 (R_2 + R) \quad \cdots\cdots ②$$

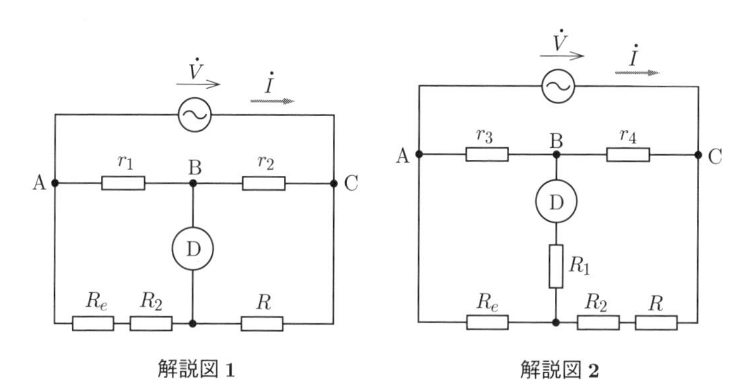

解説図 1　　解説図 2

(4) (5) 式①，式②から R_2 を消去するので，式①の両辺に r_3 を，式②の両辺に r_2 をかけて辺々を差し引くと

$$r_1 r_3 R - r_2 r_4 R_e = r_2 r_3 R_e - r_2 r_3 R$$

$$r_2 (r_3 + r_4) R_e = r_3 (r_1 + r_2) R$$

題意より $r_1 + r_2 = r_3 + r_4 = R_s$ なので

$$R_e = \frac{r_3}{r_2} R$$

▶5　解答　(1) ハ　(2) ヨ　(3) チ　(4) ワ　(5) へ

(1) (2) ブリッジが平衡しているので，式（4･59）より

$$R_2 R_3 = (R_1 + j\omega L)\left(R_4 + \frac{1}{j\omega C}\right)$$

$$\therefore R_2 R_3 = R_1 R_4 + \frac{L}{C} + j\left(\omega L R_4 - \frac{R_1}{\omega C}\right) \quad \cdots\cdots ①$$

式①において，両辺の実数部，虚数部がそれぞれ等しいので

$$R_2 R_3 = R_1 R_4 + \frac{L}{C} \Longrightarrow \therefore \frac{L}{C} = R_2 R_3 - R_1 R_4 \quad \cdots\cdots ②$$

$$\omega L R_4 - \frac{R_1}{\omega C} = 0 \Longrightarrow \therefore \omega^2 = \frac{R_1}{C L R_4} \quad \cdots\cdots ③$$

(3) (4) さらに，式③を $R_1=\omega^2 CLR_4$ と変形し，これを式②に代入すれば

$$\frac{L}{C}=R_2R_3-\omega^2 CLR_4{}^2$$

$$\therefore L=\frac{CR_2R_3}{1+\omega^2C^2R_4{}^2} \quad \cdots\cdots④$$

式③を変形し，その L に式④を代入すれば

$$R_1=\omega^2CLR_4=\frac{\omega^2C^2R_2R_3R_4}{1+\omega^2C^2R_4{}^2}$$

(5) $R_1=\omega^2CLR_4$ を変形すると

$$\omega=\sqrt{\frac{R_1}{CLR_4}} \qquad \therefore f=\frac{\omega}{2\pi}=\frac{1}{2\pi}\sqrt{\frac{R_1}{CLR_4}}=\frac{\sqrt{R_1}}{2\pi\sqrt{CLR_4}}$$

▶6 解答 (1) ヌ (2) ト (3) ヘ (4) カ (5) ロ

(1) ブリッジが平衡しているので，式（4·59）より

$$\left(R_1+\frac{1}{j\omega C_1}\right)R_4=\left(R_3+\frac{1}{j\omega C_2}\right)R_2$$

(2) (3) 上式の両辺の実数部，虚数部がそれぞれ等しいので

$$R_1R_4=R_2R_3 \Longrightarrow \therefore R_1=\frac{R_2R_3}{R_4}$$

$$\frac{R_4}{\omega C_1}=\frac{R_2}{\omega C_2} \Longrightarrow \therefore C_1=\frac{C_2R_4}{R_2}$$

(4) 抵抗 R，コンデンサ C の電圧はそれぞれ

$$\dot{E}_R=R_1\dot{I}\,,\ \dot{E}_C=\frac{\dot{I}}{j\omega C_1}$$

すなわち，$\dot{E}_R$ は電流 $\dot{I}$ と同相，$\dot{E}_C$ は電流 $\dot{I}$ よりも位相が $\pi/2$ 遅れているから（カ）が正しい．

(5) フェーザ図から，x 軸と $\dot{E}_C$ の間の角度は δ であるから

$$\tan\delta=\frac{\left|\dot{E}_R\right|}{\left|\dot{E}_C\right|}=\frac{\left|R_1\dot{I}\right|}{\left|\dfrac{\dot{I}}{j\omega C_1}\right|}=\omega C_1R_1$$

ここで，(2)，(3) で求めた式を上式に代入すれば

$$\tan\delta=\omega C_1R_1=\omega\times\frac{C_2R_4}{R_2}\times\frac{R_2R_3}{R_4}=\omega C_2R_3$$

索　引—Index

ア　行

カ　行

サ　行

タ 行

ナ 行

ハ 行

マ　行

ヤ　行

ラ　行

ワ　行

英数字・記号

〈著者略歴〉
塩 沢 孝 則（しおざわ　たかのり）
昭和61年　東京大学工学部電子工学科卒業
昭和63年　東京大学大学院工学系研究科電気工学専攻修士課程修了
昭和63年　中部電力株式会社入社
平成元年　第一種電気主任技術者試験合格
平成12年　技術士（電気電子部門）合格
　　　　　中部電力株式会社執行役員等を経て
現　　在　一般財団法人日本エネルギー経済研究所専務理事

ガッツリ学ぶ
電験二種　理論

2024年11月25日　　第1版第1刷発行

著　　者　塩 沢 孝 則
発 行 者　村 上 和 夫
発 行 所　株式会社 オーム社
　　　　　郵便番号　101-8460
　　　　　東京都千代田区神田錦町 3-1
　　　　　電話　03(3233)0641(代表)
　　　　　URL　https://www.ohmsha.co.jp/

印刷・製本　新協
ISBN978-4-274-23248-0　Printed in Japan